LA MÉDECINE

A TRAVERS LES SIÈCLES

———

LA MÉDECINE

A TRAVERS LES SIÈCLES

HISTOIRE — PHILOSOPHIE

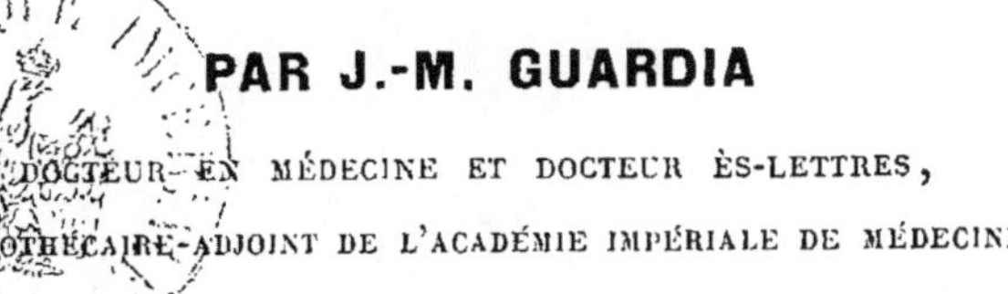

PAR J.-M. GUARDIA

DOCTEUR EN MÉDECINE ET DOCTEUR ÈS-LETTRES,

BIBLIOTHÉCAIRE-ADJOINT DE L'ACADÉMIE IMPÉRIALE DE MÉDECINE.

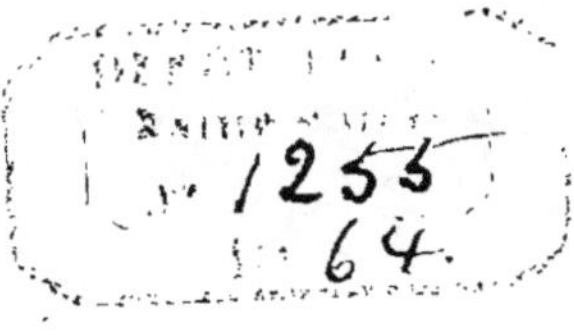

HÆC HIC.
M. T. Varro, de Re rustica, ıı, 4.

Ich habe immer das Licht geliebet.
J'ai toujours aimé la lumière.

*Paroles de Frédéric II à
J. G. Zimmermann.*

PARIS

J. B. BAILLIÈRE ET FILS,

LIBRAIRES DE L'ACADÉMIE IMPÉRIALE DE MÉDECINE

Rue Hautefeuille, 19.

Londres	Madrid	New-York
HIPP. BAILLIÈRE.	C. BAILLY-BAILLIÈRE.	BAILLIÈRE BROTHERS.

LEIPZIG, E. JUNG-TREUTTEL, 10, QUERSTRASSE

1865

AVANT-PROPOS

Le contenu de ce volume répond-il aux promesses du titre ? Le lecteur en jugera. Le sujet est immense, infini, inépuisable : il embrasse toute l'histoire de la médecine. Quelques penseurs et beaucoup d'érudits ont parcouru ce vaste domaine ; et c'est à peine si l'on peut en déterminer les limites, après tant d'investigations et de travaux. L'érudition a multiplié ses recherches dans tous les sens, et ses découvertes, qui ont servi de pâture et d'aiguillon à la curiosité, ont fourni ample matière aux méditations des médecins philosophes. Mais le nombre de ces derniers est petit ; d'autre part, la philosophie et l'érudition ne vont pas toujours de compagnie ; de telle sorte que, si considérables que soient les matériaux amassés par les érudits, l'histoire de notre art reste encore à faire. Jusqu'ici nous n'avons que des essais de coordination plus ou moins heureux, qui se distinguent des travaux de pure compilation par des vues lumineuses ou des aperçus ingénieux, ou encore par des idées paradoxales.

Il est rare que ceux qui se mêlent de philosopher en médecine n'aient pas un système à produire ou à défendre. Et quand ces systématiques abordent l'histoire, ils s'en servent bien plus qu'ils ne la servent; en autres termes, ils ne l'étudient point de bonne foi et avec le désir de profiter de ses leçons. Ils font exactement comme ces théoriciens entêtés qui plient sans façon les faits aux exigences de leurs théories, et prétendent que l'observation s'accommode à leurs idées préconçues. Quiconque a beaucoup vu et beaucoup lu en médecine sait à quoi s'en tenir sur la probité scientifique d'un très-grand nombre d'observateurs. Les prêtres d'Esculape chassaient les moribonds de leurs temples, et de tout temps ce procédé a eu des imitateurs.

Les systèmes philosophiques ont le plus souvent dominé les historiens de la médecine jusqu'à les distraire de la droite voie. Au lieu d'observer et de méditer, la plupart ont pris seulement la peine de disposer les faits dans un certain ordre et de les interpréter d'une certaine façon. Telle a été la préoccupation de la majorité. La trame étant donnée, chacun a fait son dessin et sa broderie; autrement, chacun a répété ce qu'on savait avant lui, en s'efforçant, non pas d'étendre le domaine des connaissances historiques, mais uniquement de philosopher selon ses tendances. Faut-il s'étonner de la stérilité d'une méthode aussi vicieuse? Celui-ci aboutit à l'empirisme, celui-là au rationalisme, cet autre au scepticisme, un quatrième à l'éclectisme. Il y a des issues pour tous les goûts; et chacun trouve à la fin de sa démonstration les conclusions qui lui agréent. Tout le travail se réduit à choisir et à éliminer des arguments, suivant qu'ils sont favorables ou contraires à la thèse qu'on veut soutenir. Le but qu'on se propose, c'est une démonstration par l'histoire. De là cette ressemblance entre les ouvrages dogmatiques sur le passé de l'art médical; analogues par le fond et la matière, ils ne diffèrent que par l'étendue et la portée.

Les dogmatiques suivent, autant qu'ils le peuvent, la ligne droite; mais, en parcourant sans dévier le chemin le plus court entre le point de départ et le but poursuivi, ils n'aperçoivent pas tout ce qu'il faut voir pour se faire une juste idée de l'ensemble. L'erreur générale a été de croire que l'histoire devait être l'humble servante de la philosophie; mais l'histoire a son autonomie, et, en dépit de toutes les tentatives que l'on continue de faire pour l'asservir, elle reste hors d'atteinte. Ceux-là l'ont le moins comprise qui ont prétendu s'en faire un auxiliaire docile et complaisant, et qui, de bonne foi ou non, n'ont vu dans la suite des siècles qu'une chaîne d'arguments au bout de laquelle il fallait placer leurs doctrines. Traitée et travestie de la sorte, l'histoire de notre art n'a guère produit jusqu'ici que des enseignements négatifs.

L'étude des systèmes, des théories, des méthodes et des pratiques dont le souvenir s'est conservé nous révèle les variations et les révolutions de la médecine; mais une telle étude est insuffisante, car il s'agit avant tout de suivre les lois de progrès et de développement, de les déterminer, et de saisir dans son unité toute l'évolution de l'art.

Y a-t-il une tradition médicale? Telle est la question à laquelle il faut répondre, lorsque dans les investigations historiques on se propose autre chose que la satisfaction d'une vaine curiosité.

La médecine n'est point une science exacte ou abstraite ; c'est un art fondé sur l'observation, et qui dans ses applications n'a pour guide que l'expérience. Celle-ci, à moins qu'on ne la confonde avec l'empirisme, voisin de la routine, ne vaut que par les principes et les méthodes : les méthodes qui montrent la direction, et les principes qui servent de base et sont le point de départ de toute pratique raisonnable. La tradition seule peut nous apprendre si la médecine est en possession de ces deux éléments essentiels, et si dans notre art l'expérience des siècles signifie quelque chose. La certitude même de la médecine dépend de la solution de ce problème.

Après avoir interrogé longuement le passé, nous pensons que la médecine est un art qui a son autonomie, et qu'il ne serait rien sans la tradition. Cette conviction a dicté presque toutes les pages de ce volume, qui serait moins compacte, s'il n'embrassait une aussi grande variété de matières. L'histoire en est le fond ; et pas une des questions qui y sont ou traitées ou agitées n'a été envisagée d'un point de vue purement abstrait et métaphysique. Les abstractions et les généralités y sont subordonnées à l'histoire. Les conclusions ne sont ni improvisées ni imaginées ; elles dérivent en quelque sorte de la comparaison des faits, d'après le principe hippocratique, qu'il faut avant tout considérer les analogies et les différences.

La règle qu'Hippocrate avait tracée aux médecins, pour les acheminer dans la bonne voie, nous l'appliquons à l'histoire de la médecine, et ce principe est tout le secret de notre méthode comparative. Elle nous a été d'un grand secours dans l'étude de la philosophie médicale, que nous n'avons jamais pu comprendre en dehors de l'histoire. Pour ce qui est de la critique, elle est l'âme et comme l'essence de ces études ; c'est la critique qui nous a conduit dans toutes nos recherches, et qui nous a donné assez de confiance pour exprimer franchement nos opinions. Celles-ci ne seront pas du goût de tout le monde, nous le prévoyons sans nous en inquiéter, car ce volume est tout d'opposition aux tendances qui prévalent aujourd'hui dans l'enseignement et dans la pratique. L'auteur n'a jamais su déguiser sa pensée ; il ne s'est jamais repenti d'avoir dit la vérité ; il ne s'est jamais proposé de plaire à aucune coterie, à aucune corporation savante, et il croit avoir acquis, par la longue enquête à laquelle il s'est livré, le droit d'opposer ses vues en médecine aux affirmations de tous ces empiriques et dogmatiques, qui s'imaginent que le savoir fait tort au jugement. Il est bon que le présent s'affirme ; mais il est encore mieux qu'il profite des leçons du passé. C'est pour nous éclairer que nous avons suivi très-attentivement ces leçons utiles, et c'est pour qu'elles ne soient pas tout à fait perdues, qu'après les avoir recueillies, nous en faisons part aux lecteurs de bonne volonté.

J. M. G.

Le 25 septembre 1864.

TABLE DES MATIÈRES

Avant-propos.. v

Introduction... xiii

HISTOIRE... 1

I. — La tradition médicale................................... 1

   1. Vicissitudes et progrès de la médecine.................... 1

   2. Méthode fondamentale de la médecine pratique............ 51

   3. Variations de la thérapeutique.......................... 107

II. — La médecine grecque avant Hippocrate................ 117

   1. Les prêtres d'Esculape................................ 117

   2. Les premières écoles de médecine...................... 121

   3. Période de transition................................. 125

   4. Les philosophes naturalistes.......................... 127

   5. École italique....................................... 132

   6. École ionienne....................................... 139

   7. Influence de la philosophie naturelle sur la médecine........ 148

III. — La légende hippocratique............................ 151

IV. — Classification des écrits hippocratiques................ 201

V. — Documents pour l'histoire de l'art.................... 213

   1. Des documents médicaux et de leur utilité................ 213

   2. Document à consulter pour l'histoire de la syphilis.......... 217

   3. Document pour servir à l'histoire de la chirurgie au XVIe siècle. 231

   4. Relation de la dernière maladie de Ferdinand VI, roi d'Espagne,
      par son médecin ordinaire, Andres Piquer.................. 274

   5. Les peines de la vieillesse.............................. 292

   6. La médecine dans l'histoire. — Le mariage de Louis XIII..... 300

   7. Les médecins de Louis XIV.............................. 332

   8. Documents sur le charlatanisme chirurgical au XVIIIe siècle.. 349

   9. Le docteur A. Hernandez Morejon....................... 376

  10. Le professeur F. Ribes; souvenirs de l'école de Montpellier... 382

PHILOSOPHIE... 393

I. — Questions de philosophie médicale..................... 393

   1. La médecine et la philosophie n'ont jamais été séparées...... 395

   2. Réflexions sur l'histoire de la médecine.................. 403

   3. Rapports de la philosophie et de la médecine dans les derniers
      temps.. 410

4. Nécessité d'un principe...................................... 420
5. Choix d'une méthode... 426
6. Dans quel esprit on doit étudier l'être humain............... 438
7. Idée générale de l'être humain.............................. 445

II. — ÉVOLUTION DE LA SCIENCE.................................... 458

III. — DES SYSTÈMES PHILOSOPHIQUES.............................. 470

IV. — NOS PHILOSOPHES NATURALISTES.............................. 485

V. — SCIENCES ANTHROPOLOGIQUES................................. 505

VI. — BUFFON... 526

VII. — LA PHILOSOPHIE POSITIVE ET SES REPRÉSENTANTS............ 549
1. Exposition... 549
2. M. Littré.. 561
3. Auguste Comte.. 565
4. Conclusion... 578

VIII. — LA MÉTAPHYSIQUE MÉDICALE............................... 582
1. Stahl et l'animisme.. 585
2. Commencements du vitalisme barthézien...................... 591
3. La psychologie et la médecine.............................. 605

IX. — ASCLÉPIADE, FONDATEUR DU MÉTHODISME...................... 616

X. — ESQUISSE DES PROGRÈS DE LA PHYSIOLOGIE CÉRÉBRALE.......... 640

XI. — DE L'ENSEIGNEMENT DE L'ANATOMIE GÉNÉRALE................. 657

XII. — LA MÉTHODE EXPÉRIMENTALE ET LA PHYSIOLOGIE.............. 663

XIII. — LES VIVISECTIONS A L'ACADÉMIE DE MÉDECINE.............. 668
1. Le rapport... 668
2. Les physiologistes expérimentateurs........................ 684
3. Les vétérinaires... 689
4. Résumé... 695

XIV. — LES MISÈRES DES ANIMAUX................................. 700

XV. — ABUS DE LA MÉTHODE EXPÉRIMENTALE......................... 708
1. Empirisme.. 708
2. Omnigénie.. 716
3. La dynamoscopie.. 722
4. La chirurgie... 729

XVI. — PHILOSOPHIE SOCIALE..................................... 734
1. Du suicide politique....................................... 734
2. Les mœurs.. 754
3. Les mœurs en Espagne....................................... 766

Table alphabétique des auteurs et des matières................ 779

FIN DE LA TABLE DES MATIÈRES.

INTRODUCTION

I

Dans son rapport au conseil des Cinq-Cents sur l'organisation des écoles de médecine, Cabanis, entre autres améliorations et réformes, proposait la fondation d'un cours de *méthode générale* appliquée à l'étude et à l'enseignement, et l'établissement, à côté de l'École de Paris, d'une Société médicale chargée de perfectionner toutes les parties de l'art de guérir en général, et en particulier ses méthodes didactiques. En autres termes, Cabanis, esprit clairvoyant et d'une rare élévation, voulait préserver les corps enseignants de la décadence qui les atteint inévitablement lorsqu'ils ne sont pas constitués de manière à pouvoir échapper aux séductions de la routine et aux périls de l'anarchie. Placées entre ces deux écueils, les écoles ne les évitent guère : faute d'éléments rénovateurs, elles s'éteignent, s'effacent, tombent dans une insignifiance voisine du néant, et la force de cohésion les abandonne.

Nos trois Facultés de médecine, dans leur état présent, attestent la sagesse des mesures que proposait Cabanis en vue de conserver à l'enseignement médical son importance et son efficacité ; et les réformes tentées ces dernières années dans la faculté de Paris prouvent avec évidence qu'en médecine les corps enseignants sont incapables de se guérir du mal qui les ronge, et qui, datant de loin, veut être traité sans ménagements et par des remèdes héroïques. Ce n'est pas en multipliant les chaires qu'on régénère un enseignement. Quand les sources mêmes de la vitalité sont corrompues, les palliatifs ne valent, ne peuvent rien ; il y faut les grands moyens : le fer et le feu. Si l'organisation du corps enseignant est vicieuse, si les prétendues méthodes didactiques en vigueur sont radicalement mauvaises, l'unique traitement indiqué, c'est de couper dans le vif et de retrancher tout le reste.

Si la Faculté n'est point incurable, elle pourra revenir à la santé lorsque ce cours de méthode générale que voulait fonder Cabanis sera dans son enseignement et en vivifiera toutes les parties ; et ce cours ne sera possible que le jour où la Faculté en trouvera hors de chez elle l'exemple et le modèle ; car il est très-certain qu'elle est impuissante à réformer spontanément ses méthodes didactiques : les tentatives récentes d'amélioration n'ont donné aucun résultat satisfaisant. Sans parler des cours complémentaires, dont l'innocuité, pour ne pas dire l'inanité, est aujourd'hui manifeste ; on pourrait demander sans indiscrétion quelle heureuse influence ont exercée sur les études médicales les deux chaires nouvelles, dont l'une a disparu avant que fût révolue la deuxième année de sa fondation.

Pareil fait ne s'était jamais vu ; mais il est bon qu'un exemple qui équivaut à une preuve irrécusable ait démontré qu'un décret ne suffit point pour fonder une chaire. La nécessité et les circonstances doivent concourir à la fondation d'un enseignement. A cette condition seulement l'enseignement nouveau prend racine, prospère et porte ses fruits. Fonder une chaire, c'est subvenir à un besoin urgent, en termes médicaux, c'est remplir une indication ; et il faut se souvenir de l'aphorisme si vrai de Galien, que c'est l'occasion qui constitué la vraie thérapeutique. Hippocrate a dit : « L'occasion fugitive, » et c'est ici le cas de s'en souvenir. C'est l'opportunité qui fait toute la force d'un enseignement nouveau ; et nous savons que la fondation des chaires nouvelles, à moins que l'opportunité, la nécessité et les circonstances ne concourent, est à peu près inutile pour rajeunir et régénérer une Faculté.

Aussi avons-nous vu, par deux fois, avec plus d'indifférence que d'émotion, le projet de fonder à la faculté de Paris une chaire d'histoire de la médecine, non sans rire des ambitions et des prétentions singulières qui s'affirmèrent de nouveau à cette occasion. Ces aspirants sans titres, qui veulent à toute force que l'Académie leur ouvre une section spéciale, ces amateurs qui cultivent avec prédilection la littérature et la philosophie médicales, se réjouissaient, admiraient, applaudissaient et se berçaient de douces illusions.

Cependant une difficulté, paraît-il, arrêtait les promoteurs du projet. Pour emprunter les propres termes d'un décret de fondation, sous une forme négative, un homme ne se trouvait pas à côté de la chaire qu'on voulait fonder, et cette circonstance dérangeait un peu les combinaisons de ces organisateurs de l'enseignement, qui ont pour principe qu'il faut fonder une chaire, non parce qu'il y a nécessité urgente, mais parce qu'il se rencontre un homme capable ou désireux de la remplir. Ce principe a quelquefois pour conséquence, dans l'application, de fonder des chaires qui sont occupées sans être remplies. Mais la charité scientifique prendrait volontiers pour devise cette pensée d'un ancien : *Malo virum qui pecunia eget, quam pecuniam quæ viro*, que l'on peut rendre ainsi : « Voilà un homme qui serait bien aise d'avoir une chaire ; nommons-le professeur pour le contenter. »

Si nous avions connaissance du rapport qui a été présenté, dit-on, à ce sujet au ministre de l'Instruction publique, nous pourrions plus aisément étendre nos réflexions sur la médication palliative qu'on avait imaginée pour rendre à la faculté de médecine les apparences de la santé. Mais ce rapport n'a pas été communiqué au public, et tout ce que nous avons pu savoir de très-bonne source, c'est que la chaire d'histoire de la médecine devait, à défaut de candidat sérieux, être mise au concours.

Qu'on se figure un concours pour lequel on n'aurait pas trouvé de juges compétents, j'entends en nombre suffisant, car il n'y a pas présentement en France six médecins en état d'aborder sérieusement une question quelconque d'histoire de la médecine : l'érudition, la littérature, la critique et la philosophie médicales n'existent que de nom, ne sont guère cultivées que par quelques savants en nombre très-restreint, étrangers presque tous à toute visée ambitieuse, ainsi qu'aux intrigues et manigances des Facultés et des Académies.

Et comment sont-ils considérés et traités ces quelques médecins restés fidèles au culte de la tradition, au milieu de l'incurie et de l'ignorance générales du passé de notre art ? Avec dédain et presque avec mépris. Les faiseurs de harangues ne ménagent guère ces quelques fidèles, qu'ils appellent agréablement des savants de cabinet, des gens de bibliothèque, et qui seuls cependant mesurent toute la grandeur de l'art médical, parce qu'il leur est donné de contempler cet art dans la tradition des siècles, et que cette contemplation les console de la médiocrité présente et de la sotte vanité de leurs contempteurs.

Les chefs et représentants les plus autorisés de notre médecine auraient peut-être conscience de leur petitesse s'ils cherchaient dans l'histoire des éléments de comparaison ; l'étude attentive de ce passé qu'ils ignorent les rendrait à la fois plus modestes et plus sages. Ces airs de souverain qu'affectent nos grands maîtres, dans la chaire ou à la tribune, conviendraient tout au plus à un Brown, à un Broussais, à quelqu'un de ces hommes extraordinaires qui sont nés novateurs et portent avec eux une révolution. Mais des hommes de cette force, la Faculté n'en compte pas un seul. Toutes les têtes sont au même niveau, et certes le niveau ne s'est pas élevé depuis la suppression du concours.

Mais le concours devait, disait-on, être rétabli à l'occasion de cette chaire d'histoire de la médecine dont on menaçait la Faculté. Mais à quoi donc songeaient ceux qui voulaient revenir provisoirement, il faut le croire, à cette institution libérale ? N'allaient-ils pas commettre une imprudence ou plutôt une sottise ? Le concours, avec tous ses défauts et inconvénients, c'est la libre discussion, c'est le jugement à ciel ouvert, c'est le public pris pour juge et du mérite des compétiteurs et de l'équité du jury ; en autres termes, c'est le retour des franchises scolaires, l'influence du talent substituée à celle de la faveur; c'est la Faculté mise en demeure de se régénérer elle-même par des choix heureux et légitimes; c'est enfin l'humiliation des intrus, et la revanche de ceux qui ne veulent arriver qu'en passant par la grande entrée ; c'est, en un mot, une révolution à laquelle, du reste, nous n'avons jamais voulu croire.

Cette révolution imminente était d'ailleurs tout ce qu'il y avait de neuf et d'imprévu dans la fondation en perspective. Il fallait que la Faculté fût possédée d'une envie démesurée d'avoir une chaire d'histoire de la médecine pour aller contre l'usage reçu, et suivant lequel un enseignement nouveau est confié sans actes probatoires ni épreuves préliminaires à celui que désigne le choix ou la fortune. Heureusement pour la Faculté et pour le haut enseignement, l'autorité supérieure a réfléchi avant de prendre une décision, et la chaire d'histoire de la médecine sera fondée, selon toute apparence, au Collége de France.

C'est là vraiment que cette chaire sera bien placée; c'est là qu'elle pourra prendre racine. C'est dans cet établissement d'instruction supérieure que l'histoire de la médecine peut être librement et fructueusement enseignée. Au Collége de France, le professeur ne sera point retenu, enchaîné par aucune de ces traditions d'école, qui sont les principaux éléments de la routine ; il sera libre d'aborder le sujet de son cours et de le traiter à sa guise, sans s'exposer à froisser l'amour-propre d'aucun de ses collègues, sans crainte d'empiéter sur leurs attributions et sans s'inquiéter d'aucune surveillance.

Il en serait tout autrement à la Faculté où, faute de principes dogmatiques et de doctrines communes, chacun se croit investi d'une puissance d'infaillibilité qui se traduit quelquefois par d'étranges prétentions. N'a-t-on pas eu tout récemment l'exemple d'un professeur qui proposait sérieusement de réduire à la raison quelques professeurs agrégés dissidents? Ce qui prouve sans réplique combien est profond le mal qui mine ce corps enseignant, c'est qu'on y traite la question si complexe de l'uniformité de doctrines, exactement comme la Convention a résolu celle de l'unité des poids et mesures. Cet entêtement scolastique et ces velléités de tyrannie dogmatique mettent en pleine évidence l'étroitesse d'esprit et les incurables préjugés des gens qui professent.

Introduite dans l'enseignement officiel de la Faculté, l'histoire de la médecine n'eût été qu'une occasion de discorde et un nouvel élément d'anarchie. De fait, un professeur d'histoire de la médecine, comprenant sa mission et capable de la remplir, s'il professait à la Faculté, se verrait dans la nécessité de faire ce *cours de méthode générale*, dont parlait Cabanis dans son rapport, et d'y convier à la fois élèves et maîtres ; car de cette méthode générale, qui est l'âme et la force vitale de l'enseignement médical, les gens qui professent officiellement ne savent rien : ils professeraient tout autrement s'ils en connaissaient les plus simples éléments. Mais comme ils ne soupçonnent même pas que la condition essentielle pour professer avec autorité leur fait absolument défaut, il n'y a pas d'espoir de les voir s'amender ; jamais ils ne consentiront à se remettre sur les bancs, non pas même pour entendre les leçons de l'histoire, ce maître souverain qu'on peut pourtant suivre, sans déroger, à tout âge.

Se figure-t-on un professeur de pathologie générale ou l'auteur de quelque gros traité sur la même matière, rétractant ou abjurant leur enseignement et la prétendue méthode didactique dont Chomel a légué le modèle à ses successeurs et disciples? Et comprend-on un professeur d'histoire de la médecine, un nouveau venu, un étranger, pour ainsi dire, étant obligé de suppléer, de compléter et de redresser ses collègues? Et qui sait si ces derniers, hostiles à des innovations fâcheuses pour leur influence dogmatique, ne contraindraient pas le professeur d'histoire à se contenir dans le domaine de l'érudition pure, sans lui permettre la moindre digression ou excursion du côté de la critique et des généralités? Rien de plus vraisemblable, s'il faut en juger d'après les prétentions et les dispositions des membres du corps enseignant.

Il n'est parmi eux si petit clinicien, si médiocre pathologiste, si mince physiologiste qui ne se croie en possession d'une philosophie médicale à laquelle rien ne manque. Il n'y a pas aujourd'hui un observateur sachant quelque peu d'arithmétique et dressé aux manœuvres de l'exploration, qui ne se tienne pour un médecin accompli. Et que savait-on avant nous? pensent toujours et répètent volontiers ces observateurs à la douzaine qui ont ravalé si bas l'art médical, sous prétexte d'exactitude. Et qu'importent à ces artistes vulgaires nos origines? En quoi pourrait les intéresser l'histoire des variations de la médecine et de son évolution merveilleuse à travers tant de vicissitudes et de révolutions? Eux et leurs maîtres n'ont qu'une devise : LA PRATIQUE.

Eh ! sans doute, il faut compter pour beaucoup la pratique, c'est-à-dire l'utilité dans l'application de la science aux choses de la vie, sans laquelle, observe judicieusement Galien, il n'y a point d'art (1). La fin même de la médecine

(1) *Exhortat. à l'étude*, ch. VII, t. 1, p. 20, édit. de Kühn.

est la poursuite d'un résultat concret en vue du bien commun. Nous savons cela ; mais nous n'avons garde d'oublier que, sans les principes d'une science supérieure et générale, sans les doctrines qui se résument en une théorie, l'art se rapetisse, se dégrade, et tombe à la fin dans l'avilissement.

La pratique, telle que l'entendent la plupart de nos médecins, est je ne sais quoi de vulgaire et de plat qui rétrécit l'esprit, et le rive à une lourde chaîne faussement décorée du nom d'observation, et qui n'est, en définitive, qu'immobilité, absence, paralysie ou mort de la pensée, pure mécanique, ou grossier automatisme, fruit de la mnémonique et de l'habitude acquise par la répétition des mêmes actes. Suivant le vœu de Bacon, on a mis du plomb aux ailes de l'esprit, et, ne pouvant plus voler, il se traîne et rampe. Il faut du génie pour prendre son essor et rejeter ou emporter ce lest incommode. Or le génie est aussi rare que le fabuleux phénix, et la Faculté s'en passe depuis Broussais. Cloués à terre comme les statues immobiles de l'ancienne Égypte emprisonnées dans leur gaîne, nos médecins ne voient tout au plus que ce qui est à leurs pieds. Leur vue n'embrasse plus l'horizon ; ils ne regardent ni devant ni derrière eux. Ignorants du passé, insouciants de l'avenir, ils ne savent ni où ils vont ni d'où ils viennent ; ils ne s'inquiètent ni du but ni du point de départ. Isolés dans le présent, incapables de s'orienter, ils n'avancent pas, ils s'enfoncent de plus en plus dans le néant ; car c'est proprement le néant qui nous envahit, qui nous enveloppe de toutes parts comme un désert sans oasis. Notre état n'est point du tout comparable au repos succédant à l'agitation. Ce n'est plus le calme après la tempête ; c'est la mer Morte avec ses eaux dormantes et ses rives désolées.

Rien n'est plus affligeant pour les quelques médecins qui ont encore quelque souci de la dignité de l'art, que le spectacle qu'offrent nos écoles de médecine. L'enseignement médical est encombré, surchargé. De là son infériorité et son insuffisance, à laquelle on ne remédiera point en fondant de nouvelles chaires. Ce n'est point par ce moyen palliatif qu'on guérira le vice radical. Les études sont faibles parce que la surabondance des matières en empêche la juste distribution; si bien, que toute l'application est pour les détails. C'est sur les minuties que l'attention se concentre et s'épuise; forcés d'acquérir un lourd et très-lourd bagage, les élèves exercent leur mémoire aux dépens de leur jugement. On en est venu à puiser tout ce qu'on exige de savoir en médecine dans des manuels gros ou petits, car tous les ouvrages didactiques, autrement dits classiques, par un abus de mots désormais consacré, ne se proposent qu'un but : donner satisfaction au désir des apprentis médecins qui ne cherchent que des réponses toutes faites pour leurs examens.

Ces examens se passent donc tant bien que mal, grâce aux faiseurs de manuels. Mais l'industrie qui fabrique des docteurs n'étant pas précisément l'art de faire des médecins, il résulte de ce procédé de fabrication que la plupart des docteurs quittent les bancs de la Faculté sans avoir les notions scientifiques qu'il faut posséder pour savoir réellement la médecine. La pratique étant la grande, l'unique préoccupation, c'est au métier que l'on songe et non à l'art. Aujourd'hui, en médecine, dans la cohue des praticiens, on distingue à peine quelques artistes, tels que les concevait et les voulait Hippocrate.

L'éducation médicale est telle, que bien peu de médecins se font une juste idée de la médecine. Et ce n'est certes pas faute de préparation, car la plupart sont très-soigneusement dressés à la manœuvre clinique, et capables de très-jolis tours de force en matière de diagnostic. Mais ce luxe extérieur cache une grande pauvreté ; cette habileté spécieuse, illusoire, n'est pas une manifestation de puissance et de force. Ces faiseurs de tours ont leur secret et leur recette, et ne valent pas plus en médecine qu'en littérature les écrivains qui ont des procédés de style.

La médecine artificielle est un leurre, un mensonge. Les procédés d'exploration ou diagnostiques, si nombreux et si perfectionnés qu'ils soient maintenant, ne constituent pas plus l'observation (laquelle consiste à tout voir, à bien voir, et à induire en conséquence) que les expérimentations ne constituent la vraie méthode expérimentale. Le culte exagéré du fait et l'abus de l'analyse ont eu pour effet inévitable de rompre la chaîne des conceptions vitales, qui sont comme la trame et le fond même de la science, et de bannir de l'enseignement l'unité qui en était la force. Sous prétexte de ne voir que le positif, on s'est tenu en garde contre les théories, et, de peur de séduction, on s'est insensiblement passé de doctrines, de principes, et par conséquent de méthode; en autres termes, on a craint de s'égarer en suivant le grand chemin, la bonne voie, et l'on s'est perdu dans les étroits sentiers, on s'est enfoncé dans l'ornière.

Chaque professeur s'est isolé dans sa chaire comme dans une spécialité; les branches ont été détachées du tronc, et avec l'unité a disparu la tradition, dont il ne reste aujourd'hui nulle trace dans l'enseignement médical. Et pourtant, qu'est-ce que la médecine sans la tradition? Qu'est-ce qu'un art fondé sur l'observation, qui ne se soutient que par l'expérience, et dont on ignore, dont on affecte même d'ignorer le passé? Qu'est-ce que ce dédain impertinent que l'on affiche publiquement pour les études historiques? Plusieurs fois la Faculté, consultée, a repoussé, sinon à l'unanimité, du moins à une très-grande majorité, l'enseignement de l'histoire de l'art; et l'on a prétendu qu'il suffirait au besoin de confier cet enseignement au bibliothécaire, en autres termes, de ranger l'histoire de la médecine parmi ces cours complémentaires ou secondaires que tolèrent à peine les professeurs en titre.

Ces gens en robe sont tellement infatués de leur mérite et si étrangers aux études transcendantes, que l'histoire de la médecine n'est à leurs yeux que matière d'érudition et de bibliographie. Un bibliothécaire, pensent-ils, doit connaître ces choses-là, et suffire par conséquent à un enseignement qu'il font consister purement en recherches, et dont, sauf une ou deux exceptions, aucun d'eux n'a jamais deviné l'importance. Un enseignement accessoire peut être sans danger et avec avantage confié à un homme de second ordre ; car c'est peu qu'un bibliothécaire pour ces doctes et infaillibles personnages qui dédaignent les leçons de savoir et de sagesse contenues dans les vieux livres. Dans les Facultés aussi bien que dans les Académies un bibliothécaire n'est qu'un bibliographe, un petit fonctionnaire à peine au-dessus des employés par la considération et par le traitement ; car il y a corrélation entre les deux. Il est bon que de temps en temps quelque bibliothécaire, frondant les préjugés et se moquant de ces distinctions hiérarchiques si chères aux médiocrités titrées, dise hautement que tout n'est pas pour le mieux dans les Facultés ni dans les Académies. Il est tel homme qui du fond de sa bibliothèque est très-attentif aux sottises qu'on applaudit dans l'amphithéâtre ou dans la salle des séances, et qui n'a jamais envié de tels triomphes.

Est-ce que J. E. Dezeimeris, de son vivant bibliothécaire de la faculté de médecine de Paris, ne valait pas la plupart des professeurs qui venaient lui demander des livres ? Celui-là était né véritablement pour les études d'histoire médicale. Le peu qu'il a fait dans ce genre a une grande valeur. Mais ni son mérite éminent, ni sa capacité reconnue, ni ses aptitudes particulières, ni de pressantes sollicitations n'obtinrent la création d'une chaire que mieux que tout autre il pouvait inaugurer avec éclat. Dégoûté d'une résistance opiniâtre, inflexible, Dezeimeris laissa là ses occupations favorites et se fit agronome. Une faculté de médecine devrait pourtant s'honorer de posséder des bibliothécaires de cette valeur; et ils seraient assurément moins rares, s'il était reçu qu'un savant pût passer de la bibliothèque dans une chaire.

Un bibliothécaire qui devient professeur ne s'élève pas, ne déroge pas; il change simplement de rôle et d'attributions. Après tout, c'est au savoir et à la capacité qui lui ont valu son premier titre, qu'il est aussi redevable du second.

La Faculté n'a pas voulu qu'un homme de mérite, comme il ne s'en trouve guère, quittât la bibliothèque pour s'asseoir dans une chaire ; et, aujourd'hui que l'histoire de la médecine est introduite dans le haut enseignement, c'est un bibliothécaire qui a été désigné pour la professer. Applaudissons au choix du docteur Ch. Daremberg, que ses recherches d'érudition ont poussé successivement à la bibliothèque de l'Académie de médecine, à la bibliothèque Mazarine et finalement au Collége de France, où il est chargé du cours d'histoire de la médecine, grande et rude tâche pour le professeur désigné. Mais l'amour de ces études si négligées et l'envie qu'il a de les voir refleurir, le soutiendront, en attendant que l'exercice et l'habitude lui donnent cette confiance qui fait parler les maîtres avec autorité, et que l'expérience ait démontré l'utilité, la nécessité d'un enseignement que nous voudrions voir définitivement établi.

La fondation définitive de cette chaire serait à la fois un avertissement donné à la Faculté et une réhabilitation des études les plus honnies par le commun des médecins; elle pourrait exercer une salutaire influence.

II

Si l'on prenait au sérieux les prétentions des expérimentateurs qui ont conçu l'ambition de faire de la médecine une science, rien qu'avec le secours de l'expérimentation, il faudrait mettre au rebut les livres et les manuscrits, et sup-

primer comme inutiles les monuments de la tradition médicale. Heureusement l'histoire conserve ses droits, en dépit
de ces apôtres du progrès, qui ne se préoccupent que du
présent et de l'avenir, et le passé de la médecine aura désormais un organe dans ce même Collége de France, où
la méthode expérimentale proclame prématurément son
triomphe.

Il est temps vraiment que l'expérience des siècles, sans
laquelle il n'y aurait point d'art médical, instruise l'ignorance orgueilleuse des disciples d'une école qui professe
un souverain mépris pour le raisonnement, et qui, au nom
de Bacon, prétend reprendre l'édifice de la médecine par
ses fondements, comme si la médecine n'était pas depuis
plus de deux mille ans en possession d'une méthode.

Guy de Chauliac, admirant naïvement la puissance de la
tradition scientifique, c'est-à-dire l'évolution progressive
des connaissances, comparait chaque génération à un enfant
porté sur les épaules d'un géant : le géant grandit de siècle
en siècle, et, à mesure que sa taille se hausse, l'enfant découvre un horizon plus étendu. Nous voyons plus loin que
ceux qui sont venus immédiatement avant nous, et nos successeurs immédiats verront plus loin à leur tour. Les pyg-
mées sont ceux qui dans l'humanité voudraient faire table
rase du passé et rompre la chaîne. Mais la tradition est
pour eux une énigme; et quand il leur arrive de rappeler,
sans la comprendre, la magnifique allégorie du vieux chirurgien, ils en font honneur à Bacon, ce maître vénéré des
médecins qui veulent philosopher sans se donner beaucoup de peine.

Bacon faisait aussi bon marché du passé; ses déclamations ampoulées contre Hippocrate et Celse montrent assez
que son savoir en histoire était petit; et tout médecin médiocrement instruit des vicissitudes de l'ancienne médecine
sait à quoi s'en tenir sur sa rhétorique. Joseph de Maistre,
qui osait tout, est le seul qui ait fait bonne justice des

appréciations impertinentes de Bacon, tout en traitant très-sévèrement sa méthode trop vantée. Paracelse et Van Helmont déclamaient aussi contre les anciens, au nom d'une espèce d'alchimie mystique sur laquelle ils croyaient pouvoir édifier une nouvelle médecine, et leurs efforts insensés aboutirent en définitive à une œuvre de réaction.

Il n'y a pas, chez les modernes, un seul médecin véritablement grand qui n'ait senti toute la puissance de la tradition. Broussais lui-même, ce novateur si résolu, se moquait, il y a bientôt un demi-siècle, des prétentions de cette école qui, rejetant tout le passé de l'art, sans le connaître, a entrepris de réduire la médecine à un problème de mécanique ou d'arithmétique. Aujourd'hui, les disciples ont dépassé les maîtres de cette école grossièrement matérialiste, en subordonnant les phénomènes physiologiques aux principes de la physique et de la chimie, sans se douter seulement de l'erreur scientifique qu'ils commettent en transportant les méthodes qui conviennent à l'étude d'une science déterminée dans le domaine d'une science différente. Faire ainsi, c'est violer les règles les plus élémentaires de la philosophie naturelle.

Mais ce n'est pas tout : après avoir réduit toute la physiologie en expérimentations, ils prétendent encore traiter de même la pathologie et la thérapeutique. De là cette médecine expérimentale dont on fait tant de bruit, et qui ne signifie rien absolument pour les médecins instruits des principes de leur art, et dont le bon sens s'est fortifié par la lecture des bons livres. La tradition médicale est quelque chose de vivant; c'est l'esprit d'induction tirant, d'une infinie multitude de faits observés, des lois, des préceptes, des doctrines, des règles certaines qui se maintiennent et se perpétuent, parce qu'elles sont fondées sur la réalité. La tradition bien comprise est le résumé substantiel de l'observation générale, d'une observation plusieurs fois séculaire.

L'expérimentation n'est point une méthode; ce n'est qu'un procédé artificiel, qui n'a rien de commun avec l'expérience clinique. Celle-ci est le juge souverain des systèmes et des théories. C'est elle qui prononce en dernier ressort et sans appel sur la valeur des interprétations; c'est elle qui soutient la tradition, qui la maintient dans toute sa force, la préservant de tout élément de corruption. Les médecins qui se contentent de faire l'éducation de leurs sens, qui se préparent aux difficultés de la pratique par une simple étude d'exploration sur le corps mort ou malade, les médecins qui n'ont jamais fréquenté que l'hôpital et l'amphithéâtre, ne savent de leur art que ce qui est accessible aux esprits vulgaires. Ils suivent docilement le précepte tant répété, qu'il faut lire le grand livre de la nature.

Eh ! sans doute, le grand livre de la nature est la meilleure source d'instruction pour ceux qui le lisent couramment, ce qui est pourtant bien difficile. Mais encore est-il bon de savoir comment on le lisait avant nous; car ce livre est ouvert depuis qu'il y a des hommes qui pensent, et nos prédécesseurs ont laissé des gloses, annotations, scolies et commentaires, qui peuvent singulièrement aider à l'intelligence du texte.

C'est par un volume qu'il faudrait répondre aux détracteurs du passé et aux adversaires de la tradition médicale. Mais comment leur faire comprendre que la philosophie même de la médecine se tire en grande partie de son histoire? Comment convaincre des esprits exacts et étroits qui prétendent recommencer, renouveler toute la médecine, avec leurs expérimentations? Les apprentis médecins, qui sont maintenant sur les bancs, ne se montrent que trop dociles aux leçons qu'ils reçoivent, et suivent sans dévier la direction que trace à leurs études la méthode expérimentale, comme disent ceux qui transforment lestement en méthode un ensemble de procédés auxiliaires, qui ne valent rien par eux-mêmes, puisqu'ils ne sont que des moyens d'investigation.

En résumé, cette école de l'expérimentation, dont Magendie est provisoirement le grand homme, sous le prétexte de prendre la nature sur le fait, exalte les sens au détriment de la raison, et mutile le cerveau de la jeunesse. Aussi la jeunesse ne lit guère, et, dans ses lectures, elle retrouve exactement les leçons qu'on lui fait, en invoquant l'autorité de Bacon et la philosophie positive.

La grande salle de la bibliothèque de la Faculté de médecine est très-vaste, et il faut reconnaître que les lecteurs s'y pressent en foule. Mais soyez certains que sur cent, j'en parle par expérience, il n'y en a pas deux qui demandent au bibliothécaire un de ces livres que les bibliothèques médicales conservent comme des monuments d'un autre âge, et que les esprits méditatifs et investigateurs consultent avec curiosité. Ces dépôts de savoir et de sagesse médicale ne s'ouvrent que pour quelques curieux, qui ne conçoivent la science qu'en appliquant à leurs études la méthode comparative sans laquelle il n'y a point de critique.

Critique et jugement sont synonymes; et il n'y a point de jugement sans comparaison. La critique médicale n'est que la comparaison de l'art actuel avec l'art du passé et l'appréciation de celui-ci par celui-là. La philosophie médicale est la base, la condition fondamentale de cette appréciation. Un criterium est nécessaire pour juger avec compétence, c'est-à-dire un ensemble d'idées générales, de principes, de doctrines, une théorie, en un mot, qui soit comme l'abrégé et la formule de tout ce que l'art actuel possède en fait de connaissances positives.

On rirait à coup sûr d'un médecin qui prétendrait disserter sur le pouls sans connaître la circulation du sang. Elle n'est pas moins ridicule la prétention de tous ces médecins philosophes qui dissertent sur le vitalisme, l'animisme et l'humorisme, le solidisme, bref, sur tous les systèmes de quelque importance, sans avoir seulement interrogé les auteurs qui représentent ces systèmes.

Ce n'est pas tout de répéter de grands mots : naturisme, hippocratisme, et tant d'autres, qui ne signifient absolument rien, si l'on ignore comment les germes des idées médicales se sont développés dans la suite des temps, dans quel milieu et dans quelles circonstances. L'étude des causes et des influences diverses peut seule conduire à l'unité de conception, et à la pleine intelligence de l'évolution historique. Il faut classer et coordonner les phénomènes multiples, par une comparaison attentive qui permette de saisir leur mode de production et leur enchaînement.

On n'improvise point, on n'invente point en histoire. Pour apprécier les doctrines médicales, il est de rigueur d'en connaître les auteurs, l'origine précise, les modifications successives, les transformations diverses. Il n'est pas moins téméraire d'aborder les questions de haute philosophie sans avoir acquis préalablement une connaissance profonde des phénomènes naturels, que d'agiter les questions de doctrine sans une connaissance sérieuse de l'histoire des dogmes, des opinions et des systèmes qui ont tour à tour agité les esprits dans tous les âges. Et de fait, c'est de la réalité que naît la science positive, laquelle reste incomplète, si l'on ignore comment elle a été fondée, accrue et perfectionnée par une suite non interrompue d'efforts et de tentatives, comment les hommes ont procédé dans leur évolution intellectuelle.

Voir les choses telles qu'elles sont, et savoir comment les ont vues nos devanciers, en remontant de génération en génération jusqu'au point où le souvenir manque, où la tradition se brise, c'est là toute la science. Il faut donc connaître le réel et le passé pour savoir à fond : sans érudition, il n'y a point de véritable science. Mais la vaine cu-

riosité ne doit point prévaloir sur la raison, et celle-ci doit
s'appuyer sur des principes. Un savant de grand renom,
Letronne, inscrivait sur les livres de sa bibliothèque cette
sentence grecque : « Il faut s'instruire, et joindre à l'instruction le jugement. » C'est la devise même et comme le
secret de l'érudition, laquelle n'est, à vrai dire, que l'accord du savoir et du bon sens, accord bien rare, l'on en
conviendra, si l'on songe à tant de gens qui font provision
de connaissances et ne peuvent se les assimiler. Il en est, de
bien des érudits, comme de ces valétudinaires dont l'appétit dépasse les forces digestives. Si le corps se nourrit de
ce que digère l'estomac, la nutrition de l'esprit ne peut se
faire à son tour que par une sorte de digestion intellectuelle.

Quant à la critique, sans laquelle l'érudition ne vaut
guère, sa base est le discernement, sens délicat, qui démêle le vrai du faux, découvre, compare, apprécie et juge.
La sagacité, distincte de l'imagination, et voisine du génie,
quand elle est portée à un degré éminent, la sagacité est le
terme le plus élevé de ces facultés diverses dont l'ensemble fait le vrai savant. Observer attentivement, comparer
avec justesse, conclure à propos, juger sans précipitation
et à coup sûr, conjecturer sobrement, généraliser avec circonspection, fournir des preuves pour chaque assertion :
telles sont les principales obligations du critique, et celui-
là le seul qui les remplit est digne de ce titre, prodigué
sans raison à ces amateurs et artistes qui se plaisent à l'é-
rudition plutôt qu'ils ne s'y livrent, et qui se préoccupent
moins des intérêts de la vérité que de la satisfaction de
leurs caprices.

Érudition et critique sont également peu communes :
elles exigent en effet un concours de qualités et de conditions qui se trouvent rarement réunies. De là le discrédit
dont elles semblent frappées aux yeux de la foule, qui, ne
considérant que le labeur patient et opiniâtre, s'imagine

que les travaux d'érudition et de critique sont l'apanage des
talents modestes et subalternes. Aussi les travaux de ce
genre peuvent-ils illustrer des esprits supérieurs, sans leur
donner jamais la vogue, qui n'est que la menue monnaie de
la gloire. Le public compétent est très-restreint ; il diminue
tous les jours, et, parmi les hommes qui se vantent d'exercer des professions libérales, il en est à peine quelques-
uns dont l'approbation soit encore pour ceux qui la recherchent un encouragement ou une récompense.

Pour ne parler que des médecins, on en compte encore
en France une demi-douzaine qui ont conservé le culte de
l'antiquité et la religion des souvenirs. Les autres, voués à
la pratique ou à leurs pratiques, moins préoccupés de voir
des maladies que des malades, n'ont aucun souci du passé
de l'art ; et ils ignorent que l'art tout entier repose sur la
tradition, et que la tradition est le plus solide fondement de
la philosophie médicale.

Les faits réels sont, en effet, les matériaux de l'histoire,
et la philosophie est inséparable de celle-ci, puisqu'elle est
par excellence la science des causes, des lois et des rapports que l'on peut saisir dans la production et dans l'évolution des phénomènes. La métaphysique, distincte de la
philosophie, peut se passer de l'expérience des siècles ;
mais c'est de cette expérience que naît toute philosophie,
notamment pour toutes ces connaissances qui, se réduisant
en application, constituent un art ; car il n'y a point d'art
sans tradition. Il faut, sous peine de ne rien comprendre
aux vicissitudes et aux progrès de l'art médical, ne jamais
perdre de vue son objet immédiat, c'est-à-dire l'homme
sain et malade, sans négliger les circonstances diverses
qui agissent incessamment et sur l'homme et sur l'art
lui-même. L'essentiel, dans une étude tellement vaste, et
en un sujet si complexe, c'est de ne rien négliger, de saisir
tous les éléments qui concourent, en les discernant et les
classant, s'il y a lieu ; mais sans les isoler autrement que

pour faciliter, par l'analyse, l'examen de l'ensemble. A cette condition seulement le résultat peut être satisfaisant.

Ici la considération du milieu est d'une extrême importance, et le milieu, dans sa généralité, embrasse toutes les circonstances du monde physique et de l'ordre moral. Le milieu physique n'est point invariable; il se modifie plus ou moins avec le temps. Mais ses variations ne sont pas comparables à celles que subit le milieu moral ; car celui-ci dépend de nous et il se transforme sans relâche. Cette transformation incessante constitue proprement la civilisation, c'est-à-dire le développement de la société humaine. Bien plus que les changements qui surviennent dans les circonstances extérieures, ou purement physiques, cette transformation du milieu moral exerce une action efficace sur l'homme, et cette action produit à la longue des différences notables entre les hommes de deux époques différentes. Il faut tenir compte de ces différences, et pour l'interprétation judicieuse de certains faits du temps passé et pour la claire intelligence des faits qui se manifestent sous nos yeux, et surtout pour la parfaite connaissance de l'homme, c'est-à-dire de l'humanité, qu'il importe de suivre dans son évolution, de même que, pour avoir une idée exacte de l'homme en tant qu'individu, on le prend dès la formation du germe sans le perdre de vue jusqu'au moment où la mort l'anéantit.

La philosophie médicale qui agite les plus hautes questions ne serait qu'une fiction, si l'histoire de l'art ne fournissait des documents, des preuves et des lumières à la critique, pour la guider dans ses appréciations. L'histoire et la philosophie de la médecine sont, à vrai dire, inséparables ; il suffit de les associer pour que la critique médicale naisse naturellement de leur union. C'est ce qu'ignorent absolument ces amateurs d'érudition facile qui croient n'avoir plus rien à faire lorsqu'ils ont acquis les notions historiques les plus élémentaires, dans ces compilations que l'on décore pompeusement du titre d'histoire de la médecine, et ces songe-creux qui, enfarinés de métaphysique et munis d'un vocabulaire inintelligible, prétendent à régénérer la médecine par ce qu'ils appellent avec emphase la philosophie médicale. Les uns et les autres ne s'inquiètent guère de la critique, sans laquelle l'histoire de la médecine n'est qu'un ramassis de faits incohérents, et la philosophie médicale une fiction.

L'histoire et la philosophie de la médecine ne veulent pas être traitées par de simples érudits et de purs métaphysiciens. Pour aborder avec fruit ces graves sujets, il faut une érudition solide et un esprit exercé à la méditation des questions les plus hautes. L'acquisition des connaissances indispensables est de rigueur ; la réflexion doit faire le reste. C'est particulièrement dans les études de ce genre qu'il importe, suivant le précepte de Buffon, d'amasser des faits pour se donner des idées : à cette condition seulement on peut marcher d'un pas ferme et résolu dans une voie qui ne mène pas bien loin les simples curieux et les amateurs de métaphysique. En médecine, la critique vraiment sérieuse et fructueuse est celle qui s'aide des connaissances historiques pour l'appréciation des choses présentes, et qui se sert de la science actuelle pour éclaircir, par une comparaison judicieuse, les difficultés de l'histoire.

Telle est la méthode par excellence.

Le véritable historien, en médecine, compare ce qui est avec ce qui n'est plus ; il interroge le passé pour la plus sûre intelligence du présent ; et de ce double travail de comparaison et d'enqête, il obtient un précieux résultat, à savoir, la conviction que la philosophie médicale se doit tirer de l'évolution même de l'art médical, à travers les variations et les vicissitudes qu'il est possible d'apprécier, en se laissant conduire par la tradition. C'est dans celle-ci et dans l'information historique qu'on découvre les meilleurs arguments en faveur de la certitude de l'art. Mais la vraie tradition échappe à ceux qui, dans leurs investigations, ne se préoccupent que des systèmes et des théories, c'est-à-dire des variations et des vicissitudes de la médecine, et qui, distraits par les révolutions dogmatiques, n'aperçoivent pas la progression continue et l'unité de développement.

Il y a là une distinction capitale, qui est comme un principe pour l'historien ; si on la néglige, tout le savoir acquis n'empêche pas d'aboutir en dernier résultat à l'empirisme grossier, à l'éclectisme, au scepticisme ou à l'indifférence.

Le premier devoir du médecin qui aborde, dans une chaire ou dans un traité dogmatique, l'histoire de la médecine, est de déclarer nettement que l'art médical, indépendant et autonome, en tant qu'art, n'a point dans son essence l'unité, la fixité, l'uniformité de développement qui constituent proprement et caractérisent la science. Il ne faut pas craindre de le redire, la médecine n'est point une science ; par sa nature aussi bien que par son objet, elle n'est, ne peut être qu'un art ; et l'histoire, qui note toutes les tentatives faites dans tous les temps pour imprimer à cet art un caractère scientifique, démontre avec évidence que ce qui est certain et perpétuel en médecine, c'est la tradition de la pratique, fondée sur l'expérience et fortifiée par l'observation, tradition qui se maintient et se perpétue en dépit des dogmes.

Cette distinction est fondamentale dans l'histoire de l'art, car la perpétuité de la médecine se démontre précisément par la succession de tous ces systèmes éphémères, qui n'ont pas entravé la marche progressive de l'art médical, à travers toutes les vicissitudes qu'il a subies sans s'altérer dans son principe. En possession de trois instruments, ou mieux de trois éléments de vie et de progrès, l'observation, l'induction et l'expérience, l'art médical a de bonne heure circonscrit son domaine et frayé sa voie, ainsi qu'il résulte du *Traité de l'Ancienne médecine,* livre précieux de la collection hippocratique où se trouvent ingénieusement établies les origines de l'art et les lois qui règlent son évolution. Ce traité, qu'il faut connaître à fond, pour bien entendre la médecine grecque, est à coup sur l'œuvre d'un penseur profond et d'un puissant logicien.

L'auteur de ce remarquable livre, a posé, selon nous, les bases de la certitude médicale. C'est un dogmatique, sans contredit ; car il raisonne et argumente en vue d'une thèse ; mais tous ses dogmes et tous ses arguments sont tirés de cet art même qu'il défend, et contre les attaques des sophistes et contre les aberrations des médecins qui, séduits ou égarés par les systèmes philosophiques, cherchaient la science médicale en dehors de l'art. Aussi n'épargne-t-il point les spéculatifs qui, suivant les enseignements et l'exemple du subtil Empédocle (et ce nom résume toutes les théories de l'école pythagoricienne), penchent, dit-il, vers la philosophie (1).

Ce passage est un lumineux commentaire à la réflexion si juste de Celse sur le vrai rôle d'Hippocrate. Ce grand médecin n'est point, comme on l'a tant répété, le père de la médecine ; cette alliance de mots est métaphorique et vicieuse ; mais il a constitué et organisé le premier l'art médical, en le séparant à jamais des spéculations métaphysiques, où le tenaient enveloppé les philosophes naturalistes ses prédécesseurs ou ses contemporains, en l'arrachant aux essais prématurés de synthèse, ou, comme on dit aujourd'hui, de systématisation scientifique tentés par les penseurs qui avaient écrit dès l'origine de la philosophie sur la nature des choses οἳ περὶ φύσιος γεγράφασιν ἐξ ἀρχῆς. Ces derniers avaient en quelque sorte confisqué la médecine, non pas, comme l'affirme Celse, sans hésiter, pour y chercher des ressources efficaces contre l'épuisement produit

____

(1) Λέγουσι δέ τινες καὶ ἰητροὶ καὶ σοφισταὶ.... Τείνει δὲ αὐτέοισιν ὁ λόγος ἐς φιλοσοφίην, καθάπερ Ἐμπεδοκλῆς ἢ ἄλλοι οἳ περὶ φύσιος γεγράφασιν ἐξ ἀρχῆς. *De l'anc. méd.*, § 20, p. 620, t. I de l'édit. de M. Littré.

par les veilles studieuses; mais afin de mieux comprendre ce microcosme, qu'ils englobaient dans leur grande encyclopédie cosmologique.

Hippocrate comprit qu'entre les mains de ces purs théoriciens, l'art médical ne pouvait prospérer, pas plus qu'entre les mains des prêtres et des charlatans; et fort heureusement il émancipa, affranchit la médecine, et de la tutelle des philosophes, qui méconnaissaient son autonomie et la détournaient de son véritable objet, et de celle de ces serviteurs d'Esculape, qui la réduisaient à une sorte d'empirisme brut, par des pratiques superstitieuses. Le service rendu par Hippocrate est de ceux qui rendent un nom immortel. Aussi le nom d'Hippocrate représente-t-il la période la plus mémorable de la vraie constitution de l'art médical. Quand on a bien compris cette période, on tient en main le fil conducteur qui nous guide, par le vrai chemin, à travers les théories et les systèmes qui ont surgi successivement en médecine, sous l'influence des dogmes philosophiques et des croyances religieuses.

Il est permis, sans doute, de mettre en présence les principaux systèmes de médecine et les principaux systèmes de philosophie; mais ce parallèle, si ingénieux qu'il soit, n'est que curieux, et ne peut servir tout au plus qu'à donner une idée telle quelle du développement et de la succession des théories médicales, c'est-à-dire de la partie dogmatique de l'histoire de la médecine. A ce point de vue, le rapprochement est instructif; mais encore faut-il se garder de toute exagération, et se soustraire à ces habitudes et préjugés d'école, qui nous font voir la médecine dogmatique ou systématique obéissant à l'impulsion ou subissant docilement l'influence des doctrines philosophiques.

Il est très-vrai que la médecine a suivi trop souvent les tendances d'une philosophie régnante; mais à une époque où la philosophie elle-même obéissait forcément à la domination souveraine d'un dogme religieux. Il y a là une ques-

tion assez complexe, qu'il suffit d'indiquer. L'historien doit
noter exactement tous les phénomènes qui se produisent, et
tenir compte des circonstances et des influences diverses ;
mais, avant tout, il doit être attentif au développement
normal, à l'évolution naturelle de la médecine. En autres
termes, il ne perdra pas de vue, en remontant aux plus
lointaines origines, la suite de la vraie tradition médicale,
se déroulant à travers les systèmes et les théories. Autrement, il n'aura point la conception nette et claire de la nature, de la constitution, de l'évolution de l'art, c'est-à-dire
du principe de sa vitalité, des lois de son développement,
ou, plus brièvement, de son essence et de son unité.

Dès les premiers essais de coordination, la médecine fut
enveloppée d'hypothèses générales sur la constitution de
l'homme et la nature universelle. Sous ce rapport, la médecine a éprouvé le même sort que la religion, laquelle se
proclame indépendante des dogmes théologiques, et ne
peut s'établir et s'affirmer néanmoins que par eux, en tant
que religion positive. De même l'art médical, parfaitement
indépendant par son essence, n'a pu jamais se soustraire
entièrement à l'influence des doctrines philosophiques. Les
écrits hippocratiques les plus recommandables porte
l'empreinte de cette influence doctrinale ; et dans les plu
parfaits s'aperçoit la trace de ces systèmes prématurément élaborés par les philosophes naturalistes.

Le galénisme, quoi qu'on ait dit et puisse dire, était en
germe dans les écrits qui sont venus jusqu'à nous sous le
nom d'Hippocrate ; et ce n'est point sans raison que Galien
invoque si souvent à l'appui de ses théories et hypothèses
les textes hippocratiques. Il part d'Hippocrate, pour
construire ce système complexe, où tant d'auteurs et de
doctrines sont pêle-mêle entassés. La même confusion apparaît dans les écrits de la collection hippocratique. Démocrite, Empédocle, Héraclite et bien d'autres philosophes
des anciennes écoles s'y trouvent rapprochés ou confon-

dus : preuve évidente que l'art médical, malgré la réforme entreprise par Hippocrate, n'avait pu s'émanciper complétement. Aussi une réaction éclata, peu de temps après Hippocrate, sous ses successeurs immédiats, et elle se prolongea durant toute la période alexandrine.

Chose remarquable! c'est à Cos même que l'opposition se manifesta avec énergie. Philinus fut le véritable chef de ce mouvement. Il rappela l'art médical au principe de l'observation, non pas comme Acron d'Agrigente, qu'on a donné à tort pour le chef de l'école empirique, et qui n'était, paraît-il, qu'un praticien vaniteux ; mais en se tenant en garde contre cette observation grossière et superficielle qui régnait parmi les médecins de Cnide, et qui se bornait à énumérer les symptômes. Philinus adopta la doctrine vraiment médicale d'Hippocrate, c'est-à-dire la prognose, qui comprenait alors ce que nous nommons aujourd'hui la pathologie générale et la séméiotique ; et il rejeta résolûment toutes les fictions et hypothèses qui s'étaient glissées dans la médecine, à la faveur des emprunts faits à la philosophie naturelle. A le bien considérer, Philinus et Sérapion, qui n'étaient, pour ainsi dire, que des médecins purs, furent les intermédiaires qui rapprochèrent deux écoles également célèbres, celle d'Hippocrate et celle d'Asclépiade.

Sextus Empiricus a bien saisi le lien et la transition : ce qu'il a écrit, en philosophe, des méthodistes, peut passer pour une vue très-large sur les anciennes écoles médicales. Asclépiade partait, à la vérité, de la théorie atomistique de Démocrite ; de telle sorte, qu'à ne considérer que le point de départ, il était dogmatiste. Mais outre qu'Asclépiade avait modifié cette théorie, avant de l'introduire dans la médecine, il délivra celle-ci de toutes les entités fictives, de toutes les hypothèses qui se trouvaient en germe dans les écrits d'Hippocrate, et qui furent plus tard réhabilitées par Galien. Il n'est pas facile de démêler les éléments complexes qui ont concouru au développement de l'art médical dans la période ancienne. Raison de plus pour ne pas se laisser dominer par les tendances essentiellement philosophiques, qui empêchent d'apercevoir distinctement l'origine des théories et le jeu des systèmes médicaux.

Comment un historien comprendrait-il l'art médical se développant à travers les siècles, s'il était préoccupé, par exemple, de ce faux principe, de cette prétendue loi d'évolution, qui a été admise par une école philosophique contemporaine? On ne saurait admettre, en médecine, que l'empirisme ait engendré le scepticisme, celui-ci le dogmatisme, et ce dernier l'idéalisme. Ce principe, tant vanté par le charlatanisme éclectique, n'a pas même, en métaphysique, la valeur d'une loi empirique. Et quand même cette prétendue loi de genèse ou de succession serait recevable en philosophie, elle ne le serait point en médecine, notamment pour la période ancienne.

Il faut arriver à Galien pour constater une influence directe et permanente des dogmes philosophiques sur les théories médicales ; encore est-il juste de remarquer que Galien empruntait à tous les systèmes de philosophie, moins pour donner une base à son propre système de médecine, que pour renforcer la démonstration dogmatique qu'il poursuit dans tous ses grands traités. Il est sans doute permis d'établir dans l'histoire de la médecine deux grandes divisions : l'empirisme et le rationalisme embrassent, en effet, dans leur généralité, toutes les écoles dont le souvenir s'est perpétué. Mais la distinction, bien moins nette dans l'antiquité, devient plus manifeste à mesure qu'approchent les temps modernes, parce que des influences qui n'existaient point dans l'antiquité agissent alors sur les esprits, autant que sur les institutions, et ne contribuent pas peu à l'éclosion de nouveaux systèmes, différents des anciens, non-seulement par les noms, mais surtout par le point de départ et les tendances.

La vérité de cette observation ressortira d'une courte comparaison entre les anciens et les modernes systèmes de médecine. Uniquement préoccupés de mettre en parallèle ces systèmes et les doctrines philosophiques correspondantes ou analogues, la plupart des historiens de la médecine ont négligé à tort un élément essentiel, à savoir, la religion et les conséquences capitales de cette lutte opiniâtre qui s'engagea, au déclin de la civilisation gréco-latine, entre les vieilles traditions et les nouvelles croyances. Le mysticisme médical est un des plus curieux et importants chapitres de notre histoire, dans cette période de transition ; et il faut l'étudier dans ses origines, pour bien apprécier la production des doctrines et des systèmes médicaux qui surgirent successivement, sous l'influence du nouvel élément religieux.

Cet élément s'est usé en quelque sorte par son action continue, durant près de vingt siècles ; mais, quoique son influence soit prodigieusement affaiblie, elle persiste encore à côté de la science la plus positive ; et les aberrations qui se produisent dans la science prouvent assez que cette influence est toujours efficace. Encore une fois, ce chapitre, qui reste à faire, est d'une extrême importance. Le lecteur voudra bien se contenter de quelques indications sommaires.

Le mysticisme médical n'a pas précisément la même origine que le mysticisme philosophique de l'école alexandrine. Les savants d'Alexandrie, les médecins surtout, étaient des hommes trop sensés pour céder au tourbillon qui entraîna les néo-platoniciens. Qu'on ne s'étonne point de cette distinction entre les rêveurs ou les spéculatifs et les investigateurs de la nature. Ces derniers, partant de l'observation pour acquérir la connaissance de la réalité, s'abstenaient rigoureusement de toute métaphysique religieuse. Nous savons par le témoignage des contemporains et par Galien, écho de la tradition historique, qu'il y avait dans

Alexandrie plusieurs écoles ou sectes de naturalistes et de médecins très-indépendants, divisées d'opinions, mais rapprochées par des principes analogues et par des tendances communes.

Les naturalistes alexandrins suivaient généralement les méthodes mises en faveur par Aristote et son disciple Théophraste, en physiologie, en anatomie, en zoologie et en botanique; de telle sorte que les sciences véritablement organiques et naturelles se trouvaient engagées dans la voie ouverte avec tant d'éclat par Démocrite d'Abdère, le premier qui, renonçant aux hypothèses, avait pris l'observation pour base de ses raisonnements. Les médecins suivaient cette voie, sans distraction et d'un pas ferme : leurs études étaient essentiellement scientifiques ; et leurs connaissances dérivaient directement des objets. On sait assez que les médecins d'Alexandrie, attachés à l'expérience comme à un principe immuable, finirent par abuser de l'expérimentation, jusqu'à ouvrir des hommes vivants.

Ces observateurs et expérimentateurs se préoccccupaient peu de la métaphysique; ils préféraient aux discussions scolastiques les investigations qui contentaient leur insatiable curiosité, et qui donnaient comme résultat des découvertes utiles, en anatomie, en physiologie et en thérapeutique. Le dogme, car il n'y a point d'école sans dogme, se tirait tout entier de la médecine même, sans emprunts à la philosophie, fort heureusement, car ce qu'on appelait alors philosophie n'était qu'un monstrueux amas de conceptions délirantes.

Les philosophes de la Sorbonne et de l'École normale, qui ont pris au sérieux les mystagogues et théosophes, voire les thaumaturges de la philosophie alexandrine, n'ont pas seulement aperçu ces savants et ces médecins qui maintenaient la tradition scientifique et agrandissaient le domaine de la science, pendant qu'un Aristobule et un Philon corrompaient la philosophie et sophistiquaient l'es-

prit grec, tout en préparant l'alliance de l'Occident et de
l'Orient au profit du judaïsme, et au nom d'une croyance
religieuse que l'on prétendait démontrer comme un système de philosophie. Le travail persévérant des Juifs hel-
lénisants, favorisé par les disciples de Platon, prépara
l'avénement du christianisme ; on peut dire qu'il fut la véritable préparation évangélique. La métaphysique religieuse, autrement, la théologie, naquit en grande partie de
l'alliance des rêveries platoniciennes et des traditions mo-
saïques, de la combinaison qui se fit entre la religion et la
philosophie scolastique, laquelle n'avait rien de commun
avec la philosophie naturelle.

Celle-ci fut représentée par les mathématiciens, les anatomistes, les physiologistes, les naturalistes et les médecins d'Alexandrie.

De tout temps les Grecs ont raisonné sans mesure; mais
de bonne heure l'instinct du vrai et le sentiment de l'utile
les poussèrent à la recherche du réel, recherche qu'ils
poursuivaient souvent jusque dans leurs spéculations métaphysiques. Hippocrate, partant de l'observation, s'était,
à l'aide de l'induction, élevé jusqu'à la saine méthode expérimentale. Sans s'attacher religieusement à Hippocrate,
les médecins de la période alexandrine observèrent et in-
duisirent comme ce grand maître ; mais ils agrandirent la
méthode expérimentale et inductive en étendant le domaine
de la médecine. Non contents de la contemplation des phénomènes morbides, ils s'appliquèrent avec beaucoup de
soin à l'étude de l'organisation sur le cadavre, et même sur
le vivant, et à la connaissance expérimentale des moyens
médicinaux. Ils ne sortaient point de leur domaine, puisque
leurs efforts tendaient à fortifier par des acquisitions positives les deux parties fondamentales de l'art médical, c'est-
à-dire l'étiologie et la thérapeutique. Aussi peut-on affirmer
sans crainte, que leur manière de concevoir la médecine

surpassait, à beaucoup d'égards, la conception hippocratique. Celle-ci était grande assurément et merveilleuse pour le temps où elle se produisit ; mais, en la reconnaissant telle, il est juste de reconnaître aussi que, en bien des points, elle rappelait beaucoup trop et ses origines et les circonstances qui la virent éclore.

Celse a dit, avec raison, qu'Hippocrate le premier détacha l'art médical de la philosophie. Mais Celse n'a pas remarqué qu'Hippocrate, plus préoccupé d'organiser que de réformer, ne s'était point affranchi des théories cosmogoniques, qu'on retrouve dans ses écrits, non plus que de la tradition sacerdotale et des recettes des empiriques. Certes, Hippocrate était aussi émancipé que pouvait l'être un homme issu d'une famille de prêtres-médecins, initié aux connaissances générales sur l'univers et sur la nature humaine par des philosophes et peut-être par des sophistes qui ne doutaient de rien, puisqu'ils expliquaient tout, et réduit à emprunter les ressources d'un empirisme grossier. Son émancipation intellectuelle n'était pas cependant, ne pouvait être complète. Aussi les ouvrages qui portent son nom servirent-ils par la suite de texte et de prétexte à la réaction que provoquèrent tour à tour les dogmatiques, les mystiques et les empiriques.

Galien, par exemple, qui fut un homme de réaction, à ne considérer que le système par lui construit avec des matériaux de toute provenance, avec des éléments hétérogènes et incohérents, Galien se servit d'Hippocrate pour justifier ses théories les plus hypothétiques sur les humeurs et les qualités premières, son empirisme et sa superstition. Élevé dans le temple de Pergame, il prenait au sérieux les jongleries des prêtres d'Esculape ; il ne croyait pas à l'immatérialité, à l'immortalité de l'âme ; mais il admettait sans difficulté les prodiges et les cures merveilleuses qui s'opéraient par des moyens surnaturels. Il y avait en lui du charlatan et de l'illuminé. Aussi ne put-il jamais s'accommoder de la doctrine des méthodistes, qui avaient repris la grande tradition hippocratique, mais sans préjugés d'aucune sorte, en suivant la voie lumineuse des médecins alexandrins, en associant la méthode rationnelle à la méthode expérimentale.

Quiconque a tant soit peu approfondi l'histoire de la médecine, sait combien fut long et pernicieux le règne de la méthode subjective. De tous les anciens, Galien est celui qui a le plus contribué à la consolider et à la perpétuer; et néanmoins, nul mieux que lui ne pouvait servir l'art médical par l'application de la méthode contraire, en suivant l'exemple de ses prédécesseurs et vrais maîtres, les médecins de l'école alexandrine. Par malheur, la force de tête, chez Galien, n'était pas proportionnée à son savoir immense, bien qu'un peu confus. Dépourvu de cette originalité puissante qui crée, discerne et coordonne, il plia sous le faix de son érudition prodigieuse, et tomba finalement dans un éclectisme inconséquent; car, voulant tout trouver dans Hippocrate, son guide unique parmi les médecins, pour se glorifier lui-même en Hippocrate, il emprunta à tous les philosophes indistinctement, et surtout à Platon et à Aristote, ce qui se trouvait à sa convenance, et de tous ces emprunts il s'arrangea un système monstrueux, le mot n'est que juste, si l'on veut réfléchir à l'incohérence des propositions fondamentales, et partant à l'inconsistance des bases de ce système. La philosophie spéculative, celle de Platon, en particulier, gâta cet esprit d'une haute capacité et d'une merveilleuse multiplicité d'aptitudes, mais trop faible pour fonder une doctrine sur des principes solides. Le traité *de l'Usage* ou *de l'Utilité des parties*, qui est le grand titre et le plus beau monument de Galien, anatomiste et physiologiste, ce traité est conçu au point de vue de la finalité, point de départ détestable, à ne considérer que la saine méthode de philosopher dans l'ordre des sciences organiques; car la considération des causes finales, inséparable de la recherche des causes premières, pousse la science positive hors de son vrai domaine et la livre à l'imagination et aux hypothèses.

Galien a eu le tort inexpiable d'avoir, par esprit de réaction, réhabilité, au nom de la philosophie, cette entité fictive qui, sous la vague dénomination de nature, a si longtemps rempli dans les sciences d'observation, et particulièrement de l'art médical, le rôle d'une providence souveraine, active, toujours présente. Or, les plus illustres chefs de l'école médicale d'Alexandrie avaient rejeté cette pure abstraction, cette entité fictive, également condamnée par les méthodistes. Galien, particulièrement hostile aux sectateurs d'Asclépiade, ne tint compte de cette élimination, et, en haine des dogmes d'Épicure et de la philosophie de Démocrite, il invoqua l'autorité de Platon, dont l'influence a été funeste de tout temps au progrès scientifique. L'autorité d'Aristote aurait pu avec avantage contre-balancer celle de Platon ; mais Galien, grand admirateur et partisan d'Aristote, suit plus volontiers la doctrine logique et métaphysique de cet homme incomparable, que ses enseignements si précieux en anatomie et en histoire naturelle. Galien, ne pouvant prétendre à l'originalité, se fit éclectique par impuissance, et introduisit dans la médecine une méthode de philosopher qui n'est bonne que pour les spéculations de la métaphysique et de la théologie. Il n'est pas étonnant que son règne se soit perpétué à travers la décadence romaine et le moyen âge, jusque bien au delà de la renaissance.

Bien différent fut le sort des méthodistes. Ces médecins rejetaient le surnaturel, les entités fictives, les hypothèses oiseuses, les théories humorales et les qualités élémentaires, en peu de mots, toutes les abstractions imaginaires. Ils partaient de la réalité comme principe de toute connaissance, et, dans l'organisation vivante, ils s'attachaient de préférence à la trame solide des tissus, dont ils avaient entrevu ou deviné la propriété fondamentale, celle de se refaire sans cesse par un double mouvement continuel d'assimilation et d'excrétion. Ils étaient dans la vraie méthode, puisqu'ils s'abstenaient, avec raison, de la recherche des causes premières et finales. Galien, au contraire, introduisait dans la médecine une métaphysique subtile; et de plus il donnait la main aux faiseurs de prodiges, aux thaumaturges, dont le nombre n'était pas petit.

Le christianisme et le paganisme se disputaient alors la direction spirituelle, et les merveilles se multipliaient de part et d'autre. La vie d'Apollonius de Tyane, par Philostrate, offre de nombreux échantillons de l'habileté des faiseurs de miracles; et les *Discours sacrés* d'Ælius Aristide nous ont transmis le souvenir des cures extraordinaires qui s'accomplissaient dans les temples d'Apollon et d'Esculape, par l'intercession ou l'intervention de la divinité. Les chrétiens, bien entendu, avaient, de leur côté, autant de miracles qu'il leur en fallait pour répondre aux provocations des païens. Les esprits réellement émancipés de ces temps de décadence, placés entre des témoignages également compromettants de la sottise humaine, se trouvaient, jusqu'à un certain point, dans une situation assez analogue à celle des libres penseurs contemporains.

Et nous aussi, nous avons à nous prononcer, ou mieux, à nous surveiller entre les prodiges qui éclatent pour la plus grande gloire d'une foi mourante, et les merveilles que racontent les spirites, pour appeler de leur nom barbare les gens qui sont en commerce courant avec les esprits. Il est vrai que, dans le doute, nous pouvons nous abstenir, ou encore, imiter l'exemple de Lucien, ce mécréant qui se moquait indifféremment et des thaumaturges chrétiens et des charlatans païens.

L'historien véritablement philosophe prendra en sérieuse considération l'état mental des générations qui vécurent dans cette longue période de transition, et il s'appliquera à observer l'influence très-efficace de cette période sur les temps ultérieurs de la médecine. On ne passe point de la période ancienne à la période moderne, sans avoir en main un fil conducteur plus solide que le lien fictif des doctrines philosophiques, doctrines dont l'enchaînement n'est qu'imaginaire, dont la coordination même n'est pas possible, si l'on ne tient compte de cet élément religieux qui intervient sans interruption, et pénètre ou corrompt les systèmes les plus divers, à partir du moment où la religion s'impose, non plus au sentiment, mais encore à la raison, et triomphe en tous lieux sous le nom de théologie.

Il y a là une source inépuisable de hautes considérations pour l'historien de la médecine.

En présence de ce vieux monde qui s'éteint, ou du moins, qui s'éclipse, pour renaître après de longs siècles, et de ce nouveau monde qui surgit, avec les germes d'une formidable théocratie, qui fera sa grandeur et plus tard sa ruine, l'historien de la médecine, s'il est philosophe, ne saurait rester indifférent. L'art médical, comme tout le reste, ressentit la secousse produite par ces graves mutations. N'oublions pas surtout que la doctrine médicale qui devait prévaloir, en dépit des efforts et de la résistance des médecins engagés dans la vraie méthode, fut celle-là précisément qui s'appuyait tout à la fois sur le surnaturel et sur la métaphysique, c'est-à-dire sur les deux pôles de la théologie. De là le règne presque interminable de Galien. Celui-ci triompha au nom d'Hippocrate, qu'il éclipsait, et sa doctrine fut reçue sans contestation, parce qu'elle conciliait en apparence des éléments incompatibles.

Le méthodisme pouvait-il triompher de même? Non, certes, à ne considérer que le principe et le milieu moral de la société nouvelle. La médecine, telle que l'avait conçue et enseignée Asclépiade, était un art qui tirait de lui-même toute sa méthode, et qui se passait conséquemment de toute intervention métaphysique et surnaturelle. Ceux qui prétendent que le méthodisme se continua jusque bien avant dans le moyen âge, devraient bien nous mettre enfin sur la trace de cette tradition prétendue, ou du moins tellement obscure, que l'œil le plus perçant, à moins d'une illusion d'optique, n'y saurait discerner un point lumineux. Que des pratiques des méthodistes se soient transmises et conservées, on peut l'accorder; mais que les principes, les dogmes, les doctrines fondamentales de l'École se soient perpétués, n'importe sous quelle forme, il faudrait beaucoup de preuves pour le démontrer, et des témoignages irrécusables. De cette transmission doctrinale, nous saurions apparemment quelque chose, d'autant mieux que les doctrines générales de l'École méthodiste entraient plus immédiatement dans la pratique journalière que les doctrines générales d'Hippocrate, propagées, non sans altération, par Galien. Pour ne prendre qu'un seul exemple, la théorie de la métasyncrise, ou récorporation, s'était entièrement perdue, tandis que les théories hypothétiques sur les crises, les jours critiques, les tempéraments et les humeurs s'étaient conservées, fortifiées et amplement développées. Le galénisme, en un mot, se tenait debout et régnait en souverain, tandis que le méthodisme tout entier avait disparu comme système de doctrine.

Qui ne sait que les méthodistes, à force d'observations patientes et d'essais réitérés, avaient fondé sur des bases solides la pathologie et la thérapeutique, c'est-à-dire la doctrine générale des maladies chroniques? Et qui ne sait aussi que les affections chroniques restèrent lettres closes pour la très-grande majorité des médecins, depuis l'invasion de la barbarie jusqu'à la renaissance?

L'intervention de l'élément religieux, qui fut souveraine au moyen âge, dura longtemps encore dans la période moderne. Les systèmes de philosophie, pas plus que les systèmes de médecine, n'échappaient à l'influence, on pourrait dire, à la domination théologique.

Descartes, de même que Bacon, était au fond, non pas un philosophe, au sens exact du mot ; mais un métaphysicien dont les théories, un peu trop empreintes de l'esprit géométrique, étaient conçues, réglées et coordonnées d'après ses convictions religieuses. Sans doute, ce fut de sa part une grande hardiesse que d'essayer de réduire tout l'ensemble de l'univers à un problème de mécanique. Mais, tout en poursuivant hardiment la solution de ce grand problème, Descartes n'aperçut point la distance qui sépare le monde physique proprement dit de la matière organisée et vivante ; il fit de la métaphysique la science par excellence, en la réservant exclusivement pour l'homme et pour la cause première, et il ne réfléchit pas qu'en détachant l'homme de l'animalité, il jetait la connaissance de la nature humaine dans une voie sans issue. Avec ses prétentions de réformateur et de novateur, Descartes conçut la philosophie comme une manière de théologie laïque. On sait que lui aussi avait sa théorie sur le système de l'univers ; et cette théorie, abstraction faite de la partie mathématique, ne l'emporte pas de beaucoup sur la cosmogonie de Moïse.

L'influence du système cartésien, détestable à bien des égards, le fut particulièrement en ce qui concerne la conception fondamentale de la nature humaine. Descartes avait, à la vérité, cherché puérilement une place pour l'âme dans le cerveau ; mais, métaphysicien avant tout et suivant le vieux système scolastique, il ne livrait pas au médecin l'étude des fonctions supérieures ou cérébrales, sans laquelle la physiologie et la pathologie sont également mutilées, tout en reconnaissant d'ailleurs l'influence qu'exerce le physique sur le moral. Ainsi, l'âme, principe de la pensée, passait tout simplement de la direction des théologiens sous celle des métaphysiciens ; et ceux-ci ne prévoyaient pas alors qu'ils seraient un jour fort en peine de diriger cet être pensant, qu'on ne peut soustraire, quoi qu'on fasse, à la compétence, ou mieux, à la juridiction des physiologistes.

Deux sectes de médecins sortirent de la philosophie de Descartes : les uns qui, acceptant la distinction de l'âme et des organes, abandonnèrent celle-là aux métaphysiciens et soumirent ceux-ci aux lois et aux démonstrations de la mécanique, en s'appuyant, tantôt sur la physique, tantôt sur la chimie ; les autres qui, revendiquant les deux éléments de cette dualité, l'âme et le corps, cherchèrent dans la portion immatérielle l'explication, la raison et l'origine de tous les phénomènes qui se manifestent par les organes.

On comprend, au point de vue de la logique, la manière de voir des iatro-mécaniciens et des iatro-chimistes ; mais il faut convenir aussi que les animistes étaient très-conséquents avec leurs principes, et même beaucoup plus conséquents que les autres, puisqu'ils trouvaient dans la théologie et dans la métaphysique une justification à leurs théories. Ce qu'il y a de singulier, c'est que le retour à l'unité se fit précisément par des esprits qui subissaient cette double influence. Mais ils ne prévoyaient point à coup sûr les conséquences rigoureuses que l'on devait tirer plus tard de leurs spéculations. La religion, d'ailleurs, autorisait, consacrait leur système. Aussi s'y attachaient-ils de bonne foi, avec une piété sincère et d'une grande ferveur de zèle, à tel point qu'il est permis de dire, que par eux la religion servit pour la première fois et très-efficacement la science. La vie n'étant à leurs yeux qu'une sorte d'animation, tous les phénomènes organiques passaient pour autant de manifestations de l'âme. Ils mirent beaucoup de soin à surveiller ces manifestations, qu'ils notaient très-exactement, en intervenant le moins possible, car ils avaient une confiance, non pas absolue, mais très-grande dans la sagesse de cette puissance directrice dont les erreurs ou les défaillances s'expliquaient théologiquement par le péché originel.

Ces explications étaient le côté faible de l'animisme ; mais elles ne valaient ni plus ni moins que celles des naturistes pour rendre compte des actes ou des efforts de la nature conservatrice. A tout prendre, mieux encore valait la foi profonde d'Amboise Paré : « Je le pensay et Dieu le guarit, » disait naïvement ce bon huguenot, après avoir rempli en conscience son devoir de chirurgien; et, n'en déplaise au moderne éditeur de Paré, ce mot n'est point d'un naturiste, mais d'un croyant sincère qui s'en rapportait bonnement en toutes choses à la Providence divine.

Bien plus que les doctrines iatro-chimiques et iatro-mécaniques, très-propices aux procédés d'expérimentation, l'animisme servit aux progrès réels de l'art médical, en perfectionnant la méthode d'observation, et en ramenant la thérapeuthique, étouffée sous le fatras de la pharmacologie et de la polypharmacie, à l'usage des moyens de l'hygiène, c'est-à-dire aux principes mêmes de l'art, à la vraie tradition médicale. Plus tard, il suffit de rejeter l'hypothèse métaphysique de l'action de l'âme pour se trouver en plein vitalisme ; et j'entends par vitalisme, non pas cette doctrine qui, par une autre hypothèse métaphysico-théologique , part d'un être de raison, nommé principe vital ; mais celle qui, sous l'influence des idées solidistes, prend racine dans la science même de l'organisation, et reconnaît les propriétés organiques, c'est-à-dire inhérentes aux tissus dont la trame forme les organes. Cette doctrine, qui peut à bon droit se rapprocher de celle des anciens méthodistes, a définitivement émancipé la médecine en la remettant dans la bonne voie, en lui restituant sa vraie méthode.

Quand on connaît l'histoire et la philosophie de l'art médical, on sait comment cette doctrine s'est prdouite, développée et affirmée, et l'on s'inquiète peu des prétentions intempestives ou ambitieuses de ces nombreuses petites sectes qui ressuscitent aujourd'hui sous les noms divers d'animisme, de vitalisme, d'organicisme. Toutes ces sectes ont fait leur temps, et la médecine les rejette avec raison, parce qu'elles sont nées hors de son domaine. L'histoire de l'art inspire à ceux qui l'étudient avec réflexion, à la fois beaucoup de modestie et beaucoup de confiance. Ils ne pensent pas que tout soit à refaire, et ils n'attendent point la vie de ce qui est bien mort. L'expérience des siècles se compose à la fois et des vérités acquises et des erreurs commises. L'art médical n'est pas né d'hier ; il a grandi en traversant les siècles ; et la certitude de cet art repose en grande partie sur la tradition. Telle est la pensée que l'on trouvera dans toutes les pages de ce volume.

III

La vraie philosophie médicale se tire de la médecine elle-même ; et la médecine, qui a si peu d'obligations à la métaphysique, n'a rien de commun, au point de vue de la méthode et des procédés, avec les mathématiques et l'histoire naturelle. Il n'est pas téméraire d'affirmer que la postérité pensera absolument de cette prétendue médecine exacte, dont on a fait tant de bruit dans ces derniers temps, ce que tout médecin doué du sens commun et du sens critique pense dès à présent de la nosographie soi-disant philosophique et des chétives doctrines de cette école descriptive, qui ne se préoccupait que de classifications, et dont l'enseignement a fini par produire cette ridicule litanie de termes baroques et ce barbare et prétentieux jargon sous lequel se cache une ignorance profonde des lois fondamentales de l'organisme vivant et des principes essentiels de la physiologie et de la pathologie générale.

Les tentatives des nomenclateurs, depuis Pinel, loin d'éclairer les obscurités de la nosologie, n'ont eu pour résultat que d'accroître la confusion. Les médecins de Cnide, observateurs minutieux des phénomènes extérieurs et perceptibles, notaient exactement tous les symptômes des maladies, et à chaque symptôme ils donnaient un nom particulier. Ils possédaient eux aussi une riche nomenclature ; mais tout leur savoir se bornait à cette vaine connaissance de mots qui représentaient la réalité et ne signifiaient pourtant rien. Ces médecins, si vivement attaqués dans quelques écrits de la collection hippocratique, ébauchaient le premier système de cet empirisme brut qui a eu tant de partisans en médecine et dont l'influence est toujours présente. La description des maladies, entreprise dans le dessein de reproduire exactement les symptômes pathologiques, avec la préoccupation d'imiter les procédés descriptifs de l'histoire naturelle, a frayé la voie à cette médecine exacte et concrète qui a le privilége de séduire les esprits bornés.

L'anatomie pathologique, dont les services sont incontestables, car elle a contribué à ramener les médecins de l'expérimentation à l'expérience clinique, l'anatomie pathologique a exercé à son tour une action déplorable sur les trois ou quatre générations médicales qui ont précédé la nôtre. L'école anatomique, très-patiente, très-minutieuse, très-consciencieuse, très-exacte, a été menée à son tour par un besoin aveugle de réaction, et en définitive elle a prouvé avec éclat que, pour bien faire la médecine, suivant l'expression de Broussais, il ne suffit pas de connaître le siége du mal. Aussi y a-t-il plus de vérités fécondes dans le poëme physiologique de Bichat ou dans quelques paradoxes médicaux de Bordeu, que dans toutes les collections, recueils, traités dogmatiques, volumes et mémoires infinis de cette phalange de médecins-anatomistes qui ont cru de bonne foi continuer Morgagni et se sont couverts de ce grand nom et de celui de Laennec.

Ce dernier, qui a été peut-être le plus ingénieux des praticiens de ce siècle et le plus habile des modernes explorateurs, a servi de tout son pouvoir la cause de la médecine exacte; il a ouvert le chemin à ces diminutifs d'observateurs, à ces petits investigateurs de vétilles et de minuties qui se rattachent par lui à l'école de Pinel, et qui, à force de recherches minutieuses et multipliées, ont imaginé finalement de faire une science des procédés d'exploration, et ont pensé que rien ne leur manquait de ce qui constitue le vrai médecin, à cause de leur habileté consommée à déterminer une lésion ou altération pathologique, au moyen de l'auscultation, de la percussion, de la mensuration et des mille ressources qui assurent tant de précision au diagnostic.

Broussais, qu'il ne faut pas craindre de citer souvent à ceux qui ne l'ont jamais lu et qui le jugent de haut, sans le connaître, Broussais a dit avec beaucoup de justesse que l'exploration des organes malades ne suffit pas toujours pour dissiper les illusions des systèmes. Rien de plus vrai. Ces intrépides explorateurs de l'école anatomique ont fait tant de chemin, que bien loin d'avoir perdu toute illusion à l'égard de leurs propres systèmes, ils n'ont pas eu conscience du grand écart qui les a détournés du but; ils sont restés hors de la médecine et ont perdu jusqu'au sentiment de leur art et de la vraie méthode médicale.

On ne peut, sans mentir à la vérité, les accuser d'avoir donné dans l'ontologie : leur médiocrité radicale, autant que l'étroitesse de leurs principes, devait nécessairement les préserver de tout contact avec les idées et les doctrines philosophiques ou métaphysiques, n'importe leur provenance; mais l'amour de l'exactitude et l'esprit scientifique, dont ils croyaient avoir le monopole, n'ont pas empêché ces dociles sectateurs de Bacon et de Laplace de tomber dans la nullité. Leur vocation était de finir par l'impuissance et de donner aux générations à venir un enseignement négatif. L'enseignement a coûté bon, et à ceux qui l'ont donné, sans y penser, et à ceux qui l'ont reçu; car ces derniers, recevant en même temps l'impulsion immédiate de leurs devanciers, ont fait comme eux fausse route et ont contribué, toujours sans conscience de leur rôle, à l'anarchie doctrinale qui distingue cette période de transition, si pénible à traverser pour ceux qui entrevoient l'avenir, malgré la connaissance qu'ils possèdent de la tradition médicale.

Cette tradition, ignorée de la plupart de nos médecins, par suite de l'indifférence générale pour les études d'érudition et d'histoire, sans lesquelles toute critique est impossible ; cette tradition, en dehors des systèmes, des théories et des dogmes divers, s'est maintenue et continuée à travers les siècles par les grands praticiens dont la succession a été recueillie, dont la méthode se perpétue dans cette école que les modernes appellent justement empirique, la médecine étant un art d'observation, fondé sur l'expérience. Mais un grand praticien, la remarque n'est pas inopportune, n'a rien de commun avec ces praticiens vulgaires et innombrables qui suivent en rampant la routine et se traînent dans l'étroite ornière de l'empirisme brut. Un grand praticien est un « homme exercé à comparer les symptômes avec les modificateurs, » a dit excellemment Broussais, et cette définition du réformateur et du critique des doctrines médicales ne saurait être désavouée par les médecins les plus hostiles à l'école physiologique. Il ne faut plus songer aujourd'hui à nous ramener à cette période où l'anatomie pathologique et l'observation pure avaient envahi tout le champ de la médecine.

L'anatomie pathologique, après avoir promis inconsidérément beaucoup plus qu'elle ne pouvait donner, commence à baisser pavillon, notamment depuis que l'analyse, appliquée rigoureusement à l'histologie et à l'hygrologie, a ramené les esprits à l'étude sérieuse de l'anatomie générale. Il est aujourd'hui démontré que l'examen d'une tumeur, d'une lésion, d'une altération pathologique est illusoire, si le microscope et les réactifs n'interviennent à propos pour démontrer la nature intime et le vrai siége des lésions. Les désordres visibles à l'œil nu ne peuvent se déterminer ni par le poids, ni par le volume, ni par la configuration, ni par la forme ; il faut de toute nécessité pénétrer jusqu'à la trame

des tissus et saisir la modification des éléments anatomiques, analyser, en un mot, finement et subtilement, et non
suivant les procédés empiriques et grossiers de l'ancienne
anatomie pathologique.

Cete analyse moléculaire est la seule qui puisse aider à la
précision du diagnostic et éclairer l'étiologie. L'anatomie
générale a été lente à se former, parce que la connaissance
analytique de la structure et de la texture de l'organe, acquise tardivement, a laissé durant de longs siècles le champ
libre aux vieilles théories. L'analyse, fructueusement appliquée à la trame des tissus, est enfin venue nous délivrer des
fictions que la méthode déductive, trop ingénieuse et surtout trop pressée de conclure, par amour de la synthèse,
avait substituées à la réalité. L'analyse ne nous a pas, à la
vérité, entièrement délivrés des hypothèses; mais il n'est
pas tout à fait regrettable qu'elle ne nous ait pas rendu
ce service ; car enfin il faut faire la part de l'intuition, et
ne pas mépriser ces vues de l'esprit qui ressemblent à une
sorte de divination, sauf à les soumettre, par une vérification sévère, au contrôle de la réalité.

L'observation est sans contredit un excellent procédé,
un utile et indispensable instrument, mais un instrument
qui doit être manié avec intelligence et dirigé par la raison.
Dans les choses de l'art, la mécanique ne doit pas intervenir. Certes, les observateurs ne manquent point de nos
jours. Il n'est si petit interne d'hôpital qui ne soit maître
passé dans ce métier d'explorateur qui s'apprend en quelques mois, par une application assidue des sens et un exercice répété. Chacun observe minutieusement, consciencieusement, avec le désir de faire des prodiges en matière de
diagnostic. Le noviciat n'est pas très-long; grâce à l'habileté consommée des maîtres, les apprentis imitent parfaitement, reproduisent sans faute toutes les manœuvres auxquelles ils assistent tous les jours, et ils arrivent sans trop

de peine à diagnostiquer sûrement une lésion locale, mais sans se douter seulement qu'ils ne savent que l'accessoire et ignorent de tout point l'essentiel.

Parmi tant de médecins si bien exercés à la manœuvre clinique, combien en est-il qui rappellent dans leurs écrits, dans leur enseignement ou dans leur pratique la définition du grand praticien, telle que l'a donnée Broussais? La science de ces minutieux explorateurs, en étiologie et en thérapeutique, se réduit à presque rien ; et ils ne semblent pas s'inquiéter beaucoup de la connaissance des causes et de celle des indications, sans lesquelles il n'y a point de médecine. Ils n'en sont pas plus modestes pour cela ; et, très-fiers de leurs tours de force en diagnostic, ils se persuadent que par eux a été renouvelé l'art médical, et qu'ils ont relevé l'édifice depuis les fondations jusqu'au faîte. Ils diraient volontiers, comme Apollon, dans le poëte :

Inventum medicina meum...

Le symbole de ces médecins à courtes vues et à grandes prétentions n'est pas chargé de beaucoup d'articles ; la formule en a été donnée par un des plus autorisés, et, quoiqu'elle remonte à plus d'un demi-siècle, elle n'a rien perdu de sa signification ni de son à-propos. La voici fidèlement reproduite :

Il suffit d'avoir des yeux et de la patience pour amasser des observations, et l'art de faire des recherches en médecine est presque réduit à une sorte de mécanisme : il n'est point alors nécessaire d'avoir un grand talent pour composer un ouvrage utile (1).

On ne saurait s'exprimer avec plus de netteté. Cette phrase, un peu solennelle dans sa vulgarité, est la profession de foi de cette école qui, sous de modestes apparences, se croit appelée à régénérer la médecine, et qui commence par

______

(1) Bayle. *Recherches sur la phthisie pulmonaire.*

convier les plus médiocres intelligences à l'œuvre commune de rénovation, en attendant que, pour nombrer, compter et numéroter ses incalculables richesses, elle invoque le secours de l'arithmétique. *Numerus datur, ubi quæritur pondus*, a dit un ancien, comme en prévision de ces excès de numération, qu'un excellent observateur avait prévus et s'était efforcé de conjurer, dès le milieu du dix-huitième siècle, en remarquant avec beaucoup de sens que les observations se doivent peser et non compter. Sage précepte, qu'un moderne clinicien a cru devoir modifier par une variante, de façon à rendre ainsi la pensée de Morgagni : « Il ne faut pas seulement compter les observations, il faut encore les peser. »

Cette formule éclectique, qui s'étale dans un traité de philosophie médicale (où il n'y a pas un seul principe, une seule idée, un simple aperçu, une simple vue philosophique), prouve assez jusqu'à quel point d'infériorité peut descendre l'esprit scientifique, lorsque, prenant au pied de la lettre le conseil imprudent de Bacon, il arrache ses ailes et se charge de plomb.

Un médecin connaissant l'histoire de son art, voudra-t-il jamais accepter ces misérables principes d'un matérialisme grossier, et ne protestera-t-il pas hautement contre ceux qui les glorifient, au nom de la tradition médicale et des intérêts de cet art que nos manœuvres voudraient réduire à une sorte de métier mécanique, sous prétexte d'exactitude, et en haine des spéculations philosophiques ?

Ce culte du fait brut et de l'observation passive se concevrait à la rigueur, si la médecine en était encore à chercher sa voie et se traînait de nos jours, comme par le passé, à la remorque des systèmes métaphysiques, théologiques, mathématiques, physiques et chimiques qui l'ont agitée et dominée durant une si longue suite de siècles. Mais l'art médical, depuis qu'il a trouvé une base inébranlable dans la science générale de l'organisation, est entré dans une nouvelle période, et ce ne peut être en aucune façon par l'empirisme irrationnel qu'il sera épuré, régénéré et définitivement acheminé vers le progrès indéfini.

L'impuissance radicale de tous ces observateurs obstinés à observer contre le principe même de l'observation, a provoqué la réaction qui se produit depuis quelques années et se prononce tous les jours davantage, au nom et sous l'autorité de ces vieux systèmes surannés, morts et enterrés, qu'on ne ressuscitera point, quoi qu'on fasse, puisque leur temps est passé sans retour et qu'il n'y a plus pour eux raison d'être. Le vitalisme s'agite dans ses dernières convulsions ; l'animisme n'est plus représenté que par des professeurs de logique ; l'homœopathie s'efforce en vain de nous ramener au mysticisme et à la scolastique ; le néocatholicisme médical (car elle existe aussi cette secte ridicule) se démène en pure perte dans son petit coin : les modernes comprennent à merveille qu'il n'y a rien à prendre au moyen âge, et ils se rient des prétentions folles de ces philosophes orthodoxes qui invoquent le symbole et les mystères, le dogme, la théologie et la métaphysique de saint Thomas, et s'enfoncent dévotement dans l'inintelligible.

Les nouvelles générations médicales sentent très-bien, malgré les tristes influences du milieu contemporain et la pauvreté d'un enseignement sans principes, que ce n'est point dans ce passé irrévocable qu'il faut chercher les sources vives et les germes féconds. La vitalité n'est point dans la mort ; et tout en rejetant le joug que voudrait imposer la réaction, au nom de la foi et du spiritualisme, ces générations réagissent aussi contre cet inepte et grossier matérialisme, que le culte de l'observation brute et passive a introduit dans la médecine, et qui a eu un résultat doublement fâcheux, puisqu'en méconnaissant les principes mêmes de l'art, il a faussé la vraie méthode et rompu la tradition médicale.

Malgré l'insuffisance de leur éducation philosophique,

ceux qui apprennent maintenant la médecine ont sur leurs maîtres cet avantage inappréciable, de savoir que l'art qu'ils étudient ne peut se transmettre par les méthodes adoptées en histoire naturelle. Cherchant la voie et la lumière, ils s'arrêtent volontiers à écouter les promesses des docteurs qui se vantent de posséder des principes, des doctrines et une théorie, ou mieux une philosophie; car il en faut une à tout prix pour coordonner les éléments de la médecine. Mais cette philosophie après laquelle on soupire, l'histoire le démontre à ceux qui ont suivi ses enseignements, ne doit pas être cherchée en dehors de l'art médical et de la science qui est le fondement de cet art.

L'histoire de la médecine est un excellent préservatif contre les séductions des systèmes les plus autorisés en apparence, contre les plus brillantes théories; et c'est par elle uniquement que la critique, sortant de sa torpeur et prenant un rôle actif, peut faire justice et du matérialisme plat qui nous a ravalés si bas et du charlatanisme doctrinal qui, pour mieux tromper les simples, invoque la religion, prend le masque de la philosophie et nous leurre de vaines promesses. Il faut également se défier et des observateurs superficiels et routiniers qui simplifient toutes choses, et des professeurs de galimatias, dont la nullité se dissimule sous des mots sonores et vides de sens. Gardons-nous d'imiter les premiers, et, quant aux autres, souvenons-nous sans cesse de la sentence que Stahl répétait souvent après Sénèque : « Ne nous payons jamais de paroles : » *Cavendum imprimis ne verba nobis dentur.* En autres termes, ne soyons pas dupes.

LA MÉDECINE

A TRAVERS LES SIÈCLES

HISTOIRE

I

LA TRADITION MÉDICALE

I. — Vicissitudes et progrès de la médecine.

Un empirique se vantait de posséder un secret merveilleux pour la guérison des fièvres. On l'admet, non sans
difficulté, à consulter avec de graves docteurs, et le doyen
de la consultation lui demande : « Qu'est-ce que la fièvre ?
— C'est une maladie que je ne sais pas définir, mais que je
guéris, et vous, qui peut-être la pouvez définir, ne la guéris-
sez point. » Cet empirique était un Anglais, le chevalier
Talbot, compatriote et contemporain de Digby, l'inventeur
de la poudre de sympathie ; son remède infaillible, c'était le
quinquina. Ce médicament précieux venait d'être introduit
en Europe, où il fut d'abord considéré comme le spécifique
de toutes les fièvres, car les hommes, selon la judicieuse
remarque de Broussais, soupirent toujours après les spécifiques ; et voilà pourquoi les charlatans ont tant de succès.

L'histoire du chevalier Talbot, qui pourrait bien n'être
qu'une fable inventée à plaisir, nous a été conservée par

Werlhof, auteur d'un recueil d'observations sur les fièvres. Ce médecin cite avec complaisance la réponse de l'empirique anglais, et son livre n'est pour ainsi dire qu'une thèse en faveur de l'empirisme. En cela Werlhof a été logique; il représente très-bien cette classe considérable de médecins qui font profession de ne s'attacher qu'aux faits, qui, en toutes choses, ne considèrent que l'expérience. Esprit pratique et borné, — même chose souvent, — il n'en avait pas moins de grandes prétentions; il s'étudie à toutes les pages à montrer qu'il n'est étranger ni aux doctrines ni aux théories médicales, pour lesquelles il professe d'ailleurs un dédain superbe. L'expérience étant tout pour lui, il déclare n'appartenir à aucune secte; il n'est d'aucun parti et en tire vanité : il se croit pourtant obligé de faire sa profession de foi, et dans sa haute indifférence il ne trouve rien de mieux, pour exprimer son opinion impartiale sur les systèmes, soit de philosophie, soit de médecine, que la phrase connue de Grotius : « Aucune secte ne possède la vérité tout entière; mais chacune possède une parcelle de vérité. »

Cette phrase, à peine modifiée par Leibnitz, est la devise des éclectiques, qui brouillent tout en prétendant tout concilier. Les empiriques purs se montrent infiniment plus logiques. Par empiriques, nous entendons les praticiens instruits qui s'appliquent plus particulièrement à l'étude stricte des faits et prennent l'observation pour guide principal. Désespérant de trouver le vrai dans les systèmes qu'ils ont bien ou mal étudiés, ils renoncent à tout système, et ne suivent que la nature, faisant bon marché des livres et des théories, et puisant toute leur instruction médicale au chevet du malade. Il se peut qu'ils croient de bonne foi n'avoir point de système; au fond, ils sont réellement systématiques, puisque c'est par raisonnement et de parti pris qu'ils deviennent empiriques. Cette *médecine du bon sens*, comme on l'appelle quelquefois, compte, parmi ses nombreux adeptes, des hommes distingués par l'intelligence et le savoir. Moins rigides que les empiriques de l'antiquité, ils savent accorder quelque attention aux connaissances dont ils prétendent, d'ailleurs, ne pouvoir retirer aucun secours immédiat pour le résultat pratique qu'ils poursuivent. Beaucoup d'entre eux, effrayés sans doute de la contradiction apparente ou réelle des doctrines, des fictions et des hypothèses dont les systèmes abondent, se sont retranchés prudemment derrière les faits d'observation et d'expérience, dans un empirisme méthodique ou raisonné, qui n'est, en définitive, qu'un subterfuge commode pour échapper soit au pyrrhonisme, soit à l'éclectisme médical (1).

Une question se présente cependant, et nous paraît mériter une sérieuse étude. L'histoire de la médecine doit-elle inévitablement conduire à un tel résultat? L'empirisme de la méthode ou du hasard est-il en pareille matière au bout de l'appréciation historique des systèmes, des théories et des doctrines? L'examen de cette question est indispensable pour la parfaite intelligence de l'état présent et de la direction des études médicales. MM. Littré et Robin (2) l'ont compris à merveille, et ils ont fait, dans l'édition nouvelle du *Dictionnaire* de Nysten, une grande place à l'histoire. C'est par l'histoire aussi que nous essaierons d'éclaircir les caractères et les directions de la médecine contemporaine, nous appliquant à montrer comment les controverses du passé pourraient servir à l'instruction du présent ; et comment la certitude et l'efficacité permanente de notre art s'affirment avec évidence par l'étude du passé.

Tous les hommes souhaitent d'être heureux, et il n'est

(1) Voyez *Lettres philosophiques et historiques sur la médecine au dix-neuvième siècle*, par le Dr P.-V. Renouard, 3e édition. Paris, 1861. — M. Renouard est en outre auteur d'une *Histoire de la médecine depuis son origine jusqu'au dix-neuvième siècle*. Paris, 1846, 2 vol.

(2) *Dictionnaire de médecine, de chirurgie, de pharmacie, des sciences accessoires et de l'art vétérinaire*, par P.-H. Nysten. Onzième édition, revue par E. Littré et Ch. Robin. Paris, 1858.

point de bonheur parfait sans la santé, ce qui a fait dire au poëte que la suprême félicité, c'est d'avoir un esprit sage dans un corps sain. De là l'importance de la médecine et son incontestable utilité. Soit qu'elle se borne à donner des conseils salutaires pour l'entretien de l'état normal, soit qu'elle s'efforce de le rétablir par les ressources dont elle dispose contre les causes diverses qui peuvent l'altérer, son intervention est toujours secourable et bienfaisante. L'efficacité de cette intervention est à la vérité accordée par les uns, contestée ou niée par les autres.

En cela, la médecine et la politique, qui intéressent de si près les individus et les sociétés (la liberté étant la santé de l'âme), diffèrent notablement.

Si l'on est obligé de subir trop souvent la tyrannie des systèmes politiques, il en est tout autrement des systèmes de médecine. En médecine, la non-intervention du principe d'autorité a laissé de tout temps le champ libre aux discussions et aux attaques. Au demeurant, cet esprit d'hostilité et de censure, se produisant sous les formes les plus variées, a trouvé plus à reprendre dans la profession que dans l'art lui-même, bien que ce dernier n'ait pas toujours trouvé plus de grâce que l'artiste.

Dès l'antiquité, les critiques se produisent, tantôt fines et railleuses, tantôt amères et brutales. Héraclite haïssait les médecins : il répétait volontiers qu'ils seraient les plus sots d'entre les hommes, si les grammairiens n'étaient là pour leur disputer la première place. Ce philosophe morose avait pourtant un système de médecine à son usage et certaines pratiques qui découlaient de ses théories sur la nature : il en usa si bien qu'il en mourut.

Empédocle, jaloux du médecin Acron, qu'illustraient ses écrits et une longue expérience acquise dans ses voyages, se donnait pour un envoyé du ciel chargé d'exterminer les maladies et autres fléaux destructeurs; il allait de ville en ville, traîné sur un char brillant, revêtu d'habits magnifiques, recevant comme un dieu les adorations et les sacrifices. On sait comment il mourut, victime de sa vanité ou de sa curiosité scientifique.

Platon non plus ne ménage guère les médecins : il se moque volontiers de leur impuissance.

Mais ce même Platon, qui s'est tant égayé aux dépens d'Esculape et de ses successeurs, avait aussi un système de médecine à lui, qu'il avait pris un peu partout, selon sa constante habitude.

Que conclure de ces exemples ? Rien autre chose, si ce n'est que, dès l'origine, il y avait rivalité entre les philosophes et les médecins, et que les premiers étaient jaloux des seconds. Bordeu s'en est souvenu au dix-huitième siècle. Racontant qu'Hippocrate fut mandé auprès de Démocrite, que l'on croyait fou, il observe finement que, dans cette circonstance, ce fut la médecine qui jugea la philosophie, et il ajoute que les philosophes auraient tort de l'oublier.

Chez les Grecs, on se bornait aux épigrammes ; il en était tout autrement chez les Romains.

Les médecins arrivèrent à Rome assez tard, ils eurent bien de la peine à s'y introduire, et l'on ne tarda guère à les poursuivre et à les chasser. On connaît la haine du vieux Caton, qui, abusant de l'autorité paternelle, interdit les médecins à son fils. Le rude censeur faisait pourtant de la médecine à sa manière ; il avait des secrets infaillibles et des panacées efficaces. Sa méthode était fort simple, et, maître absolu dans sa maison, il traitait indistinctement bêtes et gens, sans trop de discernement, il est vrai, mais avec beaucoup d'économie.

C'est à Pline que nous devons ces particularités, et l'on sait que Pline n'est pas favorable aux médecins.

Dans les épigrammes de Martial, pour ne rien dire des autres poëtes latins et de certaines inscriptions bien connues, les médecins sont assez maltraités. Il faut convenir du reste que les satires, même sanglantes, n'étaient souvent que trop fondées et très-légitimes. Lorsque la médecine grecque envahit Rome, la profession était libre, et long-temps après elle l'était encore ; elle se trouvait aux mains d'ignorants aventuriers. La réforme, introduite bien tard, ne fut jamais radicale, même sous la puissante influence exercée par les archiatres (médecins des princes), dont l'office et les attributions ne sont connus que très-imparfaitement. Aux vieux abus s'en ajoutèrent de nouveaux. La profession médicale, qui exige une entière indépendance, une grande dignité de caractère et toutes les qualités de l'homme libre, était aux mains des esclaves ou des affranchis des grandes maisons, avilie et dégradée par ces âmes vénales, instruments dociles et trop souvent complices de la corruption, de la débauche, de l'immoralité ou du crime. La décadence avait tout envahi, et rien ne put échapper à l'universel abaissement.

Après les Barbares, la confusion est grande ; le lien est rompu en apparence, et les données manquent pour dire précisément quels furent le rôle et la condition de l'art médical dans les premiers siècles du moyen âge.

On doit aux Arabes une sorte de renaissance ; mais ce fut avec les premières universités que l'exercice de la médecine prit une direction déterminée et le caractère propre qu'il garde encore aujourd'hui malgré d'inévitables modifications. Une fois l'art reconstitué pour ainsi dire, les vrais médecins reparurent, et à côté d'eux leurs adversaires, beaucoup plus redoutables que ceux de l'antiquité. Ces derniers, on l'a vu, n'en voulaient qu'à la profession, et n'attaquaient guère que les hommes qui l'exerçaient sans avoir donné des preuves préalables de capacité ou de savoir. Chez les modernes, l'art lui-même fut mis en question. Ce n'est pas ici le moment d'énumérer les motifs ou les prétextes de ces attaques : ils sont nombreux, et il suffira d'en signaler quelques-uns.

Avant le moyen âge, la profession médicale était déjà en pleine décadence : en traversant cette longue période, elle déchut de plus en plus ; les traditions de la médecine grecque se perdirent et insensiblement s'effacèrent. L'exercice de l'art devint le privilége des clercs et des moines, fort ignorants pour la plupart, ou bien encore il fut usurpé impudemment par des gens sans aveu, qui trafiquaient de leur incapacité. De là tant de pratiques superstitieuses, tant de procédés absurdes, le surnaturel à la place de l'expérience et le merveilleux au lieu du bon sens. C'était le temps des miracles et des prodiges, le temps où les sorciers rivalisaient avec les saints.

Cependant la peste et la lèpre ravageaient les populations ; mais les ressources contre ces fléaux destructeurs étaient nulles ou misérables. Une preuve entre mille de l'état infime et précaire où était descendu l'exercice de l'art, c'est l'importance réelle et l'influence très-légitime qu'acquirent les Juifs. On les haïssait, on ne leur épargnait ni les persécutions ni les avanies ; mais on les recherchait pour leurs connaissances médicales, acquises dans le commerce des Arabes et dans leurs voyages en Orient, d'où ils rapportaient des médicaments et des drogues. Ils eurent aussi leur part, une part considérable, dans le travail de longue préparation qui aboutit à la renaissance, et leur place est marquée dans l'histoire de la médecine.

La renaissance réveilla l'esprit de libre examen. On revint à l'antiquité, et cet ancien monde fut comme un monde nouveau où les explorateurs faisaient tous les jours des découvertes. Les esprits profitèrent si bien de cette révélation, qu'ils se lassèrent d'admirer et conçurent l'idée d'aller plus loin que leurs maîtres. Non pas tous cependant, car l'antiquité trouva des admirateurs exclusifs et des défenseurs fanatiques. Mais que pouvaient-ils contre l'instinct de réforme qui était partout, dans la religion

aussi bien que dans la science? Les hérétiques et les pro-
testants n'étaient pas uniquement dans l'église. Une lutte
générale commença contre l'orthodoxie : Aristote et
Galien furent traités comme le pape, et dès lors commença
la querelle des anciens et des modernes, querelle si longue, presque interminable, et dont la fin marque définitivement le commencement d'une phase nouvelle pour la
science et pour la civilisation.

Les médecins s'étaient lancés dans la dispute et s'y étaient
distingués par leur ardeur. Chez quelques-uns, elle fut
excessive, et ceux qui avaient pris d'office la défense de
l'antiquité oublièrent parfois la logique pour s'appuyer sur
la force et le principe d'autorité, dont l'impuissance est
surtout manifeste dans les choses scientifiques.

Les modernes devaient l'emporter; mais le triomphe
coûta cher, et l'art lui-même fut souvent compromis par
les contradictions et les querelles scandaleuses qui faillirent amener le discrédit complet de la profession.

Comment la médecine traversa-t-elle cette pénible crise?
Elle finit assurément par se retrouver plus forte, mais au
prix de luttes incessantes. A combien d'ennemis en effet
n'avait-elle pas affaire ! Les charlatans d'abord. Cette en-
geance est immortelle : le monde pourrait manquer aux
charlatans, non les charlatans au monde. De bonne heure
ils se glissèrent dans la médecine, qui leur offrait un vaste
champ d'exploitation et tant de facilités pour l'exercice de
leur industrie; ils s'y trouvèrent bien, s'y mirent à l'aise,
prenant et gardant les bonnes places. Avec le droit de
propriété, ils usurpèrent celui de succession, et, bien loin
d'aliéner ce patrimoine, ils le transmirent fidèlement par
héritage, sans que nul pût s'y opposer, car ils ne sortaient
point de la légalité.

Certes ils ont fait et continuent de faire beaucoup de mal
surtout à l'art qui les enrichit et qu'ils déshonorent. C'est

par eux que les adversaires des médecins ont pénétré jusqu'à la médecine, ou l'ont du moins tenté, se vantant d'avoir
trouvé son côté faible. Les prétentions dévergondées de ces
médicastres, leur ton magistral, leurs grands airs ridicules,
leur ignorance d'autant plus méprisable qu'elle prenait le
masque du savoir, et par-dessus tout les résultats obtenus,
contraires à leurs promesses et à l'espérance de leurs dupes,
tout cela remua la bile ou excita la verve des satiriques.
A vrai dire, le charlatanisme a peu souffert de ces aveugles
attaques, particulièrement dirigées contre l'art et la profession médicale.

De Montaigne à Rousseau, pour ne remonter ni descendre au delà, c'est un concert d'invectives et une suite de
déclamations dont le bruit dure encore, bien que notablement affaibli. Ces variations infinies sur le même thème
n'intéressent que l'érudition ; on peut donc les négliger sans
inconvénient, d'autant qu'elles sont toutes résumées par
les deux philosophes, le sceptique et le déclamateur.

Montaigne et Rousseau ne se ressemblaient guère : tempérament, esprit, caractère, condition, sans compter la distance des temps, tout chez eux différait ; un seul point les
rapprochait : ils étaient l'un et l'autre atteints de maladie,
toujours dans un état valétudinaire, dont il semble qu'un
philosophe devrait s'accommoder avec résignation. Il n'en
fut rien cependant, et ni Montaigne ni Rousseau ne purent
s'habituer à leurs souffrances ou les endurer doucement,
comme Lucien ou le pauvre Scarron, qui se moquaient de
leurs propres maux et s'en consolaient en plaisantant. Là
est tout le secret d'une animadversion passionnée contre
l'art médical et ses adeptes.

Montaigne souffrait de la gravelle : il en a assez parlé dans
ses *Essais*, ce « livre de bonne foy, » comme il dit, qui a tant
servi au contentement de sa vanité et à la satisfaction de son
amour-propre. Un homme du métier n'aurait pu décrire plus
minutieusement les symptômes de cette affection : il en

étudie patiemment les causes et les effets, en énumère les inconvénients, en calcule même les suites et les avantages, oui
les avantages, car ce sceptique, si indifférent en apparence
à toutes choses, et qui ne l'est véritablement que pour ce
qui ne le touche pas de près, ce sceptique tire doublement
parti de sa maladie : premièrement, pour médire des médecins et de la médecine ; en second lieu, pour faire montre
de son courage, de sa patience inaltérable, de la résistance
qu'il opposait à la douleur, imitant en cela les vieux
stoïciens. En même temps il ne laisse pas d'aventurer quelques idées sur la nature du mal, de disserter sur les remèdes, de faire de la théorie, et de prodiguer des conseils
pour la pratique. Ce philosophe malade oublie son rôle,
sort de ses attributions, et raisonne en médecin, mais autrement à coup sûr qu'un médecin ne raisonnerait, fût-il
malade. On sent que Montaigne, qui avait couru toutes les
eaux de l'Europe pour guérir sa gravelle, n'a pas voulu
perdre le fruit des observations qu'il a consignées bien ou
mal dans son journal de voyage, et l'on s'aperçoit bien vite
qu'il avait profité quelque peu dans les consultations de
médecine où il avait été admis en Italie. Dissertant sur
toutes choses et à propos de tout, il trouva bon de dérober
aux médecins leur robe et leur bonnet, et, dans ce costume, il se plut à s'escrimer contre la Faculté. Mais la
Faculté est sans rancune, et c'est un médecin ingénieux et
diligent qui s'occupe aujourd'hui, avec une persévérance
bien rare, de recueillir pieusement tout ce qui concerne
la vie et les écrits du philosophee périgourdin : œuvre
désintéressée et méritoire qui ferait envie à mademoiselle
de Gournay.

Rousseau, non plus que Montaigne, n'a ménagé l'art médical. Il était malade aussi, et ce ne fut pas de la tête seulement. Il vint au monde avec un de ces vices de conformation que l'homme apporte quelquefois à sa naissance, et

qu'il garde toute la vie. Ces infirmités de nature, si l'on peut ainsi parler, deviennent une incommodité permanente, dont l'influence peut à la longue agir, et très-efficacement, sur le caractère, peut-être aussi sur les idées qu'élabore le cerveau.

Cette thèse a été soutenue par un célèbre chirurgien de de notre temps, esprit ingénieux et original qui recherchait le paradoxe et s'y complaisait.

Le professeur Lallemand, procédant à sa manière, a prétendu sonder le caractère et le génie de Rousseau, comme aurait pu le faire un anatomiste devenu philosophe, par la considération des organes malades (1). Sans doute il faut tenir grand compte de l'état de l'organisation, qui était vicieuse chez Jean-Jacques; mais il y avait en lui d'autres vices de nature et d'éducation qui aident à expliquer la conduite et les facultés de cet homme extraordinaire et incomplet. Son infirmité naturelle s'aggrava par suite d'une vie errante et tourmentée, par ses imprudences et surtout par son entêtement.

Rousseau, qui voulait la médecine sans le médecin, se traitait à sa fantaisie. Dans ses courses vagabondes, il avait appris un peu de tout, on le voit bien dans ses écrits, et la connaissance que sa passion pour la botanique lui avait donnée de quelques simples lui semblait suffisante pour tous les cas. Il était de ceux qui s'imaginent que toutes les ressources de l'art sont dans le tempérament et dans l'hygiène, et il faisait selon le vœu de Tibère, qui voulait qu'à trente ans on se passât de médecin, chose possible, si à partir de cet âge on devait compter sans la maladie.

Rousseau, ne pouvant se délivrer de ses souffrances, s'en vengea par des déclamations. Il s'emportait contre les médecins, et prétendait régenter la médecine. A ce sujet, on trouve dans ses *Confessions* un fait intéressant. Il raconte

---

(1) *Des pertes séminales involontaires.*

qu'un enfant d'une de ces grandes maisons qu'il fréquentait malgré sa fière misanthropie tomba malade; les conseils qu'il donna ne furent pas suivis, et l'enfant mourut d'inanition, tué par son médecin. Ce médecin était Bordeu, qui savait pourtant son métier et l'exerçait avec gloire, sans avoir eu la bonne fortune de plaire toujours aux philosophes non plus qu'aux chimistes.

Mais ici nous rencontrons un autre ordre de faits, les luttes qu'a dû soutenir la médecine contre les prétentions des autres sciences, de la chimie surtout.

L'adversaire le plus ardent de Bordeu était Rouelle, si célèbre au dix-huitième siècle par ses connaissances étendues et par l'habileté de ses démonstrations. Rouelle était pharmacien et grand partisan des drogues : à ses yeux le corps était une cornue ou un creuset, et il croyait de bonne foi qu'on pouvait opérer sur lui par les réactifs et obtenir des combinaisons prévues et des résultats certains. Aussi ne pardonna-t-il pas à Bordeu d'avoir traité son frère malade et de l'avoir guéri, non d'après ces théories chimiques, mais en suivant l'expérience et la saine médecine. Il se vengeait du mépris que l'on avait fait de ses principes par une saillie singulière. Pendant plusieurs années, il ne cessa de répéter aux nombreux auditeurs qui fréquentaient son laboratoire : « Ce Bordeu, messieurs, est un pauvre médecin; il a tué mon frère, que voilà ! »

Le trait est plaisant ; mais sous la plaisanterie la réflexion découvre un sens profond qui n'a pas échappé à l'esprit pénétrant de Bordeu, et qui est comme une révélation précieuse pour l'historien de la médecine.

Le mot de ce manipulateur enthousiaste d'ingrédients et de drogues traduit admirablement et avec une grande naïveté les hautes prétentions de la chimie.

Cette science utile était alors en pleine prospérité. De nouvelles découvertes venaient tous les jours l'enrichir; elle gagnait constamment en étendue et en puissance : ses progrès étaient visibles, rapides, et bientôt, avant la fin du siècle, elle allait recevoir une constitution définitive et des lois admirables. La conscience de ses forces et cette marche ascendante lui donnèrent des idées démesurément ambitieuses, et elle en conçut des projets chimériques. Pour les réaliser, elle n'avait point attendu que vînt Lavoisier, qui devait être son législateur.

Qu'on suive un moment son histoire. De très-bonne heure elle avait voulu être maîtresse. A peine dégagée de l'alchimie, elle prétendit comme celle-ci, tant elle se ressentait de son origine, posséder le secret du grand œuvre, la pierre philosophale, la panacée universelle. Il suffit de rappeler, avec les subtilités des Arabes, les folies de l'école de Paracelse, de Sylvius, et la grande vogue des iatrochimistes.

Les vrais médecins frémirent. Effrayés du tour que prenaient les choses et de ces allures de domination tyrannique, Stahl protesta contre ces menaces et ces tentatives d'envahissement, et, poussant la réaction à l'excès, il voulut mettre la chimie hors du domaine de la médecine. On ne peut se défendre d'un étonnement mêlé d'admiration quand on considère que celui qui avait conçu cette audacieuse réforme était le plus grand chimiste de son temps. Il est vrai de dire aussi qu'il n'était pas moins grand médecin ; cet effort héroïque le prouve surabondamment, et ce sera l'éternelle gloire de Stahl, qui s'est trompé avec ses contemporains, mais non comme eux, d'avoir défendu la médecine contre les empiétements des sciences auxiliaires et préparatoires, dont elle se sert utilement sans doute, mais auxquelles elle ne saurait se soumettre en esclave.

Il n'a pas fallu moins de trois siècles pour réduire à néant ces prétentions folles.

Aux premières lueurs de la renaissance apparaît la chémiatrie, qui veut expliquer tous les phénomènes de l'économie animale, saine ou malade, par les principes d'une chimie grossière, et qui, ne voyant dans ces phénomènes que fermentation, distillation, effervescence des humeurs, opère en conséquence dans ce laboratoire vivant.

Plus tard, après les grandes découvertes de Galilée et de Newton, c'est la mécanique qui intervient avec ses forces et ses résultantes, ses machines et ses leviers. Après Harvey, qui démontre la circulation du sang, c'est l'hydraulique, et tour à tour la secte des iatrochimistes ou chémiatres, celle des iatromécaniciens, celle des iatromathématiciens, soumettent les lois des phénomènes de l'économie aux calculs mathématiques.

Ces sectes, diverses en apparence, ont un fond commun et plusieurs traits de ressemblance. Elles représentent toutes et constituent réellement le vrai matérialisme, tel qu'il le faut entendre en physiologie et en médecine, qui consiste à importer dans une science complexe les principes ou les idées générales d'une science plus simple ou moins compliquée.

Faire intervenir dans l'explication des fonctions normales ou troublées de l'économie vivante les lois de la mécanique, de la physique et de la chimie, qui interviennent en effet, mais n'expliquent rien, c'était méconnaître l'existence, dans les éléments anatomiques et les tissus végétaux et animaux, de propriétés élémentaires, différentes de celles des corps bruts, et dont l'étude appartient à la biologie, science des corps organisés et vivants et des lois de l'organisation, radicalement distincte par conséquent des sciences qui ont pour sujet le monde inorganique.

Il est donc vrai de dire que les médecins qui donnèrent dans ces errements furent matérialistes au sens rigoureux du mot, de même qu'on put nommer spiritualistes ceux qui, méconnaissant aussi la constitution intime de l'organisme, et partant les propriétés irréductibles inhérentes à la matière organisée, firent intervenir, pour expliquer certains phénomènes, des entités ontologiques, des causes hypothétiques, des principes indépendants de la matière, bien qu'agissant en elle dans l'état normal ou pathologique, — êtres de raison connus successivement sous les noms d'*âme, archée, esprits animaux, force* ou *principe vital.*

Il nous a suffi de signaler les traits principaux qui distinguent et séparent nettement matérialistes et spiritualistes. La vérité n'était d'aucun côté; mais ceux-ci, il faut le reconnaître, l'entrevirent et s'en approchèrent davantage. S'ils ne surent pas se soustraire aux influences métaphysiques et religieuses, — et il n'était pas facile d'y échapper alors, — ils firent du moins des efforts constants et énergiques pour arracher la médecine aux vues ambitieuses de ceux qui menaçaient son indépendance, et voulaient l'asservir sous prétexte de l'émanciper. C'est à cause de cette énergique attitude que l'école de l'animisme, et le vitalisme qui en émane, méritent une belle place dans l'histoire moderne de la science.

Stahl a produit Barthez et Bordeu, et Bordeu a produit Bichat, qui a donné à la médecine une base solide, et désormais inébranlable, en fondant la biologie.

A tout prendre, le beau rôle est échu aux spiritualistes, qui ont rendu à l'art médical, et à la science qui lui sert de base, des services plus réels que les matérialistes. Au point de vue purement scientifique, ceux-ci en effet n'ont presque rien laissé de durable, tandis que les autres ont contribué très-efficacement à maintenir les lois propres de l'organisme, en les expliquant d'une façon vicieuse, il est vrai, comme celle de leurs adversaires, mais à coup sûr moins compromettante.

Des deux côtés, il y avait erreur de logique et vice de méthode. Non que la science positive condamne absolument les hypothèses, comme moyen d'investigation scientifique; mais elle n'admet que celles qui peuvent être vérifiées. En conséquence, elle désavoue ceux qui empruntent les abstractions des physiciens et des chimistes, et veulent expliquer les phénomènes de l'organisme vivant par le calorique ou l'électricité, ou par quelque autre fluide impondérable, comme serait, par exemple, le prétendu fluide nerveux. Elle désavoue de même ceux qui s'obstinent, en dépit de l'évidence et des progrès amenés par le temps, à importer dans l'étude de l'économie animale, à l'état normal ou pathologique, les visions de la théologie ou de la métaphysique, en y ajoutant parfois la prétention singulière de concilier la physiologie avec les dogmes religieux et les doctrines de la philosophie spiritualiste.

Aujourd'hui les deux partis, représentés par deux écoles célèbres, sont encore en présence, mais combien affaiblis ! Le terrain manque sous leurs pieds. Vaincus l'un et l'autre, et vaincus sans retour, ils s'éteignent peu à peu, laissant dans l'histoire le souvenir ineffaçable de leurs luttes ardentes et prolongées, qui durèrent trois siècles et plus, de la fin du moyen âge jusqu'à la révolution française, et au delà.

Deux sectes de médecins dont nous avons déjà parlé, les empiriques et les sceptiques, s'étaient, soit calcul, soit indifférence, tenues en dehors de tout conflit. Les empiriques étaient généralement des esprits sains, qui s'attachaient à l'expérience, s'appliquaient à suivre la tradition et à la maintenir, en se préoccupant avant tout des choses utiles à la pratique.

Cette école, célèbre dès l'antiquité par sa rivalité avec les dogmatiques, négligeait tout ce qu'elle considérait comme des spéculations oiseuses, se bornant à bien observer, à suivre attentivement la production et la marche des phénomènes, notant avec un soin scrupuleux les effets des remèdes, et consignant avec une grande exactitude le fruit de ses observations.

Chez les modernes, cette école a eu d'illustres représentants. A leur tête est Sydenham.

Ceux qui ne connaissent pas à fond les écrits excellents de ce grand médecin seront peut-être bien aises de savoir ce qu'il pensait de son art, et de connaître là-dessus ses idées et sa manière de voir. C'est lui-même qui va nous le dire dans un passage de ses œuvres où il s'est peint au naturel :

« Le temps que d'autres consacrent à l'étude des livres, je le donne tout entier, dit-il, à la méditation. C'est mon habitude, et je m'inquiète moins de l'accord qu'il peut y avoir entre mes assertions et celles d'autrui que de savoir si les choses que j'avance sont ou non conformes à la vérité. Je suis ainsi fait, et telle est ma nature. »

Cette confidence, précieuse à recueillir, est adressée à un confrère célèbre qu'il félicite, en termes chaleureux, d'avoir, malgré la variété et l'étendue de ses connaissances, préféré « à la poursuite des vaines spéculations l'étude des difficultés inhérentes à la pratique : choses diverses, ajoute-t-il, et qui ne diffèrent pas moins entre elles que les graves occupations de la sagesse et les jeux frivoles de l'enfance ; choses contraires aussi, et qui d'ordinaire semblent s'exclure. »

Tout Sydenham est dans ces quelques lignes, qui révèlent admirablement les habitudes et les tendances de son robuste esprit. Sydenham d'ailleurs était aussi instruit que peut l'être un médecin qui voit beaucoup de malades ; mais il pensait, non sans raison, surtout dans le temps où il vivait, que l'étude approfondie des systèmes qui se partageaient alors la médecine était peu utile à la pratique. Un homme occupé comme il l'était devait considérer comme perdu le temps donné aux disputes de l'école. Un trait de sa vie sert de commentaire à ce passage, et l'explique parfaitement.

Un médecin, doué de plus d'imagination que de bon sens, demandait un jour à Sydenham par l'étude de quels auteurs il devait se préparer à l'exercice de l'art. « Mon ami, répondit l'illustre praticien, lisez *Don Quichotte.* » Mot incisif et profond dont le sens véritable est que l'étude des livres ne saurait remplacer l'observation ni l'expérience, sans lesquelles il n'y a point d'art médical ni de vrai médecin.

C'est à ces deux sources intarissables et incorruptibles qu'a puisé sans cesse l'école dont Sydenham est le chef, et qui a donné à la médecine ce nombre infini de sages et modestes praticiens dont l'esprit sensé s'est contenté et se contente encore de copier, d'imiter et de suivre la tradition des grands maîtres. Bordeu, à qui rien n'échappait, appelle ces médecins *populaires* ou *cliniques.* Il les considère comme des esprits *imitateurs* et *copistes*, « qui sont peut-être les plus sages et les meilleurs pour la pratique journalière de la médecine, » mais qui risqueraient, suivant lui, de tomber dans le pyrrhonisme, s'ils s'aventuraient hors de leur sphère et voulaient aller plus haut qu'ils ne sauraient atteindre.

La remarque est juste, comme l'histoire le démontre.

C'est par les demi-savants que le scepticisme se glissa dans la médecine.

Il importe de s'entendre sur le sens véritable que ce mot doit recevoir ici. En philosophie, il s'applique très-bien à ceux qui, s'aventurant sans timidité à la recherche des causes, des entités hypothétiques, de l'absolu que poursuit la métaphysique, arrivent finalement au doute et s'abstiennent. Cette incertitude péniblement acquise se conçoit.

En médecine, il en est autrement. Les phénomènes diffèrent et par conséquent la méthode, c'est-à-dire la manière de les voir, de les apprécier, de les expliquer en les coordonnant; de telle sorte que la qualification de sceptiques ne convient ici qu'à des esprits étroits et prétentieux, qui s'arrêtent à la surface, saisissent incomplétement les choses, perdent de vue le lien qui les unit, se perdent eux-

mêmes dans des difficultés pour eux insurmontables, et
nient hardiment ce qui leur échappe, affirmant dans cette
négation absolue leur incapacité et leur insuffisance.

On a dit qu'un médecin vraiment pyrrhonien ne s'était
jamais vu, et on l'a dit pour avoir confondu les empiriques,
qui se soucient peu du dogme, avec les pyrrhoniens, qui
s'en moquent sans le connaître. Cabanis n'était pas de cet
avis, et, dans le dessein si difficile de convaincre cette
sorte d'esprits, il a composé des ouvrages excellents. Les
médecins qui ne croient point à la médecine exercent leur
art dans des conditions qui ne sont ni logiques ni honnêtes.
En médecine comme en morale, des principes sont nécessaires, et les principes ne peuvent venir que des doctrines.

Plus bas encore dans l'échelle des systèmes, nous trouvons les éclectiques. Il n'est ici question que des médecins
qui, venus à la suite de certains métaphysiciens, ont prétendu faire un système achevé en prenant dans tous les
systèmes ce qu'ils ont de bon.

En théorie, la prétention est absurde et la pétition de
principe manifeste. Pour reconnaître ce qui est bon, il faut
le pouvoir discerner. Une théorie est donc nécessaire, et si
l'on n'a point de système de doctrines, comment pourra-
t-on juger les autres systèmes et les apprécier en connaissance de cause?

C'est donc à bon droit que les éclectiques sont relégués
au dernier rang. Leur apparition a cependant un sens dans
'histoire; elle annonce la fin des systèmes.

Dans l'ordre scientifique, de même que dans l'ordre social, qui dit fin veut dire transition, phase nouvelle, commencement d'une autre ère.

La médecine, après avoir subi des vicissitudes nombreuses et diverses, traverse présentement une période de transition. Elle est en voie d'organisation, dans un état provi-

soire et indécis dont le terme est inconnu, mais qui se manifestera certainement.

Dire ce qu'est la médecine contemporaine n'est pas chose facile. Au lieu de chercher à la caractériser, entreprise ardue et peut-être vaine, il est plus simple de se demander où elle va. S'il est malaisé de déterminer sa direction précise, on peut du moins observer ses tendances.

Il est assez ordinaire de confondre l'agitation avec le progrès, c'est-à-dire les secousses violentes résultant de l'abus des forces avec les mouvements continus et réglés dirigés vers un but. Des premières, l'effet est passager, quel qu'il soit d'ailleurs ; des autres, il est durable et utile. L'action permanente est toujours efficace, lente, mais sûre. Il peut être convenable de rappeler ces vérités trop oubliées aux impatients qui perdent courage faute de bien voir ce qui se passe autour d'eux.

La question de milieu est essentielle en toutes choses : tout le reste en dépend ; c'est donc par là qu'il faut commencer.

La médecine contemporaine vit et se meut dans une atmosphère tranquille. Plus de polémiques ardentes et implacables, plus de dissenssions scandaleuses, plus rien, en un mot, qui révèle une vie exubérante. L'activité intérieure ne se manifeste plus au dehors par l'éclat des œuvres, ni par la nouveauté des doctrines, ni par ces idées hardies qui ébranlent les opinions et entraînent irrésistiblement les esprits. Les séductions d'hier ne seraient plus possibles aujourd'hui : l'enthousiasme est mort, et l'indifférence a tout envahi.

Le fond de tous les enseignements est le même. Une observation exacte, dont la rigueur étroite semble exclure toute élévation et tenir les idées à l'écart ; des faits notés avec soin et consciencieusement recueillis, puis des faits encore, et rien que cela ; des matériaux immenses amassés lentement, avec une patience infinie; des détails minutieux, d'une précision merveilleuse, et une application des sens aux phénomènes si parfaite que les impressions perçues ne laissent rien à faire à l'esprit. L'habileté manuelle tient lieu de sagacité, et l'art de voir, de toucher et d'entendre supplée à l'association des idées et aux combinaisons de l'intelligence.

Tout cela s'appelle la médecine exacte et se combine aisément avec la statistique et le calcul des probabilités. Pour acquérir ces connaissances précises, la bonne volonté et l'exercice suffisent. Bacon n'a-t-il pas dit que la méthode expérimentale, destinée à mettre du plomb à l'esprit, devait un jour niveler les intelligences? Ce jour est venu; l'honnête médiocrité prédite par lui étend au loin son domaine. La médecine exacte est aussi la médecine facile, accessible à tous : la vocation n'y fait rien.

Des procédés ingénieux usurpent le titre de méthode. Peu d'artistes, mais beaucoup d'habiles manœuvres. Toute la médecine consiste en observations; voilà leur symbole.

Observer est beaucoup sans doute; mais il faut examiner d'abord, il faut ensuite méditer, réagir sur les phénomènes perçus, faire, en un mot, acte de raison et d'intelligence. Percussion, auscultation, mensuration, appréciation par le poids et par le volume, tout cela procure d'incontestables avantages; mais, en définitive, ces moyens d'investigation secondaires ne peuvent que poursuivre les symptômes, les circonscrire, s'il est possible, les discerner, s'il y a lieu, rendre le diagnostic plus précis et plus net.

Là se bornent les services qu'on peut retirer de tels moyens pour la connaissance des maladies. Encore faut-il en user avec discernement, et ne point céder à la tentation de faire des tours de force. L'art d'établir avec précision et rigueur le diagnostic d'une affection pathologique est le côté brillant de la médecine clinique; il séduit la foule des

médecins et les entraîne bien souvent à des excès d'exploration qui rappellent les subtilités des recherches sur le
pouls, tant reprochées dans l'antiquité à Galien et à Archigène, et chez les modernes à l'Espagnol Solano de Luque,
à Bordeu et à Fouquet qui l'ont suivi.

Baglivi avait prévu les conséquences qu'entraînent ces
excès. Quoiqu'il fût grand partisan des idées de Bacon,
qu'il s'efforçait d'appliquer en homme supérieur, il s'affli-
geait, non sans raison, du mauvais emploi des ressources
accessoires et des moyens auxiliaires. « De tout cela, dit-il,
notre art reçoit aide et lumière ; mais l'art lui-même ne
consiste pas en cela : *His omnibus ars nostra illustratur*, *non
efficitur* (1). »

Certes le diagnostic est un grand point, et plus il est précis, mieux il vaut. Mais ce qui vaut mieux encor e,c'est la
connaissance des causes et de la nature des maladies, non
de l'essence intime qui nous échappe et qu'il faut abandonner aux chercheurs de chimères. Étiologie et thérapeutique sont deux termes dont l'ensemble constitue la vraie
et grande médecine. Le diagnostic n'est qu'un terme intermédiaire, quoique dans les traités élémentaires destinés
à l'instruction il ait la première place, à tel point qu'on
peut dire de la plupart de ces traités qu'ils n'enseignent
que le diagnostic.

Avec de pareils guides, l'art devient métier et l'instruction apprentissage. Tels sont les livres, tels aussi les
commentaires qui les expliquent, c'est-à-dire les leçons et
les exemples.

On pourrait croire que le tableau est chargé ; il n'est que
ressemblant.

Les ouvrages réputés classiques n'offrent rien de plus ;
ils sortent tous du même moule. Ce sont des manuels gros
de choses et vides d'idées, faits pour la mémoire. La vie

____

(1) *Praxeos medicæ*, lib. 1, c. 1, § 10.

est absente de ces énormes livres. Le nombre est infini des traités de pathologie générale où il n'y a point d'idées générales, des traités de philosophie médicale où il n'y a point de philosophie. Des définitions arides, des classifications incomplètes, vicieuses ou arbitraires, des dissertations inutiles, voilà ce qu'on y trouve.

Les ouvrages de médecine publiés de nos jours ont de commun avec la plupart des productions de la littérature contemporaine l'absence d'idées, qui multiplie singulièrement le nombre des écrivains. Mais toute la médecine n'est pas heureusement renfermée dans l'enseignement officiel ni dans l'enceinte des académies : le mouvement est ailleurs.

La méthode vicieuse et étroite qui règne dans les écoles ne peut séduire que les esprits vulgaires, préoccupés avant tout des résultats pratiques, et incapables de comprendre la nécessité d'avoir un ensemble de doctrines qui permette de contrôler les observations nouvelles par une vérification exacte, de coordonner les faits d'expérience en les subordonnant les uns aux autres, et de donner ainsi à l'art un caractère scientifique. Une réaction commence à s'opérer contre la routine scolastique; elle s'achèvera par la force même des choses.

C'est au début de la carrière surtout, et d'une carrière longue et pénible, qu'il est utile et nécessaire de recevoir une direction; dès lors la route s'aplanit. Ceux-là sentent tout le prix du bienfait dont l'éducation laborieuse s'est faite à travers mille obstacles.

Les esprits difficiles ou curieux aspirent à la clarté, à l'ordre, à l'unité dans un ensemble qu'ils devinent, qu'ils ne peuvent embrasser, faute de connaître les rapports des éléments de composition et les lois de leur enchaînement. Tel est le besoin qu'on éprouve lorsque, poursuivant la vérité réelle, on s'élève au-dessus des résultats concrets et purement pratiques, lorsqu'on s'abstient avec dédain des subtilités oiseuses d'une spéculation illusoire.

Comme le poëte, comme l'artiste, le savant cherche aussi l'idéal, c'est-à-dire la plénitude d'une conception vraie, lumineuse, capable de satisfaire l'intelligence et de la charmer.

Cet idéal est dans la réalité. C'est la science qui le poursuit et qui l'atteint, la science, fille du temps et des efforts de l'esprit, compagne de la civilisation, providence de l'humanité, intelligence éternelle, active et bienfaisante, qui dirige, organise et prévoit. Ni les promesses de la théologie ni les visions de la métaphysique ne sont comparables aux résultats merveilleux que la science produit sans miracles, car ce qu'elle donne, elle le prend dans le monde sensible, elle le tire des choses réelles. Geoffroy Saint-Hilaire avait deviné ses conquêtes, et s'écriait comme un prophète : « Restons les historiens de ce qui est. »

Cette pensée du grand naturaliste résume admirablement l'esprit d'un ouvrage considérable destiné à faire un grand bien par sa valeur et son opportunité, et qu'il ne faut point juger par le titre, comme ces volumes estimables que la critique abandonne à la bibliographie.

Le *Dictionnaire de médecine*, qui porte le nom de Nysten, entièrement refondu et remanié par MM. Littré et Robin, n'est pas une pure compilation, ni un simple glossaire, ni une suite de définitions par ordre alphabétique. En associant leurs efforts, les deux collaborateurs ont songé à faire autre chose qu'un travail de révision, travail où la patience et l'exactitude suffisent : ils ont tendu plus haut. On trouve dans leur œuvre ce qui manque dans les traités didactiques et trop souvent aussi dans les démonstrations et les leçons orales, à savoir des règles pour la direction de l'esprit, des principes solides, des doctrines conformes à la réalité des choses et aux dogmes d'une saine philosophie, enfin un système scientifique, sans lequel on ne saurait avoir la conception du monde, ce qui constitue la science même, ni embrasser l'ensemble du savoir humain, les éléments qui le composent et leur enchaînement.

On vient de montrer la tendance actuelle de la médecine, qui se renferme dans l'étroite observation des faits. Le *Dictionnaire* de MM. Littré et Robin est une tentative pour provoquer dans les études médicales un mouvement plus élevé et plus fécond. Examiner les principes qui ont dirigé les auteurs, ce sera indiquer peut-être la voie où la médecine moderne est appelée à marcher.

C'est par la conception philosophique que le *Dictionnaire de médecine* se distingue surtout, c'est à elle qu'il doit l'unité de son ensemble. Disciples tous deux de la philosophie positive, MM. Littré et Robin ont appliqué partout cette philosophie en l'expliquant selon les circonstances.

Concevoir les choses telles qu'elles sont, par les moyens de connaître qui sont en notre pouvoir, suivre les phénomènes et les rapporter aux lois invariables qui les régissent, s'abstenir de rechercher l'essence intime des objets et de poursuivre l'absolu, tels sont les principes fondamentaux de cette philosophie. Le relatif est son domaine, et elle abandonne à la métaphysique et à la théologie les causes premières et les causes finales, les questions de fin et d'origine, inaccessibles à l'intelligence et désormais intempestives.

Dans l'ordre des connaissances humaines, elle établit deux classes et divise les sciences en abstraites et concrètes : la science abstraite embrasse les théories générales, la science concrète s'occupe d'un objet particulier.

Cette distinction est capitale; elle permet d'établir une hiérarchie entre les sciences abstraites en commençant par les plus simples et les plus générales et en passant successivement à celles qui sont moins générales, et plus complexes. La mathématique, l'astronomie, la physique, la chimie, la biologie et l'histoire ou sociologie forment le cercle complet des sciences abstraites : elles se développent successivement et ne peuvent se passer les unes des autres, hormis la première, à cause de son extrême simplicité. Dans cet ensemble rentrent tous les éléments du savoir humain, les spéculations sur les nombres, les grandeurs et les mouvements, les phénomènes inorganiques, ceux du monde organisé et des sociétés.

C'est toute la philosophie, si ce mot, d'un usage commun et d'une application vicieuse, doit signifier un système de notions générales qui embrasse toutes choses.

Dans cette vaste conception, tout est compris, tous les procédés qui servent à reconnaître le réel ou le vrai y ont leur emploi.

Connaître la valeur et l'usage de chacune de ces méthodes, savoir en quoi elles se ressemblent, en quoi elles diffèrent, et comprendre en quelle relation elles sont les unes avec les autres, c'est posséder le mécanisme des facultés de l'esprit et les choses auxquelles s'appliquent ces facultés, c'est-à-dire la science tout entière.

Or le médecin doit la posséder, puisqu'il est obligé de parcourir tout le cercle des connaissances. La pratique, sans la théorie dont elle dépend, et qu'elle sert, ne saurait avoir un caractère vraiment scientifique. Le médecin sans la théorie n'est qu'un empirique, et où la théorie fait défaut, l'expérience elle-même perd toute sa valeur : elle devient routine.

Aussi l'éducation médicale doit-elle être essentiellement philosophique, c'est-à-dire conforme aux progrès accomplis par les sciences et fondée sur les généralités qui constituent les principes de la philosophie, ou mieux la philosophie même, si l'on entend par philosophie non pas les spéculations subtiles de la métaphysique, mais la conception du monde réel et de ses lois, conception qui résulte de l'ensemble de toutes les sciences concrètes et abstraites et de la connaissance de leurs rapports.

C'est par là que l'esprit philosophique doit pénétrer dans
la médecine, et le médecin sera véritablement philosophe
dès qu'il aura senti l'importance de ces hautes études et
mesuré la pyramide de la base au sommet, après avoir
parcouru tous les degrés de l'échelle ; car il y a une série
scientifique comme il y a une série animale, et c'est la gloire
des modernes d'avoir poursuivi, puis démontré l'enchaînement et le lien de toutes les connaissances, en faisant voir
comment elles procèdent les unes des autres, et se produisent successivement pour s'élever au même but, qui est la
science générale, résultant de toutes les sciences.

Ainsi se trouve formé le cycle qu'avaient rêvé les philosophes naturalistes de l'ancienne Grèce, alors que la science
ou la philosophie, comme ils disaient, était, suivant la
comparaison d'Aristote, semblable à l'enfant qui balbutie
en épelant les premiers éléments d'une langue.

Ces grands esprits, venus trop tôt pour la satisfaction de
leurs désirs, voulaient une encyclopédie ; ils devançaient
par la pensée cette œuvre lente qui a coûté à l'esprit humain plus de vingt-trois siècles de labeur et de pénibles efforts. Nous possédons aujourd'hui ce que les siècles nous
ont donné, et nous avons beaucoup plus que les linéaments
de l'ensemble. L'inventaire des connaissances est fait, la
classification des résultats obtenus est une encyclopédie
raisonnée, méthodique, qui renferme tous les éléments du
savoir humain, c'est-à-dire tout ce que doit connaître le
philosophe vraiment digne de ce nom, et par conséquent le
médecin ; car la philosophie se compose de tous ces éléments,
et la médecine embrasse toutes les sciences, puisqu'elle se
sert de toutes et ne saurait se passer de leur concours.

A ceux qui seraient tentés de croire qu'il y a là exagération ou parti-pris de subordonner la médecine à un système
de philosophie, il suffira de faire remarquer que la pratique
même de la médecine dépend de certaines connaissances

ou sciences concrètes, dites avec raison sciences médicales : telles sont la pathologie, l'histoire naturelle, la physique et la chimie appliquées, l'hygiène, l'anatomie et la physiologie.

Or il suffit d'avoir quelques notions sur la hiérarchie scientifique pour ne pas ignorer que toutes ces connaissances ou sciences concrètes se rattachent diversement aux connaissances générales ou sciences abstraites ; et il n'en saurait être autrement, puisque la connaissance de l'homme, obligatoire pour le médecin, embrasse non-seulement l'homme même, mais encore tout ce qui l'intéresse et par conséquent tout ce qui est hors de lui. Donc tous les phénomènes, tous les actes, tous les faits accessibles à l'intelligence sont du ressort de la médecine, et partant les lois qui président à leur production.

Hippocrate avait donc raison de dire que la connaissance parfaite de la nature humaine ne peut venir que de la médecine, étudiée ainsi qu'elle doit l'être, dans ses rapports avec les autres sciences. Cette vue du génie a été confirmée par le temps.

La science des sociétés, qui est le couronnement de toutes les autres, est elle-même en relation intime avec la médecine. Ce n'est pas ici le moment de mettre cette relation en évidence. Contentons-nous de rappeler que les profonds aperçus d'Hippocrate, sur les rapports qui existent entre les conditions extérieures et le caractère des peuples (1), ont été repris par Aristote (2) et fécondés plus tard par le génie de Montesquieu (2). Et voilà comment des six sciences qui, dans leur ensemble, constituent la philosophie ou science générale, d'après l'école dite positive, il n'en est pas une seule qui n'intéresse la médecine.

(1) *Des Airs, des Eaux et des Lieux.* (*OEuvres complètes*, trad. E. Littré, t. II.)
(2) *Politique.*
(3) *Esprit des Lois.*

Des six sciences abstraites, la cinquième par ordre hiérarchique intéresse particulièrement le médecin : c'est la biologie ou science des corps organisés.

Le but de cette science est d'arriver à connaître par les lois des phénomènes que ces corps manifestent les lois de leur organisation, et réciproquement.

Les êtres organisés peuvent être considérés à un double point de vue, statique et dynamique, selon qu'ils sont aptes à agir ou qu'ils agissent. L'anatomie, la biotaxie, ou classification scientifique des êtres organisés, et la science des milieux étudient le premier état, c'est-à-dire l'organisation des êtres, les lois de leur arrangement en groupes naturels d'après la conformation des organes, et leurs relations avec les choses extérieures. La considération dynamique appartient à la physiologie, dont l'objet est la connaissance des lois qui président aux actes des êtres vivants, et à la science qui étudie les influences réciproques du milieu sur l'être organisé, étude importante par laquelle la biologie se rattache immédiatement à l'histoire.

Chez les anciens, l'anatomie et la physiologie restèrent dans un état d'imperfection notable, malgré les tentatives des premiers médecins et des philosophes naturalistes. Toutefois, dès ce temps-là, le traité d'Hippocrate sur *les airs, les eaux et les lieux* est une admirable étude de l'influence des milieux sur l'homme.

Aristote, venu après Hippocrate, agrandit considérablement le domaine des connaissances biologiques par ses généralités fécondes et ses travaux d'anatomie comparative; on lui doit la distinction bien nette de la vie végétative et de la vie animale, et des considérations profondes et lumineuses sur les rapports qui existent entre les parties des animaux.

Les anatomistes d'Alexandrie, chercheurs pénétrants et minutieux, ajoutèrent des particularités précieuses à la somme des connaissances : ils découvrirent les nerfs, découverte capitale pour l'intelligence des êtres organisés.

Galien, commentateur et encyclopédiste, résuma tout le savoir des anciens en médecine, anatomie et physiologie. Son beau traité *de l'usage ou de l'utilité des parties* (1) est un monument élevé entre l'antiquité et le moyen âge. Inférieur à l'antiquité en beaucoup de points, le moyen âge l'emporte peut-être sur elle par la culture de l'alchimie, d'où devait sortir la chimie, sans laquelle la biologie ne serait point.

On connaît les grands travaux de la renaissance, les importantes découvertes qui suivirent, et les prétentions folles de la physique et de la chimie, qui faillirent absorber la médecine.

Enfin, après trois siècles d'efforts impuissants, Bichat, renouvelant avec succès les tentatives de Glisson, de Baglivi, de Haller, de Bordeu, de Barthez et de Hunter, arracha la biologie à son état précaire, et la fonda sur la connaissance des propriétés spéciales et irréductibles inhérentes aux tissus.

Dès lors la matière brute ou inorganique fut nettement distinguée de la matière organisée et vivante, laquelle, outre les propriétés physiques et chimiques, a des propriétés inhérentes, dont la manifestation constitue la vie, celle-ci n'étant comme on l'a cru longtemps et comme quelques-uns continuent de le croire, ni un principe ni un résultat, mais une simple manifestation des propriétés spéciales de la matière organisée.

La propriété fondamentale, c'est la nutrition, sans laquelle il n'y a point de vie, c'est-à-dire point d'activité de l'organisation, cette activité ne pouvant se produire que dans un ensemble favorable de conditions extérieures.

La vie ne peut donc se concevoir indépendamment de la

______

(1) *OEuvres anatomiques, physiologiques et médicales*, trad. par le docteur Daremberg. Paris, 1854, t. I.

substance organisée qui en est le siége : il n'y point de vie sans organisation ; mais il n'y a pas nécessairement vie partout où il y a organisation.

La nutrition est la propriété la plus générale des tissus : elle est le fondement de la *vie organique*. L'absorption, la sécrétion, le développement, la reproduction, autant de propriétés du même ordre qui se rattachent à la nutrition et en dépendent. La contractilité et l'innervation sont des propriétés de la *vie animale* ou de relation.

Toutes ces propriétés se trouvent réunies chez les animaux supérieurs, chez l'homme par exemple, qui est à la tête de la série ; de sorte que l'on a trois degrés de la vie : végétalité, animalité, humanité, qui résument et embrassent le monde organique.

Ce n'est pas ici le lieu de s'arrêter aux considérations élevées de l'anatomie générale, ni aux distinctions qu'elle établit entre les parties simples ou élémentaires (principes immédiats, éléments anatomiques), les tissus, les humeurs, les systèmes et les appareils, que l'on peut étudier en allant du plus simple au plus composé, ou en allant, au contraire, du plus composé au plus simple, ce qui est le cas ordinaire dans l'étude de l'organisation animale.

L'essentiel est de savoir que la vie est inséparable des organes qui en sont le siége, et qu'elle suppose l'idée d'un milieu avec lequel les organes sont en relation.

Les actes d'ordre organique ou actes vitaux qui s'accomplissent dans des conditions normales constituent l'état de santé ; mais si des influences diverses, internes ou externes, amènent des troubles, l'état devient anormal, et c'est la maladie.

La médecine étudie ces deux états et se divise conséquemment en deux parties : l'hygiène, qui surveille la santé et prescrit les moyens de l'entretenir, et la thérapeutique, qui applique les agens propres à vaincre la maladie, c'est-

à-dire capables de ramener l'ordre dans l'économie troublée.

L'hygiène a pour point de départ la science des milieux ;
elle traite de l'influence réciproque des organes sur les
choses extérieures. La pathologie, qui aboutit à la thérapeutique, s'occupe des désordres survenus, soit dans la disposition matérielle des parties, soit dans les phénomènes
de l'économie vivante.

Toute la médecine s'appuie de la sorte sur la connaissance des modifications que peut subir l'être organisé, car
toute maladie est modification, de même que toute thérapeutique, et toute l'efficacité de la médecine dépend du
judicieux emploi des moyens capables de modifier l'être
vivant.

La maladie n'est donc pas une abstraction, c'est une
réalité. Elle a un siége quelconque, puisqu'elle n'est autre
chose qu'une altération des propriétés normales dans les
parties vivantes.

Cette vérité, qui est la base de la philosophie médicale, a
triomphé, grâce à Broussais.

Ce grand homme, continuateur de l'œuvre de Bichat,
accomplit la réforme définitive, et du jour où il démontra
qu'il n'y a point de maladies essentielles, le fantôme qu'il
poursuivait sous le nom d'ontologie disparut sans retour.

Ce n'est pas sans raison que ce réformateur hardi appela
la médecine *physiologique*. En définitive, la pathologie étudie les mêmes actes que la physiologie ; mais dans des conditions particulières qui les modifient d'une certaine façon,
de sorte que la physiologie est normale ou pathologique,
suivant qu'elle étudie les actes produits par des parties
saines ou par des parties altérées.

On voit à présent comment la médecine se rattache à la
biologie.

Les maladies ne sont autre chose que des fonctions troublées, et la pathologie est véritablement physiologique.

Il résulte de là que la médecine a dû suivre les destinées de la biologie, et c'est en effet ce qui est arrivé.

Dans l'antiquité, on voit Galien, mettant à profit toutes les découvertes de l'anatomie et les notions accumulées depuis Hippocrate, faire un système de pathologie, et résumer tout ce qu'on savait alors de la relation qui existe entre la maladie et l'organe malade (1).

Il est juste de remarquer qu'avant Galien les méthodistes s'étaient préoccupés du siége des maladies et avaient deviné toute l'importance de cette idée. Un curieux parallèle, où Sextus Empiricus, philosophe pyrrhonien, met en présence les méthodistes et les sceptiques, prouve que dans l'antiquité il y eut une école médicale qui, sans tomber dans les errements des seconds, reconnut admirablement qu'il fallait renoncer à l'absolu et se tenir au relatif. Aussi ne faut-il pas s'étonner de voir Asclépiade, qui fonda cette école, dont le représentant le plus autorisé après lui est Thémison de Laodicée, déclarer que la nature, entité abstraite dont l'école d'Hippocrate avait proclamé l'autocratie, n'est pas seulement secourable, mais nuisible : *non solum prodest natura sed etiam nocet*, dit-il dans Cœlius Aurélianus.

Cette opinion, très-avancée pour le temps, explique très-bien ce qu'Asclépiade avait coutume de répéter, à savoir que la médecine des naturistes était une médication sur la mort. Mot dur, mais qui ne manque point de justesse, car où la nature opère souverainement, l'art peut se dispenser d'intervenir, son intervention étant dès lors secondaire.

Le fait est que la nature, synonyme ici d'économie, n'est en soi ni bonne ni mauvaise, et que son influence supposée est illusoire. Accorder à la prétendue nature médicatrice sagesse et prévoyance, c'est tomber dans un vice de logi-

(1) *Des lieux affectés. (Œuvres anatomiques, physiologiques et médicales*, trad. par Daremberg. Paris, 1856, t. II.)

que. Cette providence de l'économie animale, inventée par les médecins spiritualistes, a favorisé les illusions de la médecine expectante et préparé la voie à la méthode thérapeutique de Samuel Hahnemann. C'est en effet dans la patrie de Stahl que l'homœopathie a pris naissance.

Le moyen âge ne changea point l'état de la biologie, faute de nouvelles connaissances anatomiques et physiologiques. En revanche, la thérapeutique et la matière médicale reçurent des accroissements notables, en raison des découvertes géographiques et des travaux de l'alchimie.

De cette époque date le règne de la polypharmacie, qui est l'usage immodéré et la multiplicité des remèdes, contre laquelle réagirent les médecins naturistes, attachés aux traditions hippocratiques.

Avec la renaissance, tout le savoir de l'antiquité, conservé dans les livres, reparut, et fut bientôt dépassé. Ce fut une période orageuse pour la médecine, livrée aux théories ambitieuses des iatro-mathématiciens et des iatro-chimistes. Cependant l'anatomie normale faisait chaque jour de nouvelles découvertes. La pathologie ne pouvait manquer d'avoir à son tour une anatomie, comme la physiologie avait la sienne. En effet, l'anatomie pathologique, préparée lentement par des observateurs patients, prit consistance avec Th. Bonnet, avec Barrère, et se révéla enfin, telle qu'elle devait être, dans le bel ouvrage de Morgagni *sur les causes et le siége des maladies* (1).

Ce titre seul était un manifeste, et contenait toute une révolution.

Appeler l'attention des médecins sur les lésions des organes, c'était ébranler la croyance traditionnelle suivant laquelle la maladie était généralement considérée comme quelque chose d'indépendant, d'existant en soi.

Ce fut la gloire de Broussais de résoudre le problème posé

---

(1) *De sedibus et causis morborum per anatomen indagatis* (1762).

par Morgagni : sa résolution est définitive, et il est démontré maintenant que la maladie n'est autre chose qu'une altération, une perturbation survenue dans les tissus, dans les propriétés ou dans les fonctions de l'organisme, de sorte que Broussais a fait pour la pathologie ce qu'a fait Bichat pour la biologie, et ce que Gall a tenté de faire pour la physiologie cérébrale, laquelle est aussi une partie intégrante de la biologie.

Ici une réflexion se présente.

A la doctrine fondamentale établie par Broussais on oppose sans cesse les travaux de l'anatomie pathologique, travaux consciencieux et méritoires, dont l'utilité n'est pas contestable, mais dont l'insuffisance est aujourd'hui manifeste. Laënnec, observateur exact et pénétrant, est le véritable chef de cette école, et le seul peut-être des adversaires de Broussais qui mérite une considération sérieuse à cause de sa bonne foi scientifique et de la fermeté de ses convictions : l'art médical doit beaucoup à sa méthode d'exploration pour le diagnostic des maladies.

Laënnec croyait avec Meckel qu'il suffit d'appliquer à la médecine, non pas la physiologie, mais l'anatomie seulement, persuadé que, pour étudier et bien connaître les lésions des organes, il importe surtout de s'attacher à l'examen des formes. En conséquence, son école se proclame, à l'exemple du chef, purement anatomique, et elle s'efforce de décrire exactement par des dissections fines et minutieuses les produits anormaux ou morbides, sans se préoccuper de la composition anatomique élémentaire, à laquelle la forme est nécessairement subordonnée, et de laquelle dépendent tous les caractères observés dans les lésions de chaque organe, c'est-à-dire les altérations mêmes de la substance organisée, en volume, couleur et consistance.

De la sorte, cette école fait abstraction de deux choses capitales : la substance qui s'altère, et le lieu précis où se produit l'altération : double condition sans laquelle on ne saurait acquérir la connaissance objective de la lésion que l'on décrit.

Partant de là, les disciples de Laënnec croient trouver dans l'anatomie pathologique, considérée par eux comme étant indépendante de l'anatomie normale, une méthode et une classification des maladies fondées sur les lésions organiques, qu'ils décrivent avec un soin minutieux, mais qu'ils ne connaissent point en réalité, qu'ils sont incapables d'expliquer, en procédant comme ils font.

En effet, les lésions des organes ou de leurs tissus n'étant que des modifications morbides de ces organes ou de ces tissus à l'état normal, il suit de là qu'il faut de toute nécessité rattacher la lésion d'une partie quelconque de l'organisme à l'état normal de la partie correspondante dans ses divers âges.

L'anatomie pathologique ne saurait en réalité être regardée comme un monde à part, elle n'est point indépendante de l'anatomie normale ; elle est, au contraire, naturellement subordonnée à celle-ci, elle lui emprunte ses subdivisions et sa méthode, et il n'en saurait être autrement, puisqu'elle n'a pas pour unique office d'étudier les changements de forme, en suivant la méthode purement descriptive, mais encore et surtout d'observer les altérations de structure, par excès, diminution ou aberration. Par conséquent il n'est pas logique d'en faire le fondement de la médecine.

Il est aisé de comprendre maintenant pourquoi les idées mises en avant par les disciples de l'école anatomique ont trouvé accueil et faveur auprès des médecins dits organiciens, du nom de la théorie qu'ils professent, et suivant laquelle toute maladie se rattache à la lésion matérielle d'un organe : théorie très-simple sans doute, mais radicalement impuissante, quoi qu'on veuille dire, parce que les moyens ordinaires d'investigation qui sont à l'usage de ces médecins ne vont point jusqu'à constater les altérations de quantité ou de nature des parties constituantes des organes, c'est-à-dire des principes immédiats et des éléments anatomiques.

En résumé, organiciens et anatomistes peuvent se donner la main, car les uns et les autres suivent la même voie et s'arrêtent au même point, subissant, bien qu'à leur insu, l'influence de l'école médicale que nous appellerons descriptive, dont le vrai chef est Pinel, lequel a exagéré dans l'application qu'il en a faite le conseil de Sydenham.

Ce grand praticien souhaitait que le médecin s'attachât à ce qu'il appelait l'*Histoire naturelle des maladies*, conseil excellent en lui-même, quoiqu'il émane de Bacon, mais qui, mal interprété, ou pris trop à la lettre, a favorisé les tendances naturelles de certains esprits positifs et observateurs, bien que disposés aussi à se contenter de voir la superficie, sans aller jusqu'au fond des choses.

Ainsi ont fait et continuent de faire organiciens et anatomistes : ils se sont fourvoyés dans un chemin sans issue. On comprend aujourd'hui leur impuissance et l'inanité de leurs efforts, et l'on revient à la marche logique, dont les principaux promoteurs sont Hunter, Bichat et Broussais.

Puisque la médecine physiologique a eu raison de ces adversaires sérieux, elle n'a pas à s'inquiéter des sectaires qui la provoquent sur le terrain de la thérapeutique. Nous voulons parler des partisans de l'homœopathie, dont il suffira de rappeler ici les prétentions et les promesses.

En bonne médecine, on procède au traitement d'une affection pathologique d'après l'axiome d'Hippocrate : « Les contraires sont guéris par leurs contraires. » Ce qui revient à dire que l'état normal, qui est la maladie, doit être modifié par des agents capables de ramener la santé, en produisant des effets contraires et de tout point opposés à ceux de la cause morbifique. De là le terme d'*allo-*

pathie, qui sert à désigner cette méthode thérapeutique.

L'homœopathie procède tout autrement : une maladie étant donnée, elle s'efforce de produire par les médicaments une maladie semblable à celle qui existe déjà. On a de la sorte deux maladies au lieu d'une : la maladie spontanée que l'on veut guérir, et la maladie artificielle, provoquée en vue de la guérison.

Voilà, en peu de mots, comment procèdent en thérapeutique les partisans de la méthode homœopathique, et voici comment ils raisonnent.

Deux maladies semblables ne peuvent exister dans le même organe : en provoquant une maladie artificielle, on détruit la maladie spontanée, et celle-ci étant détruite, on fait disparaître à volonté la maladie artificielle, en suspendant en temps utile le médicament qui l'a provoquée.

Il faut convenir que cette méthode ingénieuse simplifie singulièrement la thérapeutique par les ressources certaines et infinies qu'elle prétend puiser dans la matière médicale. La grande difficulté dans la pratique consiste à trouver des agents capables de produire l'effet désiré ; difficulté considérable surtout quand on veut appliquer des médicaments doués de la propriété de produire des symptômes semblables à ceux qu'on cherche à faire disparaître. Mais cette difficulté a été prévue. Tout le traitement se réduisant à combattre les symptômes du mal en leur substituant les symptômes du remède, et le mal étant produit par une cause purement abstraite, des doses minimes et infiniment petites ont toujours assez d'énergie pour provoquer dans la partie souffrante des symptômes un peu plus intenses que ceux de la maladie.

De là les dilutions, et les globules, et les fractions infinitésimales, et ces élégantes pharmacies qui font tant de bruit et qui tiennent si peu de place.

Il n'y a dans tout cela qu'hypothèse et fiction pure.

Il n'est point démontré par l'expérience qu'un médicament produise des symptômes semblables à ceux qui résultent de la lésion d'un organe. Elle n'est pas démontrée non plus, cette analogie qu'on prétend exister entre l'action d'un médicament administré en santé ou en maladie et les symptômes divers de telle ou telle affection pathologique. Le changement déterminé par la maladie dans nos organes n'est donc point inaccessible ni invisible, comme on le prétend en homœopathie, puisqu'il demeure établi que la cause des symptômes morbides perceptibles est un dérangement survenu dans la matière des tissus ou des humeurs soit par les influences extérieures, soit par le jeu même des parties lésées.

Quant aux doses infinitésimales des médicaments, l'effet en est illusoire : elles n'ont point d'autre action dynamique sur le corps sain ou malade que celle qu'on leur suppose gratuitement. Dans cette méthode thérapeutique, tout se réduit, en définitive, à laisser les phénomènes de la maladie suivre leur cours naturel vers une fin heureuse ou malheureuse. Ce qu'on peut dire de plus favorable sur ceux qui appliquent cette méthode, c'est qu'ils observent à la lettre la seconde moitié du précepte hippocratique : « être utile, et ne pas nuire. »

Encore n'est-il pas rigoureusement exact d'affirmer que ceux-là ne nuisent point dont l'intervention n'est qu'apparente, puisqu'ils laissent agir en réalité ce qu'on appelle à tort la bonne nature. Or la nature, qui n'est autre chose que l'économie vivante, n'est en soi, encore une fois, ni bonne ni mauvaise, et ce n'est point elle qui est responsable, mais le médecin chargé de la diriger, de la régler, de la corriger dans ses écarts, de la modifier à propos, en la surveillant sans cesse.

Les médecins attachés à la méthode préconisée par Samuel Hahnemann négligent les causes internes des maladies; ils ne se préoccupent point des changements ni des modifications qu'est susceptible de subir la substance organisée, ils affectent même de n'accorder aucune attention à la constitution de cette substance et à ses propriétés inhérentes.

Voilà ce qu'on appelle l'homœopathie.

Ce n'est pas un système ; c'est à peine une méthode, ou, pour mieux dire, c'est une combinaison d'hypothèses empruntées à divers systèmes, une tentative d'innovation où se fait encore sentir l'influence de la métaphysique creuse et du spiritualisme mystique, car le merveilleux y joue son rôle, et une part très-large y a été faite au surnaturel, à l'invisible, au mystère, à tout ce qui peut séduire les esprits faibles ou non éclairés.

L'enseignement qu'on doit retirer de tout ceci, c'est qu'en médecine il faut se garder de négliger ce qui est essentiel et fondamental pour courir après les chimères. Ce sont les hypothèses gratuites qui séduisent l'imagination et ne sauraient captiver que des esprits superficiels, peu préoccupés de chercher un contre-poids aux subtilités de la spéculation dans la connaissance positive des choses réelles, c'est-à-dire dans les notions objectives sur la constitution de l'économie vivante, à l'état normal ou pathologique.

C'est par là seulement que l'art médical a été fondé sur une base solide.

Il reste maintenant à décrire les maladies et à les classer conformément à la notion fondamentale : le temps accomplira cette œuvre. Mais dès à présent la médecine est en possession d'une doctrine, et renonce naturellement aux systèmes divers qui l'ont tour à tour agitée, et dont l'étude appartient à l'histoire de l'art.

Nous disons de l'art, et c'est à dessein que nous empruntons ce terme à Hippocrate. Ce grand médecin avait compris que la médecine n'est point une science ; elle ne peut l'être, et n'en prendra jamais le caractère. Ce que poursuit la médecine, ce n'est pas une vérité scientifique, mais un résultat pratique, qui est double : conservation de la santé, guérison des maladies.

L'importance scientifique de l'histoire des divers systèmes en médecine est incontestable : on peut en juger par ce rapide coup d'œil, et d'ailleurs nulle époque n'est peut-être mieux disposée que la nôtre à contempler la médecine dans son passé.

Les écoles n'existent plus que de nom, et la tradition scolaire va tous les jours s'affaiblissant. Les vieilles doctrines ont encore des représentants, et ne manquent point de défenseurs ; mais chaque génération qui s'en va emporte avec elle une bonne partie des idées surannées, et chaque génération qui vient s'initie aux idées nouvelles.

Que sont devenues les théories médicales de l'antiquité ? Elles appartiennent à l'histoire et à la critique, après avoir disparu sans retour. Où sont aujourd'hui la plupart des systèmes de médecine qui ont agité les écoles modernes ? où sont les solidistes et les humoristes, les galénistes et les hippocratiques, les naturistes, les animistes, les organiciens intrépides et les partisans si divers du vitalisme ? où sont les sectes et les partis, les dissidents et les orthodoxes ?

Dans cette grande mêlée de la médecine contemporaine, il y a en somme plus de confusion que d'anarchie. Sous le calme apparent est la vie, et ces éléments de vitalité sont des éléments d'organisation. Laissons les empiriques s'attacher aux faits, à l'observation et à l'expérience : les découvertes se font aussi par eux. A défaut d'œuvres magistrales, les mémoires et les monographies abondent, et les spécialistes mêmes apportent leur contingent à ce labeur de préparation.

On comprend enfin que l'éclectisme médical est une vision et un leurre. Quant au pyrrhonisme, il n'est aucun médecin sensé qui ose se vanter d'en faire profession, et l'on serait mal venu de notre temps à prêcher le scepticisme à l'exemple de Sextus, de Corneille Agrippa, de Sanchez et de Martin Martinez.

C'est que la médecine est désormais en possession d'une doctrine, et qu'elle repose sur une science certaine; par conséquent une philosophie médicale est possible.

Chaque jour, les idées deviennent plus précises et plus nettes sur les propriétés des tissus et sur leur vitalité propre; chaque jour ajoute à ce que l'on sait déjà des variations qu'éprouve cette vitalité sous l'influence des modificateurs de toute sorte.

Nous savons que les maladies sont des modifications, des altérations de la substance organique, qu'elles ne sont point essentielles, qu'elles ont un siége, et qu'il est indispensable de connaître la relation qui existe entre les symptômes et l'état des organes, pour ramener l'ordre et la santé en usant à propos des modifications convenables, car si les organes sont modifiés de manière à produire la maladie, il les faut modifier de manière à rétablir la santé, et c'est là toute la médecine. En effet, on connaît la nature d'une maladie si l'on peut déterminer — « quels sont les organes qui souffrent, — comment ils sont devenus souffrants, — ce qu'il faut faire pour qu'ils cessent de souffrir. »

C'est Broussais qui a dit cela (1). Rien n'est plus vrai, et c'est pour nous un devoir de rendre justice à ce grand homme, qu'on ne lit guère aujourd'hui, quoiqu'on trouve dans ses livres trois choses qui manquent dans les meilleurs de notre époque : le génie, les convictions et le style.

Broussais, réformateur indépendant, a repris l'œuvre de Bichat et a consommé l'émancipation de la médecine moderne. Il n'a point eu de successeurs ; mais son influence est toujours présente, et c'est en vain qu'on voudrait méconnaître les services qu'il a rendus. Qu'importent quel-

____

(1) *Examen des doctrines médicales et des systèmes de nosologie.*

ques erreurs, si la vérité est au fond de sa doctrine, si la médecine est en effet physiologique, comme il avait raison de le prétendre ? Broussais nous a délivrés de l'ontologie, comme il disait, c'est-à-dire de la métaphysique creuse des anciennes écoles : il a démontré sans réplique l'absolue nécessité où est l'art médical de s'appuyer sur la science de l'organisation. Il avait compris des premiers, et mieux que personne, que la grande réforme de Bichat était le point de départ d'une ère nouvelle, et marquait la fin des théories systématiques qui avaient jusque-là soutenu et agité la médecine. C'est à cause de cela qu'il tenta une appréciation de tous les systèmes, et, quel que soit le jugement que l'on porte sur son *Examen*, on ne peut contester qu'il n'ait donné une forte impulsion à la critique médicale et que son initiative hardie ne soit d'un bon exemple.

Cet exemple n'a guère été suivi. Ce n'est pas seulement le passé qui fait défaut dans l'enseignement médical, mais encore ce qu'il y a de plus essentiel dans le présent. La science de l'organisation, qui fait la gloire et la force de la médecine moderne, n'est pas représentée dans les écoles, ou ne l'est qu'imparfaitement. En elle cependant résident toutes les conditions essentielles de progrès pour l'art médical. .

Les nouveaux éditeurs du *Dictionnaire de médecine* ont eu raison de protester contre cette incurie fâcheuse ou plutôt contre ce dédain calculé et coupable, en consignant avec discernement, sinon avec toute la clarté désirable, le résultat des plus récentes recherches sur l'organisation des tissus, sans négliger les notions historiques. Ils l'ont fait avec l'autorité qui s'attache à leur nom. On sait assez que l'érudition et la critique médicales sont en partie redevables à M. Littré de la faveur dont elles jouissent de notre temps, et l'on n'ignore pas que la science de l'organisation doit beaucoup aux travaux patients et ingénieux du docteur Ch. Robin.

Que conclure de cette histoire des systèmes, et surtout de la situation où se trouve aujourd'hui la médecine ? C'est que plus la médecine interrogera son passé, mieux aussi elle sera informée sur le caractère de sa mission et les vraies limites de son domaine. Aussi serait-il fort à souhaiter que les facultés de médecine, dans l'intérêt de leur propre gloire et pour l'avancement de l'art, eussent deux chaires qui leur manquent, l'une d'anatomie générale, l'autre d'histoire de la médecine. La première est la base de l'enseignement médical, la seconde en est le complément nécessaire. De la sorte les écoles acquerraient un caractère scientifique et littéraire, et les esprits cesseraient d'être uniquement dirigés vers la pratique qui les absorbe et les rapetisse.

Ce double enseignement, introduit dans les trois facultés supérieures de Paris, de Montpellier et de Strasbourg, aurait, entre autres avantages, celui de donner une plus grande importance à chacun de ces corps enseignants, dont l'autorité, il faut le reconnaître, va tous les jours s'affaiblissant. En outre, les rivalités mesquines que la tradition perpétue entre les écoles médicales, et qui n'ont plus de raison d'être que dans le passé, disparaîtraient pour faire place à une émulation féconde, si la réforme de l'enseignement amenait partout l'uniformité des doctrines.

Les disputes entre vitalistes et organiciens offrent désormais peu d'intérêt et surtout peu d'utilité. La médecine, telle que l'a faite la science moderne, n'accepte pour défenseurs ni spiritualistes ni matérialistes : elle échappe aux hypothèses de la métaphysique aussi bien qu'à celles de la physique et de la chimie. C'est sur la connaissance des éléments qui constituent l'ensemble de l'économie vivante que reposent les plus solides fondements de l'art de guérir, et il est fort à regretter que cette idée n'ait pas encore pénétré dans les écoles ni dans les académies.

Si la science de l'organisation était officiellement enseignée dans les facultés de médecine, elle aurait pour premier résultat de faire disparaître des abus qui n'amènent que trop souvent des scandales. Ni la médecine ni la chirurgie n'accepteraient le défi des charlatans, et les inventeurs de spécifiques ne seraient plus admis sans réflexion à instituer des expériences dangereuses pour les malades et compromettantes pour les médecins qui les autorisent.

Quand il sera scientifiquement démontré dans les écoles qu'il faut des agents particuliers pour agir sur des lésions particulières, il ne sera plus permis d'attendre d'un seul spécifique une action efficace sur toute sorte de maux.

Prenons un exemple. Le mot *cancer* représente pour tout le monde une affection meurtrière et généralement réputée incurable. Or ce mot n'est qu'un terme générique, indistinctement appliqué, et par suite improprement, à des altérations diverses de la substance organisée.

S'il demeure établi qu'aux altérations de diverse nature il faut appliquer des remèdes de diverse nature, il est absurde en bonne logique médicale d'admettre et même de supposer qu'un remède unique, efficace dans des cas bien déterminés, puisse convenir également à des affections différentes, bien que comprises sous le même nom. Il y a là une question de relation directe, ou plutôt de corrélation nécessaire entre l'agent et l'acte, question de causalité, parfaitement négligée dans les écoles, et pourtant capitale en physiologie et en thérapeutique, non moins importante pour l'intelligence des actes et des phénomènes de l'économie vivante à l'état normal que pour la parfaite connaissance de la production des maladies et de l'action des remèdes.

Qu'est-ce, en effet, que la pathologie générale sans la science de l'organisation ? Or la pathologie générale, c'est la chaire philosophique par excellence, celle qui enseigne l'ensemble des doctrines qui constituent la philosophie médicale, et c'est précisément à cause de ses attributions qu'elle doit s'appuyer de toute nécessité sur la science mère qui sert de base à toute la médecine, et qu'elle doit s'aider aussi des notions historiques et de l'expérience du passé. Placée ainsi entre l'anatomie générale et l'histoire de la médecine, et acquérant dès lors un caractère à la fois plus scientifique et plus critique, elle sort de l'isolement fâcheux où elle est aujourd'hui, et son importance, qui est grande, s'accroît encore, se fortifie de l'aide de ses deux auxiliaires.

On ne saurait bien comprendre en effet ce qu'il y a de plus élevé dans la médecine, si l'on ne l'embrasse tout entière, suivant le conseil d'Hippocrate, c'est-à-dire si l'on ne connaît à fond les derniers résultats obtenus par la science, et si l'on ne sait pas en même temps comment on a pu, après une élaboration continue, arriver péniblement au terme actuel.

Ce n'est pas tout : il y a des maladies qui ne nous sont connues que par l'expérience des anciens, et, quand il n'y aurait que ce motif d'étudier le passé et de le bien connaître, il devrait être suffisant pour nous démontrer l'importance et l'utilité de l'histoire médicale. Aussi faut-il savoir beaucoup de gré aux deux auteurs du *Dictionnaire de médecine* d'avoir fait la part de la pathologie historique. C'est un complément précieux qui ajoute encore à la valeur d'une encyclopédie médicale remarquable, malgré ses imperfections, par ses tendances et par l'unité des doctrines.

Des principes et l'unité : voilà ce qui manque à la médecine, telle qu'on l'enseigne aujourd'hui dans les écoles. Il est fâcheux pour l'art, non moins que pour la profession, qu'il en soit ainsi, car l'art perd tous les jours le caractère scientifique qu'il devrait acquérir, et faute de ce caractère, qui fait sa force, la profession n'a plus le prestige qu'elle devrait avoir. L'empirisme fait des progrès incessants et rapides ; le nombre des empiriques se multiplie de plus en plus. Malgré ses accroissements considérables et ses précieuses conquêtes, la médecine ne parvient donc pas à convertir les incrédules qui mettent en doute l'efficacité de ses moyens.

Quant aux médecins, uniquement occupés de la pratique, comme d'un métier qui les fait vivre, ils s'inquiètent fort peu des questions de doctrine ; n'ayant plus conscience de leur valeur scientifique, ils voient leur importance décroître pour avoir oublié le rôle qui leur convient. Ce qui est aujourd'hui trop évident, c'est que l'éducation philosophique qu'ils reçoivent est imparfaite ou vicieuse : on aborde l'étude de la médecine sans préparation sérieuse, et la culture littéraire est insuffisante aussi bien que la culture scientifique.

Ce qu'il y a de plus fâcheux, c'est que l'enseignement médical, tel qu'il est établi, ne remédie point à ces vices d'éducation, qu'il serait possible d'atténuer, en attendant des réformes radicales et urgentes, si les facultés de médecine étaient véritablement des écoles, c'est-à-dire si dans chacune d'elles ceux qui reçoivent les leçons des maîtres trouvaient ce qui manque également partout : des règles pour la direction de l'esprit, des principes scientifiques, des doctrines fondées sur ces principes, avec une théorie fondée sur ces doctrines.

De tout cela naît l'unité, c'est-à-dire la plénitude d'une conception vraie, capable de satisfaire l'esprit, de le convaincre, de l'affermir et de donner à ceux qui exercent la médecine, aussi bien qu'à ceux qui l'enseignent, les convictions qui manquent à tous, et sans lesquelles il n'y a point de force.

On ne fait ici qu'exprimer les regrets de quelques amis sincères de la médecine. Quant à leurs vœux, un enseignement complet de la philosophie médicale pourrait y répondre ; mais comment l'obtenir tant qu'on n'enseignera point, à côté de la pathologie générale, la science de l'organisation et l'histoire de la médecine ?

L'expérience du passé contrôlée par la critique : tel est le vrai fondement de la médecine moderne.

Si le lecteur nous a suivi jusqu'au point où nous voulions le conduire, — c'est-à-dire l'époque actuelle, — il doit comprendre maintenant que la véritable critique médicale était incompatible avec l'existence simultanée de tant de systèmes divers.

La biologie n'existait point il y a soixante ans ; depuis qu'elle existe, la médecine a trouvé un fondement solide, une base inébranlable, une philosophie propre, dont le principe est celui-ci : la maladie n'est qu'une altération des propriétés normales des parties vivantes.

Avec ce principe, la marche de l'art est tracée, et prévue la direction qu'il doit suivre, de même qu'est devenu possible ce qui ne l'était point, à savoir : le jugement du passé par le présent, c'est-à-dire la critique médicale ou la philosophie médicale appliquée à l'histoire. Ce terme suprême a été atteint par l'application rationnelle et expérimentale de la physiologie à la pathologie. C'est le dernier système auquel la médecine puisse arriver, et, depuis que ce système a pris consistance, tous les autres sont tombés en désuétude, n'ayant plus de raison d'être dans le présent. Aussi n'y a-t-il plus aujourd'hui, quoi qu'on fasse, diversité de partis ni de sectes, et parmi tant de médecins en renom, on ne saurait citer un chef d'école.

Que conclure de tout cela, sinon que le moment est venu de relire attentivement les annales de l'art pour les élever jusqu'à la majesté de l'histoire ?

Notre siècle est propice aux travaux de cette nature, où l'esprit philosophique et critique trouve son emploi. D'ailleurs, nous ne sommes pas uniquement entraînés de ce côté par un instinct de curiosité et de libre examen. Tout en avançant d'un pas rapide et précipité, nous reportons volontiers nos regards en arrière, et, en mesurant l'espace parcouru et l'horizon sans limites, nous comprenons que l'avenir même est en partie dans le passé. De fait, la tradition peut éclairer et affermir notre marche.

La science moderne est sœur de la science antique, et celle-ci contenait en germe tous les fruits qu'a produits celle-là. Il ne faut pas chercher ailleurs le charme qui s'attache aux études historiques. Nous nous sentons entraînés vers les hommes des anciens temps, parce que nous venons d'eux; nous leur devons ce que nous sommes : d'autres mains que les nôtres ont planté cet arbre de la civilisation que nos soins entretiennent, et il est juste que, nous abritant à son ombre, nous donnions un souvenir à ceux qui l'ont vu naître et qui l'ont cultivé dans ses jeunes années. C'est ainsi que le cœur intervient pour sa part dans les choses de l'esprit.

D'ailleurs une fierté bien légitime se mêle à ce sentiment de gratitude. L'héritage transmis a reçu de nous de notables accroissements.

On ne sait pas encore, ou plutôt on oublie tout ce que l'humanité doit à la médecine, et ce que les médecins de tous les temps ont fait pour le bien commun. Les services rendus par l'art médical sont une des plus belles pages de l'histoire.

Aux épidémies meurtrières qui ravageaient jadis les populations, aux maladies dites pestilentielles qui se succédaient sans relâche et sévissaient avec furie, aux préjugés fanatiques, à l'ignorance superstitieuse qui condamnait à la torture ou au feu, à la potence ou à l'infamie, de prétendus sorciers, des possédés, des énergumènes, de pauvres malheureux dont la raison était aliénée, à tous les fléaux en un mot, qui atteignent le corps et l'intelligence, une civilisation plus humaine a mis un terme. Mais, si le mal a été amoindri, si les souffrances ont été allégées, si l'humanité a été successivement soulagée, régénérée, améliorée, préparée à une condition meilleure, on le doit surtout à la médecine, dont l'intervention est permanente et secourable.

Des fléaux destructeurs ont été par elle anéantis ; des maux hideux et terribles ont été conjurés, domptés ou détruits par de puissants spécifiques. Le mercure, le quinquina, l'opium, l'inoculation d'abord, puis la vaccine, puis l'éther et le chloroforme, qui endorment la douleur, et tant d'autres bienfaits anciens et récents répondent éloquemment aux ignorants et aux déclamateurs.

L'hygiène est désormais entrée dans la civilisation, et l'hygiène, partie constituante de la médecine, est effectivement un élément vital et civilisateur, un complément de la morale.

La démence a trouvé des asiles et des soins éclairés, et les aliénés, que l'on considérait autrefois comme des êtres dangereux et malfaisants, ont été arrachés à un traitement irrationnel pour ne plus être un objet de dérision.

Dans les cas graves et épineux, où la vie de l'homme est en jeu, ou tout au moins sa liberté, la justice s'éclaire à propos des conseils de l'art salutaire ; de sorte que la médecine intervient partout, à chaque instant, efficacement pour le bien de tous. Son intervention est donc utile, et partant nécessaire.

A toutes ces preuves ajoutons un fait sans réplique. Depuis la révolution, les tables de mortalité en font foi, la durée moyenne de la vie s'est augmentée de huit ans et plus, et cependant depuis la révolution le nombre des médecins s'est accru en proportion de la population, qui est plus considérable. Or il est reconnu que les améliorations introduites, d'où provient cette augmentation dans la durée moyenne de la vie, l'ont été surtout par les médecins.

Sans nous laisser aller aux exagérations paradoxales de quelques rêveurs, qui promettent à l'homme une longévité impossible, nous croyons fermement que la médecine peut

et doit rendre encore d'immenses services à l'humanité,
d'autant que par le caractère de plus en plus scientifique,
de plus en plus positif qu'elle prend tous les jours, elle ne
peut manquer de devenir encore plus active et plus efficace. Que les médecins se préoccupent donc de la science
de l'organisation et de la vie, fondement de la médecine ;
qu'ils méditent sur le passé de l'art ; qu'ils songent aux
destinées qui l'attendent, et qu'ils se préparent ainsi au
rôle qui leur appartient dans la société. Leur mission sera
véritablement remplie, et par eux aussi se perpétuera cette
tradition qui constitue à la fois le principe de vitalité et les
titres de noblesse de notre art.

II. — Méthode fondamentale de la médecine pratique.

Ἀγαθὴ δὲ διδάσκαλος ἡ πείρη (1).

Les médecins qui ont vieilli dans la pratique de leur art
se montrent pour la plupart très-sobres de remèdes. Instruits
par l'expérience, ils emploient quelques médicaments d'une
efficacité certaine ; mais leur confiance est très-circons-
pecte à l'égard des drogues de la pharmacie.

Les jeunes médecins, au rebours, font un usage immodéré des ingrédients pharmaceutiques ; il n'est point de
souffrance qu'ils ne croient pouvoir soulager ou guérir par
l'application des agents de la matière médicale. Mais le
temps, qui est un grand maître, les corrige insensiblement,
et, à mesure qu'ils avancent dans la vie, leur ardeur se
tempère.

Quant au public, qui représente collectivement le sens
commun et la sottise, il fait grand cas de la polypharmacie
(c'est la médecine que goûtent surtout les pharmaciens) ;
mais, par une inconséquence étrange, où reparaît l'instinct

(1) Arétée, *Traitem. des malad. aig.* liv. I, chap. II, p. 174, édition
Ermerins.

de conservation, il se fie plus volontiers, quand vient la maladie, aux médecins qui ont blanchi dans le métier.

Le public a raison, bien qu'il agisse, en ce cas comme en beaucoup d'autres, sans trop se rendre compte des motifs qui déterminent sa conduite.

Il est incontestable que la médecine la moins dangereuse est celle qui intervient avec circonspection, agit avec prudence, surveille le mal et dirige la cure sans activité impatiente. L'action y est permise, quand elle est indiquée ; mais le plus souvent la direction suffit ; et c'est par une sage direction que le médecin se conforme sûrement au précepte d'Hippocrate, qui recommande avant tout d'être utile et de ne pas nuire.

Le précepte est profond et d'une grande sagesse : la médecine contemporaine, on peut le dire à sa louange, paraît disposée à l'accueillir, après tant de promesses vaines et de tentatives avortées dans le traitement des maladies. La parcimonie méticuleuse de nos praticiens fait pressentir une révolution salutaire dans cette partie de l'art qu'on nomme thérapeutique.

La timidité des artistes n'a d'autre source que l'insuffisance même de l'art, qui, jusqu'à présent, ne dispose point, contre chaque maladie, d'un remède efficace. Le nombre des spécifiques est très-restreint, on ne saurait trop le répéter aux gens crédules, toujours enclins à prendre au sérieux les charlatans et les vendeurs de panacées. Les drogues abondent ; les remèdes véritables sont rares. Il faut donc se défier de ceux qui les prodiguent et se vantent d'en posséder pour toutes sortes de maladies. C'est la leçon implicitement contenue dans le fameux aphorisme de Frédéric Hoffmann :

« Voulez-vous rester en bonne santé, évitez les médecins et les médecines. »

Ce n'est point à la lettre qu'une telle recommandation doit être entendue et suivie. Quand l'état normal est troublé, il y a nécessité de recourir aux ressources qui peuvent ramener le calme et le bien-être. Mais malheur au malade qui se confie à un de ces hommes que Galien appelait avec mépris droguistes et non pas médecins (φαρμακεῖς, οὐκ ἰατροί)!

C'est à ceux-là que faisait allusion Frédéric Hoffmann, illustre à bien des titres, et principalement pour avoir réagi contre l'abus des ingrédients qu'une chimie grossière, soutenue par de vaines théories, avait introduits de son temps dans la médecine pratique. C'est la gloire de ce praticien accompli d'avoir procédé autrement que la plupart de ses contemporains, en démontrant, par une expérimentation soutenue, que la pratique médicale consiste moins à faire un usage immodéré de moyens d'une efficacité douteuse, qu'à coordonner, par une combinaison savante, les éléments curatifs, en vue d'un résultat heureux. Fr. Hoffmann ramena l'art médical à l'étude des méthodes thérapeutiques, reprenant ainsi la tradition féconde de l'ancienne médecine.

Non qu'il ne fît grand cas et au besoin grand usage des ressources matérielles que les connaissances d'alors mettaient à son service ; mais il élargit le cercle de la médecine pratique par l'application de moyens d'un autre ordre, dont l'emploi requiert une sagacité qui n'appartient point à la routine. Il prit dans l'hygiène, c'est-à-dire dans les choses et les conditions qui entretiennent la santé, ce qui lui parut applicable au traitement des maladies, et le premier parmi les modernes il fit un système des règles éparpillées dans les anciens auteurs médicaux, qui s'étaient préoccupés, dès les premiers temps, de rétablir la santé par les moyens qui la conservent.

Ce n'est pas sans raison que Frédéric Hoffmann a été surnommé par Blumenbach le « restaurateur de la diététique (1). » On verra plus bas ce qu'il faut entendre par ce mot, et combien sont dignes d'éloges les médecins qui re-

____

(1) « *Der Restaurator der Diäletik war.* » Joh. Friedr. Blumenbach, *Medicinische Bibliothek*, 1ʳᵉ partie, t. III, p. 183.

prennent de nos jours la tradition essentiellement médicale de l'école hippocratique, avec des connaissances plus positives et des chances plus nombreuses de succès.

Les travaux considérables qui ont dans ces dernières années agrandi le champ et enrichi le domaine de l'hygiène, promettent les plus heureux résultats.

L'hygiène est encore bien loin d'être constituée, par la raison qu'elle a pour fondement des sciences qui sont en voie de formation, et qu'elle est d'ailleurs inséparable de cette grande et difficile science des sociétés, que notre siècle cultive avec tant d'ardeur. Cependant, elle est telle, dès à présent, que la médecine peut s'en servir comme d'un auxiliaire puissant, et il est permis de coordonner en système les ressources inestimables qu'elle fournit pour traiter les maladies (1).

(1) Nous sommes bien loin maintenant des préceptes de l'école de Salerne, dont l'ensemble forme un cours de médecine telle qu'on l'enseignait au moyen âge. Ce recueil fameux ne nous intéresse désormais qu'à titre de document historique; c'en est un précieux pour l'histoire des écoles médicales en Occident, et digne par cela même des honneurs d'une édition nouvelle. La traduction en vers de M. Meaux Saint-Marc (1) est remarquable par l'élégance, et l'introduction qui la précède, par le savoir. On a fait entrer dans le même volume le traité de Cornaro, sur la sobriété, dont la valeur est bien au-dessous de la réputation qu'on lui a faite. Les lecteurs curieux de savoir à quelles conditions la santé se conserve, ne perdront point leur temps à lire ces élucubrations insipides. Ils trouveront, en revanche, dans les deux volumes de M. Michel Lévy (2) tout ce que l'art a pu fournir sur un sujet d'une telle importance. Cet ouvrage dogmatique est comme une encyclopédie, différente par le plan et la méthode de l'excellent *Dictionnaire d'hygiène* de M. le professeur Tardieu (3); mais il contient, dans son ensemble, les résultats les plus essentiels de la science moderne. Quant à ceux qui se défient des médecins et se tiennent en garde contre le matérialisme qu'on leur

(1) *L'École de Salerne*, traduction en vers français, par M. Ch. Meaux Saint-Marc, avec une introduction de M. le docteur Ch. Daremberg. Paris, 1861, 1 vol. in-18.

(2) *Traité d'hygiène publique et privée*, par Michel Lévy, 4e édition. Paris, 1862, 2 vol. in-8.

(3) *Dictionnaire d'hygiène publique et de salubrité*, 2e édition. Paris, 1852, 4 vol. in-8.

Ce n'est pas sans raison que le docteur C. P. Forget, enlevé naguère par une mort prématurée, souhaitait de voir un ouvrage spécialement consacré à cette coordination, dont l'importance n'avait point échappé à son intelligence active, ainsi que l'atteste le chapitre très-bien fait qu'il a inséré dans ses nouveaux éléments de l'art de guérir (1).

Le professeur de clinique de Strasbourg n'avait pu qu'effleurer un sujet tellement vaste. Mais son vœu a été rempli par le professeur d'hygiène de la faculté de Montpellier. M. Ribes a fait un traité magistral sur les applications de l'hygiène au traitement des maladies (2).

Un tel livre manquait à la médecine contemporaine, — le traité de Barbier sur la même matière (3) n'étant qu'un premier essai qui montrait le chemin, sans décourager ceux qui voudraient s'y engager.

M. Ribes ne s'est point contenté d'un essai. Il a recueilli tout ce qui est épars dans les écrits des grands praticiens; il a digéré ces matériaux de provenance multiple, les a distribués avec méthode, et d'une main habile il a composé

reproche par habitude, ils trouveront de quoi se satisfaire dans l'ouvrage volumineux de M. le docteur Foissac (1), qui est un traité de philosophie morale fort agréable et très-propre à régler les passions, semblable en cela au petit livre de feu le baron E. de Feuchtersleben, dont la traduction française a doublé le succès (2). Ces deux ouvrages, qui traitent diversement les mêmes matières, peuvent servir à montrer comment la médecine intervient à propos en bien des circonstances où la morale et la philosophie restent impuissantes, ou encore, comment la morale et la philosophie, bien entendues et sagement appliquées, sont inséparables de la médecine. Il serait facile et peut-être agréable de prouver cette assertion; mais la question est purement spéculative, et tout ce qui touche à la médecine doit tendre vers l'application.

(1) *Principes de thérapeutique générale et spéciale*. Paris, 1860.

(2) *Traité d'hygiène thérapeutique*. Paris, 1860. — V. ci-après une notice nécrologique sur le professeur Ribes.

(3) *Traité d'hygiène appliquée à la thérapeutique*. Paris, 1811. 2 vol.

(1) *Hygiène philosophique de l'âme*, par P. Foissac, 2e édition. Paris, 1863, 1 vol. in-8.

(2) *Hygiène de l'âme*, par le baron Feuchtersleben, 2e édition française. Paris, 1860, 1 vol. in-12.

un excellent ouvrage, recommandable, non pas précisément par l'originalité, à laquelle l'auteur n'avait nulle prétention, mais par l'utilité pratique et par l'opportunité.

C'est cet ouvrage qui servira de texte aux réflexions qui vont suivre. Elles ne seront pas perdues, si le lecteur arrive avec nous à cette conclusion, que la médecine, en dehors de tous les systèmes et des théories diverses qui l'ont tour à tour agitée et compromise, est en possession d'une méthode curative, de date ancienne, successivement accrue et perfectionnée, et par laquelle l'intervention de l'art deviendra de plus en plus efficace, à mesure qu'à des moyens douteux succéderont des ressources plus certaines et d'une application plus aisée.

La médecine a eu ses variations, — ce sont les systèmes et les théories, — et c'est à les retracer diversement, selon le point de vue et le point de départ, que la plupart des historiens se sont attachés sans utilité réelle, il faut bien le dire, pour n'avoir noté que les accidents et les vicissitudes, les choses mobiles et éphémères. Il fallait creuser plus profondément, pénétrer dans les entrailles du sujet, remonter à la source et descendre le courant, sans négliger les sinuosités des rives, ni les agitations de la superficie; mais aussi sans perdre pied, et, pour suivre la comparaison, sans abandonner le lit égal, et de plus en plus large, ouvert par les eaux vives.

Cette méthode d'exploration, rarement pratiquée, peut seule démontrer avec certitude que la médecine n'est point un art conjectural, qu'elle a des règles sûres et des fondements solides, et que ses progrès réels viennent de l'expérience des siècles.

I

Régler les conditions normales de la vie, tel est l'objet de l'hygiène. Publique ou privée, ses attributions se réduisent à conserver et à prévoir. Elle est à la santé ce que la médecine proprement dite est à la maladie, un art qui surveille le cours régulier de l'existence, pour l'entretenir et le préserver des accidents qui peuvent intervenir avec dommage. Sa vigilance s'exerce à la fois sur les choses dont le maintien est nécessaire et sur celles qu'il convient de détourner, c'est-à-dire sur les modificateurs en général, dont l'influence, bonne ou mauvaise, entretient ou rompt les rapports d'harmonie entre l'organisme vivant et le milieu. Quoique sa mission soit essentiellement pacifique, son intervention peut devenir très-active dès que la paix est menacée; car elle doit, pour la conserver, se tenir constamment sur la défensive, toujours prête à livrer bataille.

De là son rôle intermédiaire entre la physiologie ou étude des fonctions normales, et la pathologie, qui étudie les désordres des organes, se manifestant par des fonctions troublées.

La pathologie n'est en quelque sorte qu'un cas particulier de la physiologie, la maladie n'étant, en définitive, qu'une modification vicieuse de la santé : d'où la nécessité de connaître parfaitement l'état physiologique, afin de le rétablir quand il a subi quelque altération. Tout le problème étant contenu entre ces deux termes, l'office du médecin est d'user à propos et avec connaissance des agents salutaires. Les succès ou les revers ne sont pas absolument en son pouvoir; mais il dépend de lui d'instituer un traitement conforme aux indications qu'il veut remplir.

Cette partie de l'art consiste toute en applications, et se nomme thérapeutique.

Avant tout, le lecteur doit se bien pénétrer de cette vérité, que les branches diverses de l'art de guérir ou de traiter les maladies se confondent à leur origine, et qu'elles naissent toutes d'un tronc commun, qui est la science même de l'homme, pour emprunter le titre profondément juste d'un célèbre ouvrage de Barthez.

Connaître l'homme, c'est savoir ce qu'il est en lui-même, quels sont ses éléments de composition, les phénomènes qu'il produit ou peut produire en des circonstances diverses, quelles sont les lois qui règlent la production de ces phénomènes et leurs modifications.

De tout cela se compose cette science ardue, la plus complexe après celle des sociétés. Encore la science sociale peut-elle être considérée d'une manière abstraite, car la conception de l'humanité ne dépend à la rigueur que de l'idée de succession, laquelle est concevable en dehors de l'étendue, bien qu'une pareille abstraction, poussée à l'absolu, ne soit pas en toute rigueur admissible.

Il en est autrement de l'homme, de l'individu, qu'il faut concevoir dans sa réalité, dans le temps et dans l'espace. Bien différent de l'humanité, qui n'est autre chose que la vie collective durant sans s'interrompre, l'homme, en tant qu'individu, n'est qu'une molécule de ce grand organisme, un élément minime et passager de cette existence immortelle. Il paraît et disparaît; et entre les deux termes, initial et final, il est sujet à des lois qu'il ne peut éluder ni enfreindre sous peine de mort ou de maladie. Il ne peut dévier du principe universel qui régit tout le système, et par cela même qu'il vit, il est dépendant.

On ne saurait donc le concevoir isolé, en dehors d'un milieu avec lequel il est en relation constante, et sans lequel il ne serait point. Le milieu se passe de l'homme; mais sans milieu, point d'homme possible. La vie ne s'entretient que par l'échange incessant entre l'être vivant et les choses qui l'environnent. C'est un mouvement perpétuel de rénovation, par lequel la vie recommence à chaque instant et refait sans cesse ses éléments, jusqu'au moment où, la rénovation étant interrompue, à la vie succède la mort.

A vrai dire, l'échange continue, même après ce terme, mais dans des conditions différentes, qui mettent tout l'a-

vantage du côté des circonstances extérieures. La réaction
vitale ne répondant plus alors aux influences externes, la
décomposition se précipite, et l'organisme subit l'effet irrésistible des forces catalytiques ou dissolvantes.

Comment expliquer un tel événement? Logiquement on
ne le peut; mais on a la certitude expérimentale que la
spontanéité de l'être a disparu en même temps que la faculté de réaction, et que ce qui reste ne peut plus résister
à la destruction imminente.

Voilà, en gros, tout ce qu'il nous est donné de savoir de
la vie et de la mort. Nous n'en savons guère plus long de
la santé et de la maladie. Toutefois, ces deux états de l'existence étant relatifs, les conditions qui les déterminent sont
moins inaccessibles à la curiosité.

C'est précisément sur la connaissance de ces conditions
que reposent la médecine et l'hygiène; et l'on pressent,
dès ce moment, que ces deux branches de l'art ne dépendent pas uniquement de l'empirisme. Pour les constituer
telles qu'elles sont, il a fallu non-seulement une longue
expérience incessamment transmise et renouvelée, mais
encore une analyse persévérante, laquelle est devenue plus
sagace et plus exacte à mesure que se perfectionnaient les
méthodes et les instruments analytiques.

Ce n'est pas tout : un travail de coordination a succédé,
qui a permis de réunir en système les faits épars; puis les
principes ont fécondé et utilisé les résultats de l'observation.

Dans cette élaboration des siècles se résume pour le
penseur le développement progressif de l'art médical; et
c'est à montrer cette progression ascendante que devraient
s'appliquer les historiens de la médecine, car tout est là,
moelle et substance, et la preuve la plus évidente de la continuité, de la perpétuité dans la tradition.

Quant aux systèmes qui interviennent tantôt pour activer

ou retarder, tantôt pour entraver ou interrompre ce développement, il faut les considérer comme des accidents analogues aux formes multiples que présente la politique dans l'histoire sociale.

Cette vue même, qui est comme l'âme de la philosophie historique, ouvre d'ailleurs à la critique une voie large et sûre. De fait, en médecine, les théories et les systèmes, les doctrines de toutes nuances, doivent être appréciées et jugées en définitive d'après les résultats pratiques; toutes les fois, du moins, que les systématiques, les théoriciens et les dogmatiques ont été conséquents dans l'application; et cela s'est vu. L'aphorisme d'Hippocrate, tant controversé, « que c'est le traitement qui révèle la nature du mal, » est donc applicable à l'histoire; et, sans trop s'aventurer, il est permis et même légitime de juger la médecine, au milieu de ses variations, conformément à ce criterium infaillible.

C'est l'épreuve clinique des systèmes médicaux, épreuve décisive, qui a cet avantage précieux d'être comme un principe immuable.

On doit regretter que M. Ribes, qui est un esprit philosophique et cultivé, n'ait pas agité cette grave question d'un intérêt souverain, et dont la solution eût excellemment préparé le lecteur. Il a mis, à la vérité, une introduction à son livre; c'est un morceau instructif et agréablement écrit, mais insuffisant par le fond, trop indécis en ce qui touche les matières doctrinales, et qui témoigne un désir trop prononcé de conciliation plutôt qu'une conviction inébranlable.

Sans doute, il ne faut point exiger d'un auteur qu'il soit trop dogmatique, et d'un professeur moins que de tout autre, car de soi, l'enseignement entraîne ceux qui le distribuent à dogmatiser, et il n'est pas rare de voir les gens qui montent en chaire, par devoir de profession, parler un peu à la manière des prédicateurs.

Telle n'est point heureusement la méthode de M. Ribes.

Mais, à force de se tenir en garde contre la manie habituelle de ses collègues, il pèche par excès de réserve; si bien que son livre peut être considéré comme un recueil de conseils transmis par un habile interprète, mais d'un désintéressement singulier. Peut-être a-t-il fléchi sous le poids des matériaux amassés, et n'a-t-il trouvé assez de forces que pour la distribution, qui est excellente. Mais, en un tel sujet, si la méthode est d'une grande importance, l'élément critique n'est pas non plus à dédaigner; car c'est lui qui communique la vie et le mouvement à un traité didactique. Et d'ailleurs, ni le fond ni la forme ne pouvaient perdre à l'introduction de cet élément vital.

En admettant que la coordination des matières soit parfaitement irréprochable, reste toujours une incorrigible monotonie. Les faits ont beau changer et se multiplier à toutes les pages, on éprouve la fatigue et comme l'ennui qui résulte d'une longue suite de répétitions.

Baillou était certes un praticien hors ligne, et le seul peut-être, après Barbeyrac, que la médecine française puisse opposer avec avantage à Sydenham. Il n'a pu, malgré ses rares qualités, échapper à la critique mordante de Bordeu, qui trouvait fastidieuses les petites histoires des bourgeois de Paris, que cet illustre médecin avait entassées dans ses excellents écrits.

Bon nombre d'observations, dans l'ouvrage de M. Ribes, rappellent un peu trop et les petites histoires de Baillou, « trop étranglées pour être utiles, » et la censure qu'en a faite Bordeu.

Dans un livre fait pour guider les médecins dans la pratique, les faits sont précieux en tant qu'ils contiennent à la fois l'exemple et la leçon; mais les doctrines ont aussi de la valeur et méritent une place considérable, et plus que jamais de nos jours, où les médecins tournent déplorablement à l'empirisme. Que si l'auteur tenait à laisser son livre tel quel, l'introduction devait au moins suppléer à ce qui manque en lieu adéquat : un tel supplément eût infiniment mieux valu que des généralités sans profondeur et des doctrines indécises, qui attestent, en dépit des correctifs et des précautions de l'auteur, un goût intempestif et enraciné pour l'éclectisme.

Les premières pages d'un bon livre devaient contenir autre chose ; et puisque le livre est à l'usage des praticiens, gens qui ne peuvent se passer d'un symbole, sous peine de tomber dans un empirisme routinier ou dans un scepticisme immoral, il convenait de leur montrer, preuves en main, brièvement, mais avec évidence, que la pratique de l'art est comme une religion traditionnelle, dont les dogmes deviennent avec le temps et plus fermes et plus clairs, et dont les sacrements, si l'on peut ainsi dire, acquièrent graduellement une vertu plus efficace.

Montrer la continuité et le progrès dans les applications de l'art médical, c'était démontrer implicitement la certitude même de la médecine ; démonstration souveraine contre laquelle les arguments des sceptiques faiblissent et les traits des satiriques s'émoussent.

En définitive, pour avoir raison des uns et des autres, il ne suffit point de raisonner savamment ni d'appeler à son aide la logique et la dialectique. La réfutation doit se borner à prouver sans réplique, par l'histoire, que la perpétuité de la médecine dépend encore moins de l'inévitable nécessité où l'on est en tout temps d'invoquer son intervention que de la méthode thérapeutique, solidement établie sur des fondements inébranlables et susceptible de se perfectionner et de s'accroître.

Stabilité et progrès, telle est la formule qui ressort d'une étude sévère de l'histoire intrinsèque de la médecine.

Le sujet vaudrait la peine de faire un livre. Mais, en attendant le livre, une simple esquisse historique affermira les convictions et ébranlera peut-être les incrédules.

Il ne s'agit point d'établir un parallèle en règle entre ce qui fut et ce qui est; mais uniquement de faire voir comment s'est perpétuée, à travers les siècles, la saine tradition médicale, en dépit des modifications inévitables qui devaient s'introduire comme un élément de progrès.

II

Les anciens observaient avec pénétration et généralisaient hardiment. Le temps a transformé leurs conceptions en respectant leur expérience, fruit d'observations qui restent comme modèles d'exactitude, bien qu'incomplètes pour la plupart, faute de ces moyens auxiliaires d'investigation dont les modernes ont eu le privilége.

Les anciens ont fait prodigieusement, si l'on a égard à la pauvreté de leurs ressources. L'insuffisance même de ces ressources explique et justifie la direction de la vieille médecine, et nous livre en quelque sorte le secret de sa méthode.

Quand l'art commença, on ne connaissait guère de l'homme que les manifestations extérieures. De ce qui se passait à l'intérieur et dans l'intimité des organes, on ne savait rien ou presque rien. Les fonctions étaient inconnues ou méconnues, en raison de l'état rudimentaire de la physiologie et de l'anatomie. Cependant les anciens médecins traitaient les maladies rationnellement et non sans succès, de même que les sculpteurs faisaient des statues parfaites sans posséder aucune notion anatomique. Comment procédaient-ils? Ce ne pouvait être au hasard, ni guidés par un empirisme aveugle, puisqu'ils prévoyaient le plus souvent des résultats qu'il leur était donné, en maintes occasions, de préparer ou de prévenir.

Ils possédaient par conséquent des moyens efficaces et une méthode qui en réglait l'application.

En effet, les écrits de la collection hippocratique, — le

monument le plus vénérable de l'art ancien, — attestent qu'il en était ainsi. L'étude des modificateurs externes et de leur action sur l'homme vivant constituait fondamentalement l'antique médecine. La réaction provoquée sous leur influence était utilisée, tantôt comme moyen de traitement, tantôt comme indication curative. L'art médical s'appliquait attentivement à discerner les effets nuisibles ou salutaires de ces agents, et les circonstances qui les rendaient tels ; et c'était, en définitive, tout ce qu'il pouvait faire en ce temps-là.

Pour ce qui est des remèdes proprement dits, en d'autres termes, des moyens artificiels, sciemment ou empiriquement appliqués dans les maladies, leur usage remontait à une antiquité lointaine, et le nombre s'en accrut médiocrement, tant que le dogmatisme de l'école hippocratique fut assez puissant pour contenir les tentatives aventureuses des empiriques. La légende des filles de Prœtus, guéries par Mélampe, célèbre les premiers succès de l'ellébore appliqué au traitement de la mélancolie; l'invention de la saignée était attribuée à l'hippopotame, et celle d'une opération non moins salutaire et plus difficile à nommer, à l'ibis des bords du Nil. Homère parle d'une plante merveilleuse qui endort la douleur.

Il suffit de mentionner ces traditions fort anciennes, qui attestent la haute origine de ces remèdes héroïques dont la médecine active ne saurait se passer sans dommage.

A ces richesses des temps primitifs, la longue suite des siècles n'a guère ajouté que quelques spécifiques, sans compter, bien entendu, les ressources accessoires de l'arsenal pharmaceutique et les nombreux procédés qui ont grossi le manuel opératoire.

En somme, dès les premières origines de l'art, dans la période purement empirique, les grands moyens de la médecine étaient connus et fréquemment appliqués; mais l'élément vital était absent, c'est-à-dire la méthode ration-

nelle qui devait transformer l'empirisme et fonder la vraie
tradition médicale.

L'empirisme primitif a disparu sans retour, non sans
transmettre à l'art les moyens efficaces dont il usait ; tandis
que la méthode médicale a subsisté sans altération essentielle et se perpétue indépendamment de l'empirisme et des
variations introduites par les systèmes. Ce n'est point par
la transmission des remèdes qu'elle a duré ; mais par la
coordination des règles curatives qu'elle établit dès le commencement sur la connaissance de l'action des modificateurs et sur les phénomènes de réaction consécutifs, soit
qu'on les considère comme causes efficientes ou occasionnelles des maladies, soit qu'on les utilise comme moyens
salutaires.

Cette considération est capitale dans l'histoire de la médecine ; car elle révèle avec évidence l'antique alliance de
l'hygiène et de la thérapeutique, constituées dès cette première période et indissolublement unies, indépendamment de la physiologie, alors rudimentaire comme l'anatomie.

Cet ordre et cette connexion dans les diverses parties
constituantes de l'art médical ont leur raison d'être dans les
procédés qui président à leur accroissement respectif.

L'anatomie et la physiologie dépendent davantage de
l'expérimentation ; l'hygiène et la thérapeutique, de l'expérience ; car il faut distinguer entre l'observation voulue et
l'observation obligée. L'on pourrait dire que l'expérimentation est une expérience artificielle, et qui suppose par
cela même une application plus raffinée à l'étude, un perfectionnement non médiocre des procédés de l'esprit. D'ail-.
leurs, l'expérimentation exige des auxiliaires indispensables
dont l'expérience se passe plus aisément.

Dans la marche progressive de l'humanité, il faut tenir
compte de tout cela, et ne pas oublier que tout ce qui est

immédiatement utile date de loin; tandis que ce qui est de pure spéculation se produit plus tardivement : d'où la perfection relativement précoce des arts et le lent accroissement des sciences. Au fond, cette succession régulière dans l'ordre du développement tient à notre nature même.

En règle générale, les besoins et les instincts passent avant les sentiments, et ceux-ci avant les manifestations de l'intelligence pure, de toutes les plus désintéressées. Il suffit de signaler cette loi de l'évolution historique pour rendre visible le lien qui rattache l'empirisme primitif à l'art ancien, et ce dernier à la médecine moderne. Mais l'essentiel, c'est de bien entendre la transition de l'empirisme grossier à la méthode rationnelle et de noter la distance prodigieuse qui les sépare.

Il y a là une distinction fondamentale. Faute de l'avoir établie ou reconnue, les historiens de la médecine ont fait de vains efforts pour résoudre avec les seules ressources du sens commun une question complexe et très-curieuse dont l'examen ne sera point inutile en ce sujet.

Il s'agit de savoir comment l'art médical a commencé et s'est accru, et de déterminer si les résultats efficaces, désormais acquis à la pratique, sont du fait du hasard, pour ainsi dire, ou du fait de la raison. En d'autres termes, la curiosité recherche quelles sont les vraies sources de la médecine pratique, les conditions et les lois qui règlent ses progrès.

C'est ici que la critique doit demander des informations à l'histoire; car il ne suffit point, pour la solution du problème, de répondre conformément à des tendances positives ou spéculatives, il faut procéder sérieusement à une enquête et ne prononcer qu'après examen.

Voilà ce qu'auraient dû faire ceux qui, placés au point de vue de l'empirisme, ont raisonné juste et finalement ont obtenu des conclusions très-spécieuses, mais insoutenables : preuve évidente que le point de départ était vicieux.

En prenant le contre-pied de cette méthode, on n'obtiendrait pas un résultat beaucoup plus satisfaisant : on
arriverait par un autre chemin à des conséquences également inadmissibles, ainsi que l'attestent nombre d'exemples
qu'il est inutile de citer.

Que faut-il faire pour aboutir ? Interroger les faits, les
suivre attentivement dans leur succession, trouver et saisir
le lien qui les unit, et voir si dans l'ordre de leur développement ne se trouverait point la solution du problème. Procéder de la sorte, c'est prendre la bonne voie, la seule qui
puisse détourner des excès où étaient tombés dès l'antiquité
les empiriques et les dogmatiques dont Celse nous a transmis la controverse.

Les uns et les autres raisonnaient à merveille, et mettaient les arguments les plus spécieux au service de leur
école; mais, en somme, leurs plaidoyers, très-éloquents,
sont plus intéressants pour l'histoire de l'art qu'utiles à
l'art lui-même.

D'ailleurs, le dogmatisme et l'empirisme ne présentent
que deux systèmes, c'est-à-dire deux procédés de l'esprit,
vicieux l'un et l'autre par l'excessive rigueur. Peut-être
même ne représentent-ils que deux sectes médicales, celle
des médecins philosophes ou savants et celle de ceux qui
se bornaient strictement à l'observation. C'est ainsi qu'on
voit de nos jours quelques médecins appliqués aux études
théoriques, et un plus grand nombre à la pratique pure.

A la rigueur, l'histoire des deux systèmes représentés
par deux écoles rivales pourrait et devrait même se mêler
à l'examen de la question agitée ; mais ce nouvel élément,
introduit dans la discussion, ajouterait à la difficulté par la
confusion entre ce qui est permanent et perfectible et ce
qui est passager et caduc.

L'essentiel est de démontrer que l'art médical s'est constitué, développé et s'accroît sans cesse par sa vitalité propre, laquelle tient à une méthode sûre, conforme à la réalité des faits et à l'induction, susceptible de se modifier sans altération fondamentale, et, par conséquent, de se perpétuer en s'améliorant.

La démonstration n'est pas nouvelle ; dès l'antiquité elle a été tentée, non sans succès, et nous est parvenue dans un livre de la collection hippocratique, intitulé : *De l'ancienne médecine* (1).

De tous les monuments de l'antiquité médicale, ce livre est peut-être le plus remarquable par la profondeur des vues et la puissance de déduction. Il est digne d'attention, à cause de son objet principal, qui n'est autre que de démontrer par la raison, s'exerçant sur la réalité et sur la tradition historique, la certitude de l'art médical.

L'auteur d'un tel ouvrage était évidemment médecin, quoiqu'on ait prétendu le contraire, sans vraisemblance, à l'occasion de certains passages, où l'on devine que ce médecin devait être en même temps un penseur profondément original et un très-grand philosophe, malgré ses raisonnements subtils. La subtilité était la qualité dominante de l'esprit grec.

Tout est remarquable dans le traité *De l'ancienne médecine ;* mais tout n'y est pas également irrépréhensible. Cependant, si l'on écarte les explications émanées d'une théorie pathologique dont les hypothèses n'ont plus de soutien, on se trouve en présence d'une méthode thérapeutique tellement sensée et solide, que le long cours des siècles n'a pu l'ébranler, et qu'aujourd'hui même elle sert encore de base à nos constructions.

Voici, en substance, la pensée fondamentale de l'auteur hippocratique.

La plupart des maladies sont provoquées par des intempéries ou des écarts de régime : l'insuffisance ou l'excès des

(1) Hippocrate, *OEuvres complètes.* Trad. Littré, Paris, 1839, t. I, p. 570-637.

aliments, des boissons, des exercices, en deux mots, la vacuité et la réplétion, pour emprunter son langage, produisent des troubles dans l'état normal. Tant que ces causes agissent, les désordres persistent et s'accroissent. Mais la cause même du mal est l'indication du remède, indépendamment des dispositions naturelles du malade qui semblent lui tracer sa conduite : la fatigue demande le repos, la satiété prescrit le jeûne, et, inversement, l'exercice actif donne satisfaction au besoin d'activité, et la nourriture abondante apaise la faim.

Dans cette conception perce déjà le principe du traitement des maladies par leurs contraires. Mais c'est moins d'un principe qu'il s'agit ici que d'une méthode, dont l'origine, le développement et les applications constituent le fond du traité.

L'auteur remonte aux premières réunions d'hommes, et nous les montre dépourvus de ces moyens d'existence qui sont le fruit du temps et comme les produits naturels de la civilisation. Livrés, comme les animaux, à la nature et à ses ressources, les hommes ne pouvaient s'accommoder de ce qui convenait aux animaux. La nécessité les força de découvrir une alimentation plus appropriée à leur nature, et un genre de vie moins agreste. Ainsi furent découvertes ou inventées petit à petit les choses qui servent à l'existence, à la santé et au bien-être, bref, les satisfactions nécessaires à des besoins légitimes.

Avertis par les suites graves ou funestes d'un régime vicieux, les hommes le modifièrent ; et les indispositions qu'ils éprouvaient provoquèrent des recherches fructueuses et des modifications salutaires. La maladie servit d'aiguillon pour améliorer les conditions de la santé ; et ce fut un premier pas dans les découvertes médicales.

Plus tard, comme on avait modifié le genre de vivre pour conserver la santé, on le modifia encore pour la ramener ; mais cette fois le travail était plus compliqué, à cause de l'infinie variété des circonstances qui se présentent durant la maladie. En effet, dans l'état normal, les individus diffèrent et par les dispositions naturelles, et par le tempérament, et en bien d'autres points ; mais ils ont quelque chose de commun qui les rapproche et les confond en quelque sorte : ils sont sains et bien portants.

Les choses changent quand la santé s'altère : aux différences qui existent dans l'état normal, et qui deviennent plus saillantes quand le mal survient, le mal lui-même en ajoute d'autres qui constituent en quelque sorte un être nouveau ; et alors le problème est bien plus difficile ; car il s'agit de savoir, non plus ce qui convient dans un cas général et commun à un très-grand nombre, comme il arrive pendant la santé, mais de déterminer aussi exactement que possible ce qui est le plus convenable dans le cas déterminé et complexe qu'on appelle maladie.

Grande serait la difficulté, s'il fallait procéder sans expérience préalable, et instituer brusquement une méthode nouvelle, sans précédents. Mais il n'en est point ainsi. Après avoir modifié le régime pour la santé, il le faut modifier pour la maladie ; autrement, cela va de soi, puisque les conditions ne sont plus les mêmes ; mais en procédant par analogie, ou mieux par similitude, c'est-à-dire en étendant à un autre ordre de circonstances la méthode modificatrice déjà connue et sciemment appliquée.

Cette seconde recherche diffère nécessairement de la première, en ce qu'elle exige plus d'industrie parce qu'elle est plus diversifiée ; mais c'est la première qui a été le point de départ ; et d'ailleurs l'une et l'autre ont pour objet la connaissance des modificateurs, leurs effets, leur mode d'action et les réactions qu'ils provoquent.

De tout cela dépend l'art médical ; car comment connaîtrait-il quelque chose aux maladies des hommes, celui qui n'aurait point acquis par l'observation les moyens d'apprécier les actions produites et les réactions provoquées par

les divers agents dont l'homme subit l'influence? En autres
termes, comment saurait-il quelque chose des maladies et
des moyens de les traiter heureusement, celui qui ne saurait
rien de la santé et des conditions qui l'entretiennent?

Chaque agent a ses qualités propres, et chacune de ces
qualités agit sur le corps et le modifie de telle ou telle façon. De ces modifications dépend toute la vie, dans toutes
ses phases, dans tous ses états possibles : santé, maladie,
convalescence. Donc, connaître les rapports d'action et de
réaction entre l'homme et les modificateurs, c'est connaître
ce qui est essentiellement nécessaire et utile ; et c'est aussi
l'unique moyen de pénétrer à fond la nature humaine,
dont on sait peu de chose quand on la contemple isolément, en dehors de ce milieu où elle s'agite et manifeste ses
actes.

« Ainsi, je crois fermement, dit le vieil écrivain grec,
que tout médecin doit étudier la nature humaine, et rechercher soigneusement, s'il veut remplir ses obligations,
quels sont les rapports de l'homme avec ses aliments, avec
ses boissons, avec tout son genre de vie, et quelles influences
chaque chose exerce sur chacun (1). »

Voilà, en raccourci, l'esprit de ce traité, que M. Littré a
dignement apprécié dans sa belle et savante édition d'Hippocrate. En le plaçant en tête de la collection hippocratique, l'habile interprète lui a donné la valeur et l'opportunité d'une introduction à la médecine grecque. On y
trouve, en effet, la doctrine fondamentale de l'école d'Hippocrate, dont les recherches étaient conduites principalement vers la connaissance des choses extérieures ; doctrine
résumée d'un mot dans le premier aphorisme, qui sert lui-
même d'introduction à ceux qui suivent, et qui constitue,
pour parler comme les Allemands, la *caractéristique* de la
médecine ancienne.

(1) Hippocrate, *De l'ancienne médecine*, trad. Littré, t. I, p. 621.

La médecine moderne s'appuie davantage sur la physiologie, dont les investigations ont révélé tant de mystères sur le développement de l'organisme vivant et le mécanisme des fonctions.

Ces nouvelles connaissances, ajoutées à toutes les autres, n'ont pas été perdues pour la pratique ; bien qu'elles aient donné lieu d'autre part à des théories aventureuses ou à des rêves chimériques. Mais, en pénétrant plus avant dans la connaissance intime des organes et des fonctions, la physiologie a laissé en arrière des recherches d'un autre ordre, qui lui appartiennent aussi, et qui ont pour objet de déterminer les relations des organes et des fonctions, en un mot, de l'être vivant, avec les choses extérieures ou le milieu ambiant.

Cette étude, trop négligée, rendrait à la médecine les services les plus essentiels, si la physiologie, s'émancipant enfin des habitudes de docilité qui l'assujettissent servilement à l'anatomie, s'élevait jusqu'aux questions vitales qui la rapprocheraient davantage de la pathologie et de l'hygiène.

Les anciens, dont la physiologie élémentaire émanait toute de la pathologie, avaient entrevu cette alliance féconde, et ils la cimentèrent par des applications pratiques ; car les ressources de l'hygiène étaient celles qu'ils préféraient, et ils en tiraient si bon parti, qu'on peut dire que c'est par là que se recommande surtout la médecine hippocratique, et la médecine grecque en général.

On peut même soutenir, l'histoire à la main, que la décadence commença dès que la tradition médicale de Cos fut abandonnée, laquelle représentait une méthode rationnelle, très-sage, très-savante dans ses combinaisons.

On a prétendu, sans fondement solide, que la pratique d'Hippocrate se réduisait purement à l'expectation : on connaît le mot incisif d'Asclépiade de Pruse, qui prétendait que la médecine antérieure n'était qu'une méditation sur la mort.

Le jugement est sévère ; mais on peut l'admettre, jusqu'à un certain point, comme l'expression d'une école (le méthodisme) qui soutenait avec raison que la nature ne fait pas tout pour le mieux, et qu'il faut en conséquence la surveiller et l'aider, au lieu d'attendre patiemment qu'elle agisse comme une providence infaillible. En ce sens, Asclépiade avait raison, mais dans une certaine mesure ; car autre est la médecine expectante, autre celle qui agit en se passant le plus possible des ingrédients de la pharmacie.

Ainsi s'explique et se justifie le mot du médecin de Pruse.

Il est plus malaisé d'expliquer et surtout de justifier l'appréciation plus que sévère du célèbre physiologiste de Blainville, conçue en ces termes :

« On a fréquemment vanté l'empirisme que l'on a décoré souvent de l'épithète d'hippocratique ; mais regardez quelles sont les personnes qui se réfugient dans cette manière de voir, asile ordinaire de l'ignorance, ou du moins de la paresse, et demandez-leur si réellement la méthode hippocratique tant vantée est de la médecine, si ce ne serait pas plutôt de l'histoire naturelle des maladies (1). »

De la part d'un savant aussi considérable, ces paroles ont beaucoup de gravité ; il faut donc en peser la valeur.

De Blainville a jugé la médecine hippocratique à la manière d'Asclépiade, sous une forme très-dogmatique ; et l'on peut dire, sans lui faire tort, qu'il s'est tompé lourdement pour avoir confondu deux choses tout à fait distinctes.

Entre l'empirisme qui plaît à l'ignorance et à la paresse et la méthode d'Hippocrate, il n'y a aucune espèce d'analogie. L'auteur hippocratique du traité analysé ci-dessus a

____

(1) *Introd. au Cours de Physiol.*, 1ʳᵉ leç., t. I, p. 21.

prévenu à cet égard toute objection de complicité. En revenant sur l'exposition lumineuse qu'il a faite de l'art médical, de son origine et de ses développements, il admire le labeur patient et les combinaisons savamment enchaînées qui ont ouvert la voie, tracé la marche et assuré l'exactitude aux artistes; et il s'étonne comment d'une profonde ignorance sont issues les découvertes utiles, par une recherche laborieusement conduite, et non par le hasard. Ce n'est pas tout : une analyse profonde des moyens appliqués et des résultats obtenus lui faisait dire qu'évidemment, par une méthode tellement rationnelle et fondée en réalité, l'art tout entier de la médecine, s'il venait à se perdre, pourrait de nouveau être découvert et rétabli.

De là ces mots profonds, qui sont aujourd'hui même la meilleure devise que l'on puisse inscrire sur une histoire de l'art médical :

« La médecine est, dès longtemps, en possession de toute chose, en possession d'un principe et d'une méthode qu'elle a trouvés : avec ces guides, de nombreuses et excellentes découvertes ont été faites dans le long cours des siècles, et le reste se découvrira si des hommes capables, instruits des découvertes anciennes, les prennent pour point de départ de leurs recherches. »

Cette réflexion philosophique vaut incomparablement mieux que l'assertion insoutenable de Blainville, qu'il convenait de combattre à cause de l'autorité d'un tel nom.

Que l'illustre physiologiste se soit trompé sur le compte d'Hippocrate, il faut le regretter sans en être surpris. Il n'a guère mieux jugé et traité Aristote, ce qui prouve qu'il est bon de ne jamais prononcer des arrêts qu'après instruction préalable. Plus d'un savant de grand renom a parlé des anciens sans les connaître.

Mais ce qui doit étonner davantage, c'est que de Blainville, après avoir jugé Hippocrate à faux, ne lui ait pas rendu justice selon ses mérites, en traitant de l'action des modificateurs externes sur l'organisme vivant.

C'est Hippocrate qui a institué le premier cette grande étude, qu'il avait étendue, en homme supérieur, à des phénomènes d'un ordre encore plus élevé que ceux qui font l'objet de la médecine. Le traité *des Eaux, des Airs et des Lieux* est un premier essai, et le plus parfait, malgré son âge, d'une systématisation des agents extérieurs et de leur influence sur l'organisme individuel et sur les organismes collectifs qui constituent les races, les peuples, les nations, les sociétés en un mot.

C'était la fortune qui attendait la grande conception hippocratique, qu'on la mît à profit sans en rien dire : ainsi en usèrent à son égard Platon et Aristote, et plus tard Montesquieu.

De Blainville, qui était pourtant médecin, n'a pas eu moins de mémoire ni plus de reconnaissance. Mais on lui en doit beaucoup à lui-même pour avoir, le premier parmi les modernes, appelé l'attention des observateurs sur une partie considérable de la physiologie, avec des vues profondes et un esprit de généralisation qu'on souhaiterait de trouver chez Edwards, dont les recherches expérimentales sur l'influence des agents physiques sont plus dignes d'un naturaliste que d'un médecin philosophe.

Pour revenir, la méthode hippocratique, si sévèrement jugée par de Blainville, constitue en réalité la médecine traditionnelle, bien différente de l'empirisme, celle qui s'est conservée et transmise indépendamment des succès éphémères des remèdes qui ont régné tour à tour dans les pharmacies, et dont l'usage a prévalu sous des influences diverses, à peu près comme les vêtements qui changent sous l'empire capricieux de la mode.

C'est, en effet, par l'application plus ou moins éclairée des modificateurs naturels aux maladies, que l'art médical s'est perpétué, non point par une tradition purement empirique, — ce serait la routine, — mais par une succession de médecins éclairés, qui ont saisi avec pénétration les avantages et la sûreté d'une méthode fondée sur la réalité et éprouvée par une longue expérience.

Comme elle était le fondement de la médecine hippocratique, elle l'a été de cette illustre école que les modernes nomment empirique, apparemment parce qu'elle a su se maintenir et prospérer en dépit des systèmes caducs qui ont régné et disparu successivement, comme autant de dynasties.

Sydenham est le chef reconnu et le représentant le plus accrédité de cette école.

Nul ne s'avisera de traiter Sydenham d'empirique. Les empiriques ne vivent pas dans la mémoire des hommes, et en tout cas ils n'usurpent jamais la place enviable dans l'histoire de l'art. Ce n'est donc point en qualité d'empirique que Sydenham est à la tête de l'école qui a reçu cette qualification. Il est demeuré le type du praticien moderne, à cause précisément de sa dextérité à comparer les symptômes avec les modificateurs, et à cause de la fermeté qu'il déploya à remettre en honneur l'antique méthode d'Hippocrate dans le traitement des maladies.

C'est à lui qu'on doit, et à Baillou, qu'on lui sacrifie très-légèrement, le traitement rationnel et salutaire des fièvres éruptives, l'étude méthodique et féconde des épidémies, la constatation exacte des constitutions médicales, c'est-à-dire de ces conditions plus ou moins bien définies du milieu ambiant et des organismes, qui coïncident avec la manifestation de certains états pathologiques. L'étude moins avancée des constitutions atmosphériques, qui dépendent davantage d'une science problématique, la météorologie, lui a aussi de grandes obligations.

C'est à cause de tous ces mérites et de tous ces services que Sydenham est grand et renommé. On peut, à la rigueur, le comparer, non l'opposer à Hippocrate, qui a eu la gloire

de venir le premier : il est parmi les modernes, comme
Hippocrate parmi les anciens, le chef et le maître incomparable de l'école du sens commun en médecine. Toute
cette famille de praticiens excellents qui ont illustré l'école
de Vienne, depuis Gérard de Van Swieten jusqu'à Hilden-
brand et les deux Frank, toute cette famille procède de
lui; si bien que le modeste praticien de Londres a même
éclipsé l'immortel Boerhaave.

Il y a eu pourtant en France deux hommes qui le valaient
bien, et qui ne peuvent en tout cas être placés au-dessous,
Baillou et Barbeyrac. Le premier est une des gloires les plus
éclatantes de la faculté de Paris, où on lui préféra Fernel,
élégant écrivain et professeur disert. Le second, bien supérieur à Rivière, représente la tradition médicale de Montpellier. C'est sous son influence que se forma Sydenham,
par l'intermédiaire du philosophe Locke, qui était aussi un
peu médecin, et qui avait suivi la pratique et les leçons du
maître de Montpellier.

C'est Bordeu qui a mis en relief cette filiation singulière ;
elle grandit Barbeyrac sans diminuer Sydenham. Bordeu
estimait infiniment ces deux grands médecins, et il les suivait volontiers, eux et leur guide commun, Hippocrate.

Bordeu n'était cependant ni un empirique ni un admirateur passionné de l'expectation ; mais son tact prodigieux et
sa profonde pénétration l'induisaient précisément à l'imitation de ces inimitables modèles. Il marchait, comme il dit,
son Hippocrate à la main, et il n'avait point sujet de s'en
repentir. Entre autres faits qu'il rapporte en faveur de son
adhésion à la méthode hippocratique, il en est un qui ne sera
point déplacé en cet endroit.

Bordeu visitait un malade avec quatre médecins, praticiens consommés et fort savants. Le cas ne présentait point
de complications extraordinaires : c'était une inflammation
aiguë du poumon, de date récente. Le malade examiné, on

entra en consultation, et, — chose très-commune, — l'on en sortit sans pouvoir tomber d'accord sur le traitement. L'un conseillait une saignée ; un autre, l'émétique ; un autre, un vésicatoire ; le quatrième, un purgatif. En attendant que l'on se mît d'accord, le temps d'agir était passé ; mais Bordeu, qu'on retint près du malade, agit à sa manière sans suivre aucun des consultants, et le malade guérit au bout de huit jours, sans révulsifs ni dérivatifs, sous l'influence salutaire des agents de l'hygiène, aidés de quelques boissons délayantes et sudorifiques.

Bordeu vante cette cure et s'en vante avec raison : il fit précisément en cette occasion ce que de Blainville appelait à tort de l'empirisme, et, improprement, l'histoire naturelle des maladies. Il était fidèle à la méthode vraiment médicale, et procédait conformément aux indications de la saine médecine. Son amour des subtilités ne pouvait le détourner dans la pratique de la droite voie du sens commun ; et il pensait avec Sydenham que, dans le traitement des maladies, l'intervention efficace du médecin dépend essentiellement de la connaissance d'une méthode convenable et suffisamment éprouvée.

A vrai dire, ceux-là ont uniquement mérité le renom de grands praticiens, qui ont, suivant la remarque de Broussais, excellé à comparer les altérations des organes et les troubles des fonctions avec les modificateurs, et qui ont déduit le traitement de cette comparaison.

Quant à ceux qui ont obéi par impuissance ou par faiblesse aux caprices de la mode ou à la tyrannie des systèmes, ils ont pu avoir de l'éclat, leur vie durant ; mais avec eux s'en est allée leur réputation, comme il arrive aux acteurs, célèbres tant qu'ils intéressent le public, mais dont la célébrité ne va pas jusqu'à la gloire. Ainsi le veulent la justice et la logique. En effet, les leçons des praticiens ne valent que par ce qui leur assure la durée ; elles ne peuvent être transmises avec fruit à la postérité, qu'à la condition expresse de contenir des préceptes utiles en tout temps, et l'indication de moyens salutaires, toujours efficaces et toujours applicables.

Dans cette distinction essentielle entre les médications passagères et les méthodes durables en thérapeutique, est précisément contenue l'explication des fortunes diverses qui ont perpétué ou aboli la renommée des médecins. De même la vraie tradition médicale et la pérennité de l'art dépendent de l'application suivie de la saine méthode curative, et nullement des systèmes qui paraissent et disparaissent comme les comètes.

Un exemple entre mille servira de preuve à cette assertion.

Parmi les médecins modernes, un des plus illustres et des plus autorisés est, à coup sûr, Baglivi. Ses écrits sont si riches en choses excellentes, qu'on peut dire qu'ils forment une sorte de code médical d'une extrême sagesse. On ne les lit point sans faire cette réflexion, qu'un esprit capable d'élaborer de pareilles lois, — car c'est proprement un législateur dans son art, — devait être mûri par l'expérience consommée qui vient de l'âge. Il n'en est rien; ce grand maître est mort à trente-huit ans. Génie ardent et positif, — l'alliance est fréquente chez les races du Midi, — il sacrifia à l'esprit de système dans son *Essai sur la fibre motrice,* et ce fut son seul écart; mais il se montra dans la pratique le très-digne disciple d'Hippocrate et de Sydenham. Observateur pénétrant, il se laissa guider par la réalité, et suivit sans dévier l'antique tradition. L'abus des remèdes, assez général de son temps, lui semblait un effet de l'ignorance des vrais principes de l'art, non moins que de l'incorrigible préjugé de la foule, toujours prête, aujourd'hui comme alors, à vanter le médecin qui prodigue les drogues. Tant de formules problématiques l'indisposaient à bon droit, et contre ceux qui les prescrivaient, par condescendance ou par charlatanisme, et contre ceux qui les recevaient, victimes ou tout au moins dupes de leur crédulité. Aussi flétrissait-il énergiquement la stérile abondance des remèdes fastueux, *grandia et copiosa remedia*. Tous les ingrédients de la pharmacie ne valaient point à ses yeux un régime régulier, un genre de vie bien ordonné, et une sage direction dans l'usage des six choses non naturelles (1). Il en concluait que, dans la pratique, la méthode des anciens était la meilleure, et il exhortait les médecins à la remettre en vigueur, dans l'intérêt des malades et pour la plus grande considération de l'art. Il va sans dire que lui-même prêchait d'exemple; et, comme il était naturel, il allègue des faits pratiques en faveur de sa méthode de prédilection. Dans les maladies aiguës, dans les fièvres continues, et surtout dans les fièvres éruptives, sa conduite était, à peu de chose près, conforme à celle de Sydenham. Il s'applaudit de l'avoir tenue constamment et de préférence dans le traitement de la variole, maladie si redoutable avant l'inoculation et la vaccine. Il saignait au début, quand il y avait lieu, et dès que le mouvement inflammatoire était calmé, il prescrivait une alimentation ténue et des boissons délayantes; c'est ainsi qu'il maîtrisait la violence du mal.

(1) La matière de l'hygiène était comprise anciennement sous cette dénomination scolastique, dont l'origine se trouve dans un passage d'un livre attribué à Galien. Les choses non naturelles, dites ainsi, d'après le commentateur Hoffmann, parce qu'elles sont indépendantes de l'essence même du corps, — ce qui n'est pourtant vrai que de quelques-unes, — sont: l'air, les aliments et les boissons, la vacuité et la réplétion, le mouvement et le repos, le sommeil et la veille, les mouvements de l'âme. — Les choses naturelles étaient au nombre de sept: les éléments, les tempéraments, les humeurs, les membres, les qualités, les esprits et les fonctions. — Il y avait, en outre, trois choses supra-naturelles: la maladie, la cause morbide et les phénomènes pathologiques concomitants. — « Voilà, dit le passage en question, quelles sont les choses dont il faut s'enquérir quand on veut rétablir la santé. » La scolastique consacra ces divisions, modifiées par la suite sous les rubriques générales: *circumfusa, ingesta, secreta et excreta, acta*, qui embrassaient les agents extérieurs, l'alimentation, les fonctions nutritives et l'activité.

Bien d'autres moyens ont depuis été vantés; et tout récemment on a prôné des remèdes topiques pour chaque
symptôme des fièvres éruptives. Abondance stérile, vaines
promesses ! Il faudra toujours en revenir à l'observance des
règles établies magistralement et suivies avec succès par
Sydenham, Baglivi, Bordeu, et les grands praticiens de la
même école.

Il est juste de remarquer toutefois que c'est dans les maladies aiguës qu'éclate surtout la puissance de la médecine
active. C'est alors que l'occasion passe vite, car le temps
est court et le mal marche à grands pas et avec violence.
Le moment d'agir est fugitif; donc la décision doit être
prompte et sûre; la moindre hésitation peut devenir funeste; et la responsabilité du médecin n'est pas sauvée,
quand le mal s'accroît et se précipite vers une terminaison
malheureuse, à la suite de tergiversations intempestives.

Hippocrate avait senti la gravité d'une telle situation; il
l'exprime avec une brièveté profonde, selon sa coutume,
dans ces mots du premier aphorisme : « L'occasion est
prompte, l'expérience fallacieuse, le jugement ardu. » Ce
qui signifie que dans la pratique médicale l'expérience doit
recommencer avec chaque cas nouveau, qu'il importe de
connaître sûrement en temps utile, pour se conduire en
conséquence.

La réflexion d'Hippocrate s'applique plus particulièrement aux maladies aiguës; et elle prouve surabondamment
que la médecine hippocratique ne se réduisait point à une
expectation stérile. Un observateur inactif n'aurait pas saisi,
comme l'a fait le vieux médecin grec, la grande difficulté
de l'art médical, qui consiste, en dernière analyse, à bien
voir la réalité et à intervenir opportunément.

Le plus souvent, tout dépend de la sûreté du coup d'œil
et de la prompte intervention. De quoi s'agit-il, en effet?
de saisir les indications et de les remplir; et on ne le peut,

si l'on ignore la nature du mal, c'est-à-dire où il est, comment il s'est produit, et les moyens de le faire disparaître. Il s'agit, en autres termes, de connaître les modifications introduites et les modifications à introduire.

La médecine pratique tout entière est contenue entre ces deux termes : connaissance des causes, connaissance des indications.

Le diagnostic n'est qu'un intermédiaire, un artifice, un procédé, ou, si l'on veut, une méthode d'exploration en vue de faciliter les recherches. Il est, par rapport à l'étiologie et à la thérapeutique, ce que sont les symptômes par rapport à la nature du mal.

C'est à tort que cet intermédiaire a fini par obtenir, à force de concessions, une prééminence illégitime. On a confondu, par un abus déplorable, les moyens avec la fin, et l'on a fait une science du diagnostic, comme on a tenté d'en faire une de la micrographie, de l'embryogénie, c'est-à-dire d'un mode particulier d'exploration scientifique ou d'une partie du domaine général de la physiologie.

Il en est résulté que la mécanique a remplacé l'expérience féconde et l'induction. A force de se tenir en garde contre l'ontologie et les hypothèses métaphysiques, on a négligé les éléments fondamentaux de la saine pratique médicale, et, de peur de s'égarer à poursuivre l'essence de la maladie, on a négligé d'en étudier la nature, c'est-à-dire la source même des indications curatives. Comme il était inévitable, la thérapeutique a été méconnue.

De là, deux classes de médecins : ceux qui font abus des remèdes, et ceux qui n'en usent point.

Les premiers prodiguent par routine, et trop souvent par condescendance aux caprices de la mode, les richesses fastueuses de la pharmacopée. Les autres s'abstiennent, on n'ose dire prudemment, et font, sans but déterminé, de la médecine expectante.

Ces derniers sont les plus éclairés, et ils le sont assez

pour savoir qu'ils ne peuvent s'en rapporter du soin de guérir à cette providence illusoire, connue sous le nom de bonne nature ; car les organes vivants, indépendamment des mouvements instinctifs et des manifestations de la vie cérébrale, ne font que remplir des fonctions, conformément aux propriétés de leurs tissus et à l'influence des circonstances extérieures ; de sorte que toutes les fois que les fonctions sont troublées ou les propriétés altérées, des modifications opportunes sont indispensables pour ramener le calme et rétablir les choses dans leur état normal.

Cela est clair, et de soi évident. On dirait néanmoins que ceux-là ne semblent pas même s'en douter, qui s'appellent organiciens en médecine. Pour eux, la pratique se réduit à un usage routinier ou à une abstention absolue des remèdes. Ils se montrent empiriques ou inactifs ; et, dans les deux cas, ils font paraître l'inanité de leurs prétentions et leur impuissance incurable. L'épreuve clinique, qui est la pierre de touche des systèmes, les condamne sans rémission, et c'est justice ; car, sous le prétexte spécieux de faire de la médecine exacte, — vaine chimère, née en partie de la confusion de l'art médical avec les sciences, — ils ont abaissé l'horizon et rétréci le domaine de la pathologie générale. En effet, prenant pour point de départ l'examen des organes malades et des désordres survenus, — désordres qu'il n'est guère possible de constater positivement et sur place qu'après la mort ou à la suite d'une opération, — ils ont méconnu l'étude essentielle des causes, et ils ont commis cette erreur monstrueuse de considérer comme causes les effets produits ou les manifestations.

C'est d'eux vraiment qu'on pourrait dire, avec bien plus de raison que ne le disait Asclépiade de ses prédécesseurs, que leur médecine est une méditation sur la mort. Encore ne pourront-ils pas affirmer, comme on le croit sans fondement, à quel mal a succombé le malade ; car, en ignorant les causes, ils n'en sauraient préciser la nature; de sorte que, en définitive, toute leur science se bornera à décrire es désordres organiques d'un cadavre, et à les décrire superficiellement.

M. Ribes, professeur et disciple d'une école où l'on a eu en tout temps ce mérite de voir les choses de haut et d'ensemble, à la manière des anciens, M. Ribes a démontré aux organiciens de notre temps et l'inanité de leurs prétentions superbes, et leur grossière inconséquence, et il a pu leur adresser ces mots incisifs et profondément justes :

« Votre pratique, si elle est bonne, ne doit pas être d'accord avec votre théorie. »

La leçon est excellente et fort bien tournée. Ceux à qui elle est destinée la peuvent traduire ainsi : Nous ne sommes que de pauvres systématiques qui avons pris beaucoup de peine et fait beaucoup de bruit pour aboutir finalement à l'empirisme.

A cet argument, que répondront les organiciens? Rien, apparemment, et ce sera le bon parti; car, ou ils proclameront leur inconséquence, ou bien ils seront forcés de reconnaître que leur doctrine étriquée les pousse par la rigueur de la logique à l'absurde. Ne voyant rien autre chose que les désordres des organes, qui ne sont le plus souvent que des symptômes, ils s'appliqueront attentivement à combattre les symptômes, et c'est à peu près tout ce que peuvent tenter les hommes forts en diagnostic. Les plus convaincus n'hésiteront pas à croire que le mal serait retranché dans sa racine, si le fer ou le feu pouvaient pénétrer jusqu'à l'organe souffrant; ce qui finirait par agrandir prodigieusement le domaine de la chirurgie ou médecine opératoire.

Le sens commun et l'expérience des siècles, qui est un trésor de sagesse, ont jusqu'à présent contenu ces tentatives; mais ce n'est point la bonne volonté qui fait défaut. On a vu tel médecin, tel professeur de clinique soutenir avec un sérieux imperturbable qu'il serait possible de guérir radicalement la phthisie pulmonaire à son dernier degré, quand le mal est sans remède, si le fer, ouvrant la poitrine, permettait au feu de pénétrer dans le poumon et de cautériser la caverne produite par le ramollissement du tubercule.

L'idée peut paraître neuve, mais elle n'est pas nouvelle. On la trouve énoncée brièvement dans Baglivi (1). Mais quand elle viendrait d'Hippocrate, son absurdité en serait-elle moins éclatante?

Supposons qu'à travers une plaie béante, après avoir percé les parois thoraciques et la membrane séreuse qui les tapisse à l'intérieur, on arrive sans danger à l'ulcère du poumon, et qu'une cautérisation énergique ou un topique efficace répare la perte de substance et produise la cicatrisation. Certes, la cure sera belle, et hardie l'opération. Mais la cause du mal sera-t-elle atteinte et la phthisie radicalement guérie? Non mille fois ; et Baglivi, raisonnant par analogie, au sujet d'une plaie pénétrante de la poitrine, agrandie à propos par un habile chirurgien et guérie après deux mois de traitement, raisonne prodigieusement faux ; car il prévoit sans raison que les effets obtenus dans un cas accidentel, chez un sujet d'ailleurs sain de corps, se pourraient également obtenir par des moyens semblables dans un état pathologique général et bien déterminé, dans des conditions tout à fait différentes. Or elle est grande, la différence entre un homme qui a reçu un coup d'épée dans la poitrine, et un pauvre phthisique dont le poumon est détruit par la fonte tuberculeuse et dont l'organisme est miné par le marasme.

Baglivi, raisonnant par analogie, faisait une induction vicieuse ; tandis que ceux qui de nos jours ont voulu soutenir une chose insoutenable partent d'un principe faux, et poussent aux conséquences extrêmes la passion de l'orga-

____

(1) *Prax. med.*, II, xi, 9.

nicisme et de la médecine dite des symptômes, laquelle s'attache, non pas au mal lui-même et à sa racine, mais uniquement à ses manifestations.

Cet exemple fait voir à quelle intempérance de déraison peut se porter ce matérialisme concret qui se borne au phénomène apparent et prétend arriver à l'exactitude infaillible.

Le reproche très-mérité que M. Ribes adresse aux partisans de la doctrine organicienne, Hippocrate l'adressait de son temps aux empiriques de l'école de Cnide, qui n'allaient pas au delà du symptôme, et qui à proportion des symptômes multipliaient les maladies ; d'où une nomenclature exubérante, une insurmontable confusion et des difficultés prodigieuses dans le diagnostic et le traitement.

Il est probable que les médecins cnidiens se vantaient aussi d'exceller dans le diagnostic et dans la nosographie (ou description des états morbides). Mais, en admettant qu'ils fussent versés dans ces connaissances superficielles, quel profit en résultait-il pour les malades et pour l'art médical ? En quoi des recherches si vicieusement conduites pouvaient-elles aider à la fondation d'une doctrine, à l'institution d'une saine méthode curative ? En dernière analyse, ces recherches ne pouvaient tout au plus fournir que des matériaux, utiles peut-être à ceux qui les entassaient sans discernement, mais inutiles à tout autre et ne pouvant être transmis avec fruit.

Aussi les Cnidiens n'avaient-ils ni thérapeutique ni pathologie générales, tandis que l'école d'Hippocrate possédait cet ensemble de doctrines, qui, sous le nom générique de *Prognose*, embrassait les règles essentielles et les principes fondamentaux de l'art de guérir.

Le temps est passé là-dessus, et il a introduit bien des modifications dans le système ; mais les réformes et les progrès successivement introduits ont laissé debout la méthode hippocratique sur ses fondements inébranlables.

C'est qu'Hippocrate fondait avec raison l'étude des maladies et leur traitement sur les rapports qui existent entre les symptômes en tant que manifestations d'un état profond, intérieur, plus ou moins général, et les modificateurs. Et de même que nous appliquons la connaissance de l'état normal à l'appréciation de l'état morbide, c'est-à-dire la physiologie à la pathologie; de même il appliquait la connaissance des conditions de l'existence ordinaire à l'interprétation des signes qui annoncent le trouble de cette existence, non sans se servir des conditions normales de la vie pour rétablir la santé; ayant compris, bien qu'il fût très-pauvre en notions anatomiques et physiologiques, que la maladie n'est qu'un accident, un cas particulier, une modification spéciale, et non pas une entité nouvelle.

Comment était-il arrivé à cette notion supérieure?

Évidemment par l'étude attentive des rapports qui s'établissent entre l'organisme vivant et le milieu. De là cette préoccupation constante de déterminer, avec toute la précision alors possible, les conditions qui peuvent maintenir ces rapports ou les modifier avantageusement, selon la nécessité. Des traités spéciaux, dans la collection hippocratique, en sont la preuve, et parmi eux celui des *Airs, des Eaux et des Lieux*, et celui du *Régime dans les maladies aiguës*.

C'est dans ces écrits que se trouve développée et appliquée l'idée mère du livre de l'*Ancienne médecine*. Cette idée, indépendamment des doctrines de pathologie générale éparses dans plusieurs écrits du recueil, est la conception la plus féconde d'Hippocrate; c'est donc à bon droit que M. Littré, par une de ces intuitions heureuses qui recommandent son savoir, a donné le premier rang au livre de l'*Ancienne médecine*. C'est la véritable introduction aux œuvres des hippocratiques, et, l'on peut le dire, la philosophie première de la médecine pratique.

Au fond, la connaissance des modifications que peut subir l'être vivant, et l'étude des effets salutaires ou nuisibles
des modificateurs, c'est toute la médecine. Aussi sera-t-il
applicable dans tous les temps le précepte majeur du premier aphorisme, lequel avertit le médecin qu'au but qu'il
poursuit, doivent concourir avec lui le malade, les assistants et les *choses extérieures,* καὶ τὰ ἔξωθεν.

On ne pouvait mieux exprimer, ni plus brièvement, les
attributions de l'art et ses tendances : limiter l'intervention du médecin et lui indiquer les plus essentielles ressources, telle a été la pensée d'Hippocrate. Il avait bien vu ; et
l'observation moderne, expliquant et agrandissant l'expérience du passé, a justifié ses vues et consacré sa pratique.

A la vérité, des modifications ont été introduites dans le
traitement des maladies aiguës, par suite de la connaissance
plus analytique et partant plus parfaite et de l'homme et
du milieu, de l'action de celui-ci et de la réaction de celui-là.

Ce sont les deux éléments générateurs de l'hygiène, laquelle s'est enrichie de toutes les découvertes physiologiques, de telle sorte qu'avec des notions plus positives, il est
plus aisé maintenant de diriger l'action du milieu et de régler la réaction de l'organisme vivant. Aussi procédons-
nous plus sûrement que les anciens dans le traitement des
maladies chroniques, où l'on peut avancer, sans exagération, que l'action des remèdes les plus efficaces est minime.

On le conçoit très-bien, pour si peu qu'on réfléchisse et
sur l'action des agents artificiels, qui sont les ingrédients de
la matière médicale, et sur cette loi de l'habitude, très-
obscure, mais constante, suivant laquelle l'organisme, insensiblement modifié, s'accommode en quelque sorte des
modifications les plus contraires à son bien-être et à l'accomplissement régulier de ses fonctions.

Comment troubler en bien cet état fâcheux, comment se-

couer la torpeur de l'organisme de façon à le soustraire au
mal qui le consume comme un hôte perfide ? L'indication
est précise.

Puisque l'organisme est gâté et perverti au point de tolérer les plus détestables influences, il faut le convertir et
le régénérer, le refaire et le renouveler, car toutes ses forces
suffiront péniblement à triompher d'un ennemi domestique
d'autant plus redoutable qu'il a pris avantage de l'inertie
grâce à laquelle il a pu pousser, mineur infatigable, le travail lent et sûr de destruction.

La lutte sera longue et difficile ; mais le résultat sera bon,
pourvu que pas un seul moment ne soit perdu et que le médecin, secondé par le malade, agisse sans relâche, non pas
comme le chef hardi qui culbute l'ennemi par une charge
rapide, mais comme ce temporiseur vigilant qui parvient à
ses fins à force de patience et d'adresse. Vaincre de vive
force, il n'y faut pas songer ; les moyens violents seraient
inutiles et pourraient tourner à mal. Ici les remèdes d'une
grande activité ne sont point de mise, tout au plus peuvent-
ils servir d'auxiliaires. Les vraies ressources sont ailleurs,
dans les conditions vitales, qui doivent être surveillées, dirigées, modifiées, améliorées, en vue d'obtenir une rénovation indispensable. Car il s'agit proprement de créer un
homme nouveau, de faire lentement un organisme plus sain,
par l'élimination des mauvais matériaux.

Telle est la méthode fondamentale du traitement dans les
affections chroniques.

Sydenham l'avait devinée ; Stahl et Fr. Hoffmann la mirent en honneur, empiriquement, il est vrai, mais efficacement et non sans fruit pour leurs successeurs. Bordeu
n'a pas laissé perdre leurs enseignements cliniques ; mais il
a exagéré dans le sens de Fr. Hoffmann en pratique, comme
il avait exagéré en théorie dans le sens de Stahl. On ne peut
refuser à ses observations et réflexions sur les maladies
chroniques l'autorité qu'elles méritent, venant d'un tel

homme ; mais il est probable que les unes et les autres vaudraient mieux, si Bordeu n'eût vanté outre mesure les effets salutaires des eaux minérales.

C'est lui qui a fait la grande réputation des sources thermales des Pyrénées, et c'était justice de sa part, car il leur devait en partie sa renommée et la prospérité de sa famille. Sous ce rapport, Bordeu suivit avec un peu trop de zèle Fr. Hoffmann, cet homme heureux à qui tout succédait et qui mit à la mode les sources minérales de l'Allemagne, de quoi les Allemands n'eurent garde de se plaindre, non plus que les Hollandais de l'influence heureuse que le grand Boerhaave exerça sur la prospérité de leur commerce.

Constatons, en passant, que c'est aux médecins du Nord qu'on doit le premier exemple de dévouement simultané à l'humanité et aux intérêts industriels.

La mémoire de Bordeu ne saurait souffrir de ces rapprochements ni de ces remarques ; mais il peut être opportun de les placer ici, et d'ajouter que cet illustre médecin, trop préoccupé de ses eaux des Pyrénées, comme le serait, par exemple, un spécialiste de nos jours dans ce qu'on appelle l'hydrothérapie ou la pulvérisation de l'eau, négligea tant soit peu d'autres moyens d'une efficacité plus certaine, c'est-à-dire le régime alimentaire.

Son contemporain Lorry s'empara de ce grand sujet, et de ses études résulta un traité magistral qui peut, encore aujourd'hui, être proposé comme un modèle à l'imitation.

Malheureusement, ce maître habile a eu peu d'imitateurs. Nos médecins ont trop légèrement médité sur l'alimentation dans les maladies chroniques, qu'on peut appeler le plus précieux instrument de la médecine clinique ; témoin les deux traités classiques de Ch.-L. Dumas (1) et de Broussais (2)

(1) *Doctrine générale des maladies chroniques.* 2e édition, Paris, 1824, 2 vol. in-8.

(2) *Histoire des phlegmasies ou inflammations chroniques.* 5e édition, Paris, 1838, 3 vol. in-8.

qui resteront comme deux guides excellents dans cette partie, indépendamment de tous les autres titres qui les recommandent au souvenir.

M. Ribes s'est évidemment inspiré de leurs leçons substantielles, de leur solide expérience et de l'esprit éminemment médical qui dirigeait leur conduite. Tous les lecteurs compétents admireront les ressources infinies qu'il a recueillies pour les praticiens, et les règles excellentes qu'il a tracées. Cette section de son ouvrage est incontestablement la meilleure, la plus riche en faits et en préceptes utiles. Tout ce qui concerne les fonctions nutritives y est exposé méthodiquement et avec un soin attentif, qui rend visible le désir d'être complet. Rien ne manque d'essentiel, et l'on peut dire que le chapitre de la nutrition a été épuisé.

Il le fallait ainsi, car ce chapitre est fondamental, la nutrition étant la base de l'organisme vivant, la propriété maîtresse, commune à tous les organes. Par elle se fait et se défait la trame organique, comme la toile de Pénélope, avec cette différence, que le double travail d'absorption et d'excrétion, d'assimilation et d'élimination, est simultané, constant, incessant. La santé ne se maintient que par la juste proportion entre les matériaux reçus et les matières rejetées; et c'est ce mouvement perpétuel de va-et-vient qui constitue proprement la vie. De là l'importance des propriétés nutritives et des conditions qui les favorisent.

Aussi le chapitre de la nutrition, comme il était convenable, embrasse-t-il, dans son ensemble, tout ce qui entre dans ce mouvement d'échange, ce qui vient du dehors comme ce qui y retourne, les propriétés et fonctions qui président à l'entrée et celles qui règlent la sortie, et celles-ci y reçoivent encore plus d'attention que celles-là; avec raison, car il est d'observation que le dérangement des organes, des propriétés et des fonctions qui excrètent, est souvent plus dangereux et plus promptement funeste que celui des organes et des fonctions qui absorbent.

Puiser dans le milieu ambiant les éléments nutritifs, c'est le point de départ de la vie; mais la condition suprême, c'est de rejeter tout ce qui est impur et superflu.

Indiquer le fond de ce sujet, c'est en montrer la vaste étendue. La digestion n'est qu'une fonction particulière dans le grand travail de la nutrition. Notre alimentation se compose réellement de tout ce qui peut pénétrer dans l'organisme et être assimilé.

On comprend maintenant combien les ressources de l'hygiène sont puissantes en thérapeutique, et combien elles peuvent servir utilement, soit pour aider l'action des agents médicinaux, soit pour les remplacer avec avantage.

Elles ne produisent jamais de plus heureux effets que dans les maladies chroniques, où la grande affaire, c'est de diriger le travail continu de réparation et de recomposition, de manière à exclure tous les mauvais éléments.

Les anciens, qui n'avaient pas, comme nous, des connaissances positives sur les choses extérieures, et qui n'en possédaient que d'élémentaires sur les organes et leurs fonctions, les anciens tiraient avantageusement parti des modificateurs pour le traitement des longues maladies. L'induction expérimentale les avait merveilleusement guidés; et dès avant Hippocrate, une méthode médicale s'était introduite, qui faisait grand usage des moyens de l'hygiène. En déterminer l'origine serait chose malaisée; toutefois des données historiques permettent de remonter jusqu'à Pythagore.

Le régime qui porte son nom, et sur lequel le médecin italien Cocchi a disserté excellemment, fut adopté selon toute apparence par l'école médicale de Crotone; et elle dut arriver en Grèce par les disciples de cette école fameuse (1). Les applications qui en furent faites au corps sain

(1) *Cf.* « *Del vitto pitagorico per uso della medicina,* » dans *Opere di Antonio Cocchi,* Milano, 1824, vol. I, contenant *Discorsi e lettere,* p. 193-245.

ou malade, coordonnées savamment, finirent par former un système de règles pratiques, dont l'observation s'établit principalement dans les gymnases.

Hérodicus s'acquit une grande réputation en ce genre de médecine; et Platon déplore amèrement dans ses livres de la *Politique* les effets de cet art conservateur, qui entretenait à force de soins la frêle existence des valétudinaires. Cette plainte est étrange de la part d'un philosophe; mais il faut se souvenir que Platon était doué d'un robuste tempérament, et qu'il avait rêvé une race d'athlètes pour sa république idéale. La mention qu'il fait d'Hérodicus et de sa méthode atteste du moins avec évidence que les ressources de l'hygiène étaient dès lors méthodiquement appliquées au traitement des maladies chroniques.

Hippocrate, dont le génie organisateur s'assimilait tous les bons éléments, fut redevable aux gymnases, et il eut la gloire d'appliquer, en la modifiant, la méthode des gymnasiarques au traitement des maladies aiguës, avec un discernement médical qui faisait défaut aux maîtres des gymnases, ainsi que l'attestent certains passages de ses écrits, où il censure avec raison les abus de leur méthode.

Cette méthode constituait dès ce temps-là une véritable spécialité. Aussi y avait-il rivalité entre médecins et gymnasiarques.

Quand on réfléchit sur ce point, on finit par se persuader que la vieille division de la médecine en *diététique, pharmaceutique* et *chirurgicale*, est moins fictive qu'on ne le croit communément, malgré les réserves de Celse, qui nous a conservé la tradition de ce partage.

Il n'y a pas longues années que la médecine proprement dite et la chirurgie étaient séparées dans la profession comme dans les écoles, — séparation qu'on retrouve encore fréquemment dans la pratique, — et des exemples contemporains, indépendamment des témoignages historiques, pourraient aisément nous induire, par analogie, à la croyance qu'il y avait, dans l'antiquité, des médecins qui se servaient exclusivement des bains, des frictions, des exercices, du régime, de l'ensemble des ressources qui constituaient la matière de la diététique ; de même que d'autres médecins faisaient uniquement usage des médicaments ou remèdes, et laissaient à des spécialistes la médecine opératoire ou manuelle, autrement nommée chirurgie.

L'école d'Hippocrate fondit les trois spécialités, et de cette union résulta la vraie profession médicale, ou l'*art*, pour employer le terme consacré dans le recueil hippocratique. Mais les sectes ne tardèrent pas à surgir, et bientôt disparut l'unité.

Les empiriques se lassèrent à la longue de la méthode savante de l'école de Cos, qui contenait si sagement l'esprit d'entreprise et l'action excessive du médecin.

Hérophile et Érasistrate, qui représentaient à Alexandrie deux écoles rivales, donnèrent l'exemple et l'impulsion, et leurs disciples, comme il arrive toujours, les dépassèrent dans la voie dangereuse des tentatives thérapeutiques : il n'y avait point de maladie, au rapport de Celse, qu'ils ne traitassent par des médicaments.

Le contact de l'Orient, — terre classique des drogues médicinales, — favorisa cette intempérance ; et bientôt la médecine se trouva enrichie de quantité de livres traitant de la vertu des remèdes et des propriétés salutaires des médicaments. Ainsi prit consistance et accroissement la matière médicale, qui est, on peut le dire sans antithèse puérile, la partie la plus riche et la plus pauvre à la fois de la médecine. Les médecins Zénon, Andréas, Apollonius Mys, acquirent, entre mille autres, une grande notoriété par leurs recueils fastueux de recettes médicinales. Celse et Pline l'Ancien nous ont transmis le plus gros de ce lourd bagage ; et grâce à eux, nous pouvons apprécier tout le chemin qu'avaient déjà fait les anciens dans une partie où les modernes devaient aller si loin. Le traité spécial de Dioscoride est comme le répertoire de l'ancienne matière médicale.

L'influence salutaire de l'art ne s'étendait point en raison du nombre toujours croissant de ses ressources, et les médecins paraissaient moins occupés d'avancer dans les études sérieuses et profitables, que de se distinguer par de nouvelles inventions : l'accessoire les absorbait entièrement, et l'essentiel était délaissé.

Pour conjurer la décadence, une réforme devenait urgente. Asclépiade l'entreprit, et il remplit dignement son office de réformateur. Avec résolution et habileté, il résista à l'invention des drogues médicinales, et en bannit presque entièrement l'usage, *non sine causa*, ajoute Celse, qui penche visiblement vers le méthodisme, bien qu'il n'appartienne pas positivement à une secte déterminée.

Asclépiade, qu'on a beaucoup trop opposé à Hippocrate, — car sa réforme eut précisément pour effet de rétablir la tradition hippocratique dans le traitement des maladies, — Asclépia de insista depréférence sur les applications de ce régime ; il fut en son temps, comme Fr. Hoffmann dans le sien, le restaurateur de la diététique. Il alla même jusqu'à l'excès, — défaut où tombent en général les réformateurs, — dans l'usage de la diète ; et ses malades devaient vivement souffrir de son inflexible rigueur en matière d'abstinence. Il ne s'en vantait pas moins de guérir les maladies *tuto, celeriter, et jucunde.*

Peut-être unissait-il en effet la sûreté à la célérité ; pour ce qui est de l'agrément, il est douteux qu'une si rigoureuse abstinence flattât beaucoup les patients. Aussi Celse, qui lui est d'ailleurs si indulgent, n'hésite-t-il point à le traiter de bourreau, à cause de sa prédilection pour le jeûne absolu dans la période initiale des maladies (1).

____

(1) V. plus loin, le chapitre sur *Asclépiade*. — *Cf.* sur ce grand réformateur de l'ancienne médecine les deux études si remarquables de A. Cocchi, tom. I, de ses œuvres, p. 267-323, et tom. III, p. 575-619.

Mais, cette réserve faite, l'écrivain latin proclame hautement les bienfaits de la méthode diététique du médecin de Pruse, et l'on peut dire qu'il en a été l'écho bienfaisant. De lui sont ces phrases qu'on a retenues comme des règles magistrales : « La médecine qui a recours aux agents thérapeutiques doit y ajouter l'observance du régime, dont l'efficacité est tellement considérable dans toutes les affections du corps. » Et ailleurs : « Rien ne vaut pour le malade une abstinence opportune. » Et ailleurs : « Il n'est point de médicament qui vaille la nourriture prise en temps convenable. »

Ces aphorismes résument en quelque sorte les règles pratiques de l'école méthodiste, dont le véritable chef est Asclépiade.

Ce médecin renouvela avec un succès prodigieux la méthode thérapeutique de l'école d'Hippocrate; et il sut la féconder par une application heureuse au traitement des maladies chroniques. C'est à lui que revient l'honneur d'avoir introduit cette médication rationnelle, connue dans son école sous le nom de métasyncrise ou récorporation; on en trouve une description très-exacte dans Cœlius Aurelianus.

Le cycle récorporatif ou métasyncrisique, pour emprunter les propres termes de cet auteur, était le fondement de la thérapeutique des méthodistes, et cette thérapeutique consistait essentiellement dans l'emploi bien réglé des moyens de l'hygiène. Il visait précisément à cette rénovation dont on a touché un mot ci-dessus, à la régénération des éléments constituants par une direction énergique de la nutrition.

Que les méthodistes eussent des idées bien nettes sur les propriétés nutritives des organes vivants et sur le travail

La deuxième étude est malheureusement incomplète. La première est un modèle qu'on ne saurait trop recommander aux médecins qui ont le goût des discussions historiques.

incessant d'assimilation et d'élimination, c'est plus que douteux, à cause de l'ignorance où l'on était alors touchant le mécanisme des fonctions physiologiques. Cependant leur théorie du resserrement et du relâchement, du *strictum* et du *laxum*, pour parler leur langage, suivant laquelle le corps est percé comme un crible, dont les trous se resserrent ou s'élargissent pour livrer passage aux matières qui entrent et sortent, — cette théorie moléculaire, empruntée à la philosophie des atomes, les conduisit logiquement à la meilleure méthode thérapeutique. Les modernes, instruits par de nouvelles acquisitions, en ont proclamé l'excellence.

En définitive, l'école des méthodistes, indépendamment de ses principes et de ses doctrines, à ne la considérer qu'au point de vue de la pratique médicale, cette école, peu comprise jusqu'ici, a complété, agrandi, étendu la médecine hippocratique, en fondant le vrai traitement des maladies chroniques (1).

Érasistrate en avait esquissé les grandes lignes; Asclépiade reprit l'esquisse et en arrêta les contours; ses disciples, Thémison de Laodicée et Thessalus de Tralles, achevèrent le tableau; Soranus, venu à leur suite, épuisa la matière dans un traité considérable, dont les choses les plus essentielles ont été reproduites et transmises jusqu'à nous par Cœlius Aurelianus.

Galien, qui a parlé défavorablement et avec une légèreté inexcusable des médecins méthodistes, Galien s'est attaché à montrer en quoi ils avaient dévié, selon lui, des principes de l'école de Cos. Mais, trop préoccupé de saisir les différences qui étaient entre les deux écoles, il n'a pu saisir les analogies qui les rapprochaient, analogies telles, qu'on peut avancer, sans crainte d'erreur, que le méthodisme ne

______

(1) Voyez, en attendant mieux, l'ouvrage de Prosper Alpin : *De medicina methodica*. Lugd. Bat. 1719.

fut, en dernière analyse, que le complément de la médecine hippocratique.

Au fond, les analogies seules sont réelles, tandis que les dissemblances ne sont que spécieuses. Il est vrai que les deux écoles différaient en apparence par les conceptions théoriques; mais, en médecine, c'est-à-dire dans un art d'application, ce n'est point par le côté dogmatique et purement spéculatif qu'il faut comparer et juger, mais par le côté pratique. En fait de méthodes curatives, l'épreuve clinique est le grand critère et la pierre de touche.

A ce point de vue, la ressemblance est frappante. Dans les deux écoles, on tenait grandement compte des choses extérieures et de leur influence; dans les deux, on s'attachait davantage au régime et à la diététique, et beaucoup moins aux médicaments; dans les deux enfin, on se préoccupait infiniment plus de l'état général que des symptômes locaux, ou, comme on dirait aujourd'hui, de la notion de nature, bien plus que de la notion de siége.

Il est vrai que les méthodistes rejetaient avec dédain la recherche trop savante des causes; recherche qui leur semblait oiseuse, et qu'ils se souciaient médiocrement des spéculations et investigations transcendantes des dogmatiques. Ils ne se souciaient guère plus des expérimentations minutieuses et réitérés des empiriques. Mais il n'en est pas moins certain que la *méthode,* par le côté général et élevé, rappelle singulièrement la *prognose,* ou l'ensemble des doctrines qui constituaient la pathologie et la thérapeutique générales d'Hippocrate.

Grâce aux travaux synthétiques d'Asclépiade et de ses disciples, l'édifice de la médecine ancienne était achevé quand parut Galien, le grand compilateur.

Galien ne comprit pas que le travail accompli par les méthodistes était un achèvement, et il réagit mal à propos et sans mesure contre une doctrine qui n'était en somme que le développement de l'ancien dogme. Il affecta de se

montrer plus hippocratique qu'Hippocrate, et il altéra
néanmoins l'unité et la pureté de la médecine hippocratique par l'introduction impertinente de doctrines philosophiques dont l'incohérence révèle visiblement l'influence
de l'éclectisme alexandrin.

Les principes de sa thérapeutique sont généralement
bons; cependant bien des critiques pourraient. se mêler
aux éloges. Mais il est difficile qu'un auteur qui a beaucoup écrit soit toujours égal et conséquent. Or, non-seulement Galien a écrit beaucoup. Mais encore légèrement;
d'où nombre de contradictions et d'inconséquences.

Hippocrate, par exemple, faisait grand usage du régime,
et se montrait très-avare de remèdes. Il n'en est pas de
même de Galien. Après avoir développé avec soin les préceptes diététiques de la médecine hippocratique, il a introduit dans sa thérapeutique des remèdes en grande abondance et des formules de médicaments très-compliquées.
Ses traités sur la composition des médicaments, pour ne
rien dire des autres, attestent qu'il sacrifiait volontiers à la
mode des remèdes fastueux. Il a donné une description
détaillée des ingrédients qui entraient dans la composition
de la thériaque, et il a vanté outre mesure cet amalgame
monstrueux de la médecine empirique. En peu de mots,
par sa prédilection très-marquée pour l'emploi des composés pharmaceutiques, il a montré qu'il avait, lui aussi qui
s'élève si hautement contre le charlatanisme, sa petite
pointe de charlatan.

L'influence de Galien sur les temps ultérieurs de la médecine fut immense et plus considérable même que celle
d'Aristote en philosophie.

Les Arabes, encouragés par l'exemple de celui qu'ils
considéraient comme le chef et le maître de l'art médical,
multiplièrent à l'infini les ingrédients et les drogues; et,
dans la suite, les tentatives de l'alchimie ajoutèrent sans

cesse des richesses nouvelles au trésor déjà si riche de la matière médicale.

Cela devait être : les alchimistes, dans la recherche du grand arcane, ne couraient pas uniquement après la fortune, mais encore après les moyens d'en jouir longuement et dans les conditions les plus favorables, c'est-à-dire qu'ils poursuivaient aussi la santé inaltérable et la longévité.

Ces tendances de la superstition orientale, répandues en Occident, suspendirent durant des siècles la marche progressive de la médecine, en neutralisant l'impulsion féconde qu'elle avait reçue des Grecs. On s'acharna à la recherche des moyens salutaires, sans trop s'arrêter à l'analyse des causes et à l'observation savante des phénomènes. Dès lors, la médecine active avec exagération prit faveur, et elle eut pour effet immédiat d'empêcher la contemplation des manifestations naturelles et spontanées que présentent les maladies dans leur cours.

Aussi l'avancement fut-il minime en thérapeutique, et considérable en matière médicale, ces deux parties avançant rarement ensemble; car l'essentiel, en médecine, c'est l'indication, — principe fondamental de la thérapeutique, — tandis que les moyens d'y satisfaire sont accessoires, et qu'il y a d'ailleurs tout un ensemble de moyens qui se trouvent en dehors de la matière médicale.

Van Helmont le comprit excellemment, et il eut le mérite très-grand, au milieu de ses rêveries mystiques et de bizarres illusions, de ramener la médecine vers ce qu'on est convenu d'appeler l'observation de la nature; frayant ainsi le chemin à Stahl, à Fr. Hoffmann et à ceux qui firent comme eux grand usage des moyens de l'hygiène dans le traitement des maladies (1).

____

(1) Possent nimirum parcimonia ciborum plus efficere, quam omni pellis laceratione, aut truculenta ignis ambustione, vel lignorum radicumque barbarorum potu. — Asthma et Tussis, *Ortus medicinæ*, p. 301, c. 2, n° 75.

C'est par là que Van Helmont a infiniment mieux mérité de la médecine que le fougueux Paracelse, dont la réforme, accomplie dix ans après celle de Luther, fut aussi par trop protestante. Paracelse brûla publiquement, à Bâle, les écrits de Galien et ceux d'Avicenne, les Grecs et les Arabes; mais, par une inconséquence bien digne de lui, il accorda, comme Galien et Avicenne, une attention exagérée et une influence excessive aux ingrédients pharmaceutiques. Héritier des alchimistes, il en eut la vanité et les illusions : il se persuada que la vie et la santé obéissaient docilement à l'influence souveraine des élixirs et des essences; il se vantait lui-même de vivre longuement, grâce à des ressources aussi précieuses; et une mort prématurée vint déjouer ses espérances et démentir ses promesses.

N'importe, l'exemple était donné. Paracelse eut des imitateurs innombrables, et il le faut considérer comme le vrai chef de cette école d'iatro-chimistes, qui a régné si longtemps, avec la prétention non justifiée de vaincre les maladies par les drogues.

L'expérience a fait justice de ces illusions de laboratoire, et de vaines tentatives ont démontré que, sans négliger les agents pharmaceutiques d'une efficacité bien établie, il fallait revenir à l'étude systématique des modificateurs naturels; c'est-à-dire à l'ensemble des causes qui agissent en nous et hors de nous, et dont la coordination est la base fondamentale de l'hygiène et de la thérapeutique, ou, si l'on veut, de l'art de prévoir et de prévenir l'altération et la souffrance, ce qui s'appelle, en langage technique, prophylaxie, et de l'art de les détruire, quand elles n'ont pu être détournées.

L'ouvrage de M. Ribes traite spécialement des ressources que l'hygiène offre au médecin dans le traitement des maladies, et de la manière dont il faut les coordonner et utiliser pour ramener la santé. L'importance d'un tel sujet est capitale dans la pratique, et la publication d'un tel livre est très-significative dans l'état présent de la médecine. Ce livre, pour user d'une expression dont on abuse, est un des signes de ce temps d'anarchie. Il résume et coordonne lumineusement; nourri de faits et de souvenirs, entremêlé de conseils et de préceptes, il donne la plus pure substance de l'art de guérir, il expose la méthode fondamentale de la thérapeutique, l'ensemble des moyens les plus efficaces dont elle dispose, et il enseigne à ceux qui sont habitués à réfléchir et à conclure que la certitude tant contestée de l'art médical ne dépend nullement des systèmes qui changent ni des théories qui passent ou se transforment; mais qu'elle résulte de la tradition même de la médecine pratique, représentée chez les anciens par Hippocrate et ses disciples, continuée et affermie par l'école méthodiste, reprise et agrandie chez les modernes par cette grande école, dite empirique, et qui doit conserver cette qualification pour se distinguer des sectes passagères, qu'il faut considérer comme des accidents dans l'histoire de la médecine.

Cet art s'est accru et perfectionné malgré ses vicissitudes. Celles-ci n'ont pu empêcher ses progrès, de même qu'elles n'ont pas altéré notablement la tradition médicale, dont la certitude est démontrable, si l'on se place au point de vue de la pratique, et si l'on part de la thèse profondément juste qu'un médecin grec soutenait, il y a vingt-trois siècles environ, dans le traité hippocratique de l'*Ancienne médecine*.

Un résumé succinct permettra de saisir plus aisément les choses et les idées exposées dans cette étude.

Quand Hippocrate prétendit établir démonstrativement la certitude de l'art médical, il invoqua les souvenirs de la tradition, l'histoire, et sur les faits et les données qu'il y puisait, il raisonna conformément aux idées ayant cours de son temps. Tout ce qui est systématique dans ses raisonnements a perdu de sa valeur, parce que son système médical reposait sur une conception défectueuse de la nature humaine ; mais la loi empirique a gardé toute sa force, parce qu'elle était l'expression d'une méthode longuement élaborée, et qui suppose une connaissance non médiocre des ressources les plus efficaces dans le traitement des maladies.

De là l'importance et l'attention accordées aux choses du monde extérieur.

Du côté de l'homme, on se bornait alors à l'étude permise ou possible, et l'on constatait bien attentivement les manifestations des organes, en tant que relatives aux influences du dehors, sans descendre, faute de connaissances suffisantes, à la source des réactions. En revanche, on possédait supérieurement la connaissance des actions que les choses extérieures exercent sur l'homme : une observation exacte, longuement poursuivie, avait constaté les effets les plus visibles des agents du milieu et leurs influences diverses et variables, selon la diversité et la variabilité des circonstances.

L'ensemble de ces notions bien coordonnées formait une science pratique ou un art dont les applications furent fécondes en santé et en maladie.

La diététique, dont le régime était la base, finit par constituer une méthode thérapeutique, et cette méthode fut le fondement de la pratique médicale. Elle reposait sur la connaissance empirique des modificateurs, et sa fondation remonte aux premières origines de la philosophie grecque. Cette méthode prit consistance dans les gymnases, où l'on traitait les maladies par les exercices, les frictions, les bains et autres moyens analogues.

Hippocrate, qui fut, non pas le père, mais l'organisateur de l'enseignement médical, consacra cette méthode par l'application savante qu'il en sut faire au traitement des maladies aiguës, et c'est par là qu'il fonda la véritable tradition médicale ; car cette méthode, toujours applicable en médecine comme en chirurgie, exigeait une étude profonde et une expérience consommée. Elle donnait en récompense, à ceux qui la maniaient habilement, une supériorité qui les distinguait des charlatans et des médicastres, ceux-ci n'ayant à leur disposition que quelques drogues, des recettes vulgaires ou inspirées par l'audace et l'impudence, bref, des ressources communes à tous les empiriques.

Les méthodistes, dont l'école n'eut pas moins d'éclat que celle d'Hippocrate, ne furent pas, comme on l'a dit à tort, les adversaires, mais les continuateurs de ce grand homme : ils eurent la gloire d'étendre sa méthode savante au traitement des affections chroniques.

Galien ne goûtait point les principes des méthodistes, et, sans vouloir s'écarter d'Hippocrate, il reprit les formules fastueuses de la polypharmacie, qui devaient plaire si fort aux Arabes.

Ceux-ci augmentèrent prodigieusement l'arsenal des drogues médicinales, obéissant en cela à leurs tendances orientales, et secondés d'ailleurs par les juifs qui s'appliquèrent à la médecine comme à un objet de commerce.

Ce fut précisément dans la période la moins propice aux progrès de l'art médical que la matière médicale acquit des proportions monstrueuses.

Cependant les préceptes de l'école de Salerne, malgré l'influence sensible des Arabes, attestent que la médecine diététique était encore en honneur en Occident, où elle était favorisée d'ailleurs par le régime sévère de certains ordres monastiques.

Ces temps de l'histoire médicale sont peu connus ; mais il y a lieu de croire que l'Orient avait imposé à l'Occident son goût de la médecine pharmaceutique. On peut en juger par les formules tout orientales des vieilles pharmacopées.

Quand vint la renaissance, la réaction éclata contre les Arabes, qui avaient régné jusque-là dans les écoles, entre

Aristote et Galien ; et les médecins, comme les humanistes, remontèrent à la source grecque.

Alors ressuscita véritablement l'ancienne médecine sous les noms de Naturisme et d'Hippocratisme ; car Hippocrate recouvra tout le terrain que perdait petit à petit Galien, contre lequel éclata une réaction furieuse, dont les traces étaient encore visibles à la fin du dix-septième siècle.

Paracelse et les siens, successeurs des alchimistes, firent des promesses illusoires ; et bientôt les praticiens s'enrôlèrent sous la bannière de Van Helmont, à qui l'école empirique moderne doit infiniment plus qu'elle ne le croit. De lui émanent en partie les principes essentiels et les idées fondamentales qui furent assimilés et fécondés par Stahl.

Ce grand médecin sacrifia peu à la polypharmacie ; et, quoiqu'il fût le premier chimiste de son siècle, il se défiait tellement des rêveries des chimistes, qu'il considérait la chimie comme tout à fait étrangère à la médecine.

Il y avait beaucoup de sagesse dans ces exagérations ; et la preuve, c'est que Fr. Hoffmann, adversaire de Stahl, fit comme ce dernier, et remit en honneur cette méthode diététique, si féconde en tout temps, et si favorable aux prétendues cures merveilleuses des médecins dits homœopathes.

Bordeu, qui émanait de Stahl, et qui était comme l'avant-coureur de la grande révolution qui devait transformer la médecine au commencement de ce siècle, Bordeu, de même que Sydenham et Baglivi, faisait aussi grand usage de cette méthode dans le traitement des maladies aiguës et des affections chroniques, et plus particulièrement dans la convalescence, qu'il appelle excellemment « une sorte de maladie ».

Broussais donna le coup de grâce à la polypharmacie, et elle a fait vainement effort pour se relever depuis, en dépit de la réaction soulevée contre le formidable réformateur.

En dehors des moyens héroïques de la médecine active,

des spécifiques réels et de quelques médicaments d'une
efficacité éprouvée, les drogues des apothicaires ont perdu
leur crédit en même temps que leurs vertus, et vainement
la chimie industrielle, s'aidant d'une nomenclature singulièrement ingénieuse, prétend restaurer la gloire éclipsée
de la pharmacologie. La matière médicale tend de plus en
plus à s'épurer, depuis que l'on recherche à bien définir
l'effet produit par les drogues de diverses provenances, à
l'état physiologique ou normal.

Cette investigation expérimentale est un grand progrès et
annonce une amélioration sensible dans l'étude des modificateurs.

C'est en effet par l'observation des influences qu'exercent
les agents extérieurs sur l'organisme vivant et sain, que les
anciens parvinrent à fonder une méthode sûre et rationnelle en thérapeutique. L'analyse, qui est notre grand instrument scientifique, nous permet d'étudier à fond cet ensemble de moyens dont ils savaient tirer si bon parti. Nos
analyses confirment leurs prévisions, et désormais, leurs
notions étant des connaissances positives, nous pouvons les
faire tourner plus avantageusement au bénéfice de l'art médical, par les acquisitions considérables que nous devons
à l'anatomie et à la physiologie.

A vrai dire, nos tendances nous entraînent trop exclusivement vers les explorations anatomiques et physiologiques ;
et peut-être est-ce à cause de cela que notre médecine offre
à l'observateur philosophe un caractère trop matériel et
concret.

Certes, il est essentiel de savoir comment sont faits les
organes et comment la vie se manifeste par eux ; mais il
n'est pas moins important de connaître les conditions qui
contribuent à ces manifestations ou qui les modifient. Car
l'homme vit dans un milieu, et ne peut vivre autrement ; de
sorte que les rapports d'action et de réaction qui existent

entre le milieu et l'organisme vivant sont de la dernière conséquence.

La physiologie est boiteuse, de même que la science des sociétés, sans la considération des modificateurs. De Blainville l'avait compris supérieurement, et son essai est un exemple qui devrait être imité.

Le grand progrès de la médecine moderne a été de démontrer que la pathologie n'est qu'un cas de la physiologie, et d'établir par là une intime alliance entre la physiologie et la médecine. Le progrès sera complet quand il restera démontré que, de même qu'elle ne serait rien sans la physiologie, la médecine ne saurait non plus se passer de l'hygiène.

Ce que les anciens avaient fait empiriquement, nous devons le faire scientifiquement. Puisque l'observation inductive des phénomènes provoqués dans l'organisme vivant par l'action des modificateurs les amena à élaborer une admirable méthode thérapeutique; nous, dont les ressources sont incomparablement supérieures, nous devons établir plus solidement encore cette méthode inébranlable sur les deux fondements de la physiologie et de l'hygiène, de manière à rendre l'art médical de plus en plus certain et secourable.

III. — Variations de la thérapeutique.

Dans une bonne histoire de la médecine en France, les médecins de campagne devraient occuper une grande place. C'est Bordeu qui a fait cette remarque aussi juste que fine, pour rappeler apparemment à ces archiâtres des villes populeuses, qu'on décore volontiers du titre de princes de la médecine, que l'art médical n'est pas uniquement renfermé dans le domaine où ils règnent en maîtres. La capacité, le savoir et la sagesse, qui vont si rarement ensemble, se rencontrent parfois au village, et il est tel petit médecin dont les visites sont payées quinze sous par le paysan avare, qui en remontrerait sur nombre de points à ces sommités, comme on dit ridiculement, dont la sottise nobiliaire et la vanité bourgeoise entretiennent l'ostentation et le faste.

Bordeu, qui connaissait si bien la cour et la ville, et qui, dans la médecine parisienne, était le premier entre ses pairs, Bordeu n'était point dupe des apparences ; il savait au juste la valeur de ces docteurs régents qui arrivaient à la fortune par la vogue, et dont l'opinion publique absolvait l'ignorance et le charlatanisme. Dans cette revue critique des meilleurs auteurs de médecine et des universités ou écoles médicales, où se retrouve un souvenir du célèbre inventaire de la bibliothèque de Don Quichotte, dans cette revue critique, ce n'est point un professeur qui parle en maître, ni un académicien, ni un archiâtre ; mais un campagnard, un praticien de village, sain de corps et d'intelligence, agissant et raisonnant librement, en homme habitué à la rude et vive atmosphère des montagnes.

Bordeu, qui a écrit tant de pages ingénieuses et fines, n'en a point de meilleure que son chapitre du médecin des Pyrénées. Si parmi tous ceux que l'on qualifie aujourd'hui d'éminents ou d'illustres, il s'en trouvait un seul de cette force, il ne serait pas indispensable de rappeler que l'avertissement de Bordeu à ses confrères des grandes villes renferme une leçon plus que jamais opportune.

Tout n'est pas pour le mieux, il s'en faut, dans la pratique médicale de ceux qui régentent présentement·la médecine, et les praticiens des villes, s'ils sont sages, ne dédaigneront point les réflexions d'un médecin de campagne, qui vient d'exprimer sa façon de penser dans un livre de modestes apparences, mais d'un rare bon sens et d'une franchise peu commune, en ces temps de dissimulation et de complaisantes faiblesses (1). De ce livre il n'y a que du bien à dire.

____

(1) *Quelques réflexions médicales*, par un médecin de campagne. Paris, 1864, 1 vol. in-12, vii-102 p., avec cette épigraphe : *Amicus Plato, magis amica veritas.*

Mais il faut reprocher à l'auteur de ne s'être pas nommé.

Cacher son nom, lorsqu'on fait une bonne action et preuve d'indépendance, est d'un mauvais exemple. Il y a parfois du mérite à n'être point modeste : un anonyme est toujours suspect jusque dans ses hardiesses, et un inconnu ne peut avoir toute l'autorité que mérite, quand il dit de bonnes vérités, celui qui parle à visage découvert. P.-L. Courier, qui savait bien comment il faut se présenter au public, commençait ainsi : « Je suis Tourangeau, j'habite Luynes, » déclinant son nom et sa profession. Notre médecin, qui a lâché un excellent pamphlet, nous apprend tout bonnement qu'il exerce à la campagne, et c'est tout. Le lecteur voudrait en savoir davantage, et il est vraiment étonnant qu'un homme, qui préfère la vérité à toute chose, craigne à ce point de se compromettre ou de faire du bruit, ou de n'en faire pas.

Ces précautions sont bonnes tout au plus pour les citadins ; car, dans les villes, la grande divinité du jour est le succès, et bien des gens qui veulent parvenir attendent qu'ils aient réussi pour se nommer. Pour nous qui n'avons jamais compris qu'on attende qu'un homme soit connu pour reconnaître et proclamer son mérite, nous regrettons vivement que les compliments et les remerciements que nous devons à notre anonyme ne puissent lui être directement adressés. Il saura du moins, en les recevant, qu'ils sont très-sincères, et que nous ne sommes pas indifférents aux efforts d'un médecin qui a le courage de tourner le dos à la mode. Par le temps qui court, rien n'est plus original, et il faut posséder un bon sens très-solide pour résister au courant et manifester sa pensée en se mettant en contradiction avec l'immense majorité des médecins.

Notre campagnard, sans en avoir l'air, ni peut-être la prétention, donne une excellente leçon aux praticiens des villes, en leur prouvant par un résumé substantiel de sa pratique, — ses observations sont bien choisies et simplement présentées, — que la vraie tradition thérapeutique se conserve encore dans les campagnes, loin de ces influences doctrinales ou charlatanesques qui règnent comme des épidémies dans les grands centres de population. Et en développant ses vues qu'il autorise de son expérience, il nous aide à mieux pénétrer la pensée de Bordeu ; car il nous démontre, sans grands efforts, que c'est dans les villes qu'il faut recueillir les éléments d'une histoire des variations de la médecine pratique.

Sa démonstration n'est peut-être pas irréprochable, — toute réaction entraînant forcément quelques excès ; mais les exagérations de notre anonyme n'ôtent rien à la valeur intrinsèque de sa thèse. Il est très-certain, en effet, que les bonnes, les vraies méthodes thérapeutiques n'ont pas de pires ennemis que les médecins à la mode ; car il faut innover à toute force pour attirer la foule, et il est plus facile de modifier un traitement reçu et consacré par la tradition, que d'ajouter une méthode nouvelle à toutes celles qui sont connues.

C'est la matière médicale qui défraye le plus souvent les novateurs, et qui fournit, selon les besoins, toutes sortes de remèdes dont l'efficacité ne dure qu'un certain temps. Mais ce n'est point de ces remèdes éphémères qu'il s'agit. Prenons les méthodes thérapeutiques, c'est-à-dire ces principes d'application qui ne passent point, et montrons que ce médecin de campagne, qui proteste contre les pratiques et les tendances de la médecine contemporaine, est parfaitement dans le vrai. Son petit livre, dans ses simples allures, est un excellent traité sur la certitude médicale, si compromise par l'empirisme routinier et par les imaginations de la fantaisie. Notre auteur ne s'est point arrêté à chaque chapitre de la pathologie ; mais il a pris dans l'encyclopédie pathologique quelques points qu'il a examinés, moins en théoricien habitué aux inductions générales, qu'en praticien sensé, qui juge les systèmes en présence d'après les résultats.

C'est en comparant la pratique adoptée par lui avec celle qu'il rejette, que ce médecin de campagne fait sentir la différence qu'il y a entre les méthodes thérapeutiques solidement établies et les procédés qui se succèdent sans laisser aucune acquisition utile à l'art de guérir. Deux états pathologiques forment la matière de ses réflexions : la pléthore et la dyspepsie. Prêchant sur ces deux textes, notre auteur a touché deux points essentiels de l'étiologie et de la thérapeutique. La saignée est un moyen héroïque, et la diète est une des plus précieuses ressources de l'hygiène. Nombre de gens meurent par excès de sang ou par suite de mauvaises digestions, par leur faute sans aucun doute, mais aussi parce que de notre temps la plupart des médecins détestent l'effusion du sang autant pour le moins que le jeûne ou la frugalité dans les repas.

Mais, nous dira-t-on, votre médecin de village veut nous ramener à la saignée et à l'eau de gomme ? Point du tout.

Cet anonyme est plus sensé qu'on ne pense dans ses réflexions, et il n'envie point la gloire de ce docteur Sangrado, qui fit en si peu de temps l'éducation médicale de Gil Blas. — C'est donc un sectateur de l'école de Broussais ? Sectateur n'est point le mot juste. Il faudrait dire partisan, sinon. disciple ; car cet anonyme, qui admire Broussais et rend justice à sa mémoire, ne veut jurer sur la parole d'aucun maître, et paraît très-décidé à rester disciple de cette éternelle école du sens commun, si peu fréquentée de nos jours, et par laquelle se perpétue à travers les siècles la saine tradition médicale.

Il dirait volontiers, comme ces judicieux empiriques dont Celse nous a transmis le symbole de foi, que l'art étant en possession de remèdes éprouvés et au courant des maladies les plus usuelles, il est superflu d'innover dans la pratique et de créer une médecine nouvelle : *Primo tamen remedia exploranda summa cura fuisse, nunc vero jam explorata esse;*

neque aut nova genera morborum reperiri, aut novam desiderari medicinam.

Sans craindre de nous enfoncer dans la routine, nous pensons exactement de même, et c'est notre conviction profonde que ces variations de la thérapeutique discréditent l'art médical et en ébranlent la certitude. Tel est au fond et implicitement l'avis de notre auteur. Mais il va plus loin, et il prétend que les deux états morbides sur lesquels son attention se concentre sont du fait des médecins encore plus que du fait des malades, et c'est en cela surtout que sa thèse nous semble extrêmement originale.

Les gens de l'art ne manqueront point de crier au paradoxe. Mais, à le bien considérer, l'assertion de notre docteur de village n'est pas aussi paradoxale qu'on pourrait le croire. Dans la plupart des grandes villes, et notamment dans les capitales, où il se fait une si prodigieuse dépense d'activité, c'est-à-dire de vitalité, les médecins partent volontiers de ce principe général, qu'il importe avant tout de réparer, de restaurer les forces, de refaire le tempérament appauvri. Bien des gens, qui ont consulté maintes fois la Faculté pour des faiblesses de tête ou d'estomac, finissent par se persuader qu'on achète la santé au marché, et ils se résignent suivre à un régime succulent.

Et quoi de mieux pour guérir cet état mal défini, mais intolérable, qu'on appelle débilité? Ce mot, qui ne signifie par le fait absolument rien, est d'un usage habituel : on dit souvent : C'est de la débilité, comme on dit : C'est nerveux. On sait qu'un médecin, toujours en quête de nouveautés, a forgé un mot barbare, qui n'a pas heureusement été reçu, pour désigner un de ces états indéterminés ou mal définis, que l'on attribue, on ne sait pourquoi, à une disposition particulière des nerfs. Mais les nerfs n'expliquent rien en pathologie, pas plus qu'autrefois les quatre humeurs et les qualités premières qui ont pourtant maintenu debout durant quinze siècles le système galénique.

La débilité non plus ne signifie rien absolument, et prétendre guérir cette débilité prétendue par une alimentation substantielle et abondante, c'est se mettre à la remorque de cette fameuse *médecine naturelle*, dont le système si simple restera comme un monument du moderne charlatanisme. Ce système a laissé trace de son passage dans la pratique médicale, et, sous prétexte de remplacer les drogues de la pharmacie par les agents de l'hygiène et de régler l'alimentation des malades contre les vrais principes de la diététique, nombre de médecins ont pris le parti de nourrir leurs clients lorsqu'ils devraient faire diète, et de les laisser suffoquer plutôt que de leur tirer une goutte de sang.

Les mêmes principes sont appliqués aux valétudinaires, aux personnes d'une santé délicate et sujette à des malaises ou à des indispositions fréquentes. La nourriture trop abondante a le double inconvénient d'altérer les fonctions digestives et d'activer outre mesure la circulation. De là tant de congestions pulmonaires ou cérébrales, et ces dyspepsies qui font le désespoir des médecins et de leurs clients. Notre siècle mange trop et il digère mal, et c'est pourquoi il a des maux d'estomac et des vertiges, suivant la manière de voir de notre campagnard. Il y a du vrai, beaucoup de vrai dans tout cela.

Broussais a versé bien du sang; mais il faut convenir qu'il se préoccupait avec le plus grand soin de tenir l'estomac libre et la tête dégagée. Aujourd'hui, tout au rebours, comme si les malaises, indispositions et maladies tenaient à une sorte d'anémie, on ne néglige rien pour enrichir le sang : le fer, les viandes succulentes, les vins généreux, sont à la mode avec les amers et les toniques. Ce régime analeptique vaut-il mieux que le régime contraire? et Gui-Patin (1), dans son aveugle fanatisme, n'avait-il pas un peu

____

(1) *Lettres.* Nouvelle édition, par J. Réveillé-Parise, t. I.

raison de crier si fort contre l'antimoine ? Depuis que l'école de Vienne a mis à la mode le tartre stibié, il semble qu'on ait trouvé un moyen infaillible de faire avorter les maladies inflammatoires. Mais quand l'inflammation est franche et nettement déclarée, les antiphlogistiques peuvent seuls quelque chose. Ceci est un axiome en bonne thérapeutique, et les médecins qui l'ignorent ou le méconnaissent accordent implicitement que l'*Organon* de Hahnemann doit prévaloir sur l'*Histoire des phlegmasies*.

Les homœopathes font profession de détester l'effusion du sang. Est-ce pour être agréables au public au même titre que les médecins qui se vantent d'être dans la tradition médicale, renoncent à la saignée? Que ces médecins y prennent garde; c'est par leur incurie que la médecine expectante, qui est le fond même de la doctrine et de la pratique des naturistes, a fait la fortune des homœopathes, qui proclament aujourd'hui comme une nouveauté une méthode vieille de plus de deux mille ans. Si pour rivaliser avec ces novateurs ils sacrifient encore les plus précieuses ressources de la médecine agissante, que leur restera-t-il? La diététique et les agents de l'hygiène offrent, il est vrai, des ressources infinies à la thérapeutique; mais il ne faut attendre la guérison que des remèdes.

Je sais bien, pour dire comme Celse, que la médecine reconnaît à peine quelques préceptes immuables, *vix ulla perpetua præcepta medicinalis ars recipit*. Mais enfin, il y a un certain nombre de ces préceptes immuables qui n'émanent point d'une théorie éphémère ou d'un système passager. L'expérience a consacré ces préceptes, et c'est parce qu'ils sont nés de l'expérience qu'il faut les observer dans la pratique, *a certis potius et exploratis petendum esse præsidium; id est iis, quæ experientia in ipsis curationibus docuerit; sicut in ceteris omnibus artibus*. Mais bien plus encore que dans les autres arts, comme dit Celse, cela est surtout vrai de la médecine; car de même que la nature du

mal, suivant la profonde remarque d'Hippocrate, est indiquée par le traitement (1), de même le traitement est prescrit par les résultats antérieurs : de sorte que la thérapeutique, qui est la partie essentiellement vitale de l'art
médical, ne reste point livrée aux conjectures, et que rien
n'est plus triste et plus honteux que de la voir soumise aux
caprices de la mode.

Avec de tels principes, nous ne pouvons qu'approuver les
Réflexions d'un médecin de campagne sur l'usage, l'efficacité
et la nécessité de la saignée dans la plupart des cas et circonstances qu'il indique. Hufeland, qui marche au premier
rang des grands praticiens, a écrit ceci : « La saignée a incontestablement le pas sur tous les autres moyens thérapeutiques, en ce sens qu'elle est le seul à l'aide duquel nous
puissions soustraire une partie de la vie elle-même, et diminuer la somme de la vitalité en attaquant celle-ci à sa
source. »

C'est ainsi qu'il s'exprime au début de ses *Considérations
sur la saignée*, considérations qu'il fortifie par les résultats
de sa vaste expérience, en développant comme une idée
originale et personnelle la définition de Bordeu : « Le sang
n'est aux yeux d'un médecin, qu'une masse de chair fondue
ou coulante, une sorte de gelée, un amas de suc nourricier, »
et le reste qui se trouve dans un des plus curieux paragra-
phes de l'*Analyse médicinale du sang*. Mais qui lit aujourd'hui
Bordeu ? *Vel duo, vel nemo*, pour emprunter quatre mots
incisifs à un vieil auteur satirique. Citons donc sans crainte
un autre passage de Bordeu :

« Izès, dit-il, fit à Paris une fortune immense, il y a quelques années, par le grand nombre de saignées qu'il faisait
journellement; et en ce même temps où l'on saignait à toute
outrance, Jussieu ne faisait presque jamais saigner. Aujour-
d'hui les plus déterminés amateurs de la saignée en ordon-

____

(1) *Œuvres complètes*, trad. Littré, t. IV, p. 475, § 17.

nent trois fois moins que du temps d'Izès, et Jussieu a encore des partisans, comme il avait eu autrefois des précurseurs. » Ce passage est tiré de ses *Recherches sur l'histoire de la médecine*, et pourrait servir de commentaire pour les sceptiques à cette réflexion désespérante de Celse : *Est enim hæc ars conjecturalis, neque respondet ei plerumque non solum conjectura, sed etiam experientia ;* « c'est un art conjectural, qui, dans bien des cas, est trahi non-seulement par la théorie, mais encore par la pratique (1). »

Cela n'est pas consolant. « Mais, remarque excellemment Bordeu, il faut avouer, à l'honneur de la médecine et de ceux qui l'ont cultivée avec soin, qu'il y a toujours eu des médecins judicieux qui, sans donner dans aucune sorte de secte, ont rejeté les idées outrées des amateurs de la saignée et de ses ennemis : il y a toujours eu et il y aura toujours des praticiens de cette espèce (2). » Notre médecin de campagne est évidemment de ceux-là, et il était juste de rendre hommage à la solidité de son bon sens médical et à l'excellence de sa pratique, car ses considérations sur la pléthore sanguine et sur les excès d'alimentation n'ont pas moins de valeur que ses réflexions sur la saignée et sur le traitement de la dyspepsie. Le petit livre du *Médecin de campagne* contient les germes d'une urgente réforme. Nous souhaitons que cette réforme s'opère prochainement, et que la thérapeutique, échappant aux tyrannies de la mode, rentre sans retard dans la vraie méthode médicale.

Notre art, de même que les religions positives, tire toute sa force de la tradition.

(1) Trad. Des Etangs, p. 7.
(2) *Recherches sur le pouls*, chap. xxxiv, p. 399, t. I.

II

LA MÉDECINE GRECQUE AVANT HIPPOCRATE.

I. — Les prêtres d'Esculape.

Des auteurs très-graves ont placé dans le paradis terrestre le berceau de la médecine, et ont doctement raconté l'histoire médicale de la période antédiluvienne. Sur quels documents? c'est ce qu'ils ont négligé de marquer. On ne saurait remonter au delà, on ne saurait par conséquent se montrer à la fois plus consciencieux ni plus complet.

Cette érudition romanesque prouve une chose, à savoir : que les savants ne sont pas moins que les poëtes sujets aux écarts de l'imagination et à la manie de se singulariser. Les plus sévères prennent plaisir à disserter, et, entraînés par leur goût, ils abordent au pays des chimères. Qu'ils y restent; nous n'avons pas le loisir de les suivre.

La recherche oiseuse de ces origines incertaines ne peut séduire que les esprits enclins au paradoxe ou les âmes crédules, qui assimilent la science à la révélation.

La médecine a suivi la loi générale qui règle l'évolution de toutes choses : elle s'est formée lentement, par des accroissements successifs. Celse a dit qu'elle est universelle et de tous les temps, et Pline après lui, qu'il n'est pas possible de s'en passer, quand on se passerait de médecins.

Cette manière de voir, consacrée par la tradition et le bon sens, a été merveilleusement exposée dans le traité hippocratique intitulé : *De l'ancienne médecine* (1), œuvre profonde de savoir et de raisonnement, qui peut être considérée comme le premier essai philosophique sur les commence-

_____

(1) Hippocrate, *OEuvres complètes*, trad. E. Littré, t. I,

ments probables et les développements immédiats de l'art de guérir.

La nécessité et l'expérience qui en procède forcément étendirent petit à petit le cercle des connaissances. Avec les faits se multiplièrent les observations. Une expérimentation aveugle, une grossière analogie, des simples, quelques remèdes d'une préparation facile, tels furent les éléments et les matériaux primitifs de l'art médical.

Sans se mettre en peine de connaître, d'expliquer la maladie, on cherchait à la guérir, et, soit que le moyen appliqué à cette fin réussît ou échouât, on ne songeait pas davantage à se rendre compte du succès ou de l'échec. C'était le temps de l'empirisme brut, qui consiste à traiter les malades sans se préoccuper de rechercher les causes du mal ni la nature des modifications introduites par les remèdes.

Cette médecine était accessible à tous, et facilement transmise d'une génération à une autre.

Plus tard, ce grossier empirisme, de plus en plus riche en ressources, devint l'attribut et comme le patrimoine de certaines familles. Ainsi les fruits de l'expérience, qui furent longtemps un bien commun, passèrent insensiblement dans les mains de quelques particuliers, que la reconnaissance, mêlée à la superstition, mit au rang des héros et des demi-dieux.

De là ce nombre infini de divinités tutélaires, protectrices de la santé, qui remplissent toute la période mythologique, une des plus obscures et des plus embrouillées de l'histoire de la médecine.

Avec les dieux vinrent les prêtres. On les rencontre partout à l'origine des civilisations et au berceau des connaissances. Vivant de l'autel, ils s'appliquèrent à exploiter la crédulité par le merveilleux, et ils réussirent comme tous les charlatans. Dans les cures heureuses comme dans les cas désespérés, les ministres de la divinité (ils se contentaient modestement de ce titre) savaient recommander la reconnaissance ou la résignation; ils mettaient ainsi leur responsabilité à couvert, de telle sorte que l'insuccès même ne pouvait compromettre leur réputation ni par conséquent leurs intérêts. On savait d'ailleurs que, pour avoir ressuscité un mort, Esculape avait été frappé de la foudre. Les prêtres du dieu ne pouvaient s'exposer comme lui à provoquer le courroux de Jupiter.

Un fait certain, c'est qu'une fois que la caste sacerdotale fut en possession de trafiquer de la médecine, celle-ci ne sortit plus du sanctuaire, ou du moins elle y resta enfouie durant des siècles, sans recevoir d'accroissements notables, dénaturée par l'ignorance superstitieuse.

Il serait intéressant de connaître l'histoire authentique de ces temples, j'allais dire de ces couvents de moines-médecins. Je suppose qu'il y avait entre ces corporations puissantes une grande émulation, une ardente rivalité, j'entends une rivalité d'intérêts, une jalousie de métier.

Les guérisons, réelles ou feintes, que les prêtres opéraient avec un grand appareil de cérémonies, avaient toujours quelque chose d'extraordinaire pour frapper l'imagination; mais elles n'avaient pas l'ombre du sens commun. Je n'en veux d'autres preuves que les tables votives dont ils tapissaient les murs de leurs temples, recueils fastueux d'observations tronquées et de recettes absurdes, dont la science n'a pu encore donner une explication raisonnable. Ce qui a été conservé et transmis jusqu'à nous est peu de chose; mais il n'en faut pas davantage pour affirmer, d'après leur propre témoignage, que les prêtres-médecins n'étaient que d'audacieux imposteurs, d'effrontés charlatans.

Ces pièces justificatives de leur histoire attestent leur ineptie. En faisant étalage de leur prétendu savoir dans ces inscriptions ridicules, ils avaient un double dessein : attirer la foule, en lui inspirant confiance, et faciliter en même temps l'exercice d'un métier lucratif. Il va sans le dire qu'ils n'inscrivaient que les cas heureux. Quant aux malades désespérés, ils les mettaient inhumainement hors du temple, prétendant que le trépas d'un homme dans le sanctuaire souillait les regards de la divinité.

L'art ne pouvait que dégénérer entre les mains de la caste sacerdotale.

Aussi peut-on affirmer, sans crainte d'erreur, que la période primitive, celle qui vit naître les premiers rudiments de la médecine, d'une expérimentation grossière, mais traditionnelle et perfectible, l'emportait de beaucoup sur cette période sacrée. Les premiers éléments de l'empirisme, dégagés de toute superstition, valaient infiniment mieux que les pratiques des prêtres d'Esculape.

Ils furent toujours ignorants et fourbes, même du temps d'Ælius Aristide et d'Apollonius de Tyane, malgré les emprunts qu'ils avaient faits dès lors aux vrais médecins et aux écoles médicales.

Des collections informes d'observations mal faites, de ridicules pratiques, de folles décisions et de remèdes impossibles, pompeusement décorées du titre d'oracles, n'étaient en réalité que le fruit des imaginations extravagantes d'une corporation inepte et avide, et n'avaient d'autre appui que les visions maladives des esprits faibles.

On ne peut croire sérieusement à la prétendue science des prêtres qui passaient pour exercer la médecine dans les temples. Pour rendre la justice qu'ils méritent à ces ministres de la superstition et du charlatanisme, il faut leur appliquer le vers énergique d'Ennius, et les appeler, non pas médecins, mais devins superstitieux et jongleurs éhontés :

« Sed superstitiosi vates impudentesque harioli. »

La science ne leur doit rien, absolument rien, quoi qu'on veuille dire en leur faveur. Pour ma part je tiens, après mûr examen, que l'exercice de la médecine dans les temples, sujet sur lequel on a tant et si savamment disserté, loin d'avoir servi aux progrès de l'art, n'a eu pour effet que d'entraver sa marche ascendante.

Que les temples d'Apollon et d'Esculape, situés pour la plupart sur des lieux élevés, voisins de quelque source salutaire, que ces temples aient exercé par cet ensemble de circonstances une influence heureuse sur le traitement des maladies, c'est ce que je n'ai garde de contester, et j'accorderai même, s'il le faut, que ces lieux consacrés aux divinités tutélaires de la santé ont pu donner origine aux écoles médicales les plus renommées dans les temps anciens.

C'est l'opinion de M. Littré, que je ne saurais admettre, malgré des raisons spécieuses, que comme une hypothèse plausible, ou mieux, comme une conjecture ingénieuse et non dépourvue de toute vraisemblance.

En tout cas, ce n'est pas dans les anciens *Asclépiéions* qu'il faut exclusivement chercher l'origine de ces centres d'instruction médicale.

II. — Les premières écoles de médecine.

Des écoles de médecine très-anciennes furent fondées, en dehors de toute influence sacerdotale, là où il n'y eut jamais ni temples ni corporations religieuses attachées à leur service.

De la Grande-Grèce, par exemple, sortirent de bonne heure des médecins instruits et renommés, qui propagèrent au loin les connaissances salutaires et exercèrent leur art avec un grand éclat.

Parmi les plus illustres figure au premier rang Démocède de Crotone, contemporain de Pythagore. Il commença sa réputation à Égine, où il acquit fortune et crédit. Appelé successivement à Athènes, puis à Samos, par le tyran Polycrate qu'il guérit d'une grave maladie, sa célébrité était si grande, que les Barbares eux-mêmes lui rendirent hommage. Prisonnier des Perses à la suite d'une guerre malheureuse, il illustra sa captivité par deux cures chirurgicales qui lui valurent la faveur royale de ses deux malades, le roi Darius et la reine Atossa. Celle-ci avait au sein un ulcère que n'avait pu guérir toute la science des médecins égyptiens; ils n'avaient pas mieux réussi à traiter d'une entorse le grand roi, quand Démocède intervint à propos et leur sauva la vie. Comme il avait usé de son crédit pour faire une bonne action, il usa d'un stratagème heureux pour recouvrer la liberté.

Hérodote, qui nous a transmis l'histoire de Démocède, nous apprend que Crotone possédait une école de médecine, et que les médecins crotoniates étaient renommés entre tous. Malheureusement on ne sait rien de plus de la médecine et des médecins de Crotone.

Le fait consigné par l'historien n'en est pas moins précieux en tant qu'il atteste que des écoles médicales avaient été fondées en dehors de toute influence religieuse. Il n'y avait en effet dans la Grande-Grèce ni *Asclépiéions* ni Asclépiades. On sait d'ailleurs que ces derniers ne sortaient guère de leurs temples. Ils voyageaient rarement, si ce n'est quelquefois à la suite des armées, comme on le voit dans Homère.

On pourrait objecter, pour infirmer le témoignage d'Hérodote, que cette école de Crotone dont il parle dans son histoire ne dura pas longtemps. Cela est vrai, autant que nous pouvons le savoir. Mais on peut répondre que les écoles de Cyrène et de Rhodes, placées sous la protection d'un temple d'Esculape, eurent une durée tout aussi éphémère.

Je sais bien qu'à cet argument très-faible on en pourrait ajouter d'autres plus solides en apparence, tirés de deux petits traités de la collection hippocratique, le *Serment* et la *Loi*, pour soutenir sans trop d'invraisemblance que les écoles médicales de la Grèce étaient sinon sous la dépendance, du moins sous l'influence d'une caste sacerdotale, ou, si l'on veut, de certaines communautés et corporàtions religieuses, qui excluaient les profanes de leurs initiations ou de leurs mystères.

Mais, outre que les passages invoqués dans ces deux traités ne fournissent pas de preuves péremptoires, on peut les soumettre à des interprétations diverses, et d'ailleurs l'authenticité de la dernière phrase de la *Loi*, où il est question d'initiés et de profanes, est plus que suspecte.

De tout ce qui a été exposé ci-dessus je tire cette conclusion légitime, que les prêtres d'Apollon et d'Esculape demeurèrent étrangers à toute innovation, et qu'hostiles à tout progrès capable de compromettre leur crédit, ils ne contribuèrent en rien à transformer les temples en écoles. L'ignorance, alliée naturelle de la superstition, était parmi eux un héritage précieusement conservé, fidèlement transmis. L'esprit théocratique déteste instinctivement tout ce qui est réforme et changement; et cet esprit animait les prêtres médecins. Tels ils étaient au commencement, tels ils continuèrent d'être : au temps de Galien, comme au temps d'Hippocrate, ils faisaient profession d'exploiter la crédulité des bonnes âmes.

La période sacrée ou mythologique de la médecine grecque se prolongea bien au delà de la guerre de Troie. Tant que le paganisme fut puissant, il y eut des divinités médicales, des temples consacrés à ces divinités et des prêtres pour les desservir.

Comment la caste sacerdotale put-elle tenir contre les écoles de médecine? Pour répondre à cette question, il faudrait posséder des documents : en leur absence, on ne peut procéder que par conjectures. Suivant ma manière de voir, les corporations religieuses, se sentant menacées, firent tous leurs efforts pour empêcher l'établissement des écoles médicales, et pour les discréditer quand elles furent établies. Il n'est pas impossible de saisir dans la tradition antique quelques traces de cette rivalité malveillante. N'est-ce pas à la haine impuissante des prêtres d'Esculape contre les vrais médecins et la saine médecine, qu'il faut attribuer l'origine de cette accusation absurde, suivant laquelle Hippocrate aurait mis le feu au temple de Cnide, d'autres disent de Cos, non sans avoir préalablement recueilli, pour s'en faire honneur, les inscriptions des tables votives?

Cette fable, brièvement racontée par l'auteur de la biographie d'Hippocrate *selon Soranus*, accréditée par le savant Varron, répétée complaisamment par Pline, pesamment versifiée par le fastidieux Tzetzès, cette fable mérite à peine quelque attention. Il se peut du reste qu'elle ne soit qu'une histoire faite à plaisir par quelque ignorant biographe, une anecdote brodée après coup sur la tradition incertaine, vaguement indiquée par le géographe Strabon dans sa description de l'île de Cos.

Ce conte absurde, tel qu'il nous est parvenu, est tiré d'un livre désormais perdu, intitulé : *Généalogie médicale*, dont l'auteur était Andréas de Caryste, cité avec mépris par Galien, et surnommé le plagiaire par Ératosthène.

Le bon sens de tous les historiens de la médecine a fait justice de cette sotte calomnie. L'incendie du temple, la fuite d'Hippocrate, riche de ses dépouilles, toutes les autres circonstances de ce récit n'offrent pas la moindre vraisemblance; et c'est une raison de plus pour supposer que les prêtres d'Esculape ont eu l'honneur de cette invention.

Et que pouvait faire Hippocrate des inscriptions gravées sur les tables votives? Quel parti pouvait-il tirer des notes informes et des prescriptions ridicules qui décoraient les temples? Ce n'est pas apparemment sur de pareils modèles qu'il a rédigé ses observations mémorables.

En tout cas, Hippocrate s'est gardé de suivre l'exemple des prêtres qui chassaient les mourants de l'enceinte sacrée, et avaient soin de ne consigner sur leurs tableaux que les cas de guérison. Lui, au contraire, il a écrit tout ce qu'il a observé, et avec l'ingénuité d'un grand esprit, il a transmis à la postérité ses erreurs et ses insuccès; de quoi Celse le loue grandement et avec raison.

Ce fait seul donne la mesure du génie et du caractère de cet homme illustre.

III. — Période de transition.

On le voit par ce qui précède : tout est obscur, incertain, fabuleux dans cette première période, que l'on peut diviser en primitive ou d'empirisme instinctif, en mythique ou théologique.

Livrée exclusivement aux prêtres et à quelques empiriques qui ne valaient guère mieux, la médecine s'agite dans un cercle étroit jusqu'au sixième siècle environ avant l'ère chrétienne.

Avant cette époque, elle n'avance pas notablement. Elle avait, il est vrai, un certain éclat dès les temps de la guerre de Troie, période où les traditions deviennent plus certaines; mais elle présentait alors un caractère purement chirurgical, c'est-à-dire très-primitif : elle se bornait au traitement des plaies, coups et blessures. En ces temps héroïques, on était loin de songer à la future union de la médecine interne et de la chirurgie. Il ne faut que relire dans Homère certains passages de l'*Iliade*, et les piquantes réflexions qu'ils ont inspirées à Platon, pour se convaincre que l'art exercé par les enfants d'Esculape, Machaon et Podalire, était encore au maillot.

L'influence sacerdotale, prépondérante dès cette époque, prolongea indéfiniment cet état rudimentaire.

Que devint la médecine du onzième au sixième siècle avant l'ère chrétienne? L'histoire n'en dit mot, et Pline n'a pas trop exagéré, selon sa coutume, en disant que la suite de l'art, à partir de ces temps primitifs, reste cachée dans la nuit la plus profonde jusqu'à la guerre du Péloponèse.

Sans doute il existait dès avant cette époque un nombre considérable d'observations et de faits, et l'intelligence avait travaillé sur ces matériaux de l'art. Avant Hérodote, les médecins grecs du continent et des îles étaient déjà célèbres : Démocède en est un exemple.

Malgré ces efforts et ces premiers essais, la tradition et l'expérience personnelle étaient à peu près l'unique fondement de l'art. Les observations éparses restaient sans explication, sans signification utile, et nul n'avait encore songé à les rassembler avec ordre pour en tirer tout le profit qu'elles pouvaient rendre et quelques idées générales, quelques règles plus certaines que l'empirisme.

L'expérimentation et la routine marchaient de concert ; leur influence souveraine se retrouve encore plus tard dans l'enseignement tout à fait matériel et purement empirique de l'école de Cnide, rivale de l'école de Cos. L'art se réduisait à la pratique, et celle-ci n'était que l'empirisme appliqué.

Les prêtres du paganisme, bien placés pour observer, laissaient perdre les occasions fréquentes qu'ils avaient de s'instruire, et laissaient périr les matériaux qu'ils pouvaient amasser sans se donner beaucoup de peine.

Quant aux empiriques, plus avancés que les prêtres, tous les efforts de leur intelligence n'allaient pas au delà d'une grossière analogie, d'un commencement d'induction. La plupart se contentaient d'observer la nature, d'imiter tant bien que mal ses procédés, sans se rendre rigoureusement compte des phénomènes ni des circonstances qui précèdent, annoncent, accompagnent et suivent leur manifestation. Dans le fait, leur éducation médicale, si imparfaite, ne pouvait guère les mettre en état de se livrer à ces opérations de l'esprit, à ce travail de difficile interprétation, qui associe le raisonnement à l'observation, et communique la vie de l'intelligence aux faits acquis, perçus par les sens.

Qui interprétera le langage mystérieux de la nature? Qui donnera un sens aux phénomènes, une valeur aux symptômes? A qui appartenait-il de comprendre que l'homme n'est connu qu'à moitié s'il n'est observé qu'à l'état de santé, et que la maladie doit compter aussi bien dans son existence morale que dans son existence physique?

IV. — Les philosophes naturalistes.

C'est à la philosophie naturelle que revient la gloire des premiers essais scientifiques en médecine. Des philosophes naturalistes émanèrent les travaux qui préparèrent la voie à Hippocrate. C'est d'eux qu'il reçut les éléments qui servirent de fondement à son œuvre. Nous entrons maintenant dans la période savante de la médecine grecque.

Un volume suffirait à peine pour résumer les services rendus à la médecine par les écoles anté-socratiques des philosophes naturalistes. On a contesté à tort l'influence efficace que les observations raisonnées, voire les recherches spéculatives de ces philosophes, exercèrent sur l'art médical. Les investigations sérieuses des écoles italique et ionienne avancèrent incontestablement sa marche et préparèrent de nouveaux progrès.

Pour donner la preuve de cette assertion, il suffira d'esquisser légèrement les travaux essentiels, les premiers essais scientifiques des philosophes naturalistes sur la connaissance de l'homme sain ou malade, non sans donner une idée de leurs opinions touchant l'univers en général, sa formation, son organisation et ses lois.

Et d'abord quelques mots sur l'origine de leurs théories.

La philosophie, dit excellemment Aristote, est née de l'admiration; et en effet, la superstition qui naît du merveilleux, et la science qui détruit la superstition, émanent de la même source. Ce que la raison n'explique point, c'est la religion ; ce qu'elle explique, c'est la science.

La raison prit insensiblement la place de l'instinct. Les premiers besoins satisfaits, d'autres besoins se manifestèrent, d'un ordre différent et plus élevé. Quand les découvertes nées de l'instinct, de la nécessité ou du hasard eurent multiplié les conditions de bien-être matériel, l'esprit réclama à son tour et le monde lui offrit ses merveilles. L'éducation intellectuelle introduisit la civilisation dans une voie non encore explorée ; l'attrait de l'inconnu fit pénétrer les intelligences dans un monde ignoré où étaient les éléments d'une vie nouvelle.

Le spectacle de l'univers et de ses phénomènes ne pouvait lasser l'admiration ni rassasier la curiosité des premiers contemplateurs. La poésie de la nature inspira, transporta, enflamma de ses feux ces esprits puissants et novices qui cherchaient ardemment la raison et la fin de toutes choses. Placée devant le grand livre de la nature, la philosophie fut comme l'enfant qui épelle les premiers éléments d'une langue. Elle bégaya quelques sons inarticulés, quelques mots vagues et sublimes, en essayant de donner une voix à toutes ces choses muettes. Ce fut le premier cri de la science. Ardente dans son désir, impatiente de tout savoir, d'un coup d'œil elle embrasse le monde.

Il faut lire dans Aristote, où ils sont admirablement exposés, ces commencements de la science encyclopédique, de cette philosophie naturelle, mère féconde de toutes les connaissances, racine vivace de l'arbre aux mille rameaux qui nourrit et abrite l'intelligence des hommes.

Dans ce cercle immense s'agitait l'esprit vigoureux des premiers penseurs. Ils s'y mouvaient à l'aise, sans s'effrayer de l'immensité. La vraie communion de l'humanité avec la nature date du jour où l'homme se sentit indissolublement lié aux choses de l'univers.

Cependant tout était mystère, problème et difficulté.

A chaque pas surgissaient des obstacles. Mais le courage ne manqua point aux premiers maîtres de la science ; ils furent comme Œdipe devant le sphinx, et leur curiosité ne se lassa point d'interroger la nature des choses, *rerum natura*. Chacun écouta, chacun entendit les bruits confus de sa grande voix. Alors commencèrent les interprétations. Le comment et le pourquoi les préoccupèrent d'abord. Non contents d'assister, spectateurs passifs, aux phénomènes merveilleux ou terribles, ils prétendirent en avoir le secret, en connaître les causes. L'intelligence protesta contre la Divinité qui l'écrasait, et la raison ne voulut point de ce qui laissait l'imagination satisfaite. Elle s'affranchit hardiment, et dès lors commencèrent les explications et les hypothèses, c'est-à-dire la science et la philosophie.

Toute science débute par des généralités, et ce n'est qu'en traversant les siècles qu'elle arrive à des formules certaines qui résument les faits d'expérience.

Les premiers poëtes faisaient sortir l'univers du chaos. Les premiers philosophes le décomposèrent en éléments et prétendirent ainsi remonter à sa formation. Bientôt les éléments devinrent des principes, puis des qualités premières, et dans cette analyse grossière on chercha, on crut trouver les germes de toutes choses. La terre qui nous supporte, l'air qui nous baigne, l'eau qui nous abreuve et dont la masse entoure la terre, le feu qui nous prête sa chaleur ou qui éclate dans la foudre, autant d'éléments considérés tour à tour ou simultanément comme le principe universel. Le solide et le liquide, l'humide et le sec, le chaud et le froid, attributs respectifs de ces divers éléments, intervinrent successivement dans les explications de l'arrangement du monde : on inventa des formules pour marquer leur état de lutte ou d'harmonie, c'est-à-dire les conditions mêmes d'existence de cet ensemble.

Toute la métaphysique était en germe dans ces antiques

spéculations, j'entends la métaphysique au sens rigoureux de son étymologie, telle que l'entendait Aristote, en cela comme en beaucoup de choses, suivi par Bacon, comme la science des causes, des rapports et des lois, appliquée aux phénomènes de la nature et aux faits d'expérience.

Métaphysique signifie proprement ce qui vient immédiatement après la physique ; c'est la raison expliquant la nature. Ce mot, détourné depuis longtemps de son sens primitif et vrai, représente étymologiquement les opérations de l'intelligence travaillant avec toutes les ressources qui sont en elle sur les choses sensibles.

Ce n'est pas à tort que la période qui nous occupe, remarquable entre toutes dans l'histoire de l'esprit humain, a emprunté son nom de la philosophie naturelle.

Les philosophes naturalistes, observateurs spéculatifs, raisonnaient en effet sur la nature ; ils faisaient, comme on disait alors, de la physiologie, de la physique si l'on veut, deux mots de même racine. Quant au mot *philosophie*, il est de création plus récente.

Physiciens ou naturalistes, ces premiers philosophes expliquaient tout par un principe de leur invention, ils faisaient naître l'univers d'une hypothèse. De là tant d'opinions divergentes, contradictoires, soutenues avec ardeur par des esprits subtils et ingénieux.

L'abus du raisonnement amena des disputes ; l'esprit d'observation fit place au goût de la discussion ; l'art de penser fit fausse route ; la dialectique et la rhétorique naquirent : sophistes et rhéteurs envahirent le camp des philosophes, et devinrent tout d'abord leurs adversaires.

Avec les opinions se multiplièrent les écoles ; les discoureurs habiles l'emportèrent en nombre sur les observateurs laborieux. Mais, au milieu des disputes stériles où brillaient les qualités faciles de l'esprit grec, la minorité des penseurs sérieux poursuivait patiemment sa tâche.

Par eux, l'homme qui s'était oublié dans la contemplation du monde extérieur fut ramené à l'étude de lui-même. La vie, la mort, la santé, la maladie sous ses formes multiples, autant de problèmes diversement résolus. Au fond, les explications ne différaient qu'en apparence. Procédant de la même source, elles avaient entre elles la ressemblance qui naît de la communauté d'origine. Cela devait être et ne pouvait être autrement.

Les idées générales, nées de la contemplation de l'univers, furent appliquées à l'étude de l'homme : le *microcosme*, image et pendant du *macrocosme*, fut considéré comme un abrégé du grand tout. L'anthropologie fut fondée sur les mêmes principes, étudiée d'après les mêmes procédés qui avaient servi de méthode et de règle pour l'étude générale de la nature.

A ce point de vue, la physique, prise au sens rigoureux de son étymologie, influa souverainement sur la physiologie humaine.

Celle-ci ne fut d'abord, malgré l'importance qu'elle ne tarda guère à acquérir, qu'une branche nouvelle de la physiologie universelle, de la science de l'univers. De la sorte la médecine se trouva insensiblement englobée dans la philosophie naturelle, qui l'envahit, l'absorba, faillit se l'assimiler. Il fallut, pour l'affranchir, une révolution scientifique, où éclata le génie d'Hippocrate.

La séparation était nécessaire, inévitable, il faut le reconnaître; mais il faut reconnaître en même temps que c'est dans la philosophie que la médecine puisa les éléments d'une vie nouvelle; c'est à la philosophie qu'elle fut redevable d'un principe et d'une méthode, c'est-à-dire des conditions essentielles de vitalité.

Celse a dit avec raison qu'à l'origine l'art médical faisait partie de la philosophie (*sapientia*), et que l'art de traiter les maladies eut pour auteurs les mêmes hommes qui fondèrent la science de la nature ; et l'on a eu tort de croire ou plutôt de supposer que ces anciens sages se bornaient à des spéculations oiseuses, à une contemplation stérile, et que l'étude de l'homme en reçut une direction vicieuse.

Fausse créance, hypothèse sans fondement.

Parmi ces philosophes, dont on veut à toute force faire des spéculatifs, il s'en trouva qui raisonnèrent sur des faits, recueillirent des observations, instituèrent des expériences, firent des recherches pratiques et ne négligèrent point les applications utiles. S'ils se préoccupèrent surtout de créer une théorie, ils cherchèrent aussi le résultat concret, et ils firent le bien tout en poursuivant le vrai.

A ce double point de vue, l'influence par eux exercée sur l'art médical fut très-réelle, très-efficace.

Voici des preuves à l'appui de cette assertion.

V. — École italique.

Pythagore avait fondé la morale sur l'hygiène. Il soumettait ses disciples à un régime diététique très-sévère, et cherchait ainsi à maintenir l'équilibre parfait qui résulte de l'harmonie de toutes les fonctions, et sans lequel ni les forces de la vie animale ni les facultés intellectuelles ne peuvent s'exercer librement, se développer dans leur plénitude.

Cette idée vraie, fondamentale, révèle une conception très-profonde et très-nette de la nature humaine ; elle est la base même de la civilisation.

Pour Pythagore, les maladies provenaient des aliments, d'un excès de nourriture. En cela il ne se trompait point, car toute la vie est nutrition.

Hérodote et Diodore prétendent qu'il tenait cette opinion des Égyptiens ; Isocrate leur en fait aussi honneur. C'était l'habitude des Grecs de rapporter à l'Égypte les principes et les idées les plus fécondes. Ils pensaient à tort, et Platon surtout, que la science était née dans ce pays et qu'elle y avait fait des progrès considérables.

On sait aujourd'hui à quoi s'en tenir sur ces prétendues connaissances scientifiques qui sont le fruit du temps et des efforts successifs des générations. Les arts pouvaient être très-avancés en Égypte, ils devaient l'être; car la préoccupation de l'utile précède nécessairement la recherche du vrai, et, sans aller chercher des exemples en dehors du sujet, on a vu qu'il en fut ainsi pour la médecine.

Quelle que soit l'origine de la conception pythagoricienne, il est permis de la rattacher à une théorie très-élevée. Elle est en effet le point de départ de l'étiologie et de l'hygiène, c'est-à-dire des causes de la maladie et des conditions de la santé. Dès lors la thérapeutique trouve un puissant auxiliaire dans les ressources que lui fournit l'hygiène.

La partie la plus solide de la doctrine médicale d'Hippocrate repose sur ce fondement.

La médecine diététique, si on la prend à son origine, est bien antérieure à Hérodicus; elle remonte aux pythagoriciens.

Tel n'est pas l'avis de Platon, qui n'est pas toujours juste ni même reconnaissant envers Pythagore et son école. L'auteur du livre *De l'ancienne médecine* pourrait au besoin fournir des arguments contre les assertions de Platon, et son autorité en cette matière est d'un grand poids.

Pythagore, célèbre par sa haute sagesse, ne le fut pas moins par son habileté dans l'art de guérir. Au rapport de Jamblique, il mettait sur la même ligne la médecine, la musique et la divination. Pline lui attribue un livre sur les vertus des plantes médicinales, et Celse le donne comme l'auteur de la doctrine des jours critiques; c'est une application à la médecine de la science des nombres, où Pythagore a marqué par de mémorables inventions.

Rien ne permet d'ailleurs de confirmer ni d'infirmer ces témoignages : la critique peut les contester, non les réfuter.

On sait que Pythagore était un esprit ingénieux et subtil ; il saisissait avec une merveilleuse sagacité les plus fines nuances, les rapports les moins apparents. Il avait établi une certaine analogie, peut-être une corrélation intime entre les saisons de l'année et les principales périodes de la vie ; il distingua le premier celle-ci de l'âme, comme le ferait un vitaliste moderne. Il est vrai que son principe vital était moins chimérique, moins abstrait que celui de Barthez et de son école. Pour lui, la chaleur était le principe de vie, et j'avoue que cette explication, qui en vaut bien d'autres, me plaît infiniment plus que cette entité inconnue, fictive, qui sert de base au vitalisme contemporain.

Sa pratique se ressentait tant soit peu de l'influence sacerdotale. Initié en Égypte aux expiations, aux sacrifices, aux incantations, à toutes les jongleries qui étaient en usage parmi les prêtres, Pythagore eut aussi recours à ces petits moyens. On connaît son goût pour le mysticisme. Son école en hérita, et ses disciples les plus éminents ne dédaignèrent ni les ressources de la magie ni les formules sacrées ou les cérémonies religieuses qui plaisent si fort à la superstition.

Un des plus illustres représentants de l'école italique, Empédocle, fut un sublime charlatan. Ses connaissances physiologiques et médicales étaient grandes pour son temps. Il avait curieusement étudié la nature humaine ; il connaissait passablement les fonctions des organes des sens. Sa théorie de l'olfaction est remarquable, et dénote un observateur pénétrant. Ses idées sur le mécanisme de la vision et de l'ouïe sont plus ingénieuses qu'exactes. Il expliquait le sommeil par la diminution de la chaleur naturelle, qu'il considérait avec Pythagore comme le principe de la vie ;

la mort résultait pour lui de l'extinction ou de l'absence de ce principe.

Empédocle mit en honneur la doctrine des qualités premières, et il peut être à cause de cela considéré comme le premier auteur de la doctrine de la crase, c'est-à-dire du mélange des humeurs, dont les proportions, différentes selon les individus, constituent les tempéraments divers. Il pensait d'ailleurs que les éléments qui concourent à la formation, qui entrent dans la composition du corps, n'étaient qu'agrégés, juxtaposés sans se confondre en un tout homogène. L'harmonie était chargée de maintenir en contact, en équilibre, ces éléments discordants.

Cette harmonie représentait une espèce de force ou de principe vital. Sur ce principe reposaient toutes ses idées scientifiques sur l'homme sain ou malade. Sa théorie de la génération avait encore de nombreux partisans du temps même de Galien, qui la réfute longuement, non sans passion. Cette théorie fameuse, bien exposée par Aristote, se retrouve dans la collection des livres hippocratiques, avec d'autres opinions du même philosophe.

Empédocle raisonna savamment sur la formation du fœtus : il avait peut-être observé l'embryon aux diverses périodes de son existence ; les recherches de cette nature étaient familières aux naturalistes de l'école italique. Il s'occupa aussi de rechercher les causes de ressemblance entre les enfants et les parents ; de sorte qu'on lui doit les premières investigations sur l'hérédité naturelle.

Esprit ingénieux et subtil, Empédocle se plaisait à raisonner sur les causes premières, sur l'origine et la destination de l'homme. Ses connaissances en médecine, essentiellement théoriques, portaient l'empreinte de cet esprit de raisonnement.

Aussi lui reprochait-on de s'être montré, dans ses contemplations de la nature humaine, trop enclin aux généralités abstraites, reproche consigné dans un passage du livre de l'*Ancienne Médecine*, découvert et heureusement restitué par M. Littré (1).

Malgré son goût prononcé pour les spéculations, Empédocle ne dédaigna point l'exercice de l'art médical. Il prétendait posséder des remèdes infaillibles contre toutes sortes de maladies, et, non content de rajeunir les vieillards, il allait jusqu'à ressusciter les morts. Une femme expirée depuis trente jours fut par ses soins rappelée à la vie ; son disciple Pausanias écrivit l'histoire de cette résurrection miraculeuse.

On raconte aussi, et ceci est plus vraisemblable, qu'il arrêta à Selinunte les ravages d'une épidémie meurtrière en détournant ou en renouvelant le courant d'un fleuve encaissé. Il rendit le même service aux habitants d'Agrigente, en opposant un obstacle au passage des vents étésiens, dont le souffle répandait la mort.

On prétend encore qu'il fit disparaître une maladie pestilentielle en allumant de grands feux, moyen d'une efficacité douteuse, dont Hippocrate aurait renouvelé l'emploi en des circonstances analogues.

Ces récits, où la fable tient tant de place, prouvent du moins que la science des philosophes naturalistes sut triompher de quelques préjugés populaires.

En des temps plus anciens, on attribuait les épidémies à la colère des dieux. Dans Homère, par exemple, Apollon irrité répand la peste parmi les Grecs pour venger son prêtre Chrysès ; il se laisse fléchir à la prière de ce dernier après un sacrifice expiatoire, et avec son courroux cessent les ravages de la maladie. Cet épisode est un des plus curieux de l'histoire de la médecine sacerdotale.

Avec une pareille croyance, que pouvaient les ressources ordinaires ? Le mal venait des dieux, des dieux aussi venait

(1) Hippocrate, *OEuvres complètes*, trad. Littré, t. I.

le remède. Les prêtres avaient grand soin d'entretenir cette
croyance ; cas heureux ou malheureux, maladie ou santé,
ils rapportaient tout à la divinité, à sa colère ou à sa miséricorde.

Pline, Diogène (de Laërte) et Jamblique font mention d'un
certain Épicharme de Cos, disciple de Pythagore, célèbre
par ses écrits de médecine non moins que par ses livres de
philosophie. On ne sait rien de particulier de ce philosophe
naturaliste, non plus que de son fils Métrodore, qui fut aussi
un médecin de renom.

Je mentionnerai encore Timon de Locres, savant en astronomie, en physiologie et en médecine ; Eudoxe de Cnide,
philosophe, géomètre, législateur et médecin, disciple de
Philistion de Cos, cité avec éloge par Aulu-Gelle parmi les
plus grands médecins de l'antiquité.

La plupart de ces philosophes étaient issus de l'école de
Crotone, dont les médecins jouissaient d'une grande réputation de savoir.

Quand fut détruite la secte pythagoricienne, les membres de cette corporation scientifique, chassés de la Grande-
Grèce, se dispersèrent en divers lieux, et propagèrent au
loin leurs connaissances médicales.

Malheureusement, ce qui est venu jusqu'à nous, touchant l'institution de Pythagore et la dispersion de ses disciples, est si peu de chose, qu'on ne peut, sur des souvenirs
si vagues, rien affirmer de positif. Il faut se contenter des
renseignements que l'antiquité nous a transmis sur quelques
individus de l'école italique.

Parmi ceux qui méritent notre attention, il faut distinguer
avant tous Alcmæon de Crotone, le médecin le plus justement célèbre de l'école italique et le premier anatomiste
de son temps. Il s'était fait un grand renom par ses recherches sur la structure et les fonctions de l'œil et de l'oreille.

Des auteurs ont pensé, avec quelque apparence de raison, que c'est à lui qu'il faut restituer la découverte du conduit auditif interne appelé *trompe d'Eustache ;* découverte
vraiment admirable, si l'on considère qu'à cette époque
l'anatomie commençait à peine.

On ne sait pas si Alcmæon avait ouvert des cadavres humains ; mais on sait qu'il disséquait des animaux. Ses travaux anatomiques sur le fœtus et ses théories de la génération permettent de supposer qu'il avait deviné l'anatomie
comparative, qui fit par la suite la gloire d'Aristote.

Pour Alcmæon, la santé n'était que le résultat de l'équilibre, du mélange harmonique (crase parfaite) des qualités
des éléments. Comme Empédocle, il essaya d'expliquer le
sommeil et la mort. Ses études n'allèrent pas jusqu'à la
pratique ; mais son savoir en anatomie et en physiologie
lui assure une place distinguée dans l'histoire de l'art médical.

Vers la même époque florissait Acron d'Agrigente, auteur
de quelques livres de médecine en dialecte dorien. Pline l'a
donné comme le chef de la secte empirique. C'est une erreur.

L'empirisme, en tant que secte médicale, eut pour fondateur Sérapion d'Alexandrie, postérieur à Hippocrate.
Celse est précis sur ce point, et son autorité est autrement
considérable que celle de Pline. Acron, devenu célèbre par
ses longs voyages, le fut encore par son orgueil. Ses prétentions ridicules lui attirèrent quelques épigrammes d'Empédocle ; ce qui prouve, pour le dire en passant, que philosophes et médecins furent de bonne heure en rivalité.

Il faut ajouter qu'Empédocle lui-même n'avait pas la modestie qui sied à un sage. Ses cures merveilleuses lui tour-
nèrent la tête ; ses malades, reconnaissants, lui dressèrent
des autels ; le nouveau dieu prit au sérieux son apothéose ;
il mourut comme un héros de la fable, laissant ses sandales
sur le cratère de l'Etna.

Acron, à cause de ses voyages, peut être compté parmi les médecins périodeutes, de même que Démocède, et plus tard les disciples les plus illustres des écoles de Cos et de Cnide.

VI. — École ionienne.

Comme les philosophes de l'école italique, ceux de l'école ionienne s'appliquèrent aussi à la médecine.

Héraclite, célèbre par son humeur morose, n'aimait pas les médecins ; il se plaisait à confondre leur science, à les prendre en défaut. Il avait pourtant un système de médecine à son usage, et ne dédaignait pas, dans l'occasion, l'emploi de certaines pratiques assez étranges, mais conformes d'ailleurs à ses théories générales sur la philosophie naturelle.

L'école hippocratique a fait plus d'un emprunt à sa doctrine.

C'est en partie à Héraclite qu'est due l'hypothèse de la chaleur innée, qui occupe une si large place dans les écrits connus sous le nom d'Hippocrate ; mais il ne faut pas oublier que cette conception d'un principe vital représenté par la chaleur native n'appartient pas tout entière à Héraclite, puisque l'origine de cette théorie remonte à l'école italique.

Ce philosophe avait beaucoup écrit ; mais ses écrits ont péri, et l'on ne sait jusqu'à quel point il est permis de les regretter, car les anciens se plaignaient déjà de la désespérante obscurité de son langage,

> Clarus ob obscuram linguam,

dit Lucrèce.

Il avait composé un livre de la *Nature,* qui eut une réputation extraordinaire parce que nul n'entendait ce qu'il voulait dire.

Dans le premier livre du *Régime des maladies aiguës* (1), généralement attribué à Hippocrate, on trouve sur les éléments et la composition des corps des idées qui se rattachent évidemment aux doctrines cosmogoniques d'Héraclite, comme l'avaient justement remarqué avant Bernays, Gessner, Grüner et d'autres médecins érudits.

Dans l'histoire, comme dans la fable, on passe aisément d'Héraclite à Démocrite. Sa bonne humeur a rendu son nom populaire. Son génie le met au premier rang des philosophes naturalistes.

Cicéron dit de lui qu'il fut grand entre tous. Celse ajoute qu'il mérita sa grande réputation. Sénèque l'appelle le plus ingénieux de tous les anciens. Il fut à coup sûr le plus savant de ses contemporains, remarquable surtout par la solidité de ses connaissances et par les tendances très-positives de son esprit. Il avait acquis tout ce qu'on pouvait savoir de son temps ; mais sa curiosité le portait surtout à la recherche de la réalité.

Aristote, juge sévère de ses devanciers, lui rend cette justice, qu'il renonça le premier aux vains raisonnements, aux spéculations stériles, et que ses théories avaient pour fondement des faits et des expériences. Il consacra à s'instruire sa vie et son patrimoine. Le travail et les voyages usèrent sa santé. Il se ruina en recherches ; mais il fut savant au prix de tant de sacrifices.

Son ambition était de savoir. Il avait coutume de dire qu'à l'empire des Perses et à tous les trésors du grand roi, il préférait infiniment la découverte d'une cause ou l'explication d'un mystère, d'un secret de la nature. Pétrone, parlant de Démocrite, répète qu'il passa toute sa vie à faire des expériences, poursuivant l'étude des minéraux et des plantes. Pline et Ælien affirment, sur l'autorité des anciens écrivains

(1) Hippocrate, *Œuvres complètes*, trad. E. Littré, t. II.

grecs, qu'il avait disséqué des animaux, et consigné par écrit le résultat de ses recherches. Ammien Marcellin, écho de la tradition, rapporte que l'observation minutieuse qu'il avait faite des parties internes des animaux avait pour but de rechercher les causes des maladies, et de découvrir par là l'indication des remèdes convenables.

Démocrite aurait donc eu le premier l'idée de chercher dans les lésions des viscères l'explication des troubles qui produisent la maladie ou la mort. Grande idée qui fait la gloire des modernes, par l'impulsion puissante qu'elle a imprimée à la médecine.

Il est possible que cette idée remonte à Démocrite, d'autant que, s'il faut en croire les témoignages de l'antiquité, ce philosophe, après avoir étudié les organes internes, s'appliqua à découvrir le siége des maladies, et à déterminer les désordres ou les altérations matérielles. On s'accorde à dire qu'il chercha dans les replis du cerveau une explication de la folie. Au rapport de Celse, il s'était très-sérieusement occupé d'établir les signes de la mort, et il n'en admettait point d'infaillibles.

Tout cela repose sur la tradition, non sur des documents ou des témoignages précis ; mais la tradition a son importance en l'absence de preuves certaines, surtout quand il s'agit d'un homme aussi considérable que Démocrite.

Il faut conclure, de ce qui précède, que ce génie pénétrant avait abordé les problèmes les plus ardus de l'art médical. Son système de physiologie générale reposait en grande partie sur la doctrine des atomes corpusculaires ; elle était aussi le fondement de sa cosmogonie.

Cette doctrine, dont l'origine remonte à Leucippe, fut adoptée par Épicure, chantée par le grand poëte Lucrèce, remise en honneur par Gassendi, et introduite pour la seconde fois dans la médecine par l'illustre Boerhaave, émule du brillant Asclépiade.

Son influence a été énorme et assez mal appréciée. Les

méthodistes, c'est-à-dire les partisans de la doctrine la plus satisfaisante et la plus avancée en médecine ancienne, les méthodistes venaient en droite ligne de Démocrite. A ce titre, Démocrite occupe un rang considérable dans l'histoire de l'art, pour ne rien dire de ses idées neuves et hardies sur les fonctions des sens, de sa théorie de la respiration, trop ingénieuse pour être vraie, de son explication subtile du sommeil et des songes.

De même que les autres naturalistes, ce grand observateur fit des recherches sur la génération. Il considérait l'amour comme une petite convulsion, une courte attaque d'épilepsie ; mais, en le définissant à sa manière, il n'avait garde de le condamner. Il avait même composé un livre qu'on doit regretter, sur la manière de procréer à volonté des enfants sains et robustes, beaux, intelligents, heureux, doués, en un mot, de toutes les perfections possibles ; ce qui prouve qu'il avait touché aux extrêmes de la science et devancé de bien loin toutes les extravagances des modernes.

Les épidémies exercèrent aussi sa sagacité ; il en étudia les effets, en rechercha les causes, et s'efforça de remonter à l'origine, de connaître le mode de production des maladies nouvelles ou anciennes. Il s'enquit, avec la même curiosité, si l'alimentation et le régime ne donnaient pas lieu à des maladies spéciales, devançant sur ce point les belles investigations de l'école hippocratique. Il démontra aussi l'influence permanente et souveraine des saisons sur la nature des climats, sur l'état général et les variations de la santé. Il fit ainsi la part des circonstances extérieures, des choses du dehors, comme dit Hippocrate qui s'est illustré à son tour en suivant la voie ouverte par Démocrite.

Il traitait les maladies d'une façon très-simple : dans la pratique de l'art, il n'employait guère que des plantes usuelles, quelques simples dont l'expérience lui avait fait connaître les vertus. Sa thérapeutique était fondée sur le régime diététique, en d'autres termes, il se servait plus volontiers des choses de l'hygiène que des remèdes proprement dits. Il paraît toutefois qu'il ne dédaignait pas les incantations ni la musique, dont il fit, selon toute apparence, une application heureuse au traitement des affections morales.

En cela, il suivait l'exemple de Pythagore et d'Empédocle, qu'il vénérait singulièrement.

On voit par ce court exposé que Démocrite avait parcouru le cercle entier des connaissances médicales. Familier avec tous les systèmes scientifiques antérieurs et contemporains, il avait puisé de préférence dans les enseignements des écoles italique, ionienne, éléatique. Il avait beaucoup écrit ; mais les anciens eux-mêmes ne s'accordent point sur le nombre, sur les titres de ses ouvrages authentiques. Des esprits médiocres, des faussaires cupides firent passer leurs misérables productions sous la protection de ce nom illustre.

De là tant de fables ridicules et quantité d'opinions singulières attribuées faussement au philosophe d'Abdère par des auteurs mal informés ou induits en erreur par ces écrits apocryphes. Pline, entre autres, s'y est trompé grossièrement, ainsi que le lui reproche Aulu-Gelle.

Ce diligent compilateur a su éviter cette confusion, et, rendant à Démocrite ce qui lui appartient, il reconnaît comme authentiques quelques traités d'histoire naturelle, de physiologie et de médecine, dont les titres se retrouvent exactement en tête de quelques livres de la collection hippocratique.

Celius Aurelianus attribue au même philosophe un traité sur les convulsions et les spasmes, un livre sur l'éléphantiasis, en même temps qu'il lui fait honneur de la découverte d'un spécifique contre la rage ; sur quels fondements ? c'est ce qu'on ne sait point. M. Littré, dans sa belle et docte introduction aux œuvres d'Hippocrate (1), a donné dans un meilleur ordre un catalogue des écrits de médecine de Démocrite, d'après les indications fournies par les anciens auteurs.

On ne saurait trop déplorer la perte des écrits de Démocrite. Il avait agité les plus grands problèmes, soulevé les questions les plus curieuses et les plus difficiles de la science de l'homme : son savoir était vaste comme son génie.

Aristote, juge sévère et très-compétent des travaux antérieurs à son temps, ne parle de lui qu'avec une admiration profonde et sincère ; on peut le croire, car ce grand esprit n'admirait pas volontiers et louait rarement.

Platon, en revanche, ne lui rendait pas la même justice ; il ne le nomme pas une seule fois dans ses œuvres, il ne le cite jamais, et ce n'est pas oubli de sa part, mais calcul et malveillance. Platon goûtait si peu Démocrite qu'il avait, à ce que dit un ancien, conçu le dessein de rassembler tous ses écrits pour les brûler. Dessein indigne d'un philosophe.

Mais d'où venait cette haine intolérante du romancier de la métaphysique ? Il n'est pas malaisé d'en deviner la cause. Démocrite, génie hardi et indépendant, fut accusé d'athéisme et de matérialisme. Il eut cela de commun avec Anaxagoras de Clazomène, dont il faut dire aussi quelque chose.

Disciple d'Anaximène, contemporain d'Empédocle, ami de Périclès, Anaxagoras était un franc penseur, un mécréant, qui faillit périr de mort violente pour crime de philosophie. Ce fut lui pourtant qui inventa chez les Grecs une intelligence suprême pour expliquer la création et le gouvernement du monde. Comme Démocrite, il sacrifia son repos et sa fortune à l'étude de la nature ; il cultiva la science avec passion et non sans succès.

(1) *Œuvres complètes*, Paris, 1839, tome 1.

C'est à lui qu'appartient la théorie des parties similaires (homœoméries), développée dans la suite par Aristote dans ses écrits d'anatomie comparative.

Cette théorie simple et féconde était faite pour l'avenir : reprise par Bordeu au dix-huitième siècle, Bichat en fit le fondement de son *anatomie générale* (1), et les travaux postérieurs des anatomistes sont encore loin de l'avoir épuisée.

Les vues étendues et profondément philosophiques d'Anaxagoras exercèrent sur les esprits de ses contemporains une influence très-efficace. Ses opinions originales sur la disposition des éléments dans l'univers, sur la formation et la composition des corps, se retrouvent non altérées dans quelques écrits de la collection hippocratique. Sur ce point, la doctrine qu'il soutint était essentiellement contraire à celle d'Empédocle.

Les éléments, selon sa manière de voir, se décomposaient en parties semblables, qui, s'attirant, se cherchant les unes les autres, se rapprochaient, s'agrégeaient, se confondaient entre elles, s'assimilaient en quelque sorte pour former des organes similaires, homogènes, analogues.

Empédocle, bien moins avancé, plus éloigné de la vérité, se contentait de juxtaposer les éléments sans les confondre ; il expliquait, par son principe d'harmonie, ce mystère de la composition des corps, dans lequel Anaxagoras, avec plus de raison, voyait un phénomène d'affinité, entrant ainsi plus avant dans l'intelligence de l'organisation.

A le bien considérer, Anaxagoras fut le véritable auteur de la doctrine de la crase, doctrine qui devint si féconde entre les mains de Galien. Aussi ne faut-il pas s'étonner de voir ce grand commentateur prendre en main la défense d'Anaxagoras contre Empédocle, et réfuter longuement l'opinion de ce dernier, avec toute l'ardeur d'un homme qui soutient sa propre cause.

(1) *Anatomie générale appliquée à la médecine et à la physiologie.* Nouv. édition par Béclard, Paris, 1821, 4 vol. in-8.

Anaxagoras croyait la matière éternelle; il n'osait s'expliquer nettement sur l'immatérialité et l'immortalité de l'âme, sur la nature et l'existence de Dieu. Cette réserve lui servit peu; il fut traité d'impie et d'athée. Socrate lui-même, qui devait mourir victime d'une accusation semblable, lui reproche, dans Xénophon, d'avoir expliqué à sa manière l'ordre de l'univers et les opérations de la Divinité.

A vrai dire, cet athée prétendu n'était qu'un panthéiste, puisqu'il croyait le monde animé; il admettait, par conséquent, un principe abstrait, une âme universelle. Cette opinion n'était pas de nature à le recommander aux croyants spiritualistes. Il aurait fini mal sans le crédit de Périclès, dont l'amitié le protégea.

Anaxagoras avait étudié sérieusement la question si controversée de l'intelligence des bêtes. Il se garda bien de les réduire à l'état de pures machines. Loin de les considérer comme des automates, il leur accordait la force vitale et l'instinct, c'est-à-dire ce qu'on pourrait appeler l'âme et l'intelligence des organes. Plus sage en ce point que les modernes cartésiens, qui, s'appropriant, sans l'avouer, l'opinion paradoxale du médecin Gomez Pereira, voulurent se donner la satisfaction de faire de l'homme l'unique objet de la métaphysique. Anaxagoras ne risquait pas de s'égarer, de se perdre dans ces exagérations, ayant cherché le premier à déterminer les rapports qui existent entre les divers degrés de l'intelligence et le nombre et la perfection des organes. Ses opinions sur ce point furent celles d'un physiologiste organicien et sans préjugés.

La collection des écrits hippocratiques a conservé et reproduit intégralement, ou peu s'en faut, ses théories sur la génération.

En pathologie, ses idées ne manquaient point d'originalité; la plupart des maladies aiguës provenaient, suivant lui, de la bile. Cette manière de voir a été longtemps en crédit, même chez les modernes.

Quant à sa méthode générale, il ne se contentait point
de faire des abstractions ; ses études n'étaient pas purement
spéculatives. Comme Démocrite, il raisonnait sur des faits ;
il procédait par expériences. Plutarque nous apprend
qu'Anaxagoras avait disséqué des animaux, et qu'il possédait des connaissances très-étendues en anatomie. Les travaux solides de cet illustre savant eurent une influence
salutaire, ils donnèrent une direction heureuse aux sciences
d'observation.

Anaxagoras partage avec Démocrite la gloire d'avoir
tracé la voie aux recherches d'Aristote, et selon toute apparence à celles de l'école d'Hippocrate. Anatomiste et
physiologiste, sa place est marquée entre les premières
dans l'histoire de la médecine.

Nous touchons à la fin de la période de transition, et
l'on peut, dès à présent, entrevoir les transformations que
subit l'art médical. Beaucoup de chemin a été fait, le vieil
empirisme est vaincu, et la médecine dogmatique est
annoncée, pressentie, préparée par les philosophes naturalistes. Mon dessein n'est pas d'apprécier tous les travaux,
de citer tous-les noms qui s'illustrèrent dans cette période.
Il me suffit d'indiquer les grandes lignes du tableau et de
signaler en passant les principaux personnages.

A ceux qui précèdent le lecteur peut joindre encore
Archélaüs de Milet, surnommé le physicien, devenu célèbre pour avoir le premier introduit dans Athènes la philosophie ionienne. Le chaud et l'humide étaient pour lui les
principes de toute génération.

Diogène d'Apollonie était de la même école ; il fondit en
un système unique les doctrines d'Anaximène et celles
d'Anaxagoras ; comme ce dernier, il cultiva l'anatomie avec
succès. Il avait écrit un traité sur les veines, et donné une
description du cœur ; il plaçait dans cet organe le siége de
l'âme, opinion soutenue depuis par Aristote. Ses théories

sur la génération étaient au moins très-étranges ; elles ne valent guère mieux que la précédente. Il est juste d'ajouter pour sa gloire qu'il devina le premier la présence de l'air dans l'eau de la mer. On retrouve cette opinion avec quelques autres idées qui lui appartiennent également dans le *Traité hippocratique des vents ou des airs*, l'un des plus curieux de la collection.

VII. — Influence de la philosophie naturelle sur la médecine.

En énumérant brièvement les travaux des philosophes naturalistes, j'ai eu le dessein de mettre en évidence l'influence qu'ils exercèrent sur la connaissance générale de la nature humaine, et par conséquent sur la médecine.

Ils firent les premiers pas dans la voie de la science : les recherches qu'ils poursuivirent avec tant d'ardeur révélèrent bien des mystères, préparèrent d'importantes découvertes. Ils touchèrent hardiment aux problèmes les plus ardus de l'anthropologie : en recherchant les causes des phénomènes, ils établirent les fondements des principales théories physiques, physiologiques et médicales. La doctrine des tempéraments, des humeurs, des qualités premières, des jours critiques, des épidémies, des influences externes sur l'homme sain ou malade, leur doit son origine.

Physiologie, hygiène, étiologie, thérapeutique, connaissance des modificateurs naturels ou artificiels, tout cela était l'objet de leurs investigations.

Je ne prétends pas qu'ils aient beaucoup fait pour la pratique ; leur but était plus élevé, plus désintéressé.

Ils raisonnaient subtilement, cela est vrai ; mais ils n'avaient garde de négliger les leçons de l'expérience. Ils ne dédaignèrent pas de s'instruire par l'observation patiente et minutieuse, et leurs facultés d'analyse s'appliquèrent aux phénomènes naturels, aux objets sensibles, aux choses réelles et concrètes : ils observaient les maladies, ils disséquaient des animaux, ils expérimentaient curieusement.

S'ils furent, non pas tous, trop amoureux de la spéculation, leurs raisonnements mêmes ne furent point sans utilité. Leurs principes philosophiques, leurs doctrines physiques ou physiologiques, leurs méthodes ingénieuses et savantes donnèrent un point de départ à l'intelligence, une direction et des règles : bienfait inestimable pour le temps. Leur exemple réveilla les esprits et leur imprima une puissante impulsion. Ils eurent cette gloire de montrer, d'ouvrir le chemin à leurs contemporains et à ceux qui vinrent après eux.

La méthode rationnelle, la théorie scientifique, la médecine dogmatique, en un mot, remontent à ces philosophes encyclopédistes dont la vie s'écoula dans la contemplation des choses de la nature.

Les dogmes fondamentaux de l'ancienne médecine naquirent de leurs essais de systématisation, de même que la méthode expérimentale ou d'induction de leurs essais d'analyse ; car ces illustres penseurs avaient pressenti que la science universelle dont ils faisaient profession devait se partager, se diviser en plusieurs branches.

Cette division nécessitait d'autres moyens d'investigation et d'étude : résoudre les difficultés par intuition ne pouvait satisfaire des esprits qui cherchaient des résultats positifs, des conclusions démonstratives.

Grâce à leurs efforts, la médecine grecque acquit en peu de temps ce caractère éminemment indigène de simplicité puissante et de merveilleuse unité qui lui assura pendant deux mille ans un empire absolu et universel.

Ce n'est pas tout : les philosophes naturalistes antérieurs à Hipporcrate rendirent encore à l'art médical un service essentiel en l'arrachant aux mains des prêtres et des charlatans; ils l'émancipèrent et lui assurèrent l'indépendance.

N'hésitons donc pas à inscrire dans les annales de l'art les noms glorieux qui préparèrent son avenir : à le faire il y a justice et gratitude.

Pour ma part, je reconnais volontiers, sans aucune espèce de regret, que les origines de la médecine savante furent essentiellement philosophiques.

C'est de quoi ne semblent pas se douter le moins du monde nos médecins et nos philosophes : les uns et les autres ne s'inquiètent guère de l'antique alliance de la médecine et de la philosophie, alliance qui se perpétua durant des siècles. C'est aux futurs historiens de la médecine qu'il appartient de retracer dignement cette grande période de préparation scientifique, placée entre les origines de l'art et ses plus magnifiques développements. C'est en Grèce, terre féconde, que le germe précieux de la science, opérant son évolution, a donné ses fruits les plus beaux.

La médecine vraiment historique, celle qui repose sur une tradition constante de faits, d'observations, de principes et de doctrines, est un produit spontané du génie grec. Elle sortit à son tour de ce mouvement de fermentation rénovatrice où se débrouillèrent les connaissances humaines comme les éléments confus du chaos. Jamais époque ne fut plus féconde que celle où fut donné ce spectacle unique dans l'histoire. Le monde a vu depuis l'agitation salutaire qui précède les temps de renaissance; mais le monde n'a assisté qu'une fois à ce travail suprême d'enfantement, qui fut comme une seconde création dans l'ordre des idées (1).

(1) Ce travail ne présente que la substance et le résumé d'une dissertation latine pour le doctorat ès lettres, sur les origines de la médecine grecque : *De medicinæ ortu apud Græcos progressuque per philosophiam*, Paris, 1855, in-8, vi-135 p. L'influence de la philosophie naturelle sur la médecine grecque a été aussi savamment exposée par Ch. Gottl. Kühn, dans sa dissertation : *De philosophis ante Hippocratem medicinæ cultoribus, ad Celsi de medicina præfationem* (1781). On trouvera ce travail malheureusement inachevé dans les opuscules de ce médecin érudit, t. I, p. 47-87. Leipzig, 1827, 2 vol. in-8 (en latin).

III

LA LÉGENDE HIPPOCRATIQUE

L'admiration, qui perpétue les grands souvenirs, en altère trop souvent la vérité. Les faits et les personnages historiques se transforment insensiblement sous l'influence d'une tradition lointaine, et telles sont parfois les transformations subies, qu'il est malaisé de distinguer à la distance de plusieurs siècles la réalité de la fable. En d'autres termes, quand il s'agit des choses et des hommes de l'antiquité, il n'est pas rare de voir confondues l'histoire et la légende. L'imagination et l'amour du merveilleux ont produit à l'envi mille récits mensongers qui font le désespoir de la critique. La Grèce menteuse, *Græcia mendax*, est le pays des merveilles, la terre classique du surnaturel. Elle abonde en poétiques fictions, et son génie se plaît à introduire partout l'élément mythologique. Elle dit le « divin Platon », et appelle Hippocrate le « divin vieillard.» Bienfaiteurs et grands hommes reçoivent dans l'antiquité grecque des honneurs extraordinaires, et petit à petit le culte de leur mémoire devient une religion. C'est ainsi que le plus illustre des médecins s'élève de siècle en siècle, comme par degrés, jusqu'au rang, ou peu s'en faut, des héros, des demi-dieux, ou mieux, des divinités tutélaires de la médecine. Il opère des prodiges, il fait des miracles. Son nom devient une vertu, un remède efficace et salutaire, le synonyme de l'art dans ce qu'il a de plus parfait, et la vénération qu'il inspire se perpétue à travers les siècles.

Les modernes, si sceptiques, ont longtemps respecté cette consécration ou cette apothéose; les plus hardis n'ont osé protester que timidement et fort tard.

Quand le fougueux Paracelse inaugura la réforme médicale par un coup d'éclat, il brûla publiquement à Bâle Galien et Avicenne, comme Luther avait dix ans auparavant brûlé à Wittenberg les bulles du pape et les Décrétales; mais il s'inclina devant Hippocrate, et cette déférence prouve combien était puissante sur les plus indépendants l'influence de l'antique tradition. La personne et les écrits de celui qu'on appelait le père de la médecine étaient également sacrés. Le doute, qui précède la discussion, ne s'était pas encore élevé sur l'authenticité des œuvres hippocratiques, non plus que sur la véracité des biographes.

Quel crédit méritent ces derniers, on en jugera tout à l'heure d'après leur propre témoignage. Ils sont trois, dont un seul est digne de quelque attention; c'est l'auteur anonyme de la *Vie selon Soranus*, pillé ou copié par le lexicographe Suidas et par le grammairien Tzetzès. Sachons d'abord quel est le récit du biographe anonyme, et analysons au lieu de traduire.

I

Hippocrate naquit à Cos; il était fils d'Héraclite et de Phénarète (suivant une autre version, de Praxithée, fille de Phénarète). Par son père il descendait d'Hercule, et par sa mère d'Esculape. Il eut pour maîtres, son père d'abord, puis Hérodicus ou Prodicus, et de plus, suivant d'autres autorités, Gorgias de Léontium, le rhéteur, et Démocrite d'Abdère, le philosophe. Il florissait à l'époque de la guerre du Péloponèse, étant né la première année de la quatre-vingtième olympiade (460 avant l'ère chrétienne), à ce que rapporte Histomaque, dans le livre premier de son ouvrage sur la secte hippocratique, et, d'après Soranus de Cos, sous le règne d'Abriadès, le 26 du mois agrianus, jour consacré par les habitants de l'île à sacrifier en l'honneur d'Hippocrate.

Son éducation embrassa la médecine et le cercle entier des connaissances. Quand elle fut achevée, il quitta sa patrie, après la mort de ses parents, « à cause, dit malignement Andréas, qu'il avait incendié les archives de Cnide. » Son dessein était, suivant d'autres, de perfectionner son instruction médicale par la variété des observations que peut faire aisément celui qui se transporte en des endroits divers.

Le vrai motif de ce voyage était donc le désir qu'avait Hippocrate d'étendre le champ de ses études et de multiplier à son profit les ressources de l'expérience ; conditions essentielles pour arriver à l'excellence dans la pratique.

Soranus de Cos prétend qu'Hippocrate reçut en un songe (les songes aussi viennent de Jupiter, dit Homère) l'ordre d'aller habiter la Thessalie, et qu'il obéit à cet ordre. Ses cures merveilleuses retentirent bientôt dans toute la Grèce. Mandé par un décret public auprès de Perdiccas, roi de Macédoine, en proie, croyait-on, à une maladie consomptive, il arriva en compagnie d'Euryphon, médecin de Cnide, et déclara que la cause du mal était une affection morale. Le prince macédonien aimait passionnément une concubine de son père Alexandre, le feu roi, ayant nom Phila, dont la présence produisait sur lui de violentes impressions. Elles n'échappèrent point à Hippocrate, qui s'employa si heureusement auprès de la courtisane, que Perdiccas ne tarda point à guérir par l'application d'un si doux remède.

De Macédoine, Hippocrate se rendit à Abdère, sur l'invitation des Abdéritains, pour rendre la raison à Démocrite qu'on croyait fou. Pendant que la médecine s'occupait à traiter la philosophie, la peste éclata soudainement en Illyrie, en Pœonie, chez d'autres peuples barbares, dont les rois s'empressèrent d'envoyer des ambassadeurs à Hippocrate, pour réclamer les secours de son art.

Hippocrate reçut l'ambassade, demanda quels vents soufflaient habituellement dans le pays, et, sans autre information, il congédia les députés comme ils étaient venus. Puis, raisonnant sur le rapport qu'ils lui avaient fait, il prévit que le fléau envahirait l'Attique, l'annonça ouvertement aux villes de la Grèce afin qu'elles prissent les précautions nécessaires, et à ses disciples afin qu'ils fussent prêts à remplir leur devoir.

Cependant sa réputation grandissait, elle s'étendit jusqu'en Perse. Le grand roi Artaxerxès voulut l'attirer à sa cour, et donna ordre à Hystanès, satrape de l'Hellespont, de lui offrir de sa part des présents considérables. Mais Hippocrate, philhellène avant tout, tenait trop à son pays et à sa dignité pour accepter de telles offres ; il refusa avec désintéressement.

Les Athéniens allaient porter la guerre à Cos ; Hippocrate réclama des secours aux Thessaliens, et la guerre fut détournée. Les gens de Cos, reconnaissants d'un tel service, comblèrent Hippocrate d'honneurs et de bienfaits. Il n'obtint pas de moindres distinctions de la part des Thessaliens, des Argiens et des Athéniens. Ces derniers l'initièrent par un décret solennel aux mystères sacrés d'Éleusis, hommage que nul étranger n'avait obtenu depuis Hercule ; ils lui conférèrent le droit de cité, et décrétèrent en outre qu'il serait nourri aux frais de la ville dans le Prytanée, et ses descendants après lui.

Hippocrate, après la formalité consacrée du serment, enseignait libéralement son art à ceux qui avaient le désir de l'apprendre et les dispositions nécessaires.

Il mourut à Larisse, vers le même temps, dit-on, où mourut Démocrite ; il était alors âgé de quatre-vingt-dix ans, selon les uns, de quatre-vingt-cinq, suivant les autres. Il y en a qui poussent sa carrière jusqu'à cent quatre et même jusqu'à cent neuf ans. Il fut enterré entre Gyrton et Larysse. On montre encore son tombeau, où l'on vit pendant longtemps un essaim d'abeilles, dont le miel, apprécié des nourrices, guérissait les aphthes des enfants : la guérison était certaine, si on employait le remède auprès du tombeau.

Dans la plupart des images qui le représentent, Hippocrate a la tête couverte, circonstance qu'on a diversement expliquée, tantôt comme un signe de noblesse (Ulysse est coiffé de même), tantôt comme un moyen de cacher la calvitie. On a prétendu aussi qu'il avait la tête faible et qu'il la couvrait à cause de cela, ou encore pour préserver la partie la plus noble, le siége de la raison. D'autres supposent que cette coiffure dénote un homme qui aime les voyages, ou bien qu'elle fait allusion à l'obscurité de ses écrits. Il en est aussi qui soutiennent que c'est comme un avertissement des précautions qu'on doit prendre, même en santé, pour se préserver des influences nuisibles. Il en est enfin qui pensent que, pour avoir les mouvements plus libres dans les opérations de chirurgie, il avait l'habitude de ramasser les plis de son manteau sur sa tête.

Hippocrate faisait profession de mépriser l'argent, il était de mœurs irréprochables et grand philhellène. Aussi se consacra-t-il tout entier à ses compatriotes. Par ses soins assidus, des villes entières furent délivrées de la peste, comme il a été dit : de là les honneurs éclatants que lui rendirent non-seulement les habitants de Cos, mais encore ceux d'Argos et d'Athènes.

A sa mort, il laissa deux fils, Thessalus et Dracon, et des disciples sans nombre, parmi lesquels ses fils furent les premiers en réputation.

Tel est en substance le récit du biographe anonyme, qui cite à l'appui de sa narration des auteurs dont les écrits sont perdus : Eratosthène, Phérécyde, Apollodore, Arius de Tarse, Andréas de Caryste et Soranus de Cos, sans compter les autorités sans nom. Sauf quelques suppressions et des variantes plus ou moins légères, Suidas et Jean Tzetzès répètent ce qu'on vient de lire.

Le premier était un misérable compilateur, absolument dépourvu de sens critique. Quant au second, pédant grammairien et détestable versificateur, il compilait fastidieusement les faits de l'histoire et les fables de la mythologie, sans discrétion, sans jugement, prenant de toutes mains, et affectant une grande érudition. On sait à quoi s'en tenir sur son savoir prétendu, depuis que l'illustre Heyne a démontré qu'il ne connaissait lui-même les auteurs qu'il allègue, que par les citations ou les extraits que lui offraient les abréviateurs, les commentateurs et les lexicographes.

II

Mon dessein n'est point de comparer les trois vies pour en faire ressortir les différences. Il me suffira de remarquer que le récit de Tzetzès diffère en deux points essentiels de celui de l'auteur anonyme.

Celui-ci raconte, d'après Andréas de Caryste, qu'Hippocrate mit le feu aux archives de Cnide; il allègue deux fois l'autorité de Soranus de Cos, qui avait, dit-il, exploré les archives de l'île de ce nom, où il était né, et qui en avait retiré des documents concernant Hippocrate.

Le compilateur du Bas-Empire raconte aussi la fuite d'Hippocrate; mais il prétend que la cause de cette fuite fut l'incendie de la bibliothèque de Cos, où l'on conservait les anciens livres de médecine. « Hippocrate, dit-il, brûla ces livres et la bibliothèque; » délit énorme, si l'on considère que l'auteur de l'incendie n'était autre que le bibliothécaire lui-même.

Comment concilier les deux versions, celle de l'anonyme et celle de Tzetzès?

La difficulté n'est pas petite, d'autant que Tzetzès déclare très-expressément qu'il a pris pour guide Soranus

d'Éphèse, tandis que l'anonyme allègue l'autorité de Soranus de Cos, à deux reprises ; circonstance qui explique le
titre qu'on a donné à son récit : *La Vie selon Soranus.*

Le fait est qu'il y a eu plusieurs médecins dans l'antiquité du nom de Soranus, et quand on les distinguerait sûrement, ce qui ne paraît guère possible, quand on rendrait
à chacun d'eux ce qui lui appartient, il resterait encore une
difficulté insurmontable.

Si les archives de Cos ont été brûlées par Hippocrate,
ainsi que Tzetzès l'affirme, sur l'autorité de Soranus d'É-
phèse, comment Soranus de Cos aurait-il pu les explorer ?
Ou bien faut-il distinguer la bibliothèque médicale des
archives ? On n'en sait rien, et l'on a d'un autre côté bien de
la peine à comprendre pourquoi Hippocrate aurait été réduit à quitter l'île de Cos, sa patrie, pour avoir incendié
les archives de Cnide, ville rivale, d'après le dire d'Andréas
de Caryste.

Il y a là un grand problème fort intéressant à résoudre
pour ceux qui en auraient le loisir.

Quant à moi, j'estime que l'examen de ces rapsodies ne
vaut pas la peine qu'on s'y arrête. Ce que j'en ai dit en passant ne tend qu'à faire ressortir l'ineptie et les contradictions de ces ridicules faiseurs de contes, dont les fabuleux
récits, que la critique devait enfin réduire à néant, ont
exercé jusqu'à ces derniers temps et tout récemment encore une déplorable influence sur les décisions de la critique elle-même. On en jugera quand nous rechercherons
à quelles sources d'instruction médicale a puisé Hippocrate ; si les anciennes écoles de médecine furent véritablement redevables aux temples d'Apollon et d'Esculape, et
quelles étaient précisément les attributions des corporations, des familles et des individus qui portaient, prenaient
ou recevaient le nom d'Asclépiades.

Cette recherche peut soulever bien des questions encore
neuves ou non encore résolues.

Pour revenir à la narration de l'anonyme, quelques particularités y sont contenues qui appellent l'attention du
lecteur ; leur appréciation ne sera point inutile pour entendre mieux ce qui va suivre.

Hippocrate, d'après son biographe, refusa les présents du
roi de Perse qui voulait l'attirer à sa cour ; il se rendit à
Abdère pour traiter la folie de Démocrite, délivra la Grèce
de la peste, détourna la guerre de son île natale, et reçut
enfin des Athéniens toute sorte d'honneurs et de priviléges
extraordinaires.

Voilà cinq circonstances très-brièvement indiquées dans
sa biographie, sur lequelles des détails plus amples nous
sont fournis par des documents et des pièces, qu'il convient
d'énumérer et d'apprécier mûrement. La discussion du
faux peut utilement servir à la découverte du vrai.

Parlant des offres d'Ataxerxès et de la façon dont elles
furent rejetées, le biographe cite à l'appui de son dire, ou
du moins il allègue et rappelle une lettre écrite en cette
circonstance, soit à Hippocrate, soit par Hippocrate, car le
texte n'est pas bien clair en cet endroit. La difficulté qui
naît de ce doute est du reste insignifiante, car nous possédons à ce sujet une correspondance suivie, et qui par l'a-
bondance comme par la précision des indices ne laisse rien
à désirer.

Et d'abord, c'est le grand roi lui-même écrivant à un
certain Pœtus pour lui annoncer que la peste décime ses
troupes, non sans lui demander conseil avec force pointes
et antithèses qui sentent de bien loin leur rhéteur.

Pœtus s'empresse de répondre sentencieusement au roi
des rois qu'il n'est point de remède contre la peste, et que
néanmoins Hippocrate la combat avec succès, Hippocrate
issu des dieux, père de la santé, vainqueur des maladies,
doué excellemment, illustre et honoré dans toute la Grèce,
plus près, en un mot, des dieux que des hommes. C'est

lui qu'il faut appeler à tout prix, opposer au fléau terrible, lui le sauveur, lui le prince de la science divine.

Aussitôt Artaxerxès ordonne par écrit à Hystanès, satrape de l'Hellespont, de n'épargner ni présents ni promesses pour engager Hippocrate au service du grand roi. Hystanès échoue dans sa mission, et ne tarde point à en instruire son maître.

Celui-ci, plein de colère, expédie en toute hâte un courrier aux habitants de Cos, les sommant de livrer sans délai leur compatriote Hippocrate, s'ils veulent échapper à un châtiment exemplaire. Ses menaces sont terribles ; il ne s'agit de rien moins que de les anéantir eux et leur île.

Les habitants de Cos, nullement effrayés, répondent aux messagers persans qu'ils mourront plutôt que de livrer Hippocrate, et que leur conduite sera toujours digne d'Hercule et d'Esculape, leurs divinités tutélaires ; ils comptent, du reste, sur la protection des dieux.

Certes, une telle conduite est digne d'éloges. Il est permis néanmoins d'excuser le courroux du grand roi, car à son mandataire Hystanès, qui lui avait adressé une lettre très-convenable, Hippocrate répond par une missive arrogante, insolente même. La voici :

« Hippocrate, médecin, à Hystanès, gouverneur de l'Hellespont, joie.

« A l'épître que tu m'adresses de la part, dis-tu, du grand roi, réponds au grand roi ce que je vais dire, en toute diligence : « Le vivre, et le couvert, et l'habillement et toutes les choses nécessaires à la vie, je les ai ici en abondance. Quant aux trésors des Perses, il ne m'est point permis d'en user, ni de guérir les maladies des barbares, qui sont les ennemis des Grecs. Porte-toi bien. »

On a beaucoup loué cet acte de désintéressement, célébré à l'envi par les écrivains et par les artistes.

S'il faut en dire mon sentiment, il me semble que, dans cette pièce, il n'y a qu'une chose qui soit louable et vraiment digne d'un médecin, c'est le dernier mot exprimant un souhait de santé.

Qu'Hippocrate ait tenu d'ailleurs la conduite que fait paraître la correspondance, il n'en faut pas douter, car une dernière lettre prouve qu'il en était même très-fier :

« Le roi des Perses, écrit-il laconiquement à Démétrius, m'a fait mander, ignorant que la considération de la sagesse est pour moi bien plus puissante que l'or. »

Le même désintéressement éclate dans le traitement de la folie de Démocrite.

Ici encore grande abondance de pièces, si nombreuses et si bien enchaînées, que leur suite forme toute une histoire, tout un roman, pour dire mieux.

Le sénat et le peuple d'Abdère font savoir à Hippocrate que Démocrite a perdu la tête, qu'ils en sont désolés, et qu'ils l'attendent avec toutes les ressources dont son art dispose, pour rendre la raison au malade et la joie à toute la ville.

L'épître est fort longue et fort prétentieuse.

Hippocrate répond à son tour par une dissertation. Il ira à Abdère sans honoraires ; car, dit-il, « un art libéral doit être libéralement exercé, et, si j'avais désiré m'enrichir, le roi de Perse m'offrait ses trésors, dont je n'ai point voulu, refusant de délivrer d'une maladie maligne un pays ennemi de la Grèce. »

Et, tout en réitérant la promesse de se rendre à leurs désirs, il fait sentir aux Abdérites que leur compatriote n'est peut-être pas aussi fou qu'ils le croient.

En même temps, il adresse une autre épître à l'Abdérite Philopœmen, qui doit l'héberger, et, pour montrer apparemment à son hôte un échantillon de son savoir, il énumère les causes et décrit les symptômes de la folie mélancolique, dont il suppose que Démocrite est atteint, sans penser toutefois qu'il soit réellement fou.

Les doutes qu'il pourrait conserver à cet égard sont entièrement dissipés par un songe, dans lequel Esculape en personne, accompagné de deux personnages allégoriques, la Vérité et l'Opinion, lui révèle assez clairement que l'opinion qu'ont les Abdérites sur l'état mental de Démocrite est fausse, tandis que le philosophe a de son côté la vérité, à laquelle il a consacré tant de veilles.

L'interprétation n'est point invraisemblable, car, dit Hippocrate, la médecine et la divination sont proches parentes, étant l'une et l'autre filles d'Apollon, qui prédit les maladies présentes et futures, qui guérit les malades et préserve les hommes en santé.

Le songe et son interprétation sont exposés dans une nouvelle lettre à Philopœmen.

Tout en préparant son départ pour Abdère, Hippocrate écrit à Denys d'Halicarnasse, un médecin probablement, de se rendre le plus tôt possible à Cos, pour le suppléer durant son absence, non sans lui recommander de veiller en même temps sur la conduite de sa femme ; « car, dit-il, une femme a toujours besoin d'un guide sage. » Prières et recommandations sont entremêlés de beaucoup de sentences.

Vient ensuite une autre lettre à Damagète de Rhodes, qui est prié d'expédier au plus vite un vaisseau ayant nòm *le Soleil*, très-propre à faire le trajet de Cos à Abdère.

« Faites-le partir, lui dit-on, et qu'il soit, s'il est possible, pourvu, non pas de rames, mais d'ailes agiles, car il y a urgence. »

Et là-dessus, nouvelle description de la folie de Démocrite, et communication prématurée du plan curatif. L'épître n'est pas courte ; aussi lit-on à la fin : « Le temps d'écrire tout cela retarde d'autant le départ du navire. »

Enfin Hippocrate part, il arrive, et il raconte dans une très-longue lettre à Damagète son débarquement à Abdère, la réception qui lui a été faite, l'entrevue, puis la conversation qu'il a eue avec Démocrite.

Cette pièce est fort curieuse, et, quoique toute remplie de choses incroyables, elle plaît par la grâce de la narration. On souhaiterait seulement qu'elle fût placée après une lettre adressée à Cratevas, fameux *rhizotome* (herboriste), qu'Hippocrate supplie de lui expédier en grande hâte toute sorte de plantes salutaires, comme s'il s'agissait d'aller porter secours à une grande multitude.

Il y a de tout dans cette pièce, de la médecine, de la morale et quantité d'impertinences.

Ce n'est pas tout encore. Démocrite se croit obligé d'écrire à Hippocrate, pour lui raconter sommairement tout ce qui s'est passé entre eux, comme si Hippocrate avait eu besoin d'être instruit de ce qu'il devait si bien savoir. Le philosophe donne au médecin des instructions et des conseils sur le traitement des maladies et l'emploi des remèdes.

On pense bien que la missive ne resta point sans réponse. Hippocrate se plaint des inconvénients qui sont attachés à sa profession ; il déplore les préjugés de la foule et les difficultés de l'art ; il s'excuse d'avoir accédé à la prière des Abdérites et d'avoir pu laisser soupçonner qu'il avait cru à la folie de Démocrite, et finalement il lui envoie un livre de sa composition sur l'usage de l'ellébore, en échange d'un traité de la folie qu'il en avait reçu, non sans l'engager à continuer la correspondance, et à la rendre même plus active.

Fort heureusement la correspondance ne va pas plus loin, et, s'il y a eu des lettres perdues, on ne saurait en vérité les regretter beaucoup : celles qui restent nous laissent amplement instruits, et l'on a dû remarquer qu'Hippocrate, jaloux de faire savoir à ses amis l'insigne honneur que lui avait fait le peuple d'Abdère en le choisissant pour remplir une mission délicate, s'y montre très-expansif et furieusement prolixe.

Quelle que soit l'habileté des faussaires, ils ne réussis-

sent que bien rarement à donner à leurs inventions les couleurs de la vraisemblance : ils altèrent le plus souvent le
caractère des personnages qu'ils mettent en scène.

La même observation peut s'appliquer au discours que
prononce Hippocrate au pied de l'autel de Minerve, la tête
ceinte de branches d'olivier, pour implorer en suppliant le
secours des Thessaliens. Il est là avec tous les membres de
sa famille, débitant avec beaucoup de gravité des sentences
usées et quelques lieux communs, non sans se recommander peu modestement, en rappelant les services qu'il a rendus et la grande réputation qu'il a acquise.

Rien ne manque dans cette pièce : exorde par insinuation,
exposition convenable, narration rapide, péroraison pres-
sante; tout annonce un orateur habitué à suivre docilement
les préceptes de la rhétorique, scrupuleux dans l'application des règles, habile surtout à se concilier la faveur de
son auditoire, tout en se faisant valoir adroitement.

Tant d'éloquence devait forcément détourner de l'île de
Cos l'expédition dont la menaçaient les Athéniens. Notons
que ces derniers, en reconnaissance des services rendus
par Hippocrate, l'avaient récompensé magnifiquement et
honoré d'éclatantes distinctions. Quand le biographe ne
nous l'aurait point appris, nous le saurions bien positivement par le décret que fit en cette occasion le peuple d'A-
thènes. Ce décret nous est arrivé à la suite du discours prononcé devant les Thessaliens auprès de l'autel de Minerve.

Sachons ce que contient cette pièce légale, sinon légalisée.

Hippocrate est dévoué à la Grèce, et son dévouement s'est
signalé par d'inestimables bienfaits. Quand vint la peste du
pays des barbares, il envoya ses disciples partout où menaçait le fléau, prodiguant les remèdes et les instructions
salutaires, et répandant ses écrits de médecine, afin de
propager son art et d'augmenter le nombre des médecins.
Il dédaigna les offres brillantes et les riches présents du

grand roi, l'ennemi des Grecs, rare exemple de désintéressement et de patriotisme.

Pour toutes ces causes, le peuple athénien, fidèle aux intérêts de la Grèce, et jaloux de proportionner la récompense au mérite, décide qu'Hippocrate sera publiquement initié aux sacrés mystères, qu'il recevra une couronne du poids de mille pièces d'or aux grandes fêtes de Minerve, son nom 'étant proclamé par le héraut au milieu des jeux gymniques, et que les enfants de Cos, en leur qualité de compatriotes d'un si grand homme, seront, comme les enfants d'Athènes, admis aux exercices des adolescents. En outre, le droit de cité est accordé à Hippocrate, et le vivre lui est assuré dans le Prytanée.

Comment concilier le décret et le discours aux Thessaliens? Entre les deux, la contradiction est manifeste, à moins qu'on ne veuille arguer de la légèreté proverbiale des Athéniens pour expliquer leur inexplicable conduite à l'égard des habitants de Cos, qu'ils menacent de la guerre après les avoir comblés de faveurs.

Il y avait là matière à une tirade déclamatoire contre l'inconstance populaire, et je m'étonne que ce sujet n'ait pas tenté l'éloquence d'Hippocrate. Nous aurions un document de plus, et qui ne serait point du tout déplacé parmi ceux que nous possédons.

Comme dédommagement, nous pouvons lire et admirer au besoin un long discours, disons mieux, une véritable oraison, prononcée en présence du peuple athénien par Thessalus, fils d'Hippocrate, pièce essentielle et d'une valeur non petite, car elle suppose le discours adressé aux Thessaliens et confirme l'authenticité du décret des Athéniens.

Analysons brièvement ce morceau de rhétorique.

L'orateur commence par décliner son nom, son pays et sa race, et, quoiqu'il prétende qu'il est généralement connu, il n'oublie aucune des particularités qui peuvent servir à le faire connaître. Il vient de la part de son père traiter quatre points d'une haute importance, ou plutôt rappeler quatre bienfaits qui doivent lui servir d'arguments.

Et d'abord de lointains souvenirs sont évoqués qui attestent les services rendus par les Asclépiades aux Amphictyons, en des circonstances difficiles pour les nations helléniques. Je ne m'arrêterai point à discuter cette partie d'un récit où quelques traces de faits historiques se découvrent à peine sous la fable, et je ne discuterai pas davantage la question de savoir quelle fut précisément la conduite des habitants de Cos, lors de la grande invasion des Perses. Thessalus prétend qu'elle fut exemplaire : ses compatriotes restèrent malgré tout fidèles à la Grèce ; ils exposèrent bravement leur vie et leurs biens, et, après des souffrances inouïes, ils furent délivrés par miracle, grâce à la protection des dieux.

Les gouverneurs de l'île de Cos étaient en ce temps-là Cadmus et Hippolochus, un Héraclide et un Asclépiade, c'est-à-dire deux ancêtres d'Hippocrate.

Ce dernier, digne descendant de ces hommes incomparables, a fait encore beaucoup plus qu'eux. Averti par les rois barbares que la peste allait envahir l'Illyrie et la Péonie, il refusa de se rendre à l'appel qu'ils lui avaient fait par leurs ambassadeurs ; et aussitôt il donna par écrit aux Thessaliens les instructions nécessaires pour se préserver du fléau, tandis qu'il expédiait son fils Thessalus (l'orateur lui-même) en Macédoine, puis à Athènes, et son fils Dracon dans l'Hellespont, avec des instructions semblables à celles qu'il avait déjà répandues. Polybe, son gendre, et ses autres disciples allèrent chacun en divers endroits. Après quoi, il quitta lui-même la Thessalie, pour aller porter secours aux Doriens, aux Phocéens, non sans s'être arrêté à Delphes afin d'invoquer le dieu en faveur des Grecs, avant de passer en Béotie et de là en Attique, et ensuite à Athènes, où il prodigua les conseils salutaires.

« Je pense, dit l'orateur, que la plupart d'entre vous savent si je dis vrai, car il n'y a guère que neuf ans que je passai par ici quand je fus envoyé au secours des habitants du Péloponèse. »

A tant de services, digne récompense. Si la Grèce se montra reconnaissante et généreuse envers ses bienfaiteurs, Athènes par-dessus toutes les autres villes. Hippocrate reçut publiquement les honneurs d'une couronne, et il fut avec son fils initié aux grands mystères de Cérès et de Proserpine.

Enfin, et c'est le dernier bienfait ou le dernier point, lors de l'expédition d'Alcibiade en Sicile, Thessalus, conformément à la volonté de son père, fut attaché à l'armée en qualité de médecin, à la condition expresse que ses services seraient gratuits. Long développement à ce sujet : dévouement sans bornes, désintéressement complet, mépris du danger, et en retour une couronne d'or, des louanges infinies et finalement un beau mariage ; « car il fallait, dit l'orateur, donner des successeurs à notre art et perpétuer notre race, » deux bonnes raisons au lieu d'une.

Ici finit l'exposition ; le reste du discours est consacré au résumé et à la péroraison. L'orateur invoque tour à tour la morale et la politique, parle de l'inconstance de la fortune, de la fragilité des choses humaines, de tout ce qui peut, en un mot, dissuader les Athéniens de porter la guerre dans l'île de Cos. Que s'ils persévèrent dans leurs desseins hostiles, Cos implorera et obtiendra sans doute les secours des rois de Thessalie, d'Argos, de Lacédémone, de Macédoine, bref de tous les Héraclides et de tous les gens de bien, « s'il en est encore sur terre. »

Mais à cette menace faite en passant succède aussitôt la prière, et la paix est demandée au nom des dieux et des héros, en considération de l'antique hospitalité qui lie les deux villes, et des sentiments de bienveillance qui doivent unir tous les hommes.

Arrivé à la fin d'une si longue harangue, l'orateur s'excuse de son inhabileté dans l'art de bien dire, quoique tout ce qu'il ait dit et la manière dont il l'a dit dénote une expérience non médiocre de la parole. « Je m'arrête, dit-il vers la fin, car mes facultés oratoires sont petites, à cause de la direction spéciale de mes études. »

III

Les faits ne manquent point dans le discours de Thessalus, et le ton de gravité qui règne d'un bout à l'autre semble d'abord donner quelque poids à tant de particularités si bien circonstanciés, qu'on les prendrait aisément pour des documents historiques. On s'y est trompé durant des siècles. Mais, quand on examine de près cette pièce, quand on consulte l'histoire et la chronologie, on n'aperçoit dans cet ensemble, si bien ordonné en apparence, que fiction et incohérence.

Laissant de côté les récits évidemment fabuleux des temps héroïques qui figurent dans la première partie, ainsi que ce qui concerne la conduite politique des habitants de Cos, lors de l'invasion des Perses en Europe, je prie le lecteur de vouloir bien s'arrêter avec moi à la considération des deux derniers points.

Cette grande peste qui aurait menacé ou ravagé la Grèce, on ne sait au juste, cette peste dont il est parlé si souvent, n'est, à mon sens, qu'une invention commode pour donner à Hippocrate un rôle presque divin, car on le représente comme un homme doué d'un pouvoir surhumain, capable de commander en maître à un fléau qui ne connaît point d'obstacles et que rien ne saurait maîtriser.

Et d'où venait cette peste ? Des pays des barbares voisins de l'Illyrie et de la Péonie, c'est-à-dire du Nord. Or, de tout cela, l'histoire ni la tradition ne disent rien. Ce que l'on sait d'une manière positive, c'est qu'une épidémie pestilentielle éclata dans Athènes vers le commencement de la seconde année de la guerre du Péloponèse. On connaît les beaux vers de Lucrèce (1) :

> Hæc ratio quondam morborum, et mortifer æstus
> Finibu' Cecropiis funestos reddidit agros,
> Vastavitque vias, exhausit civibus urbem :
> Nam penitus veniens *Ægypti* e finibus ortus,
> Aera permensus multum camposque natantes,
> Incubuit tandem populo Pandionis ; omnes
> Inde catervatim morbo mortique dabantur.

Le grand poëte est précis, et il n'a fait que suivre le récit du grand historien, de Thucydide, témoin oculaire, qui narre simplement ce qu'il savait par expérience de ce fléau redoutable, dont lui-même avait ressenti les atteintes. Les sombres beautés de son tableau sont présentes à toutes les mémoires. Or, que dit-il touchant l'origine du mal ? Il remarque, en termes exprès, que le fléau prit naissance en Éthiopie, d'où il passa en Égypte et en Libye, et de là dans l'empire du grand roi ; puis il fondit subitement sur Athènes, attaquant d'abord les habitants du Pirée, parmi lesquels le bruit courut que les Péloponésiens avaient jeté du poison dans les puits.

Je ne fais que traduire, afin de montrer, d'après un guide sûr, le point de départ et la marche du fléau. Il venait du midi, non du nord, et si terribles étaient ses coups, que rien ne pouvait les conjurer. Nul remède ne profitait. Les soins et la négligence produisaient les mêmes effets. Au début, les médecins ne pouvaient rien, traitant le mal sans le connaître et périssant eux-mêmes en grand nombre, parce qu'ils s'exposaient davantage. Toute ressource humaine était inefficace.

____

(1) *De rerum natura,* VI, v. 1136-1142.

Voilà en substance ce que rapporte Thucydide, sans dire un mot d'Hippocrate ni de Thessalus.

Ce dernier prétend dans son discours qu'il fut expédié dans le Péloponèse au secours des Péloponésiens. Mais l'historien n'est pas d'accord avec lui ; car il dit bien que la peste avait éclaté en plusieurs endroits, à Lemnos et ailleurs ; mais il note comme une particularité remarquable qu'elle ne pénétra point dans le Péloponèse, bien qu'ayant fondu sur Athènes aussitôt après l'invasion des Péloponésiens.

Comment concilier la narration de l'historien avec le dire de l'auteur du discours? Quand les faits ne seraient pas contradictoires dans les deux récits, la chronologie présenterait toujours un obstacle insurmontable.

Hippocrate, né en 460 (la première année de la quatre-vingtième olympiade), âgé de trente ans lors de la grande peste d'Athènes, pouvait avoir quelque renom dès cette époque; mais il ne pouvait avoir également des fils en âge d'aller au secours des pestiférés.

Histoire et chronologie sont ici contre le discours de Thessalus. Si l'on veut ajouter foi à son récit, très-vague d'ailleurs, il faut de toute nécessité admettre qu'une autre peste a menacé ou ravagé la Grèce, différente de celle qu'a décrite Thucydide ; et admettre cela, ce serait donner crédit à un document plus que suspect, où tout est confusion et incertitude.

Cette considération n'a pas arrêté un savant de grande valeur, le docteur Pétersen de Hambourg, esprit ingénieux et sagace, mais très-enclin au paradoxe. Son érudition s'est jouée de toutes les difficultés, ou, pour dire mieux, s'est complue à bâtir un système où l'imagination a épuisé toutes les combinaisons dont elle est capable, sans être gênée par le jugement. L'édifice serait merveilleusement beau et d'une inébranlable solidité, s'il avait été construit suivant les principes de la critique.

Il est vraiment regrettable que, disposant d'excellents matériaux, excellents par le choix et par l'abondance, l'architecte se soit à ce point moqué de toutes les règles, voire des plus élémentaires.

C'est la manie des érudits du Nord de pousser le savoir au delà des limites du vrai. L'hypercritique, comme ils disent, c'est-à-dire la critique supérieure, qui dédaigne avec mépris le sentier battu, la route vulgaire, les entraîne infailliblement hors de la droite voie du sens commun. De là tant de romans d'érudition, ou plutôt cette érudition romanesque, extravagante, fantasque, qui marche constamment entre la conjecture et l'hypothèse, et qui, lorsqu'elle s'arrête, trouve l'absurde au bout du chemin. Hypercritique signifie proprement fausse critique, car rien n'est puéril et absurde comme ces distinctions arbitraires et ces impossibles catégories qui partagent et divisent la raison, la morale et la vérité.

La critique n'est autre chose que l'esprit de discernement, aidé du savoir et appliqué à la solution des problèmes, des questions non résolues ; c'est, en d'autres termes, la recherche désintéressée du vrai, qui suppose la bonne foi, la probité scientifique, l'accord de la raison et de la conscience.

M. le docteur Pétersen voulait construire un système de toutes pièces et donner consistance à une conception ingénieusement élaborée ; mais il fallait compter avec l'histoire et la chronologie : petite difficulté. Pour établir une chronologie conforme à sa manière de voir, il lui a suffi d'accepter comme vrais les faits contenus dans le *Discours de Thessalus* (1), le *Décret des Athéniens* (2) et le *Discours près de l'autel* (3), trois pièces de même valeur, qui ont un fond commun, une origine commune, à ce que je crois, mais qui

____

(1) Hippocrate, *OEuvres complètes*, Trad. de E. Littré, t. IX, p. 404.
(2) *Ibidem.*, p. 400.
(3) *Ibidem.*, p. 402.

présentent des contradictions évidentes, comme tous les récits qui n'ont pas la réalité pour fondement.

Après avoir admis ce que la critique rejette comme faux, à savoir, des faits controuvés, inventés à plaisir, le savant professeur de Hambourg a rejeté la date admise jusqu'ici de la naissance d'Hippocrate (LXXXᵉ olympiade, 460 av. J.-C.), et tout son savoir a été consacré à réhabiliter des contes. Le suivre dans les mille détours de son argumentation captieuse, ce serait entamer une dissertation et recommencer mal à propos la réfutation solide faite d'abord par M. Littré, reprise et confirmée ensuite par le docteur Daremberg. De la construction merveilleuse et compliquée de M. Pétersen, il ne reste désormais que des ruines, et c'est, disons-le à notre honneur, la critique française qui a donné cette mémorable leçon à l'hypercritique allemande.

Ce que M. Pétersen a achevé de démontrer, c'est que la grande peste d'Athènes, décrite par Thucydide, et celle dont il est parlé dans le discours de Thessalus, sont distinctes et n'ont rien de commun. L'évidence et la chronologie le forçaient d'admettre cela. Mais ni la chronologie ni l'histoire ne l'autorisaient à donner crédit au récit de Thessalus, à admettre comme chose réelle cette peste imaginaire, qu'il s'est vainement efforcé d'appuyer sur des témoignages médicaux.

Ce n'est pas tout encore. Par une inconséquence singulière, mais assez ordinaire aux faiseurs de systèmes, il a confondu, après avoir distingué, et il a prétendu que des considérations politiques avaient empêché l'auteur du discours aux Athéniens de mentionner le refus qu'aurait fait Hippocrate des présents du roi de Perse, refus qui ne saurait se rapporter qu'à la grande peste d'Athènes.

Cette confusion ne provient, en définitive, que du désir ou plutôt du parti pris de mettre d'accord le *Discours de Thessalus* avec le *Décret des Athéniens*, où le refus d'Hippocrate se trouve rappelé.

La pétition de principes est manifeste, d'autant plus que le *Discours près de l'autel*, invoqué par M. Petersen, ne fait pas davantage mention de ce refus, lequel n'est admissible chronologiquement que pour la grande peste d'Athènes, non pour celle dont il est parlé dans le discours aux Athéniens, postérieure à la première de dix ou quatorze années, intervalle qui sépare les deux dates de 430 et 420 ou 416. Or, Artaxerxès Longue-Main étant mort en 424, il faut admettre de toute nécessité que la demande qu'il aurait faite et le refus qu'il aurait essuyé ne peuvent s'entendre que de la grande peste décrite par Thucydide.

Ainsi croulent par la base les constructions mal assises, et péniblement élevées sur des paradoxes.

IV

Donner suite à l'examen de toutes les pièces que j'ai brièvement analysées, mais de manière néanmoins à en extraire la substance, ce serait ne jamais finir ; car il n'est pas une ligne de ces documents suspects qui ne soulève des problèmes insolubles et d'interminables discussions.

Il en est ainsi de tous les récits, de toutes les traditions qui sont sans fondements historiques, c'est-à-dire qui n'ont point de racines dans la vérité : si on les accepte pour point de départ, elles ne peuvent produire que la confusion et l'absurde, et ce serait perdre sa peine que de les réfuter sérieusement, car le résultat ne peut être que négatif.

Dans ces écrits apocryphes que l'on joint d'ordinaire aux œuvres dites d'Hippocrate, je ne puis voir autre chose que des exercices d'école, des développements de rhétorique, des compositions épistolaires et oratoires, qui n'ont d'autre fondement que les vagues rumeurs d'une tradition incertaine.

Nous avons des lettres de presque tous les hommes illustres de l'antiquité, et dans cette volumineuse correspondance, rien peut-être n'est authentique.

La Grèce a eu de tout temps le goût des fausses écritures, et il n'est point de pays au monde qui ait produit autant de faussaires : l'invention de l'imprimerie ne les a pu entièrement guérir de cette maladie. Des Grecs industrieux fabriquent encore des manuscrits, et leurs talents calligraphiques abusent trop souvent les paléographes les plus experts : témoin Simonidès et Minoïde Mynas.

Quant à l'origine et à la date de ces pièces apocryphes concernant Hippocrate, on peut conjecturer, faute de données précises, qu'elles émanent des Alexandrins, qui excellaient aux contrefaçons, et qu'il faut les rapporter approximativement à la période où commence la grande décadence des lettres grecques, c'est-à-dire au deuxième siècle environ avant l'ère chrétienne. Les modernes, en général, les attribuent à des mains différentes, et quelques-uns prétendent, par exemple, que les lettres échangées entre Pœtus et le roi de Perse, entre celui-ci et Hystanès, entre ce dernier et Hippocrate, sont postérieures au *Discours de Thessalus*, au *Discours près de l'autel* et au *Décret des Athéniens*.

C'est précisément le contraire qui me paraîtrait le plus vraisemblable, si je n'étais pas enclin à croire que lettres et discours ont la même provenance. Je trouve partout le même ton et comme un air de famille, malgré les divergences considérables et d'apparentes variétés dans la composition.

Les faussaires ne réussissent guère à éviter les contradictions et les invraisemblances, et c'est le propre des rhéteurs de varier leur manière, suivant les personnages qu'ils font parler et suivant les circonstances. Ainsi tout le monde, dans ces pièces, parle ou écrit en ionien, et même le roi Artaxerxès, tandis que le *Décret des Athéniens* est rédigé en pur dialecte attique.

Du reste, c'est, à mon sens, peine perdue que de chercher

à concilier les variantes que présentent ces faux documents, et la critique n'a plus rien à faire à leur égard, après les avoir démolis pièce à pièce.

Pour ce qui est de la biographie anonyme qui doit avoir servi de modèle à Suidas et à Tzetzès, je n'y puis voir que des fragments mal joints ensemble, une compilation faite sans ordre et sans jugement, où l'on passe brusquement d'une chose à l'autre, où l'on trouve même des répétitions inutiles, un ramassis, un assemblage indigeste de morceaux incohérents, pris de toutes mains.

Cependant, au milieu même de la confusion et du désordre, il est, je crois, possible de distinguer la partie historique de la partie fabuleuse, bien que la première ne mérite peut-être pas beaucoup plus de créance que la seconde. Il n'en est pas moins vrai que la distinction que j'indique, et qui n'a jamais été faite, est fondée sur le caractère bien tranché des deux parties.

Dans la première, l'anonyme allègue des autorités ; il n'en allègue point dans la seconde. Nous savons par lui qu'Ératosthène, Phérécyde, Apollodore, Arius de Tarse, avaient traité de la généalogie d'Hippocrate, qu'Histomaque avait fixé la date de sa naissance — point capital — que Soranus de Cos, qui en avait précisé le jour et le mois, avait expliqué par un songe son voyage en Thessalie, tandis qu'Andréas de Caryste avait donné pour motif de ce voyage l'incendie des archives de Cnide.

Voilà donc, de compte fait, sept auteurs cités par leurs noms, et deux ouvrages cités par leurs titres, l'un d'Histomaque, sur la *Secte hippocratique*, l'autre d'Andréas, sur la *Tradition médicale*. C'est ce que j'appelle la première partie de la biographie anonyme ou *selon Soranus*.

La seconde commence avec les pérégrinations d'Hippocrate, et on n'y trouve pas une seule autorité alléguée. Aussi fourmille-t-elle de fables, de contradictions, de traditions incertaines : tout y sent la légende, et l'on y retrouve de fait en substance tout ce qui est dans les pièces apocryphes, discours, lettres et décrets.

Par conséquent, la biographie anonyme est postérieure aux pièces apocryphes, et le biographe ja puisé à plusieurs sources, dont quelques-unes sont historiques. Il cite expressément la correspondance entre Hippocrate et Artaxerxès, fait très-clairement allusion au *Discours près de l'autel* et au *Décret des Athéniens,* moins clairement à la correspondance avec les Abdérites et au *Discours de Thessalus,* mais de manière néanmoins à faire sentir qu'il avait profité de ces documents.

Quant aux détails qu'il fournit touchant la mort d'Hippocrate, son tombeau et les cures merveilleuses qui y étaient opérées, on ignore absolument d'où il a pu les tirer. On voit seulement, par ce qu'il rapporte, que les auteurs n'étaient point d'accord sur l'âge qu'avait précisément Hippocrate quand il mourut ; et qu'ils ne l'étaient pas davantage sur la manière d'expliquer pourquoi la plupart de ses portraits le représentaient la tête couverte, tantôt d'un chapeau thessalien, tantôt d'un pan de son manteau.

Les interprétations diverses rappelées à ce sujet, de même que les divergences sur l'âge où mourut Hippocrate, autorisent à penser que des écrits spéciaux devaient traiter de ces questions sur lesquelles il n'y avait point d'accord, circonstance qui prouve combien elles étaient incertaines.

Effectivement, l'examen le plus attentif de toutes les particularités contenues dans la *Vie selon Soranus* ne permet en aucune façon de remonter à une source primitive, à un point de départ qui serait aussi un point fixe pour la critique. On ne peut saisir dans le texte, à travers l'obscurité et l'incohérence, que des traces d'une tradition vague et lointaine. La formule, *on dit,* familière aux anciens narrateurs, ajoute encore à l'incertitude, d'autant plus qu'on ne la trouve guère employée que dans la partie où des autorités sont alléguées, tandis qu'elle disparaît où l'anonyme reproduit en abrégé les pièces apocryphes, c'est-à-dire depuis le voyage d'Hippocrate en Thessalie jusqu'à sa mort.

Cette particularité assez notable me ferait supposer, s'il était permis d'avancer une hypothèse en ces questions inextricables, que le compilateur anonyme a profité de documents ayant un caractère plus ou moins authentique, et qu'il a joint aux faits qu'il en a tirés toutes les fables éparses dans les lettres et les discours; ou, pour m'expliquer plus clairement encore, je dirai qu'il a enchâssé en quelque sorte son récit fabuleux dans la tradition historique.

En effet, le commencement et la fin de la biographie, où l'auteur n'affirme jamais et se contente de rapporter les opinions écrites, soit en citant les autorités, soit sans les citer, se font remarquer par un ton de gravité, je n'ose dire de véracité, qu'il n'est guère possible de saisir dans les morceaux du milieu, dans le récit incontestablement imaginaire qui commence par les pérégrinations d'Hippocrate et s'arrête à sa mort.

Malheureusement, les auteurs cités au début sont inconnus pour la plupart, et leurs écrits sont perdus. Quant aux opinions alléguées vers la fin, elles sont sans nom d'auteur, et ne se retrouvent nulle part dans les écrits de ceux qui nous restent. Ainsi, point de vérification, point de contrôle possible; nul moyen de dissiper ces ténèbres et de sortir d'incertitude. La difficulté paraît être insurmontable, et c'est la raison qui m'a fait insister sur la distinction que j'ai cru devoir établir et signaler dans la *Vie selon Soranus*, afin qu'il fût moins malaisé de démêler le mensonge et la fable d'avec la tradition proprement dite.

Le biographe n'hésite point quand il ne fait que résumer le contenu des pièces apocryphes; mais il hésite évidemment et n'affirme jamais, quand il allègue des autorités, ou rapporte des opinions. C'est ainsi qu'il dit en termes assez vagues, en parlant du temps où vécut Hippocrate : « Il flo-

rissait vers l'époque de la guerre du Péloponèse, » et pour
la date de sa naissance il n'affirme rien : il cite seulement
Histomaque et Soranus de Cos.

De même pour la date de sa mort, il n'accepte aucune de
celles qu'il rapporte, mais il se contente de les rapporter,
se bornant à dire : « Il mourut à l'époque où mourut, dit-
on, Démocrite. »

De même encore, quand il parle des portraits d'Hippocrate, il recueille les interprétations diverses, sans se prononcer autrement. Même réserve dans la partie finale que
je rappellerai en temps et lieu, quand il sera question des
écrits hippocratiques, à cause des réflexions très-sensées
qu'on y remarque.

V

Il résulte de tout ce qui a été exposé jusqu'ici que les
pièces apocryphes, dont le biographe anonyme a tiré largement parti, jouissaient d'un grand crédit dans l'antiquité.
Les lettres surtout firent fortune, et plus particulièrement
la correspondance relative à la folie de Démocrite, correspondance qui, par les allures aussi bien que par l'étendue,
a pour ainsi dire la marche et les proportions d'un roman.

Diogène (de Laërte), racontant, dans la vie de Démocrite,
l'entrevue du philosophe et du médecin, rapporte d'après
Athénagore, auteur péripatéticien, des particularités oubliées par le légendaire, et qui font le plus grand honneur à
la sagacité du naturaliste d'Abdère. Suidas n'a pas manqué
de copier ces sornettes.

Le savant Varron, suivant le biographe anonyme ou ses
autorités, ou bien encore la tradition, croyait, au rapport de
Pline, qu'Hippocrate avait réellement mis le feu au temple
de Cos, et qu'il avait arrêté ou prévenu l'invasion de la
peste.

L'auteur du livre de la *Thériaque* à Pison, qui est parmi

les œuvres de Galien, prétend même qu'Hippocrate repoussa la peste venue d'Éthiopie, en faisant allumer de grands feux où l'on jetait, afin de rendre l'air plus salubre, des guirlandes de fleurs, des parfums et toute sorte de matières odoriférantes.

Actuarius, encore plus précis, rapporte longuement, dans sa *Méthode thérapeutique*, le spécifique ou l'antidote dont Hippocrate fit usage contre la peste d'Athènes.

Galien, écho de toute l'antiquité, vante le désintéressement dont fit preuve le médecin de Cos à l'égard du roi de Perse, et bien d'autres traits contenus dans la vie ou dans les pièces apocryphes. Grâce à lui surtout, dont l'admiration enthousiaste dépassa toutes les bornes, Hippocrate, célébré à l'envi, passa à la postérité, entouré d'un prestige divin.

On voit par un passage de Lucien, qui vivait avant Galien, que les médecins l'honoraient comme un dieu; on lui dressait des statues qui recevaient un culte domestique. Alexandre de Tralles l'appelle le divin Hippocrate, les auteurs de médecine du Bas-Empire s'inclinent tous devant son infaillibilité, et le moyen âge le vénère comme un saint de la légende. Le moyen âge fait plus encore, il ajoute une nouvelle page à la légende hippocratique, une page digne de figurer dans un roman de chevalerie.

Citons cet épisode, emprunté à l'itinéraire de Jean de Mandeville : « En poursuivant le cours de nos voyages, dit-il au chapitre sixième de sa fabuleuse narration, nous abordâmes à l'île d'Orécie, puis à celle de Stanco, puis enfin à celle de Lango. Hippocrate fut jadis le seigneur de ces trois îles.

« On raconte que, dans celle de Lango, il reste encore une fille d'Hippocrate, sous la forme d'un dragon long de cent toises; les habitants l'appellent la maîtresse de la patrie. Elle se tient d'ordinaire dans un vieux château, et se montre parfois à certaines personnes sans leur faire aucun mal, à moins d'être provoquée. C'était, il y a bien longtemps, une

jeune fille parfaitement belle, et ce fut une déesse nommée
Diane qui la changea en dragon. On dit qu'elle doit reprendre
un jour sa première forme, quand il se trouvera un soldat
assez hardi pour la baiser sur la bouche ; mais, une fois rede-
venue femme, elle ne vivra plus. Naguère un chevalier de
l'hôpital de Rhodes, vaillant et hardi, assura qu'il la baiserait,
et, montant sur un coursier, il se rendit où elle était. Entré
dans la caverne du dragon, celui-ci fit mine de vouloir se
jeter sur lui en dressant sa tête horrible, et si féroce était
son regard, que le chevalier sortit de la caverne, et son
cheval effrayé, courant à l'aventure, le précipita dans la
mer.

« Une autre fois, un jeune homme, fraîchement débarqué
et non instruit de la présence du dragon, se dirigea vers le
château, pénétra dans la caverne, et il avisa dans un profond
réduit une jeune fille peignant ses cheveux devant un miroir,
et tout auprès d'elle un grand trésor. Il pensa d'abord que
c'était une femme comme une autre, et il attendit cependant qu'elle fît attention à son ombre, et la jeune fille lui
demanda qui il était. Il répondit qu'il était sans doute le
fiancé d'une aussi charmante personne. Mais celle-ci lui
ayant demandé s'il était militaire, et lui, ayant répondu négativement : « Vous n'obtiendrez rien de moi, dit-elle, tant
que vous n'appartiendrez pas à un ordre militaire. Allez
donc rejoindre vos compagnons et vous engagez dans la mi-
lice, et vous reviendrez demain, et je sortirai de la caverne à
votre rencontre, et vous me donnerez un baiser sans être
effrayé de ma repoussante laideur, car je ne vous ferai point
de mal, et, quelque horrible que je sois à voir, soyez sans
crainte : c'est par enchantement que j'ai été transfigurée de
la sorte et que je suis telle que vous me voyez. Que si vous
pouvez me donner le baiser, vous recevrez avec ma main le
trésor que vous avez vu, et vous deviendrez le maître de
cette île. »

« Le jeune homme rejoint ses compagnons, s'engage dans

l'armée, et dès le lendemain il retourne vers la jeune fille, plein de désirs et d'espérances. Mais aussitôt qu'il la voit venir sous sa forme hideuse, la frayeur le saisit, il fuit, et la jeune fille de le suivre jusqu'à son vaisseau. Voyant qu'il ne voulait pas revenir, elle commence à crier lamentablement, et d'un air triste, elle regagna sa caverne, ce pendant que le soldat expirait. Nul n'osa depuis lever les yeux sur la jeune fille sans qu'il lui en coûtât la vie.

« Celui-là ne mourra point qui aura le courage de la baiser sur la bouche; il rendra à la jeune fille sa beauté première, et sera lui-même le souverain juge du pays. »

Ce récit nous mène jusqu'à la fin du moyen âge : Jean de Mandeville écrivait dans le quatorzième siècle.

Vers la fin du dix-septième, le savant helléniste André Dacier, auteur d'une traduction inachevée des œuvres hippocratiques (1697), interprète ingénieusement cette fiction. La fille d'Hippocrate, c'est la médecine, si repoussante en apparence à cause des maladies dont elle s'occupe, que peu de gens ont la force de s'y appliquer. Mais celui qui aura le courage de pénétrer ses secrets y trouvera des beautés incomparables et jouira de tous ses trésors ; il faut que ce soit un homme non vulgaire, car cette maîtresse n'accorde ses faveurs qu'à ceux qui s'en montrent dignes, et elle rebute ces aventuriers sans aveu, qui l'approchent moins pour la baiser à la bouche que pour s'emparer de ses trésors.

Cette distinction entre les médecins et les charlatans me plaît assez.

Dacier explique encore d'une manière analogue ce que raconte le biographe anonyme, que, sur le tombeau d'Hippocrate, un esssaim d'abeilles fit pendant longtemps du miel, avec lequel les nourrices guérissaient les enfants qui avaient des aphthes, c'est-à-dire des ulcères dans la bouche. « J'ai toujours cru, dit-il, que c'estoit une fiction pour faire entendre que la médecine est l'ouvrage d'Hippocrate, et le

miel salutaire qui guérit tous les maux des enfants de la
terre, c'est-à-dire des hommes, dont la terre est la mère et
nourrice. »

Je cite à dessein les interprétations d'André Dacier,
moins encore pour ce qu'elles ont d'ingénieux que pour
montrer en quelle faveur fut la légende hippocratique jusqu'au commencement du dix-huitième siècle.

VI

Dans son travail sur la vie d'Hippocrate (1), André Dacier s'était aidé des conseils de Daniel Le Clerc, savant
médecin français réfugié à Genève, à qui l'on doit la première et peut-être la meilleure histoire de la médecine ancienne (2).

Sous son apparente bonhomie, Le Clerc cachait le sentiment délicat d'un fin critique, une sagacité peu commune
qui l'empêchait d'être aussi crédule que pourrait le faire
supposer sa manière simple et naïve. Quoiqu'il expose plutôt qu'il ne juge, il se montre le plus souvent un narrateur
judicieux, assez éloigné d'accepter de confiance tout ce qu'il
rapporte, c'est-à-dire tout ce qu'il tient des anciens auteurs,
dont il invoque sans cesse le témoignage. Sans rien oublier
de ce que lui fournissent les livres, il a soin de faire ses réserves. On voit que sa mémoire, si bien meublée, n'a nui en
rien à la solidité de son jugement, et je crois qu'à cet égard
il l'emporte et de beaucoup sur son frère Jean Le Clerc, le
célèbre auteur de l'*Art critique*.

Daniel Le Clerc cite, en l'abrégeant, la *Vie selon Soranus*,
sans faire aucune réflexion, et son silence semble indiquer
qu'il avait une médiocre foi en cette biographie. Il est certain néanmoins qu'il n'ose pas l'attaquer de front ni même

(1) *OEuvres d'Hippocrate*, trad. par And. Dacier Paris, 1697, 2 vol.
in 12.

(2) *Histoire de la médecine*. Amsterdam, 1723, in-4, 2e édition.

la discuter indirectement. En revanche, il porte une main
hardie sur les pièces apocryphes qui contiennent les matériaux d'une partie considérable du récit de l'anonyme, et il
ne se gêne nullement pour en faire voir la fabuleuse invraisemblance.

Lettres et discours lui semblent également suspects, également supposés. Ses remarques chronologiques touchant
la peste d'Athènes et la peste imaginaire dont il est question
dans les pièces fausses sont un argument d'une force irrésistible ; on n'a fait depuis que le répéter plus savamment,
en lui donnant des proportions plus considérables. Le Clerc
a mis dans un alinéa tout ce qu'on a étendu et délayé par la
suite en des mémoires interminables, en d'énormes dissertations, et malgré sa brièveté il a su éviter d'être
obscur. C'est un des grands mérites de cet auteur excellent
de se montrer partout clair et précis.

Ayant apprécié à leur juste valeur la correspondance entre
Hippocrate et le roi de Perse, le *Discours de Thessalus* et le
Décret des Athéniens: « Quand on accorderoit, dit-il, que
les pièces que nous avons examinées ne sont pas toutes supposées, ce qui est pourtant le plus probable, on ne devra
pas faire le même jugement des autres lettres, qu'on prétend aussi avoir été écrites ou reçues par Hippocrate ou par
d'autres à son sujet. Elles sont certainement l'ouvrage de
quelque Grec demi-savant et fort peu judicieux, qui les a com-
posées longtemps après par un jeu d'esprit assez grossier ou
pour gagner quelque argent par ce moyen. »

Puis, s'attachant à faire ressortir les invraisemblables,
à signaler les anachronismes, il raille en passant l'indulgence d'un célèbre Aristarque, d'un savant médecin moderne (Scaliger), qui se contente de dire, à propos de ces
lettres, « qu'à peine sont-elles dignes de passer pour des
productions du divin vieillard. » « On peut assurer sans
crainte, poursuit-il, qu'elles en sont très-indignes... Si Hippocrate était aussi grand babillard dans ses écrits de méde-

cine qu'il l'est dans ses lettres, on n'aurait garde de se plaindre de sa brièveté. »

Il n'était guère possible de porter une plus grave atteinte à l'authenticité de ces pièces sur lesquelles reposait depuis des siècles la légende hippocratique, et que des érudits de la force de Scaliger avaient constamment et religieusement accueillies.

La brèche restait ouverte à la critique, et le premier pas était fait.

Bien plus loin que Daniel Le Clerc s'avança Jean-Henri Schulze, professeur en médecine à l'université d'Altorf, homme recommandable par ses connaissances étendues, variées, et plus encore par la consciencieuse exactitude et la solidité du jugement. Son histoire substantielle et raisonnée de la médecine ancienne marque un progrès sensible dans la voie de l'érudition médicale.

Schulze rejette la *Vie selon Soranus*, aussi bien que les pièces apocryphes, et déclare, dès le début du chapitre consacré à Hippocrate, que, pour tout ce qui concerne cet homme illustre, on ne peut que marcher à l'aventure, faute d'un point d'appui et d'un guide sûr. On peut croire qu'il était né à Cos, puisqu'il y a accord général à ce sujet. Quant à son éducation et à ses maîtres, ce qu'on en rapporte est assez vague, d'autant plus que les dates manquent, et rien n'est malaisé en histoire comme d'arriver à vérifier ou préciser un fait sans données chronologiques.

Ce n'est point par des conjectures qu'il est permis de suppléer à la certitude. Celse dit, à la vérité, qu'Hippocrate profita des leçons de Démocrite ; mais aucun document n'autorise à le croire. Il se peut, à la rigueur, qu'il y ait eu une entrevue entre le philosophe et le médecin, celui-ci étant plus jeune que celui-là ; mais il est fort douteux qu'il ait existé entre eux des relations de maître à disciple. D'ailleurs, il ne paraît pas probable que Démocrite ait enseigné

ses doctrines à Hippocrate ; car, dans les écrits de ce dernier, on ne trouve point les idées favorites du naturaliste
d'Abdère, tandis qu'on y remarque visiblement l'influence
du système d'Héraclite.

A vrai dire, cet argument n'est que spécieux, parce que
les écrits invoqués par Schulze, à l'appui de son argumentation, ne sont pas apparemment authentiques ; de sorte
que la raison qu'il prétend faire valoir, pour nier ou contester qu'Hippocrate ait été le disciple de Démocrite, ne
vaut guère mieux que celle qu'il allègue pour démontrer
que le grand médecin de Cos, qui suivit aussi, dit-on, l'enseignement d'Hérodicus — celui-là même dont le nom est
célèbre pour avoir appliqué le premier la gymnastique à la
médecine — s'écarta dans la pratique des principes de ce
gymnasiarque, et condamna même ses procédés thérapeutiques.

Le passage où est blâmée la méthode d'Hérodicus appartient, en effet, à un ouvrage dont l'authenticité n'est point
admise aujourd'hui.

Examinant les motifs divers qui auraient obligé Hippocrate à s'exiler de Cos, Schulze observe avec un grand
sens que le désaccord que l'on remarque à ce sujet entre les
narrateurs est une preuve infaillible de la fausseté de leurs
récits. Et comment admettre qu'un sacrilége, crime dé-
testé dans toute la Grèce, fût resté impuni ; et non-seulement cela, mais encore que le coupable, loin de recevoir le
châtiment mérité, n'eût reçu partout sur son passage que
des témoignages de respect et de vénération ?

Quant à la peste d'Athènes et à l'intervention d'Hippocrate en cette circonstance, l'historien fait voir clairement
qu'il ne peut être question de la grande peste dont la description se trouve dans le second livre de Thucydide, tout
en faisant remarquer que le rôle dont la chronique attribue
l'honneur à Hippocrate a été donné par d'autres traditions
à Acron d'Agrigente, puis au Scythe Toxaris, que les Athé-

niens honoraient, d'après Lucien, en souvenir de ce bienfait, à l'égal d'un héros, sous le titre du médecin étranger.

Cette considération ébranle singulièrement la vérité des
faits relatés dans le décret des Athéniens, et porte une rude
atteinte à l'authenticité de cette pièce. Celle du discours de
Thessalus n'est guère plus soutenable ; la chronologie ne
permet point de croire qu'Hippocrate, âgé de trente ans
seulement, lors de la peste d'Athènes, eût à cet âge deux
fils et un gendre en état de porter secours aux populations
souffrantes.

Pour ce qui est de la correspondance entre Artaxerxès et
Hippocrate, et du refus arrogant de ce dernier, on ne peut
y croire sérieusement. Cependant, ces pièces doivent remonter fort loin, on peut le supposer, d'après l'opinion
plus que sévère exprimée par Caton l'Ancien sur les médecins grecs.

Cette réflexion, qui est ingénieuse, prouve que Schulze
tenait cette correspondance plus ancienne que ne la supposent quelques modernes critiques. Je suis tout à fait de son
sentiment; mais je dois dire toutefois, en faveur de ceux
qui sont d'un avis contraire, que l'animosité du vieux Caton
contre les médecins grecs avait sans doute pour fondement
la tradition conservée et transmise dans cette correspondance, mais non pas cette correspondance même.

Il est bien vrai que dans sa laconique réponse à Hystanès,
satrape de l'Hellespont, Hippocrate ne dit rien d'aimable
pour les Perses ; il prétend seulement qu'il ne saurait aller
porter les secours de son art à des barbares, qui sont les
ennemis des Grecs, sans exprimer contre eux aucun vœu
funeste. Il est moins réservé dans la longue épître qu'il
adresse au sénat et au peuple d'Abdère. Rappelant son refus d'obéir aux ordres du grand roi : « J'ai refusé, dit-il,
d'aller délivrer du fléau destructeur une nation ennemie de
la Grèce, et je voudrais, s'il dépendait de moi, que les barbares fussent exterminés. »

C'est donc dans la correspondance relative à la prétendue folie de Démocrite, et dans ce passage même qu'il faut chercher l'allusion que fait Caton aux desseins meurtriers des Grecs contre les barbares, quand il écrit à son fils : « Ils ont juré de nous exterminer, et c'est pourquoi ils nous envoient leurs médecins : je vous défends, mon fils, de les employer. » C'est ainsi, je crois, qu'il faut interpréter la lettre si curieuse qui nous a été conservée par Pline.

On voit que Schulze croyait ces pièces apocryphes fort anciennes, et l'on voit aussi en quelle considération il les tenait. Ézéchiel Spanheim, célèbre numismate et érudit, avait déjà conçu des doutes sur leur authenticité, et il est véritablement étonnant que nul n'ait osé, avant Daniel Le Clerc, passer du doute à la négation ; car toutes les pièces de ce genre, fort nombreuses dans ce qui est venu jusqu'à nous de l'ancienne littérature grecque, présentent le même caractère d'invraisemblance.

Plutarque lui-même, qui a débité tant de fables, et qui a prêté à ses personnages illustres tant de discours peu authentiques, Plutarque se plaint, dans la vie de Lycurgue, du nombre infini de ces lettres attribuées aux grands hommes, et il déclare positivement qu'il les regarde comme suspectes ou fabriquées. Et le moyen de juger autrement les élucubrations des faussaires, qui ne semblent pas se soucier le moins du monde de sauver les apparences, et d'atténuer, sinon d'effacer les plus énormes disparates ?

Quand Pœtus, conseiller d'Artaxerxès, engage son maître à mander Hippocrate, il n'a garde d'oublier les services par lui rendus aux Athéniens et les honneurs à lui conférés en récompense de ses bienfaits, et il oublie qu'Hippocrate avait depuis longtemps fixé sa demeure en Thessalie. C'est néanmoins à Cos que le roi dépêche un courrier, et c'est de Cos qu'Hippocrate adresse au grand roi sa réponse superbe et son insolent refus.

On pense bien que Schulze n'accepte pas davantage la correspondance touchant la folie de Démocrite et le voyage d'Hippocrate à Abdère. Joseph Scaliger s'était borné à émettre, au sujet de ces lettres, quelques doùtes timides. Un autre savant, Christophe Auguste Heumann, avait contesté leur authenticité (1). Enfin, Daniel Le Clerc a détruit ce tissu de fabuleuses relations, de manière à ne plus laisser place au doute.

Pour ce qui est de la mort d'Hippocrate et de l'âge qu'il avait à sa mort, on ne sait rien de positif, les opinions sur ce point diffèrent comme sur tous les autres.

« En somme, conclut le docte professeur d'Altorf, tout ce que nous savons certainement d'Hippocrate de Cos, c'est qu'il fut contemporain de la guerre du Péloponèse, et qu'il composa des livres de médecine en grec, dans le dialecte ionien, écrits qui lui ont valu auprès de la postérité la prééminence parmi les anciens médecins. »

Il n'était guère possible de porter plus loin l'esprit de critique et l'amour du vrai. Le scepticisme de Schulze était une autre forme de la réaction inaugurée par Daniel Le Clerc contre la crédulité d'environ deux mille ans.

Une seule condition a fait défaut à ces deux illustres historiens de l'ancienne médecine : ils n'ont pas su apporter, dans l'examen des écrits connus sous le nom d'Hippocrate, le même esprit de discernement qu'ils ont si heureusement appliqué à la discussion des documents qui concernent la vie de ce grand homme, et qu'on avait jusque-là acceptés respectueusement. Il n'en est pas moins vrai qu'ils ont hardiment pris l'initiative, et que leurs successeurs ont suivi timidement leur exemple.

Grimm, auteur estimé d'une traduction des œuvres hippocratiques en allemand, n'a rien ajouté d'essentiel aux ré-

____

(1) *Actes des Érudits de Leipzig.*

sultats négatifs obtenus avant lui, dans les fragments sur la vie d'Hippocrate qui précèdent sa traduction ; la biographie écrite par Grimm n'est pas même entièrement purgée de fables, quoi qu'en ait dit Ackermann.

Ce dernier, qui critique sévèrement la facilité avec laquelle André Dacier a donné crédit aux narrations fabuleuses, n'est pas lui-même à l'abri de tout reproche à cet égard, car il suit à la lettre la *Vie selon Soranus*, rejetant ceci, acceptant cela, discutant sérieusement, pour leur donner place dans son récit, des faits évidemment controuvés, et commettant, avec son compatriote Grimm, cette erreur énorme de croire que les tables votives des temples d'Esculape avaient fourni à Hippocrate la matière de ses observations médicales.

Ainsi Ackermann recule au lieu d'avancer, et l'on ne peut guère se rendre raison de sa timidité, car c'était un excellent esprit, comme l'attestent, entre autres travaux d'un mérite solide, ses *Institutions d'histoire de la médecine*, résumé substantiel et complet, digne, malgré sa brièveté, de figurer à côté des ouvrages considérables de Daniel Le Clerc et de Schulze.

Ces trois hommes sont encore ceux qui ont fait le plus et le mieux pour l'histoire de l'ancienne médecine.

VII

La critique française, moins timide que la critique allemande, s'est emparée de nouveau de la légende hippocratique avec une ardeur de démolition qui ne devait laisser que des ruines. Ce fut un amateur de paradoxes qui donna le premier signal.

En 1804 fut soutenue devant la faculté de Paris une thèse dont l'auteur, nommé Boulet, prétendait qu'Hippocrate n'a jamais existé, et que les ouvrages qu'on lui attribue généralement ont une antiquité de près de trois mille ans (1). Pour lui, Hippocrate n'était qu'un mythe. Quoique la thèse fût écrite en latin, elle fit beaucoup de bruit, et causa même un grand scandale.

La hardiesse parut excessive à tout le monde, et intolérable au savant professeur Chaussier, qui avait l'habitude de se découvrir la tête toutes les fois qu'il prononçait ou qu'on prononçait devant lui le nom d'Hippocrate. Poussé par les conseils de cet habile anatomiste, César Legallois, expérimentateur de mérite et élégant écrivain, entreprit de réfuter la dissertation du sceptique candidat, et, tout en reconnaissant dès le début que la dispute pourrait paraître oiseuse, il ne laisse pas d'accumuler des arguments pour renverser ses paradoxes. « Ce n'est, dit-il vers la fin de son mémoire, qu'une futilité qui n'aurait pas mérité d'être réfutée sérieusement, si beaucoup de personnes n'y avaient soupçonné de l'importance (2). »

Il n'était point malaisé de réduire à néant des assertions arbitraires et sans fondement aucun. Mais il n'était peut-être pas inutile de montrer combien il est dangereux de se jouer des principes les plus élémentaires de la certitude historique. La thèse du docteur Boulet fut frappée de discrédit ; mais elle était un précédent, et cet exemple de scepticisme ne devait pas être entièrement perdu.

Un médecin français, mort depuis quelques années et dont la vie s'écoula obscurément au fond d'une province, le docteur Houdart, reprit à son tour l'examen de la vie et des doctrines d'Hippocrate, moins peut-être en vue d'atteindre le vrai, que par le désir de sacrifier la gloire immortelle du grand médecin de Cos à celle de Broussais,

(1) *Dubitationes de Hippocratis vita, patria, genealogia, forsan mythologicis, et de quibusdam ejus libris multo antiquioribus quam vulgo creditur.* Paris, an XII, in-4°.

(2) « Recherches chronologiques sur Hippocrate, » dans le t. II des *OEuvres de César Legallois,* publiées par Pariset en 1824, p. 303-331.

qu'il vénérait en disciple fanatique, comme une idole (1). Quel que fût son dessein, le docteur Houdart attaqua hardiment la légende hippocratique, et il ne lui fut pas difficile de faire voir combien était petite la portion de vérité qui se cachait sous la fabuleuse relation. Ses recherches frappèrent M. Littré, surtout quand le docteur Petersen, de Hambourg, tenta de réhabiliter, à force de savoir et de subtilité, l'ancienne tradition que n'avait encore pu ruiner la critique.

Questions historiques et chronologiques furent de nouveau reprises, discutées, élucidées par le judicieux éditeur d'Hippocrate avec une solidité d'érudition et une force de raisonnement que faisait ressortir davantage la difficulté des objections soulevées. M. Littré, revenant sur ses propres opinions, rare exemple chez les savants de profession, a réfuté une à une celles du professeur de Hambourg, et le docteur Daremberg a résumé avec clarté cette discussion brillante, non sans ajouter le résultat de ses propres recherches, qui confirment les démonstrations de M. Littré.

Aujourd'hui, la discussion est close et la matière épuisée. A vrai dire, la solution des questions en litige est négative ; il en est souvent ainsi des résultats obtenus par la critique, surtout quand elle travaille sur des documents suspects et qu'elle manque de données suffisantes.

Il s'agissait de consommer la ruine de ces inventions fabuleuses dont l'ensemble avait formé durant des siècles la prétendue vie d'Hippocrate, bien que les contradictions et les invraisemblances qu'on y remarque, sans rien dire du merveilleux et de l'absurde qui y tiennent tant de place, ne fussent pas même de nature à figurer dans un roman. Il s'agissait de dégager la réalité de la fiction, de démêler le vrai du faux, de distinguer, en un mot, les faits supposés

(1) *Études historiques et critiques sur la vie et la doctrine d'Hippocrate* 2ᵉ Édition. Paris, 1840. — *Examen critique de la vie d'Hippocrate*, 3ᵉ Édition. Paris, 1851.

des faits réels et avérés, d'arriver à obtenir sur Hippocrate des renseignements certains, positifs, différents de ceux que présentent la biographie anonyme et les pièces apocryphes, et puisés à des sources non suspectes; il s'agissait en somme de mettre la légende en pièces pour s'en tenir uniquement à l'histoire.

Ce travail de destruction a pris beaucoup de temps et beaucoup de peine; mais il a été fait et parfait, tellement qu'il n'est plus permis aujourd'hui d'admettre dans la vie d'Hippocrate les contes qu'on a débités pendant deux mille ans, et qui pendant deux mille ans ont été reçus sans discussion. Aussi le dernier traducteur anglais des œuvres attribuées à Hippocrate est-il inexcusable d'avoir suivi sans discernement le récit imaginaire dont la critique a fini par démontrer la fausseté.

Il est de fait qu'en prenant pour guide la chronique, on peut aisément composer une agréable narration, et je conviens qu'en un pareil exercice un écrivain habile peut faire briller ses talents. Mais, quand il s'agit d'un homme aussi considérable, l'imagination doit faire place au sens commun, et l'amour du merveilleux au désir du vrai. Il n'est pas nécessaire de montrer du jugement pour se conformer au récit de la légende, et il est indispensable d'en montrer beaucoup pour s'en écarter.

Nous ne sommes guère plus avancés que ne l'était Schulze au dix-huitième siècle ; mais nous ne poussons pas aussi loin que lui le scepticisme.

Hippocrate a existé, on ne saurait soutenir le contraire sans aller contre les témoignages précis de l'histoire, et contre les règles fondamentales de la certitude historique. Il était de Cos, où il naquit, on ne sait pas positivement à quelle époque, bien qu'il n'y ait point de raison valable qui oblige à rejeter ou à modifier la date de sa naissance telle que la donne le biographe anonyme, d'après Histomaque, auteur d'un ouvrage perdu sur la secte hippocratique.

Qu'Hippocrate fût de la famille des Asclépiades de Cos, c'est ce qu'il n'est pas possible d'affirmer avec certitude ; d'autant plus que ce mot générique a servi à désigner tour à tour et même simultanément les prêtres-médecins qui desservaient les temples d'Apollon et d'Esculape, les médecins qui prétendaient comme ces prêtres descendre de cet antique dieu de la médecine par ses fils Machaon et Podalire, ou par ses filles Hygie et Panacée, et finalement les médecins, en général, quelle que fût leur origine. Nous savons, par exemple, que Nicomaque, père d'Aristote, s'intitulait Asclépiade, non qu'il prétendît descendre de la race d'Esculape, mais à cause de sa profession. D'ailleurs, tous les Asclépiades n'étaient pas médecins, tandis que tous les médecins pouvaient prendre et méritaient à certains égards le nom d'Asclépiades.

Quelle éducation reçut Hippocrate, et sous quels maîtres, c'est une question non résolue. On suppose qu'il commença à s'instruire dans son île natale, et qu'il alla achever son instruction en d'autres lieux, parcourant diverses contrées, à la manière des médecins périodeutes ou ambulants. Parmi les observations qui figurent dans les écrits regardés comme authentiques et légitimes, les unes furent recueillies dans l'île de Thasos, les autres à Abdère, à Larisse, à Cyzique, à Mélibée, d'où l'on peut conclure avec quelque apparence de raison qu'Hippocrate exerça sa profession dans les principales villes de la Thrace et dans quelques îles adjacentes. S'il parcourut la Scythie et une partie de l'Asie, c'est ce qui paraît fort douteux, et il l'est encore plus qu'il ait jamais visité la Libye ou une contrée quelconque de l'Afrique.

Un fait à noter, c'est que dans les œuvres hippocratiques, où se trouvent cités tant de noms de lieux, il n'est point fait mention de l'île de Cos.

Nous avons la généalogie d'Hippocrate, et Tzetzès n'a

pas manqué de la dérouler tout au long dans ses vers politiques. Cette généalogie n'a pas plus de valeur que les autres particularités consignées dans les pièces apocryphes.
D'ailleurs, les auteurs qui rapportent la généalogie d'Hippocrate ne s'accordent guère entre eux.

Si l'on ne sait rien de bien positif sur les ancêtres d'Hippocrate, on sait fort peu de chose de ses descendants. On
s'accorde généralement à reconnaître qu'il laissa deux fils,
Thessalus et Dracon, et une fille mariée à un médecin du
nom de Polybe.

J'avoue que l'on pourrait trouver à redire sur le nom de
Thessalus, qui semble plus propre à qualifier un homme
qu'à le désigner personnellement, surtout sachant qu'Hippocrate exerça longtemps sa profession en Thessalie. Quant
au nom de Dracon, il a une teinte mythologique : le dragon était un animal consacré à Esculape, et il devint le symbole de la médecine. On peut cependant objecter à cela que
le nom de Dracon était familier et célèbre en Grèce, depuis
le terrible législateur d'Athènes, dont le sage Solon crut
devoir adoucir les rigueurs.

Il n'est pas jusqu'au nom de Polybe qui ne puisse inspirer quelque défiance. Polybe signifie proprement qui vit
longtemps, qui a une longue vie, et ce nom, à cause de sa
signification, conviendrait parfaitement à la symbolique
médicale. J'indique simplement ces conjectures, sans y
insister davantage.

Hippocrate mourut on ne sait où, ni à quelle époque, ni
à quel âge. Nous avons son épitaphe dans l'*Anthologie*, et
on a prétendu avoir découvert son tombeau, à l'endroit désigné précisément par le biographe anonyme, c'est-à-dire
entre Larisse et Gyrton. Mais l'épitaphe n'est qu'un jeu
d'esprit, qui n'a guère plus de valeur et d'autorité que bien
d'autres vers méchants ou médiocres en l'honneur d'Hippocrate ; et, pour ce qui regarde le tombeau, il avait, je
crois, été déjà découvert une première fois, il y a quarante

ans environ, et il ne paraît pas que la seconde découverte soit plus sérieuse que la première.

Il n'en est pas moins certain que ces fausses annonces font toujours quelques dupes, la crédulité étant une maladie universelle, éternelle, incurable, comme la charlatanerie.

La tradition qui fait vivre Hippocrate au delà de cent ans est dénuée de fondement. Ni Pline ni Lucien, qui mentionnent les noms des hommes qui ont vécu longuement, ne citent le sien, et il est à croire qu'ils n'auraient pas oublié à dessein cet exemple de longévité, d'autant plus qu'ils rappellent Platon, qui mourut âgé de quatre-vingts ans seulement ; d'ailleurs, ils mentionnent Démocrite et Gorgias, qui figurent dans la légende hippocratique, et dont on a prétendu qu'Hippocrate avait suivi les leçons.

Le docteur Boulet avait mis en doute, nié même l'existence d'Hippocrate, et l'on a vu que son paradoxe tombe devant la certitude historique.

Le docteur Houdart a contesté sa célébrité parmi ses contemporains, et il a fallu trouver de bons arguments contre cette thèse ; des témoignages précis prouvent évidemment qu'elle est insoutenable.

Dans le dialogue de Platon intitulé *Protagoras*, il est parlé d'Hippocrate de Cos, descendant des Asclépiades, comme d'un médecin célèbre qui enseignait la médecine pour de l'argent. Socrate le cite avec éloge à côté de Polyclète et de Phidias, et il en parle comme d'un contemporain.

Ainsi, la renommée d'Hippocrate s'étendait de son vivant même bien au delà des limites de sa petite île ou de toute autre contrée où il faisait habituellement son séjour, puisque son nom était célèbre dans la métropole savante de la Grèce, dans Athènes. C'est l'unique conclusion qu'il faut tirer de cet important passage du *Protagoras*, sans prétendre en faire découler d'autres conséquences, surtout au point de vue chronologique, car rien n'est plus arbitraire, moins certain que la chronologie de Platon dans ses *Dialogues*, où l'on remarque même des anachronismes flagrants.

L'essentiel était de réfuter le docteur Houdart par un argument sans réplique. Ce n'est pas le seul que Platon puisse fournir.

Dans le dialogue intitulé *Phèdre*, Hippocrate est invoqué, non pas comme un médecin célèbre et un illustre professeur, mais comme une autorité imposante. L'opinion du médecin de Cos, alléguée par Phèdre à Socrate, se retrouve, en effet, dans un des écrits les plus importants de la collection hippocratique, circonstance qui permet de croire qu'Hippocrate, dont la réputation s'étendait jusque dans Athènes, était connu aussi dans cette ville savante comme penseur et comme écrivain.

D'autres passages de Platon permettent d'affirmer que les doctrines d'Hippocrate lui étaient bien connues, et ce n'est pas absolument sans raison que Galien a composé un ouvrage en plusieurs livres, consacré à comparer, à concilier les opinions du philosophe et celles du médecin.

Galien prétendait aussi que les œuvres d'Aristote n'étaient au fond qu'un commentaire des écrits d'Hippocrate. C'est assurément beaucoup dire ; mais il est juste de remarquer que le plus grand esprit de l'antiquité s'est abreuvé aussi à la grande source médicale. Un passage de sa *Politique* atteste avec évidence qu'il avait profité de quelques vues profondes et neuves émises par le médecin de Cos dans un de ses traités les plus célèbres ; et un autre endroit du même ouvrage renferme ces mots : « Quand on dit Hippocrate, par exemple, on n'entend pas l'homme, mais le grand médecin, » réflexion qui prouve que, dès cette époque, le nom d'Hippocrate était consacré par la gloire.

Après ces témoignages directs de la tradition écrite, on peut en invoquer d'autres qu'on ne saurait négliger dans l'examen des écrits d'Hippocrate. Pour le moment, il suffit de savoir que Ctésias, Asclépiade de l'école de Cnide, connu comme historien et comme médecin, avait blâmé, au rapport de Galien, un procédé chirurgical d'Hippocrate, procédé qui figure, en effet, dans un des livres de la collection hippocratique, et qui fut défendu contre Ctésias, dit encore Galien, par Dioclès de Caryste.

Les écrits médicaux de Ctésias ne sont pas arrivés jusqu'à nous, et il ne nous reste que des fragments de ses histoires fabuleuses de la Perse et de l'Inde. Nous savons seulement que cet historien assista à la bataille de Cunaxa (401 av. J.-C.), qui décida entre deux compétiteurs au trône de Perse, Cyrus le Jeune et Artaxerxe.

Ctésias guérit ce dernier d'une blessure, et devint le médecin de sa mère Parysatis; il était par conséquent contemporain d'Hippocrate, ou du moins il vivait peu de temps après lui.

Quel que fût le sens critique de Ctésias comme médecin (ses fragments historiques font plus d'honneur à son imagination qu'à son jugement), la censure qu'il avait faite d'une pratique chirurgicale d'Hippocrate témoigne à la fois de la réputation de ce dernier et de la notoriété de ses écrits ; elle atteste encore la rivalité qui existait dès ce temps-là entre les deux écoles de Cos et de Cnide, rivalité dont les traces sont visibles dans certains passages de la collection hippocratique.

Ainsi, pour établir sans contestation l'existence d'Hippocrate et la célébrité dont il jouit de son vivant même, nous avons des preuves certaines qui résultent des témoignages contemporains, ceux de Platon et celui de Ctésias; et, pour constater la gloire qui consacra son nom dans sa postérité immédiate, nous avons le témoignage d'Aristote, disciple de Platon.

En résumé, des faits positifs nous apprennent qu'Hippocrate, né dans l'île de Cos, au cinquième siècle avant l'ère chrétienne, voyagea, pratiqua et enseigna la médecine;

écrivit des ouvrages sur l'art qu'il professait, et prolongea sa carrière au delà de la guerre du Péloponèse.

Maintenant, résumons la légende.

Hippocrate, issu des dieux et des rois, eut pour maîtres des médecins illustres, des sages fameux, des sophistes en renom : son aïeul, Hippocrate Ier, son père Héraclide, Hérodicus de Sélymbrie, Prodicus de Céos, Gorgias de Léontium et Démocrite d'Abdère, qui fut aussi son client. Son éducation achevée, il parcourt la Thessalie, la Macédoine et la Grèce, semant les bienfaits sur son passage et donnant partout des preuves de son savoir. La plus éclatante, sans contredit, c'est la cure merveilleuse du roi macédonien Perdiccas, qu'un amour insensé allait mettre au tombeau, si le médecin de Cos, accompagné d'Euryphon de Cnide, n'était arrivé à point pour le sauver. Rival d'Empédocle et d'Acron, Hippocrate, insensible aux offres brillantes du grand roi, renvoie avec dédain les ambassadeurs des barbares, se rend à Athènes, fait allumer de grands feux et délivre la ville ou la préserve de la peste. Il eut en échange des statues et des couronnes, toutes sortes de distinctions, et même assez de crédit pour détourner de son île une invasion imminente des Athéniens. Grand par le savoir et par le patriotisme, plein de vertus et de talents, comblé de jours et de gloire, il meurt enfin à quatre-vingt-cinq ans, d'autres disent à quatre-vingt-dix ; les plus prodigues le font vivre jusqu'à cent quatre et même jusqu'à cent neuf ans. Son tombeau devient un lieu de pèlerinage, et le miel qu'y déposent les abeilles est un remède infaillible.

L'ignorance et l'amour du merveilleux ont encore brodé sur ce fond si riche. Le biographe anonyme et l'auteur ou les auteurs des pièces apocryphes ont entassé à l'envi des contes extravagants et d'intolérables anachronismes. Ainsi s'est formé petit à petit le roman absurde, décoré, durant environ deux mille ans, du titre menteur de *vie d'Hippocrate.*

Tzetzès et Suidas n'ont fait que paraphraser ou abréger le récit du faux Soranus. Les Arabes, selon leur coutume, ont amplifié la matière, et les chroniqueurs du moyen âge n'ont pas manqué de l'embellir.

La critique a commencé bien tardivement son œuvre pénible de destruction. Travaillant sur des matériaux de cette nature, elle ne pouvait aboutir qu'à un scepticisme prudent. Plus tard elle est arrivée à une négation absolue ; mais la certitude historique et des témoignages non contestés l'ont ramenée à l'exacte vérité, de sorte que le peu que nous savons aujourd'hui d'Hippocrate repose sur des faits précis, sur des preuves irrécusables.

En suivant pas à pas la légende hippocratique et ses vicissitudes dans la suite des siècles, mon dessein a été non-seulement de mettre en grande lumière une page des moins connues et des plus intéressantes de l'histoire de la médecine, mais encore de montrer combien l'érudition est un métier difficile, et combien plus difficile encore est la mission de la critique telle que je l'ai définie : la recherche désintéressée du vrai, à l'aide des connaissances et du jugement. Aussi ne saurait-on jamais louer suffisamment les labeurs et les efforts de cette vaillante élite qui s'est courageusement vouée à l'étude de l'antique science. Le commerce qu'ils entretiennent avec les grands esprits des temps écoulés, avec les anciens médecins, doit les consoler ou les venger de l'indifférence et de l'ingratitude de ce public vulgaire, peu soucieux des nobles travaux de l'intelligence, et toujours propice aux productions frivoles ou détestables qui le flattent, l'amusent et achèvent de le corrompre.

Pour les lecteurs étrangers aux choses de la médecine, cette étude, où sont agitées des questions assez peu con-

nues, pourra servir d'introduction à l'examen des écrits
qui sont venus jusqu'à nous sous le nom d'Hippocrate. Les
fictions romanesques, qu'il a inspirées aux légendaires,
attestent avec éclat combien ce nom a été dans tous les
temps retentissant et glorieux. C'est le privilége des hommes
supérieurs de frapper fortement l'imagination populaire.

Le souvenir d'Hippocrate n'a jamais péri en Grèce ; il dure
encore dans sa patrie, dans l'île qui le vit naître. Il existe à
Cos une fontaine merveilleuse par ses propriétés salutaires,
que l'on appelle la source d'Hippocrate. Elle est au pied
d'un platane séculaire, sous lequel venait, dit-on, s'asseoir
le divin vieillard pour donner ses leçons et méditer ses
écrits. Une famille de l'endroit a emprunté son nom de cet
arbre vénérable, et l'un de ses membres était naguère sur
les bancs dans cette vieille faculté de Montpellier où Hippocrate a trouvé un sanctuaire et des lettres de naturalisa-
tion. Dans la salle des actes de l'école, placée sous l'invocation d'Hippocrate, on voit dans une niche, sur une
colonne de marbre, un buste antique, l'image, dit-on, de la
divinité du lieu, et on lit au-dessus cette inscription superbe :

OLIM COUS, NUNC MONSPELIENSIS HIPPOCRATES.

Nous dirons, quand il en sera temps (1), ce qu'il faut
penser de cette devise, et si ceux qui l'ont adoptée y sont
restés fidèles. Pour le moment, faisons, et ce sera la fin,
une simple réflexion.

Si le nom d'Hippocrate est pris dans un sens générique
ou symbolique, comme le synonyme de l'art médical dans
ce qu'il a de plus parfait, les professeurs de Montpellier
nous accorderont, bon gré, mal gré, qu'Hippocrate est partout où la médecine se fait bien et où se trouvent d'excel-

(1) Voir ci-après l'étude sur Barthez et la notice sur le professeur Ribes.

lents médecins. Que si ce nom ne représente qu'une doctrine, une secte, une école médicale, nous dirons sans détour aux hommes de l'art qui jurent sur la parole d'un maître qu'ils font, à la vérité, preuve d'abnégation ; il vaudrait infiniment mieux qu'ils fissent preuve de jugement et acte d'indépendance.

IV

CLASSIFICATION DES ÉCRITS HIPPOCRATIQUES.

Hippocrate a-t-il écrit ? Nous possédons sous le nom de ce médecin un recueil considérable d'œuvres médicales et de pièces d'autre nature. Mais la question de légitimité et même d'authenticité de ces écrits n'est pas facile à résoudre. Nous avons toutefois des preuves indirectes, mais à peu près certaines qu'Hippocrate est l'auteur de quelques-uns des traités qui portent son nom. L'authencité du traité des *Articulations* et des *Aphorismes* repose sur les témoignages contemporains de Ctésias et de Dioclès de Caryste, témoignages précis et incontestables, conservés et transmis par Celse et Galien.

Quant aux autres écrits, que la plupart des critiques s'accordent à regarder comme appartenant *à peu près certainement* à Hippocrate, on ne peut rien affirmer de positif. Faute d'une base solide et d'une méthode sûre, il n'est permis de procéder dans cette question ardue que par voie de déduction et de comparaison.

Les idées contradictoires et une véritable polémique entre les différents écrits de la collection hippocratique démontrent la multiplicité et la diversité des sources d'où émanent ces écrits. On a dit avec raison que la conservation de ce recueil est un phénomène sans exemple dans l'histoire littéraire de l'antiquité. La rédaction première de la plupart des pièces qui le composent ne paraît pas, en effet, avoir subi d'altération sensible. Nous possédons, ou peu s'en faut, presque tout ce qu'ont écrit Hippocrate et ses disciples ; nous avons même leurs notes et leurs papiers, dans leur état primitif d'imperfection et d'incohérence.

Tout porte à penser, après un examen sérieux, que la plupart de ces écrits remontent bien au delà de l'école d'Alexandrie. Une preuve qu'ils sont antérieurs à cette époque, c'est que dès la première fondation des bibliothèques, la critique essaya de remédier au désordre visible qui règne dans ce recueil, en s'efforçant de distinguer les mains diverses qui ont concouru à sa formation. Malheureusement nous n'avons plus aujourd'hui les travaux des médecins et des grammairiens qui avaient commenté les écrits hippocratiques : ils nous auraient fourni d'autres éléments de critique. Il est vrai que la liste d'Érotien et les indications que fournit Galien permettent de recomposer un canon de ces écrits, qui ne s'écarte pas notablement de celui des Alexandrins.

Les écrits hippocratiques étaient très-recherchés à Alexandrie : ils y furent payés au poids de l'or, comme les principaux chefs-d'œuvre du génie grec. On disputait sur les doctrines de Cos, on les commentait librement, c'est un fait certain, et cela dès les premiers temps de l'ouverturé des bibliothèques. Est-il croyable que les médecins célèbres qui représentaient alors à Alexandrie les écoles médicales ne connussent pas quelques-uns des écrits d'Hippocrate ? Et, s'ils les connaissaient avant leur arrivée en Égypte, comme il est probable, pouvaient-ils accepter sans contestation un nombre considérable d'ouvrages faussement attribués à Hippocrate ? Ou les livres qu'ils acceptèrent comme appartenant à ce médecin étaient véritablement de lui, ou bien ils passaient depuis longtemps pour lui appartenir. Il répugne de croire que des livres obscurs ou inconnus jusque-là eussent pu passer sous le nom d'un auteur dont la réputation était déjà grande et dont les opinions circulaient de longue date dans les écoles. Ou ces écrits n'existaient pas, et il a fallu les improviser, ou ils existaient sous d'autres noms qu'on aurait effacés pour y substituer celui d'Hippocrate : supercherie trop grossière pour tromper ceux qui connaissaient les véritables auteurs.

Toutes ces raisons plaident en faveur de l'antiquité de la collection, je dirai même de son authenticité ; car, si les Alexandrins étaient aussi embarrassés que nous pour la détermination des livres hippocratiques, du moins ne font-ils jamais mention d'aucune adjonction récente d'un traité manifestement apocryphe. Presque tous les écrits de la collection, ils les possédaient, sous le nom d'Hippocrate. On sait d'ailleurs qu'entre la période alexandrine et Galien, les faussaires n'ont forgé que la correspondance d'Hippocrate et autres pièces analogues. Je ne parle pas, bien entendu, des compilations anonymes faites aux dépens des écrits de la collection et qui y figurent à côté des œuvres originales.

« Il résulte, dit M. Littré (1), de la suite non interrompue des commentateurs, que les textes des livres hippocratiques sont étudiés, interprétés et fixés dans leur ensemble depuis une antiquité qui ne remonte pas à moins de trois cents ans avant J.-C. ; que chacun de ces commentateurs a donné, pour l'époque où il a vécu, une sorte de copie légalisée des livres hippocratiques ; que, par conséquent, ces textes, sauf les erreurs des copistes, ont une complète authenticité, même dans ce qu'ils ont de plus obscur et de plus incomplet. »

Il résulte aussi des recherches de M. Littré que les écrits authentiques de la collection sont antérieurs à l'école d'Alexandrie, et que leur rédaction primitive remonte à une époque très-voisine de celle d'Hippocrate, quand ils n'émanent pas de lui directement : de sorte que quelques-uns d'entre eux seraient l'œuvre de ses prédécesseurs ou de ses successeurs immédiats.

(1) Hippocrate, *OEuvres complètes*, t. I, Introduction.

M. Daremberg (1) pense que l'ensemble de ces écrits est un héritage transmis fidèlement et tel à peu près qu'il a été reçu par les parents ou par les disciples d'Hippocrate, qui seraient, selon lui, les auteurs des vrais apocryphes. Cette conjecture est ingénieuse. Il ne faut pas oublier non plus, comme preuve indirecte, que quelques pièces postérieures à Galien, mises en circulation sous le nom d'Hippocrate, ne figurent dans aucun des manuscrits de la collection; de sorte qu'en détachant de celle-ci les additions des compilateurs et les pièces manifestement apocryphes, telles que les *Lettres* et les *Discours*, on a le recueil des œuvres hippocratiques, tel à peu près que le possédaient les Alexandrins. C'est ce que M. Littré a achevé de démontrer, en essayant de refaire, avec les éléments recueillis dans le lexique d'Érotien et dans les œuvres de Galien, un canon alexandrin des livres d'Hippocrate.

Le même critique avait cherché à établir que la collection hippocratique était restée longtemps enfouie dans la famille ou dans l'école médicale d'Hippocrate, et qu'elle n'avait été mise en circulation qu'après Aristote, se fondant sur un passage de l'*Histoire des animaux* de cet auteur. M. Daremberg a accumulé de savants arguments pour démontrer l'inutilité de cette hypothèse, et il a été assez heureux pour convaincre M. Littré. La caste hippocratique se serait-elle éteinte juste à point pour léguer à la bibliothèque d'Alexandrie cet héritage de famille? et la réputation d'Hippocrate aurait-elle éclaté tout d'un coup? Comment aurait-on accepté ses ouvrages s'ils n'eussent pas été connus? Quand la bibliothèque alexandrine achetait au poids de l'or les ouvrages des auteurs en renom, les vendeurs accouraient de toutes parts; ce qui porte à penser que les écrits d'Hippocrate ont pu arriver à Alexandrie

______

(1) *Œuvres choisies d'Hippocrate*, traduites sur les textes manuscrits et imprimés, par le docteur Ch. Daremberg. Deuxième édition, Paris, 1855, 1 vol. in-8.

successivement et de plusieurs côtés. Cette conjecture est d'autant plus vraisemblable, que les successeurs immédiats d'Hippocrate voyagèrent comme lui, et durent naturellement répandre sur leur passage les écrits d'une école célèbre depuis longtemps et surtout depuis le plus illustre de ses chefs. Peut-on imaginer que ces ouvrages, utiles à l'enseignement, utiles à la pratique, soient restés ensevelis dans les ténèbres, sans profit pour les écoles, quand on sait que même avant Hippocrate il existait déjà une foule d'écrits médicaux en circulation ? On n'ignore pas, d'ailleurs, que presque tous les critiques s'accordent à attribuer à des auteurs très-anciens, antérieurs même à Hippocrate, ou à ses contemporains, les écrits qu'ils lui refusent. Comment expliquer alors la disparition de ces écrits ? En admettant que le morceau sur les veines, sur lequel M. Littré avait fondé son argumentation, soit réellement de Polybe le médecin, rien n'empêche de penser que ce morceau ait pu passer des œuvres d'Aristote dans la collection hippocratique, surtout depuis qu'il a été prouvé que les écrits aristotéliques, et notamment l'*Histoire des Animaux*, étaient connus avant Apellicon de Téos, le bibliophile, et par conséquent avant l'école d'Alexandrie. Il se pourrait même qu'Aristote eût possédé un livre de Polybe d'où il aurait extrait le passage allégué, et que ce livre, démembré ou arrangé dans la suite, fût devenu le traité de la *Nature de l'homme ;* conjecture rendue probable par l'examen de ce même livre, que l'on peut considérer comme un assemblage de pièces de rapport, et que Galien lui-même attribue à des auteurs différents, sans nommer Polybe ; de sorte qu'il se pourrait qu'Aristote eût attribué au gendre d'Hippocrate un ouvrage qui n'était pas de lui.

Je ne poursuis pas plus loin cette argumentation que M. Daremberg a épuisée, me contentant de faire observer que les écrits qui jusqu'à l'école d'Alexandrie n'avaient pas porté le nom d'Hippocrate, devaient porter d'autres noms ou être parfaitement inconnus. Il serait facile de tirer de cette réflexion des conséquences rigoureuses. Mais, sans insister sur ce point, on peut dire que le raisonnement de M. Littré, fût-il irréprochable et démonstratif, ne pourrait en tout cas valoir que pour un seul traité ; et il demeurerait toujours établi que le reste de la collection a été réuni avant Aristote. Il est malaisé de croire qu'un recueil aussi considérable ait pu faire subitement une apparition qui aurait eu pour effet de surprendre les plus crédules. Le silence des commentateurs et leur accord unanime prouve surabondamment que, dans leur pensée, tous ces écrits avaient été réunis à l'époque même d'Hippocrate, et avaient formé de très-bonne heure un cycle hippocratique, lequel n'aurait pu se former tout d'un coup, à l'ouverture des bibliothèques.

Tous ces livres portent, d'ailleurs, en eux-mêmes des traces d'une haute antiquité : ils se font mutuellement des emprunts ; ils sont quelquefois les abrégés les uns des autres, et quelques-uns d'entre eux n'offrent que des matériaux qui ont été mis en œuvre dans des écrits plus achevés. Ils tiennent tous, de près ou de loin, aux premières écoles médicales et philosophiques ; ils sont tous également écrits dans le même dialecte, et plusieurs forment des groupes naturels et très-réguliers.

Auprès des anciens eux-mêmes, les descendants d'Hippocrate, et son fils Thessalus en particulier, passaient pour avoir publié tout ou partie de ses œuvres. Quelques documents épars, mais certains, nous permettent de suivre le fil d'un travail non interrompu, commencé du vivant même d'Hippocrate et continué jusqu'à l'école d'Alexandrie, c'est-à-dire de beaucoup antérieur à cette école, par conséquent très-ancien. Ctésias de Cnide attaque un procédé chirurgical du traité des *Articulations ;* Dioclès de Caryste défend ce procédé contre Ctésias, copie un passage du même traité, et blâme à son tour une théorie médicale de

la IIe section des *Aphorismes*. Philotime connaissait le traité
de l'*Officine*. Praxagore, son maître, combattit quelques
idées émises par Hippocrate dans ses écrits, et Xénophon,
autre disciple de Praxagore, avait donné une explication
du mot θεῖον, qui se trouve dans plusieurs livres de la collection, et sur lequel les commentateurs n'ont jamais réussi
à s'entendre. Il faut ajouter que les signes particuliers
qu'on voit à la suite de chaque observation du IIIe livre des
Épidémies avaient été introduits dès avant l'école d'Alexandrie. En outre M. Littré a signalé des rapports manifestes
entre les œuvres d'Aristote et les écrits faux ou légitimes
de la collection, et le passage même qui a été la source de
cette discussion prouve évidemment qu'un traité hippocratique se trouvait entre les mains d'Aristote.

Il résulte de tout ce qui vient d'être dit que, dès la plus
haute antiquité, les écrits hippocratiques avaient beaucoup
de notoriété et une grande réputation. C'est par là qu'on
peut se rendre compte des distinctions honorables qui les
accueillirent à Alexandrie ; et c'est par là aussi qu'on peut
expliquer comment un nombre considérable de pièces apocryphes auraient été attribuées à un auteur dont la réputation était universelle et depuis longtemps consacrée.

Une circonstance qui embarrasse la critique, c'est la
présence d'écrits manifestement cnidiens. Et, chose curieuse ! ces écrits font partie de la collection depuis une
époque très-reculée, puisque Érotien, à propos d'un mot
qui ne se trouve que dans le IIe livre des *Maladies* — livre
évidemment cnidien — cite une explication tirée de Dioclès de Caryste. Cette particularité, qui est une preuve de
plus en faveur de la haute antiquité de la collection hippocratique, montre en même temps qu'il y avait entre les
deux écoles rivales une polémique suivie, et que des deux
côtés on étudiait avec soin les écrits des adversaires, soit
pour les combattre, soit pour les expliquer. Hippocrate

critique plus d'une fois les auteurs des *Sentences cnidiennes;* Ctésias, de Cnide, critique à son tour Hippocrate. Les deux écoles échangeaient donc leurs productions. Il est probable que ces livres cnidiens faisaient partie de la bibliothèque d'Hippocrate, et qu'ils auront été dans la suite publiés sous son nom, avec plusieurs autres qui ne lui appartenaient pas davantage.

Une autre preuve que la collection remonte très-loin, c'est que les anciens eux-mêmes avaient perdu la trace des véritables auteurs : c'est ainsi qu'ils ont attribué à Thessalus, fils d'Hippocrate, ce même livre II des *Maladies,* d'origine cnidienne, tandis qu'ils font honneur à Euryphon de Cnide d'un livre émané de l'école de Cos, le *Régime des gens en santé.*

En résumé, il est probable que, parmi les œuvres dites d'Hippocrate, nous avons quelques ouvrages de ses prédécesseurs, les siens propres, quelques écrits de ses contemporains, de ses adversaires et de ses successeurs immédiats. L'ensemble de tous ces écrits aura formé de bonne heure une sorte de bibliothèque hippocratique, dont les livres furent successivement répandus par les médecins périodeutes ou voyageurs. Ce qui donne quelque vraisemblance à cette manière de voir, c'est que, de tous temps, le nom d'Hippocrate a prévalu sur tous les autres ; et cependant les anciens n'ignoraient pas que la collection hippocratique appartenait à différents auteurs. Sans doute les œuvres d'Hippocrate ont joui d'une plus grande célébrité sous les Alexandrins et après eux, notamment depuis Galien ; mais de toutes les manières il faut reconnaître que ces œuvres circulaient en bloc ou en détail, longtemps avant l'école d'Alexandrie. « En d'autres termes, dit M. Daremberg, je pense que les livres hippocratiques ont été publiés et connus comme tels avant Aristote ; en second lieu, qu'ils ont eu plus de publicité que M. Littré ne le suppose ; enfin, qu'ils n'ont jamais été concentrés dans une caste médicale, tout en admettant qu'ils ont été publiés par les premiers hippocratistes. »

La classification systématique des œuvres hippocratiques a été la préoccupation constante de tous les commentateurs anciens. Mais ces tentatives n'ont pas eu de résultat satisfaisant. Galien lui-même, malgré sa vaste érudition, a échoué comme les autres : il n'a pu démêler les écrits légitimes des apocryphes.

Les critiques modernes, aussi timides, n'ont pas été plus heureux. Lémos suit Galien ; Mercuriali cherche ses arguments dans le style, base de critique peu solide et tout à fait insuffisante, comme l'a démontré l'ingénieux Bentley (1). La question de style est secondaire et d'une importance relative ; elle est nécessairement subordonnée à la question essentielle d'authenticité. Grüner suit Mercuriali, et prétend juger l'authenticité des écrits d'Hippocrate par les notions anatomiques : ce système ne l'a pas mené bien loin. Ackermann ajoute la tradition et le consentement des auteurs anciens. Grimm s'en rapporte à Érotien et à Galien, contrôlant leur témoignage par le contenu même de la collection. Sprengel suit Grüner, et introduit, comme nouvel élément, la considération des doctrines philosophiques. Enfin, MM. Link et Petersen, voulant refaire la chronologie, se sont engagés, sans succès, dans une méthode fausse et tout à fait arbitraire.

La classification des productions scientifiques de l'école de Cos est, comme on le voit, une œuvre ardue ; mais l'insuffisance des documents ne justifie nullement l'absence de critique, et c'est la critique qui a manqué dans tous ces essais infructueux.

M. Littré a suivi une autre voie. Il a rejeté les méthodes artificielles et compliquées ; il s'est renfermé dans l'examen intrinsèque de la collection. Puis, mettant à profit ses

____

(1) Dissertation sur les *Lettres de Phalaris*.

propres recherches et celles des anciens et des modernes, il a posé des règles qui lui ont permis d'établir des groupes naturels, déterminés, entre lesquels il a eu soin de marquer les rapports et les différences. Dans les écrits de chaque groupe, il a étudié les théories qu'ils expriment, il en a recherché les sources, tout en distinguant les idées personnelles et vraiment originales des idées communes qui étaient dans le courant de la science. Cette méthode pouvait seule conduire à des résultats historiques, et rendre à chaque traité de la collection son caractère particulier et sa physionomie propre.

Mon dessein n'est pas d'entrer dans l'examen des onze classes admises par M. Littré, ni dans l'étude des modifications principales et des changements de détail que M. Daremberg a fait subir à cette classification. Il me suffira d'avertir que les écrits énumérés plus haut, tels que les traités des *Fractures*, des *Articulations*, des *Aphorismes*, etc., sont considérés, les deux premiers, comme étant incontestablement d'Hippocrate, et les autres comme lui appartenant d'une manière à peu près certaine. C'est dans ce petit nombre de livres, dont les doctrines sont homogènes, presque uniformes, et semblent procéder d'un même esprit; c'est dans ces livres qu'il faut chercher la véritable doctrine médicale d'Hippocrate. La critique a rendu désormais impossibles ces tableaux de fantaisie que l'on traçait autrefois de la médecine hippocratique, sans se mettre en peine des idées contradictoires, des opinions divergentes, des principes et des systèmes opposés qui se heurtent dans les nombreux traités de la collection. Et de fait, de ces écrits pris en masse on ne peut tirer que des propositions incohérentes, qui échappent à tout essai de coordination systématique. Cette difficulté, qui est pourtant majeure, avait été peu remarquée avant M. Littré. Et, chose singulière ! les livres apocryphes avaient fourni de préférence les éléments discordants de ces analyses inexactes.

Rien n'est plus malaisé, quant à présent, que de démêler dans la collection hippocratique ce qui est réellement d'Hippocrate ; et il est plus facile d'affirmer que tel traité n'est pas de lui que de soutenir que tel autre lui appartient. Cette incertitude est sans doute regrettable ; mais quel esprit sensé ne la préfère à cette foi robuste qui, sans raisonnement, sans examen, accepte de confiance tout ce qui vient de la tradition? Il appartient à la critique libre et indépendante de protester contre cette pernicieuse routine, source de tant d'erreurs, et par suite de tant d'abus. « Dans la recherche de la vérité, dit Galien, il faut oser ; car enfin, si nous n'y atteignons pas, du moins en approcherons-nous toujours un peu plus (1). »

Je suis bien aise que Galien ait fait cette réflexion excellente, utile à tout homme intelligent, et en particulier à quelques médecins timorés, qui ont reproché à MM. Littré et Daremberg d'avoir *ôté quelques fleurons* à la couronne d'Hippocrate, au lieu de leur savoir gré d'avoir rendu cet auteur accessible à tout le monde et par conséquent à ceux qui l'admiraient sur parole et sacrifiaient au dieu inconnu. Cette admiration irréfléchie est sans doute très-respectable ; mais je crains fort que ceux qui la professent ne prétendent se dispenser, par là, de rendre justice pleine et entière aux travaux considérables et méritoires des deux savants qui représentent actuellement en France toute l'érudition médicale, et à qui nous devons de connaître une des périodes les plus importantes et les plus embrouillées de l'ancienne médecine. Les recherches consciencieuses de la critique exacte et philosophique n'ont diminué en rien la gloire d'Hippocrate. Le médecin de Cos est et demeure un homme vraiment grand et d'un génie supérieur.

La nouvelle édition française des *œuvres choisies d'Hippo-*

____

(1) Τολμητέον τε καὶ ζητητέον τὸ ἀληθές· εἰ γὰρ καὶ μὴ τύχωμεν αὐτοῦ, πάντως δήπου πλησιέστερον, ἢ νῦν ἔσμεν, ἀφιξόμεθα. Galeni. *De usu respirationis*, c. 1., edit., Kuhn, t. IV, p. 472.

crate est un service de plus rendu à la philologie médicale et à l'histoire de la médecine. Ce volume, plein de choses, et de choses neuves pour la plupart, est à proprement parler un *Compendium de la médecine hippocratique*. Sans m'arrêter aux notes philologiques et médicales, aux arguments qui précèdent chaque traité, et à la traduction elle-même, je dois à la vérité de déclarer que l'introduction est un modèle de discussion sérieuse, une œuvre solide d'érudition et de critique, un résumé net et substantiel des travaux de toute sorte entrepris sur les écrits de la collection depuis la Renaissance jusqu'à nos jours, et, pour tout dire en peu de mots, le digne complément et le complément indispensable de l'Introduction générale de M. Littré. Je n'ai qu'à exprimer un regret, c'est que M. Daremberg n'ait pas encore publié une série de dissertations spéciales, dont l'ensemble, ainsi qu'il l'annonce lui-même, doit former une étude complète et un commentaire perpétuel sur les œuvres d'Hippocrate.

En attendant cette publication, on ne peut qu'applaudir aux efforts et aux tendances de l'habile traducteur. Critique sage et indépendant, il a vivifié la lettre morte du vieux texte par une interprétation élevée, en comparant à propos et avec discernement la science du passé avec la science actuelle. C'est vraiment par là que ces graves travaux peuvent être féconds. En remontant ainsi le courant des siècles, à l'aide de nos propres lumières, nous saisissons plus sûrement la suite et la filiation des idées, et nous assistons au développement continu, à l'évolution de la science. Cette méthode vraiment critique émane d'un esprit de progrès ; elle associe le passé à l'avenir.

V

DOCUMENTS POUR L'HISTOIRE DE L'ART.

I. — Des documents médicaux et de leur utilité.

L'introduction de la physiologie dans la littérature est un des signes de notre temps. Les hommes d'imagination qui écrivent pour l'amusement du public recueillent curieusement les notions élémentaires que la science de l'organisation animale ajoute tous les jours à la masse des connaissances générales, et s'en servent avec le dessein évident de donner plus de relief à l'observation attentive de la réalité. Il y a aujourd'hui une école de littérateurs physiologistes et naturalistes, qu'il serait imprudent de louer sans restriction, à cause des abus et des inconvénients de la méthode *réaliste;* mais qu'il faut bien se garder de décourager par une critique trop rigoureuse.

Que les gens de lettres s'initient aux mystères de l'organisation, et même aux secrets de la pathologie ; qu'ils entrent dans le positif de la nature humaine, au lieu de se tenir, comme par le passé, à la contemplation métaphysique de l'homme, il n'y a pas lieu de s'en plaindre, et peut-être convient-il de s'en réjouir ; car bien des vérités peuvent se glisser ainsi dans la foule, tellement ignorante de tout ce qui concerne la chair et l'organisme vivant. Il est bon que les livres qui vont dans beaucoup de mains soient empreints de la couleur scientifique, qu'ils modifient nombre d'opinions courantes, et rectifient des erreurs qu'une longue habitude et la tradition du langage ont maintenues, en dépit de la ruine des vieilles théories.

Celles-ci ont autorisé quantité de locutions en usage dans la conversation, et ces locutions vicieuses, dans l'état présent, ne peuvent manquer de disparaître ou du moins de tomber en désuétude lorsque la majorité, qui gouverne souverainement le parler usuel, saura que la physiologie des modernes diffère considérablement de celle qu'avaient adoptée les Arabes et les scolastiques, sous l'influence des doctrines galéniques. Ces doctrines ont fait leur temps; mais le vocabulaire qu'elles ont contribué à former n'a point subi de modifications essentielles, de telle sorte que bien des façons de dire, qui persistent encore, sont en complet désaccord avec la réalité; d'où résultent confusion et ignorance.

Il y a donc lieu de songer à une réforme urgente, que les lexicographes éclairés désirent vivement, et à laquelle les écrivains en vogue peuvent aider très-efficacement, pourvu qu'ils mettent beaucoup de discernement à se servir des secours qu'ils demandent à la physiologie et à la médecine.

Les médecins, de leur côté, tout en se tenant en garde contre cette manie de *vulgarisation* (mot barbare et fort à la mode), qui est un mal endémique en France et ailleurs, doivent s'attacher à divulguer les notions les plus indispensables de l'art médical, de façon à donner au peuple des idées saines sur les choses les plus essentielles de l'hygiène, de la physiologie et de la médecine.

Il y a là un puissant moyen d'instruction et d'éducation publique, qui sera une force dans l'avenir, et une excellente condition de progrès.

La médecine peut beaucoup aussi pour l'interprétation de quelques événements, en fournissant ses lumières à l'histoire. Bien plus que les littérateurs d'imagination, les historiens sont aujourd'hui forcés de compter avec la médecine, soit pour l'intelligence de certains faits, soit pour motiver en connaissance de cause et en conscience leur jugement sur les personnages historiques. L'historien peut se trouver en présence d'un fait ou d'un personnage qu'il faudra deviner comme une énigme, s'il ne possède pas ce savoir qui permet au médecin de fous ou au médecin légiste de porter un diagnostic motivé ou d'éclairer la conscience des juges.

Fodéré avait entrepris, fort inutilement, de déterminer le tempérament des hommes illustres de Plutarque, d'après les indications fournies par l'antique biographe (1). Vaine et chimérique entreprise ! Des Genettes, plus sagace et mieux avisé, a ouvert une voie plus sûre en relevant, dans Plutarque, les maladies et le genre de mort de ses grands hommes (2). L'ingénieux essai du savant médecin marque une date dont le souvenir sera présent à celui qui tentera, après lui, une application sérieuse de la médecine à l'interprétation de l'histoire.

Aujourd'hui ce sont les historiens qui donnent l'exemple aux médecins. L'amour de l'exactitude et la passion de la vérité ne permettent pas qu'on néglige les pièces historiques d'un caractère purement médical. De ces pièces, si négligées jusqu'à ces derniers temps, un esprit pénétrant sait tirer des clartés, des rapprochements, des explications, des facilités, en un mot, pour la plus parfaite intelligence d'une époque ou d'un personnage.

Quiconque n'a pas lu et médité le *Journal de la santé du roi* Louis XIV, par ses trois premiers médecins, ignore des particularités précieuses dont la connaissance aide prodigieusement à mettre en pleine lumière la physionomie de ce prince, si diversement jugé, et nombre d'événements importants de son règne. Si Voltaire avait eu entre les mains le journal si curieusement instructif de Vallot, Daquin et Fagon, il eût, à coup sûr, conçu et tracé autrement son tableau du règne de Louis XIV. En procédant par synchronismes, et rien qu'en rapprochant les événements mémorables de ce règne des détails minutieux que racontent,

____

(1) Fodéré, *Essai de physiologie positive.* Avignon, 1806, t. III, p. 490 en note.

(2) Des Genettes, *Études sur le genre de mort des hommes illustres de Plutarque et des empereurs romains.* Paris, 1833.

en toute candeur, les témoins oculaires et de tous les instants, qui suivaient le roi à sa table, à son lit et jusqu'à sa garde-robe, le héros du livre devient un homme de proportions ordinaires, et le livre lui-même nous paraît hors de ton, parce qu'il ne pénètre pas en effet dans la réalité intime, dans la vie réelle.

Saint-Simon, avec sa brutalité aristocratique, nous a montré le dessous des cartes. Les trois premiers médecins, qui étaient pourtant de fins courtisans, disant ce qu'ils ont vu, renversent la table de jeu et achèvent d'arracher le masque. Il résulte de leur récit que ce grand roi était un malheureux homme, tout à fait digne de pitié, et Molière n'a fait que son devoir de critique et de réformateur en jugeant selon leurs mérites les médecins de son temps.

Il serait à souhaiter que les médecins des hommes qui ont tenu entre leurs mains le sort des nations nous eussent laissé des mémoires particuliers : l'appréciation des personnages historiques en deviendrait plus facile. Mais il serait désirable aussi que les historiens usassent de ces mémoires médicaux avec discernement, et que les relations médicales dont ils font usage ne fussent pas altérées ou torturées par des interprétations forcées et le plus souvent inadmissibles.

Nos lecteurs apprécieront tout à l'heure, parmi les documents que nous reproduisons ci-après, la relation si curieuse de la maladie et de la cure du prince don Carlos d'Espagne, fils de Philippe II, par le chirurgien espagnol Dionisio Daza Chacon. Dans son genre, cette relation est un vrai modèle et une des plus belles observations chirurgicales qui se rencontrent dans les auteurs classiques. On peut admirer sans réserve dans ce récit consciencieux le savoir profond du narrateur et sa candeur inaltérable. Cette pièce ne laisse aucun doute sur certains points litigieux. On y trouve, entre autres particularités notables, que don Carlos ne fut point trépané, malgré l'avis de Vésale, qui conseillait l'application du trépan. Ces deux faits sont mis hors de toute contestation par le témoignage de Daza Chacon. Eh bien! le dernier historien de don Carlos, le docte M. Gachard, soit qu'il n'ait pas pénétré à fond le texte du chirurgien espagnol, soit qu'il ait été induit en erreur par des préoccupations très-regrettables de la part d'un esprit aussi judicieux, M. Gachard a, sans preuves à l'appui de son dire, affirmé tout le contraire. Et, non content d'avoir interprété le texte de Chacon à rebours, il a légèrement sacrifié les médecins et les chirurgiens espagnols, qu'il accuse d'ignorance et d'incapacité, à la gloire de Vésale, son compatriote par adoption (1).

De l'erreur involontaire, on doit le croire, d'un auteur dont l'exactitude habituelle est peut-être le plus grand mérite, il faut conclure que les historiens étrangers à la médecine ne sauraient user avec trop de circonspection des témoignages médicaux, et qu'ils feraient sagement, avant de les employer, de consulter les hommes de l'art, seuls compétents en ces matières. Les pièces justificatives de l'histoire, qui sont empruntées à la médecine, ne seront jamais bien interprétées que par des médecins.

Il conviendrait aussi, pour épargner des erreurs d'interprétation aux historiens, que les médecins qui ont le goût de l'érudition et des recherches historiques missent en état d'être employés sans inconvénient les matériaux que la médecine peut mettre au service de l'histoire. De la sorte, les erreurs deviendraient plus rares, et un lien de plus unirait l'art médical à la littérature sérieuse.

II. — Document à consulter pour l'histoire de la syphilis.

L'origine du mal vénérien est un des plus ardus problèmes de la pathologie historique. La solution de ce problème a

___

(1) *Don Carlos et Philippe II*, par M. Gachard; Bruxelles. 1863, 2 vol. in-8°. Voy. le tom. I, ch. IV, p. 67-92, et l'appendice A, tom. II, p. 627-642.

suscité de très-savantes recherches et donné lieu à bien des disputes. Le résultat des plus laborieuses investigations et des discussions les plus ingénieuses a été nul, puisque deux opinions divergentes ont pris consistance, les uns préten-dant que la maladie vénérienne a été importée d'Amérique en Europe, les autres soutenant, au contraire, que cette ma-ladie, de date fort ancienne, sévit d'une façon plus terrible vers la fin du quinzième siècle, où elle se révéla avec tous les caractères d'une épidémie meurtrière.

De ces deux opinions, la seconde paraît aujourd'hui la plus probable. La tradition suivant laquelle la syphilis serait de provenance américaine remonte assurément aux années les plus voisines de la grande découverte de Christophe Colomb; elle est consignée à la date de 1496, dans les tablettes chro-nologiques de Luther, opuscule très-précieux à cause de sa rareté. Le document dont l'analyse suit ne confirme ni ne contredit cette tradition populaire; mais il corrobore en quelque sorte l'autorité d'un texte qui sera reproduit à la suite, et qui est certainement antérieur à la découverte du nouveau monde. Peut-être qu'après avoir pesé la valeur du document et l'importance du texte cité à l'appui, le lecteur sera naturellement amené à conclure que c'est l'Europe qui a inoculé à l'Amérique le germe maléficié : par là s'expli-querait l'effroyable mortalité des Indiens. L'inquisition et la guerre de conquête contribuèrent évidemment à leur exter-mination; mais il se pourrait qu'une épidémie violente eût hâté l'œuvre de destruction.

Sans insister sur ces conjectures, venons au document annoncé, et commençons par quelques renseignements sur l'auteur, Francisco de Villalobos, nom célèbre dans la science et les lettres espagnoles. L'époque précise et le lieu de sa naissance sont également inconnus. Capmany suppose, non sans vraisemblance, d'après un passage de ses écrits, qu'il était né dans quelque ville de Vieille-Castille, et non à

Tolède, suivant l'assertion erronée du chroniqueur Tamayo
de Vargas. Villalobos se fit une grande réputation dans la
pratique de l'art médical ; il fut successivement le médecin
de Ferdinand V le catholique, de l'empereur Charles-Quint
et de Philippe II. Il mourut, apparemment, entre les années
1540 et 1550, dans un âge fort avancé, désabusé de toute
illusion. Malgré son esprit ingénieux et sa facilité de caractère, il ne fit pas fortune, étant de ceux qui à la satisfaction
des appétits vulgaires préfèrent l'indépendance et le droit
de fronder les sottises et de se moquer des sots. Villalobos,
frondeur et caustique, eut contre lui bien des gens qui mirent obstacle à sa prospérité, et se vengèrent de sa supériorité en le réduisant à vivre modestement. Villalobos se
résigna à sa mauvaise fortune, et, ayant quitté la cour, il
composa dans sa retraite quelques bons ouvrages qui ont
pris rang à leur date dans les annales littéraires de l'Espagne.
Il avait débuté dans sa jeunesse par un poëme très-curieux
sur la syphilis, ou, comme on disait alors, sur les bubons
ou boutons pestilentiels (1).

Le docteur Morejon, savant auteur d'une *Histoire de la
médecine espagnole*, estime que le poëme de Villalobos le
dispute en élégance à celui de Jérôme Fracastor. Les vers
de Villalobos ne manquent pas d'harmonie ; ils se recommandent par un certain charme de naïveté et par une facilité
ingénieuse ; mais sa prose vaut infiniment mieux que ses
vers. Son poëme sur la syphilis, inestimable à cause de sa
date (1498) et des renseignements qu'il fournit à l'histoire

____

(1) *Sumario de la medicina*, en romance trovado, con un tratado
sobre las pestiferas bubas, por el licenciado Villalobos, estudiante en
Salamanca, hecho á contemplacion del muy magnifico é ilustre señor el
marqués de Astorga, enmendado y corregido por él mismo, imprimido
en la cibdad de Salamanca á sus espensas de Antonio de Barreda, librero, año del nacimiento del Salvador de MCCCCXC y VIII. — Astruc
ne connaissait que le titre de cet opuscule, d'après la notice très-insuf-
fisante de Nicolas Antonio. V. *De morbis venereis libri novem*, edit. alter.
lib. V, p. 575, 576, tom. II.

de l'art médical, a cet avantage d'avoir précédé de trente-
deux ans celui de Fracastor (1530). Il est d'ailleurs dans le
genre scolastique, et tout imprégné des théories du galénisme et des doctrines ayant cours dans la médecine arabe.
Le texte n'en est pas irréprochable; la copie fournie par le
docteur Morejon est fautive en beaucoup de passages, et ne
saurait être rectifiée par celle que donne le docteur Chin-
chilla, compilateur laborieux, mais sans discernement, qui
a le tort d'avoir suivi servilement, dans ses *Annales de la médecine espagnole*, la compilation de Morejon. Ce dernier a
copié le poëme de Villalobos, qu'il reproduit (1), d'après un
exemplaire appartenant à don Ignacio Ruiz de Luzuriaga,
exemplaire peut-être unique en Espagne.

Grâce à Morejon, nos lecteurs connaîtront un des documents les plus curieux de la littérature médicale du quinzième siècle, plus heureux qu'Astruc, lequel exprimait
le regret de n'avoir pu mettre la main sur ce trésor, dont il
connaissait seulement l'existence par les notices des bibliographes (2). Girtaner ne fut pas mieux servi qu'Astruc, si
bien que, pour les médecins étrangers aux curiosités bibliographiques, le poëme de Villalobos a toute la valeur d'une
pièce inédite.

Le poëte débute par une invocation à Esculape, et il entre
sans autre préambule dans son sujet. — L'Espagne prospé-
rait sous Ferdinand et Isabelle, et un nouveau monde venait
de surgir pour la grandeur de la nation, lorsque, par la malé-
diction divine, une épidémie inconnue, cruelle, contagieuse
et dégoûtante, à laquelle rien ne résistait, s'étendit comme
un fléau destructeur sur tous les peuples. « Très-vilain mal
qui commence par le plus vilain endroit de notre corps. »

> Es muy gran bellaca, y asi ha comenzado
> Por el mas bellaco lugar que tenemos.

(1) *Histoire bibliographique de la médecine espagnole* (xvᵉ siècle).
(2) *De morbis venereis.* Parisiis, 1740.

Les théologiens prétendent que cette calamité est un châtiment providentiel, et que Dieu a voulu corriger, par un exemple sans précédent, les pécheurs endurcis et les désordres de son Église ; et la preuve qu'il en est ainsi, c'est que tous ont été frappés sans distinction, la foule et les chefs. D'autres théologiens tiennent que le fléau meurtrier est une conséquence de l'effrayante dépravation des mœurs publiques ; aussi le mal atteint-il de préférence les organes qui servent à la fornication. De même dans la sainte Écriture voit-on le Pharaon en proie à ce mal immonde ou à quelque autre maladie analogue, pour n'avoir pas su résister à l'extrême beauté de Sara :

> Algunos dixeron la tal pestilencia
> Venir por luxuria en que hoy peca la gente
> Y muéstrase propia y muy justa sentencia,
> Cual es el pecado tal la penitencia :
> La parte pecante es la parte paciente ;
> Por este pecado en la sacra escritura
> Al rey Faraon le hallamos tenella,
> Porque él fué vencido de gran hermosura
> De Sarra, y hirióle Dios en su natura
> De aquesta pasion ó de otra como ella.

Ces théologiens raisonnent avec de grandes apparences de raison, car ceux qui s'abstiennent de forniquer restent sains, tandis que ceux qui commettent le péché de luxure échappent rarement à la contagion, et comme par miracle. Aussi rencontre-t-on bon nombre d'hommes, devenus si chastes, qu'ils n'osent plus approcher une femme :

> Tambien hallareis ya los hombres tornados
> Tan castos que no osan llegar á muger.

Les astrologues prétendent que l'épidémie est l'effet d'une conjonction de Saturne et de Mars. Le poëte glisse rapidement sur l'opinion des astrologues, et passe à celle des médecins. Ceux-ci pensent qu'une abondance excessive d'humeur mélancolique et de phlegme, jointe à une excessive chaleur et sécheresse du foie, résultant des intempéries de l'air, des mœurs dépravées et du mauvais régime, a été la cause première du fléau épidémique. Un docteur fort savant a soutenu que cette affection n'est autre que celle décrite par Avicenne sous le nom de *saphati*, dans son quatrième livre, éruption pustuleuse qui ne ressemble ni à la gale, ni à la lèpre, ni aux autres affections de la peau (1). Le poëte s'élève contre cette manière de voir, et soutient à son tour que les deux affections sont distinctes, attendu que la fièvre pestilentielle et la fièvre humorale diffèrent essentiellement par la matière et par la forme. D'ailleurs, sans insister sur les raisons qui vont contre l'opinion du docteur, dans les bubons pestilentiels (vérole), il y a des douleurs très-violentes des articulations, et au début du mal, c'est l'organe de la génération qui est le premier atteint :

> Con estas dolores muy fuertes provienen
> En todas junturas, y al principio vienen
> Al miembro que hace las generaciones.

Donc les pustules dont parle Avicenne et les bubons pestilentiels n'ont rien de commun. Par le siége, par le nombre, par la couleur et par d'autres caractères encore, elles

____

(1) *Sahafat.* Sunt maculæ rubeæ quæ fiunt cum pustulis parvis.

Sahafati, Id est bothor humida quæ emittit virus (*Arabicorum nominum antiqua expositio*, dans l'Avicenne de Bâle, in-folio, 1556). — Conf. *lib. canonis* IV, fen. III, tract. I, *De apostematibus et pustulis.*

Saphatum, Saphati, Asaphati, Asaphat (Arab.), s. *Sahaphati, Assafat,* ein schorfiger feuchter Ausschlag am Kopfe, wie Achores, die *Yaws* usw.

Sofat, Sahafat, Sahafati, al-Safati, Assafati, Asafal, Arab. : 1º Die Ameise, *Formica*; 2º Nach Nicol. Scyllatius und da Vigo : eine zusammenhaengende Masse fleischiger Pusteln im Gesicht und am Halse. (*Kritisch-etymologisches medicinisches Lexicon*, von Ludwig August Kraus, Goettingen, 1844, gr. in-8, p. 914, col. I; p. 910, col. I.)

La définition de Kraus et celle du vieil interprète d'Avicenne concordent.

C'est aux dermatologues à déterminer la nature de cette éruption.

diffèrent essentiellement. Avicenne, qui était un grand observateur, n'aurait pas manqué de consigner dans ses écrits les signes distinctifs de ces bubons pestilentiels : douleurs aiguës et pesanteur des articulations, faiblesse des membres supérieurs et inférieurs, exostoses, plaies des jambes. Villalobos continue de réfuter longuement l'opinion de son adversaire, et il se perd dans des divagations sur les théories humorales, qui échappent à notre pénétration. Il s'efforce d'établir un diagnostic différentiel entre la syphilis et certaines maladies de peau ; mais rien n'est plus difficile que de suivre son raisonnement, à cause de la forme scolastique de ses arguments et de la signification plus que douteuse pour nous des principaux termes de sa nomenclature. Admettons avec lui qu'il a raison sur tous les points,

> Concluyo de aqui las verdades ser mias,

et voyons comment il classe, nomme et traite l'affection syphilitique :

> El nombre diré, y la pasion y la cura.

Ce mal étant manifestement un châtiment de la perversité humaine, il convient, attendu son origine divine, de le nommer la gale d'Égypte ; non moins meurtrier que celle-ci, il a des caractères analogues :

> Debemos nombrarla la sarna egipciaca,
> Que asi es tan perversa como ella y bellaca,
> Enviada de Dios por castigo y por pena.

Cette affection, accompagnée d'une éruption d'aspect fort désagréable, de tumeurs des os et de douleurs articulaires, se manifeste souvent par des ulcères. Elle a évidemment une origine céleste, en tant qu'elle s'est produite sous l'influence des astres ; mais les mystères de l'astrologie sont impénétrables ; de sorte qu'il vaut mieux s'en tenir aux causes certaines et plus accessibles. Le mauvais air, un régime débilitant ou fortifiant à l'excès, les désordres de tout genre, la débauche, les passions violentes, et notamment l'abus des plaisirs charnels, sont les causes les plus communes du mal. Le mélange intempéré des diverses humeurs prédispose le corps à la contagion. Le signe caractéristique, c'est la douleur dans les articulations. Le poëte, qui explique tout, ne manque pas d'expliquer pourquoi la matière morbifique afflue de préférence aux articulations et y occasionne de vives souffrances. Il explique aussi pourquoi les organes de la génération sont les premiers atteints ; et son explication, qui repose entièrement sur une théorie extravagante des fonctions du foie et de celles de l'appareil urinaire, ne vaut certes pas celle des théologiens : ceux-ci se contentaient de dire que les organes sexuels souffraient les premières atteintes du mal immonde, parce qu'ils étaient les instruments du péché de luxure.

Voici les signes qui annoncent les approches du mal : une petite plaie au membre viril, de mauvais aspect, à bords indurés, indolente ; maux de tête, visage livide, pesanteur des épaules, insomnie, rêvasseries, yeux cernés, lèvres sèches et comme couvertes d'un enduit ; inertie des membres, fatigue générale, nonchalance, troubles de la vision. Après l'invasion des pustules, douleurs atroces des jointures, commençant par les épaules, d'où elles descendent aux genoux et à la crête du tibia ; les humeurs desséchées, dépouillées par l'excessive chaleur de leur partie subtile, forment des nodosités, notamment au front et à la tête ; les glandes se tuméfient, la plante des pieds et la paume des mains deviennent d'un rouge de sang ; les démangeaisons sont violentes, et les souffrances plus aiguës vers le commencement du jour ; le front est couvert de rougeurs et brûlant ; les épaules, très-douloureuses, semblent écra-

sées sous un grand poids. Point de repos ; les pustules sont
d'une ardeur cuisante ; quand le nombre en est considérable et qu'elles s'ulcèrent, les souffrances deviennent plus
intolérables vers le milieu du jour. Quelquefois les pustules sont plus discrètes, plus grosses, moins douloureuses.
D'ailleurs les signes distinctifs des pustules tiennent à la
différence des humeurs, et il n'est guère possible de suivre
aujourd'hui l'auteur dans ses distinctions scolastiques. La
médecine humorale de Galien, embellie et perfectionnée
par les Arabes, ne brille pas par la clarté des théories ;
aussi est-elle pour nous à peu près comme une lettre
morte.

Villalobos, avant d'aborder le traitement, réfute les opinions du vulgaire, et même celles de quelques médecins.
Les uns conseillaient un régime succulent, les autres la
diète, d'autres enfin les évacuations alvines. Les raisons que
Villalobos fait valoir contre ces médications divergentes
sont au moins très-singulières. Il est très-dur pour ceux
qui faisaient des frictions avec l'onguent mercuriel ; les
douleurs articulaires disparaissaient à la vérité, mais la
sensibilité était détruite en même temps :

> Mas otros curaban aquesta pasion,
> Que siempre habian sido de albardas maestros,
> Haciendo de azogue y de unto una unción.
> . . . .
> . . . .
> Quitaba el dolor destruyendo el sentido.

Quand reparaissait la sensibilité, les douleurs revenaient
naturellement. D'autres provoquaient au début des sueurs
abondantes ; mais cette méthode de traitement ne se recommande point par ses avantages : les humeurs les plus
ténues étant expulsées par la transpiration, il ne restait que
de grosses matières désséchées dont l'évacuation devenait
impossible.

Il faut commencer par atténuer les grosses humeurs avant de les évacuer, et tout d'abord voir s'il y a un vice dans le sang. Saignée de la basilique, du côté opposé à celui du membre supérieur qui souffre, et, si les deux membres sont douloureux, saignée des deux bras, suivant le précepte d'Avicenne. Sirop de fumeterre, à la dose de 2 onces en une seule prise, dans 3 onces d'eau ; et, pour calmer les humeurs irritées : infusion de fumeterre ou de buglose dans du petit-lait, lavements préparés avec une infusion de plantes aromatiques, dépuratives, émollientes, du miel, de l'huile et du sel ; c'est un excellent remède pour adoucir et évacuer :

> Aquesta le ablanda, evacua y remedia.

Cette médication doit être suivie huit jours durant ; ensuite doivent être administrés les minoratifs : l'auteur en donne la recette suivant le formulaire très-chargé de la pharmacopée arabe. Ces minoratifs, qu'il faut prendre le matin, et dont l'usage doit être réitéré, agissent comme purgatifs et émollients. On revient ensuite aux sirops et potions prescrits au début, et, quand les humeurs sont bien digérées, on purge énergiquement. L'amélioration est notable, lorsque les douleurs et les insomnies diminuent : les pustules n'augmentent pas en nombre, les démangeaisons sont moins fortes, les urines deviennent plus consistantes et de meilleur aspect, et elles déposent un sédiment blanchâtre. Quand le malade en est là, il faut le purger :

> A tal como aqueste tal purga se ordena.

Villalobos donne la formule du purgatif, non sans recommander au médecin de proportionner la force du remède à celle du malade :

> Y el fisico puede amenguar ó esforzar
> La purga, segun la virtud del paciente.

Après la purgation, les humeurs étant évacuées, il faut administrer tous les trois jours de la thériaque, la grosseur d'une aveline, dissoute dans du petit-lait. Ensuite on combat l'irritation du foie par des frictions appropriées, et finalement on s'occupe du traitement topique des pustules. On applique dessus un onguent ainsi composé : limaille d'argent, litharge, céruse, calcanthe (sulfate de cuivre), mercure, aloès, parties égales. Mêlez le tout avec de l'axonge, de l'huile de laurier-rose et du vinaigre, et pilez dans un mortier. Un onguent plus fort est celui que l'on prépare avec de l'arsenic, du soufre, de l'ellébore noir, de la résine de pin, en parties égales : on mêle au tout de la cendre d'aulx, de la myrrhe, de l'encens, de l'aloès, de la nielle (famille des renonculacées), de l'onguent mercuriel, du jus de citron et de l'huile. Appliquez sur les pustules. Pour adoucir les douleurs articulaires, on se sert d'un emplâtre composé de : térébenthine, 4 onces; nitre d'Alexandrie, même quantité; euphorbe, 3 dragmes, et une 1/2 livre de fénugrec réduit en farine; avec cela, 6 dragmes d'iris, 4 dragmes d'opoponax, 6 onces d'huile. C'est un grand remède, qu'on peut fortifier, en augmentant la dose d'euphorbe, en ajoutant de l'ammoniaque et du bdellium. Pour tout le reste, Avicenne est un excellent guide, et tout bon médecin doit savoir ce que ce grand homme a écrit sur les douleurs articulaires. Vers le déclin, il faut prescrire des bains où l'on fera infuser de la camomille, de l'anis, du fenouil, des roses, des violettes, de la rue, de la fumeterre, de la mauve, de la guimauve; la décoction de ces plantes est aussi excellente ; on y peut ajouter de l'ache (ou ciguë) et du chardon. Les bains doivent être continués pendant huit ou dix jours sans interruption, et, au sortir du bain, le malade doit être mis au lit et transpirer. En suivant ces prescriptions, le patient ne peut manquer de guérir :

Si aquesto se nace por órden, yo creo

Que aqueste hombre tal cumplira su deseo,
Porque este es camino de pronto sanar.

Il faut seulement, pour assurer sa guérison, que le con-
valescent évite avec le plus grand soin tout écart de régime,
le commerce des femmes et les mauvaises pensées, et aussi
les passions violentes et débilitantes :

Que huya manjares de mal nutrimiento,
Que huya mujeres y mal pensamiento,
Que huya la ira, furor y tristura.

Se nourrir de viandes légères, blanches, substantielles,
de poissons de rivière, bref prendre des aliments nutritifs
et de facile digestion; boire du vin rouge mêlé avec de l'eau
ferrée ; éviter la fatigue et le repos excessifs ; être sobre en
tout et prendre de l'exercice avec modération, particulièrement avant les repas.

Parvenu à la fin de son œuvre, l'auteur remercie Dieu,
qui lui a fait la grâce de l'éclairer et de le soutenir dans son
entreprise, et le prie de ne point permettre que la haine et
l'envie rendent inutiles ses longues veilles :

Y no de lugar á la envidia malina,
Que calle lo bueno, y pregone los yerros,
Que muchos letrados de la medicina,
Por cuanto concurren en una rapina,
Se muerden asi como gatos y perros.

Malgré les sentiments de confraternité qui distinguent
nos médecins contemporains, les vers de Villalobos pourraient trouver aujourd'hui leur application. Il faut observer
seulement que notre médecin-poëte appartenait à la race
irritable, et qu'il se plaint très-vivement de l'injustice dont
il a été la victime dans ses examens : Villalobos n'était encore que licencié en médecine de l'Université de Salaman-

que, quand il publia son poëme sur la syphilis (1). Aussi
se recommande-t-il à la clémence divine plutôt qu'à la
bienveillance ou à l'impartialité de ses pairs et de ses
maîtres :

> Y pues que los sabios, sabiendo la sciencia,
> Por ser maldicientes la quieren torcer,
> Remitolo todo á tu sancta clemencia,
> Que á los ponzoñosos hará resistencia,
> Y á las faldas lenguas hará enmudecer.

Au sujet du poëme dont on vient de lire l'analyse, un
bibliographe espagnol, la Serna Santander, a émis une
assertion sans fondement, en prétendant que, d'après Villalobos, le mal vénérien n'était pas connu en Espagne avant
l'année 1474, où il fut observé à Madrid. Le bibliographe
a raisonné faux; rien ne justifie, dans le poëme de *Las pestiferas bubas*, une pareille conjecture. Le deuxième dizain
du poëme, où il est question de la grande prospérité du
royaume d'Espagne, sous les *rois catholiques*, Ferdinand et
Isabelle, fait une mention spéciale de la découverte de l'A-
mérique :

> Con mucha grandeza en el mundo presente,
> *Con mas esperanza en aquel de acullá.*

De sorte que la conjecture de la Serna croule par la
base. D'un autre côté, pas un vers de ce poëme ne permet
de supposer que la syphilis fût, d'après Villalobos, d'im-
portation américaine. Le médecin-poëte parle du mal
comme d'une épidémie qui aurait fait brusquement invasion en tous lieux, et les rapprochements qu'il établit en-

---

(1) On lit à la fin : « Fenesce el Sumario de la medicina, hecho por el
licenciado Francisco Lopez de Villalobos, emendado y corregido por él
mismo, imprimido en la cibdad de Salamanca á sus espensas de Antonio
de Barreda, librero. Año del nascimiento de nuestro Salvador de
MCCCCXC y VIII.

tre le fléau épidémique et l'espèce de lèpre dont il est question dans la *Genèse*, semblent exclure de sa part toute préoccupation au sujet de la provenance étrangère de cette épidémie.

Quant à l'opinion de ceux qui pensent que le mal vénérien existait déjà en Europe avant d'éclater avec la fureur d'une épidémie, elle se trouve grandement autorisée par le texte qu'on va lire. Il est emprunté à la collection épistolaire de Pierre Martyr d'Anghiera, ce Milanais bel-esprit qui jouit d'une haute faveur à la cour des *rois catholiques*, et contribua pour sa part à la renaissance des lettres grecques et latines en Espagne. Dans la dernière épître du premier livre, la soixante-huitième du recueil, l'ingénieux humaniste s'adresse en ces termes au docteur Arias, Portugais, et professeur de grec en l'Université de Salamanque :

« In peculiarem te nostræ tempestatis morbum, qui appellatione hispana *Bubarum (las bubas)* dicitur, incidisse præcipitem, libero ad me scribis pede. Lugubri autem elogo calamitatem, ærumnasque gemis tuas, articulorum impedimentum, internodiorum hebetudinem, juncturarum omnium dolores intensos esse proclamas, ulcerum et oris fœditatem superadditam miseranda promis eloquentia, conquereris, lamentaris, deploras. Misereor quidem, Ari amicissime, tui, cuperemque te bene valere, sed minime, quod te prosternas, ignosco. Vale. Gienno, in nonis aprilis MCCCCLXXXVIII (1).

La date est précise. La lettre de Pierre Martyr est, par conséquent, antérieure de dix ans au poëme de Villalobos. Les symptômes du mal ne sont pas douteux : douleur intense des articulations, souffrances atroces, incapacité de se mouvoir, faiblesse, lourdeur et engourdissement des

---

(1) *Opus epistolarum* Petri Martyris Anglerii Mediolanensis... Amstejodami, typis elzevirianis, 1670, in-fol. à deux colonnes, lib. I, epist. 68, lol. 34.

membres, ulcères de la bouche, fétidité de l'haleine et le reste. Certes, le pauvre Arias avait de justes motifs de s'attrister sur son état de langueur, et les belles consolations de son correspondant ne pouvaient rien pour rétablir sa santé. Les remèdes prescrits par Villalobos étaient évidemment indiqués dans ce cas. Ils ne l'étaient pas moins dans le cas d'un autre professeur d'éloquence à Tolède, auquel Pierre Martyr écrivit en ces termes : « Tristor atque iterum angor, quando ista considero, interclusum tibi guttur, linguam corrosam, fœditate vultus ex elephantia (un des noms de la syphilis au seizième siècle) maceratum. » Cette seconde lettre porte la date de Burgos, décembre 1507 (1), et conséquemment est postérieure de dix-neuf ans à la première. Celle-ci a une très-haute importance, à cause de la date, étant antérieure de quatre ans à la découverte de l'Amérique. On ne saurait récuser d'ailleurs le texte de Pierre Martyr ni la date de cette précieuse lettre. Le recueil du savant humaniste, disposé d'après l'ordre chronologique, embrasse, en trente-sept livres, trente-cinq ans environ de l'histoire d'Espagne, depuis 1486 jusqu'en 1522. Il serait facile de démontrer avec évidence, d'après d'autres faits mentionnés dans la lettre en question, que la date est parfaitement exacte.

III. — Document pour servir à l'histoire de la chirurgie au seizième siècle.

L'observation chirurgicale que nous recommandons à la curiosité du lecteur, comme une pièce historique de grande importance, paraît pour la première fois en français. Elle est empruntée à un traité théorique et pratique de chirurgie en langue espagnole, œuvre considérable, consciencieuse, solide, dont l'auteur, traité par les biographes et

(1) Lib. XX, epist. 375, la dernière du livre.

bibliographes de la médecine d'une façon dédaigneuse et plus que légère, mérite une mention spéciale.

Son nom était Dionisio Daza Chacon. Né à Valladolid en 1503, il entreprit, à l'issue de ses humanités, l'étude de la chirurgie dans l'Université de cette ville. Ses premiers maîtres, le licencié Arias et le bachelier Torres, jouissaient alors d'une haute réputation. Préparé par leurs leçons, il alla étudier en médecine à l'Université de Salamanque et sous la direction d'un chirurgien de renom, Ponce le Petit (*el Chico*), il s'initia aux difficultés de la pratique chirurgicale.

Attaché de bonne heure au service des armées espagnoles, Daza déploya beaucoup de zèle, fit preuve de dévouement en des circonstances très-critiques, et sut gagner, par ses bonnes qualités, la protection toute-puissante de Charles-Quint. Il se distingua durant les campagnes de Flandre et d'Allemagne, notamment par le courage avec lequel il affronta la peste qui sévissait à Augsbourg en 1547. Son intrépidité dans cette occasion lui valut l'amitié du terrible duc d'Albe, cet homme dur qui ne craignait rien et ne s'étonnait de rien. Pour récompenser sa belle conduite, Charles-Quint recommanda Daza Chacon à son neveu Maximilien, fils de Ferdinand Ier, frère puîné de Charles-Quint, depuis empereur d'Allemagne, et alors en Espagne, pour son mariage avec l'infante doña Maria. Maximilien reçut le protégé de Charles-Quint à son service, et, à son départ, il le recommanda à la princesse doña Juana. Celle-ci était sur le point d'épouser le prince de Portugal, et emmena son chirurgien à Lisbonne ; après son veuvage, elle revint à Valladolid, et Daza la suivit.

Vers 1557, la place de chirurgien de l'hôpital royal de Valladolid était vacante par la mort du licencié Herrera, réputé très-habile dans sa profession. Daza désirait recueillir la succession de ce savant homme, et il la demanda à sa protectrice la princesse, qui gouvernait alors le royaume en l'absence de Philippe II ; sa demande lui fut accordée. Mais l'administration des hôpitaux protesta contre une nomination faite sans son consentement, en référa au conseil royal de Castille, et la place vacante fut mise au concours. Daza la disputa à trois autres compétiteurs dont il vante beaucoup le mérite, et, après des épreuves multipliées, il obtint la majorité des suffrages. Les juges du concours étaient au nombre de six ; quatre votèrent pour lui. La princesse fêta solennellement le succès de son chirurgien, et toute la cour suivit l'exemple de la princesse.

Daza remplit durant six années ses pénibles fonctions, et renonça à cette place qu'il avait si opiniâtrément disputée, pour entrer, en qualité de chirurgien ordinaire, au service de l'infant d'Espagne, don Carlos, fils de Philippe II, tout en restant attaché à la personne du roi et à la princesse régente. Il trouvait, d'ailleurs, à servir la famille royale, autant de profit que d'honneur.

Cependant la carrière active de Daza Chacon n'était point terminée. En 1569, Philippe II le préposa au service chirurgical de la flotte, commandée par son frère don Juan d'Autriche. Daza suivit encore ce prince dans son expédition contre les morisques de Grenade, et en 1571 il alla le rejoindre dans les mers du Levant ; il assista à la bataille de Lépante, et rentra en Espagne vers la fin de 1573. Enfin, après trente-sept ans de bons services, comme il dit, Philippe II lui accorda le titre de chirurgien honoraire, — ce qui ne s'était jamais vu jusque-là, ce titre ne s'accordant qu'aux médecins, — et ne retrancha rien de son traitement ordinaire.

La vieillesse de Daza s'écoula en paix, mais non dans l'oisiveté. A l'âge de 70 ans, après une vie tellement active, il recueillit les souvenirs de sa longue expérience, et les consigna dans un ouvrage qui résume toute la chirurgie (1). Ce

____

(1) *Práctica y teórica de cirujía, en romance y en latín : primera y*

grand traité dogmatique et pratique de chirurgie est en deux
parties, et chaque partie en trois livres. Une épître au lecteur expose le dessein et le but de l'ouvrage. Il paraît, d'a-
près cette pièce liminaire, que la tradition scolastique reprenait le dessus dans l'enseignement chirurgical dès la fin
du seizième siècle, et que les bons chirurgiens devenaient
de plus en plus rares. Daza exprime le désir de débarrasser
l'art chirurgical des superfluités parasites, et de former
des praticiens savants, et il écrit en espagnol et non pas
en latin, afin que son livre, étant plus accessible, soit utile
à un plus grand nombre.

Dans sa préface, qui n'est pas courte, il résume l'histoire
de la chirurgie avec une érudition et un jugement extraordinaires, et il parle brièvement, avec un grand sens, des
devoirs de la profession. La première partie traite des tumeurs de toute nature, des anévrysmes et de quelques maladies cutanées. La seconde partie, spécialement consacrée
aux blessures, fractures, luxations, est remarquable par les
vues saines et pratiques de l'auteur sur le traitement des
plaies par armes à feu. Les admirateurs les plus passionnés
d'Ambroise Paré trouveraient certainement beaucoup à
admirer dans le grand répertoire chirurgical de Dionisio
Daza Chacon.

Entre autres médecins et chirurgiens contemporains, il
y est souvent question d'André Vésale. Le praticien espagnol avait maintes fois vu opérer le grand anatomiste; mais
il ne le considérait pas comme un grand opérateur. Il rapporte même deux faits qui ne témoignent pas précisément
de l'habileté manuelle ou de la dextérité de Vésale. « Cet
homme, d'un si grand savoir, dit-il, était admirable dans
les dissections anatomiques (j'en ai bien souvent été témoin); mais il était lourd dans les opérations chirurgicales;

<hr>

*segunda parte, compuesta por el licenciado Dionisio Daza Chacon, médico
y cirujano de S. M. el rey don Felipe II.* — In-folio, 1580. — Plusieurs
éditions.

aussi me les confiait-il généralement : *Aunque hacia las sec-ciones anatómicas milagrosamente (como yo lo ví muchas veces), en las cirúrgicas era tardo, y asi casi me las cometia todas.* »

Vésale se trouva mêlé aussi à l'histoire qu'on va lire, et dont il est temps de dire quelques mots pour compléter cette introduction.

Il s'agit d'une blessure grave qui mit en péril la vie de don Carlos. Les historiens, qui ne consultent guère les documents médicaux, ont débité bien des sottises à l'occasion de cette blessure, et la plupart ont rapporté à Vésale tout le succès du traitement. Llorente, avec sa légèreté habituelle, a répété ce que d'autres avaient dit avant lui, et, en répétant une erreur, il a défiguré le nom du célèbre anatomiste belge, qu'il appelle Basili.

La relation très-détaillée de Daza rétablit la réalité des faits. Elle est extraite de son grand traité de chirurgie. Rien n'autorise à douter de l'authenticité de la narration ni de la véracité du narrateur. Daza parle en très-bons termes des médecins et chirurgiens qui traitèrent avec lui la blessure du prince. Il les nomme tous par leur nom, sauf un chirurgien qu'il appelle le docteur portugais, et contre lequel il nourrissait peut-être quelque secret ressentiment. Quant à Vésale, il n'en parle qu'avec éloge ; mais il constate que son avis ne fut pas suivi dans le traitement.

Vésale, en présence d'une lésion grave de la tête, proposait la trépanation, et les historiens, qui ne vont jamais à la source, ont écrit en effet que don Carlos fut trépané : assertion erronée, d'après le journal de Daza Chacon. L'os ne fut pas trépané, mais ruginé seulement. Il est vrai que la rugine pénétra assez profondément, puisque la partie spongieuse de l'os fut mise à nu ; mais la table interne du crâne resta intacte, tandis que, d'après le dire des historiens, un disque osseux aurait été enlevé par l'application d'un trépan à couronne. D'après la relation de Daza, la rugine agit tout au plus comme aurait pu le faire un trépan exfoliatif ; le séquestre qui se détacha par la suite n'intéressait pas toute l'épaisseur du crâne ; la lésion de l'os était donc superficielle.

Les gens du métier qui liront l'observation de Daza sauront très-bien l'interpréter, et ils rendront justice au grand sens pratique de cet habile chirurgien. Il nous a laissé une page bien curieuse pour la connaissance des mœurs médicales de son temps. Le récit de cette cure chirurgicale est un petit drame. Le patient est un prince que l'histoire et le roman se disputent. Philippe II intervient çà et là avec une sollicitude qui n'était point habituelle. Le corps d'un bienheureux moine, réputé saint, intervient aussi, sans opérer de miracle. Un empirique accourt, après lui, avec des spécifiques d'une efficacité certaine, et il n'est pas plus heureux. Enfin, le prince recouvre la santé après de longues souffrances, et, malgré les témoignages de gratitude qu'il prodigue aux saints et à la Vierge, tout permet de croire que le bon résultat venait des médecins qui lui avaient donné des soins. Ils étaient pourtant neuf, et ils firent plus de cinquante consultations.

RELATION VÉRITABLE DE LA PLAIE DE TÊTE DU PRINCE SÉRÉNISSIME NOTRE SEIGNEUR DON CARLOS, DE GLORIEUSE MÉMOIRE.

Très-haut et puissant seigneur,

Si grande a été la grâce que Dieu Notre-Seigneur a faite à tous les royaumes et domaines de Votre Altesse en donnant une heureuse terminaison à votre blessure, cas tellement grave et alarmant, qu'il semble en vérité qu'un pareil succès ait été une faveur du ciel, obtenue par les prières, les rogations et les larmes répandues en abondance en Espagne et ailleurs, plutôt qu'un effet du cours naturel des choses. Il est vrai aussi qu'au point de vue des ressources possibles, Sa Majesté et Votre Altesse sont parfaitement assurées que rien d'essentiel ne fut négligé, comme il convenait d'ailleurs en un sujet qui n'a point son égal sur la terre; sans compter que le roi notre souverain et maître assistait au traitement et à la plupart des consultations. Votre Altesse m'a ordonné d'écrire (bien que d'autres eusent pu s'en acquitter mieux que moi) la relation et l'issue de ce traitement, en descendant aux plus menus détails. Deux raisons ont motivé votre choix. D'abord je suis au service de Votre Altesse, et je fus présent à tout dès le commencement. En second lieu, Votre Altesse a su que, dès le lendemain de la blessure, la princesse sérénissime de Portugal, doña Juana, dont j'étais depuis longues années le serviteur, me dépêcha, par le marquis de Sarria, son premier majordome, l'ordre exprès de lui rendre bien exactement compte par écrit de tout ce qui arriverait chaque jour, sans en laisser passer un seul. Ainsi fis-je, non sans supplier Son Altesse de vouloir bien conserver toutes mes lettres. Elle y consentit, et c'est d'après ces lettres, maintenant en ma possession, que j'ai extrait le récit suivant, comme d'un recueil de documents sans lequel le souvenir de tant de particularités ne se fût point transmis.

Dans la ville d'Alcalá de Hénarès, le dimanche 19 avril de l'année 1562, cinquante jours précisément après la cessation de la fièvre quarte, pour laquelle il avait subi un traitement en ladite ville, ce jour-là le prince notre maître, après avoir fait son repas, vers midi et demi, comme il descendait un escalier très-noir et dont les marches étaient fort dégradées, ayant encore cinq degrés à franchir pour achever la descente, son pied droit étant lancé en avant et dans le vide, il fit un tour sur lui-même, tomba, et sa tête alla frapper rudement contre une porte fermée qui était au bas de l'escalier, les pieds restant plus haut. Le coup porta sur la partie postérieure de la tête, du côté gauche, tout près de la commissure dite *lambdoïde*, à cause de sa ressemblance avec cette lettre grecque **A**. Mandé aussitôt, je découvris la blessure en présence de don Garcia de Tolède, gouverneur et premier majordome du prince, de Luis Quijada, premier écuyer de Son Altesse, et des docteurs Vega et Olivarès, ses médecins ordinaires, et j'aperçus une plaie de la grosseur de l'ongle du pouce, dont les bords étaient fort contus; le péricrâne, mis à nu, parut aussi légèrement contusionné. Cela fait, ayant préparé ce qu'il fallait, je commençai à panser la plaie, et Son Altesse se plaignait et souffrait excessivement. Alors Luis Quijada (craignant que je ne fisse pas mon devoir pour ménager la sensibilité de Son Altesse) : « Ne le traitez point en prince, me dit-il, mais comme un simple particulier. » A quoi les docteurs répondirent qu'il était fait ainsi.

Après le pansement, Son Altesse fut mise au lit, et, tandis qu'une saignée était prescrite en consultation, il commença à transpirer, et la transpiration dura plus d'une heure et demie, et ce fut le motif qui fit différer la saignée. Quand la moiteur eut disparu, le prince, ayant été essuyé, prit une médecine qui opéra fort bien, et un moment après, il fut saigné du bras droit, parce que nous pensâmes qu'il y avait réplétion de la veine basilique (*de todo el cuerpo*); la saignée fut de 8 onces, et bientôt il y eut un peu de fièvre. Le pansement étant achevé, don Garcia de Tolède dépêcha don Diego de Acuña, gentilhomme de la chambre de Son Altesse, à Sa Majesté, pour l'informer de ce qui était advenu. Le roi donna ordre au docteur Juan Gutierrez, son médecin et archiâtre, de partir sans retard pour Alcalá, et d'emmener avec lui le docteur portugais et Pedro de Torres, chirurgien de Sa Majesté. Ils arrivèrent tous à Alcalá, le lundi d'après, dès la pointe du jour. Comme je me préparais à faire le pansement, Son Altesse me dit : « Licencié, j'aurai plaisir à être pansé par le docteur portugais, et ne soyez point fâché de cela. » Moi, prévoyant que tel était le désir de ce grand prince, je répondis que j'en serais charmé, puisque telle était la bonne volonté de Son Altesse. Cependant il en aurait pu coûter la vie à Son Altesse comme on le verra ci-après. Ainsi fut pansée Son Altesse, en présence des personnes susdites et de ceux qui étaient à Alcalá, à huit heures du matin.

Le pansement terminé, nous nous assemblâmes, suivant l'ordre de don Garcia de Tolède et en sa présence, et nous décidâmes ainsi : Attendu que son Altesse avait la fièvre, qu'on était au printemps, et que la gravité de la chute, l'âge et le régime antérieur du patient n'y étaient pas un obstacle ; que depuis vingt mois que Son Altesse souffrait de la fièvre quarte, il n'avait jamais cessé de se nourrir fort bien et d'aliments de bonne substance, et qu'il n'avait été saigné et purgé qu'une seule fois, et encore fort légèrement ; pour toutes ces raisons, il parut nécessaire de réitérer la saignée, et il fut saigné, en conséquence, de la veine basilique du bras gauche ; 8 onces de sang environ furent tirées. Ce jour-là, Son Altesse mangea des pruneaux, une cuisse de poulet, prit un peu de bouillon et un peu de marmelade vers la fin du repas. Cette collation lui fut permise à cause de l'âge, de l'habitude et de la saison. Il soupa avec des pruneaux, du bouillon et un peu de conserve.

Tel fut le régime observé jusqu'après le septième jour. Jusqu'au quatrième, la fièvre fut assez légère. Il y eut un petit augment à partir de ce quatrième jour, et nous aperçumes sur le côté gauche du cou les glandes gonflées et légèrement douloureuses. Il y eut aussi une enflure à la jambe droite ; mais, comme ce symptôme était habituel, durant la fièvre quarte de Son Altesse, nous n'y fîmes pas grande attention, non plus qu'à la tuméfaction des glandes, à cause que Son Altesse se trouvait très-fort enrhumée lors de sa chute. Passé le quatrième jour, nouvelle rémission de la fièvre ; de même le cinquième et le sixième ; si bien que le septième jour et la fièvre se terminèrent ensemble ; terminaison amenée en partie par un purgatif (2 onces de manne) qui opéra à merveille.

La plaie allait de bien en mieux : bonne suppuration, bonne couleur des bords, et aussi du péricrâne. Cette amélioration nous engagea à ne rien changer au traitement suivi jusque-là non plus qu'au régime et à l'ordre des repas de Son Altesse. Le dixième jour depuis la chute, à l'heure du pansement, la plaie n'allait pas aussi bien; la couleur n'était plus aussi bonne, son mauvais aspect nous fit craindre quelque fâcheux retour, comme il arrive aux plaies de tête. Plus de la moitié du onzième jour s'était écoulée, et jusque-là le sommeil et l'appétit n'allaient pas mal, lorsque le mercredi, un peu avant minuit, Son Altesse ressentit un léger frisson, et, comme la température était alors très-fraîche, il ne s'en inquiéta point, n'appela auprès de lui aucun médecin, et il fit de vains efforts pour s'endormir. Don Garcia de Tolède manda en conséquence le docteur Olivarès, sur les deux heures de la nuit. Le docteur arriva en hâte, trouva le malade avec une forte fièvre, et toutefois, pour ne pas l'alarmer, lui dit que ce n'était rien, et qu'il n'y avait qu'un léger trouble. « La fièvre, dit Son Altesse, et le onzième jour d'une blessure à la tête, mauvais signe. » La fièvre était si forte, qu'il ne put fermer l'œil jusqu'au matin. Alors furent convoqués tous les médecins et chirurgiens, et ils vinrent le jeudi, dernier d'avril. Don Garcia de Tolede les réunit afin d'avoir leur opinion sur le parti à prendre.

Eu égard à ce qui a été exposé, et d'autant que la douleur de la partie tuméfiée du cou avait reparu, ainsi que le gonflement de la jambe, tous furent d'avis que ces symptômes annonçaient une de ces deux choses : ou une lésion interne, on une altération du péricrâne, avec quelque dépôt de matière qui ne trouvait point d'issue. Ce qui nous fit pencher davantage de ce côté, c'est que dans le pansement de la veille, à savoir le neuvième jour, le docteur portugais

n'avait point accommodé la plaie comme d'habitude, et s'y
était refusé malgré l'invitation qui lui en fut faite. Il s'était
borné à mettre une tente de charpie sur l'ouverture, et
par-dessus beaucoup de compresses sèches; si bien qu'il
obtura l'orifice, et la matière de mauvaise qualité s'étant
accumulée dans la cavité, elle suffit pour produire les accidents susdits. Quelle qu'en fût la cause, il parut nécessaire
de mettre la plaie à nu et d'agrandir l'orifice, de façon à
pénétrer plus avant en cas de lésion interne, ou à donner
issue à la matière qui s'était infiltrée dans la plaie; d'autant
que cette matière pouvait couler de la plaie dans l'intérieur
par la commissure, et d'ailleurs il y avait peut-être du pus
dans la partie osseuse. Jusque-là on s'était abstenu de pareille opération, parce qu'il ne semblait pas raisonnable
d'exposer la vie de Son Altesse sans de justes motifs; car
il arrive souvent que la portion altérée du péricrâne se détache naturellement, et il n'y a point de chirurgien qui ne
sache que pareils accidents se produisent ordinairement
durant ce travail.

En présence de ces symptômes, je proposai, en consultation, qu'eu égard à la grande incertitude du cas, l'on fît
venir le bachelier Torres, chirurgien résidant à Valladolid,
mon maître, homme de beaucoup de savoir et de grande
expérience. La proposition fut agréée, et don Garcia de
Tolède fit aussitôt dépêcher un courrier. Celui-ci alla vite,
si bien que, dès le 6 mai, le bachelier Torres se trouvait au
milieu de nous. D'après la décision adoptée par les six qui
étaient là, la table crânienne fut mise à découvert par une
incision en forme de **T** (*en forma de T'ao*). Le péricrâne fut
écarté avec une facilité extrême; car il était en pourriture,
et par suite de la contusion, et à cause de la grande quantité
de matière qui s'était infiltrée dans son tissu, sans trouver
un passage pour s'écouler lorsque l'orifice fut bouché le
neuvième jour, avant que les chairs eussent pris consistance. L'incision pratiquée, la grande abondance du sang

qui fluait ne permit pas de voir si l'os était lésé ; il fallut se contenter d'arrêter le flux de sang et d'achever le pansement. Un courrier fut dépêché en toute hâte à Sa Majesté pour lui rendre compte de ce qui s'était fait, l'incision ayant été pratiquée sans le prévenir, à cause du danger qu'il y aurait eu à la différer plus longtemps, de l'avis de tous.

Le roi, aussitôt la nouvelle reçue, partit de Madrid le vendredi, 1er mai, avant qu'il fût jour, et il arriva à Alcala avant l'heure du pansement, lequel fut pratiqué en présence de Sa Majesté et du docteur André Vésale, très-savant homme. Durant ce pansement la table osseuse fut examinée très-attentivement, mais sans laisser paraître ni fracture ni fêlure ; à un certain endroit seulement se voyait une toute petite tache. Cet indice nous induisit à soupçonner une contusion de l'os, et, s'il persistait, il fallait ruginer l'os de manière à savoir en quel état il se trouvait. Le jour suivant, c'est-à-dire le samedi 2 mai, Son Altesse fut pansée à neuf heures du matin, et nous constatâmes que la tache du crâne avait disparu. Ni plus ni moins le dimanche. Nous en conclûmes que l'indice n'était que superficiel, et qu'il provenait sans doute de quelque matière retenue. Les deux jours qui précédèrent l'ouverture, dès que l'os fut mis à découvert, Son Altesse fut pansée comme il suit : de la poudre d'iris et d'aristoloche sur l'os, sur les lèvres de la plaie un onguent digestif avec de la térébenthine et des jaunes d'œuf, tant qu'il fut nécessaire de favoriser la suppuration, ensuite du miel rosat pour mondifier, et par-dessus l'emplâtre de bétoine, à cause de l'état de plénitude du prince, lors de sa chute, et, malgré la purgation, les deux saignées et la diète observée durant le régime dont il a été question.

A partir du vendredi, c'est-à-dire le jour d'après la mise à nu de l'os, la tête commença d'enfler ; érysipèle considérable, écoulement d'un sang épais. L'enflure gagna d'abord tout le côté gauche de l'oreille à l'œil ; ensuite le côté droit, si bien que l'apostème s'étendit par tout le visage et descendit de là jusqu'au col, la poitrine et les bras.

Tant que l'inflammation se maintint sur la tête et les commissures, nous ne fîmes point usage de remèdes particuliers et topiques; car ces remèdes devant être répulsifs, il fallait s'en abstenir pour ne pas repousser l'érysipèle à l'intérieur. La saignée ne fut pas non plus pratiquée, parce qu'il nous sembla que l'état des forces ne permettait point de tirer du sang par la veine. D'ailleurs, il fallait songer à la longue durée de la plaie, et force nous était de conserver la puissance de réaction, ainsi qu'il convient dans les longues maladies, car, cette puissance de réaction étant affaiblie, il ne reste plus de ressource. Nous nous bornâmes pour lors à frictionner les jambes, aux embrocations et aux ventouses. L'alimentation fut réduite, le prince ne recevait qu'un peu de bouillon, quand nous le jugions à propos. A mesure que cette tuméfaction de la tête déclinait, on appliqua les remèdes particuliers et convenables, des répulsifs mêlés à des résolutifs, l'inflammation ayant franchi le premier période pour entrer dans l'augment. Si grande était la chaleur de cet érysipèle et si intense la fièvre dans ses redoublements tertiaires, que le calorifique ayant gagné la partie intérieure, il survint un délire qui persista cinq jours et cinq nuits. Nous en conçumes de vives alarmes, et les avis se partagèrent en conséquence, notamment le lundi 4 mai, au point du jour.

En ce moment, Son Altesse étant sur le vase, et rendant des matières cholériques et fort corrompues, il prit froid, et son pouls baissa, sans qu'il éprouvât néanmoins ni frisson ni tremblement. Voyant cela, le docteur Vésale et le docteur portugais pensèrent que la lésion était à l'intérieur, et que l'unique moyen de guérison, c'était de percer l'os jusqu'aux membranes; tel fut leur avis aussi longtemps que dura la fièvre, et ils faisaient fi de tout autre moyen. Hormis eux, nous étions tous persuadés que ces symptômes ne pouvaient répondre qu'à l'une de ces deux causes : ou bien l'os du crâne était en suppuration (et dans ce cas il fallait ruginer), d'après les signes indiqués, d'autant que le lundi 4, le mardi et les autres jours qui suivirent l'incision, reparut la petite tache dont il a été fait mention ; ou bien l'inflammation extérieure s'était communiquée par les sutures aux membranes du cerveau ; nous inclinions même à croire qu'il en était ainsi, et que la lésion interne, si elle existait, ne reconnaissait point d'autre origine. Vésale ne manqua point de bonnes raisons pour soutenir sa manière de voir, comme il est facile de l'induire de ce qui précède. Il y a même des hommes de l'art qui n'y étaient point et qui ont prétendu que le cas n'était pas de ceux que l'art peut prévoir, et que le succès ne fut qu'un effet du hasard.

Bien que, dans cette relation, il ne doive être question que de ce qui a plus directement rapport à la blessure de Votre Altesse, toutefois, afin que les médecins qui liront cela se rendent bien compte de nos raisons, j'exposerai ici notre opinion telle que nous l'exposâmes, nous tous qui la partagions, en présence de Sa Majesté. Nous fûmes assurés que les signes indiqués n'accusaient aucun dommage à l'intérieur, attendu que la fièvre, survenue à Son Altesse vers le milieu du onzième jour, survint sans frisson, étant d'ailleurs, comme je l'ai dit, la conséquece de la putréfaction du péricrâne, lequel se détacha de l'os avec la plus grande facilité, sans qu'il y eût vomissement ni convulsions. Quant aux glandes tuméfiées sur le côté gauche de la partie postérieure du cou, ce n'était qu'une fluxion catarrhale, car, ainsi que je l'ai dit, Son Altesse avait un gros rhume lors de sa chute. Pour ce qui est de l'engourdissement de la jambe, j'ai dit aussi qu'il le ressentait souvent durant sa fièvre quarte. Le délire qui éclata ensuite le mardi 5 mai ne fut qu'un accident de la fièvre et de l'érysipèle. Quand celui-ci eut gagné la commissure, la fièvre étant plus forte, le prince délirait davantage, tandis qu'à mesure que diminuaient l'érysipèle et la fièvre, il délirait moins. Et d'ailleurs il n'y eut pas, encore une fois, ni frissons, ni vomissements, ni nausées. Voyant donc que les causes du délire étaient si évidentes et que les mêmes causes avaient produit l'insomnie, et la fièvre violente, et l'érysipèle de la tête, lequel, gagnant les commissures, avait pénétré jusqu'aux membranes dont l'inflammation provoqua réellement le délire; en l'absence de signes certains d'une lésion interne, signes qui, loin de rester cachés, se manifestent souvent, quoique sans régularité; voyant tout cela, nous crûmes que notre opinion était fondée. Nous n'osâmes pas non plus affirmer qu'il y eût lésion de l'os ; car, ayant conservé sa blancheur deux jours de suite, ainsi qu'il a été dit, la tache qui parut le vendredi fut considérée comme superficielle, et, si elle reparut dans la suite, ce ne fut que par l'effet des médicaments. Que si quelqu'un demande pourquoi l'os était taché en cet endroit seulement, et non dans toute la portion mise à découvert, je réponds que c'était par suite d'une altération résultant d'une exposition plus prolongée à l'air, étant resté plus longtemps à nu, et qu'en conséquence ce point-là pouvait se teindre en quelque sorte de la couleur des médicaments, et non la partie restante dont la surface était plus nette, plus polie et moins altérée. Ce n'est pas à dire que ceux qui opinaient pour une lésion interne n'eussent d'excellentes raisons et en grand nombre ; mais il n'est pas juste qu'il soit dit de ceux dont la sagacité sut prévoir ce qui parut ensuite avec évidence, que nous n'y fûmes amenés que par manière de divination, et non par des motifs parfaitement fondés en raison, quoique, à dire vrai, il fût permis de nous traiter de devins pour avoir pronostiqué l'inconnu.

Je me suis étendu sur ce point, parce qu'étant capital, il souleva des doutes et fut souvent remis en discussion. Pour lors on continua de panser Son Altesse sans toucher à l'os.

Le mercredi 6 mai, le bachelier Torres arriva, et il fut d'avis de ruginer l'os, tout en recommandant de remettre l'opération à un autre jour. Cependant l'érysipèle allait croissant, et la fièvre aussi, avec des redoublements, et quoique Son Altesse eût jusqu'à trois, quatre et cinq garde-robes par jour, considérant que malgré tout il ne se produisait aucun effet solide, il nous parut convenable de suivre la voie que nous indiquait la nature et de venir à son aide. Nous craignions seulement qu'il ne vomît le purgatif, ce qui eût occasionné un grave dommage, à cause de la plaie et de l'énorme enflure de la tête. Aussi n'osâmes-nous prescrire que 3 onces de sirop des neuf infusions, tout fraîchement préparé. Son Altesse le prit de très-bon cœur, au point de demander le peu qui était resté au fond du verre. L'estomac n'en éprouva aucun trouble, mais le ventre s'ouvrit, et il y eut plus de vingt garde-robes. Le purgatif fut administré le jeudi 7 mai, à quatre heures du matin, deux heures après la consultation, et certes ce fut une décision des plus sages durant le cours de cette maladie.

Il est vrai qu'il se trouva des censeurs qui en jugèrent autrement, sans savoir pourquoi. Le samedi, à quatre heures du matin, c'est-à-dire vers la fin du vingtième jour, le doute persistant encore au sujet de la lésion de l'os, la proposition de le ruginer nous fut encore faite. Il n'y avait pas grand inconvénient à essayer, car Son Altesse se trouvait dans un tel trouble d'intelligence qu'il ne pouvait comprendre de quoi il s'agissait, et qu'il ne devait en ressentir aucune espèce de douleur. Voyant d'ailleurs que la plupart étaient de cet avis, et le désir que Sa Majesté et les grands qui se trouvaient présents témoignaient pour cette opération ; voyant aussi le péril que courait Son Altesse et le peu d'espoir de guérison que nous donnaient les symptômes visibles, nous consentîmes à la rugination. Ceci se passait le samedi, à neuf heures du matin, trois heures avant que d'entrer dans le vingt et unième jour. Le docteur portugais fit la première application de la rugine, et, quelques instants après, le duc d'Albe m'ordonna à moi de continuer. Je continuai de ruginer, et bientôt après je rencontrai l'os, blanc et solide, et de la partie poreuse de l'os jaillirent des gouttelettes d'un sang très-rouge, et là-dessus j'arrêtai la rugine. Il fut alors visible à tous les yeux qu'il n'y avait point de lésion dans l'os non plus que dans la partie interne correspondante. Ainsi disparurent les doutes que l'on avait émis jusque-là, de sorte que tous, hormis Vésale et le Portugais, qui ne changèrent jamais d'avis, nous fûmes assurés que le dommage n'était qu'accidentel et un pur effet de la fièvre et de l'érysipèle (1).

Tous ces jours-là la plaie rendait peu de matière, les bords étaient flasques et de couleur blafarde et fort écartés. Le gonflement gagna les yeux, et nous prévîmes qu'ils suppureraient. Voyant donc combien la blessure allait mal, quoiqu'il fût démontré que les remèdes dont on faisait usage étaient très-convenables, de sorte que le mauvais résultat ne provenait point des remèdes, mais de l'absence de la puissance de réaction et de l'extrême violence de la fièvre ; et d'autant que la vertu de réaction étant affaiblie, loin d'exercer une influence salutaire dans les parties faibles et lésées, elle ne le peut pas même dans celles qui n'ont point de lésion spéciale, et attendu que la chaleur anormale qui résultait d'une fièvre tellement intense devait de toute nécessité consumer la matière ou l'altérer; on nous avait maintes fois proposé de panser Son Altesse avec les onguents du Pinterete, un Maure du royaume de Valence, dont l'un est blanc et considéré comme répercussif,

(1) Dans un commentaire qui suivra l'observation chirurgicale de Dionisio Daza, nous expliquerons ce passage important et d'un sens très-difficile, en nous servant d'une autre relation de la maladie de don Carlos, écrite par son premier médecin, le docteur Olivarès.

et l'autre noir et très-chaud, à tel point qu'il le faut tempérer en le mélangeant avec le blanc.

La plupart d'entre nous y avaient fait opposition, d'abord parce que nous ne connaissions pas la composition de ces onguents, et il ne paraissait pas raisonnable qu'en un cas d'une telle gravité, le patient étant d'ailleurs un si grand prince, on fît usage de remèdes dont on ne connaissait point les ingrédients. Ensuite il ne nous sembla pas qu'il fût conforme à la raison d'user toujours des mêmes médicaments, sans distinction des temps, des âges, ni des complexions. Néanmoins, voyant que plusieurs accordaient une grande confiance à ces onguents, et que l'opinion publique nous reprochait à tous de ne pas en user, et comme quelques-uns des médecins et des chirurgiens qui étaient présents en avaient fait usage dans certains cas graves, il nous sembla bon d'en faire l'expérience et de les employer suivant les prescriptions mêmes du Maure, que nous attendions d'heure en heure. Les onguents furent appliqués le vendredi et le samedi avant son arrivée. Le Maure arriva dans la nuit du samedi, le 9 mai. Le dimanche qui suivit, il assista au pansement de Son Altesse, pour lequel on employa ses onguents. Le lundi, il les appliqua de ses propres mains. Le mardi, ce fut le docteur portugais qui recommença à les appliquer. Pendant tous ces jours, bien qu'il y eût une amélioration sensible dans tous les symptômes accidentels, la plaie allait de mal en pire. L'onguent noir l'avait brûlée, à tel point que l'os devint noir comme de l'encre. On comprit alors que la force de réaction s'accroissant, tandis que diminuait la fièvre, le vice était dans les onguents, qui ne convenaient guère aux chairs de Son Altesse. Il fut donc convenu que l'on se débarrasserait des onguents et du petit Maure, lequel s'en alla à Madrid pour y traiter Hernando de Vega, qu'il envoya au ciel à l'aide de ses onguents.

Des pansements de Son Altesse recommencèrent donc, suivant notre méthode, comme il sera dit ci-après. Le sa-

medi, vingt et unième jour de la chute, le 9 mai, de tous
les symptômes que présentait Son Altesse, il n'y en avait
pas un seul qui ne fût mortel. Nous n'avions plus de confiance qu'en la miséricorde de Dieu et en l'âge de Son Altesse, qui ne dépassait point dix-sept ans. Nous savions
aussi que son pouls naturel n'était pas très-fort. Ce samedi-
là, dans l'après-midi, la ville (1) vint au palais, en procession, avec le corps de saint Diego, dont la vie et les miracles
sont si connus. On le déposa dans la chambre du prince, et
on l'approcha de sa personne le plus près qu'il fut possible.
Mais Son Altesse était ce jour-là tellement hors d'elle-
même et ses yeux tellement fermés par l'enflure, qu'elle
ne dut guère se rendre compte de ce qui se passait. Voyant
cela, Sa Majesté, prévenue d'ailleurs par le docteur Ména,
médecin de la cour, qui lui dit que Son Altesse allait trépasser sans aucun doute, quitta Alcala entre dix et onze
heures de la nuit, au milieu d'une obscurité profonde et
d'un grand orage. Il s'en alla à Saint-Jérôme de Madrid,
avec autant de chagrin que nous pouvons tous l'imaginer,
nous laissant fort en peine et dans un excessif embarras.

Outre le grand souci que nous donnait, en notre qualité
de serviteurs et de sujets, la grande responsabilité d'un cas
aussi grave, nous étions tous fort en peine, et moi encore
plus que les autres, parce que le public prétendait que dès
les premiers pansements je n'avais pas fait ce qu'il fallait.
Considérant qu'en un mal tellement aigu, le retard était
périlleux, le vendredi soir, six ventouses furent appliquées,
dont deux scarifiées. Le même jour, on fit des fomentations
aux jambes pour dériver, et à la tête pour ramollir et provoquer le sommeil, et de la vapeur fut portée sous les na-
rines pour la même fin. Le samedi, l'on réitéra les mêmes
fomentations, et, le même jour encore, on fit une application
de six ventouses sèches aux épaules, et le soir une saignée

(1) Le corps municipal de la ville.

du nez, avec la lancette, et, à dix heures du soir, on appliqua de nouveau cinq ventouses. Grâce à ces moyens, Dieu voulut bien permettre que Son Altesse dormît cette nuit-là cinq heures, en plusieurs fois. Le matin, le pouls était plus fort et le délire moindre.

A la suite de ce mieux, le dimanche, dès le point du jour, le duc d'Albe dépêcha à Sa Majesté l'alguazil Malaguilla, lequel arriva à Madrid au moment même que l'on promenait en procession Notre-Dame d'Atocha. Sa Majesté la reine notre maîtresse et la princesse sérénissime Dona Juana suivaient le cortége, et ce fut là qu'il leur donna la bonne nouvelle. On pense bien que Leurs Majestés en ressentirent une joie extrême. La nuit du dimanche, il (le prince) dormit autant, de même que le lundi et le mardi. La plaie, comme il a été dit, malgré toutes ces améliorations, allait de mal en pis, grâce aux onguents du Maure. Pour enlever la chaleur excessive qu'avait produite l'onguent noir, lequel n'était autre chose, à notre avis, qu'un excellent caustique, le mercredi 13 mai, Son Altesse fut pansée avec de la charpie sèche, dans le voisinage de l'os, et sur les lèvres de la plaie, avec un peu de beurre frais, lavé à l'eau de roses, et, par-dessus, le cataplasme de bétoine.

Ce jour-là Sa Majesté revint à Alcala, Son Altesse ayant déjà recouvré toute sa raison, en partie le sommeil, bien que celui-ci fût troublé par les redoublements de la fièvre. Malgré les fomentations et les emplâtres qu'on appliqua aux yeux, pour résoudre modérément, la matière était si épaisse que, ne pouvant se résoudre, elle vint à maturité, d'abord à l'œil gauche, le premier atteint par l'érysipèle. Les urines portaient toujours des signes de crudité ; aussi nous parut-il utile que Son Altesse prît quelque sirop de ceux qui ont la vertu d'atténuer et de tempérer, et il en prit pendant neuf ou dix jours. Le jeudi 14 mai, au soir, la plaie fut pansée de même que le jour précédent, et il se trouva que la matière

était de meilleure qualité. Le vendredi suivant, à deux
heures et demie, la plaie contenait une assez forte quantité
de matière, les bords étaient modérément rouges, plus con-
sistants et plus rapprochés. A partir de ce jour-là, Son Altesse fut pansée avec de la poudre d'iris, près de l'os, avec
de l'onguent digestif sur les bords de la plaie, et le cataplasme
de bétoine par-dessus. Son Altesse soupa vers les quatre
heures, parce que nous attendions le nouvel accès à dix
heures; mais il fut en avance de trois heures, et arriva à
sept. Au commencement, le prince ne dormit pas. A trois
heures du matin, il but 3 onces d'eau, avec une tablette de
manuschristi, et là-dessus il s'endormit jusqu'à six heures,
le 16 mai. Cette nuit-là, il dormit environ huit heures.

Ce jour-là, après avoir touché tous l'œil gauche, il nous
sembla qu'il renfermait de la matière; le docteur portugais
fut le seul qui n'en trouva pas, bien qu'il eût tâté avec un
soin très-attentif. On convint de faire une ouverture avec la
pointe d'une lancette; ce fut le docteur Pedro de Torres qui
la pratiqua, et il s'en échappa une matière épaisse et blanche; un plus long retard aurait pu donner lieu à une fistule.
L'œil droit ne parut pas pour lors contenir de la matière;
aussi n'y fit-on pas d'ouverture. Ce jour-là Son Altesse mangea comme à l'ordinaire, dormit une heure après son repas,
s'éveilla dispos et avec très-peu de fièvre; la tête fut pansée
sur les quatre heures. A tout prendre, la blessure allait
mieux. Souper à cinq heures; à huit heures du soir, l'œil
droit s'entr'ouvrit et il en sortit beaucoup de matière; d'ailleurs il fallut y pratiquer une ouverture, ainsi qu'à celui de
gauche.

Ce samedi-là, depuis le moment du réveil de Son Altesse
jusqu'au pansement du dimanche 17 mai au matin, la rémission de la fièvre était notable. Ayant pris du sirop, il se
rendormit jusqu'à huit heures, et à l'instant les deux yeux
furent pansés; la matière qui s'écoula du gauche était
épaisse et grumeleuse; celle du droit était de meilleure ap-

parence. Ce jour-là il mangea vers neuf heures et se trouva bien toute l'après-midi ; il ne dormit point à midi ; à trois heures, pansement de la tête, laquelle se trouvait en bien meilleur état que le jour précédent. Il soupa à cinq heures, et se mit à dormir à dix heures. Ce jour-là il y eut un petit augment ; aussi dormit-il moins que la nuit précédente. Nous lui donnâmes le sirop à cinq heures et demie ; les yeux furent pansés à huit heures : l'œil droit se trouva en fort bon état ; il n'en fut pas ainsi du gauche ; l'humeur y avait afflué en plus grande abondance, à cause de la plaie qui se trouvait de ce côté. A neuf heures sonnées il mangea raisonnablement des mets accoutumés. Le lundi 19 mai, il n'eut, durant toute la journée, que très-peu de fièvre ; la plaie fut pansée à trois heures, avec une amélioration notable ; il soupa entre quatre et cinq heures ; à huit heures, nouveau pansement des yeux ; l'œil gauche était fortement gonflé, mais ne rendait rien.

Aussi le docteur Torres, insinuant la sonde par l'ouverture qu'il avait pratiquée, fit écouler quantité d'une matière ténue, ce qui amena une forte diminution du gonflement ; et Son Altesse put ouvrir l'œil un peu mieux qu'il n'avait fait jusque-là et avec bien moins de difficulté. L'œil droit allait bien. Cette nuit-là Son Altesse dormit environ dix heures. Le mardi matin, les yeux furent pansés ; l'œil droit allait tout à fait bien ; plus de matière ; quant à l'œil gauche, l'ouverture étant élargie, il en sortit assez de matière, de quoi remplir, ou à peu près, un œuf de pigeon. L'enflure diminua de telle sorte que l'œil s'ouvrit presque grandement. La matière venait de si loin, qu'il ne se pouvait rien de mieux que de l'ouvrir en deux fois ; et c'est ainsi qu'il faut procéder, à cause du danger qu'il y aurait de crever l'œil si l'on introduisait la lancette sans beaucoup de précautions. En conséquence, ceux qui entreprirent de censurer le docteur Torres pour avoir pratiqué cette opération en deux fois, avaient grand tort, d'autant qu'il agit selon les préceptes de l'art. Ce jour-là le prince mangea à huit heures du matin, dormit une heure, vers midi, et à trois heures de l'après-midi la tête fut pansée ainsi : de la poudre d'iris, près de l'os ; par-dessus, de petites compresses imbibées de térébenthine étendue d'eau, et saupoudrées de poudre de myrrhe, et par-dessus tout de l'onguent doux (*el unguento de gumielemi de conciliador*).

Cette nuit-là il devait y avoir redoublement, mais grâce à Dieu, il manqua ; le sommeil dura plus de huit heures. Le mercredi 20 mai, les yeux furent pansés à huit heures ; on ne mit point de tente à l'œil droit, qui était guéri ; l'œil gauche allait bien mieux ; on y mit une petite tente, et par-dessus l'emplâtre de diachylon n° 2. Repas de huit à neuf. La fièvre se réduisait à peu ; de sorte que tous les jours l'amélioration devenait plus manifeste. A midi un peu de sommeil ; à cette heure-là précisément commençait le trente-deuxième jour depuis la chute, et le vingt et unième de la fièvre, laquelle était survenue le onzième ; à trois heures, pansement de la tête et des yeux, et en tout grande amélioration. A partir de ce jour, il fut convenu qu'on panserait la tête le matin ; souper à cinq heures ; neuf heures de sommeil durant la nuit. Le jeudi 21 mai, à huit heures du matin, pansement de la tête et des yeux, et amélioration croissante ; l'œil droit était sain, le gauche à peu près dégonflé, mais les paupières fortement rougies. La fièvre fut si petite ce jour-là, qu'on put croire qu'il n'y en avait pas. A neuf heures, repas comme à l'ordinaire ; à midi, sommeil d'une heure, et à trois heures, pansement de l'œil gauche.

Après le pansement, Sa Majesté s'en retourna à Madrid avec grande joie, laissant ordre à Don Garcia de Toledo de l'informer deux fois par jour de tout ce qui adviendrait. Souper à l'heure ordinaire, sommeil à dix heures ; l'accès manqua aussi cette nuit-là : le prince dormit neuf heures et prit son sirop à quatre heures du matin. Le vendredi 22 mai, à sept heures, il nous parut à tous que son Altesse était sans fièvre. (A partir de ce jour, pour éviter la prolixité, on ne notera point toutes les particularités, comme il a été fait jusqu'ici ; d'ailleurs, d'après la conduite observée précédemment, il est facile de comprendre que la même méthode fut constamment suivie en tout). Depuis lors la fièvre ne reparut plus. Quand il était besoin de quelque léger remède, à savoir de quelque drogue ou lotion pour les yeux, ou d'un emplâtre à changer, ce qu'il fallait était fait. La tête, comme il a été dit, allait toujours vers le mieux. De même pour les yeux, si ce n'est que le gauche fut en quelque sorte plus rebelle et réfractaire à la guérison.

Le samedi 30 mai, Sa Majesté revint à Alcala, et repartit le dimanche pour Aranjuez, après dîner. Tous ces jours-là, Son Altesse, n'ayant plus la fièvre, dormait dix ou onze heures la nuit; aussi ne dormait-il pas à midi. Le mardi 2 juin, entre huit et neuf du matin, vers la fin du quarante-quatrième jour depuis la chute, au moment où commençait le trente-septième depuis l'incision, pendant que le docteur portugais tâtait l'os avec un petit crochet, il l'insinua deux ou trois fois et arracha l'os, qui nous apparut exactement en forme de cœur. Notre avis commun était qu'il aurait fallu attendre encore quelques jours, de façon que l'os se détachât de lui-même et sans effort. Aussi fûmes-nous obligés, quelques jours durant, de digérer et de mondifier la plaie. A partir du dimanche 7 juin, Son Altesse fut pansée deux fois par jour. Depuis le moment où l'os (le séquestre) fut détaché, on supprima l'usage de la poudre (d'iris). On employait la même mixture, et, au lieu d'onguent gumielemi, on appliquait l'emplâtre geminis.

Comme l'érysipèle avait envahi toute la tête, le cuir chevelu resta dépouillé à plusieurs endroits, et çà et là apparaissaient des croûtes qui causaient des démangeaisons à Son Altesse. La tête aussi était si sale, surtout tout autour de la blessure, à cause des onguents et cataplasmes qu'on y appliquait, qu'il en résultait un grand malaise pour le patient et peu de profit pour la plaie. En conséquence, il nous parut convenable de raser les cheveux à tous les endroits où pouvait passer le rasoir, du mieux que l'on pourrait, et de les couper aux autres endroits avec la pointe des ciseaux et d'oindre les pustules avec de la graisse de porc cuite dans du vin blanc. Le rasoir fut dextrement manié par Ruy Diez Quintanilla, barbier de Son Altesse, lequel enleva en trois ou quatre fois tout ce qu'il fallait. Moyennant l'onction ci-dessus, les pustules se desséchèrent petit à petit. Le dimanche 14 juin, Son Altesse se leva pour la première fois; ainsi fut-il tous les jours d'après, et au bout de quelque temps, il se sentit fort du corps et des jambes; s'étant levé, il entendit la messe et reçut le très-saint Sacrement.

Ces jours-là on pansa la tête avec la poudre d'écorce de grenadier sur la chair, par-dessus de la charpie sèche, le tout recouvert par l'emplâtre de diapalme. Au pansement de l'après-midi, nous constatâmes que la poudre avait produit une croûte légère, de sorte qu'on n'employa que de la charpie sèche, avec une légère couche d'onguent blanc, et par-dessus l'emplâtre de diapalme. Le jour suivant, à l'heure du pansement, la croûte produite par la poudre s'était détachée, et comme la chair était montée et avait une consistance spongieuse, il fut convenu qu'on y appliquerait de la poudre d'alun brûlé, pour la consumer, de manière à faciliter la cicatrisation. Sur la poudre d'alun, on mettait la charpie sèche, et par-dessus le tout l'emplâtre de diapalme. Le mardi 16 juin, vers minuit, Sa Majesté revint à Alcala.

Le mercredi suivant, à huit heures du matin, le prince se leva, et passa dans l'appartement de son père, qui le reçut et l'embrassa avec grande joie; et aussitôt ils rentrèrent ensemble dans l'appartement du prince : la tête fut pansée comme la veille; les yeux pouvaient se passer de tout soin. Ensuite Son Altesse mangea comme à l'ordinaire, d'un pâté fait avec du blanc de poulet. Avant quatre heures de l'après-midi le même pansement fut recommencé en présence de Sa Majesté. Le roi partit immédiatement pour retourner à Madrid, et dit en s'en allant qu'il enverrait ses ordres en ce qui concernait le départ d'Alcala.

En ce moment la chaleur était extrême, car la saison est habituellement mauvaise à cette époque de l'année, et comme Son Altesse souffre beaucoup du chaud et du froid, il avait envie de quitter cet endroit. D'un autre côté, la cicatrisation marchait très-lentement, et il ne parut pas convenable d'entreprendre un voyage au moment où la chaïr revenait. A partir de ce jour, on pansait la blessure suivant qu'il était néeessaire, ou une seule fois quand on avait employé la poudre d'alun, ou deux fois quand on ne l'employait pas et qu'il fallait nettoyer la plaie et enlever l'humidité. Tel fut l'ordre observé durant le travail de cicatrisation, la poudre d'alun mangeait la chair superflue. Quelquefois on pansait avec de la charpie sèche, mettant par-dessus l'emplâtre geminis; d'autres fois la plaie était lavée à l'eau aluminée. Grâce à ces auxiliaires, la nature fit la cicatrice; d'ailleurs, il ne faut point s'étonner du nombre de jours qu'elle mit à faire ce travail, à cause de la grande dimension de la plaie et de la portion osseuse qui se détacha.

Le lundi, jour de la Saint-Pierre, le prince sortit pour aller entendre la messe à Saint-Jean-François, dans la chapelle du bienheureux saint Diégo ; et, à cette occasion, on lui montra le corps du bienheureux, qui était resté hors de son sépulcre, depuis le jour où il fut porté au palais jusqu'à la fin de juin. Par la suite, le prince allait presque tous les soirs se promener dans les champs, après le coucher du soleil. Le dimanche 5 juillet, il alla entendre la messe à Saint-Bernard ; c'était la messe nouvelle de son précepteur Honorato Joan, lequel avait pour parrain Don Pedro Ponce de Léon, évêque de Placencia. Son Altesse prit dans cette maison (couvent) son repas habituel ; et, au sortir de là, un peu avant cinq heures de l'après-midi, il alla voir sur la grande

place les courses de taureaux et les joutes qu'on y célébrait.
Dans le même appartement où il était pour jouir du spectacle, il soupa à son heure ordinaire, et avant qu'il fût nuit,
rentra au palais.

Cette nuit-là arriva la nouvelle de la maladie de la princesse sérénissime de Portugal, en proie à la fièvre depuis le
vendredi. Le lundi suivant, les médecins et chirurgiens qui
étaient venus pour le traitement de Son Altesse, reçurent
de Sa Majesté la permission de se retirer. Le mardi suivant,
le prince se fit peser, avant de donner quatre marcs d'or et
sept marcs d'argent dont il avait fait la promesse à quelques
maisons religieuses. Avec ses chausses et son pourpoint et
son pardessus de damas, il pesa trois *arrobas* et une livre
(97 livres d'Espagne). Durant tous ces jours la cicatrice se
formait convenablement; pour aider au travail de cicatrisation, on mettait dessus de la poudre de céruse, de la charpie
sèche, et par-dessus l'emplâtre geminis. Le jeudi 9 juillet,
les médecins et les chirurgiens s'en allèrent, et nous res-
tâmes trois, les deux médecins ordinaires, Véga et Olivarès,
et moi. Le vendredi 17 juillet, la plaie était bien fournie de
chair. Son Altesse quitta Alcala et alla passer la nuit à Ba-
rajas, où il resta tout le samedi jusqu'à la nuit tombante. Il
partit alors et fit son entrée dans Madrid vers dix heures du
soir. L'emplâtre fut maintenu sur la blessure jusqu'au
21 juillet. Ce jour-là il fut enlevé avant l'heure du dîner, et
l'on ne fit plus d'autre application. Ainsi, depuis le moment
même de la chute jusqu'à la fin du traitement, au moment
où fut enlevé l'emplâtre, il s'était écoulé quatre-vingt-trois
jours moins trois heures.

Durant cette maladie, le prince notre maître fit preuve
d'une grande dévotion chrétienne. Non-seulement il se confessa et reçut le très-saint Sacrement en prince très-chrétien, dans toute occasion où son âme fut en péril, mais encore il ne se détourna point de l'honneur et du service de

Dieu ; ni la maladie, si redoutable cependant, ni aucune autre chose, ne put l'en distraire. Le plus souvent, dans la journée, il s'appliquait à prier Dieu et Notre-Dame et à adorer les reliques que Sa Majesté avait fait apporter, et promettait d'aller visiter en personne, pourvu que Dieu lui accordât la santé, nombre d'endroits où sa divine majesté et la très-sainte Reine du ciel ont coutume de faire paraître leurs merveilles ; par exemple, Notre-Dame de Montserrat et de Guadalupe, le crucifix de Burgos et autres maisons de dévotion. Il fit offrande, comme je l'ai dit, de quatre marcs d'or et de sept marcs d'argent. Le premier objet que Son Altesse aperçut en ouvrant les yeux, ce fut une image de Notre-Dame, placée sur un autel en face de son lit, à laquelle il adressa très-dévotement sa prière. Il était si fort en avant dans les choses de Dieu, qu'un jour des plus mauvais de sa maladie, qu'il s'entretenait avec son confesseur, il lui demanda le très-saint Sacrement, et comme on lui répondit que Son Altesse l'avait reçu : « Oui, dit-il, il y a de cela huit jours. » Et c'était exact.

Ainsi donc, pour ce qui touchait à son âme, il n'eut jamais d'absence. Si forte était sa dévotion que, d'après le récit de Son Altesse, la nuit du samedi 9 mai, le bienheureux saint Diégo lui apparut avec ses habits de franciscain et une croix de roseaux à la main, entourée d'un ruban vert. Le prince, croyant que c'était saint François, lui dit : « Pourquoi ne portez-vous pas les stigmates ? » Il n'a point souvenir de la réponse ; mais il se rappelle que le saint le consola et qu'il l'assura qu'il ne mourrait point de ce mal. Aussi Son Altesse eut toujours la plus grande dévotion au saint frère Diégo, et il prit maintes fois en public l'engagement de travailler à sa canonisation. Son Altesse montra une grande obéissance et un grand respect pour Sa Majesté ; car il ne cessa pas de faire le plus aisément du monde tout ce que lui commandaient en son nom le duc d'Albe ou Don Garcia de Tolède. Même docilité en tout ce qui concernait sa santé. Il acceptait les remèdes de façon à étonner tout le monde ; quelque désagréables qu'ils fussent, il ne les refusa jamais. Loin de là, tant qu'il fut maître de sa raison, il les demandait lui-même, ce qui ne contribua pas faiblement à ramener la santé, que Dieu lui accorda. Quant à ses serviteurs, leur zèle et leurs soins furent extrêmes : ils prirent tous exemple sur la majesté du roi notre maître, lequel fit paraître son âme royale avec une dévotion et une humanité qui se communiquèrent à tous.

Le duc d'Albe, qui fut présent, par l'ordre de Sa Majesté, resta constamment fidèle à son poste, quand la nécessité pressait. Il voyait tout ce qui se faisait, et, accoutumé qu'il était à braver tant de fatigues du corps et de l'esprit, comme un homme qui avait si souvent commandé des armées, ce qui pour d'autres était un grand travail, lui devenait chose facile. Il est certain qu'il passait toutes les nuits veillant tout habillé sur une chaise. Don Garcia de Toledo, gouverneur de Son Altesse, depuis le jour de la chute jusqu'à la fin du traitement, se donna tant de mal et tant de peine qu'il lui arriva rarement de se déshabiller la nuit; et, durant le jour, il réunissait le plus souvent les médecins et les chirurgiens en sa présence, et présidait à tout.

Luis Quijada, son grand écuyer, travailla avec une telle ardeur, qu'il fut atteint de fièvre et d'érysipèle, au point de courir risque de la vie. Le précepteur du prince, Honorato Joan, malgré son état de souffrance, qui se prolongea presque tout l'hiver, quoique valétudinaire, ne manqua pas un seul jour d'assister aux pansements, aux repas et aux consultations. Énumérer les grands travaux de tous, notamment des gentilshommes de la chambre et des majordomes de Son Altesse, ce serait matière à un long écrit, car aucun d'eux ne prit du repos ni nuit ni jour. Chacun des autres serviteurs et domestiques fit humainement tout ce qui était possible. Je ne sais s'ils auraient pu faire davantage pour leur propre vie, car ils se conduisirent de façon à prouver qu'ils étaient prêts à mourir pour sauver leur maître.

Quant à ceux qui prodiguèrent leurs soins à Son Altesse, je n'en veux rien dire, car on pourrait penser qu'étant de ceux-là, je plaiderais ma propre cause. Deux choses pourtant doivent être dites. D'abord, bien des doutes surgirent, comme il arrive en toute matière conjecturale. Mais comme chacun de nous ne se proposait pour but que la santé du prince, nous finîmes toujours par nous mettre d'accord, prenant toujours le parti le plus raisonnable et le plus sûr; aussi n'a-t-on jamais vu un aussi parfait accord entre un si grand nombre de médecins et de chirurgiens. Je ne veux point taire non plus le grand péril où ils furent tous, à cause de l'indignation que manifestait contre eux la foule ignorante. Ce qui n'échappa point à Don Francisco de Castille, alcade de la maison et de la cour de Sa Majesté, dont le zèle fut aussi grandement éprouvé dans cette maladie de Son Altesse. Nous fîmes, quant à nous, tout ce qui se pouvait. Nous avions maintes réunions, de jour et de nuit, pour délibérer sur la conduite à tenir, non-seulement dans l'état présent du prince, mais en ayant égard aux éventualités. D'ailleurs, toutes choses étaient prévues, si bien qu'il ne fut jamais question d'administrer des médicaments qu'ils ne fussent déjà préparés; avec ces précautions, aucune occasion ne pouvait échapper. Nous laissons l'appréciation de ces mesures préventives au jugement des hommes d'expérience dans les choses de l'art, et à tous les hommes de bon entendement. Quant aux autres, ils se passeront de compliments; car, étant à distance, ils ont voulu jeter la pierre à ceux qui traitaient Son Altesse, et qui voyaient avec leurs yeux ouverts. Qu'à ceux-là leur petitesse serve de châtiment, et qu'ils soient satisfaits d'avoir fourni témoignage de leur ignorance.

Les manifestations publiques qui ont éclaté à l'occasion de la maladie du prince, et la peine que chacun en a res-

sentie sont trop connues pour que j'en parle. Ces choses
regardent ceux qui ont mission d'écrire l'histoire contemporaine ; ils n'auront garde d'en oublier un des plus signalés événements. Et non-seulement les sujets de Sa Majesté
ont donné des témoignages de leur affection, mais beaucoup d'étrangers ont offert de grandes prières à Dieu pour
sa santé, et ont témoigné leurs transports à la fin de sa maladie. De tout cela Son Altesse doit rendre grâces à Dieu qui
lui a accordé le privilége de le rendre cher à tout le monde ;
il lui en doit aussi pour l'avoir sauvé d'un si grand péril.

Durant la maladie, et pendant la convalescence, le nombre des grands, ducs, comtes, marquis et autres illustres
seigneurs, prélats et gentilshommes qui sont venus lui rendre visite, a été si considérable, qu'il serait trop long d'en
faire le détail. Qu'il suffise de dire que pas un seul homme
d'importance (à moins d'empêchement légitime) n'a manqué de rendre visite à Son Altesse. Les uns lui offraient
leurs services durant sa maladie, les autres durant sa convalescence, lui offrant leurs personnes, donnant, au temps
de la souffrance, de grandes preuves de chagrin, et de contentement et de joie au temps de la santé.

Les médecins et chirurgiens qui assistèrent au traitement
du prince sont les suivants : du commencement jusqu'à la
fin, le docteur Véga, le docteur Olivarès et le licencié Dionisio Daza. A partir du deuxième jour, outre les susdits, le
docteur Jean Gutierrez de Santander, médecin ordinaire de
Sa Majesté et son premier médecin général (1), le docteur
portugais et le docteur Pedro de Torres, chirurgiens de Sa
Majesté ; après l'incision qui mit l'os à découvert, le docteur Ména, médecin ordinaire de Sa Majesté, et le docteur
Vésale, homme rare et supérieur ; à partir du 6 mai, le bachelier Torres, chirurgien de Valladolid. Celui-ci, outre la
récompense accordée aux autres chirurgiens, fut admis par

____

(1) *Proto-medico*, mot hybride qui peut se rendre par son équivalent,
archiâtre.

Sa Majesté comme chirurgien de sa maison et de sa cour, avec établissement ordinaire, et obtint de plus la permission de passer trois ans chez lui : récompense tout à fait digne de son savoir et de son habileté. Je ne veux point m'étendre plus particulièrement sur les louanges de tous ceux qui traitèrent Son Altesse; ils sont d'ailleurs connus par leur science et par leurs œuvres : dans les consultations, aussi bien que durant leur longue pratique, chacun a donné des preuves de son savoir.

Durant cette maladie du prince notre maître, il y eut plus de cinquante consultations, dont quatorze en présence de Sa Majesté. Ces dernières étaient plus longues, les unes ayant duré deux heures pour le moins et les autres plus de quatre heures. Sa Majesté y assistait avec la plus grande attention, et il demandait à chaque consultant de lui expliquer les termes de l'art qu'il ne comprenait pas. Voici comment se passaient les consultations : Sa Majesté prenait place sur une chaise, le plus souvent sans housse, ayant derrière lui les grands et les gentilshommes, à ses côtés le duc d'Albe et Don Garcia de Tolède; devant lui, les médecins et les chirurgiens formaient un demi-cercle. Don Garcia désignait par son nom celui qui devait parler, et le médecin désigné donnait son avis, s'appuyant sur les autorités et les raisons qui étaient à son service ; et chacun était nommé à son tour. Un jour, comme c'était à moi de parler, Don Garcia me dit : « Parlez, vous, licencié Daza, et n'alléguez pas autant de textes, ainsi le veut Sa Majesté. » C'était une très-grande distinction, et je le compris ainsi. Et je rapporte cela, parce qu'il n'y avait pas moyen de se préparer par l'étude; en sorte qu'il était aisé de voir ce que chacun savait de son fonds.

Cette chute de Son Altesse avait été prédite depuis longues années en ces termes : Le prince Carlos d'Espagne courra danger d'une chute, de haut lieu, ou d'un escalier, ou de cheval (*pero de caballo menos*). A vrai dire, ce qu'il y a de plus judicieux dans l'astrologie n'est pour moi que fourberie ; et toutefois, tout n'est pas faux en ce qui concerne les naissances et les révolutions de l'année : il en est de toutes choses comme il plaît à Dieu. Puisque son infinie miséricorde a fait une si grande grâce à ces royaumes en donnant la santé au prince notre maître, qu'il lui plaise aussi de le conserver de longues années, afin qu'il les passe, avec Sa Majesté, en paix et en justice, comme jusqu'à présent, à l'honneur et gloire de Dieu, pour le plus grand accroissement de notre sainte foi catholique. Ainsi soit.

Cette relation a été terminée en cette cour et ville de Madrid, le jour de la Saint-Jacques, le vingt-cinq juillet de l'an mil cinq cent soixante-deux (1).

TRÈS-HAUT ET TRÈS-PUISSANT SEIGNEUR,

La voilà cette relation que Votre Altesse m'a ordonné d'écrire de la blessure et de ses conséquences. Si elle n'est pas conçue et écrite comme il faudrait, que Votre Altesse n'en accuse que mon insuffisance. Ce qui est certain, c'est qu'elle ne s'écarte en rien de la vérité, suivant le désir de Votre Altesse. Que Dieu notre Seigneur vous garde et vous rende heureux autant d'années qu'il le peut, avec l'accroissement de vos domaines, ainsi que le désirent les très-humbles sujets de Votre Altesse.

Très-haut et très-puissant seigneur,

Le moindre serviteur de Votre Altesse, qui baise vos mains royales.

Le licencié DIONISIO DAZA.

(1) V. Dr D. Antonio Hernandez Morejon, *História bibliográfica de la medicina Española*, Madrid, t. III, p. 283-305.

REMARQUES SUR LA RELATION DE DAZA.

La relation de Dionisio Daza Chacon est tellement nette et précise en ses minutieux détails, qu'il nous paraît inutile de la commenter au point de vue de l'art. Nos réflexions se borneront à l'examen de quelques passages d'un sens difficile, et elles ne seront pas superflues si le lecteur reste convaincu, comme nous, que l'histoire peut tirer un parti avantageux de ce document chirurgical, négligé par tous les historiens qui ont écrit la vie ou des épisodes de la vie de don Carlos. Presque tous, et ils ne sont pas en petit nombre, ont fait mention de la chute du prince, de la blessure qui en fut le résultat, et de la guérison qui termina une longue cure. Mais tous, sans exception, les plus proches comme les plus éloignés de l'événement, ont commis des erreurs de fait et de date, et péché par omission. Copistes des anciens, les modernes et les plus récents, voire les derniers venus, au lieu de remonter à la source et de consulter des témoins irrécusables, ont recueilli les vagues rumeurs d'une tradition mensongère. Llorente, qui a copié tant de faussetés, a été copié à son tour par des écrivains trop prompts à recevoir, sans discussion préalable, les jugements de ce compilateur absolument dépourvu de sens critique, et d'un discernement trop faible pour faire un choix dans les matériaux entassés par ses laborieuses recherches.

Voici en quels termes s'exprime Llorente dans un chapitre de son *Histoire de l'Inquisition* spécialement consacré à l'infant d'Espagne : « Le 9 mai 1562, don Carlos, âgé de 19 ans, fit une chute dans l'escalier de son palais; il roula plusieurs marches et se fit des blessures dans quelques parties du corps, principalement à l'épine du dos et à la tête : quelques-unes semblaient devoir être mortelles. Aussitôt que le roi fut instruit de cet accident, il partit en poste pour se rendre auprès du prince... Le monarque le croyant

déjà à l'article de la mort, fit apporter le corps du bienheureux Diégo, religieux lai franciscain, par l'intercession
duquel on disait que Dieu avait opéré de grands miracles.
Ce corps fut placé sur celui de don Carlos, et ce prince
ayant commencé à se sentir mieux dès ce moment, on attri-
bua ce bien à la protection de saint Diégo, qui fut canonisé
peu de temps après à la sollicitation de Philippe. Je dois
faire observer que le prince reçut les soins du docteur
André Basilio, médecin du roi, très-fameux, natif de
Bruxelles ; s'étant aperçu que les blessures et les contu-
sions que don Carlos avait reçues à la tête, y avaient accumulé une quantité considérable d'humeur, il crut que si
l'on ne faisait pas une opération pour en débarrasser le cerveau, la mort était inévitable ; il ouvrit donc le crâne, en fit
sortir toutes les eaux, et sauva le malade ; le prince ne se
rétablit cependant pas entièrement ; il resta sujet à des
douleurs et à des faiblesses dans la tête qui, non-seulement
l'empêchaient de se livrer à l'étude avec quelque application, mais lui causaient quelquefois un certain désordre
dans les idées qui rendait son caractère plus insupportable (1). »

Cette dernière phrase n'a rien d'extraordinaire sous la
plume de Llorente : à ses yeux, don Carlos était un *monstre*.
Aussi estime-t-il que Philippe II est jusqu'à un certain point
excusable de s'être débarrassé d'un fils qui ne pouvait manquer de devenir un fléau pour l'Espagne. Notez que Llorente
admet, sans preuves, la folie de don Carlos ; circonstance
qui rend injustifiable son indulgence envers Philippe II ;
car si ce roi, de sinistre mémoire, a fait périr son fils de
mort violente, malgré le désordre évident de ses fonctions
cérébrales, il est doublement criminel. Il est vrai que la cul-
pabilité de Philippe II n'a été nullement démontrée ; il n'y

____

(1) *Histoire critique de l'inquisition d'Espagne*, traduite par Alexis Pellier, 2ᵉ édit., tom. III, p. 136-137, chap. XXXI, § 11, Paris, 1818, 4 vol.
in-8.

a contre lui que des présomptions et point de témoignages
certains. Mais Llorente admet le crime, et il en attribue lestement la responsabilité au docteur Olivarès, lequel aurait
poussé la complaisance jusqu'à administrer au prince prisonnier et malade, d'abord un purgatif, dont l'effet insuffisant ou nul nécessita l'administration d'une drogue plus
efficace, c'est-à-dire mortelle. Pour avancer pareille assertion, Llorente a exhumé un vieux texte qu'il a mal interprété, après l'avoir soumis à la torture. Le docteur Morejon, savant historien de la médecine espagnole, a démontré
sans réplique la fausseté d'une interprétation qui constitue
par le fait une calomnie posthume (1).

Llorente, qui ne mérite nulle créance au sujet de la mort
de don Carlos, n'en mérite pas davantage dans le récit de
la blessure, du traitement et de la guérison de ce prince.
Il est en défaut dès la première ligne. « Le 9 mai 1562, dit-
il, don Carlos, âgé de 19 ans, fit une chute. » Les deux dates
sont fausses : la chute arriva le dimanche 19 avril, « domingo
á los 19 de abril, » dit expressément la relation du chirurgien Daza ; et à cette date l'infant d'Espagne était âgé, non
pas de 19, mais de 17 ans à peine, étant né le 8 juillet 1545.
Ce qui suit, touchant l'intervention du bienheureux Diégo,
pèche aussi contre l'exactitude. Le corps de moine, mort
en odeur de sainteté depuis cent ans (1463), fut apporté
dans la chambre du prince par les soins de la municipalité
d'Alcala, spontanément, et non par ordre de Philippe II.
Le cadavre du franciscain fut-il réellement appliqué sur le
corps de don Carlos, et couché dans son lit? Beaucoup d'historiens l'ont répété; mais le bon sens veut qu'on s'en rapporte, pour les détails de l'histoire, aux témoins oculaires,
quand il s'en trouve, plutôt qu'aux bruits de la tradition.
Dionisio Daza dit simplement que le corps fut introduit
dans la chambre et porté le plus près possible du malade,

____

(1) *Hist. de la medic. españ.*, tom. III, p. 134 et suivantes.

sans que ce dernier fût en état de s'en apercevoir : « El sabado en la tarde vino á palacio en procesion la villa, y trajeron el cuerpo del bienaventurado san Diego, cuya vida y milagros es tan notoria; metieronle en el aposento del principe, y llegaronsele lo mas que fué posible, aunque aquel dia estaba tan fuera de si S. A., y los ojos estaban tan apostemados y cerrados, que daria muy poca razon de lo que acaeció. »

La réflexion est très-juste. Le prince, momentanément privé de la vue, et de plus en délire, dut rester étranger à cette bizarre cérémonie de l'application des reliques. Il est faux d'ailleurs que le mieux se soit fait sentir dès ce moment; le délire continua encore pendant plusieurs jours, et l'érysipèle, très-intense, puisqu'il avait envahi toute la tête, la face, le cou, le haut des épaules, la poitrine et les bras, loin de disparaître comme par miracle, persista opiniâtrément, donna lieu à des accidents très-graves et à une abondante suppuration, et faillit entraîner la perte des yeux. Les médecins, meilleurs juges que la foule ignorante et crédule, s'obstinèrent à rejeter l'efficacité miraculeuse de l'intervention de saint Diégo. On a pu constater que le chirurgien Daza n'attribue pas la guérison du prince au bienheureux moine de Saint-François. Le docteur Olivarès, auteur d'une relation plus brève, mais conforme en tout point à celle de Daza, est beaucoup plus précis sur ce point. Après avoir rapporté l'hallucination de don Carlos, et les paroles échangées entre ce prince et le bienheureux moine qu'il avait cru voir et entendre durant son délire, Olivarès poursuit en ces termes :

« De cette circonstance, le vulgaire a pris occasion de croire que le salut du prince fut l'effet d'un miracle. A la vérité, il aurait pu en être ainsi à cause des mérites de ce bienheureux; car rien ne lui était plus facile que d'obtenir de Dieu la santé du prince, puisque, d'après le témoignage de ce dernier, il lui apparut et le consola. Et malgré tout, en prenant au sens propre le mot *miracle*, ce n'en fut pas un, à mon jugement; d'autant que le prince guérit par les remèdes naturels et ordinaires, remèdes qui produisent ordinairement la guérison chez d'autres personnes atteintes du même mal, et dans un état aussi grave ou encore plus désespéré. A la vérité, je crois et tiens pour certain que nous fûmes aidés de la faveur spéciale de Dieu, grâce surtout à l'intercession de la très-sainte Vierge, sa mère, et aux oraisons, prières publiques, pénitences et jeûnes qui, en faveur de Son Altesse, eurent lieu dans toute l'Espagne et en plusieurs endroits hors de l'Espagne; de même que par l'intercession de nombre de gens de bien qui devaient se trouver parmi une si grande foule; de sorte qu'on peut croire pieusement à l'efficacité des mérites du bienheureux frère Diégo, honoré depuis longtemps de la dévotion du prince. Mais, ainsi qu'il a été dit, tout arriva suivant l'ordre naturel, car le prince se trouva mieux des remèdes qui lui furent administrés. Or les miracles proprement dits surpassent toutes les ressources de la nature, et conséquemment, de ceux qui guérissent par les remèdes dont les médecins ont fait l'expérience, on ne dit point qu'ils aient guéri par miracle, attendu que la santé peut être attribuée à l'efficacité de ces remèdes, bien que tout arrive par la volonté de Dieu (1). »

Ces réflexions du médecin Olivarès sont fort sensées, et il est vraiment regrettable que Llorente ne les ait point connues. L'historien de l'inquisition d'Espagne ajoute que le bienheureux moine Diégo fut canonisé peu de temps après, à la sollicitation de Philippe. La canonisation de saint Diégo d'Alcala n'eut lieu qu'en 1588, sous le pontificat de Sixte-Quint, vingt-six ans, par conséquent, après cette interven-

(1) *Relacion de la enfermedad del Príncipe D. Cárlos en Alcalá*, por el doctor Olivares, médico de su cámara, dans la *Coleccion de documintos inéditos para la historia de España*, tome XV, p. 553-574; Madrid, 1849.

tion d'une efficacité au moins problématique, d'après le dire des médecins du prince. On peut admettre, sans trop de complaisance, qu'ils n'avaient pas tort de discuter l'effet salutaire de l'application des reliques ; en tout cas, cet effet ne fut pas immédiat, puisque le corps du bienheureux Diégo, introduit dans la chambre du blessé le samedi 9 mai, c'est-à-dire le vingtième jour de la chute, resta exposé à la vénération des fidèles, dans l'église des Franciscains, jusqu'au rétablissement du prince, dont la convalescence ne commença point avant le milieu du mois de juillet. Durant cet intervalle, la foule ne cessa de crier au miracle, tout en reprochant aux médecins et aux chirurgiens du prince de repousser les remèdes infaillibles d'un méchant empirique. Et comme il est avéré que Dieu parle par la voix du peuple, on essaya des drogues du charlatan moresque (Daza a eu le bon goût de nous transmettre son nom), et pas plus que les reliques du saint, elles n'eurent d'effet sensible. La cure dura près de cent jours, et, nonobstant cette longueur de temps, la guérison miraculeuse prit consistance, et la plupart des historiens ont fait honneur à saint Diégo du rétablissement de l'infant d'Espagne. Dans son élégante Histoire de don Juan d'Autriche, Lorenzo Van der Hammen s'exprime ainsi :

« Le 9 mai 1562, Don Carlos, en descendant un escalier, sans précaution, franchit plusieurs marches, et de sa chute fut en péril de mort ; il est vrai que, par l'intercession de saint Diégo, religieux du séraphique saint François, il guérit vite, *sanó en breve...* Le voyant hors de danger, le roi s'en retourna à la cour, reconnaissant à Dieu et à son saint, moyennant lequel il avait opéré ce miracle ; et à sa place il laissa Don Juan, pour veiller sur son neveu et lui donner avis de son amélioration ; à vrai dire, celle-ci fut si miraculeuse que l'inquiétude dura peu, *aunque como esta fué tan milagrosa, el cuidado duró poco* (1). »

(1) Lorenzo Van der Hammen y Leon, *Don Juan de Austria*, lib. I,

Voilà, en peu de lignes, tout ce que l'histoire a transmis au souvenir touchant un événement si mémorable. Van der Hammen répète ce qu'il a trouvé dans tous les historiographes du seizième siècle, et ses successeurs ont fait de même. Des médecins, pas un mot. Llorente est moins incomplet sur ce point, mais il se trompe lourdement ; et non content d'avoir estropié le nom de Vésale, qu'il appelle sans façon Basile (Basilio), il fait honneur à ce médecin d'une opération qui ne fut point pratiquée. Terminons par quelques réflexions à ce sujet.

Le lecteur connaît le texte du chirurgien Daza Chacon, et il sait, à n'en pouvoir douter, d'après ce texte, que Don Carlos ne fut point trépané, en dépit de l'insistance de Vésale et du docteur portugais, qui tenaient pour l'application du trépan. Le texte du chirurgien Daza, d'une intelligence difficile en plus d'un passage, devient d'une clarté lumineuse quand on le rapproche de celui du médecin Olivarès. Écoutons ce dernier :

« Selon moi, tout se fit pour le mieux ; mais, je l'ai déjà dit, dans les plaies de tête, il y a des difficultés inextricables, *en heridas de cabeza hay grandes labirintos...* Quand furent arrivés les docteurs Ména et André Vésale, le crâne, examiné avec grand soin, ne présenta ni fracture ni fêlure ; sur un seul point seulement apparaissait une petite tache, *hácia una parte tenia una pequeña mancha.* Cela nous donna à penser ; car, si ce signe persistait, il fallait ruginer l'os (*legrar el casco*) jusqu'à ce qu'il disparût ; mais, pour cette fois, l'os resta intact jusqu'à plus parfaite information... Voyant cela (les symptômes graves du côté du cerveau), le docteur Vésale fut d'avis que le mal était à l'intérieur, et que l'unique ressource était de percer le crâne jusqu'aux méninges, *y que no tenia otro remedio sino pasar* (traverser) *el casco hasta las telas.* Il persista dans cette manière de voir aussi

fol. 32, recto et verso. Madrid, 1627. — Même erreur de date que dans Llorente.

longtemps que dura la fièvre, et il ne prenait point au sérieux la proposition de tout autre moyen, *y tenia por burla
tratarse de otro beneficio*. D'autres furent d'avis que la cause
de ces symptômes (*accidentes*) pouvait résulter (*sic*) de ce
que l'os était lésé, ou par suite d'une lésion entre les deux
tables, et conséquemment, qu'il était bon de le ruginer,
era bien que se legrase. Cela, à cause des signes mentionnés
ci-dessus, et parce que le lundi et le mardi, et tous les jours
qui suivirent l'ouverture de la plaie, la petite tache dont
j'ai déjà parlé reparut sur l'os. Les docteurs Véga, Torres
et Olivarès furent d'avis que le mal n'était point à l'intérieur,
ainsi que le croyait Vésale, et qu'il n'y avait aucune lésion
de l'os, non plus qu'entre les deux tables, hormis ce qui paraissait à la surface. Vésale ne laissa pas d'avoir beaucoup
de raisons pour soutenir son opinion... Quant à ceux qui
avaient quelque soupçon que la lésion existait dans l'os ou
entre les deux tables, ils eurent aussi leurs raisons, d'autant
que ces accidents sont communs en pareille circonstance.
— Quant à moi et à ceux que j'ai nommés, nous avions la
certitude qu'il n'y avait ni lésion interne, ni lésion de l'os
(ce qui apparut par la suite avec pleine évidence). — Le mercredi 6 mai, arriva le bachelier Torres, chirurgien de Valladolid, lequel fut d'avis qu'il fallait ruginer l'os (*que se debia
legrar el casco*), en remettant toutefois l'opération à un autre jour... Le samedi, à quatre heures du matin, à la fin du
vingtième jour, comme les doutes persistaient encore touchant la lésion de l'os, la rugination nous fut de nouveau
proposée, *se nos tornó á proponer el legrar*. Les docteurs
Véga, Torres et moi, nous persistions toujours dans notre
opinion; néanmoins... attendu que... et persuadés que l'os
devait être sain, nous consentîmes à l'opération, *presuponiendo á nuestro juicio se habia de hallar el casco bueno,
acordamos que se legrase*. Cela fut fait le samedi à neuf heures de la matinée, trois heures avant qu'il (le prince) entrât
dans le vingt et unième jour. L'os fut trouvé mou (*blando,*

qu'il faut peut-être lire *blanco*), et de la partie poreuse, pendant la rugination, jaillirent des gouttes d'un sang très-rouge, et ainsi l'opération fut suspendue. Il fut visible alors à tous les yeux qu'il n'y avait point de lésion de l'os, non plus qu'à la partie interne qui correspondait à cet endroit. Cette épreuve eut d'ailleurs un excellent résultat; car elle dissipa les doutes que l'on avait; et tous, excepté Vésale, qui ne changea jamais d'avis, se convainquirent que le mal était accidentel et provenait, par communication, de la fièvre et de l'érysipèle. « *Hallóse el casco blando, y entre sus porosidades estando legrandole salieron unas gotas de sangre muy colorada, y así paró la legra. Vióse por vista de ojos no haber daño en el casco, ni en la parte interior que correspondiese por aquel lugar. Fué de muy gran fruto esta obra porque se salió de la duda que se tenia, y así todos, excepto Vesalio, el cual nunca mudó parecer, entendieron que el daño era comunicado y accidental de la fiebre y erisipela* (1). »

Si le lecteur veut se donner le plaisir de confronter le texte d'Olivarès avec celui de Dionisio Daza, que nous plaçons ci-dessous, il achèvera de se convaincre de l'inqualifiable légèreté de Llorente, qui a commis tant de bévues en si peu de lignes (2). Toute la difficulté des deux passa-

(1) *Docum. inéd.*, t. XV, p. 561.

(2) Daza dit : « Sabado á las cuatro de la mañana... estando todavia en la duda de la lesion del casco, se nos tornó á proponer el legrarle, viendo el poco inconveniente que se seguia por estar S. A. tan desacordado, que no podia entender lo que se hacia, y que no se le habia de dar ningun género de dolor; visto tambien que los mas eran de aquel parecer, y la inclinacion que S. M. y los grandes que estaban presentes tenian á que se hiciese; y visto tambien el peligro en que S. A. estaba, y la poca esperanza que las señales que veíamos nos daban de su salud, acordamos que se legrase. Esto fué sabado á las nueve de la mañana, tres horas antes que entrase en el veintiuno; comenzó el doctor Portugués á echar la legra, y á pocos lances me mandó el duque de Alba que la tomase yo, y fuí legrando, y á poco rato hallé el casco blando y solido, y comenzaron á salir de la porosidad del hueso unas gotillas de sangre muy colorada, y con esto paré la legra. »

ges porte sur les deux mots *legra* et *legrar* qu'on a eu tort
de traduire par trépan et trépaner. *Legra* veut dire rugine, et
legrar ruginer. Covarrubias est précis sur ce point : « Ruginer l'os, dit cet excellent lexicographe, est un terme de
chirurgie qui équivaut à découvrir et racler l'os, afin de voir
s'il est rompu ou fêlé. Ce terme est venu d'un instrument
qui sert à faire ladite opération, qu'on appelle *legra*, et dont
l'étymologie m'est inconnue (1). » Le mot *legra*, qui désigne à la fois l'instrument et l'opération, pourrait bien dériver du latin *levigare*, polir, rendre lisse, amincir en raclant
ou ratissant.

La relation de Daza Chacon, telle qu'on la trouve dans le
tome XVIII de la *Coleccion de documentos inéditos*, porte
legrara pour *legra* et *legrarar* pour *legrar*. Il y a là deux fautes, et, comme elles ne sont pas les seules qu'on rencontre
dans cette copie, il est permis de reprendre les éditeurs de
ce précieux recueil de documents inédits, qui font précéder
l'observation chirurgicale de Daza d'un court avertissement
où il est dit que cette pièce, imprimée, mais devenue très-
rare, paraît maintenant plus correcte, *se publica ahora mas
corregida*. L'essentiel est de savoir que *legra* signifie rugine
et non trépan ; et, quand même *legrar* signifierait trépaner, il
demeure établi, après cette discussion, que le prince Don
Carlos n'a point été trépané, et que la rugine n'a pas pénétré
au delà de la table externe du crâne.

La conclusion de tout ce qui précède, c'est que les historiens, dans certains cas, ne peuvent se dispenser de consulter les médecins, et que la médecine peut fournir des

___

(1) « *Legrar el casco* es termino de cirugia ; vale tanto como descubrirle
y raerlo, para ver si esta rompido ó cascado. Dixose assi de un instru-
mento con que se haze la tal cura que se llama legra, cuya etimologia yo
no alcanço. » — El licenciado D. Sebastien Cobarruvias Orozco, *Tesoro
de la lengua castellana ó española*, Madrid, 1611, por Luis Sanchez,
fol. 518, vᵒ. — Voyez aussi dans *Origen y principio de la lengua castellana ó romana que hoy se usa en España, compuesto por el Dᵣ Bernardo
Aldrete*, et continué par Cobarruvias, Madrid, 1674, fol. 87, 2ᵃ pᵉ.

renseignements utiles et des documents précieux à l'histoire.

IV. — Relation de la dernière maladie de Ferdinand VI, roi d'Espagne, par son médecin ordinaire, Andres Piquer.

Aux documents qu'on vient de lire nous en ajouterons un autre dont la valeur n'est pas petite, soit qu'on en considère l'auteur, soit qu'on s'attache de préférence au personnage qui en fait le sujet. Il s'agit de la dernière maladie de Ferdinand VI, roi d'Espagne, racontée par un médecin dont le nom est familier à quiconque a lu les bons ouvrages de médecine.

Andres Piquer (né le 6 novembre 1711, mort le 3 février 1772, âgé de soixante ans et trois mois environ), tint le sceptre de la médecine espagnole au dix-huitième siècle (1).

Moins hardi comme théoricien que son célèbre compatriote et contemporain, le sceptique Martin Martinez, moins original dans la pratique et moins sagace que Solano de Luque, dont les innovations en sphygmologie ravissaient Bordeu, Piquer possédait des connaissances étendues et profondes, un grand sens, une haute raison, et il savait, chose rare de son temps, concilier son admiration pour les anciens avec une légitime curiosité pour les découvertes et les doctrines des modernes. On ne peut pas dire qu'il eût du génie ; mais de belles facultés en équilibre firent de lui, non pas un réformateur, mais un restaurateur des bonnes études médicales, dont la tradition s'était perdue, depuis près de deux siècles, en Espagne, sous la pernicieuse influence de la scolastique monacale. Piquer appartenait à cette école de praticiens éclairés qui sauvèrent l'art médical des périls que lui fit courir l'iatro-mécanisme, en se

(1) Voir sa vie écrite par son fils, Juan Chrisostomo Piquer, et reproduite par Morejon, *Hist. bibliogr. de la medic. espan.*, t. VII, p. 135-159.

rattachant à l'enseignement hippocratique, non pas tel que le conçoivent de nos jours des systématiques en retard et bien aises de protéger leur faiblesse en faisant valoir une généalogie mensongère ; mais tel que l'ont conçu de tout temps les médecins qui ont eu la véritable intelligence de l'art médical, et que les circonstances ont placés dans des conditions analogues à celle dont le souvenir nous a été transmis par les écrits du cycle hippocratique.

Piquer, séduit dans sa jeunesse par le brillant système de Boerhaave, avait embrassé ce fantôme d'une médecine exacte, fondée sur les mathématiques. Il s'était trompé comme Baglivi, Bellini, Borelli et tant d'autres beaux génies qui ont honoré la médecine. Mais, si ferme était son esprit et si droit son caractère, qu'il n'hésita point, dans l'âge mûr, à désavouer les principes par lui adoptés avec ardeur au début de sa carrière.

Toutefois, l'esprit de Piquer cherchait la vérité dans la conciliation des doctrines médicales les plus diverses ; jusqu'à son dernier moment, il retoucha, remania son premier ouvrage (*Medicina vetus et nova*), dont le titre significatif dit assez que pour lui, comme pour tant d'autres, la certitude médicale n'existait que par la tradition empirique. A ce point de vue, le médecin espagnol doit prendre rang dans cette phalange d'élite, dont le chef est Sydenham.

Médiocre comme philosophe, il ne put que tracer quelques règles de logique et de morale à l'usage de la jeunesse ; aussi ses écrits philosophiques n'ont-ils aucune valeur solide. Il n'en est pas de même de ses écrits de médecine, excellents pour la pratique et remarquables par la méthode et la clarté de l'exposition. Les commentaires de Piquer sur le *Pronostic* d'Hippocrate et sur les trois premiers livres des *Épidémies* sont un digne monument de son savoir et de son bon sens. On peut consulter encore ses *Institutions de médecine*, son remarquable *Traité des fièvres* et celui de *Médecine pratique*.

Tous ces ouvrages furent composés en vue de la jeunesse des écoles. Piquer, parvenu par son mérite au faîte des honneurs, n'oublia jamais qu'il s'était élevé par l'enseignement, et il resta professeur toute sa vie. Il dissertait volontiers dans ses livres, et, tout en exposant les faits avec netteté, tout en les analysant avec sagacité pour en tirer des conclusions générales et des principes dogmatiques, il prenait un plaisir visible à invoquer les textes de ses auteurs favoris, à mettre en présence les anciens et les modernes, à concilier les opinions divergentes, à donner, en peu de mots, sur chaque question, toutes les opinions qui étaient à sa connaissance.

Il ne faut pas croire que cette méthode, ou pour mieux dire cette habitude, rende la lecture des écrits de Piquer fastidieuse. Comme il expose bien, en général, cette accumulation d'autorités ne déplaît point, parce qu'elle est instructive. Seulement il est bon que le lecteur, pour profiter de tant de trésors, ait un peu de cet esprit de discernement et de ce sens critique dont les éclectiques se passent le plus souvent. Piquer avait un peu trop le goût de l'érudition, et il ne laissait perdre aucun souvenir de ses lectures; mais il interprétait les textes en homme d'expérience, qui ne perdait jamais de vue la pratique; de sorte que ses travaux de médecine ont toujours cette valeur actuelle qui recommande essentiellement les écrits des bons praticiens.

Ce qui rebute dans l'étude de nos vieux auteurs, c'est précisément ce grand luxe de discussions que nous tenons pour intempestives et oiseuses, mais qui nous représentent au vif l'état passé de la médecine, et nous offrent çà et là, compensation inappréciable, quelques-unes de ces vérités d'expérience, utiles en tous lieux et en tout temps, et qui deviennent, ainsi que les aphorismes hippocratiques, le bien commun des praticiens.

Ces vérités abondent dans l'observation de Piquer, que

nous offrons à nos lecteurs, dégagée des savantes et trop longues dissertations qui étaient à la mode il y a cent ans. Les médecins des princes n'en étaient pas dispensés; bien au contraire, l'usage voulait que les consultations qu'on leur demandait fussent élaborées savamment comme des thèses. Piquer lui-même nous en fournit un exemple assez curieux : on trouve à la suite de sa consultation une lettre adressée au grand chambellan du roi d'Espagne, dans laquelle il énumère les propriétés du lait d'ânesse et les motifs sur lesquels il se fondait pour en prescrire l'usage à son royal malade.

On voit qu'à la cour d'Espagne on procédait avec méthode, et que les princes malades étaient traités dans les règles. Ainsi le voulait l'étiquette. Piquer, comme ses prédécesseurs, fut obligé de se conformer aux exigences du règlement, et nous devons à cette obligation, que lui imposait sa charge de médecin du roi, le récit d'une maladie très-singulière, et pour ainsi dire endémique, à la cour d'Espagne; car elle se transmettait par hérédité, non-seulement de prince à prince, mais de dynastie en dynastie.

Philippe le Beau mourut jeune de ses débauches et des attaques répétées d'une maladie nerveuse qui ressemblait beaucoup à la manie aiguë. Sa femme, Jeanne la Folle, durant le cours d'une vie misérable, prouva, par l'extravagance de sa conduite, qu'elle méritait son surnom. Charles-Quint, issu de l'union de Philippe le Beau et de Jeanne la Folle, fut épileptique dans sa jeunesse, et sujet, dans son âge mûr, à des accès de mélancolie qui le forcèrent d'abdiquer et de chercher le repos dans la retraite d'un cloître. En s'isolant ainsi, le puissant empereur remplissait, sans le savoir, une indication médicale. Mais le mal était invétéré, et triompha du malade au bout de deux années. Philipe II, de sinistre mémoire, tombait parfois dans une mélancolie noire, très-voisine de la lypémanie. Il suffit de parcourir sa correspondance pour saisir les indices d'un mal profond qui se traduisait par des altérations d'humeur, dont le ferme caractère du personnage ne pouvait pas toujours dissimuler les effets. Don Carlos, fils de Philippe II, et héritier présomptif de la couronne, était d'une constitution épileptique et sujet à des singularités qu'on peut regarder comme des symptômes d'une manie héréditaire et incurable. Élevé en dépit du bon sens et maltraité par son entourage, ce malheureux prince, retranché dans sa fleur, aurait fini par la démence. Philippe III était à moitié imbécile. Philippe IV, son successeur, ressemblait beaucoup à l'empereur Claude ; il aimait et cultivait comme lui les belles-lettres, et, comme lui aussi, il avait l'air, les façons et la conduite d'un idiot. La débilité intellectuelle des derniers représentants de la dynastie autrichienne se révéla sans atténuation d'aucune sorte dans la personne de Charles II, ce pauvre prince souffreteux et malingre, impuissant et maniaque, qui se croyait ensorcelé.

La dynastie française ou bourbonienne n'apporta point de meilleurs germes. Philippe V, premier représentant de cette dynastie et petit-fils de Louis XIV, abdiqua une première fois dans un accès de manie. Remonté sur le trône, il se conduisait dans son palais comme un véritable fou, passant au lit des mois entiers dans l'ordure, sans changer de linge, battant sa femme et se livrant à toutes les extravagances si bien décrites par un témoin oculaire et impitoyable, le duc de Saint-Simon, ambassadeur à sa cour, et résumées en excellents termes par Duclos (1).

Le même écrivain s'exprime ainsi sur le compte de Ferdinand VI, fils aîné et successeur de Philippe V : « Ce prince doux, tranquille et insensible en apparence, sortait quelquefois de cet état léthargique par des accès de fureur, et il était dangereux d'y donner occasion ; il avait beaucoup

____

(1) *Mémoires secrets sur le règne de Louis XV.*

du caractère de son père, dont les vapeurs s'éloignaient peu de la folie (1). » L'observation de Piquer confirme de tout point l'assertion de l'historien. Et, maintenant que le lecteur est bien au sujet, laissons la parole au savant médecin de Ferdinand VI (2).

En 1758, la cour alla, suivant l'usage, passer la belle saison à Aranjuez. Le roi demeura dans cette résidence royale jusqu'au 27 août, où mourut la reine, malade depuis le 20 juillet. Aranjuez est un endroit malsain en été et en automne : on y observa cette année-là beaucoup de fièvres tierces à l'état épidémique ; les plus robustes sujets n'en furent pas exempts. Parfois les accès s'accompagnaient de vomissements noirs et avaient le plus souvent un caractère malin. Le roi, sain de corps en apparence, était en réalité peu dispos, lent à remplir ses devoirs, paresseux dans ses exercices habituels : toutes les fonctions vitales languissaient, et toutes les nuits sa tête était inondée de sueur. Il est vrai que le roi, d'un tempérament mélancolique très-prononcé, incline visiblement vers la mélancolie par prédisposition naturelle ; à tel point que, même en santé, il est sujet à des frayeurs pareilles à celles qui assiégent d'ordinaire les mélancoliques. Il avait eu d'ailleurs un accès de mélancolie, dont la durée fut de treize mois. Son alimentation, essentiellement animale, consistait en viandes de forte saveur et de haut goût : point de fruits ni de légumes ; rien, en

(1) Duclos, *Morceaux historiques*, dans ses *Œuvres*, t. III, 2e partie, p. 419, de l'édit. Belin. Paris, 3 vol. in-8, 1822.

(2) Voici le titre de la relation de Piquer : *Discurso sobre la enfermedad del Rey nuestro señor Don Fernando VI (que Dios guarde), escrito por Don Andrés Piquer, médico de cámara de Su Majestad.* (Existe manuscrito en la Biblioteca del Excmo. Sr. Duque de Osuna.) Dans le tome XVIII de la *Coleccion de documentos inéditos para la historia de España*, p. 156-226. On trouve à la suite une courte relation de la dernière maladie de la reine d'Espagne doña Maria Barbara de Portugal, femme de Ferdinand VI, par Piquer. Elle est insignifiante au point de vue médical.

un mot, de ce qui aurait pu rendre le sang plus fluide.

A son retour d'Aranjuez, le roi tomba malade dans son château de Villaviciosa, le 7 de septembre. Au début, ce furent de très-grandes frayeurs : le roi craignait sans cesse de mourir suffoqué ou de mort subite. Il se livrait en même temps à des actes que l'on mettait complaisamment sur le compte de son originalité, quoiqu'ils fussent, selon mon jugement, des symptômes et des effets de la maladie. Il est de fait qu'au bout de quelques jours il négligea d'expédier les affaires, renonça à la chasse, ne consentit point à se laisser couper les cheveux et raser la barbe : tous ces signes et bien d'autres encore révélaient clairement son mal. Il dormait bien ; mais à son réveil, la crainte et l'humeur triste redoublaient. Il ne tarda pas à se coucher sur un méchant grabat, et rien ne put le décider à quitter cette couche incommode. Son état empirait après le repas ; bientôt il voulut être seul pour manger et il mangeait hors de temps. Petit à petit il renonça aux aliments solides, et se réduisit au bouillon ; encore n'en prenait-il que de loin en loin. Il avait coutume de se promener dans sa chambre, et ces promenades, qui se prolongeaient dix ou douze heures, l'affaiblissaient considérablement. Une enflure, suivie d'ulcération et de suppuration, se manifesta aux jambes, et le força d'interrompre ces grands tours. L'humeur morbide des parties intérieures semblait devoir s'écouler par cet exutoire.

Tout ce qui précède, je le tiens des médecins qui donnèrent des soins au roi jusqu'au 25 novembre 1758, où j'entrai en fonctions. Le roi était alors en proie à une affreuse anxiété ; il croyait sa mort imminente ; tantôt il suffoquait, tantôt on lui déchirait les entrailles ; à chaque instant il allait trépasser. Il ne cessait de dire cela, il le répétait à satiété, et ne pouvait se lasser de manifester ses craintes avec une ténacité qui rendait inutiles les meilleurs raisons : impossible de le convaincre de l'inanité de ses appréhensions.

Bien plus, tout entier à ses idées noires, tournant sans repos dans le cercle de sa mélancolie, il ne souffrait point que la conversation roulât sur un autre sujet; il n'en sortait pas et y ramenait constamment ses interlocuteurs. Parfois la crainte cédait la place à une fureur violente, et, dans son emportement, il se livrait à des actes tout à fait contraires à sa bonté naturelle. Outre cela, il se plaisait dans l'isolement le plus absolu, et, en somme, toutes les manifestations de l'intelligence annonçaient une profonde altération.

Insensiblement la maigreur devint extrême; à travers la peau, les vertèbres et les côtes faisaient saillie, si bien, qu'on les pouvait compter. Les yeux injectés, les paupières sèches et enflammées, le visage coloré, vultueux, le pouls dur, lent, très-fort. Il survenait parfois des tremblements qui agitaient convulsivement les bras ou tous les membres : urines rouges, chargées, constipation tenace, sommeil assez bon, mais irrégulier; au réveil, les idées mélancoliques se manifestaient avec plus de véhémence. Exacerbations quotidiennes à des heures fixes; elles commençaient ordinairement vers midi et duraient beaucoup. C'est alors que l'imagination du malade se montrait dans le plus grand désordre. Petit à petit l'anxiété diminuait avec l'agitation, et finalement arrivait le sommeil. L'alimentation se réduisait à presque rien; la diète était en quelque sorte rigoureuse; deux jours et plus sans nourriture; un bouillon toutes les trente-six ou quarante heures.

Il alla ainsi jusqu'au milieu du mois de janvier; de sorte que ce régime dura plus de deux mois. A partir du 18 de janvier, il y eut une légère augmentation dans la nourriture. Dans les vingt-quatre heures, le roi prenait deux bouillons avec du pain, ou de la panade, et une tasse de chocolat. Ce régime ne se prolongea pas bien loin; vers la fin de janvier, le roi se remit à prendre un bouillon dans les vingt-quatre heures; il y avait des jours où il prenait aussi du chocolat.

Point de fièvre durant les trois premiers mois. A partir

de la mi-décembre, il eut un léger mouvement fébrile, mais sans régularité ni périodicité. A la fin de décembre, la fièvre alla en augmentant; les accès se rapprochaient de plus en plus, mais sans qu'il fût possible d'établir un intervalle régulier ou un ordre fixe dans les jours. La fièvre s'annonçait par un refroidissement des pieds et des mains : le pouls se retirait en quelque sorte, puis ses battements devenaient rapides, fréquents, inégaux; la chaleur augmentait sensiblement au toucher; langue sèche, noire, épaisse; lèvres blêmes, teint livide, un enduit sur les dents d'une matière visqueuse; urines très-rouges, denses, avec un sédiment considérable, lourd, inégal. Point de soif; le malade toutefois s'humectait la bouche. Ces accès duraient longuement; parfois le second survenait avant la fin du premier. Vers le 10 ou le 12 de janvier, les accès diminuèrent d'intensité et de fréquence, et, comme devant, ils revinrent à de plus rares intervalles; le plus long intervalle n'alla pas au delà de neuf jours.

Quant aux idées mélancoliques, elles prenaient tous les jours plus de force : les mouvements convulsifs des bras et des jambes plus violents et plus rapprochés, la sensibilité présentait des alternatives notables; elle manquait parfois entièrement. Il est vrai que cet état d'insensibilité ne durait guère. Les mouvements convulsifs des extrémités supérieures et inférieures différaient notablement des tremblements produits par les frayeurs de la mélancolie. Point de sueurs générales; transpiration fréquente des pieds et des mains, froide le plus souvent et accompagnant toujours les accès de mélancolie violente.

La constipation était opiniâtre; le roi fut une première fois vingt-six jours sans aller à la garde-robe. Le 7 de décembre, il eut une selle normale, à la suite de laquelle le ventre resta fermé pendant trente-six jours. Le 22 de janvier, autre selle, et depuis, alternatives de constipation et de relâchement, et enfin évacuations plus régulières.

Du 8 au 14 de février, les fièvres persistèrent avec redoublements quotidiens. Le 15, la fièvre monta à son apogée, et le 17 elle tomba. Les conceptions délirantes (*las ideas depravadas*) ont augmenté de jour en jour ; il peut être inutile de rappeler ici toutes les extravagances du malade sous l'influence de son délire ; il suffira de noter que pas un jour ne s'est passé sans accès mélancolique. Hors des redoublements, la chaleur était assez modérée, *inclinando mas á frescura que á incendio*. Le pouls point accéléré ni fréquent, lent et rare ; il a toujours cette dureté que j'ai observée dès le début.

Après cette description de la maladie, Piquer en détermine la nature. C'est, dit-il, une affection mélancolique et maniaque. La mélancolie et la manie, bien que séparées dans la plupart des ouvrages de médecine, sont au fond une même maladie ; elles ne diffèrent que par le degré d'activité et la diversité des sentiments et des facultés de l'âme. A l'appui de cette opinion, Piquer allègue l'autorité d'Hippocrate, d'Alexandre de Tralles, d'Hoffmann. Il suffit de consulter les textes d'Hippocrate, de Galien et d'Arétée sur la mélancolie pour se convaincre que c'est de cette affection que le roi souffre essentiellement. Piquer s'attache à démontrer la ressemblance qu'il croit saisir entre les symptômes de l'affection mélancolique, telle que l'ont décrite les anciens auteurs, et les signes de ce qu'il appelle la mélancolie maniaque ou manie mélancolique de Ferdinand IV, *afecto melancólico maniaco.*

Après avoir déterminé la nature du mal, il en recherche le siége. La mélancolie, dit-il, peut se loger de préférence sous les hypocondres, dans le sang ou dans la tête. Quant à la mélancolie du roi, il est évident que le point de départ en est dans la tête. Ce qui a persisté, en effet, ce sont les désordres des fonctions cérébrales, l'inflammation des yeux, les sueurs de la tête, autant de signes qui indiquent

évidemment le siége du mal. Piquer corrobore sa manière
de voir par de nouveaux textes d'Hippocrate et de Cælius.

Ayant déterminé le siége du *mal*, il en recherche la cause,
et ici les théories humorales interviennent pour expliquer
l'inexplicable ; car on n'en sait guère plus long de nos jours
qu'on n'en savait il y a un peu plus d'un siècle. Piquer toutefois affirme, sans hésitation, *sin duda*, que la cause de la
mélancolie du roi n'est autre que l'humeur atrabilaire,
c'est-à-dire une humeur noire et maligne fixée dans la tête,
et produite par une prédisposition naturelle, par un tempérament approprié, par des passions tristes et dépressives,
par une alimentation trop substantielle. Ce mal ne paraît
pas d'ailleurs pour la première fois, et il n'y a rien d'extraordinaire qu'il ait reparu avec plus de force. Le cerveau du
roi, semblable à une éponge, a pompé cette humeur noire,
et voilà pourquoi la cause du mal est dans la tête. Ici, force
textes de Galien, d'Hippocrate et de Fracastor, pour donner
raison des accès intermittents ; puis une longue dissertation sur l'atrabile, renforcée des autorités d'Eugalenus, de
Sennert, de Boerhaave et des principaux représentants de
l'humorisme.

Piquer disserte longuement et très-savamment, et finalement il dit que la maladie du roi est occasionnée par l'humeur atrabilaire corrompue, et putréfiée avec acrimonie
d'un caractère scorbutique : *De todo esto concluyo que la
causa de la enfermedad del Rey, es el humor atrabiliar, no
solitario, sino corrompido y putrefacto, y con acrimonia, de
indole escorbutica.*

Passant ensuite à l'explication des symptômes, Piquer
distingue les pathognomiques, — ceux-là qu'il a relevés dans
les descriptions de la mélancolie par Hippocrate, Arétée et
Galien, et qui consistent dans les désordres des fonctions supérieures, — des intercurrents ou accidentels, parmi lesquels il compte la débilité résultant d'un régime insuffisant,
les fièvres et les convulsions. Nouvelle dissertation humorale

sur l'amaigrissement du roi, et, dans cette dissertation, longs développements au sujet des pernicieux effets de l'abstinence, sur lesquels les modernes ont glissé trop légèrement, étant communément plus enclins au raisonnement qu'à l'observation, *los modernos por lo común mas adictos á razonar que á observar.* Piquer, excellent observateur, ne faisait point exception à la règle; il raisonnait à perte de vue, suivant la méthode des scolastiques, et à tel point, que, si nous n'avions pris le soin d'élaguer de sa relation les dissertations intempestives qui l'allongent démesurément, nos lecteurs ne consentiraient pas certainement à la suivre jusqu'au bout (1).

Piquer attribue la fièvre de son malade à deux causes : la diète rigoureuse et les germes de l'épidémie d'Aranjuez, qui ont fait éclosion, *el fermento tercianario oculto que contrajo en Aranjuez.* Personne n'ignore, dit-il, que les fièvres tierces se déguisent d'ordinaire sous la forme de douleurs, de délires, de sueurs et autres incommodités périodiques, sans fièvre apparente, et il allègue à ce sujet d'excellentes réflexions de Morton et de Sydenham. Il est certain qu'au début le roi avait des jours plus mauvais que les autres, et que ses accès mélancoliques offraient un caractère de périodicité tel qu'on l'observe dans les fièvres intermittentes.

Piquer, commentateur d'Hippocrate, remarque qu'une relation visible existe entre les fièvres intermittentes proprement dites et les fièvres erratiques, et qu'il n'est pas rare de voir ces deux types alterner, se succéder, se transformer, de manière à se confondre, ce qui veut dire que, la cause de la fièvre étant unique, les formes de la fièvre peuvent varier et les types se transformer. A ce sujet, longue et savante dissertation sur l'hémitritée, dont le type est

---

(1) Cada una de estas cosas, si se hubiera de tratar con todos los fundamentos del arte, pedia una larga disertacion ; pero los insinuaré yo aqui con la brevedad que corresponde á una consulta. P. 198.

le plus souvent erratique, et qui vient presque toujours à la suite des fièvres intermittentes. Ce passage se recommande particulièrement aux commentateurs des textes hippocratiques, dont les interprétations ont obscurci, au lieu de l'éclairer, un des points les plus difficiles de la pathologie hippocratique. Les fièvres qui sont vagues, erratiques au commencement, ajoute Piquer, à mesure que le temps marche et que la maladie se prolonge, se fixent en quelque sorte, et deviennent continues, en passant par l'intermittence. Une observation attentive peut seule venir à bout des difficultés qui se présentent dans cette période transitoire de transformation : *He dicho que se hacen semejantes á las continuas, porque en el transito de intermitentes á continuas, se padecen grandes equivocaciones por falta de atenta observacion.* Tout ce que le savant praticien espagnol rapporte en cet endroit de sa relation confirme l'opinion de Sydenham.

Au début, le roi était en proie à une fièvre erratique ou à type indéterminé; petit à petit la fièvre a pris un caractère de continuité, et finalement elle est devenue périodique et rémittente. La fièvre elle-même vient en partie de l'humeur atrabilaire qui remplit le cerveau du roi, ainsi que l'attestent la continuité et la durée des conceptions mélancoliques. A la longue, cette humeur s'étant corrompue, il en est résulté une fièvre bien caractérisée. L'humeur qui occasionne la maladie du roi étant de nature atrabilaire, avec un ferment de fièvre tierce et un mélange de putréfaction et d'acrimonie scorbutique, la fièvre doit nécessairement avoir des caractères correspondants à la nature de tous ces éléments.

Après avoir conclu de la sorte, Piquer entame une nouvelle dissertation sur les causes de l'amaigrissement du roi; et, à la suite, il aborde la question des mouvements convulsifs. Ces mouvements, dit-il, n'ont pas manqué de se produire presque tous les jours, avec plus ou moins d'in-

tensité. Le roi est sujet à un priapisme à peu près continuel ;
symptôme grave, qui annonce toujours une affection con-
vulsive. A la vérité, l'âcreté de l'humeur putride et atrabilaire est telle, qu'il ne faut pas s'étonner des convulsions
épileptiformes qui se sont produites deux ou trois fois.
Passant ensuite au pronostic, l'observateur combat l'erreur
de ceux qui pensent qu'on ne meurt point de l'affection
mélancolico-maniaque. Très-longue, même quand elle est
simple, cette affection est surtout dangereuse par ses complications. Ici, récapitulation des symptômes de la maladie ; évidemment l'humeur atrabilaire est de nature
maligne, réfractaire à la coction, et conséquemment à l'absorption. La vie du roi court de sérieux risques, d'autant
plus que le mal n'a pas été traité énergiquement dès l'origine, par la faute du malade. Il me semble, pour ne rien
dissimuler, que la mélancolie s'accompagne d'une fièvre
continue avec délire, de sorte qu'on peut prévoir et craindre une *phrénitis* lente, chronique, mortelle.

Le traitement, d'après les indications thérapeutiques,
devrait avoir pour but de corriger l'humeur atrabilaire, et
de fortifier la tête et le système nerveux. Piquer, en conséquence, avait prescrit des émollients, des lénitifs, un régime léger et fortifiant, bouillons de viandes blanches, lait
d'ânesse, quinquina, lavements pour combattre la constipation habituelle ; mais le roi refusa de suivre une pareille
médication : *Pero no hubo forma jamas de venir á ello...,
pero nada de esto se hizo..., pero S. M. nada de esto ha que-
rido hacer.* Il n'a consenti qu'à prendre quelquefois la décoction blanche de Sydenham, non sans de grandes difficultés. Il n'a pris qu'une seule fois un peu de gelée
de corne de cerf avec des vipères fraîches, et çà et
là quelque cordial. Nous n'avons pas, au reste, entassé
les médicaments, d'abord parce qu'il convient de traiter
les mélancoliques avec une grande douceur, et ensuite
parce que la multiplicité des remèdes est du fait des em-

piriques, tandis que les médecins s'appliquent à connaître et à imiter la nature : *No hemos amontanado mas remedios, asi porque los melancólicos deben tratarse con gran suavidad y blandura, como porque el fárrago de medicamentos es mas propio de curanderos que de médicos, que procuran conocer é imitar á la naturaleza.* En somme, le roi n'a pas voulu s'astreindre à une médication suivie, méthodique, rationnelle, de telle sorte qu'on ne peut dire, d'après les résultats, si les indications curatives ont été bien remplies.

Ici se termine la première partie de la relation. Piquer reprend son histoire à la fin de février, et remarque tout d'abord qu'à partir de cette époque, les désordres de l'intelligence n'ont fait que s'accroître. Le roi s'est livré à des colères violentes, et ses emportements l'ont entraîné bien au delà des limites de la raison. Il lui est arrivé maintes fois de faire violence aux gens de son entourage, de les frapper brutalement, de leur lancer à la tête tout ce qui lui tombait sous la main, vases, tasses, assiettes. Le roi s'est fort maltraité lui-même, et souvent a essayé de se pendre ou de s'étrangler avec ses draps, sa serviette. Dans l'intervalle de ces transports, il était sujet à des craintes puériles, à de grandes frayeurs, à une anxiété croissante ; puis il s'agitait avec des contorsions violentes, en poussant des cris perçants ; ensuite il tombait dans un affaissement absolu, dans une immobilité profonde, et, au milieu de ces alternatives d'agitation et de repos, il était facile de voir que les conceptions mentales venaient du mal et non de la nature : *Pero siempre las ideas de la mente eran hijas del mal, nunca de la naturaleza.*

Au commencement du solstice d'été, clameurs prolongées et grands éclats de voix, qui cessèrent dès l'entrée de la canicule ; puis torpeur et dépression, indolence, inertie. Dans cet état, incohérence, paroles sans suite, le plus souvent inintelligibles ; erreurs grossières des sens, perte de la mémoire : il confondait les lieux et les personnes ; et les objets extérieurs qui tombaient sous ses sens ne provoquaient pas la réaction habituelle. Quelques intermittences, mais si rares et si courtes, qu'on pouvait à peine les percevoir. Tout en déraisonnant sans mesure, il forçait les assistants à répondre à ses sottises, et entrait en fureur si on ne lui donnait pas satisfaction. Il suppliait souvent les assistants de soutenir son esprit qui s'en allait, disait-il, et avait besoin d'appui, et il leur demandait en grâce de lui suggérer des idées, car il n'en avait plus, et croyait qu'il allait mourir faute d'idées : *decia que no tenia pensamientos, y que era forzoso morir por falta de ellos.* Il est de fait qu'il ne se plaisait qu'aux idées de son mal et ne voulait point en être distrait. Pour le tranquilliser, il fallait le ramener au sentiment de sa maladie : *sin sosegarse hasta que se le excitaba la especie de sus propios males.*

Grandes variations dans le sommeil. En mars et avril, lourdes somnolences et fort longues ; après ces somnolences, l'agitation se produisait avec plus d'énergie. Vers le solstice d'été, les désordres de l'intelligence remplacèrent les somnolences ; à la fin de juillet, le sommeil était mauvais et très-court. En même temps convulsions des muscles de la face, suspension passagère des sens, perte du sentiment et du mouvement dans les bras ou les jambes, avec des soubresauts très-violents. Vers la fin d'avril, on observa des contractions involontaires des fausses côtes et des dernières côtes, avant chaque nouvelle inspiration, comme il arrive dans les grands éclats de rire. Le priapisme cessa absolument ; la respiration devint laborieuse et sifflante ; l'exercice de toutes les fonctions produisait une lassitude visible.

Nulle régularité dans les repas : le roi mangeait quand il en avait envie, c'est-à-dire à de rares intervalles et *more maniaco.* Il est à remarquer qu'au milieu de ces désordres, le malade semblait recouvrer des forces, tandis qu'il perdait le sommeil et qu'il poussait plus que jamais des cris et des clameurs bruyantes. Depuis le commencement de janvier, la nutrition se faisait très-mal : il en résulta une anasarque. Dès les premiers jours de juillet, le ventre se maintint constamment élevé et tendu comme dans la tympanite. La constipation persistant, les matières, rendues avec efforts, ressemblaient à des crottins de chèvre. Vers la canicule, la fièvre devint plus intense, la tête se dérangea de plus en plus, la palpitation que l'on percevait à la région diaphragmatique augmenta d'intensité d'une manière tout à fait incommode, et les forces tombèrent.

Plus de cris, point d'appétit, soif continuelle, indolence, anéantissement. Peu de sommeil, et encore très-agité, sueurs abondantes, respiration très-difficile, anxiété croissante. Vers le commencement d'août, la parole était tellement embarrassée, qu'on ne pouvait rien comprendre. Le 6 d'août, à neuf heures et demie du soir, on trouva le roi en proie à une attaque d'épilepsie, après laquelle il perdit la parole, tout en conservant la voix. Fort abattu, il fut assoupi tout le reste de la nuit et le jour suivant. Une autre attaque le surprit dans l'après-midi, et le laissa encore plus affaissé. Le mercredi 8 août, autre attaque à midi ; à partir de ce moment, on ne l'entendit plus émettre aucun son ; on pouvait supposer tout au plus, d'après certains signes équivoques, qu'il n'avait pas entièrement perdu l'ouïe. Le 9, il eut deux attaques dans la journée et une dans la nuit, à la suite desquelles il resta absolument privé de sentiment et de mouvement comme un homme frappé d'apoplexie. Le même jour, vers le soir, il commença à respirer en faisant entendre une espèce de râle bruyant ; puis la respiration devint stertoreuse ; la chaleur était très-intense au toucher, le pouls resta régulier jusqu'au matin. A ce moment, le râle augmenta, la respiration devint bruyante et très-pénible, le pouls petit, et le roi expira le 10 août à quatre heures et un quart. Depuis la première attaque, il n'avait point repris connaissance. On était forcé d'administrer les aliments et

les remèdes de force, au risque d'étouffer le malade. Du
11 juin au 5 août, le lait d'ânesse fut régulièrement administré, sans résultat appréciable.

L'observation se trouvant complète par la mort du malade, Piquer entame une nouvelle dissertation, non pour
justifier sa thérapeutique, le roi n'ayant pu être soumis à un
traitement régulier, *porque jamás se ha sujetado á una metó-
dica y bien ordenada curacion*, mais pour démontrer que tous
les symptômes du mal avaient une origine commune, et re-
connaissaient par conséquent une cause unique. De la persistance des désordres cérébraux, il conclut à une lésion
permanente du cerveau. Accumulation d'autorités ; bonnes
réflexions sur les fièvres erratiques , corrélation des affections cérébrales et de celles des cavités splanchniques,
observations très-justes sur la valeur des symptômes de la
région diaphragmatique dans les maladies cérébrales. Ce
passage de Piquer est précieux pour l'intelligence de la
phrénitis des anciens médecins.

Sous le langage métaphorique, évidemment inspiré par
les théories philosophiques et médicales de l'antiquité sur
les passions, on sent que Piquer avait observé attentivement
les singuliers phénomènes dont l'explication sera peut-être
donnée scientifiquement lorsque la physiologie aura mieux
déterminé les fonctions et l'influence du système nerveux,
appelé grand sympathique. Il est certain que la préoccupation exclusive de rechercher les causes de la folie dans le
cerveau a fait perdre de vue aux pathologistes modernes
l'importance des viscères, et vraiment il serait bon de rentrer dans la voie indiquée par Cabanis, sans s'écarter toutefois des doctrines physiologiques de Gall.

Par la relation qu'il constate entre le cerveau et le diaphragme, Piquer explique très-savamment la plupart des
symptômes qu'il avait eu l'occasion d'observer, et qui devaient produire, suivant lui, l'hydropisie finale. Cette hy-

dropisie tenait à la fois et à l'imperfection de la faculté nutritive et à la corruption du fluide nerveux, laquelle s'était répandue du cerveau dans tout le corps. Il explique d'une façon analogue les mouvements convulsifs, et finit par reconnaître qu'un appareil de symptômes tellement formidable devait amener forcément une catastrophe : les attaques réitérées d'épilepsie hâtèrent la fin du roi. Les alternatives de somnolence et de violentes agitations constituent cet état morbide que les Grecs désignaient sous le nom de *typho-manie*, assez ordinaire chez les mélancoliques et les phrénétiques.

Voilà, en subtance, la relation de Piquer, que nous offrons sans réflexions à la méditation des praticiens, et plus particulièrement des médecins qui s'occupent des affections cérébrales. C'est une page très-curieuse de la pathologie historique, et, à ce titre, elle se recommande aux investigateurs qui sont attirés vers l'étude de l'art médical dans le passé. Il est seulement regrettable que l'ouverture du cadavre n'ait pas été pratiquée : il eût été curieux de voir le savant médecin de Ferdinand VI s'efforçant de mettre d'accord ses théories et ses conjectures touchant le siége et la nature du mal avec les résultats de la nécropsie.

V. — Les peines de la vieillesse.

Un poëte espagnol du quinzième siècle, Rodrigo de Cota, a tracé de la vieillesse un portrait peu flatté, qui ne déplairait point à nos plus enragés réalistes par le cynisme de l'expression et la crudité des couleurs. La description minutieusement impitoyable des signes qui annoncent la décrépitude, telle qu'il l'a faite en très-beaux vers, ne donne point appétit de vieillir. Dans un dialogue animé et très-dramatique entre l'Amour et un vieillard, celui-ci, qui se flatte en vain d'un retour de jeunesse, déplore amèrement les misères et les privations de son âge, et son interlocuteur l'accable de railleries sur cette impuissance incurable, qui est le lot des vieilles années.

Un contemporain de Rodrigo de Cota, homme d'un grand sens et excellent écrivain, a traité le même sujet, sans allégorie, avec un pessimisme outré, ou mieux, avec une franchise sans précédents, en cette matière qui a exercé tant d'esprits optimistes.

Fernando del Pulgar n'est point un panégyriste de la vieillesse, et il proteste non sans humeur contre tout le bien qu'on a dit avant lui d'un âge qu'il répute intolérable. Son témoignage mérite considération : Fernando del Pulgar n'était point un faiseur de lieux communs ni un artiste en phrases. Élevé à la cour de Juan II de Castille, en grande faveur sous le règne de l'indolent Henri IV, il brilla longtemps dans les conseils de la couronne, tout en remplissant les fonctions de secrétaire et d'historiographe des *rois catholiques*. Sa *Chronique de Castille* n'a pas, à la vérité, un très-grand mérite ; mais ses biographies et portraits de quelques illustres contemporains (*claros varones de Castilla*) tiennent un rang distingué parmi les belles productions de la littérature espagnole. Ses lettres surtout sont toutes remplies d'esprit et de feu. Il n'en reste que trente-deux, écrites, selon toute apparence, entre les années 1473 et 1483. A cette époque, Fernando del Pulgar devait être déjà d'un âge assez avancé. On ignore d'ailleurs la date de sa naissance et celle de sa mort ; on sait seulement qu'il vivait encore en 1492. On a de lui une relation adressée à la reine Isabelle, sur les rois maures de Grenade, et cette relation atteste que l'auteur vécut assez pour voir la chute de la puissance musulmane en Espagne.

Parmi les lettres de Fernando del Pulgar, il en est une, la première du recueil, qui nous intéresse particulièrement. Elle est adressée à un médecin, nommé Francisco Nuñez, sur lequel les renseignements font défaut, mais qu'on peut supposer, avec quelque vraisemblance, être le même que Francisco Nuñez de la Hierba, très-connu des humanistes de son temps par une bonne édition de la géographie de Pomponius Méla (1).

Voici, dans une traduction très-littérale, la longue épître de Fernando del Pulgar :

« Seigneur docteur Francisco Nuñez, médecin, je, Fernando del Pulgar, secrétaire (royal), parais devant vous et dis que, souffrant grandement d'une douleur à l'hypocondre, et d'autres maux qui font leur apparition en même temps que la vieillesse, je voulus lire Cicéron, *de Senectute,* pour avoir de lui quelque remède à ces souffrances ; et puisse Dieu ne pas accorder au salut de son âme plus que je n'ai trouvé dans son traité, pour mes hypocondres. A la vérité, il prodigue les consolations et il multiplie les louanges de la vieillesse, mais il est dépourvu de remèdes contre ses maux.

« Pour moi, je voudrais trouver un remède seulement, et cela vaudrait mieux, à coup sûr, seigneur médecin, que toutes ses consolations ; car les bonnes paroles qui n'ôtent point la douleur ne consolent guère (2). Aussi suis-je resté avec ma douleur et sans le soulagement que je m'étais promis.

« Après cette première épreuve, je cherchai de même dans son deuxième livre des *Questions Tusculanes,* où il prétend prouver que le sage ne doit point ressentir la douleur, et qu'il peut, s'il la ressent, s'en débarrasser à volonté. Pour moi, seigneur docteur, qui ne suis pas un sage, j'ai ressenti la douleur, et, comme je ne suis pas vertueux, je ne puis m'en délivrer ; et Tullius en personne, si vertueux qu'il fût, ne le pourrait pas davantage s'il ressentait le mal qui me tourmente. Aussi suis-je convaincu que, pour ce qui est

______

(1) Salamanque, 1498, in-4°.

(2) Voyez dans la préface de Stahl à la *Theoria medica vera* quelques réflexions semblables, à propos d'un passage de Plutarque.

des maux qu'entraîne la vieillesse, il vaut mieux s'adresser au médecin guérisseur qu'au philosophe consolateur.

« Par les Scipions, les Métellus, les Fabius, les Crassus, et quelques autres Romains qui ont eu une mort et une vie honorables, Tullius veut prouver que la vieillesse est bonne. Et moi, par l'exemple de quelques-uns qui ont mal fini, je prouverai qu'elle est mauvaise, et, pour confirmer mon opinion, je donnerai des preuves à l'appui, en bien plus grand nombre que n'a fait Cicéron. Je veux même lui en présenter une, à lui-même Cicéron, et lui demander s'il eût préféré, lorsque son ennemi Marc-Antoine lui fit couper la main et la tête, mourir de la fièvre quelques années auparavant, ou bien mourir vieux, comme il mourut, par le fer, quelques années plus tard. Je veux bien croire que ces Romains qu'il cite ont eu une vieillesse honorée; mais je crois aussi que le seigneur Tullius se contenta d'énumérer les avantages dont ils jouirent, et qu'il négligea de mentionner les tourments et les souffrances qu'ont ressentis et que ressentent tous ceux qui vivent longuement.

« Adam fut sage et homme de bien ; mais il vit un de ses deux fils couvert du sang de l'autre. Noé fut juste, mais il assista à la ruine du monde ; il fut livré à la tourmente des flots, et il se vit mis à nu et raillé par son fils. Abraham fut l'ami de Dieu, mais il erra sur la terre d'exil, et il endura des souffrances dans les demeures étrangères. Isaac, devenu aveugle en sa vieillesse, vécut d'une vie d'amertume par la discorde de ses deux fils. Jacob fut riche et honoré, mais ses fils vendirent le plus chéri de ses enfants, et il confessa que ses cent trente ans lui semblaient un court espace, rempli d'afflictions. David eut à souffrir bien des persécutions très-graves et bien des dissensions dans sa famille, double tourment. Le vieil Héli, le grand prêtre, apprit en même temps que ses fils avaient succombé dans le combat, et que l'arche d'alliance était au pouvoir des ennemis.

« Tous ces hommes, néanmoins, dont les exemples nous sont parvenus, étaient des patriarches et des amis de Dieu, à un plus haut degré assurément que les Métellus et les Fabius de Rome. Cela les a-t-il empêchés d'éprouver toutes les misères qu'ils eurent à subir durant les années de leur longue vie?

« Nous n'en finirions pas, tant les exemples abondent; et d'ailleurs je dirais volontiers que tous ceux qui ont vécu longuement ont éprouvé de grandes douleurs dans leurs derniers jours, sans compter les souffrances corporelles que la vieillesse traîne à sa suite. Ce n'est pas que je veuille comparer à notre vie et à nos peines la vie et les tentations de ces patriarches, des saints et des martyrs qui, illuminés par l'Esprit-Saint, ont souffert vertueusement le martyre et les persécutions; le tout étant advenu par la secrète volonté de Dieu, qui opérait mystérieusement en ceux qui furent ses amis, afin d'éprouver en eux les vertus de la foi, de la patience et de la constance, pour l'exemple de notre vie. Mais, dirai-je, puisque ces personnages ressentirent les peines de la vieillesse, combien plus ont dû les ressentir ceux qui ne pouvaient obtenir la grâce qui leur fut accordée!

« Job nous condamne à vivre peu de jours et à souffrir beaucoup de misères; et la sentence de Job s'exécute tous les jours sur chacun de nous, et particulièrement sur les vieillards. Je vois, en effet, que nous souffrons continuellement, que la douleur nous tourmente, par la mort de nos proches, par les soucis qui nous assaillent et par ceux que nous prenons nous-mêmes, conformément à la sentence de Job. Comptons encore la pauvreté, grande amie et compagne de la vieillesse.

« Tullius vante aussi la tempérance de la vieillesse, parce qu'elle fuit la luxure et les autres excès de la jeunesse; mais je voudrais savoir de lui si les vieillards mettent cette tempérance en pratique volontairement ou par impuissance. J'en parle ainsi, seigneur médecin, pour vous avoir entendu, vous et d'autres vieillards respectables, louer cette tempérance, tout en louant avec un plaisir extrême l'intempérance de la jeunesse écoulée; ce qui m'a fait supposer que les effets ne se produisent pas, faute de pouvoir se produire, car le désir est toujours vert, mais non la faculté de le satisfaire. Aussi n'ai-je jamais compris que l'on fît l'éloge de la tempérance de celui qui ne saurait être intempérant. Que si le vieillard veut revenir aux plaisirs charnels qu'il a délaissés en même temps que la jeunesse, vous devez juger, monsieur le docteur, s'il est beau pour lui de s'embarrasser de satisfaire son appétit sans en avoir la force.

« Il (Cicéron) loue aussi la vieillesse, parce qu'elle a autorité et prudence. Et, en vérité, il a raison, quoique j'aie vu un grand nombre de vieillards remplis d'années, et dépourvus de bon sens; ni leur âge ne leur avait donné de l'autorité, ni l'expérience de l'instruction, et ils recevaient des leçons de la jeunesse. Il y a aussi des vieillards qui savent et qui disent : « Si j'avais su, jeune homme, ce que je sais maintenant à mon âge, j'eusse vécu autrement. » De sorte que, si le jeune homme ne fait point ce qu'il doit faire, par ignorance, le vieillard encore moins, par impuissance.

« Le seigneur Tullius loue encore la vieillesse, parce qu'elle est bien près de rendre visite aux gens de bien en l'autre vie. Je vois cependant que nous évitons tous pareille visite. Et Tullius lui-même l'eût différée, si l'on ne l'eût pris par la violence, et détourné de son chemin pour l'obliger de faire cette visite qu'il louait beaucoup et désirait petitement. De fait, parlant avec tout le respect qu'il mérite, un des plus grands maux qui tourmentent le vieillard, c'est la pensée d'une mort prochaine, pensée qui l'empêche de jouir de tous les autres avantages de la vie, car nous voudrions tous naturellement conserver cette existence, et cela ne se peut ici, parce que notre vie décline à mesure qu'elle avance, et plus elle va, et plus elle tend à ne plus aller.

« Et ce qui me paraît de beaucoup le plus grave, seigneur docteur, c'est que, si le vieillard veut en user comme un vieillard, on le fuit, et, s'il veut en user comme un jeune homme, on se moque de lui. Il n'est plus bon à aucun service, par impuissance; on ne peut le servir, parce qu'il gronde sans cesse. Il ne peut frayer avec les jeunes gens, parce que le temps a mis une grande distance entre eux et lui; et les vieillards entre eux ne peuvent vivre ensemble, parce que la vieillesse a mis le désaccord entre leurs pensées. Ils mangent avec difficulté, évacuent avec beaucoup de peine; à charge à ceux qui les soignent, odieux à leurs proches, s'ils sont pauvres, parce qu'ils mettent beaucoup de temps à mourir; haïssables, s'ils sont riches, parce que leur longue vie retarde le moment de la succession.

« Les yeux, la bouche, les traits du visage et tous les membres deviennent difformes; les sens s'émoussent, et parfois s'éteignent. Ils dépensent sans rien gagner, parlent beaucoup, et agissent peu. L'avarice surtout se développe chez eux en proportion de l'âge; or l'avarice, partout où elle prend place, n'est-elle pas la plus grande corruption de la vie?

« Ainsi donc, monsieur le docteur, je ne sais trop ce que Tullius a pu trouver à louer dans la vieillesse, cette lie de toute la vie écoulée, cette période qui prédispose l'homme à souffrir toute espèce de douleur dans les hypocondres et leurs dépendances.

« S'il y avait un âge quelconque de la vie digne de louange (ce que je conteste), il faudrait commencer par louer la jeunesse avant la vieillesse, d'autant que l'une est belle, et l'autre laide; l'une saine, et l'autre malade; l'une gaie, et l'autre triste; l'une ferme, et l'autre abattue; l'une forte, et l'autre faible; l'une prompte à tout exercice, l'autre incapable de tout, sauf de gémir sur les maux qui du dedans et du dehors sans cesse l'assaillent. C'est pourquoi, monsieur le médecin, étant très-fâché des consolations de Tullius et de l'inanité, de la nullité du petit nombre de remèdes du traité *de Senectute*, j'en appelle à vous, seigneur François de Médicis (jeu de mots), et vous demande les emplâtres nécessaires, *sæpe et instantive* (*sic*), et vous requiers de me guérir, et non de me consoler (1). Portez-vous bien. »

Tel est le réquisitoire de Fernando del Pulgar contre la vieillesse. Il y aurait à faire un beau commentaire sur ce texte à l'adresse de ces physiologistes de fantaisie qui promettent à l'homme une vie plus longue qu'il ne serait raisonnable de la désirer, physiologiquement, cela va sans le dire. Les partisans de la longévité seraient plus assurés de faire accepter leurs théories s'ils commençaient par les réaliser eux-mêmes, en autres termes, s'ils prêchaient d'exemple, et vivaient assez longtemps pour être bien certains qu'ils ne poursuivent pas une chimère.

Quant à ceux qui prêchent l'*insénescence* (2) du sens intime, ils ont plus de chances de mériter créance, même quand ils radotent, à cause que leur théorie, essentiellement spiritualiste, s'accorde parfaitement avec la croyance à l'immatérialité, et conséquemment à l'immortalité de l'âme.

La physiologie, soutenue par l'hygiène générale, peut rêver bien des améliorations dans la vie humaine ; mais la médecine, qui ne promet que la santé aux malades qui peuvent guérir, la médecine nous ramène des illusions et des espérances folles au sentiment vrai des choses réelles et des améliorations possibles.

---

(1) *Las letras de Fernando del Pulgar a diferentes personas.* Letra 1ª. « Contra los males de la vejez ; » à la suite des lettres de Pierre Martyr, édit. d'Amsterdam, 1670, in-fol. Elzévier.

(2) Ce mot qui sert de titre à une espèce de roman physiologique ou philosophique (*Preuves de l'insénescence du sens intime de l'homme*, par le professeur Lordat, Montpellier, 1844) n'a point du tout le sens d'*Agérasie*. *Insenescere* signifie proprement en latin commencer à vieillir.

La prolongation de l'existence des individus est assurément un des plus beaux problèmes de la science sociale, et les résultats obtenus depuis qu'une civilisation meilleure exerce sa bienfaisante action sur nos sociétés modernes, la mortalité générale amoindrie, les conditions de bien-être multipliées, le savoir croissant tous les jours pour combattre plus efficacement les causes de mort, tout enfin, dans ce qui constitue le progrès, autorise certaines espérances.

Mais que nos optimistes n'espèrent point nous ramener les longs jours des patriarches. Quand même nous serions maîtres de régler à notre volonté les circonstances extérieures, de supprimer les maladies aiguës, qui font tant de ravages, de dompter la marche fatale des affections chroniques ; quand même la physiologie nous révélerait tous les secrets de l'organisation animale, et l'hygiène nous prodiguerait ses ressources, il resterait encore beaucoup à faire, non-seulement pour détourner les causes de mort, mais encore pour régler utilement les mouvements de la vie et établir un équilibre stable entre les divers systèmes de l'organisme vivant.

Hippocrate a bien dit que la connaissance vraie de la nature humaine ne se peut acquérir que par la médecine, et il est bon de rappeler de temps en temps cette grande parole aux physiologistes superficiels qui encouragent par leurs promesses inconsidérées les rêveries des réformateurs maniaques.

VI. — La médecine dans l'histoire. — Le mariage de Louis XIII.

Il faut avouer que la doctrine des tempéraments était bien ingénieuse et que nous ne l'avons pas remplacée, malgré nos grandes prétentions et notre dédain de l'antique physiologie. Avec notre médecine exacte et toutes nos expérimentations et investigations rigoureuses, nous sommes bien loin d'entendre la science de l'homme à la façon des anciens physiologistes, et nous avons tort de faire fi des vieilles théories sur la constitution humaine. Les principes de notre philosophie scientifique sont un peu étroits, comme nos méthodes, et notre esprit trop sévèrement discipliné ne s'élève pas toujours assez haut pour discerner et apprécier les tentatives et les acquisitions du temps passé. Nous ne sommes pas assez philosophes pour étudier l'histoire ; et nous croyons volontiers que la connaissance des systèmes et des dogmes surannés, bonne tout au plus pour satisfaire la curiosité, ne peut guère ajouter à l'instruction. Aussi n'est-il pas rare de voir des médecins qui se font un mérite de leur ignorance absolue en histoire, et qui traitent cavalièrement de vieilleries et de radotages nos antiquités médicales. Il faut plaindre ces ignorants et leur pardonner, car ils ne savent ce qu'ils disent.

Dans la science comme dans la vie, on est toujours le fils de quelqu'un, et c'est particulièrement en médecine que se manifeste toute la puissance de la tradition. Sans la tradition, notre art n'est rien, et, si notre art a un caractère scientifique, c'est grâce à la tradition. Est-il besoin d'expliquer cela? Et ces esprits orgueilleux et bornés, qui invoquent à toute heure l'observation comme le principe fondamental de toute philosophie, ne comprendront-ils jamais que la tradition dans son élément vital n'est autre chose que l'observation non interrompue des phénomènes qui passent ou se reproduisent successivement sous les yeux des générations? De cette observation continue, de cette longue élaboration naît lentement la science.

Telle est la loi et la vraie méthode. Le principe subsiste malgré les variations apparentes, qui ne sont en réalité que des modes divers d'application. Les moyens de connaître se multiplient et se perfectionnent : cette multiplicité croissante et cette perfectibilité sont deux excellentes conditions de progrès; mais ce qui ne change point, ne se modifie point, c'est la faculté même de connaître.

Nous observons autrement que les anciens, et nous obtenons des résultats qu'ils ne connurent point; mais nous ne valons pas mieux qu'eux pour cela, et nos observateurs contemporains ne sont pas supérieurs à ceux du temps passé. Cette assertion ne surprendra point ceux qui ont médité sur l'évolution de notre art, et qui sont arrivés par l'histoire à la philosophie médicale. Les autres traiteront cette assertion de paradoxe; mais leur jugement nous importe peu : il n'a pour nous aucun poids.

Les anciens, dans leur impatience de connaître la réalité des choses, avaient inventé une méthode artificielle d'interprétation, qu'ils nommaient herméneutique. Quand on lit leurs écrits avec le désir de les bien entendre et d'en profiter, il faut se garder de confondre cette méthode artificielle avec l'observation véritable, qui était leur vraie méthode scientifique. Les Grecs étaient doués d'un esprit subtil qui trouvait réponse à toutes les difficultés, à peu près comme les casuistes résolvaient tous les cas de conscience. Mais il y aurait injustice à dresser le bilan de leurs connaissances d'après ces explications provisoires qui donnaient momentanément satisfaction aux intelligences. L'herméneutique n'était qu'un procédé qui suppose de grandes ressources d'invention. Mais, à côté du procédé, il y avait la méthode même d'observation, qui est encore à notre usage, sauf l'étendue des applications et la modification ou le perfectionnement des moyens. Les théories et les systèmes qui n'étaient point l'expression exacte de la réalité ont croulé; mais au milieu des ruines il faut distinguer les résultats acquis par une observation irréprochable, résultats qui demeurent et qu'il faut ajouter à la somme de nos propres acquisitions.

Faut-il des exemples pour rendre ceci plus clair? Prenons deux hommes qui furent grands entre tous dans l'antiquité grecque : Hippocrate et Aristote. Le grand médecin a donné, des faits qu'il avait observés, des explications souvent inadmissibles ; mais, en rejetant des explications erronées, nous retenons les observations, et nous admirons la vérité des remarques et des réflexions suggérées à l'observateur par les faits bien observés. C'est par là que se recommandent la plupart des *aphorismes* et les propositions de pathologie ou de thérapeutique répandues dans les écrits de l'école hippocratique.

Il en est de même pour Aristote. Ce grand interprète de la nature l'a souvent interprétée de travers ; mais, en réjetant ses erreurs d'interprétation, nous constatons la profonde vérité de ses observations, et nous pensons que jamais observateur n'a surpassé celui-là ni en sagacité ni en justesse. Son recueil de *problèmes* est un modèle de philosophie scientifique. Chaque fait d'observation ou d'expérience est suivi d'un point interrogatif. Le philosophe, ayant constaté une réalité indubitable, en demande le comment et le pourquoi. Mais, loin de résoudre le problème, il propose tout au plus une explication sous forme dubitative. Que la solution proposée soit satisfaisante ou non, le problème existe et constitue un fait acquis.

Galien, qui vénérait singulièrement Aristote et qui voulait à tort ou à raison se rattacher à l'école philosophique de cet incomparable maître, Galien n'était point enclin à ce doute méthodique, qui est l'âme en quelque sorte de la collection des problèmes aristotéliques. Galien avait des solutions pour tous les problèmes, et il expliquait longuement cela même qu'il ne pouvait comprendre et qui est ou demeure encore inexplicable. C'est grâce à cette incorrigible manie de vouloir tout expliquer, qu'il a produit cet énorme fatras de commentaires, de discours et de traités de tout genre qui se réduisent à un mince volume, quand on en extrait la substance. Je dis un mince volume, car l'in-folio de Laguna (1), qui est un abrégé de tous les écrits galéniques, pourrait être sans inconvénient réduit des trois quarts.

Il y a toutefois dans ce fatras de dissertations un petit traité dont je ne voudrais pas retrancher une seule ligne. C'est celui qui a pour titre : « Que le moral est conforme au tempérament. »

Il faut s'entendre sur ce mot. Par tempérament, Galien entendait l'organisation, de même que les méthodistes donnaient ce sens au mot nature ; et, comme les méthodistes, il partait de la connaissance de l'organisation pour déterminer ou régler les fonctions supérieures. On connaît l'opinion d'Asclépiade sur l'âme. L'opinion de Galien sur cette entité abstraite ne différait pas au fond de celle d'Asclépiade, du moins dans ce traité si remarquable sur les rapports du physique et du moral. Tel est en effet pour nous le titre véritable de ce livre qui a précédé d'environ dix-huit siècles celui de Cabanis sur le même sujet (2).

Entre les deux il faut placer l'ouvrage si original et si hardi du médecin espagnol Huarte, intitulé : « Examen des esprits pour les sciences. » Sauf les explications, qui se modifient inévitablement suivant les époques, Galien, Huarte et Cabanis pensaient de même. Dans les questions les plus ardues de la physiologie générale, ils sont restés les maîtres. Ils tenaient tous les trois pour la doctrine des tempéraments ; et, en accordant une grande influence au système nerveux, ils n'avaient garde d'oublier l'action importante des viscères qui jouent un rôle essentiel dans les manifestations de la vie supérieure.

Galien résolvait toutes les difficultés physiologiques au moyen de sa théorie humorale ; et Huarte de son côté a usé largement des ressources que lui offrait la doctrine des

(1) Galeni, *Epitome operum*, edente A. Lacuna. Lugduni, 1643 in-fol.
(2) *Rapports du physique et du moral*, 8ᵉ édition. Paris, 1844.

quatre humeurs et des quatre qualités premières. On conçoit à quelle infinie variété de natures on peut arriver en combinant diversement ces éléments de la crase, et il faut convenir que le système galénique a multiplié les subtilités pour expliquer les diverses idiosyncrasies. Mais, en laissant de côté les explications subtiles et les théories raffinées, on se trouve en présence de certains caractères ou types d'organisation que l'observation constate, et l'observateur est porté naturellement à rapprocher par des analogies incontestables quelques-uns de ces types divers pour en former des groupes. C'est que le résultat de l'observation est acquis, et qu'il demeure tel quel, après avoir servi de base durant des siècles à un système qui n'existe plus que dans le souvenir.

De l'ancienne doctrine humorale, il ne reste guère aujourd'hui que des locutions et des façons de parler consacrées par l'usage, et quelques préjugés dont la racine tient bon; mais, tout en rejetant les éléments premiers, les quatre humeurs et les qualités premières, nous subissons bon gré, mal gré la doctrine des tempéraments, en tant qu'expression de faits réels et d'observations qui s'imposent comme la réalité. C'est ce fond de vérité qui soutient encore en partie les théories ayant cours depuis Galien sur les fonctions supérieures; et c'est la réalité des observations qu'ils renferment qui rend les traités de Galien et de Huarte sur la matière aussi intéressants et presque aussi instructifs que celui de Cabanis.

La tentative de Gall, si hardie et si féconde, a prouvé, par son insuffisance, qu'il ne fallait point abandonner l'ancienne voie, et que le système nerveux ne saurait donner raison de tout, encore moins le système cérébral. Les recherches des modernes sur les fonctions des nerfs du grand sympathique ramèneront de nouveau l'attention des pathologistes sur les viscères, et il est facile de prévoir que les organes de la vie végétative reprendront l'importance que leur accordaient les anciens observateurs, dans l'étude des affections nerveuses et cérébrales.

Sans doute c'est le cerveau qui pense; mais, en admettant que le cerveau soit le centre commun des sensations, il est téméraire d'exclure une sorte de sensibilité organique, qui modifie les sensations cérébrales. C'est le centre encéphalique qui perçoit; d'accord, mais il ne perçoit que les sensations transmises; et celles-ci diffèrent suivant leur provenance, leur origine, leur point de départ. La distinction des deux vies, établie par Bichat, est très-ingénieuse, et elle a facilité les recherches; l'analyse étant un puissant moyen d'enquête dans les questions complexes, et l'on sait que toute question physiologique est compliquée de plusieurs éléments.

Il faut pourtant oser le dire, la distinction de Bichat est imaginaire et fictive; c'est un reste de l'animisme et du vitalisme spiritualiste, doctrines dont Bichat subissait le joug et qui s'adaptaient parfaitement à son tour d'imagination.

Si le système de Gall était acceptable, l'étude de l'homme deviendrait très-simple; le cerveau serait en quelque sorte le représentant et le résumé de toute l'économie; et, une tête étant donnée, on pourrait jusqu'à un certain point refaire ou recomposer l'organisme. Mais cela ne suffit point; et c'est l'organisme tout entier qui est l'expression réelle et complète de la nature de l'individu. Aussi ne faut-il pas conclure des actions au tempérament, mais s'aider de la connaissance du tempérament pour mieux entendre les actes et la conduite d'un homme.

Cette méthode est la seule qui soit applicable en histoire. Nous comprenons bien mieux la vie d'un personnage historique, lorsque nous avons des détails précis sur sa manière d'être, de sentir, de vivre en un mot, de façon à nous représenter sa personne, son air, sa contenance, ses allures. Si tous les historiens avaient adopté la doctrine ultra-spiritualiste de Salluste, qu'il a résumée en ces six mots : *Animi imperio, corporis servitio magis utimur*, nous n'aurions des anciens personnages qu'une sorte de biographie abstraite. Heureusement, les principes de Salluste n'ont point prévalu, et, lorsque l'histoire devint en quelque sorte plus personnelle et individuelle, en descendant des généralités aux individus, lorsque ces êtres collectifs et un peu abstraits par cela même, qu'on appelle peuples, nations, républiques, se furent incarnés, pour ainsi dire, dans la personne d'un chef, roi ou empereur, l'observation physiologique intervint, et, grâce à son intervention, nous avons des types aussi vivants et ressemblants que si les originaux étaient sous nos yeux.

Sous ce rapport, nous devons quelque reconnaissance à ces historiens familiers qui ont écouté aux portes, qui ont dit tout ce qu'il leur a été donné de voir ou d'entendre, sans rien négliger, sans oublier les particularités ni les menus détails. Suétone est le maître de cette école d'historiens indiscrets, et il a été suivi par les auteurs de cette histoire qu'on appelle *auguste*, non par antiphrase, mais parce que l'empereur Auguste ayant fondé un nouveau régime monarchique, son nom servit à désigner ce régime. Auguste est synonyme d'impérial. Assurément rien n'est moins auguste que cette galerie d'empereurs dont nous connaissons la conduite, les mœurs et le tempérament ; mais cette collection de portraits est très-instructive, très-édifiante ; et, à ne considérer que la réalité, ces historiens de second ordre nous intéressent infiniment plus que ceux qui s'enveloppent majestueusement dans le manteau de l'histoire.

J'admire l'éloquence de Tacite et je partage volontiers son indignation contre les misérables dont il nous raconte les méfaits. Mais, pour l'observateur qui veut juger d'après sa propre observation, une confidence de Suétone vaut incomparablement mieux qu'un réquisitoire de Tacite. Ce dernier a beau s'effacer, à force d'art ; c'est lui que je vois toujours en scène, derrière les personnages qu'il fait mouvoir. C'était, il est vrai, un très-grand peintre, un peintre inimitable ; mais ses portraits sont plus remarquables par la richesse du coloris que par la précision des lignes. J'ai remarqué que Tacite, trop préoccupé de la grande éloquence et des grands effets de style, néglige d'entrer dans ces détails qui peignent bien mieux les hommes que toutes les réflexions morales que peuvent suggérer à un esprit méditatif les événements les plus considérables de l'histoire et les vicissitudes des choses humaines.

Tacite se plaît à nous représenter le monstre, l'être féroce et inhumain, et il ne nous dit rien de l'épileptique, de l'halluciné, du mélancolique, du maniaque. Ce n'est que par induction et en comparant ses récits avec ceux des auteurs de mémoires que l'on peut en retirer quelque profit pour la connaissance de l'état pathologique et mental de ses personnages. Juvénal avait plus d'égard au tempérament, de même que Sénèque et Pétrone. Veut-on connaître l'empereur Claude, par exemple, et le connaître *intus et in cute*, il faut lire l'*Apokolokyntose* de Sénèque ou le *Satyricon* de Pétrone. Le philosophe et l'homme de cour ont saisi le personnage sur le vif ; je dis aussi l'homme de cour, parce qu'une étude approfondie du *Satyricon* ne me laisse à peu près aucun doute sur l'original du portrait de Trimalcion. Ce vieillard imbécile n'était pas autre que Claude, n'en déplaise aux commentateurs routiniers qui veulent à toute force que Pétrone ait fait la satire de Néron dans le récit de cette effroyable bacchanale.

Pline, en maints passages de son histoire naturelle, n'a point oublié les particularités de nature et de tempérament, les conditions physiologiques, les circonstances pathologiques de ces empereurs dont la sottise humaine faisait des dieux. Parlant du divin Auguste, qu'il répute un des mortels les plus heureux, l'éloquent compilateur se plaît à étaler les infortunes, les faiblesses, les misères corporelles, les maladies et les infirmités de ce dieu, qui avoua lestement, à la dernière heure, qu'il n'était qu'un comédien.

Sans étendre plus loin ces réflexions, sans multiplier ces exemples, nous remarquerons simplement qu'il importe beaucoup de connaître l'état corporel et mental, l'état physiologique des personnages qui ont joué un rôle considérable dans les événements, pour remonter à la source et à l'origine des faits. Sans doute, il serait insensé de considérer les faits historiques comme des phénomènes physiologiques. L'historien qui ferait ainsi suivrait une méthode fausse et pécherait gravement contre les principes de la logique. Mais, sans rien exagérer, il est permis d'invoquer la physiologie et la pathologie comme auxiliaires de l'histoire ; avec d'autant plus de raison, que durant des siècles l'histoire a été, pour ainsi dire, absorbée, accaparée et confisquée par quelques hommes, qui représentaient un peu dans l'humanité cette providence qui préside, dit-on, aux choses de l'univers et au gouvernement des mondes.

Il fut un temps où le monde civilisé était entre les mains d'un maître unique et souverain. De là ce vers d'un mime, en plein théâtre, et en présence d'Auguste :

Videsne, ut cinædus orbem digito temperat ?

Le peuple romain, qui n'avait pas encore perdu tout souvenir de l'ancienne majesté républicaine, répondit par des applaudissements frénétiques à ce trait hardi qui peignait si bien le premier des empereurs. Nous sommes maintenant bien loin de ce régime, et les nations, à mesure qu'elles s'éclairent et se fortifient par la civilisation, s'affranchissent de plus en plus de ces volontés impériales ou royales qui étaient absolues et toutes-puissantes il n'y a pas cent ans.

L'histoire aussi s'est affranchie, et s'est montrée plus

hardie que jamais dans la recherche de la vérité. Elle n'a plus ce sentiment de respectueuse vénération qui la faisait sujette et trop souvent esclave. Et, non contente de peser la cendre des rois dans les balances de la justice, elle ressuscite ces morts couronnés et nous les montre dans toute la vérité de leur nature, sans égard pour le prestige de la majesté royale, les suivant en quelque sorte et pas à pas dans les plus minutieux détails de la vie ordinaire, en s'aidant au besoin ou quand il y a lieu des confidences des médecins et des indiscrétions des valets.

La personne autrefois sacrée du glorieux Louis XIV nous apparaît dans toute la réalité de ses misères physiques et morales, grâce aux mémoires de Dangeau et de Saint-Simon et aux notes quotidiennes de ses trois premiers médecins. Les écrits de cette espèce sont précieux pour l'étiologie et, si l'on peut ainsi dire, pour la psychologie de l'histoire. Nous saisissons les motifs réels de bien des déterminations que la physiologie et la pathologie nous expliquent parfaitement, et qui étaient auparavant lettres closes.

A cette histoire intime et confidentielle nous devons de mieux connaître les hommes et les choses de l'histoire, et ce n'est point sans une secrète satisfaction que nous réduisons à leur juste mesure et à des proportions humaines ces demi-dieux dont la mémoire a été si longtemps vénérée. Louis XIV, si gâté jadis et si maltraité aujourd'hui par les historiens, a été dépouillé de son auréole, et personne ne saurait prendre désormais au sérieux l'apothéose que l'adulation la plus raffinée lui fit de son vivant. De même que Louis XVI, bon homme au fond et roi passable, malgré ses faiblesses et ses aptitudes d'artisan, a payé pour tous ses prédécesseurs, de même Louis XIV a été en quelque sorte immolé sur l'autel de l'histoire comme le bouc émissaire des Bourbons.

De cette dynastie royale, le peuple n'a gardé qu'un nom, celui de Henri IV, ce Gascon madré, le plus gaulois des

rois de France, et à cause de cela le seul dont la popularité soit vivante. La chanson a résumé toutes ses belles qualités en un couplet. C'était, dit-elle, un roi vaillant, un
diable à quatre, qui réunissait en sa personne les instincts,
les passions, les aptitudes de la race française, les éléments
les plus vivaces de la poésie gauloise : l'amour des batailles,
des femmes et du vin. C'est parce qu'il était doué de ce
triple talent que ce roi d'humeur joyeuse restera dans
l'histoire comme une incarnation du génie et de l'esprit
français.

Son fils, je ne parle pas de ceux de la main gauche, son
fils légitime et son héritier ne lui ressemblait en rien; il
n'avait rien de lui. Voici une anecdote qui fait bien connaître ces deux natures si dissemblables :

« Le 7, à dix heures, dîné avec le Roy. A onze heures
trois quarts, conduict le Roy hors de l'escalier. Il estoit
triste. Le Roy lui dict : *Mon fils, quoi vous ne me dictes
rien quand je m'en vay? Vous ne m'embrassés pas?* Il se
prend à pleurer sans esclater, taschant de cacher ses larmes tant qu'il pouvoit devant si grande compagnie. Lors le
Roy, changeant de couleur et à peu près pleurant, le prend,
le baise, l'embrasse, luy disant : *Je dirai, comme Dieu dict
dans l'Escripture Saincte : Mon fils, je suis bien aise de voir
ces larmes, je y aurai égard.* Puis entre en carrosse pour
s'en retourner à Paris. Monsieur le Dauphin gaigna alors
tristement l'escallier pour s'en retourner aussi de peur que
l'on ne le vid pleurer. Comme il fust en sa chambre peu de
temps après, je luy demandai ce que le Roy lui avoit dict
en partant. Les larmes luy viennent aux yeux, et, changeant
de propos : *M'a dict que je tirasse de la harquebuse.* Je le
presse une fois ou deux : il tient ferme, je le quicte, il
pleura abondamment et du cœur. »

Cette scène se passait à Saint-Germain, le 7 décembre 1609. Elle est racontée par messire Jean Hérouard, seigneur de Vaugrigneuse, premier médecin du roi, mort de maladie à Aitré, devant la Rochelle, le samedi 8 février 1628, au service du Roy son maître, à la santé duquel il s'était entièrement dévoué, âgé de soixante-dix-huit ans, moins curieux de richesses que de gloire, d'une incomparable affection et fidélité ; pour emprunter les propres termes d'une note consignée dans le dernier volume de son journal de la santé de Louis XIII. Le journal d'Hérouard porte ce titre très-juste : *Histoire particulière du roi Louis XIII, depuis le moment de sa naissance jusqu'au 27 janvier* 1628. Nous savons qu'Hérouard tomba malade à Aitré, au camp, devant la Rochelle, le 29 du même mois ; de sorte qu'il tint la plume pendant vingt-sept ans, relatant jour par jour, ou plutôt heure par heure, les plus petits faits et gestes et les moindres particularités de la santé du prince. Aussi a-t-il rempli six grands volumes in-folio, d'une écriture microscopique.

Rien n'est plus fastidieux que la lecture de ces pages monotones ; mais l'observateur y trouve des révélations précieuses et matière à bien des réflexions. Aussi faut-il encourager les efforts et le zèle de deux érudits qui ont entrepris la tâche ingrate d'imprimer cet énorme fatras (1); non sans les engager à publier en même temps un autre manuscrit ayant pour titre : *Particularités de la vie du roi Louis XIII, extraites des mémoires d'Hérouard.* Ce manuscrit contient une analyse des années 1601, 1602, 1603 et 1604, qui manquent dans le grand recueil d'Hérouard. Les éditeurs de ce recueil devraient donner en même temps le portrait de l'auteur, d'après le buste conservé au cabinet des médailles ; car le lecteur de cette interminable série d'observations sera bien aise de connaître les traits d'un homme dont la patience peut jusqu'à un certain point se comparer à celle de Sanctorius dans sa balance.

On pourrait dire, sans figure, qu'Hérouard a noté toutes

(1) MM. de Barthélemy et Eudore Soulié.

les respirations et pulsations du roi Louis XIII, et qu'il n'a rien oublié de ce qui pouvait contribuer à faire bien connaître le tempérament de ce prince.

M. Armand Baschet, qui a déjà bien mérité de l'histoire par une curieuse publication sur la diplomatie vénitienne au seizième siècle, M. Baschet a consacré beaucoup de temps et de longues recherches à l'étude d'une des parties les plus intéressantes de la vie de ce personnage taciturne et flegmatique. Sous ce titre romanesque et très-exact, *Le Roi chez la Reine*, il a fait, patiemment et consciencieusement, minutieusement aussi et un peu à la façon d'Hérouard, sauf la monotonie du récit, l'histoire secrète et intime du mariage de Louis XIII et d'Anne d'Autriche, d'après le journal de la santé du Roi, les dépêches du nonce et autres pièces d'État (1).

Le mariage de Louis XIII avec l'infante d'Espagne aboutit après d'interminables négociations, et fut célébré à Bordeaux, le 25 novembre 1615. A cette date, Louis XIII n'avait pas quinze ans, étant né le 27 septembre 1601. La jeune reine, née le 22 septembre de la même année, avait cinq jours de plus que le roi. Les mariages espagnols, en projet avant même la mort de Henri IV, furent définitivement arrêtés et proclamés dès l'année 1612, grâce à l'habileté peu commune et à l'infatigable activité que déploya, dans les négociations, la régente de France, Marie de Médicis, heureusement secondée par d'habiles auxiliaires.

Le 26 janvier 1612, le même jour où s'était réuni le conseil au sujet du mariage du roi, celui-ci étant allé le soir saluer la reine-mère, Hérouard recueillit le dialogue suivant entre la mère et le fils :

(1) Paris, Aubry, 1864, 1 vol. in-8 de XII-368 pages. Ce volume, qui est peut-être le plus beau de tous ceux qu'a jusqu'ici publié l'intelligent éditeur, peut passer pour un des plus remarquables produits de la typographie française.

« Mon fils, je vous veux marier ; le voulés vous bien?

— Je le veulx bien, Madame.

— Mais vous ne sçauriés pas faire des enfants?

— Excusés moi, Madame.

— Et comment le scavés-vous?

— Monsieur de Souvré me l'a apprins. »

M. de Souvré était le gouverneur du prince, et assurément il ne lui avait rien appris de ce que le petit bonhomme croyait savoir, sans seulement s'en douter. Il le montra bien dans la suite, lorsque le moment fut venu de se souvenir de la leçon et de la mettre en pratique. La réponse résolue du jeune prince à sa mère, dans sa candeur naïve, semble trahir pourtant une certaine pétulance. Mais il ne faut pas s'y tromper. Le fils de Henri IV n'avait point hérité de l'ardeur du sang ni de la gaillardise de ce roi paillard.

Il faut rapporter encore un autre trait de l'enfance de Louis XIII, cité par M. Baschet, et emprunté à Hérouard. Un jour, à Saint-Germain, la nourrice du prince lui demande s'il n'est pas amoureux : *Non, je fuis l'amour.* — *Mais, Monseigneur,* ajoute aussitôt Hérouard, présent à l'entretien, *fuyez-vous l'Infante?* — *Non;* puis, se reprenant : *Ah! si fait, ah ! si fait.*

Quoique le prince n'eût que huit ans accomplis lorsqu'il tenait ces propos, ils méritent d'être notés, parce que sa conduite ultérieure répondit parfaitement à cette espèce d'instinct de répulsion pour la passion amoureuse, qu'il ne ressentit jamais, dont il ne connut jamais les joies ni l'amertune. On l'a remarqué avec grande raison, de l'amour Louis XIII ne connut que la jalousie. C'était une pauvre, triste et ingrate nature, concentrée et prodigieusement égoïste, susceptible de haïr froidement et jusqu'au crime, incapable d'affection, n'ayant point de volonté suffisante pour être son maître, et toujours en tutelle, d'abord sous sa mère qu'il détestait, puis sous son favori de Luynes et les autres et enfin sous Richelieu, qui fut roi de fait durant la longue minorité de ce prince irrésolu, débile de corps et d'esprit, privé de toute initiative.

M. Armand Baschet a réuni des éléments suffisants pour refaire ce personnage aussi singulier que peu intéressant dans deux curieux chapitres de son livre : « Le portrait de Louis XIII avant sa majorité (1609-1614), et les divertissements de Louis XIII (1616-1617). » Dès son enfance, le Dauphin souffrait impatiemment le joug de son gouverneur et de ses précepteurs. Il s'ennuyait de l'histoire et de la géographie, et n'avait goût qu'à la chasse, aux oiseaux, aux petits simulacres de guerre, ou plutôt aux jeux de parade avec les petits gentilshommes de sa petite cour. Il aimait les petits fusils, les petits sabres, les petits canons, les soldats de plomb ou d'argent, et par-dessus tout ses faucons, gerfauts, émerillons et autres oiseaux de chasse. Il avait la vertu classique des chasseurs, s'il faut en croire les anciens poëtes ; il était chaste comme Diane. Mais ce nouvel Hippolyte, morose et sauvage, ne connut jamais ni les périls ni les orages de l'adolescence, ni les élans emportés de la jeunesse. Son cœur ne battait point, et ses entrailles ne tressaillaient point. Ce qu'il avait, et à un très-haut degré, c'était le sentiment de sa personnalité, la conscience de sa dignité royale et de sa majesté. Sérieux en tout, il tenait son rang au parlement et dans le conseil, montait fort bien à cheval, et savait au besoin commander ou autoriser un meurtre. On connaît la fin tragique du maréchal d'Ancre. Mais on connaît aussi la fortune de ce connétable de Luynes qui était le maître du roi, à force de puériles complaisances.

Jusqu'ici aucun document n'autorise un soupçon fondé sur la nature des relations qui formaient comme un lien indestructible entre le favori et le prince. Mais je ne serais pas étonné que l'histoire, qui est une enquête perpétuelle, nous fît quelques révélations d'un nouveau genre, et nous pourrions bien avoir un jour.le vrai secret de cette faveur aussi extraordinaire par son origine que par sa durée. L'enfance est pleine de mystères, et il est des instincts pervers si bien dissimulés à leur naissance, que l'œil le plus sagace ne peut pas en suivre toujours le développement.

Les passions mauvaises, les vices honteux naissent pour ainsi dire avec l'organisme, et ceux qui en sont possédés les cachent avec une habileté prodigieuse, ceux du moins qui ne sont point enclins au cynisme ou privés de ce sens moral qui entretient à la fois la conscience des turpitudes et inspire la force de les tenir secrètes. On peut être organisé comme Jean-Jacques Rousseau, sans avoir cette dose d'impudence qui est indispensable pour faire des aveux, d'ailleurs inutiles, et tels qu'on en trouve souvent dans les *Confessions*. Je ne prétends pas que Louis XIII eût dès l'enfance des goûts et des habitudes semblables aux basses inclinations de Monsieur, frère de Louis XIV, ni qu'il fût doué pour un infâme libertinage. A ce sujet nous n'avons que des présomptions fondées elles-mêmes sur des conjectures.

Remarquons toutefois que Tallemant des Réaux a dit expressément que les amours de Louis XIII étaient d'étranges amours, à l'endroit où il en parle comme d'un amoureux transi et susceptible tout au plus de jalousie, c'est-à-dire d'un sentiment secondaire qui, lorsqu'il prévaut, gâte et corrompt dans sa source la passion vraie. Rappelons aussi, puisque nous sommes dans le domaine médical, qu'il est des instincts contre nature qui étouffent ou excluent les instincts naturels, et que c'est l'aberration qui constitue le vice plutôt que l'exercice excessif d'une fonction physiologique ou légitime. Les penseurs qui ont lu Platon et ses singulières théories de l'amour socratique n'ont-ils pas vu avec quelle subtilité mystique et quelle force de raisonnement ce bel esprit a présenté la défense d'une de ses faiblesses?

Notons, à ce propos, que ces philosophes aux mœurs

équivoques raisonnaient à peu près comme nos femmes émancipées. Celles-ci, pour justifier leurs déportements, consacrer la débauche et sanctifier l'adultère, ont mis leur morale en romans, et cherchant l'idéal de l'homme qui conviendrait à leur dépravation, elles ont fait cet homme idéal à leur image et l'ont ainsi rabaissé, dégradé, ravalé. Point n'est besoin de rappeler à ceux qui ont médité sur les publications scandaleuses ou dévergondées de notre temps l'utopie sociale de ces misérables créatures. Ainsi des disciples de l'école socratique, qui sont les vrais prédécesseurs des mystiques et des casuistes : ils rêvaient un amour idéal qu'ils spiritualisaient jusqu'à le rendre divin ; et ce raffinement de spiritualisme, qu'ils appelaient la recherche du beau, les poussait sur une pente fangeuse jusqu'au cloaque.

Platon a beau couvrir de fleurs l'immonde sentier : ni les métaphores brillantes, ni les allégories ingénieuses, ni les mythes qu'il invente comme un poëte, ne sauraient faire illusion. Ce parleur élégant, ce séducteur des esprits efféminés prêche en dernier résultat le culte odieux des amours stériles.

Ce vice est de tous les temps et comme inhérent à l'humaine nature. Ceux qui ont lu un traité attribué à Lucien, sur les deux sortes d'amour, connaissent suffisamment les conséquences déplorables de ces décevantes théories esthétiques. Dans ce traité, il n'est plus question de faire une place à la pédérastie à côté de l'amour légitime : on ne dispute que sur les avantages de l'une et de l'autre, et finalement, après une longue et indécente dissertation, suivant la méthode comparative, le sophiste ou le casuiste grec laisse la conclusion indécise, ou, pour mieux dire, il conclut à la manière des indifférents : faites ce qu'il vous plaira et suivez vos goûts, ou, si vous aimez mieux, contentez-vous de toutes les manières ; car il est des natures qui ont l'instinct vicieux à côté de l'instinct naturel. On connaît le vers d'Horace :

Mille puellarum, puerorum mille furores.

Revenons à Louis XIII, qui lisait peu ces auteurs, et à qui ce vers ne saurait s'appliquer tout entier; car il n'aima jamais une femme, non pas même la sienne, bien que, marié jeune et mis en demeure de faire acte de virilité avant l'âge d'homme, il eût été comme conduit par la main à cueillir les fruits précoces de l'amour. Nous avons le récit de la première nuit de ses noces, sous ce titre très-expressif et plein de promesses : *Ce qui s'est passé lors de la consommation du mariage du Roi.* Donnons ce récit, tel qu'il a été reproduit d'après le manuscrit, par M. Armand Baschet :

« Après la cérémonie achevée, environ les sept heures du soir, et que Leurs Majestés eurent un peu devisé ensemble, le Roy et la petite Reyne s'en retournèrent avec auttant d'ordre que l'heure le peut permettre, et prirent le plus court chemin de l'archevêché pendant que la Reyne mère y retourna aussi par la petite porte, et estant là, donna ordre à faire faire la bénédiction du lict nuptial sans aulcune cérémonie que par un des aumôniers ou chappelains.

« Incontinent après que le Roy eust souppé, il se coucha en sa chambre et en son lict ordinaire selon sa coutume où la Reyne sa mère, qui jusqu'alors estoit demeurée en la chambre de la petite Reyne et l'avoyt fait aussi coucher dans le lict de sa première chambre, le vint trouver environ vers les huit heures du soir, passant au travers de la salle dont elle avoit fait sortir toutes les gardes et tout le monde, et, trouvant le Roy dans son lict, lui dit ces mesmes parolles :

« Mon fils, ce n'est pas tout que d'être marié, il faut que vous veniez voir la Reyne, votre femme, qui vous attend. »

« Le Roy répondit : « Madame, je n'attendois que votre commandement. Je m'en vas s'il vous plaît la trouver avec vous. »

« Au mesme temps l'on lui bailla sa robbe de chambre et ses bottines fourrées, et ainsi s'en alla avec la Reyne sa mère par ladite salle en la chambre de la petite Reyne, dans laquelle entrèrent avec Leurs Majestés les deux nourrices, Messieurs de Souvray, gouverneur, et Érouard, premier médecin, le marquis de Rambouillet, maistre de la garde-robbe, portant l'éppé du Roy, Belinguant, premier valet de chambre, portant le bougeoir. Comme la Reyne approcha du lict, elle dict à la petite Reyne :

« Ma fille, voici votre mari que je vous amène, recevez-le auprès de vous et l'aimez bien, je vous prie. »

« A quoy elle respondit en espagnol qu'elle n'avoit autre intention que de lui obéir et complaire à l'ung et à l'autre.

« Et ce disant, le Roy se mit dans le lit par le costé de la porte de la chambre, la petite Reyne estant du costé de la ruelle où avait passé la Reyne mère, laquelle les voyant couchés leur dit à tous deux ensemble quelque chose si bas, que personne du monde ne le put entendre qu'eux, et puis, sortant de la ruelle, dit : « Allons, sortons tous d'icy, » et commande aux deux nourrices du Roy et de la Reyne de demeurer seullement en la dicte chambre et de les laisser ensemble une heure et demie ou deux heures au plus.

« Ainsy se retira ladicte dame Reyne et tous ceux qui estoient encore avec elle en ladicte chambre pour laisser consommer ledit mariage, ce que le Roy fit et par deux fois, ainsy que lui-mesme l'a advoué, et lesdictes nourrices l'ont véritablement rapporté ; et après s'estant un peu endormy et demeuré un peu davantage à cause dudict sommeil, il se réveilla de lui-même et appella sa nourrice qui luy rebailla ses bottines et sa robbe, et puis le reconduisit à la porte de la chambre du dehors de laquelle, dans la salle, l'attendoient lesdicts de Souvray, Érouard, Belinguant et autres pour le reconduire en sa chambre, et, après avoir demandé à boire et avoir bu tesmoignant un grand contentement de la perfection de son mariage, il se remit en son lict ordinaire et reposa fort bien tout le reste de la nuit, estant pour lors environ onze heures et demie. La petite Reyne de son costé se releva au mesme temps que le Roy fust party d'auprès d'elle et rentra dans la petite chambre, et se remit dans son petit lict ordinaire qu'elle avoit apporté d'Espagne. C'est véritablement ce qui se passa pour la consommation dudict mariage (1). »

La consommation était purement illusoire, et le roi avoua plus tard qu'il n'avait conservé que de douloureux souvenirs de cette nuit de noces dont la politique de la régente avait fait dresser le procès-verbal. Ce mariage d'enfants n'était qu'un simulacre d'union matrimoniale, une cérémonie innocente et dérisoire. Louis XIII savait-il ce qu'on exigeait de lui ? et ces mots prononcés à voix basse par sa mère, en savait-il la signification ? La nature, pour emprunter la métaphore reçue, avait-elle parlé chez lui ? Comprenait-il seulement les *contes gras* que lui firent, pour le préparer à l'amoureux déduit, MM. de Grammont et de Guise et quelques autres seigneurs de sa cour, mentionnés par Hérouard ?

A cet âge, le jeune prince était peut-être tout à fait ignorant de l'œuvre de la chair. Peut-être aussi que les deux tentatives constatées par la relation officielle ne produisirent que douleur et fatigue ; et que ce premier essai de virilité, qui avait étonné et effrayé l'adolescent, découragea ou dégoûta par la suite le jeune homme. Il se pourrait aussi que la leçon du procès-verbal ne fût point la véritable.

Mais, sans accumuler les conjectures qui ne feraient qu'augmenter l'incertitude, considérons les suites de ce premier congrès, et nous serons forcés de conclure que le sens génésique était mort ou paralysé chez le jeune roi, ou bien encore qu'il ne se sentait aucun appétit vénérien, ou qu'il y avait perversion de la fonction génitale. L'impuissance de Louis XIII se pourrait aisément soutenir, si, comme

____

(1) *Le roi chez la reine*, chap. VIII, p. 197-199.

on dit en droit, la recherche de la paternité n'était point
interdite ; d'autant mieux que si l'on admet, par une interprétation bienveillante, la continence et la chasteté de ce
prince, on ne saurait admettre également la sagesse d'Anne
d'Autriche, femme d'un tempérament ardent, veuve de son
mari dès le lendemain de son mariage, et invitée pour ainsi
dire à l'adultère par la froideur persévérante de cet époux
de glace.

Le roi marié voulut devenir son maître. Il oubliait la
jeune reine, mais non la régente ni ce vaniteux maréchal
d'Ancre, qui devait payer de sa vie l'insolence de ses prétentions. La journée du 24 avril 1616, l'assassinat du favori
de la reine mère fut le signal d'une révolution de palais,
qui eut pour résultat de porter au faîte la fortune de Luynes. Plus que jamais le roi se livra à son goût pour la chasse,
assistant fort assidûment au conseil, traitant les affaires de
l'État, recevant les ambassadeurs, et faisant preuve en toute
circonstance d'une grande modération d'esprit : il écoutait
beaucoup, répondait brièvement.

Le prélat Guido Bentivoglio, nonce du pape à la cour de
France, remarque finement que ce pauvre prince, si médiocre, avait deux qualités excellentes pour le gouvernement,
à savoir : la dissimulation et le silence. Ces deux qualités étaient aussi celles de Tibère et de Philippe II ; et assurément Louis XIII n'était point de la force de ces profonds
politiques. Cependant ce roi majeur et en apparence émancipé ne songeait pas le moins du monde à se donner un successeur. En revanche, la cour d'Espagne s'indignait de cette
froideur et de ce dédain conjugal ; l'orgueil castillan était
blessé de cet abandon incroyable de l'infante d'Espagne,
devenue reine de France. La cour de Rome s'en inquiétait.

Les ambassadeurs de ces deux puissances combinèrent
leurs efforts pour amener définitivement la consommation
du mariage, et ils firent si bien, que Luynes, pourvu de toutes sortes d'honneurs et d'une riche héritière, agit de con-

cerl avec eux. On fit danser le roi, qui, aimant fort la musique, prit plaisir aux ballets que lui offrait la reine et qu'il était obligé de lui rendre. Les poëtes et les musiciens concoururent au rapprochement de ces époux platoniques ; on invoqua les plus tendres souvenirs de la mythologie, Malherbe lui-même s'en mêla et sonna emphatiquement la charge amoureuse.

Mais tant d'efforts combinés ne laissaient entrevoir qu'un résultat éloigné. On sentait bien que la glace pourrait fondre à la longue ; mais on était encore loin de la tiède saison des zéphirs. On s'évertuait en vain à compromettre les jolies personnes de la cour, les demoiselles de la reine, jusqu'à faire courir le bruit que le roi ne passait pas toujours ses nuits dans le célibat. Le roi, déclare le nonce Bentivoglio, si bien informé et si désireux de voir le mariage consommé, le roi, écrit le nonce du pape, le 5 juillet 1617, ne s'est point encore manifesté à l'égard des femmes, *in materia di donne.*

Luynes, qui voulait être le maître et chez le roi et chez la reine, et qui finit par obtenir l'expulsion de l'entourage espagnol, Luynes s'employait de son mieux pour amener la complète union conjugale. Mais le roi restait indécis et déclarait froidement n'éprouver aucun désir à cet égard. En rendant justice aux bons conseils du favori, tout en discernant très-bien les vrais motifs de sa conduite, le nonce constate le mauvais effet produit par l'hésitation du roi, et s'étonne d'une froideur insolite dans un âge qui est celui des passions bouillantes. « Il re non dimeno porta innanzi a dormire colla moglie, e dà occasione a varii discorsi, perchè finira presto i sedici anni, e par molto strano, che si mostri tuttavia alieno da questa azione. »

Le nonce comptait beaucoup sur les bons secours d'un auxiliaire de grande influence, le confesseur du roi. Il se nommait le père Jean Arnoux, jésuite, né en Auvergne, et il était la créature du favori. Arnoux, successeur du père

Coton, disgracié lors de la révolution contre la reine mère, suivait docilement les ordres de son protecteur, et obéissait d'ailleurs aux désirs du nonce. Ce dernier, bien entendu, allant au-devant des scrupules du bon père, lui avait tout permis pour le bon motif, et même quelques petites confidences que nous retrouvons aujourd'hui dans les dépêches du nonce, et qui ne sont autre chose que la chronique du confessionnal : « Il padre Arnoldo mi ha detto in gran confidenza ch'egli ha fatto col re in quest'ultima confessione ogni buono officio per la regina sua moglie, acciochè il re se le inclini che l'ami, e pensi d'essere suo buon marito. »

Le jésuite fit de son mieux pour donner contentement à son bienfaiteur, au nonce et à l'ambassadeur d'Espagne. Pour la plus grande gloire de Dieu, il travailla de tout son pouvoir à la consommation tant désirée du mariage. Il y travailla plus d'une année. M. Armand Baschet a consacré un long chapitre à ces négociations intimes. Mais je ne sais s'il a déployé toute sa sagacité à démêler les fils ténus de cette conspiration contre la continence du roi.

Il y a là quatre acteurs en scène, dont deux très-actifs, à savoir : le favori Luynes, et le jésuite, sa créature. Je doute très-fort que ces deux compères aient joué aussi franc jeu que le duc de Monteleone et le prélat Bentivoglio. Je serais très-enclin à croire que ces deux diplomates ne recevaient que des confidences tronquées, et qu'ils ne savaient, malgré leur indiscrétion et leur curiosité empressées, qu'une faible partie de la vérité. Le confesseur était entièrement à la dévotion du favori, et celui-ci, maître absolu de la situation, réglait à son gré les inclinations du roi. Luynes devait désirer le rapprochement des deux époux, non par crainte de se voir supplanté, si le roi venait à donner dans la galanterie ; — selon nous, nul mieux que Luynes ne savait que le roi était invulnérable de ce côté ; — mais pour dominer à la fois le roi et la reine ; car il était tout-puissant. Quelque chose pourtant manquait à son ambition : le gouvernement intérieur de la maison de la reine, qu'il fallait soustraire à tout prix à l'influence espagnole.

Luynes commença par introduire sa propre femme auprès d'Anne d'Autriche, la fit nommer plus tard surintendante, et ne fut content que lorsqu'il eut fait maison nette. Nous avons vu que Louis XIII ne sentait aucun désir de jouir de ses droits d'époux, et qu'il résistait à toutes les séductions qui tendaient à le faire tomber dans le piége. Il cède cependant, bien doucement, au fur et à mesure que l'entourage espagnol de sa femme se dissout en quelque sorte, et ne se décide à épouser véritablement, qu'après le départ de cette cour étrangère. N'était-ce pas le favori qui réglait ainsi les velléités du maître qu'il menait docilement et comme à la lisière?

Le duc de Monteleone se doutait peut-être de ces manéges. Quant au nonce Bentivoglio, tout fin politique qu'il était, il ne paraît pas les avoir devinés. Luynes, qui gouvernait à son gré l'esprit indécis du roi, tirait habilement parti de ses hésitations et de son entêtement, non sans piquer son amour-propre, en lui faisant sentir que l'Espagne, que le roi son beau-père, avaient le pied, l'œil et la main dans sa cour, ce qui d'ailleurs était vrai. Il faut donc considérer dans l'étude de ces négociations intimes deux éléments principaux : le caractère et le tempérament du roi, et la conduite et les intérêts de son favori.

Comme nous faisons ici de la physiologie seulement, laissons ces considérations et revenons au tempérament de Louis XIII. Ce pauvre prince entrait dans sa dix-huitième année, et il était plus que jamais embarrassé de sa femme. L'idée d'un rapprochement intime lui paralysait le courage; il n'osait affronter ce combat, pour lequel il ne se sentait point les forces nécessaires, et il fuyait toutes les occasions que lui ménageaient habilement ses courtisans les plus dévoués. La reine étalait en vain tous ses charmes. Son mari

ajournait indéfiniment le réglement des comptes, comme
un débiteur insolvable. Le nonce lui-même s'impatientait de
ces retards extraordinaires. Voici en quels termes il s'exprimait bonnement, à la romaine, dans une dépêche que
M. Armand Baschet n'a osé traduire :

« On croyait très-fort que cette fois, à Saint-Germain, le
roi se déciderait à coucher avec la reine et à jouer jusqu'au
bout son rôle d'époux ; mais il n'a soufflé mot à ce sujet,
soit que la honte le retienne ou que son énergie ne soit pas
encore suffisante. Il en est qui lui conseillèrent de s'essayer
préalablement avec une femme mariée ou ayant déjà quelque expérience, et de ne point faire ses premières preuves
avec une pucelle. Mais son confesseur le détourne de commettre un tel péché, et jusqu'ici ce bon avis l'emporte et
l'emportera, on l'espère, jusqu'au moment attendu, lequel
finalement ne pourra longtemps se faire attendre. Ces Espagnoles, si ardentes, se désespèrent, et disent que le roi
n'est bon à rien. Son père aussi commença tard. *Queste
Spagnuole, che son calde, si disperano, e dicono che il re non
val niente. Suo padre ancora comincio tarde»* (Dépêche du
17 janvier 1618.)

La dernière réflexion de Bentivoglio ne manque point d'à-
propos. Mais j'avoue que je partage entièrement l'opinion
des dames de la reine. Henri IV n'était pas tout à fait un
jouvenceau quand il entra dans la carrière amoureuse ;
cela est vrai, mais, une fois lancé, il ne s'arrêta plus, et le
poignard de Ravaillac trancha du même coup le fil de sa
politique et le réseau de ses intrigues amoureuses.

Quant à Louis XIII, à peine est-il permis de dire qu'il ait
commencé bien tard. Ce qu'il y a de certain, c'est qu'il ne
prit point goût à ce jeu, et qu'il n'y jouait que contraint
et forcé en quelque sorte. Les dames de la reine devaient
savoir quelque chose de cette première nuit des noces
royales, dont le jeune prince avait gardé un souvenir peu
agréable. Les confidences du nonce plaisaient fort en cour

de Rome ; il y a grande apparence que le pape s'amusait des puérilités qu'on lui racontait du fils aîné de l'Église. Cependant les négociations intimes se poursuivaient sans relâche. Le père Arnoux, c'est Guido Bentivoglio qui lui rend ce témoignage, chapitrait le roi en confession et le poussait au nom de la religion à passer la nuit avec la reine.

C'était là le terme tant désiré des négociations, et les politiques avaient hâte de savoir le mariage consommé : *Poichè*, ajoute le nonce, *finchè non si viene a questo, non si potrà mai impedire che non si parli non solo in Spagna, ma in tutte le altre corti, parendo strano, per dire il vero, che il re, il quale si accosta ormai alli diocitti anni, tardi tanto a risolversi a far le azioni di marito.* (14 avril 1618.) Malherbe avait dit la même chose aussi poétiquement que possible dans ses stances sur le mariage du roi et de la reine :

> Les fleurs de votre amour, dignes de leur racine,
>   Montrent un grand commencement ;
> Mais il faut passer outre, et des fruits de Lucine
> Faire voir à nos vœux leur accomplissement.
> Réservez le repos à ces vieilles années
>   Par qui le sang est refroidi ;
> Tout le plaisir des jours est en leurs matinées ;
> La nuit est déjà proche à qui passe midi.

Mais, contre le vœu du poëte, le roi très-chrétien ne pouvait se décider à passer outre. Le père Arnoux, invité à l'indiscrétion par le nonce, répétait les aveux que le pauvre prince lui faisait en confession, et qui se résumaient ainsi : Point de passion amoureuse, aucune inclination pour les femmes : *E che non sente stimolo alcuno di carne che li faccia perder la vergogna.* Mais cette pudeur, quelle en était l'origine ? Était-ce la crainte d'échouer dans une seconde expérience, ou bien le sentiment d'une impuissance radicale, d'une agénésie bien constatée ?

Un fait certain, c'est la froideur et l'insensibilité du roi,

qui ne sentait point les piqûres de l'aiguillon de la chair.
Notez bien que le malade, imaginaire ou non, raisonnait
fort bien sur son état, et qu'il faisait preuve en ces matières
délicates d'une prudence excessive pour son âge. Il assu-
rait le père Arnoux de toute sa bonne volonté et de son
désir sincère de remplir ses devoirs d'époux ; mais en
même temps il faisait valoir des motifs de santé, et disait
qu'il ne voulait point commencer trop tôt, afin de se ménager des forces pour l'avenir. « Il re l'assicuro che voleva
bene alla regina e che non mancherebbe del suo dovere,
e che ne aveva avuto qualche volta gran voglia ; ma accen-
nava che gli veniva posto in considerazion di non guastarsi,
cominciando si presto. » (25 avril 1618.)

Louis XIII mettait dès lors en pratique, sans le savoir,
la fameuse théorie physiologique de Barthez, sur les forces
actives et les forces radicales, théorie brillante et qui, bien
comprise, peut éclairer d'une vive lumière les plus ardus
problèmes de l'hygiène et de la pathologie. La reine faisait tout ce qu'il était possible de faire décemment sans
outrepasser les limites de la pudeur, pour charmer et séduire son royal époux : «si vedde, dit le nonce, che qualche
volta vorrebbe far divantaggio, ma il pudor combatte il
suo desiderio. » Combien ce désir était vif, on le devine
aisément : Anne d'Autriche, née en Espagne et d'un tempérament très-chaud, était alors en pleine fleur de beauté
et dans tout l'éclat de ses dix-huit ans. Tout en faisant
semblant de faire l'amour, Louis XIII, entêté comme un
enfant, ne poursuivait qu'un projet : le renvoi en Espagne
des dames de la reine : telle était son idée fixe.

L'ambassadeur d'Espagne, duc de Monteleone, se trouvait ainsi engagé dans des négociations fort délicates, et
il voyait approcher la fin de son ambassade sans l'espoir
d'apprendre avant son départ la nouvelle de la consommation du mariage. Le père Arnoux déployait tous ses
talents de persuasion auprès de son royal pénitent ; mais

il n'obtenait rien. Après tout, remarque le nonce, on ne peut violenter la nature de Sa Majesté : *Ma non si puo finalmente violentar la natura del re*. Bentivoglio ne désespérait point, et ne partageait guère l'opinion du comte de Gondomar, qui était convaincu de l'impuissance du roi : *Quanto all' accompagnarsi il re colla regina, il conte di Gondomar va in Spagna con opinione che il re sia impotente, ma è certissimo che egli si inganna.* Il serait curieux de savoir sur quelles preuves le nonce fondait une affirmation si positive.

Le duc de Monteleone fut obligé de partir sans que ses vœux les plus chers fussent remplis. Il prit congé le 7 novembre 1618 pour retourner en Espagne, et fut remplacé par dom Fernando de Giron. Le roi profita du changement d'ambassadeur pour hâter l'exécution de ce projet qui l'occupait exclusivement : le renvoi des dames espapagnoles : *Non si puo dire quanto Sua Maestà sia intestata in questo.* Finalement, la maison de la reine fut congédiée et recommandée au roi d'Espagne. Les bons procédés de la cour de France prévinrent les fâcheuses conséquences qu'aurait pu avoir cette mesure, si l'orgueil et la susceptibilité castillane n'eussent été habilement ménagés.

La jeune reine se consola d'ailleurs du départ de ses dames par l'espoir d'avoir prochainement un mari en chair et en os. « Elle est, dit le nonce, toujours dans l'attente de cette bienheureuse nuit que le roi devra passer avec elle et qui ne finit point d'arriver : *Aspettando questa benedetta notte che il re abbia a dormire con lei, che mai non finisce di giungere.* » (19 décembre 1618.) Cette nuit si longuement attendue devait arriver pourtant.

L'année 1618 touchait à sa fin, et Louis XIII, grâce aux loisirs que lui laissaient les affaires politiques, se lançait dans le tourbillon des plaisirs : il dansait, allait à la chasse, et s'occupait du mariage prochain de sa sœur Christine de France avec le prince de Piémont. Le nonce, qui attendait impatiemment la *perfection* du mariage royal, tira habilement parti de cette circonstance, et, dans une audience qu'il eut du roi, le 15 janvier 1619, il osa dire : « Sire, je ne crois pas que vous voudriez recevoir cette honte que votre sœur ait un fils avant que Votre Majesté n'ait un Dauphin. *Sire, io non credo già che voi vorrete ricever questa vergogna, che vostra sorella abbia prima un figliuolo che vostra maestà un Delfino.*

Le mot du nonce fit impression. Le roi rougit légèrement, et promit bien de faire son devoir. Depuis si longtemps qu'il préludait à ses amours, il ne s'était jamais montré plus empressé auprès de la reine. Il est probable qu'à cette date, le nonce aidant, sa résolution était prise ; et Luynes d'ailleurs le poussait vivement. Mais ce jeune homme inexpérimenté cherchait un exemple pour se mettre sur la voie. Il voulait une leçon de pratique, avant de se risquer.

La leçon lui fut donnée par le duc d'Elbœuf et sa sœur de la main gauche, mademoiselle de Vendôme, dont le contrat de mariage avait été signé le 19 janvier 1619. Le lendemain eut lieu la cérémonie des noces, et, la nuit arrivée, le roi se fit introduire dans la chambre des nouveaux époux. Ici, il faut laisser la parole à l'ambassadeur de Venise, Anzolo Contarini, qui a raconté la scène en détail dans une de ses dépêches à la sérénissime république : « Le mercredi auparavant, le duc d'Elbœuf ne fit qu'un lit avec sa femme, mademoiselle de Vendôme, et le roi, une bonne partie de la nuit, voulut être présent sur le propre lit des deux époux, afin de voir se consommer le mariage ; acte qui fut réitéré plus d'une fois, au grand applaudissement et au goût particulier de Sa Majesté. Aussi estime-t-on que cet exemple a vivement concouru à exciter le roi à faire la même chose. On affirme aussi que sa sœur, mademoiselle de Vendôme, l'y a engagé, en lui disant : « Sire, faites, vous aussi, la même chose avec la reine, et bien vous ferez. *Sire, fate voi anco così con la regina, che farete bene*. Le propos est gaillard et bien digne d'une fille de Henri IV. Le roi se le tint pour dit et n'oublia point la recommandation. Hérouard a noté brièvement et plaisamment cette visite nocturne : « Va chez mademoiselle de Vendôme *pour lui faire la guerre*, revient à onze heures. »

D'après l'ambassadeur de Venise, le roi se serait engagé à donner satisfaction à la reine, aussitôt après le départ de ses dames espagnoles : *Che doppo la partenza delle Spagnuole, si sarebbe contentato di contentar la regina*. Il différa pourtant à tenir cet engagement deux mois environ, après le départ de ces dames, et ce ne fut que cinq jours après avoir reçu les leçons et les encouragements de mademoiselle de Vendôme, qu'il s'exécuta. Encore y fit-il bien des façons. Le temps pressait. Le mariage de sa seconde sœur Christine de France et de l'héritier du Piémont était fixé au 6 février, et le roi avait engagé sa parole au nonce, de ne point se laisser devancer par son beau-frère, le Piémontais.

Luynes, voyant l'irrésolution du roi et ses craintes puériles, intervint hardiment et lui fit en quelque sorte violence. Le 25, le roi, ayant soupé à huit heures, et rendu visite à la reine, était rentré dans ses appartements et il s'était couché. « A onze heures, dit M. Armand Baschet, M. de Luynes entre dans la chambre du roi, et il l'engage à se lever pour se rendre chez la reine. Le roi battait froid. Le favori le persuade, il le prie, il le supplie, le roi résiste, puis il cède, et Sa Majesté est ainsi conduite, presque portée, aux appartements de la reine, d'où Luynes revient aussitôt et où le roi reste. Ainsi fut introduit le roi chez la reine par M. de Luynes, prochain connétable (1). »

L'intervention du favori est très-énergiquement décrite dans la dépêche du nonce : *La notte stessa che il re andò a dormire colla regina, stando tuttavia quasi in forse ed in gran contrasto fra sè medesimo, Luines lo prese a traverso e lo con-*

(1) P. 315, chap. XIII.

dusse quasi per forza al letto della regina. (30 janvier 1619.)
Le lendemain, grande joie. Le roi se hâta d'envoyer au
nonce et à l'ambassadeur d'Espagne son maître des cérémonies et l'introducteur des ambassadeurs pour leur annoncer de sa part que le mariage était consommé. En annonçant au cardinal-ministre de la cour romaine, que le roi de
France s'était enfin décidé à *conjungersi colla regina*, Guido
Bentivoglio ajoutait : « Après la première nuit, sauf l'intervalle d'une seule, Leurs Majestés ont continué à se trouver ensemble, et on croit que, pour le commencement, afin
d'avoir égard à la santé du roi, on fera en sorte que Sa Majesté ne se rende chez la reine qu'à différents intervalles. »
Et plus loin : « En somme, le retard ne provenait que de la
froideur du roi. Il craignait aussi de rencontrer dans cet
acte des difficultés au-dessus de ses forces, frappé surtout
comme il était du souvenir de son *primo congresso* à Bordeaux, qui non-seulement était demeuré sans effet, mais
même ne lui avait laissé qu'une impression désagréable. »
L'ambassadeur de Venise donnait des détails plus pi-
quants : *S'intende che il re (e così egli si vanta) sia stato va-
loroso campione in questo fatto ; li medici però gli hanno pro-
hibito d'attacar la zuffa così spesso.* Il est très-possible que
le roi se fît illusion sur ses amoureux exploits. Anzolo Contarini en parle avec un peu d'incrédulité. Le commencement
de sa dépêche me semble empreint d'une légère ironie :
*Venerdì notte passata, fù a' 25 del corrente, questo re cristia-
nissimo ha dormito et consummato il matrimonio con la regina.*
Nous regrettons que le consciencieux et minutieux Hérouard n'ait pas dit son mot dans cette grave affaire. Mais
point n'est besoin d'autres témoignages pour connaître à
fond le tempérament de Louis XIII. Le lecteur a sous les
yeux les pièces les plus importantes concernant ce mariage
étrange et un peu ridicule ; il appréciera lui-même la nature de ce tempérament, sur lequel nous avons fait des réflexions qui nous semblent suffisantes.

Remarquons, en finissant, que Louis XIV ne vint au monde qu'en 1638, vingt-trois ans (M. Baschet a écrit par erreur vingt-neuf) après le mariage et dix-neuf après sa consommation. L'auteur de cet ouvrage curieux que nous venons d'analyser et d'extraire pense, non sans raison, que la naissance tardive du Dauphin de France pourrait donner lieu à une enquête curieuse ; car il est avéré par les récits contemporains que Louis XIII, malgré les promesses qu'il avait faites à sa femme, de ne point se répandre en galanteries, et son vif désir de faire des enfans, *con dirle che sarebbe stato tutto suo, nè mai avrebbe toccato altra donna che lei ; volendo egli in ogni maniera far* des enfants (dépêche de l'ambassadeur de Venise, 27 janvier 1619) ; il est avéré que, malgré ces promesses de fidélité, qu'il lui fut facile de tenir, et ces intentions de paternité, Louis XIII ne fit rien pour se donner un successeur. Les circonstances qui concoururent à la naissance de Louis XIV sont tellement extraordinaires, sans parler des dissemblances profondes qui distinguaient le père et le fils, qu'on oserait soutenir raisonnablement l'opinion du comte de Gondomar et la manière de voir des dames de la reine. Ces ardentes Espagnoles disaient hautement que le roi n'était bon à rien, *dicono che il re non val niente.* Le comte de Gondomar était convaincu de son impuissance, *va in Spagna con opinione che il re sia impotente.* C'est aussi notre opinion. Les dynasties d'ailleurs ne périssent point par la faute d'un impuissant. Encore une fois, la recherche de la paternité étant interdite, les reines peuvent, sans déroger ou du moins sans trop se compromettre, sauver une dynastie sur le point de s'éteindre. « Le roi est mort, vive le roi ! »

VII. — Les médecins de Louis XIV.

Un amateur de curiosités bibliographiques me montrait naguère un recueil de dessins devenus très-rares, et qui restent comme un témoignage de la haine hollandaise contre Louis XIV. Dans la première planche, fort bien gravée et entourée de légendes explicatives, l'orgueilleux monarque, en habit de cour, tient dans sa main droite une chandelle, dont la lumière blafarde, éclairant le pourtour de la perruque royale, forme une auréole bien différente de celle que Sa Majesté empruntait familièrement au soleil. La caricature exprime la pensée satirique du dessinateur avec une naïveté grossière, et le commentaire qui l'accompagne n'a pu rien ajouter à l'humiliation du personnage, dépouillé de ses rayons d'emprunt et condamné à trôner au milieu de cette illumination grotesque. Dans un tel appareil, le grand roi (vieux style) n'est que ridicule ; mais il fait pitié quand on est initié à toutes les vicissitudes de sa santé, durant un espace de soixante-quatre ans.

Grâce à la médecine et à ses confidences posthumes (1), la curiosité, lasse depuis quelque temps de cette majesté radieuse et si fort encensée, s'attache avidement à la machine de ce héros de théâtre, et sous le manteau de parade elle contemple cette misérable carcasse qui devait tomber en dissolution par la gangrène, après un laps de soixante-dix-sept ans ; laps énorme, eu égard à la constitution d'un tempérament détestable, aux vices de régime et à l'extravagance d'une thérapeutique sans frein.

M. Le Roi, diligent éditeur du manuscrit médical de Vallot, d'Aquin et Fagon, admire un peu trop ces trois archiatres, et il paraît que son admiration est sincère, car il se compromet jusqu'à prendre leur défense, conduite généreuse autant qu'imprudente.

Dans ces notes cliniques qui nous ont été transmises sous forme d'éphémérides, ou, pour dire plus vrai, d'annales, il y

---

(1) *Journal de la santé du roi Louis XIV*, de l'année 1647 à l'année 1711, écrit par Vallot, d'Aquin et Fagon, tous trois ses premiers médecins ; avec introduction, notes, réflexions critiques et pièces justificatives par J. A. Le Roi. Paris, 1862, 1 vol. in-8 de xxvi-441 p.

a infiniment plus à reprendre qu'à louer, même en s'abstenant de juger les théories et la pratique des trois auteurs d'après les principes et les méthodes de l'art contemporain.

La manière d'observer, de comprendre et de traiter les maladies a considérablement changé depuis deux siècles. Après bien des variations inhérentes à son mode même d'évolution, la médecine a reçu de notables améliorations, et le progrès, comme toujours, a été en raison de la variété, de la multiplicité et de la certitude des connaissances. Nous faisons aujourd'hui autrement et beaucoup mieux que nos prédécesseurs, qui n'avaient ni notre instruction ni nos ressources; cela est certain. Mais nous n'avons garde d'oublier ce que nous devons à leur expérience, dont nous avons hérité comme d'un patrimoine.

Dans tout art la science est d'un grand secours, par les applications et par les lumières qui en émanent; car l'art, qui, dans l'ordre des temps, précède toujours la science, devient nécessairement de plus en plus scientifique à mesure que se développe l'élément de la spéculation pure. Mais, par sa nature même autant que par son origine, l'art s'alimente de la tradition, celle-ci n'étant en somme que la transmission continue des résultats obtenus par les générations successives.

Les sceptiques, qui ont si peu ménagé la médecine et les médecins, ne semblent pas avoir pesé ces considérations importantes, et ils ont rejeté comme incertain et problématique un art qui repose sur une longue série d'acquisitions et d'expériences, — base fondamentale de la pratique, — et qui est à même de tirer une règle de direction, un système de lois bien coordonnées, en quatre mots, des principes et une philosophie, d'une science bien définie, et classée désormais dans le cadre encyclopédique.

Aussi le scepticisme ne peut-il rien contre la médecine, en tant qu'art appuyé sur la tradition et sur la science; mais il peut beaucoup contre les médecins qui, en dehors de la grande voie médicale, se sont égarés dans les sentiers perdus ou sont tombés dans l'ornière de la routine. L'art désavoue ces faux artistes ; il les sacrifie sans regret aux moqueries des satiriques et aux sarcasmes des incrédules. L'historien de la médecine ne doit pas craindre de faire de pareilles concessions aux frondeurs, et il est dans l'obligation de rendre un témoignage de gratitude à ceux qui ont justement flétri ou châtié par le ridicule, l'ignorance pédantesque et le charlatanisme impudent.

Parmi les bienfaiteurs de l'humaine espèce, Molière mérite à tous égards une belle place, pour avoir traduit à la barre et mis en scène les médicastres de son temps. Le dessein du grand comique n'était point d'amuser le public aux dépens d'un art éminemment utile, au détriment d'une profession salutaire et bienfaisante. Le disciple de Gassendi, le lecteur de Lucrèce ne pouvait uniquement consacrer son génie d'observation à saisir des types, à esquisser des caricatures. Quoique vivants et représentés d'après nature, ses personnages de théâtres n'étaient évidemment à ses yeux que des marionnettes, dont le jeu devait reproduire toute la vérité de la vie réelle. Dans sa vaste galerie de tableaux, ce peintre sans égal représentait bien mieux que des individus ; il faisait revivre toute une époque, mettant sur le théâtre la comédie humaine, telle qu'il lui fut donné de la contempler. De là cette puissance de conception et la merveilleuse unité de son œuvre,

> .... Res prodigialiter una.

Toute la société contemporaine défile au grand complet, et, en la suivant du regard, on aperçoit, à côté du bien, les vices, les défauts, les travers, les abus et les ridicules d'alors. La collection ne laisse rien à désirer, ni l'enseignement qui ressort de ce spectacle si amusant par sa variété, car tout est disposé de manière à donner satisfaction au sens moral et au sens commun. Aussi Molière est-il un philosophe incomparable pour avoir observé les hommes en vue de défendre et de redresser la raison et les mœurs, but suprême de la philosophie.

Ce qu'il a fait en faveur de la morale privée et publique est trop connu pour qu'il soit nécessaire de le rappeler. Quant à la raison, outragée honteusement au nom même de la science, il lui a rendu un service essentiel, en démasquant l'ignorance laborieuse et les vaines prétentions des pédants de toute espèce, notamment de ceux qui corrompaient le bon sens, sous prétexte d'enseigner la logique, et de ceux encore plus dangereux qui, faisant profession de guérir les maladies, s'érigeaient en arbitres de la santé et de la vie, et menaçaient sans cesse l'une et l'autre par des remèdes non moins absurdes que les théories régnantes.

En effet, il y avait conformité parfaite entre la pratique et la dogmatique des écoles. Si le jargon scolastique des docteurs blessait l'oreille, leurs ordonnances faisaient trembler. Ces hommes gravement affublés d'une robe traînante et coiffés d'un bonnet carré ou en pointe, n'étaient pas moins redoutables par leur latin barbare que par ces médecines monstrueuses et ces entassements indigestes de drogues, dont la formule seule nous fait pâlir.

Comment un homme tel que Molière, savant à la manière des vrais philosophes, et assez fort pour résister aux séductions de Descartes, n'aurait-il pas ouvert les yeux sur les abus scandaleux qui déshonoraient alors l'art médical? Il ne les vit pas sans frémir, et il y appliqua le seul remède qui fût en son pouvoir. Sans douter nullement de la médecine, comme on l'a maintes fois avancé sans preuves, il se défiait des médecins, il les redoutait, non sans motifs, car la pratique en usage de son temps était souverainement aveugle et meurtrière.

S'il était possible de conserver quelques doutes à cet égard, ils seraient radicalement détruits par la lecture de ce *Journal de la santé de Louis XIV,* monument instructif et peu édifiant, qui donne pleinement raison à Molière.

Qu'on ne s'imagine pas que le grand comique a exagéré; non, il n'a fait que rendre les choses telles qu'il les observait, et ses observations ne sont pas moins justes que ses satires. Il a ridiculisé la Faculté, parce qu'elle était ridicule. Ni M. Purgon ni M. Fleurant n'ont le droit de se plaindre de lui, car ils étaient l'un et l'autre parfaitement dignes de la réputation qu'il leur a faite. Le costume, le langage, les manières, tout est vrai et minutieusement exact; et l'attirail même dans lequel ils se présentent auprès des pauvres malades n'est qu'un complément de la vérité.

Nous rions à la représentation du *Malade imaginaire* et de la burlesque cérémonie qui couronne cette pièce; mais nous ne savons pas assez combien était mérité le châtiment infligé aux médecins en plein théâtre. Dans ces phrases ridiculement baroques, il faut voir autant de formules qui résument toute la pratique de ce temps-là; et si le latin est détestable qui leur sert d'enveloppe, le contenu l'est bien davantage.

A force d'aveuglement routinier et d'intolérance pour les nouveautés, l'école était tombée dans un empirisme plat, et l'on allait jusqu'à obtenir arrêt du parlement contre telle doctrine réputée subversive, ou contre tel remède qu'on tenait suspect par cela seul qu'il était nouveau.

Les vieux docteurs, les anciens, comme on disait dans la corporation, se bornaient à tâter le pouls, sans admettre la circulation du sang, à examiner les traits et la langue du malade, à considérer longuement, sans essayer aucune sorte d'analyse, les matières excrétées par les cavités naturelles; et, sur ces simples indices, ils livraient bataille à l'ennemi, en usant sans ménagement et sans retenue de ces moyens formidables qui donneraient à penser à nos vétérinaires.

La maladie était traitée par les médecins à peu près comme le diable par les exorcistes; on la regardait, d'après les idées courantes, comme un être malfaisant, ou tout au moins comme une influence maligne qu'il fallait détruire et chasser sans miséricorde. Aussi entrait-on en campagne sans retard, et, pour commencer les opérations, on n'attendait pas que le troisième jour de l'invasion fût écoulé, ainsi qu'il était d'usage en Égypte, au rapport d'Aristote.

Nos médecins procédaient hardiment et activement; ils commençaient par secouer vigoureusement le malade, de manière à ébranler, à remuer fortement les humeurs. Le grand secret de l'art consistait en cela : si les humeurs étaient gâtées, corrompues, épaissies, il ne s'agissait que de les purifier, de les délayer, de façon à les rendre douces, fluides et coulantes. De là cette thérapeutique essentiellement active qui se résumait en évacuations. De là cette double formule qui avait force de loi, qui était la règle suprême de la pratique dans tous les cas possibles, prévus ou non : saigner et purger, *primum seignare, ensuita purgare, rescignare, repurgare*, et le reste, et ainsi de suite en alternant, jusqu'à ce que toutes les impuretés et *humeurs peccantes* fussent vidées.

Les saignées emportaient les mauvais ferments, tandis que de bonnes purgations bien énergiques entraînaient comme dans un égout le superflu de la pituite, de la bile et de l'atrabile, en évitant tout dépôt, tout mélange capable de porter le trouble dans l'économie. On ne craignait rien tant que l'altération et les mouvements désordonnés de ces liqueurs « bouillonnantes et féroces ; » aussi laissait-on toujours libre passage et une porte ouverte à ces débordements dangereux.

De là, comme auxiliaires de ces grands moyens, toutes ces variétés de petits clystères détersifs, émollients, résolutifs, adoucissants, rafraîchissants, minoratifs, carminatifs, qui faisaient la joie et la fortune des apothicaires. L'essentiel, c'était de nettoyer le corps comme on nettoie un vase impur, et d'obtenir des *matières louables*. La ma-

ladie provenait sans aucun doute de l'effervescence des humeurs, des fumées, fuliginosités et impuretés qui mon-
taient des bas-fonds vers les viscères supérieurs, de manière
à troubler les fonctions des organes nobles.

Voilà l'opinion généralement reçue, sur la foi des anciens qu'on savait par cœur, qu'on ne comprenait point,
qu'on interprétait à rebours, les prenant aveuglément pour
guides, mais guides infaillibles qui ne souffraient ni examen
ni contrôle, et qui devenaient par le fait les ennemis les
plus dangereux de cet art dont on les proclamait les maîtres et les patrons.

En effet, tout progrès sérieux devenait impossible par
suite de ce respect exagéré de l'autorité. On adoptait pleinement les théories imaginaires de la vieille médecine
sur les tempéraments et sur les humeurs : on admirait
les dissertations diffuses de Galien et de ses commentateurs les Arabes ; on contemplait les doctrines de l'école
grecque à travers les subtilités orientales. Et, loin de vérifier l'exactitude des vieux préceptes par l'observation consciencieuse de nouveaux faits bien analysés, on prétendait
trouver dans les observations ou cas qui se présentaient un
accomplissement des prophéties, soit dit sans métaphore,
car les anciens passaient pour des oracles, et ce qu'ils
avaient écrit demeurait aussi inébranlablement vrai que
parole d'Évangile.

La médecine s'apprenait entièrement dans les livres ; et
les plus considérés parmi les médecins brillaient moins
par la sûreté du coup d'œil et la profonde expérience qui
distingue le praticien d'élite, que par un luxe d'érudition
grecque et latine, assez inutile pour l'exercice de l'art.
Jean Fernel, ce grand luminaire de l'École de Paris, était
prisé particulièrement pour sa réputation d'excellent humaniste ; aussi lisait-il sans cesse Platon et Cicéron, et il
n'avait donné que trop de temps à ces auteurs, comme on
s'en aperçoit aisément en parcourant ses écrits, où les

raffinements de l'élégance et de la subtilité l'emportent de beaucoup sur la substance.

Il y a fort peu de chose à prendre aujourd'hui dans les vastes compilations des médecins les plus renommés qui étaient alors dans cette tradition. Ils savaient par cœur tout Hippocrate, tout Galien, Aristote et Pline ; mais tout leur savoir consistait à rapprocher des textes, à élaborer des commentaires, sans nulle critique, sans ce véritable esprit scientifique qui cherche dans les labeurs de l'érudition la lumière et la vérité.

Leur ambition était satisfaite quand on les réputait hommes doctes et diserts, car ils haranguaient volontiers en un latin laborieusement choisi, saisissant toutes les occasions de faire montre de leur éloquence et de leur savoir. Les actes de la Faculté n'avaient point d'autre objet : toutes ces variétés de thèses qu'il fallait soutenir pour arriver par degrés au bonnet doctoral n'étaient guère que des morceaux de style qui servaient à alimenter la discussion, car on argumentait solennellement dans la grande salle des écoles de médecine tout comme en Sorbonne, et les disputes qui s'élevaient entre docteurs en médecine n'étaient ni plus instructives ni plus édifiantes que celles des docteurs en théologie.

Dans le vaste recueil de ces pièces académiques, il y a des choses curieuses, rarement des choses utiles. Et pourtant on donnait alors une grande importance à ces doctes compositions, ainsi qu'on en peut juger par les lettres de Guy-Patin, ce docteur atrabilaire, à l'esprit étroit et caustique, le vrai type du bourgeois émancipé et frondeur, curieux, malin, spirituellement bavard, très-enclin à la médisance, très-entiché des préjugés de la classe à laquelle il appartenait et des priviléges de sa corporation.

Cet enragé galéniste avait néanmoins du bon, à ce qu'il croyait bien entendu, car il détestait cordialement chirur-

giens et apothicaires, et de sa haine violente et un peu ridicule il se faisait un mérite. Son bon sens lui avait démontré
de bonne heure l'inutilité de ce nombre infini de remèdes
qui encombraient alors les officines ; et il faut lui savoir
gré d'avoir, un des premiers, réduit les fastueuses richesses de la pharmacopée, par la publication d'un livre qu'on
appelait « le médecin charitable, » comme nous dirions
« le médecin des pauvres. » C'était une espèce de manuel
de médecine domestique et économique, dont le but n'était
autre que la ruine de ces malheureux apothicaires contre
lesquels le fin Picard épuise tout son vocabulaire d'injures,
dans ses lettres bien entendu, car il avait trop de prudence
pour s'exposer inconsidérément à déplaire en face à ses
ennemis.

D'ailleurs Guy-Patin, qui représente excellemment les
médecins de son temps, n'avait nulle envie de s'ériger en
réformateur. Quand il faisait table rase de toutes ces drogues qui empoisonnaient le public au profit des apothicaires, il cherchait avant tout une satisfaction à ses rancunes ; mais, plus que personne, il respectait profondément
l'autorité des anciens, et il avait une sainte horreur des innovations. Les plus belles découvertes le laissaient indifférent et incrédule. Dans Galien était contenue, à son dire,
toute la bonne médecine.

Lui aussi tenait pour la vieille méthode : il purgeait, saignait et *clystérisait* sans miséricorde, tout en exerçant sa
langue et sa plume contre les *chimistes*, « qui nihil nisi ne-
cant, » comme il dit en fort bon latin.

Les chimistes n'étaient autres que des médecins qui faisaient usage de l'antimoine et que l'école de Paris, toute
confite en préjugés rances, excluait obstinément, comme
des novateurs dangereux.

Parmi les partisans de l'atimoine, il y avait assurément
des charlatans qui faisaient grand bruit de cette drogue
minérale, dont les préparations étaient alors très-impar-

faites; mais les adversaires des chimistes ne faisaient point de distinction, et leur instinct de conservation les avertissait de se tenir en garde contre tous ceux qui propageaient bien ou mal les enseignements de Paracelse et de Van-Helmont.

Guy-Patin (1) traite avec le dernier mépris ces deux esprits supérieurs et illuminés, et il se déchaîne particulièrement en invectives contre Paracelse, qui, voulant réformer la médecine d'après la méthode de Luther, avait publiquement brûlé les écrits de Galien et ceux d'Avicenne.

Les trois premiers médecins de Louis XIV ne craignaient point d'employer l'antimoine; mais la manière dont ils en usaient n'atteste ni des convictions raisonnées ni un grand discernement en thérapeutique. Leur pratique est grossière, aveugle, entachée de tous les vices de la routine, foncièrement empirique, dans la mauvaise acception du mot, active outre mesure, malgré l'opposition assez fréquente du roi, dont le gros bon sens savait parfois contenir à propos le zèle exagéré de ses archiatres.

Louis XIV était grand mangeur, comme tous ceux de sa race. Il ne mangeait pas, il dévorait, engloutissait sans mâcher, ayant les dents fort mauvaises. Il s'emplissait de grosses viandes, de gibier et de légumes, notamment de pois verts qu'il aimait beaucoup, et qui lui donnaient des indigestions terribles. Comme il ne pouvait s'accoutumer à vivre de régime, il acceptait sans résistance les fortes médecines qu'on lui faisait prendre pour corriger les effets de son intempérance, « bien persuadé que le moyen le plus assuré de défendre le cerveau est celui de vider souvent les ordures du bas-ventre, et d'y empêcher l'amas des humeurs par les purgatifs réitérés de temps en temps (2). »

Cette théorie, brièvement énoncée en quatre lignes, et développée çà et là très-longuement, était devenue la règle.

(1) *Lettres.* Édition J.-H. Reveillé Parise. Paris, 1846. *passim.*
(2) *Journal,* p. 103.

J'ai compté trois cents purgations environ, dont les résultats, exposés en détail et avec une complaisance visible, occupent une bonne moitié du *journal*. Quant aux saignées, le roi ne pouvait les souffrir ; elles lui faisaient un mal affreux. On le saignait néanmoins tous les ans, et dans sa vieillesse, comme il était menacé de congestion et sujet à des vertiges, Fagon lui faisait violence pour qu'il se laissât ouvrir la veine. J'ai compté plus de cinquante saignées.

Pour ce qui est des lavements, le compte n'en est pas facile. Vallot en usait avec munificence, tellement que l'usage dégénéra en abus. Si l'on voulait remonter à la cause première, à l'origine véritable de la fistule du roi, on la trouverait peut-être dans l'excès de ce remède réitéré à tout propos, et dont l'application exigeait l'emploi d'un engin mécanique qui n'est point sans inconvénients. Un fait certain et précieux à recueillir, c'est que depuis la grande opération qu'il dut subir pour sa fistule, Louis XIV refusa absolument de se livrer à ses apothicaires, et pendant plus de vingt ans il persista résolûment dans sa répugnance insurmontable, « d'autant que les lavements ne lui font jamais aucune chose et ne lui procurent jamais aucune évacuation. (1) »

En effet, habitué comme il était à recevoir une forte secousse périodique, le roi ne pouvait ressentir aucun bénéfice de l'emploi de ce moyen auxiliaire, et Fagon qui le remit en honneur s'en servait uniquement comme d'un anodin, pour calmer les épreintes, tranchées et autres douleurs du bas-ventre, provoquées ou pour mieux dire entretenues par les écarts de régime et par l'abus des purgatifs.

Une chose très-remarquable dans le *Journal*, c'est que les trois médecins qui l'ont rédigé successivement ne s'ac-

---

(1) *Journal*, p. 120.

cordent point sur le tempérament du roi, et sont à peu près d'accord sur les drogues pharmaceutiques, on n'ose dire sur la méthode thérapeutique, car il est évident que toutes les indications qu'il fallait remplir se réduisaient finalement en évacuations, au jugement de ces partisans fanatiques de l'humorisme.

Cet accord sur l'emploi des moyens et ce désaccord sur la nature et la constitution du sujet malade prouvent en quelle décadence se trouvaient alors les doctrines générales de la médecine, puisque la matière médicale, avec ses formules monstrueuses, servait également, à toutes les théories indistinctement et·pour tous les cas de la pathologie.

Ainsi, dans la petite vérole du roi, dans sa rougeole, dans certaines maladies de jeunesse de nature plus que suspecte, dans ses accès de fièvre intermittente ou continue, dans ses attaques de goutte, dans ses coliques néphrétiques, suite de la gravelle, c'est toujours la même médication, qui se résume en quatre mots : la lancette et les drogues purgatives.

Quant aux ressources si puissantes de l'hygiène, on les dédaignait : les bains ordinaires ou de chambre étaient rarement prescrits, et les bains de linge, c'est-à-dire le renouvellement des vêtements qui couvrent immédiatement la peau, étaient moins fréquents qu'il n'eût été nécessaire pour l'entretien de la propreté, de la netteté du corps, sans laquelle il n'y a point de santé. Les eaux de Forges, prescrites à l'intérieur, sans raison suffisante, devaient moins servir de remède, que donner le change au public sur l'état valétudinaire du roi, et satisfaction aux courtisans, qui intervenaient volontiers dans les affaires de la médecine, au très-grand déplaisir des premiers médecins de la cour.

La politique intervenait aussi d'une façon assez étrange. Vallot, créature de Mazarin et son dévoué serviteur, appelait aux consultations le cardinal-ministre, qui faisait toujours prévaloir l'avis de son protégé.

D'Aquin, qui s'était poussé à la cour par le crédit de Vallot, dont il était devenu le neveu par alliance, d'Aquin avait
la protection de la Montespan, qui le soutint tant qu'elle fut
en faveur ; mais la Maintenon ayant pris sa place et trouvé
le bon moyen de ne la plus quitter, d'Aquin fut disgracié et
remplacé par Fagon, homme d'esprit et de ressources, né
pour l'intrigue, infiniment plus habile dans le métier de
courtisan que dans l'art de guérir, quoi qu'en aient dit ses
flatteurs les gazetiers, qui le proclamaient hautement le
premier médecin de l'Europe.

Rien de moins vrai. Ni Fagon ni ses prédécesseurs dans la
même charge n'étaient comparables en mérite, en savoir, en
capacité, en habileté dans la pratique, à ces hommes vraiment supérieurs qui, avant la fin du dix-septième siècle,
avaient donné de dignes successeurs au grand Sydenham,
le fondateur, le chef et le maître le plus illustre de l'école
empirique moderne, depuis longtemps florissante en Angleterre, en Hollande, en Belgique, en Allemagne, en Italie et
même en Espagne, lorsque la médecine française, surchargée d'un inutile fatras d'érudition, en était encore aux vieux
préjugés et aux disputes oiseuses de la scolastique.

Sauf Baillou, praticien de génie, malgré sa dévotion superstitieuse pour les textes hippocratiques, l'école de Paris, livrée aux passions mesquines des docteurs-régents, ne
pouvait opposer un nom justement célèbre à ceux de Morton, Boerhaave, Stahl, Frédéric Hoffman, Baglivi ; et elle
n'avait pas eu, comme l'école de Montpellier, un Joubert,
un Rivière, un Barbeyrac, l'égal de Sydenham, au jugement de Bordeu et du philosophe Locke.

En revanche, les médecins de Paris se déchaînaient violemment contre toute innovation, et allaient jusqu'à proscrire les découvertes les plus merveilleuses et les plus utiles :
on écrivait contre la circulation du sang, traitée de fable,
contre le quinquina, regardé comme un poison (n'oublions
pas que la Fontaine a célébré en beaux vers cette précieuse

substance végétale), et l'on ne ménageait point les injures à Pecquet, lequel, faisant ses études à Montpellier, avait découvert le réservoir du chyle et le canal thoracique, découverte qui, venant après la démonstration de Harvey, ouvrait un horizon sans limites à la physiologie et à la médecine.

Le quinquina, connu dès 1638, l'année même de la naissance de Louis XIV, pour ses propriétés fébrifuges, importé en Espagne en 1640 par la comtesse de Chinchon, recommandé par Juan Lopez de Vega, médecin de l'ex-vice-roi de Lima, défendu contre les attaques et les préjugés des ignorants, par un professeur en médecine de l'université de Valladolid, nommé Barba, en 1642 ; le quinquina ne fut employé pour la première fois contre les fièvres intermittentes qui tourmentaient depuis longtemps Louis XIV par des accès réitérés, qu'en l'année 1686.

Remarquons à ce sujet que d'Aquin, alors premier médecin en charge, avait écrit contre l'écorce du Pérou, qualifiée d'admirable par Sydenham. Ajoutons, pour détruire une erreur grossière dans laquelle est tombé naguère un de ces jeunes croisés qui s'escriment contre les savants, en haine de la science, et en dépit du sens commun, que parmi les hommes qui se distinguèrent le plus en Amérique, sous Ferdinand et Isabelle, Charles-Quint et Philippe II, les médecins espagnols emportent la palme, par les recherches sans nombre et les curieuses notices qu'ils nous ont transmises dans leurs écrits. Avant de les juger, il serait prudent de les lire ; mais, au lieu de prendre de telles précautions, on veut avoir raison contre les médecins, on nie qu'ils aient eu entrée en Amérique, et, pour étayer cette négation ridicule, on allègue un passage de Montaigne, qu'on explique tout de travers, de telle sorte que le trait malin et spirituel de Montaigne devient tout simplement une ânerie.

C'est avec des préjugés analogues et d'après une méthode semblable, que les médecins dont nous faisons la critique lisaient les anciens, qu'ils travestissaient, sans trop chercher à les comprendre ; tandis que les bons observateurs, qui jetaient les fondements de l'école empirique, ne se contentaient point de lire Hippocrate, Arétée, Galien ; mais imitaient ces grands maîtres et les commentaient pratiquement, non sans féconder leurs préceptes, en les distançant dans la voie qu'ils avaient ouverte les premiers.

C'est qu'ils avaient en eux le génie du progrès, grâce auquel ils devinaient le secret de l'évolution de l'art, tandis que les autres étaient dans la routine et suivaient l'ornière. Mais les derniers étaient en nombre ; en France notamment ils formaient la grande majorité, et ils perpétuaient la mauvaise tradition. Vers le milieu du dix-huitième siècle, Bordeu ameutait contre lui presque tous les membres de la Faculté, pour avoir prôné l'inoculation comme un excellent préservatif de la petite vérole, et Bordeu lui-même, si émancipé pourtant, soutenait avec toutes les ressources de sa dialectique subtile, des rêveries surannées touchant les variétés du pouls et l'influence des jours critiques.

Aussi la médecine française, contenue dans sa marche progressive par l'esprit réactionnaire des écoles, se trouvait éclipsée par l'avancement prodigieux de la chirurgie, partie de l'art qui s'était rapidement accrue, en prenant pour appui les notions positives en anatomie, et l'observation rigoureuse. Assurément Félix, Mareschal, Dionis, tous ces chirurgiens qui figurent dans le texte du *Journal* ou dans les notes de l'éditeur, étaient des hommes bien supérieurs par l'intelligence et par l'instruction à ces trois archiatres, qui ont peut-être fourni à Molière les types que nous admirons dans ses pièces *médicales*, le mot n'est pas trop fort pour marquer avec combien de tact et de finesse le grand comique a observé, étudié et compris la médecine et les médecins de son temps. Ici comme ailleurs il a saisi la vérité par la contemplation de la réalité, suivant la méthode fondamentale de la science ; aussi manque-t-il d'*idéal* (mot sonore et profondément creux), au goût de quelques professeurs de belles-lettres, toujours perchés sur les hautes échasses du spiritualisme.

Le *Journal de la santé du roi Louis XIV*, n'hésitons pas à le redire à la honte de ceux qui l'ont rédigé, est le meilleur commentaire aux susdites pièces de Molière; il reste comme un témoignage accablant des théories ridicules et de la pratique détestable qui étaient alors en vogue. Ce journal, qui n'était fait que pour le roi et que le roi se faisait lire souvent, atteste infiniment plus d'habileté dans l'art d'aduler bassement que dans celui de guérir. Ces premiers médecins étaient si foncièrement courtisans, qu'ils n'osaient jamais dire la vérité, en usant de ce privilége des honnêtes gens, qu'on respecte même à la cour. En parcourant les notes qui, malgré eux et contre leurs prévisions, sont venues jusqu'à nous, on ne peut se défendre de certains mouvements de colère et parfois d'un sentiment de dégoût, à l'égard de ces grands maîtres en charlatanisme, qui pronostiquaient tout comme les astrologues, au milieu de leur galimatias hérissé d'interminables formules. Et, si peu sympathique qu'elle soit, on ne peut s'empêcher de plaindre sincèrement cette royale majesté, « travaillée, comme ils disent, des agitations que les mouvements du cœur et de la gloire excitent souvent dans la vie, » et « voulant toujours, en se faisant voir à sa cour, ménager entre les besoins de sa santé et ceux de son État (1). »

Ce qui condamne sans appel les premiers médecins de Louis XIV, c'est l'impression produite par la lecture de ce *journal*, qui finit par rendre ce prince intéressant, même aux yeux de ceux dont l'antipathie lui est à jamais acquise.

(1) *Journal*, p. 124.

Nota. La gravure à laquelle il est fait allusion au commencement de cette étude est la première d'une collection devenue très-rare, et qui forme dans son ensemble une satire politique du règne de Louis XIV. L'exemplaire que j'ai eu sous les yeux appartient à l'un de mes meilleurs amis, M. Georges Moreau-Chaslon.

VIII. — Documents sur le charlatanisme chirurgical au dix-huitième siècle.

Dans une bonne histoire de la médecine, un chapitre tout au moins devrait être consacré aux charlatans. Notre profession en a compté de tout temps un si grand nombre, que l'historien consciencieux de l'art médical ne saurait ni les oublier ni les exclure sans dommage. Ces artistes, qui se distinguent du commun, se recommandent particulièrement à la curiosité ; et, sans être précisément des moralistes, ils présentent des éléments précieux d'intérêt pour l'étude des mœurs médicales.

Le mot charlatanisme est inscrit sur la bannière d'une puissante confrérie ; mais il y a bien des variétés du genre. Les charlatans se ressemblent tous en tant que charlatans ; les analogies qui les rapprochent sont connues de tous. Il n'en est pas de même des différences qui peuvent servir à les classer. L'ignorance et une certaine adresse pour tromper la foule sont l'apanage du charlatan vulgaire, et ce dernier ne se fait guère illusion sur sa propre valeur ; tout son savoir ne consiste qu'à exploiter effrontément la sottise des gens, à son profit, en se conformant au proverbe si connu et si vrai : *Vulgus vult decipi, decipiatur.*

Le charlatan qui fait argent de la bêtise humaine n'est poussé que par la cupidité, passion ignoble à laquelle il obéit uniquement : son métier est de faire des dupes, et toute son ambition est de gagner beaucoup. Ce charlatan vulgaire n'a point d'amour-propre ; il est effrontément cynique et débite ses impostures et ses drogues sans s'émouvoir.

Tout autre est le charlatan que tourmentent la vanité et le désir immodéré de paraître. Homme de talent, de savoir, pénétré de son mérite et toujours prompt à le met-

tre en évidence, celui-ci met toutes ses qualités, toutes ses
facultés au service de son ambition égoïste ; il n'épargne
rien pour se faire valoir, et le plus souvent il sert l'art et
la science d'un très-grand zèle, en vue de s'en servir pour
la satisfaction de sa passion dominante.

Il arrive même que les charlatans de cette espèce mé-
prisent l'argent ou le dédaignent. Il en est qui ne recherchent la fortune qu'à cause des avantages et des facilités
qu'on en peut retirer pour la considération ; car c'est de
celle-ci qu'ils se préoccupent surtout, et si bien, qu'ils se
soucient moins d'être que de paraître, au rebours de l'artiste vraiment honnête et désintéressé, qui se moque au
besoin de l'opinion, pourvu que le devoir soit rempli et la
conscience satisfaite.

Le charlatan, au contraire, déploie une grande habileté
pour sauver les apparences; mais il se conduit plus volontiers d'après les impulsions d'une vanité insatiable que
d'après les règles de la stricte probité et les inspirations
salutaires du bon sens. La vanité peut aller jusqu'à l'extravagance, jusqu'à l'extrême folie.

Quand Archigène entreprit de refondre la théorie des
fièvres en inventant une nomenclature impossible, la passion de l'art le dominait moins que l'amour exagéré de sa
réputation. S'il eût sincèrement servi l'art médical par ses
rares talents, au lieu de travailler pour sa satisfaction personnelle, il ne fût point tombé dans le ridicule, digne châtiment de ceux qui prétendent se singulariser par des
inventions absurdes. Qui ne sait qu'Archigène a eu des imitateurs, et que des tentatives analogues à sa prétendue réforme ont abouti à un résultat semblable.

L'antiquité présente encore d'autres exemples de ce
charlatanisme médical dont la vanité est le mobile. Sans
remonter au mythologique Esculape dont les prétentions
exagérées furent détruites par un coup de foudre, l'histoire
nous montre Acron d'Agrigente, médecin empirique et va-

niteux au point d'exiger du sénat de sa ville natale la concession d'un lieu en évidence pour y élever un monument
à son père. Acron fondait sa demande sur la supériorité de
ses talents en médecine, διὰ τὴν ἐν τοῖς ἰατροῖς ἀκρότητα, dit
Diogène Laërce, en faisant un pauvre jeu de mots (1) qu'il
emprunte, il est vrai, au philosophe Empédocle. Celui-ci,
qui avait aussi sa bonne dose de vanité, ainsi que l'atteste
sa mort théâtrale, rendit vaines les sollicitations d'Acron,
« ayant fait un discours sur l'égalité, peut-être pour prouver que les médecins sont tous égaux, et que l'un ne vaut
pas mieux que l'autre, » remarque finement Leclerc (2).
Thessalus de Tralles, médecin novateur de l'école méthodiste, et si fort maltraité par Galien, était si rempli de son
propre mérite, qu'il rejetait avec dédain les opinions et
les dogmes des plus grands maîtres de l'art. Sa vanité prodigieuse était, au rapport de Pline, passée à l'état
de manie. Thessalus, qui avait une belle fortune et une
clientèle considérable, ne sortait qu'accompagné d'une
nombreuse escorte. Comme il était à la mode dans la capitale du monde, il se croyait sans rival, dans le passé aussi
bien que dans le présent. Il se fit bâtir un monument sur
la voie appienne, et l'inscription funéraire apprenait aux
passants que Thessalus était le vainqueur des médecins,
ou, comme on dirait aujourd'hui, le prince de la médecine (3).

Pline a bien des traits satiriques contre la vanité des
médecins, qu'il a notée judicieusement comme un principe de charlatanisme. Mais, sans relever les sarcasmes de
Pline, nous ne produirons qu'un exemple rare de la vanité
médicale.

(1) *Vit. philos.*, VIII, 2, à l'article *Empédocle*.
(2) *Hist. de la méd.*, Ire part., liv. II, c. vII, p. 103, édit. in-4.
(3) Cl. Galeni *methodus medendi* lib. I, in-4; — Plinii *Hist. nat.*,
lib. XXIX, c. v;—Dan. Leclerc, *Hist. de la méd.*, 2e part., liv. IV, sect. I,
ch. II, p. 445-447.

Ménécrate de Syracuse, qu'il ne faut pas confondre avec un autre médecin du même nom et contemporain de Tibère, se vantait, entre autres merveilles de son habileté, de guérir radicalement l'épilepsie, et il obligeait quelques-uns des malades qu'il avait traités de lui faire escorte. Il allait ainsi traînant sa clientèle à sa suite et se pavanant dans les principales cités de la Grèce. Athénée, le compilateur encyclopédique, nous a conservé la lettre ridiculement insolente que Ménécrate écrivit à Philippe, roi de Macédoine, pour annoncer apparemment son arrivée. Le vaniteux médecin débutait ainsi : « Tu règnes sur la Macédoine, et moi sur la médecine, » et il poursuivait en prolongeant cette antithèse ridicule. D'après Élien, l'épître de Ménécrate commençait par cette formule : « A Philippe, Ménécrate Jupiter, souhaits de prospérité. » Philippe, qui connaissait bien son correspondant, répondit à son tour : « Philippe à Ménécrate, santé. Je te conseille de te rendre aux environs d'Anticyre. » Il voulait dire par là que Ménécrate avait besoin de prendre une forte dose d'ellébore pour guérir de sa folie. L'ellébore était le grand remède des anciens contre la manie avec exaltation, et le territoire d'Anticyre, ville de la Phocide, en produisait une espèce qui était fort estimée. Aller à Anticyre, c'était, comme on dirait de nos jours, entrer à Charenton (1).

C'était encore la vanité qui poussait Ménécrate à une exagération tellement ridicule de son propre mérite. C'était elle aussi qui égarait dans les plus faciles sentiers de la médecine ces sophistes si durement traités par Hippocrate en maints passages de ses écrits. Bien des faiseurs de systèmes n'ont obéi qu'à ce vice inhérent aux natures frivoles,

(1) Φιλίππῳ Μενεκράτης ὁ Ζεῦς εὖ πράττειν. Ἀντέγραψε δὲ καὶ ὁ Φίλιππος· Φίλιππος Μενεκράτει ὑγιαίνειν. Συμβουλεύω σοι προσάγειν σεαυτὸν ἐπὶ τοῖς κατὰ Ἀντικύραν τόποις. Ἠινίττετο δὲ ἄρα τούτων, ὅτι παραφρονεῖ ὁ ἀνήρ. Ælian, *Hist. var.*, XII, 51, et Athénée, liv. VII, c. xii, et Dan. Leclerc, *Hist. de la méd.* Iʳᵉ part., liv. IV, c. iii.

et qu'il faut se garder de confondre avec l'orgueil. Celui-ci, qui inspire si souvent de grandes choses, non sans induire aussi en de graves erreurs, se distingue fortement de la vanité, inspiratrice ordinaire des sottises que commettent les gens qui n'usent de leurs facultés que pour les satisfactions de l'amour-propre. Paracelse était vaniteux au point d'en être fou. Il n'est pas le seul parmi les modernes qui puisse entrer en parallèle avec les médecins de l'antiquité dont nous avons parlé. Mais il est un type du charlatanisme engendré par l'envie de paraître.

C'est aussi dans cette catégorie de médecins vaniteux à l'excès qu'il faut ranger Lecat, célèbre chirurgien de Rouen et membre de l'Académie royale de chirurgie.

Cet homme habile, qui s'était fait une grande réputation dans son art, devait sa notoriété autant à ses talents, qu'on ne saurait justement contester, qu'aux soins assidus qu'il donnait à l'entretien et à l'accroissement de sa renommée. J'ai sous les yeux une lithographie qui le représente d'après un excellent portrait conservé à Rouen. Le front est découvert et l'œil très-vif; il y a sur ce masque beaucoup d'intelligence et de finesse. Mais ce nez proéminent et pointu, cette bouche largement fendue, ce menton court, arrondi et relevé, le pli qui avoisine la commissure des lèvres, et la saillie des pommettes, composent un visage d'une physionomie très-complexe, où l'on démêle pourtant trois sentiments en prédominance : la satisfaction de soi-même, l'inquiétude et l'insolence. Avec ses traits aigus et sa face osseuse, Lecat représente à merveille le type de la vanité inquiète.

Le physique du personnage répond parfaitement à l'esprit et au caractère qu'il fit paraître dans une carrière parcourue non sans éclat ni sans utilité, malgré la préoccupation qu'il eut constamment de contenter sa vanité sans mesure. Louis, secrétaire perpétuel de l'Académie de chirurgie, a peint Lecat de main de maître (1). Le portrait est si ressemblant, qu'il semble vivre, et c'est vraiment avec raison que les commissaires qui furent chargés d'examiner l'éloge de Lecat par Louis, ont affirmé dans leur rapport que cet éloge est « un des meilleurs qu'il ait donnés. » Ils ont trouvé le mot juste, en écrivant que cet éloge est un tableau.

Parlant de l'usage qui s'est établi, dans les associations savantes, de faire l'éloge des membres défunts, Louis dit finement « qu'il est quelquefois très-embarrassant pour celui qui en est chargé par devoir de satisfaire également aux égards que méritent sa compagnie, le public et la vérité. Ce sont des intérêts différents assez difficiles à ménager lorsque, de temps en temps, on les trouve opposés l'un à l'autre. » Cette réflexion, si profondément vraie, est consignée dans l'exorde. On lit quelques lignes plus bas : « Nous n'avons pas à nous plaindre de la disette des matériaux. Peu d'hommes se sont occupés du soin de leur réputation avec autant de zèle et d'ardeur que M. Lecat. Il saisissait avec empressement et suivait avec feu toutes les occasions de montrer la part qu'il prenait à l'avancement des connaissances humaines (2). »

Louis connaissait bien le personnage, si bien, en effet, qu'il aurait pu dire que, dans le bien qu'il faisait, Lecat ne cherchait que le prétexte et l'occasion de se mettre en plus grande évidence. Lecat convoitait vivement les honneurs

----

(1) *Éloges lus dans les séances de l'Académie royale de chirurgie,* recueillis par le docteur Fr. Dubois, Paris, 1859, p. 129.

(2) A ces réflexions de Louis, on peut comparer celles qu'il a faites au début de l'Éloge de Verdier. « Ceux qui ont été recommandables par des talents décidés, dont la vie active et laborieuse a été consacrée à l'utilité publique ; ceux qui, sans intérêt pour eux-mêmes, se sont uniquement occupés de leurs devoirs, et qui ont plus considéré l'obligation de faire le bien que la satisfaction de l'avoir fait, de tels hommes ont un droit incontestable à nos hommages. » (Éloge de Verdier, prononcé aux écoles de chirurgie en 1759, page 42 de l'édition de M. Frédéric Dubois.) Que le lecteur fasse la comparaison, et il sentira le contraste.

et les places, moins pour l'argent que pour la considération qu'il en tirait. Ces places au demeurant lui assuraient
un assez bon revenu et constituaient conséquemment une
fort belle dot. Lecat, qui n'avait qu'une fille, voulait un gendre qui pût lui succéder dans toutes ses charges. « M. Lecat, dit spirituellement A. Louis, fit connaître ses intentions,
et, sans indiquer précisément un concours, les choses s'ar-
rangèrent de façon que plusieurs jeunes chirurgiens se
rendirent de Paris à Rouen dans l'intention de mériter la
palme. M. David était du nombre. On aurait pu parier,
presque à coup sûr, qu'il aurait l'aveu du père, d'après
les succès académiques qui étaient si fort de son goût (1). »

Lecat avait en effet une passion si violente pour les couronnes académiques, qu'en 1755, l'Académie royale de
chirurgie ayant proposé un prix double, il concourut en
dissimulant son nom, malgré la disposition très-positive du
règlement qui l'excluait du concours comme membre de
la compagnie. On voit que Lecat ne put guérir de cette ambition académique, laquelle ne dure si longuement que
chez les savants de second ordre qui, doutant d'eux-mêmes
malgré leurs prétentions, recherchent avidement l'approbation officielle. Baumes, ancien professeur à la Faculté
de médecine de Montpellier, était aussi un de ces concurrents infatigables et heureux qui mettent leur honneur à
faire provision de couronnes. Malheureusement les couronnes académiques n'ont pas toujours l'éclat inaltérable de
cette brillante auréole qui désigne à la postérité les têtes
vraiment illustres, et la gloire de Lecat n'a guère duré plus
que celle de Baumes : c'est aujourd'hui une célébrité de
province, une illustration un peu effacée de la Normandie.

Lecat, qui veillait sans cesse sur sa réputation et qui employait tous les moyens pour séduire l'opinion publique,
Lecat, qui faisait prôner ses opérations et ses bonnes œu-

____

(1) Éloge de David, édition Fréd. Dubois, p. 350-351.

vres par les gazettes, était plus que sexagénaire, lorsqu'il obtint une faveur qu'il avait longtemps sollicitée. En 1762, par le crédit du gouverneur de la Normandie, il reçut des lettres de noblesse, dont la copie se conserve dans les archives de l'Académie de chirurgie. Louis, dans son Éloge de ce glorieux personnage, a fait, au sujet de cette faiblesse, des réflexions qui, reproduites ici, ne seront ni hors de propos ni sans utilité : « Dans la carrière des sciences et des arts, remarque finement le judicieux écrivain, dans la carrière des sciences et des arts, où l'on ne déroge point, les annoblis n'acquièrent que la considération dont ils auraient également joui sans la prérogative de la noblesse. Entre les gens d'une même profession, le mérite peut seul distinguer (1) ».

Rien de plus juste, mais rien de plus ordinaire aussi que l'envie qui tourmente les plus méritants parmi les gens qui exercent des professions libérales, d'obtenir ces distinctions officielles et apparentes qui ne décorent pas toujours le mérite. Lecat avait du sien une idée si avantageuse, qu'il ne fut amené que par des considérations très-singulières à l'étude et à la pratique de l'art chirurgical. Destiné en premier lieu à l'état ecclésiastique, il pensa plus tard que sa vocation véritable était pour les travaux du génie. Il s'appliqua en conséquence et avec une grande ardeur aux mathématiques; il se prit d'une belle passion pour la mécanique, et fut persuadé jusqu'à son dernier jour qu'il valait beaucoup comme physicien. C'est David, son gendre, qui nous apprend tout cela dans une lettre adressée à Louis, et qui accompagnait des documents pour servir à l'Éloge de son beau-père. Lecat disait volontiers que la chirurgie ne lui aurait jamais plu s'il n'avait découvert que, par la mécanique, elle pouvait se rattacher à la physique, et il ajoutait métaphoriquement et fort galamment qu'il s'était ré-

(1) Éloge de Lecat, p. 147-148.

solu à embrasser l'écolière pour l'amour de sa maîtresse chérie.

Cet aveu explique le caractère de la plupart de ses travaux en chirurgie; ils sont d'un esprit ingénieux plutôt que d'un clinicien. Lecat mettait de la physique partout, et ses théories en physique étaient étranges ou bizarres. Il était de ces esprits plus singuliers qu'extraordinaires qui, ne pouvant s'élever jusqu'au génie, donnent constamment dans le paradoxe lorsqu'ils tentent de voler trop haut.

L'ambition tourmentait cet habile homme, et, quoique la réputation à laquelle il était si sensible et la fortune à laquelle il ne fut pas indifférent eussent en apparence comblé ses vœux, sa satisfaction ne fut jamais pleine et entière. Le désir immodéré de paraître le domina souverainement, et ayant tout mis en œuvre pour contenter cette passion insatiable, il ne fit pas tout ce dont il était peut-être capable ou du moins tout ce que le public, qui l'avait gâté, était en droit d'attendre de lui. Aussi la postérité, qui juge avec impartialité et sans céder à ces illusions qui égarent trop souvent le jugement des contemporains, la postérité n'a point admis en sa faveur des circonstances atténuantes, et elle a ratifié l'appréciation à la fois si fine et si nette de Louis.

Ce juge, d'une inflexible droiture et d'un discernement quasi infaillible, a écrit : « La multiplicité des éloges historiques serait désapprouvée avec raison si, dans ce genre d'écrit, on trompait la postérité en voulant lui faire estimer des hommes par les titres qu'ils ont accumulés et par les places qu'ils ont remplies (1). »

Au moment de composer, dix ans après, l'Éloge de Lecat, le secrétaire perpétuel de l'Académie royale de chirurgie n'eut garde de négliger l'observation d'un principe aussi

(1) Notice sur Verdier (*Éloges* Édition Fr. Dubois, Paris, 1859, p. 42).

sage qu'équitable, et il s'appliqua consciencieusement à faire un portrait ressemblant, ni chargé ni flatté, du modèle qui avait si longtemps posé devant lui. Lecat parut alors tel qu'il était de son vivant. On rendait justice à ses qualités, à son ardeur, à la prodigieuse activité de son esprit; mais on ne celait pas ses imperfections, et on laissait entrevoir les travers et les vices de son caractère. La famille du défunt se fâcha. Les ennemis du secrétaire perpétuel manœuvrèrent sourdement. David présenta à l'Académie une protes-- tation ridiculement exagérée, qui provoqua de la part de l'inculpé une réplique très-sensée et très-éloquente, et donna lieu au beau rapport de Sabatier (8 juin 1769). Enfin la veuve de Lecat, cédant à de mauvais conseils ou à une mauvaise inspiration, écrivit à Louis un billet injurieux. Louis, toujours ferme et convenable, répondit aux injures qu'on lui adressait par une lettre très-digne, qui est un modèle de raison et d'urbanité, et dont la fin est ainsi :

« Ma réputation, qu'il m'est permis de conserver, ne peut souffrir aucune atteinte de vos injustes emportements. M. le premier chirurgien du roi et la compagnie dont j'ai l'honneur d'être l'interprète ont approuvé mon travail. Je croirais même pouvoir me flatter de votre approbation, s'il vous était possible d'examiner de sens froid (1) ce que j'ai dit et de *me savoir gré de ce que j'ai tu.* »

Ce dernier membre de phrase n'est pas, comme on pourrait le supposer, une espèce de figure qu'aurait employée Louis pour sa défense. L'Éloge de Lecat abonde, il est vrai, en insinuations, en réticences; et pourtant le secrétaire perpétuel de l'Académie royale de chirurgie n'a pas dit tout ce qu'il savait, et il ne s'est pas même permis une allusion au

____

(1) M. Fréd. Dubois, qui a reproduit cette lettre dans ses notes à l'Éloge de Lecat (*Éloges lus dans les séances publiques de l'Académie royale de chirurgie*, Paris, 1859, p. 152), a imprimé *de sang-froid;* mais la minute de la lettre, qui est de la main de Louis, n'autorise point cette correction ou cette variante.

sujet de cette affaire, dont les pièces sont entre nos mains
et que nous pouvons révéler aujourd'hui sans crainte d'offenser personne.

Les commissaires de l'Académie royale de chirurgie
chargés d'examiner l'Éloge de Lecat par Louis ont parfaitement défini en quelques lignes la vraie nature du trop célèbre chirurgien de Rouen :

« Cet Éloge, dit Sabatier, organe de la commission, est
un tableau de la vie de M. Lecat, qui y est présenté partout
comme un homme de beaucoup d'esprit, avide de connaissances, très-versé dans son art, zélé pour l'honneur des lettres et pour celui de la chirurgie, auquel il a beaucoup contribué par ses ouvrages et par son habileté généralement
reconnue, dont la vie a été fort laborieuse, qui a remporté
un grand nombre de prix dans diverses Académies ; que les
sociétés savantes de l'Europe les plus considérables ont
adopté ; qui a reçu du prince les marques de distinction les
plus flatteuses ; en un mot, comme un de ces hommes rares,
nés plutôt pour être admirés de leurs contemporains que
pour servir de modèles. »

Juste et très-fine appréciation. Lecat était, en effet, un
esprit ingénieux, brillant même, mais peu solide ; il subor-
donnait son art aux décevantes théories qui régnaient alors
dans la physique et dans lesquelles il intervenait volontiers,
soit comme réformateur, soit comme inventeur. Son caractère ressemblait beaucoup à son esprit : le vain désir de paraître le poussa et le soutint dans la carrière qu'il avait finalement choisie, après de longues hésitations entre l'état
ecclésiastique et la profession d'ingénieur. Le culte assidu
des mathématiques, funeste trop souvent à la rectitude de
la raison, ne dispose point à l'humilité. Lecat, qui tenait
beaucoup à rester mathématicien, fut un chirurgien subtil,
et d'une subtilité poussée jusqu'au paradoxe ; mais il ne
connut point la modestie, cette vertu si douce, quand elle

est vraie, naturelle, sincère. Son amour-propre trop impatient provoquait les louanges et ne savait pas les attendre ; mécontent de ses panégyristes les plus complaisants, ce vaniteux faisait très-volontiers son propre éloge, et le faisait sans mesure, sans ménagements. Il alléguait sans discrétion ses travaux, ses découvertes, ses livres, ses palmes et ses titres académiques. Laborieux et actif, il prétendait jouir sans retard de la réputation qu'il s'était faite, et qui probablement eût été plus durable, s'il avait consacré à la consolider le temps qu'il perdit à se faire valoir, en ayant recours à ces moyens peu légitimes dont l'amour de la publicité a malheureusement rendu l'usage vulgaire.

La méthode qu'il avait constamment suivie de son vivant pour se mettre le plus possible en évidence ne fut que trop imitée par ses amis et, qui pis est, par ses parents les plus proches. Les gazetiers, travaillant sans discernement, sans conscience, sur les mémoires fournis par sa famille, dépassèrent le but et firent du mort un portrait trop flatté. Louis, jaloux de rétablir la vérité et de juger sainement, n'écouta que sa haute raison et ce sentiment d'équité souveraine auquel il faut obéir quand on veut porter un juste jugement ; et par une savante analyse de tous les éléments divers de cette nature complexe, il reproduisit l'homme tel qu'il était, tel qu'il l'avait connu, si bien que les esprits droits furent de son côté et firent bonne justice des injustes réclamations.

On reconnut alors que la vie de Lecat pouvait se résumer en une formule d'une admirable netteté et d'une profonde justesse, que Pline a trouvée dans une de ses éloquentes diatribes contre le charlatanisme médical. *Ostentatio artis et portentosa scientiæ venditatio manifesta est* (1), dit excellemment le pittoresque écrivain, et il faut convenir que l'appréciation de Louis a mis en relief et en parfaite évidence

(1) *Historia Naturalis*, XXXIX, 8.

cette ostentation de l'art chirurgical et cette manie de paraître avec éclat qui fut la passion prédominante de Lecat.

Dans la liste des membres de l'Académie royale de chirurgie, au 1ᵉʳ janvier 1755, Lecat est porté en tête des *associés regnicoles*, avec tous les titres que voici : « M. Lecat, correspondant de l'Académie royale des sciences, membre des Académies de Rouen, Madrid et Berlin, professeur en anatomie et chirurgie et chirurgien en chef à l'Hôtel-Dieu à Rouen (1). Il était aussi, depuis 1740, correspondant de la Société royale de Londres, et il y a des travaux de lui dans les *Transactions* de cette célèbre compagnie.

Lecat ne parut pas d'abord très-sensible à l'honneur que lui avait fait l'Académie de chirurgie en se l'associant. « La compagnie, qui avait récompensé ses premiers travaux d'une manière si honorable, dit Louis dans son Éloge, et qui avait tant contribué à sa réputation naissante, lui donna des lettres d'associé en 1739. Il ne s'aperçut que fort longtemps après qu'il avait toujours été sur la liste à la tête de cette classe ; car il ne prit que dans ses dernières années, au frontispice de ses ouvrages, la qualité de doyen des associés régnicoles de l'Académie royale de chirurgie. »

Tout cela est d'une grande exactitude. Lecat, qui s'était constitué à Rouen une sorte de royauté scientifique, était parvenu à fonder dans cette ville une Académie des sciences, belles-lettres et arts. Il y trônait en qualité de secrétaire perpétuel, et il déploya dans l'accomplissement de ses fonctions beaucoup de zèle et d'activité. Mais il reconnut enfin que cette Société, dont il était l'âme, ne pouvait le disputer en éclat à l'Académie royale de chirurgie, et dans les dernières années de sa vie, il se souvint un peu tard des obligations et des égards qu'il devait à cette illustre compagnie. Voici une lettre de lui qui témoigne de ses sentiments de respectueuse déférence :

(1) *Registres de l'Acad. roy. de chirurg.*, t. III, p. 400.

« *A Messieurs de l'Académie royale de chirurgie.*

« Messieurs,

« Permettez-moi de vous présenter deux ouvrages dont l'un est tout récemment imprimé, et l'autre, quoique un peu plus ancien, n'auoit cependant pas encore été placé dans votre bibliothèque. Je voudrois, messieurs, pouuoir y fournir des choses qui en fussent plus dignes. Peut-être y parviendray-je, si le ciel daigne prolonger mes jours. Je n'ay gueres employé l'age de vigueur qu'a amasser des matériaux, dans l'esperance de les arranger et de les produire auec plus d'utilité dans l'age de sagesse. J'en suis à ce dernier acte du petit roole que je joüe dans ce bas monde, et j'y vais employer tout le loisir que me procure ma retraite de la ville de Rouen. Un des motifs qui me soutient le plus dans cette entreprise, messieurs, c'est l'esperance de voir mes efforts applaudis par votre respectable compagnie et mes ouvrages placés au rang de ceux qu'elle estime.

« J'ay l'honneur d'etre avec un profond respect,

.   « Messieurs,

« Votre tres humble et tres
obeissant serviteur,

« LECAT. »

« A Rouen, ce 15 aoust 1759. »

Il écrivait ainsi neuf ans avant sa mort (1).

En donnant un échantillon de sa manière et de son orthographe, nous regrettons de ne pouvoir montrer un spécimen de son écriture, assez lisible, mais irrégulière et peu nette ; les caractères en sont incertains, et les nombreuses liaisons

____

(1) Né à Blézancourt, bourg de Picardie, le 6 septembre 1700 ; mort à Rouen, le 20 août 1768.

des lettres entre elles y jettent un peu de confusion : ils accusent plus d'inquiétude que de fermeté d'esprit. Pour ce qui est du style, dont le lecteur verra bientôt un autre morceau, Lecat était tout à fait digne de réfuter le discours paradoxal de J.-J. Rousseau qui avait remporté le prix de l'Académie de Dijon. Il ne fut pas heureux dans cette réfutation, et sa défense des arts et des belles-lettres, loin de lui valoir une couronne, provoqua le blâme de la part de la Société littéraire dont il convoitait l'approbation.

Mais comment, après une si longue indifférence à l'égard de l'Académie royale de chirurgie, Lecat fut-il amené à se préoccuper de cette savante compagnie avec une telle sollicitude? Il n'est pas difficile de deviner le motif de cette préoccupation un peu tardive. En 1755, quatre années par conséquent avant qu'il écrivît une lettre si flatteuse, l'Académie royale de chirurgie, qui ne perdait jamais de vue aucun de ses membres, avait particulièrnment fixé sur lui son attention en des circonstances qui doivent être rappelées en détail.

Dans les *Registres manuscrits de l'Académie royale de chirurgie*, aux pages 450-51 du tome IIIe, qui renferme le résumé des actes et des travaux de la compagnie, depuis le 1er avril 1751 jusqu'au 18 décembre 1755 inclusivement, sous la date du 24 juillet 1755, on lit à la fin du procès-verbal : « On a dénoncé au comité des lettres des magistrats de Lille, imprimées et répandues dans le public pour y annoncer l'arrivée de M. Lecat, d'une manière qui marquerait du charlatanisme, si ces lettres eussent été concertées avec M. Lecat ; on a délibéré, et l'on est convenu que M. le secrétaire écrirait à M. Bagieu, qui doit être actuellement à Lille, pour le prier de s'informer de la vérité des faits, et d'en rendre compte à l'Académie. »

A cette époque, l'Académie était dirigée par Lafaye, sous la présidence de Lamartinière. Morand, qui remplissait les fonctions de secrétaire perpétuel, ne perdit point de temps, et il adressa à son collègue Bagieu (Jacques), bon observateur et praticien excellent, cette lettre que nous avons heureusement retrouvée dans les cartons de l'Académie :

« L'Académie royale de chirurgie, monsieur, a vu avec peine que M. Lecat s'est fait annoncer à Lille avec des précautions qui ne conviennent point à un maître d'une aussi grande réputation, et membre de l'Académie en qualité d'associé. Elle a lu des espèces d'affiches imprimées pour notifier aux curés et aux baillis de différents lieux son arrivée dans les premiers jours de juin, et des lettres contenant sur les opérations qu'il a faites des détails peu avantageux à M. Lecat s'ils étaient vrays.

« L'Académie, ayant à cœur ce qui intéresse son honneur et celui de ses membres, serait fâchée que M. Lecat se fût comporté dans son voyage comme le font les charlatans et les batteurs de campagne, et elle désire d'être informée par vous, monsieur, de tout ce qui s'est passé sur cela à Lille et peut-être sous vos yeux, espérant que vous voudrez bien prendre cette peine le plus tôt qu'il vous sera possible.

« J'ai l'honneur d'être très-parfaitement, monsieur, votre très-humble et très-obéissant serviteur,

« MORAND. »

« Ce 31 juillet 1755. »

Quoique cette pièce fort curieuse porte la date du 31 juillet, il y a grande apparence qu'elle fut écrite sans retard, après la décision prise par l'Académie d'instruire une affaire qui pouvait être de nature à compromettre sa dignité dans la personne d'un de ses membres. On lit, en effet, dans le tome cité ci-dessus des registres de la compagnie, sous la date du 31 juillet 1755, le passage suivant :

« Il y a eu comité dans lequel on a agité l'affaire qui regarde M. Lecat. M. le secrétaire a lu la lettre qu'il avait écrite à M. Bagieu, chargé par l'Académie d'instruire le fait. M. Bagieu, de retour à Paris dans ces entrefaites et actuellement présent, a dit que, prévoyant les justes inquiétudes de l'Académie sur cela, il avait approfondi l'affaire étant à Lille ; que MM. les magistrats avaient fait imprimer et répandre d'office les lettres circulaires en question, que M. Lecat n'y avait aucune part, et qu'il s'est comporté partout d'une façon honorable. Dans le moment, M. le secrétaire venait de recevoir une lettre de M. Lecat adressée à l'Académie, conforme au rapport de M. Bagieu, et par laquelle il se justifie en détail. M. le secrétaire a été chargé d'écrire à ce sujet à M. Lecat une lettre de politesse.

« Signé : MORAND (1). »

Il est probable que six jours n'avaient point suffi pour l'enquête que l'Académie jugea à propos d'instituer. La poste n'allait pas alors d'une grande vitesse, et Bagieu n'eut pas, en conscience, le temps de recevoir à Lille la lettre du secrétaire perpétuel, de faire les recherches qu'on lui demandait, et de retourner à Paris pour rendre compte de sa mission. Ou l'affaire de Lecat fut menée rondement, ou elle fut étouffée dès le début, l'Académie ayant peut-être craint de compromettre sa réputation en appelant trop vivement l'attention publique sur un de ses membres les plus connus. Il se peut encore, et c'est le cas le plus probable, que Lecat ait été averti à temps, officieusement ou par les amis qu'il comptait parmi les académiciens, car sa lettre de justification est du 28 juillet. Or les registres de l'Académie royale de chirurgie ne font mention de l'affaire qui le concernait que deux fois, le 24 et le 31 juillet. Il est vrai que cette affaire remontait au moins à deux mois, car les imprimés que nous allons reproduire et qui figurent au dossier comme pièces justificatives, sont du mois de mai 1755. Ces impri-

(1) Registres, tome III, p. 484.

més sont au nombre de trois ; les voici sans commentaire :

« A Lille, le 16 may 1755.

« L'intérêt que nous prenons, messieurs, à ce qui peut contribuer à l'avantage des habitants de votre paroisse, nous engage à vous informer que M. Lecat, docteur en médecine et chirurgien en chef de l'Hôtel-Dieu de Roüen, dont le mérite et l'habileté sont parfaitement connus, doit arriver en cette ville dans les premiers jours du mois de juin prochain pour y faire des opérations à quelques personnes, et, comme il a bien voulu s'engager pendant le séjour qu'il doit y faire de neuf à dix jours d'opérer la cataracte, le bec-de-lièvre, l'extirpation du cancer, et toutes autres opérations de chirurgie, à l'exception de la taille, aux personnes pauvres et aisées qui se présenteront, ceux de votre communauté, qui peuvent être attaquez de ces sortes de maladies, pourront profiter d'une occasion aussi favorable.

« Nous croyons aussi devoir vous adresser les préparations que le sieur Lecat a prescrit aux malades de cette ville, pour les trouver en état d'être opérés dans les premiers jours de son arrivée, afin que les étrangers qui voudraient avoir recours à lui pendant son séjour ici puissent s'y préparer de la même manière.

« Nous sommes, messieurs, vos affectionnez serviteurs, les baillis des quatre seigneurs hauts-justiciers, représentant l'état des châtelenies de Lille, Doüay et Orchïes. »

Suscription imprimée :

A messieurs

les baillis et gens de loy
de.....

« A Lille, le 24 mai 1755.

« Par notre lettre du 16 de ce mois, nous avons informé,

monsieur, les gens de loi de nos communautés de l'arrivée
de M. Lecat, chirurgien très-habile, dans cette ville, dans
les premiers jours du mois prochain, et qu'il y fera pendant
les neuf à dix jours qu'il y restera les opérations de la cataracte, du bec-de-lièvre, de l'extirpation du cancer, et toutes
autres opérations de chirurgie, à l'exception de la taille ;
nous croyons, monsieur, que dans la vuë d'être utile à vos
habitants, vous voudrez bien vous charger de vous informer
de tous les pauvres de votre paroisse qui sont dans le cas
d'avoir recours à M. Lecat, et de nous envoyer un état de
ces personnes avec leurs noms, leur âge et leur incommodité ; ils pourront se rendre ici avant l'arrivée de M. Lecat
pour se faire voir par le sieur Vandergracht, chirurgien de
cette ville, qui les examinera et leur dira s'ils sont dans le
cas d'être opérés ; à l'égard de ceux qui seront dans ce cas-
là, ils pourront se rendre à Lille dans l'endroit que nous
aurons marqué pour être traités et pansés sans aucuns
frais.

« Nous sommes parfaitement, monsieur, vos très-humbles
et très-obéissants serviteurs, les baillis des quatre seigneurs
hauts-justiciers, représentant l'état des châtelenies de Lille,
Doüay et Orchies. »

Suscription :

A monsieur,

Monsieur le curé d. . . . .

PRÉPARATION.

« Il est absolument nécessaire que les malades qui dési-
reront se faire opérer, par M. Lecat, de la cataracte, se préparent six à sept jours devant de la manière suivante :

« Le premier jour ils se feront faire une petite saignée,
le second jour une autre pareille, le troisième ils pourront
se reposer, le quatrième ils se purgeront, le cinquième, le

sixième et le septième ils ne vivront qu'avec deux soupes et quelques bouillons dans l'intervalle par jour, ils pourront boire de l'eau panée ou de la ptisane ; s'il se rencontre quelques malades sujets aux fluxions ou mal de tête, ils feront sagement de se faire établir un cautère à la nuque deux ou trois jours avant l'opération.

« Cette préparation ci-dessus peut servir pour toutes sortes d'opérations. »

La lecture de ces documents ne peut laisser aucun doute sur la participation de Lecat, non pas à la rédaction, mais à la préparation de ces circulaires et de l'instruction qui les accompagne, par manière de complément. On remarquera dans les deux premiers la réserve qui y est faite. Lecat s'engage à pratiquer toutes les opérations de chirurgie, hormis la taille. La clause paraît d'autant plus extraordinaire, que Lecat devait la meilleure part de sa réputation à ses succès dans l'opération de la taille, pour laquelle il avait des procédés particuliers et des instruments de son invention. Louis nous apprend que lui-même avait reçu une invitation de Lecat, à laquelle il s'était rendu, pour le voir tailler, et que nombre de chirurgiens ayant terminé leurs études se rendaient à Rouen pour recevoir des leçons pratiques de l'habile lithotomiste, comme on disait alors fort improprement.

Pourquoi donc Lecat se conformait-il, en se rendant à Lille pour opérer, au fameux précepte consigné dans le *Serment* hippocratique : « Je ne taillerai point les calculeux ? » Absolument pour la même raison qui détournait les disciples de l'ancienne école de Cos de tenter pareille opération. La ville de Lille possédait alors un spécialiste d'une rare habileté, ce même sieur Vandergracht qui devait examiner les malades que Lecat pouvait opérer. Dans les registres de l'Académie royale de chirurgie (1), séance du

(1) Tome III, p. 442.

lundi 23 juin 1755, ce sieur Vandergracht, « lithotomiste de Lille, » figure dans une commission nommée à l'effet d'examiner les différentes méthodes pour l'opération de la taille. On conçoit que le chirurgien de Rouen ne voulût pas se faire un ennemi de son confrère, on pourrait dire de son compère de Lille, car il y a apparence que ce Vandergracht contribua à la rédaction de la dernière des trois pièces qui porte le titre de *Préparation*, et dont la phrase finale est quelque peu charlatanesque.

Ce fut apparemment durant le séjour même de Lecat à Lille que l'Académie reçut information de ce qui s'était passé. L'inculpé, dans sa défense, parle d'un libelle ; mais dans les papiers de l'Académie royale nous n'avons pu trouver aucun acte de dénonciation ; de sorte que sur ce point il n'y a rien de bien positif.

Voyons maintenant l'apologie de Lecat qu'il faudra analyser en se bornant à reproduire quelques extraits, car elle est fort longue. En voici le début :

« *A messieurs du comité de l'Académie royale de chirurgie.*

« Messieurs,

« J'apprends avec étonnement et indignation qu'on a lu dans votre comité des lettres venues de Flandres qui tendent à me déshonorer. Si ce n'estoit pas, messieurs, dans une assemblée aussi respectable que la votre que s'est passée une pareille scène, le parti que je prendrois seroit de poursuivre la vengeance la plus signalée qu'il me seroit possible contre les misérables qui ont la lâcheté de me calomnier d'une façon aussi atroce. Mais je vous dois, messieurs, un compte détaillé de ma conduite ; je vais vous le rendre, messieurs, sans aucune réserve, et avec la douleur attachée à la nécessité de se justifier de semblables reproches ; je me repose sur votre équité du châtiment dû à l'infâme délateur qui a eu l'effronterie de produire, dans une compagnie comme la votre, des accusations sans preuves contre un homme qui tient aux principales compagnies littéraires de l'Europe, et qui peut se flatter d'en avoir toute sa vie mérité l'estime. »

On voit que Lecat n'oublie jamais de rappeler ses titres académiques comme autant de droits à la considération.

Après cet exorde *ab irato*, le chirurgien de Rouen apprend à l'Académie qu'il s'est rendu à Lille sur l'invitation expresse de M. de Vallerave, ancien capitaine de grenadiers, chevalier de Saint-Louis, un des premiers magistrats de la ville, et de deux dames, affligées comme lui de cataractes ; et il rapporte un fragment d'une lettre de son noble client dans laquelle on lui demande s'il voudrait faire une tournée dans les villes de Flandre, et pratiquer les opérations qui se présenteront. On le prie en même temps de marquer le temps de son arrivée, et d'indiquer l'itinéraire qu'il se propose de suivre, afin que le magistrat de Lille puisse prévenir opportunément les magistrats des autres villes.

A cette invitation Lecat répondit en ces termes :

« Il n'est pas douteux que je ne me fasse un plaisir d'exercer mon art dans toute son étendue, partout où j'en trouverai des occasions honnêtes.

« Je consens que messieurs les magistrats de Lille informent ceux des autres villes de mon arrivée et de mon séjour à Lille, excepté (pour la taille) celles ou opère, en qualité de pensionnaire, mon ami M. Vandergracht, à qui je serois bien fâché de faire le moindre tort ; mais je ne crois pas qu'il me convienne de donner mon itinéraire ; cela sent un peu trop cette espèce d'opérateur avec laquelle je serois trop honteux d'estre confondu ; j'opérerai à Lille seulement, et les affligés des autres villes ou y viendront, ou me manderont exprès. »

Tout en décidant que Lille serait son quartier général,

Lecat marque assez son intention de ne pas se montrer plus
difficile que ces opérateurs ambulants avec lesquels il
appréhende d'être confondu, en les imitant trop visiblement. Mais il aurait pu prévoir que l'assentiment qu'il avait
donné aux mesures à prendre par les autorités de Lille,
touchant les opérations qu'on lui préparait, équivalait à un
plein consentement à ces instructions et lettres circulaires
qui tenaient, en réalité, lieu d'affiches publiques ; et il ne
pouvait pas ignorer que le plus odieux des charlatanismes
est celui qui emprunte les façons de la charité ou de la
philanthropie. En consentant de son plein gré à ces moyens
de publicité, il s'associait à une réclame dont il reste essentiellement responsable, car il dépendait de lui que son
nom ne fût pas affiché.

Lecat nie très-nettement qu'il y ait eu, de la part des magistrats de quelques villes principales de la Flandre, « aucune affiche ni imprimé. » Mais que peuvent ses dénégations
contre les pièces que nous avons produites? Si Lecat n'avait
point connaissance de ces instructions et circulaires imprimées, il avait montré bien peu de curiosité, et l'on ne
sait que trop qu'il ne négligeait aucun moyen de se mettre
en relief. Et, s'il en avait connaissance, comme il est probable, il faut convenir que sa mémoire était courte ou sa
loyauté suspecte.

Poursuivant sa défense, l'inculpé s'excuse de toute espèce
de connivence et déclare que son accusateur doit être « bien
extravagant et bien méchant » pour l'en avoir cru capable.
Il parle ensuite de la réception magnifique que lui ont faite
les magistrats de Lille, et du bon accueil qu'il a reçu de ses
confrères les chirurgiens, des fêtes qu'on lui a données,
bref de toutes les satisfactions qu'il eut durant son séjour
dans une ville dont les témoignages d'estime l'ont si vivement touché.

« Messieurs les magistrats de Lille, pour exécuter eux-
mêmes ce à quoy ils exhortaient le autres magistrats,

avoient averti de mon arrivée les pauvres de leur ville ; ils en avoient rassemblé plusieurs dans leurs hôpitaux. Les États, de leur côté, avoient donné de pareils avis à la chastellenie qui est leur domaine. Ils en avoient placé tous les pauvres qui avoient besoin d'opérations dans des cazernes dont ils avoient fait une espèce d'hôpital. J'ay trouvé, à mon arrivée, tous ces malades préparés par M. Vandergracht, chirurgien pensionnaire de la ville, et par M. Bastide, chirurgien major des dragons royaux, et je les ay opérés, tant en ville que dans les hôpitaux susdits, en présence des principaux chirurgiens de Lille et de quelques médecins. Il s'y trouva mesme quelques fois un magistrat.

« Je pense, messieurs, que vous trouverés ce procédé très-décent, très-honorable mesme pour moi et pour la chirurgie ; en mesme temps qu'il est absolument dicté par l'amour du bien public et par les vrays devoirs des magistrats.

« Je crois d'ailleurs qu'il n'est pas besoin de dire à des hommes qui pensent et qui me connoissent, que non-seulement je ne m'attendois pas à un salaire en opérant ces pauvres, mais encore que j'estois incapable d'en recevoir. J'ajouterai, puisque l'infâme calomniateur m'y force, que j'ay au contraire donné de l'argent à des malheureux opérés dans des maisons particulières, qui estoient dans la disette, et qu'entre autres les trente sols indignement allégués, par un quiproquo qui décèle l'esprit de l'auteur, ont esté tirés de ma poche et donnés à Rose Lemaire, près du refuge de Lô, que j'opérai le 18 juin, et que je trouvay sans boüillon, sans tisane et sans argent.

« Des informations exactes, messieurs, vous apprendront plusieurs autres faits de cette espèce qu'il ne me convient pas de révéler.

« En un mot, loin d'estre répréhensible, comme mon délateur a voulu vous le persuader, j'ose vous dire, messieurs, que ce voyage m'a fait autant et plus d'honneur que ce que j'ay pu faire de mieux en ma vie, et cela, tant par mes opérations fort heureuses, quoi qu'en dise le calomniateur, que par ma conduite et par la distinction avec laquelle j'ay esté reçu et traité. Il n'y a pas deux voix sur cet article, ni dans la ville de Lille, ni dans celle de Roüen, qui a un très-grand commerce avec la première, et où l'on estoit instruit chaque jour de tout ce qui se passoit à mon égard, où enfin mes ennemis nombreux n'auroient pas laissé échapper le moindre fait équivoque, s'il y en avait eu.

« Les présents considérables et inattendus que m'ont faits messieurs de la ville et des États, la veille de mon départ, sont de nouvelles preuves assez décisives de l'estime et de la distinction qu'ils n'ont cessé de m'accorder. Pour les terminer, toutes ces preuves, permettez-moi, messieurs, puisque je suis accusé et obligé de me justifier, de vous rapporter le commencement de la lettre que m'écrivit le 20 de ce mois M. de Vallerave, ce respectable magistrat de Lille dont j'ay déjà eu l'honneur de vous parler. »

Le fragment cité par Lecat est rempli de témoignages de reconnaissance et de compliments à son adresse, qu'il avait provoqués d'ailleurs en écrivant le premier. « Je puis vous dire avec Virgile, ajoute classiquement son noble client :

Semper honos, nomenque tuum, laudesque manebunt.

« Comparés tout ceci, messieurs, avec l'indigne libelle qu'on a osé vous lire, et jugés. Vous n'ignorez pas les peines infligées, par toutes les lois, contre les délateurs, et j'espère que vous voudrez bien m'épargner les mouvemens qu'exigeroit de moi la poursuite rigoureuse du criminel.

« J'ay l'honneur d'estre très-respectueusement,

« Messieurs,

« Votre très-humble et très-obéissant serviteur.

« LE CAT. »

« A Rouen, ce 28 juillet 1755 (1). »

(1) La signature est en deux syllabes nettement séparées. On voit que

Dans cette longue apologie, dont on s'est contenté de reproduire ici les principaux passages, c'est moins l'indignation qui déborde que la vanité ; elle fait explosion, notamment dans la dernière partie. Lecat était évidemment moins troublé de la faute qu'on lui imputait, non sans vraisemblance, que flatté des honneurs qu'il avait reçus et des témoignages de reconnaissance que lui avaient prodigués des hommes de qualité. Avec le tempérament moral que nous lui connaissons, il se préoccupait à coup sûr infiniment plus de son amour-propre, qu'il voulait satisfaire à tout prix, que de son honneur, dont il n'avait peut-être pas une notion suffisamment nette ; car c'est le propre de ces âmes vaniteuses de sacrifier beaucoup à l'ostentation et au frivole désir de paraître. Ainsi de Lecat, qui ne paraît pas avoir soupçonné qu'en cette circonstance, il s'était laissé entraîner à des concessions qui devaient compromettre et sa considération, comme chirurgien, et la dignité même de l'art et de la profession qu'il exerçait, avec désintéressement sans doute, mais non pas avec cette probité sévère et cette droiture inflexible, dont le médecin ne peut s'écarter sans tomber dans le charlatanisme.

Un homme de l'art qui se prêterait de nos jours à des manœuvres pareilles à celles que Lecat souffrit complaisamment, en vue de la publicité, sous prétexte de faire du bien, verrait sa considération baisser ; il perdrait l'estime de ses confrères, et, s'il appartenait à une association savante, il encourrait sans aucun doute le blâme de ses collègues, et, s'il ne justifiait pas sa conduite par des arguments plus sérieux que ceux du chirurgien de Rouen dans son apologie déclamatoire, il subirait certainement la peine rigoureuse

Lecat n'avait pas attendu ses lettres de noblesse, qui ne lui furent accordées qu'en 1762, à la recommandation du maréchal duc de Luxembourg, pour signer en gentilhomme. — Lecat fit adresser à l'Académie des certificats et attestations des magistrats de Lille. Il nous suffit de mentionner ces pièces, qui sont dans les archives de la compagnie.

que les Académies infligent en cas de nécessité majeure
aux membres qui ne craignent point de compromettre l'honneur de la corporation.

Supposons qu'un cas semblable à celui de Lecat soit soumis à l'appréciation d'un jury médical. Qui ne prévoit quel
serait le verdict des juges? Et qui voudrait protester contre
la sentence? Qui oserait prendre la défense de l'inculpé?
Quelque casuiste peut-être. Mais la condamnation, si dure
qu'elle fût, serait approuvée, ratifiée, sanctionnée una-
nimement par tous les médecins qui s'efforcent de suivre
en toute occasion le grand précepte hippocratique: « Je se-
rai pur et irréprochable dans ma conduite et dans l'exercice de mon art. » Ἁγνῶς δὲ καὶ ὁσίως διατηρήσω βίον τὸν ἐμὸν
καὶ τέχνην τὴν ἐμήν. En attendant que le corps médical ait une
haute cour d'honneur ou un conseil de discipline, cette
phrase du serment d'Hippocrate devrait être la devise des
associations médicales (1).

(1) Voici quelques extraits qui attestent que l'Académie royale de chirurgie ne tolérait de la part de ses membres aucun acte de charlatanisme. On lit dans les Registres de la compagnie :

A la date du 15 mai 1755.

« Il y a eu à la fin de la séance un comité dans lequel M. le directeur
a porté plainte contre M. Daviel, qui continue de se faire imprimer dans
la *Gazette d'Hollande*, en publiant ses opérations et ses marches comme
font les charlatans. M. le secrétaire a produit les registres par lesquels
il est prouvé qu'à la fin de l'année 1743 il y eut pareille plainte portée
contre lui, et qu'après plusieurs comités tenus à cette occasion, il avait
été fortement réprimandé sur cela en 1744. M. le directeur ayant représenté de quelle indécence cela est de la part d'un membre de l'Académie, a
été aux opinions ; il y a eu 16 voix pour le réprimander de nouveau, et 29
pour l'interdire. Il y en avait eu une pour l'exclure tout à fait sur-le-
champ. M. le directeur a ordonné à l'huissier de ne point laisser entrer
M. Daviel jusqu'à nouvel ordre. » (P. 436-37, t. III.)

Du 26 juin 1755.

« M. le directeur a indiqué un comité à la fin de la séance. » (P. 442.)
« Il y a eu comité à la fin de la séance, dans lequel on a lu une lettre
de M. Descastaux, neveu de M. Daran, imprimée dans le *Mercure*, dans
laquelle, pour vanter les bougies dont son oncle se sert, il déprise fort

IX. — Le docteur A. Hernandez Morejon.

On connaît très-peu en France les services rendus par la médecine espagnole : à plusieurs reprises cette ignorance a été mise dans la plus complète évidence. Il n'est donc pas hors de propos de tourner l'attention des lecteurs de ce côté. Nous commencerons par un des hommes les plus estimés, le docteur Hernandez Morejon, à qui l'on doit l'*Histoire de la médecine en Espagne*, histoire très-considérable, puisqu'elle ne compte pas moins de sept volumes. Ce n'est pas la première fois qu'il est question ici de Morejon : nous avons emprunté à sa vaste compilation quelques documents très-curieux. Nos lecteurs auront plaisir à connaître le savant qui a composé cette œuvre importante, et ils le connaîtront suffisamment, s'ils veulent

indécemment les maîtres de l'art. Comme le style de sa lettre prouve qu'elle a été concertée avec M. Daran, le directeur a demandé les avis du comité, et M. Daran a été interdit à la pluralité de 34 voix contre 13. « Signé MORAND. » (P. 444.)

« Dans la séance du 24 juillet 1755, il y a eu comité, dans lequel M. le secrétaire a lu le désaveu que M. Daran avait fait la veille au conseil du collége (des chirurgiens). On a recueilli les voix, et il a été décidé que l'interdiction de M. Daran serait levée. Dans son désaveu, inscrit dans les Registres, il affirme que « la susdite lettre a été écrite et insérée dans « le *Mercure* sans sa connaissance ni sa participation ; qu'il la désavoue « dans tous les points comme insultant au corps de la chirurgie et con- « traire à sa façon de penser. » (P. 450.)

Du 14 août 1755.

« Il y a eu comité à la fin de la séance, dans lequel M. le directeur a dit que M. Daviel avait été chez lui pour s'excuser sur ce qui lui a attiré l'interdiction de l'Académie, et en demander la cassation. La chose mise en délibération, il a été décidé, à la pluralité de 34 voix contre 12, que dans trois mois l'on pourrait accorder à M. Daviel ce qu'il demande. » (P. 456.)

Nous pourrions ajouter beaucoup d'autres preuves à celles qui précèdent ; mais nous les réservons pour une étude historique dont les matériaux nous sont fournis par les documents inédits que renferment les anciennes Archives de l'Académie de médecine.

bien entendre le simple récit d'une vie modeste, irréprochable, remplie de solides travaux et de bonnes actions, entièrement consacrée au bien et à la recherche de
la vérité. Il s'agit d'un homme qui a honoré l'art médical
par son dévouement absolu aux devoirs de sa profession,
et dont le nom, illustre en Espagne et à peine connu en
France, se recommande justement au souvenir.

Antonio Hernandez Morejon naquit dans le bourg d'A-
laejos, dans la Vieille-Castille, le 7 juillet 1773. Son père,
Andres Hernandez Perez, était un cultivateur aisé, homme
austère et de mœurs sévères. Sa mère, Isabel Morejon, avait
ces qualités modestes et solides qui sont le plus bel orne-
ment de la femme des champs. Élevé avec une tendre sollicitude, l'enfant fit paraître de bonne heure des dispositions
heureuses, et se livra avec passion à l'étude des sciences
physiques et naturelles. Il profitait avec une égale ardeur
et des leçons de ses maîtres et des bons exemples de ses
parents, lorsque la mort impitoyable lui enleva ces derniers
au moment où il avait le plus pressant besoin de leur protection.

L'orphelin ne resta pas longtemps dans l'abandon. Un
frère de son père, curé de l'église Sainte-Eulalie de Quim-
per, vint généreusement au secours de l'adolescent, et
combla ses vœux les plus chers en lui fournissant les
moyens de poursuivre ses études. Morejon redoubla de
zèle, et fut bientôt en état d'aborder les cours de l'enseignement supérieur. Le choix d'une carrière ne l'arrêta pas
un seul instant; n'écoutant que sa vocation, il opta pour la
médecine, à laquelle il s'était préparé par une instruction
préliminaire des plus complètes. Bon humaniste, habile
mathématicien, excellent philosophe, amoureux des belles-
lettres et avide de connaissances, le jeune étudiant des Universités de Vich et de Cervère était presque un savant, lorsqu'il commença ses études médicales à l'Université de
Valence, en 1793, dans sa vingtième année.

Son application était prodigieuse ; tout entier à la passion de la médecine, il surpassait sans effort ses condisciples les plus distingués, et il étonnait ses maîtres par sa facilité merveilleuse et ses progrès rapides. A la fin de sa quatrième année d'études, il obtenait à l'unanimité des suffrages le grand prix d'honneur, réservé au plus méritant entre tous, et avant même d'avoir le grade de docteur, il était nommé directeur des travaux anatomiques et désigné pour une suppléance.

Ces nouvelles fonctions mirent en lumière ses rares aptitudes pour l'enseignement. On se pressait à ses démonstrations ; ses leçons brillantes et bien nourries se recommandaient à un auditoire assidu, et par la solidité du fond et par le charme d'une exposition facile et lumineuse. A peine sorti du rang des élèves, le jeune professeur prenait place parmi les maîtres. Son savoir étendu et son grand jugement lui tenaient lieu d'expérience. Son ardeur enflammait la jeunesse, et son exemple l'encourageait à marcher avec confiance dans une carrière dont les commencements sont si pénibles.

Tout en enseignant, Morejon lisait, écrivait, observait et expérimentait curieusement ; et, non content d'acquérir, par son application à la médecine clinique, cette provision de faits qui constitue la véritable richesse du praticien, il amassait des trésors d'érudition. Sa mémoire tenace ne laissait rien échapper, et une grande lecture exerçait, fortifiait de plus en plus une faculté qui était chez lui prodigieusement puissante, mais en équilibre avec des facultés d'un ordre supérieur.

Esprit solide et réfléchi, Morejon supportait sans en être accablé le poids de son savoir ; il apprenait sans cesse, mais il trouvait le temps de penser, de méditer profondément.

Le premier fruit de ses méditations fut un essai d'idéologie clinique (1). Sous un titre trop modeste, l'auteur es-

(1) *Ensayo sobre la ideologia clinica*, 1821.

quissait un traité complet de philosophie médicale, dans le genre du beau *Traité de l'expérience*, par Zimmermann, et il démontrait par un raisonnement serré que l'art médical, que tant de bons esprits regardent à tort comme un résultat de l'empirisme, repose sur des principes certains, qui servent de fondement aux méthodes thérapeutiques. Ce petit livre se distingue par une grande variété de connaissances, une grande puissance de démonstration, et il séduit le lecteur par le charme d'une diction facile, pure et non affectée.

Morejon écrivait naturellement avec chaleur, en homme convaincu et ami de la vérité. Aussi lit-on avec plaisir ses divers écrits, parmi lesquels il faut noter, comme tout à fait remarquables, son *Histoire naturelle et médicale de l'île de Minorque*, bien supérieure en son genre aux ouvrages sur le même sujet, de G. Cleghorn (1) et de Passerat, et son opuscule si curieux sur la folie de Don Quichotte, inséré depuis dans son *Histoire bibliographique de la médecine espagnole* (2).

Avant de parler de ce dernier ouvrage, qui est son vrai titre de gloire et le monument impérissable de son savoir, il faut achever notre esquisse biographique.

En 1799, les universités se fermèrent, et Morejon, descendu de sa chaire, alla s'établir à Beniganim, petite ville où il déploya dans la pratique de la médecine une rare habileté et des vertus dont le souvenir se conserve encore parmi les habitants. Une grande épidémie menaçait d'envahir la province ou le royaume de Valence (vieux style). Morejon se mit spontanément à la disposition de l'autorité

(1) *Observations on the epidemical Diseases in Minorca from the Year 1744 to 1749*; With an account of the Climate, Productions, and Inhabitants. 4th édit. London, 1779.

(2) J'ai publié la traduction française de cet opuscule, Paris, 1858, in-8, sous ce titre : *Étude médico-psycho-logique sur l'histoire de Don Quichotte*, avec cette épigraphe de Montesquieu : « Comme il y a une infinité de choses sages qui sont menées d'une manière très-folle, il y a aussi des folies qui sont conduites d'une manière très-sage : »

civile, et par ses soins un lazaret fut organisé dans les montagnes de Polana. Malgré ces précautions sanitaires, le fléau exerça ses ravages dans la ville de Onil; mais Morejon accourut en hâte, donna en même temps que des conseils qu'on s'empressa de suivre l'exemple d'un dévouement absolu, d'un zèle à toute épreuve, et la ville préservée ou sauvée le proclama son libérateur.

Tant de services le désignaient à l'attention du gouvernement. Morejon fut chargé de prendre les mesures qu'il jugerait convenables pour écarter de l'île de Minorque une épidémie de scorbut qui décimait les marins de la flotte et les habitants. Sa mission eut les heureux effets qu'on pouvait attendre de son activité intelligente; mais des motifs de santé obligèrent Morejon de quitter Mahon et de retourner en Espagne. Il profita d'un congé pour parcourir la Péninsule dans toutes les directions, attentif à recueillir tous les documents qu'il comptait mettre en œuvre, dès que les circonstances lui permettraient d'écrire l'histoire de la médecine en Espagne, histoire dont il avait depuis quelques années conçu le projet et tracé le plan.

Pendant qu'il faisait ainsi une riche provision de matériaux et de notes, et que l'amour des vieux livres et des anciens manuscrits venait renforcer sa passion d'érudit, la guerre de l'indépendance éclata comme un coup de tonnerre, et Morejon quitta sans retard la ville de Soria, où son mérite et sa bienfaisance lui avaient valu une belle réputation et une place très-avantageuse. Il alla offrir ses services aux chefs de l'armée espagnole, et fut bientôt au premier rang des médecins militaires.

Son esprit d'organisation s'appliqua fort utilement à la réforme des hôpitaux et des ambulances. Plein de zèle et de dévouement, cet homme de bien oubliait de veiller à son propre salut : une imprudence généreuse le fit tomber au pouvoir de l'ennemi et, pour comble de malheur, il fut,

durant sa captivité, atteint de la peste. Sa constitution robuste résista au redoutable fléau. A peine rétabli, il songea
au moyen de s'évader, et son plan d'évasion réussit très-
heureusement.

A peine rendu à la liberté, il eut occasion de se signaler
par de nouveaux bienfaits. Sa prévoyance aussi ingénieuse
qu'active parvint à préserver de la fièvre jaune les deux
provinces de Murcie et de Valence, et l'armée du Midi, dont
le quartier général était à Mula, fut préservée, grâce aux
mesures énergiques qu'il sut prendre, de la contagion imminente. Sans Morejon et son intervention efficace, l'ennemi n'eût peut-être pas essuyé cette désastreuse défaite,
dont la conséquence immédiate fut de sauver l'Espagne et
de mettre fin à l'invasion étrangère.

Morejon, qui avait une grande expérience des épidémies,
avait prévu l'approche du fléau ; cependant, ses prévisions
n'ayant pas été prises en considération, la fièvre jaune s'a-
battit brusquement sur l'armée et sema la mort dans ses
rangs. Mandé en toute hâte, l'intrépide médecin dit au gé-
géral en chef : « Cédez-moi pendant une heure le commandement des troupes, et je vous réponds de leur salut. » Et,
sans retard, il ordonna un nouveau campement. Le changement d'air suffit pour arrêter les ravages du mal. Dans
l'histoire militaire de l'Espagne, le nom de Morejon figu-
rera à jamais comme celui d'un grand bienfaiteur. Cet
homme de bien a eu dans sa vie son jour d'héroïsme, et ce
jour-là suffirait pour rendre sa gloire immortelle.

Lorsque Napoléon fut définitivement tombé, après les
Cent jours, Morejon qui, dans la crainte générale d'une
nouvelle invasion, remplissait les fonctions de médecin en
chef de l'armée d'Aragon, quitta le service militaire, et,
rentré dans la vie civile, il alla déployer à Madrid les brillantes facultés de son intelligence.

Une chaire de clinique était vacante en ce moment ; Mo-

rejon se présenta au concours, et l'emporta sur des compétiteurs redoutables. C'est alors que cet habile médecin, qui
était déjà un homme célèbre et un savant de premier ordre,
remplit toutes les promesses qu'avait fait concevoir son
premier enseignement dans l'Université de Valence.

En 1827, la chaire de clinique médicale se trouvant sup-
primée par un décret de réorganisation de l'enseignement
supérieur, Morejon fut nommé professeur de clinique du
collége de chirurgiens de San-Carlos, bien qu'il n'eût pas
le titre de maître en chirurgie. Mais comme il avait la capacité et le savoir que ce grade suppose, nul ne trouva à
redire à une faveur exceptionnelle que l'on considérait
comme la légitime récompense d'un mérite extraordinaire.
La renommée solide du savant médecin justifiait toutes les
distinctions, tous les priviléges dont il était comblé.

Nommé simultanément médecin ordinaire de la chambre
royale et membre du conseil supérieur de salubrité, Morejon reçut en 1820 le brevet de médecin chef des armées
nationales, titre honorifique et très-envié; celui qui l'obtenait, après des services essentiels, était considéré comme le
premier dans sa profession.

Morejon ne fut jamais au-dessous de sa haute position;
toujours à la hauteur des emplois qu'il devait à son mérite
personnel et non à la faveur, il les remplit avec modestie et
ne fut point accablé des dons de la fortune ni gonflé de cet
incurable orgueil qu'inspirent les grandes charges aux parvenus. Malgré ses obligations de tout genre, il travailla jusqu'à la fin de sa vie, qui se termina le 14 juin 1836, à sa
grande histoire bibliographique de la médecine espagnole.

X. — Le professeur F. Ribes; souvenirs de l'école de Montpellier.

D'un homme qui a fait son chemin, on dit vulgairement

qu'il est arrivé ; et cette façon de dire est très-juste. Chacun se propose un but dans la vie, et la plupart se mettent en route avec l'unique préoccupation d'abréger autant que possible le voyage : on se hâte, et, si les obstacles font défaut, ce voyage est une course rapide, ou bien une simple promenade. Il en est qui ont à peine le temps de mesurer la distance entre le point de départ et le but atteint, tandis que le plus grand nombre se traîne péniblement et ne peut jamais aboutir.

Certes, ils sont à plaindre ceux qui marchent sans repos et sans succès dans l'âpre et rude sentier ; mais il ne faut pas non plus trop envier le sort de ces voyageurs privilégiés qui arrivent avant l'heure, sans ennuis, sans fatigue, trop heureux pour avoir éprouvé le découragement, les difficultés de la lutte, et ressenti cette joie amère de l'athlète qui, à moitié vaincu et à bout de forces, se relève de son abattement et recommence le combat sans désespérer.

C'est cette dure gymnastique qui fait les hommes forts, c'est elle qui double leur valeur en les exerçant sans relâche, et c'est par cet exercice prolongé que les puissances virtuelles et les facultés latentes se développent et deviennent forces actives. Sévère discipline et préparation remplie d'épreuves ; nécessaires pourtant aux esprits vraiment nés pour se distinguer du commun.

M. le professeur Ribes, quoique d'une rare distinction, n'avait point été élevé à cette grande école des esprits vaillants et des âmes fortes. Il fut heureux de trop bonne heure, pour avoir marqué prématurément le but de sa vie. Son ambition ayant été satisfaite dès ses jeunes années, en vain il s'efforça d'agrandir son domaine et d'élargir l'horizon de ses idées : intellectuellement parlant, il paya très-cher les faveurs empressées de la fortune. Comme la plupart des hommes distingués de sa race (il était d'origine catalane, son nom et le lieu de sa naissance l'attestent suffisamment), il jouit du positif, qui l'avait trop tôt préoccupé, et il n'eut point toutes les satisfactions qu'il pouvait se promettre, et qui ne lui auraient pas manqué s'il eût fait moins aisément son chemin.

Élevé à l'école de Sorèze, lorsque cette maison d'éducation florissait sous la direction mémorable de M. Ferlus, M. Ribes aborda l'étude de la médecine, dans les conditions les meilleures : capacité reconnue, amour du travail, envie de profiter, et avec tout cela, une très-forte préparation scientifique et littéraire. Dans nos entretiens familiers, il parlait volontiers de sa vie d'étudiant, laborieuse et chaste, et entièrement consacrée à l'acquisition des connaissances encyclopédiques qui préparent l'apprenti médecin à l'intelligence et à l'exercice de l'art. Il se souvenait des leçons et des exemples de ses maîtres, parmi lesquels il avait particulièrement distingué Delpech, M. Lordat et Fages.

Ce dernier aimait la chirurgie avec passion, et il inspirait à ses élèves l'enthousiasme qui l'animait, en répandant à pleines mains les trésors d'un savoir immense et un peu confus. Fages, d'après le portrait vivant qu'en faisait M. Ribes, revivait en quelque sorte dans la personne d'un de ses successeurs, le professeur Estor, amoureux, comme lui, de cet art chirurgical, qu'il connaissait et enseignait à merveille, et qui, perclus de tous ses membres, se traînait à l'amphithéâtre sur les bras des deux aides, et professait admirablement, en dépit de son état de souffrance. Comme M. Ribes, le professeur Estor était un des plus remarquables représentants de cette ancienne école dont les souvenirs se perdent chaque jour.

Quant à M. Lordat, qui ne lui avait jamais inspiré de bien vives sympathies, M. Ribes le citait comme un homme, non pas supérieur, mais d'un talent accompli dans l'art d'enseigner. Pour nous, qui de M. Lordat n'avons vu que l'ombre et n'avons joui que des restes d'un talent amoindri ou refroidi par l'âge (n'en déplaise aux partisans de ce qu'on appelle à tort l'*insénescence* du sens intime), nous comprenons que par ce côté seulement le disciple devait rappeler le maître. Mais Barthez, qui dans l'art si difficile d'enseigner surpassait peut-être Boerhaave, Barthez avait en outre un savoir encyclopédique et cette force de tête qui dispensent un homme de combiner ingénieusement les artifices de la rhétorique.

M. Ribes, comme professeur, ressemblait beaucoup plus à M. Lordat qu'à Barthez, contre lequel il nourrissait des préventions exagérées, parce qu'il le jugeait plus que de raison d'après son disciple, avec lequel il savait parfaitement d'ailleurs que Barthez n'avait rien de commun pour ce qui est du génie et des doctrines.

Son admiration pour Delpech était bien raisonnée et sans réserves. Dans cet homme de bien, qui n'eut jamais d'autre passion que l'avancement de son art, et qui, tout au rebours de Dupuytren, fut d'un désintéressement absolu, M. Ribes admirait le grand clinicien, et l'esprit sagace, pénétrant et prompt qu'aucune difficulté imprévue ne troubla, n'arrêta jamais, soit dans une longue cure, soit au milieu d'une opération. Les ressources de son génie étaient prodigieuses : ce n'était point un de ces opérateurs d'une rare habileté ; mieux que cela, Delpech était un vrai médecin, et il l'a bien prouvé dans ce bel ouvrage que nos chirurgiens lisent peu, et qui porte ce titre significatif : *Traité des maladies réputées chirurgicales.* Depuis les grands maîtres, dont la tradition est perdue, on n'avait rien vu de plus beau que la partie de cet ouvrage qui traite de la thérapeutique. La bonté de Delpech ajoutait un charme infini à ses leçons. Lui aussi avait eu des commencements difficiles ; il était parti de bien bas, et se souvenait de son origine ; mais dans ses jours de prospérité, et quand il lui fut donné de parler en maître, il n'écrasa jamais personne de sa superbe, et ne prit point de ces airs et allures de despote, qui ont fait une bonne moitié de la réputation de Dupuytren. Delpech n'avait guère qu'un défaut, un travers : il voulait passer pour lettré, et ses prétentions en littérature n'accusaient que trop l'insuffisance de son éducation première.

M. Ribes parlait avec une prédilection visible de ce grand chirurgien, et il lui devait en effet quelque reconnaissance, car c'est Delpech qui l'avait surtout distingué dans son concours pour l'agrégation, et qui l'avait proclamé digne de remplir tôt ou tard une chaire de professeur. Délivré par un tel maître, ce certificat de capacité professorale encouragea l'ambition du jeune agrégé. M. Ribes n'avait encore que vingt-cinq ans : son nouveau titre, gagné brillamment au concours, fut un argument démonstratif auprès de sa famille, dont il avait eu quelque peine à vaincre les résistances. Il put enfin partir pour Paris.

A peine arrivé, il se mit en quête de tout ce qui pouvait l'intéresser : il se créa de nombreuses et utiles relations dans la médecine, dans les sciences et dans les lettres, comptant beaucoup, pour avancer sa fortune, sur les travaux qu'il préparait, et un peu aussi sur ses nouveaux amis de Paris, qui agissaient de concert avec ceux qu'il avait su se faire à Montpellier. Tout en suivant avec une grande assiduité les cliniques des hôpitaux, M. Ribes trouvait le temps de philosopher : au sortir de chez madame Tastu, où il voyait les hommes les plus distingués de l'opposition parlementaire, il allait suivre les cours de la Sorbonne, et conférer avec les disciples de Saint-Simon. Tout occupé de rédiger son *Anatomie pathologique*, il se partageait entre le néo-platonisme universitaire et les prédications de M. Enfantin.

Poussé d'une insatiable curiosité, il s'avançait pourtant avec une prudence bien au-dessus de son âge. Sous la Res-

tauration, la libre spéculation était permise ; mais il ne
fallait point afficher le libéralisme. En philosophie, en religion, en politique, une réserve excessive était commandée
à quiconque voulait se faire une place. M. Ribes, né au
commencement du siècle, s'était assis sur les bancs au moment où la faculté de Montpellier déplorait la proscription
de deux maîtres qui avaient honoré avec éclat l'enseignement médical, l'un par son érudition ingénieuse, l'autre
par son originalité dans les sciences naturelles. Prunelle et
de Candolle n'avaient point échappé aux rigueurs de la
réaction ni à la rancune implacable de ceux de leurs collègues qui se montrèrent à leur égard les plus dangereux des
réactionnaires. Le vitalisme et le royalisme se donnaient
alors la main, et malheur aux professeurs qui ne jouissaient
point d'une réputation solide d'orthodoxie. Lallemand,
averti néanmoins par la réorganisation de la faculté de
Paris, ne fut pas maître de sa pensée, et tout le monde sait
qu'il eut lieu de regretter son imprudence.

Frédéric Bérard, né pour l'enseignement, et obstinément
contrarié dans sa vocation irrésistible par ceux-là même qui
auraient dû la favoriser, Frédéric Bérard n'avait pu obtenir
une chaire qu'en faisant acte de condescendance, c'est-
à-dire en publiant cette prétendue réfutation du grand ouvrage de Cabanis, dans laquelle, malgré son rare talent,
tout son savoir et sa bonne volonté, se trahit la défaillance
d'un esprit qui fait une profession de foi scientifique en
contradiction avec sa conscience.

De tels précédents devaient rendre M. Ribes très-réservé
en matière de doctrines. Aussi ne trouve-t-on, dans son premier volume de l'*Anatomie pathologique considérée dans ses
vrais rapports avec la science des maladies*, que des idées, des
vues, des doctrines purement médicales, avec des tendances manifestes vers la conciliation des systèmes. Deux qualités dominent dans ce premier volume : le jugement et la
modération.

L'auteur, fort embarrassé de choisir parmi tant de théories diverses et de méthodes contradictoires, s'attacha à démontrer les excès des sectaires, avec une justesse de critique qui révélait à la fois un solide bon sens, une habileté
peu commune et une sagesse prématurée. L'épigraphe de ce
livre remarquable traduit très-finement les indispositions
d'esprit de l'auteur : « Possédez Laïs, et n'en soyez pas
possédés. »

C'était le mot si joli d'Aristippe, ce philosophe aimable
qui s'excusait ainsi de jouir des charmes de la célèbre courtisane, au rapport de Sotion, cité par Diogène Laërce (1).

C'était, on le voit, se moquer, dès le frontispice du volume, des prétentions excessives et des promesses folles
des anatomistes, qui croyaient de bonne foi remplir les
vues et les vœux de Bichat, et qui n'allaient guère au delà
du but qu'avaient atteint avant eux Manget, Morgagni, Barrère, Lieutaud et leurs imitateurs. M. Ribes, qui avait vu à
l'œuvre, dans l'amphithéâtre et dans les hôpitaux, les partisans de l'école anatomique, comprit qu'on avait tort de
vouloir ériger en méthode un ensemble de moyens d'investigation, qui pouvaient utilement servir pour le diagnostic, mais qui ne pouvaient éclairer de bien vives lueurs
l'étiologie, ni contribuer beaucoup à l'avancement de la
thérapeutique. Et, en effet, l'anatomie pathologique n'a
point illuminé, comme on l'avait promis, les deux pôles de
la médecine, c'est-à-dire la science des causes et celle des
indications. En outre, cette anatomie grossière qui ne s'arrêtait qu'à la forme, à la configuration des organes lésés,
des altérations et des productions pathologiques, avait le
tort de négliger la méthode précise et rigoureuse de l'anatomie normale, telle que la comprenait Bichat ; elle ignorait
la composition intime des organes, et ne connaissait point
la trame des tissus ; elle constatait des désordres, mais

(1) Lib. II, c. viii, *Vita. Aristippi.*

superficiellement, sans pénétration, sans intelligence, et n'allait pas au delà de la surface. Par conséquent, elle méconnaissait les relations étroites qui unissent la pathologie à la physiologie ; et c'est par là que les anatomistes prêtaient le flanc aux critiques que Broussais ne leur ménagea point, mais dont ils profitèrent si peu.

Esprits étroits et consciencieux, ils n'avaient point de principes dogmatiques, point de doctrines raisonnées ; mais, par tradition, ils appartenaient à cette pauvre école de la nosographie soi-disant philosophique, école qui avait la prétention de constituer la pathologie générale, en épuisant l'étude des symptômes et en classant les symptômes d'après les méthodes en usage dans l'histoire naturelle.

M. Ribes, qui était en possession d'une méthode excellente — celle de Barthez — et qui possédait dès lors les principaux éléments d'une saine philosophie médicale, M. Ribes n'eut point de peine à montrer l'inanité de ces prétentions, et il écrivit une critique très-fondée qui restera comme une bonne page d'histoire. Ce premier volume n'annonce pas un esprit du commun. Remarquable par d'ingénieux aperçus et de fines observations, il n'a, selon nous, qu'un défaut, c'est de n'être point assez décisif : on y cherche des convictions et on n'y trouve que des tendances négatives.

Il est vrai qu'il porte la date d'une époque de transition, et que le dogmatisme de l'auteur était suffisant pour le dessein qu'il se proposait. La critique est juste, très-juste, et c'est là le point essentiel. On regrette seulement que M. Ribes, si pénétrant d'ordinaire et si hostile à toute exagération, n'ait pas reconnu le service très-essentiel que les disciples de l'école anatomique ont rendu à la pathologie, en ramenant les esprits, qui s'égaraient à la suite des physiologistes expérimentateurs, dans la véritable voie de l'observation médicale par l'étude des faits cliniques. Il

est vrai que ce service, les médecins de l'école anatomique
l'ont rendu à leur insu et sans le vouloir, sans même y penser; mais, en définitive, ce service est très-réel, et il convient de leur en tenir compte.

Par la publication de ce premier volume, M. Ribes
venait de prendre rang. Une première vacance s'étant déclarée à Montpellier, il fut présenté pour la remplir; mais
un autre lui fut préféré, qui, valant beaucoup moins, ne lui
pardonna jamais d'avoir été son compétiteur. Mais M. Ribes
n'attendit pas longtemps. La mort prématurée de Frédéric
Bérard, professeur titulaire de la chaire d'hygiène, hâta son
entrée dans le corps enseignant, et, à l'âge de vingt-huit ans,
en 1829, il prit possession de cette chaire qu'il a remplie
avec beaucoup de talent jusqu'au moment où ses forces ont
trahi son zèle.

M. Ribes comprenait sa mission, et il savait la remplir;
seulement son esprit de conciliation fit tort à l'originalité
de ses vues, et il resta toujours à peu près tel qu'il s'était révélé dans son discours inaugural.

Ce discours n'est autre chose qu'une apologie de l'éclectisme en médecine qu'il est inutile d'analyser, car l'auteur a
tout dit dans son épigraphe empruntée à Ovide :

Inter utrumque tene, medio tutissimus ibis.

Ce dernier hémistiche ne figure pas, à la vérité, dans son
épigraphe; mais M. Ribes ne l'estimait guère moins que le
premier, dont il n'est que la conséquence logique. Imprégné des banalités qu'on applaudissait alors en Sorbonne, le
jeune professeur croyait de très-bonne foi avec Leibnitz
que tous les systèmes sont bons, vrais en ce qu'ils affirment
et faux en ce qu'ils nient. Il a toujours pensé ainsi, en se
prévalant de ses croyances saint-simoniennes, qu'il laissa
paraître après la révolution de 1830.

Il eut alors la hardiesse de se déclarer ostensiblement
membre de la nouvelle Église, lui qui avait montré tant de

prudence et de réserve dans son discours d'inauguration,
au point que de Frédéric Bérard, son prédécesseur, qu'il
osait proclamer néanmoins son maître et son ami, il avait
dit simplement que c'était « un professeur estimable. »
Dans le deuxième volume de son *Anatomie pathologique*,
publié en 1834, il laissa couler sa veine de mysticisme, et
gâta par ses idées de sectaire un ouvrage qui aurait pu recommander sa mémoire. Tout ce qu'il écrivit dans la suite
porte l'empreinte de la secte qu'il avait embrassée ; son
enseignement était rempli aussi de théories assez étranges
sur l'amour, l'humanité et la vie universelle. Sauf quelques
discours et opuscules qui traitent de l'éducation et de l'influence des lettres sur la médecine, ses écrits sont tous
entachés de cette doctrine, dont l'influence n'a guère été
plus heureuse que celle de l'éclectisme en philosophie, en
médecine et en toutes choses.

Il faut arriver à une publication assez récente pour retrouver les qualités solides de M. Ribes, et apprécier son
vrai talent. L'hygiène thérapeutique, c'est-à-dire les agents
de l'hygiène appliqués au traitement des maladies en général et plus particulièrement à celui des affections chroniques : tel est le sujet de ce livre excellent (1), qui est à
la fois un guide et un répertoire pour le praticien instruit
des ressources véritables de la matière médicale. L'ouvrage est complet, et je sais tout ce qu'il a coûté à l'auteur, ayant suivi durant cinq ans environ les leçons qui
furent en quelque sorte la première édition de cet ouvrage.

Il suffit de parcourir ce traité d'hygiène appliqué à la
thérapeutique pour se faire une exacte idée de l'enseignement de M. Ribes. Netteté, méthode, clarté, élégance, habileté à grouper les faits et à déduire des principes généraux : telles étaient ses qualités les plus remarquables et les

---

(1) *Traité d'Hygiène thérapeutique*, Paris, 1860.

plus habituelles. Ajoutons, pour tout dire, que cet esprit lettré et judicieux ne savait pas toujours éviter la monotonie, et qu'il était méthodique avec exagération. Dans les examens, c'était un logicien inflexible, qui traçait un cercle et ne souffrait pas qu'on en sortît; au moindre écart, à la moindre digression, il vous ramenait à son point fixe, très-poliment et parfois très-finement, mais avec une grande fermeté.

Somme toute, on l'aimait, malgré le reproche qu'on pouvait lui faire d'avoir compromis une fois sa popularité pour une mesquine ambition. Mais, après son court passage au décanat, M. Ribes retrouva peu à peu la faveur des étudiants, et c'était à lui que s'adressaient de préférence ceux qui venaient de loin, et ceux qui ne se sentaient point très-enclins à courber la tête sous le joug du vieux vitalisme intolérant. M. Ribes répétait volontiers dans ses leçons qu'il ne fallait pas prendre à la lettre l'inscription qui décore le sanctuaire consacré à Hippocrate ; il disait que toute la médecine n'était pas concentrée à Montpellier, et que, puisqu'on parlait tant de la moderne Cos (*olim Cous, nunc Monspeliensis Hippocrates*), il fallait imiter Hippocrate, qui osa sortir de son île pour faire de nombreuses excursions sur le continent.

C'était tout ce qu'il se permettait dans ses protestations publiques contre l'infatuation des grands hommes et des divinités du lieu. Dans les conversations familières et intimes, il allait plus loin, et répétait souvent ces trois mots latins : *Vergimus ad fœces*, qu'il traduisait poliment : « Nous tournons à la lie. » Image trop ressemblante, et qui rappelle la fable de Phèdre. L'amphore est entière et encore parfumée du vin qu'elle a contenu ; mais dans le vase il ne reste pas une seule goutte de la liqueur généreuse. La métaphore est juste, n'en déplaise aux mécontents qui travaillent de tout leur pouvoir à précipiter la décadence.

PHILOSOPHIE.

I

QUESTIONS DE PHILOSOPHIE MÉDICALE (1).

> *Hos ego versiculos feci.*
> (Virg.)
>
> Μηδὲν αἰνιγματωδῶς, ἀλλὰ σαφῶς καὶ διαρρήδην
> λέγε· χρὴ δὲ παρρησιαστὴν ὄντα, μηδὲν ὀκνεῖν λέγειν.
> Lucian., *Deor. concil.* — *Op. omn.*, éd. Bipont,
> t. IX, p. 180.
>
> Je ne crains pas qu'on me reproche d'avoir ja-
> mais parlé contre ma conscience : vendre sa pensée
> m'a toujours paru la plus lâche, la plus immorale
> et la plus irréligieuse des actions humaines.
> F. Bérard, *Physique et moral*, note 1, p. 640.

Ce que j'ai voulu faire.

Ceci n'est pas un livre, ce n'est qu'une esquisse. Les principales questions relatives à l'histoire et à la philosophie de

(1) Je reproduis ici la dédicace placée en tête de ce travail lorsqu'il
parut une première fois sous forme de thèse inaugurale :

MEMORIÆ HAUD INTERITURÆ

FRIDERICI BERARD

INTER EGREGIOS FACULTATIS PROFESSORES
VIRI CLARISSIMI AC VERE MEDICI
QUI MEDICINAM CUM PHILOSOPHIA CONJUNXIT
FECUNDOQUE FŒDERE SOCIAVIT
NON MINUS FACUNDIA IN DOCENDO INSIGNIS
QUAM STUDIO ARTIS ET AMORE
QUI LICET PRÆMATURO FATO EREPTUS
SCIENTIÆ PARUM SATIS GLORIÆ VIXIT
MONUMENTA ÆTERNA NOMENQUE MANSURUM
POSTERIS TRADIDIT
IN HAUD PARVÆ VENERATIONIS DOCUMENTUM
PRIMUM HOC TENTAMEN
QUIDQUID EST
DICATUM PUBLICE AC DEDICATUM VOLUIT
OPERUM TANTI VIRI LECTOR ACERRIMUS
INGENIIQUE PERPETUUS CULTOR.

l'art, éparses dans plusieurs livres, n'ont pas été réunies en un tout. En attendant d'autres travaux et de nouvelles recherches, il serait peut-être utile de mettre à profit ce qui a été déjà fait par des écrivains d'un grand mérite, lesquels, animés d'un esprit différent et partis de principes opposés, n'ont pu arriver aux mêmes conclusions. Il faudrait se placer entre les deux extrêmes et opérer une conciliation des divers partis, ne montrant ce qu'ils ont d'insuffisant que pour les compléter les uns par les autres. Une œuvre exécutée sur ce plan serait un excellent traité de la nature humaine ; on y étudierait l'être-humain dans son ensemble, dans ses rapports avec tout ce qui l'intéresse. Celui qui ferait avec succès ce double travail aurait la gloire d'opérer l'union définitive de la médecine et de la philosophie. Ni mon âge ni mes forces ne me permettent de concevoir une aussi louable ambition. J'entreprends un voyage beaucoup plus court : encore le chemin m'en est-il peu connu, et, avant d'arriver au terme que j'entrevois, je crains bien de m'égarer. Je n'ai pas la prétention d'avoir réussi : j'ai eu seulement le désir de bien faire. J'ai cherché la satisfaction d'écrire quelque chose qui m'appartînt.

Une philosophie médicale est encore à faire ; je n'ai pu fournir que de simples indications, encore sont-elles fort incomplètes. Pour remplir mon cadre, il eût été nécessaire de concentrer beaucoup d'idées en un petit nombre de pages, et je n'avais pas le temps d'être court. Je voulais poser des principes ; mais je n'ai pu donner à mes idées tous les développements nécessaires. Ceci est une sorte de préface à de plus grands travaux, une introduction qui est le résumé de quelques réflexions sur certains points de philosophie médicale. Elle contient un petit nombre de chapitres dans lesquels je me contente d'énoncer mes opinions ou mes doutes, me réservant de donner les éclaircissements nécessaires, et espérant m'éclairer, à mon tour, dans la discussion publique à laquelle cet Essai doit être soumis.

Dans une autre circonstance, je m'occuperai d'établir, par l'étude de l'être humain pris dans son ensemble, l'existence de l'*élément affectif*, de constater sa nature, de marquer les caractères qui le distinguent, de le rattacher aux autres éléments de la nature humaine, et d'arriver enfin à l'histoire de la vie morale, qui sera présentée sous ses principales faces, avec des nuances et des degrés différents. Ce sera la partie physiologique de mon sujet. Dans une seconde section beaucoup plus restreinte, je m'efforcerai de démontrer l'utilité pratique que présente l'étude de la vie morale appliquée à la pathologie et à la thérapeutique. En attendant, je désire qu'on tienne compte de mes efforts, et que la témérité d'avoir entrepris ce travail puisse elle-même me servir d'excuse. J'ai fait ce que j'ai pu, j'ai sacrifié aux dieux suivant mes facultés (1), καθδύναμιν. Je livre, en tremblant, ma voile aux vents : *Permittamus vela ventis, et oram solventibus bene precemur* (2).

I. — La médecine et la philosophie n'ont jamais été séparées.

Dans une histoire philosophique de la médecine, cette question est la première qui se présente ; je ne ferai que l'effleurer. Une courte discussion philologique suffira. On a souvent allégué un passage de Celse pour légitimer la séparation de la philosophie et de la médecine ; le voici : *Hippocrates Cous, primus quidem ex omnibus memoria dignis, ab studio sapientiæ disciplinam hanc (scil. medicinam) separavit, vir et arte et facundia insignis* (3). Se fondant sur ce passage, plusieurs écrivains ont prétendu qu'Hippocrate avait définitivement séparé la médecine de la philosophie. Les philosophes purs s'en sont servis pour montrer aux mé-

(1) Voy. Xénophon, *Mem. Socr.*
(2) Quintilien, *Inst. orat. proœm. ad Tryph.*, édit. Lemaire, t. I, p. 36.
(3) A.-C. Celse, *De medic.*, édit. L. Targa, t. I, p. 2. Argentorati, 1806.

decins et aux physiologistes que leurs projets de fusion étaient des projets d'envahissement contraires à l'exemple du maître. Les médecins empiriques, se souciant peu de devenir philosophes, se sont appuyés du même texte pour justifier cette séparation. Les uns et les autres ont été dans l'erreur. Celse ne dit pas qu'Hippocrate sépara la médecine de la philosophie, mais qu'il la sépara de l'étude de la sagesse, *ab studio sapientiæ*. Précisons le sens de ce dernier mot (*sapientia*), qui est la traduction du mot grec σοφία. Nous verrons qu'on peut donner au passage allégué un sens très-raisonnable.

A leur origine, les sciences n'étaient pas distinctes : l'historien philosophe se convaincra sans peine que le point de départ de toutes les sciences, c'est la science elle-même telle que l'entendaient les anciens, la sagesse ou σοφία des premiers philosophes grecs. Diogène de Laerce (1) nous apprend que les premiers sages embrassaient toutes choses dans leurs recherches. Dieu, l'homme, l'univers ou κόσμος, la nature, étaient l'objet de leurs études : synthèse immense qui effraya dans la suite les esprits analytiques les plus puissants. Ceux-ci comprirent que, pour aborder avec fruit l'étude de ce vaste ensemble, il était convenable d'en séparer les parties. Ainsi s'explique l'histoire de la division des connaissances humaines et de leur organisation. Un des sages, plus modeste ou plus avisé que les autres, leur fit observer un jour que, pour avoir le droit de s'appeler *sages* ou *savants*, il eût fallu posséder la sagesse ou la science, et ils ne les possédaient pas puisqu'ils les cherchaient. Il les engagea donc à repousser cette dénomination, et à lui substituer celle beaucoup plus modeste et plus exacte d'amis de la sagesse (φιλόσοφοι). Le nom de philosophe prévalut, et remplaça le terme primitif (2).

(1) *Introd. à la vie et aux dogmes des principes philos.*, passim.
(2) Voy. Jouffroy, *Nouv. mél. philos.*, publ. par Damiron, in-8, 1842, p. 165.

Ainsi, la sagesse ou σοφία des anciens contenait en germe toutes les sciences qui plus tard devaient éclore. A cette époque primitive son objet était l'objet total de la connaissance humaine. En réalité, elle se bornait à ce qu'il y a de plus vague, de plus général, à la recherche des causes premières. La médecine, ainsi que les autres sciences, était contenue dans cette philosophie primitive, confondue avec elles. Avant Thalès, cette confusion des sciences était immense ; c'est Pythagore, dit-on, qui créa le mot *philosophie* (1), et Thalès contribua à lui donner une existence propre en déterminant son but et en restreignant ses attributions. Mais, à dire vrai, la philosophie ne fut réellement constituée comme science qu'à l'époque de Socrate. Partant de l'observation directe de l'homme, il fut le véritable fondateur de la philosophie morale, empirique et pratique.

Ce que Socrate fit pour la philosophie, Hippocrate le fit pour la médecine, et Celse a raison de dire que cet homme célèbre par son art et par son éloquence sépara, le premier, l'enseignement de la médecine de l'étude de la sagesse.

La médecine ne fut pas créée de toutes pièces : avant Hippocrate, elle existait déjà comme art (ἡ τέχνη), confondue avec la religion et mêlée à des pratiques superstitieuses. Hippocrate eut la gloire de faire de l'art une science qu'il fonda sur des principes, à laquelle il traça des règles, pour laquelle il institua la méthode large et féconde de l'observation ; car Hippocrate a fait les premières applications de la méthode dont Platon, Aristote et Bacon ont développé les principes. Hippocrate fut donc un médecin philosophe. Le premier, il réalisa le type du vrai médecin en se conformant à ce sage précepte : Qu'il faut introduire la philosophie dans la médecine, et la médecine dans la philosophie. Ces deux sciences, ajoute-t-il, diffèrent peu, et toutes les choses qui sont du ressort de la philosophie se trouvent

______

(1) Φιλοσοφίαν δὲ πρῶτος ὠνόμασε Πυθάγορας, κ. τ. λ. Diogène Laerce.

dans la médecine. Διὸ δεῖ ἀναλαμβάνοντα τουτέων τῶν προειρη-
μένων ἕκαστα, μετάγειν τὴν σοφίην εἰς τὴν ἰητρικήν, καὶ τὴν ἰητρικὴν εἰς τὴν σοφίην· ἰητρὸς γὰρ φιλόσοφος ἰσόθεος· οὐ πολλὴ γὰρ
διαφορὴ ἐπὶ τὰ ἕτερα· καὶ ἔνι τὰ πρὸς σοφίην, ἐν ἰητρικῇ πάντα. (1).

Du reste, un autre passage de l'auteur latin lui-même
peut servir au premier d'explication et de commentaire.
« La science de la médecine faisait autrefois partie de la
philosophie : le traitement des maladies et la contemplation de la nature eurent les mêmes fondateurs; et l'histoire nous apprend que plusieurs philosophes furent versés
dans la médecine. *Medendi scientia sapientiæ pars habebatur,
ut et morborum curatio et rerum naturæ contemplatio sub
iisdem auctoribus nata sit : ideoque multos ex sapientiæ pro-
fessoribus peritos ejus fuisse accepimus.* Hüxham, qui cite ce
morceau en parlant de Celse lui-même, fait observer que
Columelle l'appelle avec raison *universæ naturæ vir prudens*,
puisque, à l'exemple des premiers philosophes, il embrassa dans ses études la nature tout entière : *ut philoso-
phus, cujus labor erat sola naturæ disquisitio, more veterum
sapientum* (2).

Je n'ai pas cru que cette discussion de textes fût inutile.
La médecine et la philosophie furent étroitement unies dès
leur origine et en Hippocrate. Cette alliance se perpétua
pendant des siècles, non pas chez les médecins vulgaires
qui, laissant la science, ne prenaient de l'art que ce qui
était indispensable à la pratique, mais chez tous les médecins de quelque valeur qui ont laissé un nom dans l'histoire.
De son côté, la philosophie, la science des causes et des
abstractions, ne dédaigna pas une alliance qui eut pour elle
une grande utilité, en lui permettant d'étudier à la fois les

(1) *De dec. hab. lib. Foës.*, sect. I, 20, p. 25, édit. Francfort, 1595,
in-fol.

(2) Voy. K. Sprengel, *Hist. de la méd.*, t. 1. — Littré, *OEuvr. d'Hippocrate*, t. I. — Aug. Gauthier, *Recherches historiques sur l'exerc. de la
méd. dans les temples*, Lyon, 1844. — J. Hüxham, *Op. med.* Lipsiæ, 1784,
2 vol., t. II, p. 8; *Not. ad præf. lib. de febr.*

choses naturelles, τὰ φυσικά, les lois de la vie, τὰ μεταφυσικά, enfin la partie morale et intelligente de l'être humain, qui embrassait l'éthique et la dialectique, τὸ ἠθικὸν, τὸ διαλεκτικόν. La plupart des philosophes célèbres, contemporains et successeurs d'Hippocrate, cultivèrent les sciences naturelles, la zoologie surtout, qui tient par tant de points à la médecine. La tradition veut qu'Hippocrate lui-même, lorsqu'il alla vers Démocrite pour se convaincre de la folie des Abdéritains, l'ait trouvé occupé à disséquer un cerveau. Platon possédait certainement des connaissances médicales : ce qu'il dit de la gymnastique, dans plusieurs de ses dialogues, et sur la manière dont il faut traiter les malades qui appartiennent aux différentes classes de la république, les éloges qu'il donne à Hérodicus et la double mention qu'il fait d'Hippocrate, semblent prouver que non-seulement il estimait la médecine, mais encore qu'il en avait étudié les principes ou les éléments. Aristote, qui résume toute la science antique, était fils d'un médecin : or, dans les familles de médecins, l'enseignement de l'art était traditionnel. Ses études profondes sur la nature animale et sur l'homme durent contribuer pour une large part à donner à sa philosophie le caractère de positivisme qui la distingue, et par lequel elle a, sous le rapport pratique, tant d'analogie avec celle de Bacon, quoique ce dernier philosophe, injuste plus d'une fois envers son illustre prédécesseur, se défende de la ressemblance.

Mon but n'est pas de montrer que, pendant toute la période grecque, la philosophie exerça sur la médecine une influence au moins égale à celle qu'exerça la médecine sur la philosophie : en l'avançant, je n'affirmerais que le vrai.

Dans une histoire comparée de la philosophie et de la médecine grecques, cette assertion pourrait être aisément démontrée. Il me suffirait de citer des noms : les deux chefs de la philosophie grecque connaissaient la médecine ;

plusieurs des disciples de Socrate étaient ou furent médecins. Sextus Empiricus, écrivain célèbre, qui a exposé avec
un talent supérieur l'histoire du pyrrhonisme et les dogmes
du scepticisme, était un médecin de renom. L'école médicale d'Alexandrie vivait à côté des philosophes alexandrins.
Ce rapprochement suffirait pour montrer, si l'histoire ne
nous l'avait appris, que l'influence fut réciproque. La philosophie positive et sensualiste d'Aristote occupa dans l'é-
cole d'Alexandrie une place considérable, à côté du spiritualisme de Platon (1). Galien, qui avait étudié à Pergame
et à Alexandrie, ne fut pas moins célèbre comme philosophe que comme médecin (2). C'est probablement en sa
qualité de philosophe peripatéticien qu'il a eu pendant
douze siècles la gloire de régner dans les écoles avec Aristote. Galien était lui-même tellement persuadé qu'il faut unir
la médecine à la philosophie, qu'il a composé sur la nécessité
de cette union un petit traité très-intéressant, avec ce titre :
Le véritable médecin doit être aussi philosophe : Ὅτι ἄριστος
ἰατρὸς καὶ φιλόσοφος (3). Dans cet opuscule, qu'il me suffirait
de commenter pour développer la question que j'indique,
Galien prouve que la médecine ne peut se séparer de la
philosophie, et il propose Hippocrate aux médecins comme
le modèle du médecin philosophe : il conclut que les vrais
émules de ce grand homme doivent s'efforcer de lui ressembler, en cultivant la philosophie : Φιλοσοφητέον ἡμῖν ἐστι
πρότερον, εἴπερ Ἱπποκράτους ἀληθῶς ἐσμεν ζηλωταί.

En médecine, comme en philosophie, les Latins ne firent
que marcher sur les traces des Grecs. Celse, qui résume
toute la médecine ancienne, était un écrivain encyclopédique, c'est-à-dire un philosophe, à la manière des anciens. Je ne parle pas de Pline, qui, dans cette admirable
Histoire naturelle, « ouvrage aussi varié que la nature elle-

<hr>

(1) Voy. Vacherot, *Hist. de l'école d'Alexandrie*, t. I, Indrod. *passim*.
(2) Voy. Daremberg, *Galien considéré comme philosophe*.
(3) Galien, édit. Kühn, t. I. Édition Daremberg. Paris, 854, tome I, p. 1.

même (1), » a consigné un grand nombre de faits historiques qui se rattachent à la médecine, dont il établit trop
bien la nécessité et la certitude pour ne pas y croire, comme
on l'en a accusé. Du reste, à Rome, les médecins grecs qui
y introduisirent et y cultivèrent leur art, exercèrent une
grande influence, par leurs connaissances philosophiques,
dans des leçons ou des conversations publiques qu'ils consacraient à l'exposition de leurs systèmes. C'est ainsi qu'Archigène, Archagatus, Asclépiade, Thémison, Galien et plusieurs autres, se firent connaître de bonne heure. Les
fondateurs des différentes sectes médicales étaient les partisans déclarés de telle ou telle opinion philosophique.

Dans la médecine des Arabes, on trouve à peine un nom
qui n'ait été célèbre à la fois dans la médecine et dans la
philosophie. Les Arabes, commentateurs et traducteurs des
anciens, s'emparent à la fois d'Hippocrate et de Platon, de
Galien et d'Aristote. Il est probable qu'en Occident, ceux
qui cultivèrent la médecine et l'exercèrent avec quelque
talent imitèrent les médecins arabes, dont les écrits leur
servaient de guide. La plupart des philosophes et des savants de cette période peu connue furent médecins.

Lors de la renaissance, à laquelle les médecins eurent
une si belle part (2), la médecine et la philosophie étaient
encore cultivées par les mêmes hommes. Il ne faut pas
croire cependant que l'union ou l'alliance entre la médecine et la philosophie ait été toujours avouée : bien souvent
elle n'a été que tacite. De bonne heure, les empiriques
purs se plaignirent des rêveries ou des hypothèses des philosophes qui venaient entraver par leurs raisonnements
leur routinière expérience.

De leur côté, les philosophes, à mesure que s'étendit
l'influence de l'esprit platonicien, réservant pour eux ce

(1) Voy. Plinii Junioris *Epist.* iii, 5.
(2) Voy. là-dessus un discours de Prunelle, *De l'influence exercée par
la médecine sur la renaissance des lettres.* Montpellier, 1809, in-4°.

qu'ils appelaient la plus noble .partie de l'être humain, abandonnèrent aux médecins l'étude et les soins du corps, oubliant à tort l'exemple de Démocrite, que n'avaient pas dédaigné de suivre Platon, Aristote et tant d'autres qui les imitèrent. De bonne heure aussi, les philosophes spéculatifs, qui s'attachèrent aux dogmes spiritualistes et aux brillantes théories de Platon, négligèrent d'embrasser dans leurs études l'ensemble de tous les éléments qui constituent l'être, pour se livrer exclusivement à la recherche des causes, à l'étude de la substance, à l'analyse des idées, à la pure ontologie. C'est ainsi que s'établit une dichotomie qui divisa en deux l'être humain : deux parts furent faites, l'une pour la philosophie, l'autre pour la médecine.

Le christianisme, dont les doctrines essentiellement spiritualistes avaient exclusivement pour objet l'élément intelligent, et qui faisait le même cas de la partie matérielle et sensible que les stoïciens de l'école d'Épictète, le christianisme contribua certainement à maintenir cette division, qu'il eût forcément établie s'il n'avait eu qu'à la sanctionner. La médecine (science du corps) fut négligée dans les quatre premiers siècles; les hommes de foi apprenaient à mourir et livraient leur corps au supplice pour le salut de leur âme. La religion nouvelle domina peu à peu la philosophie, et enfin la subalternisa. On sait qu'au moyen âge, réduite à la scholastique, elle ne fut que l'humble servante de la théologie. La médecine, qui agit et raisonne sur des choses en grande partie palpables et visibles, céda volontiers à son ancienne alliée, et, restreignant ses attributions, elle ne s'occupa plus que du corps : à cette époque, les théologiens étaient les médecins de l'âme. — Mais dans les trois siècles qui suivirent la renaissance, quelques hommes des plus éminents dans la philosophie et dans la médecine sentirent de nouveau le besoin d'unir ce qui avait été séparé : tels furent Bacon et Descartes. Ce que le premier dit de la doctrine de l'homme, son histoire de la vie et de

la mort, pour ne pas parler du reste, démontre qu'il faisait
le plus grand cas des connaissances qui relèvent spécialement de la médecine. Les errements mêmes de Descartes
prouvent encore que, s'il avait de la médecine des notions
fausses ou incomplètes, il avait senti du moins la nécessité
de les acquérir. Ces deux philosophes, qui sont chez les
modernes ce que furent chez les anciens Aristote et Platon,
avaient deviné, sinon apprécié tous les services que la philosophie peut recevoir de la médecine. On sait que l'un et
l'autre ont puissamment influé sur les progrès des sciences
et même sur l'esprit de la médecine. L'on marche encore
aujourd'hui avec Bacon, sinon avec Descartes, pour pénétrer dans nos sociétés savantes, comme on marchait autrefois avec Platon et Aristote pour arriver à l'Académie ou au
Lycée.

Ce résumé suffit pour démontrer l'union obligée et la
dépendance réciproque de la philosophie et de la médecine.
Incontestablement, les avantages que cette union a produits
en compensent largement les inconvénients : ces inconvénients mêmes doivent être considérés, moins comme le résultat de cette alliance, que comme le produit des systèmes
ou des exagérations des esprits exclusifs, dont les dogmes
ont dominé quelquefois les principes mêmes des sciences,
mais qui, à tout prendre, ont fait plus de bien que de mal.

A ce sujet, je ne puis m'empêcher de consigner quelques
réflexions sur l'histoire de la médecine, pour prouver que,
bien faite, cette histoire pourrait être un trait d'union entre
la médecine et la philosophie : car elle montrerait, par la
logique appuyée sur les faits, qu'elles ont dû et doivent être
inséparables.

II. — Réflexions sur l'histoire de la médecine.

A parler rigoureusement, il n'existe point de véritable
histoire de la médecine. La médecine attend encore son

historien ; jusqu'ici elle n'a eu que des chroniqueurs et des biographes. Il reste à faire ce que les anciens appelaient une histoire pragmatique, c'est-à-dire une exposition méthodique, philosophique et raisonnée de l'art et de la science, de leurs origines, de leur établissement, de leurs révolutions, de leurs rapports avec les autres arts et les autres sciences, et de leur influence générale sur l'humanité aux diverses périodes. Oui, tout cela est à faire, malgré les travaux précieux de D. Leclerc, de Schültze, de Freind, de Barchusen, etc., et dans ces derniers temps, de Sprengel. — Parmi ces écrivains, tous bien estimables à plusieurs titres, Sprengel est le seul et le premier qui ait essayé d'écrire une histoire complète, universelle et générale de toute la médecine. Son volumineux ouvrage est riche d'érudition et de faits, surtout pour la période de la médecine ancienne, dans laquelle l'auteur a pu suivre plusieurs guides et surtout le savant et judicieux Leclerc ; mais, avant d'avoir atteint la moitié de sa tâche, il ne se soutient plus, il succombe à la peine ; son livre cesse d'être une histoire, pour devenir un catalogue peu raisonné et une sorte de table chronologique ; l'esprit philosophique y manque. Véritable savant allemand, ayant accumulé dans sa tête toutes les connaissances possibles, Sprengel a les qualités et les défauts des écrivains encyclopédiques : il savait trop de choses pour avoir eu le temps de les approfondir ; son érudition à nui à son originalité ; il a été compilateur bien plus que critique. Toutefois, malgré ses nombreux défauts, son livre restera comme une œuvre utile : c'est une mine qu'exploiteront avec fruit les futurs historiens de la médecine, qui voudront remplir autrement le cadre qu'il a esquissé.

Le besoin d'une histoire raisonnée de la médecine a été senti par des médecins modernes éminents. Des hommes qui avaient associé à la médecine les études littéraires et philosophiques ont tracé des essais qui, à plusieurs égards, peuvent servir de modèles : je veux parler de Bordeu et de Cabanis. — Le premier, que quelqu'un appelait le Montesquieu de la médecine (celui sans doute des *Lettres persanes*), a écrit des choses bien utiles dans ses piquantes et curieuses *Recherches sur l'histoire de la médecine*. Son esprit pénétrant, léger et vagabond, a indiqué ou effleuré, comme d'habitude, une foule de questions intéressantes pour l'histoire et la philosophie de l'art. Cet homme singulier, de qui Barthez disait qu'il n'était pas assez médecin, est un de ceux qui ont le mieux compris de quelle manière il faut écrire l'histoire de la médecine. Plusieurs de ses ouvrages, et ses *Recherches* en particulier, seront toujours fort utiles à ceux qui voudront développer et féconder les idées originales dont il les a parsemés. — Cabanis, écrivain savant et consciencieux, philosophe et littérateur remarquable, sachant bien la médecine ancienne, croyant fermement à son art dont il a démontré la vérité ; Cabanis, qui valait mieux, à mon avis, que son maître Condillac, a laissé un beau modèle dans son livre des *Révolutions de la médecine*. Sur l'histoire de l'art, il n'est peut-être point d'ouvrage qui renferme plus d'idées solides et de véritable philosophie. Le seul titre du livre montre l'idée que l'auteur s'était faite de la science : la médecine, en effet, a eu ses révolutions, comme la philosophie, aussi nombreuses et aussi violentes. De ces révolutions qu'il expose en maître, Cabanis a su tirer d'utiles et de profonds enseignements. Négligeant un peu les noms et les dates, qui occupent ailleurs une place si considérable, il s'est attaché à suivre avec une merveilleuse sagacité la naissance, les vicissitudes, la vie de la médecine ; et, en étudiant ses progrès, il en a encore établi la certitude. Comme essai, ce livre est un chef-d'œuvre, et, comme tel, il doit servir de modèle aux médecins qui voudront, dans la suite, faire une application de la philosophie à l'histoire.

La médecine et la philosophie sont inséparables : il ne faut pas non plus séparer leur histoire ; elles ont agi puis-

samment l'une sur l'autre : l'influence a toujours été réciproque. Dans les temps anciens, lors de la période hippocratique, la philosophie a été redevable à la médecine et
lui a dû certainement l'excellence de sa méthode. Hippocrate avait précédé Platon et Aristote; son influence sur
l'esprit humain fut aussi grande que celle qu'exerça Socrate.
Après Hippocrate et son école, la médecine subit à son tour
l'influence de la philosophie : cette dernière lui rendit ce
qu'elle en avait reçu la première. La fondation des principales doctrines médicales, d'Hippocrate à Galien, se rattache à cette période heureuse de l'histoire de la philosophie,
pendant laquelle les successeurs des disciples de l'école
socratique continuèrent avec éclat, en la modifiant sous
plusieurs rapports, l'œuvre imposante qu'en Grèce avaient
commencée leurs maîtres. Tous ceux qui ont quelque connaissance de l'histoire de l'art savent combien cette période
fut féconde. Depuis Hippocrate, jamais l'histoire n'avait eu
à consigner dans ses annales autant de découvertes, d'heureuses innovations, autant de véritables progrès; jamais
elle n'avait recueilli tant de noms, et des noms si illustres.
— Galien, qui clôt la liste des médecins célèbres de cette
période, est comme le représentant de toute la médecine
grecque. Ses œuvres, véritable encyclopédie, la reproduisent et la résument : là se trouve, en effet, toute la médecine des Grecs, avec ses brillantes théories, ses séduisantes
erreurs, mais aussi avec cet esprit de profondeur et de critique, avec ces principes simples et lumineux, avec ces
idées larges et élevées qui montrent à ceux qui lisent ces
ouvrages combien est heureuse et féconde la combinaison
de deux sciences qui se tiennent et se ressemblent par tant
de points, et qui ont toujours été réunies chez les grands
médecins de l'antiquité, depuis le médecin de Cos jusqu'au
médecin de Pergame. — Depuis Galien jusqu'aux Arabes,
on peut dire que l'art fut en décadence. Nous en avons indiqué les causes ; toutefois, pendant cette période même,

l'influence de Galien fut grande et salutaire. Les médecins furent avec les Pères de l'Église les vrais savants de cette époque. Quant à la philosophie, elle n'était représentée que par des sophistes et des rhéteurs. Absorbée peu à peu par le christianisme, elle mourut avec Julien, pour ne se réveiller qu'aux temps modernes.

La période arabe est peu connue, et elle mériterait de l'être : tout le moyen âge est là, et nous avons vu qu'à cette époque la médecine fut presque constamment unie à la philosophie. Faibles imitateurs des œuvres de l'antiquité, les Arabes continuèrent ou plutôt conservèrent la science ; ils furent le trait d'union entre l'antiquité grecque et les temps modernes.

Avec la renaissance, la médecine se lance avec la philosophie dans une route nouvelle, où l'historien peut suivre sa marche pas à pas, malgré la rapidité de sa course. Plusieurs illustres médecins ont eu la gloire de contribuer au réveil de l'esprit humain engourdi, et de travailler à son émancipation. Dans cette période, qui est la troisième et la plus riche, les noms abondent avec les faits et les découvertes. Après les érudits viennent les penseurs. Bacon et Descartes, de qui émanent toute philosophie, ont tour à tour dominé les sciences ; à toutes ils ont imprimé des directions différentes, mais heureuses. La médecine, plus que toutes les autres, a ressenti les effets de leur puissante impulsion ; elle a eu tort seulement de s'attacher d'une manière exclusive, tantôt à l'un, tantôt à l'autre de ces directeurs suprêmes. L'influence de ces deux génies supérieurs, si souvent reconnue, si incomplétement appréciée par des écrivains systématiques, appelle de nouvelles réflexions et d'autres travaux.

L'écrivain qui, en traitant des destinées de la médecine, rechercherait la cause de ses progrès, devrait étudier l'importance qu'a eue en médecine la philosophie de Locke. Sans doute, ce philosophe se rattache à Bacon, dont il est le continuateur. Mais c'est un chef et le fondateur d'une école qui a un caractère scientifique spécial ; il mérite d'autant plus d'attention, qu'il était lui-même médecin, et que, par toute l'école sensualiste émanée de lui, il a eu une prodigieuse influence sur la médecine du siècle passé, et, à certains égards, sur celle du siècle présent. — Stahl, ce colosse de la médecine, pour me servir des paroles d'un professeur célèbre (1); Stahl, qu'on connaît si peu et que l'on ne lit point, mérite aussi une grande place dans l'histoire de la médecine. Que d'écoles modernes se rattachent à ses idées et à sa doctrine ! Plusieurs de ces écoles, et celles-là surtout qui se piquent d'être philisophiques, sont encore stahliennes. Les chefs de ces écoles ont beau se défendre de la parenté ; qu'on étudie leur histoire, on verra que la filiation est irrécusable. Le coryphée du vitalisme moderne, qui connaissait Stahl et le connaissait bien, l'a exalté comme chimiste, et l'a rabaissé comme médecin : il a voulu l'amoindrir, à tort suivant moi ; car si, comme on l'a.dit avec raison, on est toujours le fils de quelqu'un, il faut être juste envers nos aînés.

La tâche de l'historien finirait au commencement de ce siècle, qui lui aussi fournira de nombreux matériaux et des noms illustres. L'œuvre est difficile, elle exige des forces et des talents peu communs.

L'auteur d'une histoire philosophique et raisonnée de la médecine, telle que j'aime à la concevoir, devrait réunir à lui seul une foule de qualités différentes, qui se trouvent éparses chez plusieurs individus, mais dont la réunion est indispensable pour l'accomplissement d'un pareil travail : je voudrais qu'il eût le savoir de Leclerc, l'érudition de Sprengel, l'esprit critique de Freind. Comme médecin et comme philosophe, je voudrais qu'il fût à la fois Bordeu, Zimmermann et Cabanis, et qu'il possédât, comme eux, le

(1) M. V. Cousin.

rare talent d'écrire. Il se souviendrait qu'en médecine, encore plus que dans les autres sciences, la philosophie est inséparable de l'histoire, et que la haute critique doit les unir, pour montrer impartialement ce qu'elles se doivent l'une à l'autre.

L'écrivain auquel la réunion de tant de qualités permettrait de remplir un si vaste programme rendrait un grand service à la médecine et à la philosophie. Il rappellerait aux médecins que, tout en s'occupant spécialement de l'être physiologique, ils ne doivent pas moins étudier l'être intelligent et sensible, c'est-à-dire la vie du cœur et de l'âme. Il prouverait aux philosophes, qu'il serait avantageux pour les progrès de la philosophie qu'ils joignissent leurs efforts à ceux des médecins, qu'ils étudiassent avec eux l'être humain dans son ensemble, qu'ils s'éclairassent mutuellement en se communiquant leurs recherches spéciales. Cela lui serait d'autant plus facile, qu'il leur montrerait, l'histoire à la main, que plusieurs philosophes éminents n'ont pas dédaigné d'associer ces deux études. Par les résultats et les déductions de l'histoire, il les convaincrait qu'ils ne peuvent que gagner à les imiter, et que leurs spéculations sur un sujet aussi complexe que l'être humain acquerraient plus de solidité, s'ils consentaient à demander des lumières à une science qui, s'occupant sans cesse du même objet, pourrait certainement leur en fournir de précieuses.

Mais, dira-t-on, ces tentatives de conciliation ont été faites ; la médecine et la philosophie ont écouté les éclectiques ; on a fait des concessions de part et d'autre ; et si, malgré tous les efforts, l'alliance n'a pu se faire, c'est qu'elle est probablement impossible. Ces raisonnements ne sont que spécieux, ils pèchent par la logique. D'abord les efforts que l'on a faits, quels qu'ils soient, révèlent des deux côtés l'existence du besoin bien senti d'une alliance nécessaire. Si cette alliance n'est pas encore conclue, c'est aux contractants qu'il faut s'en prendre : de part et d'autre on a fait des tentatives, mais elles ont été incomplètes ; on n'a pas eu recours aux moyens convenables ; on a oublié deux conditions essentielles dans la conclusion d'un contrat : la bonne foi et l'esprit de conciliation. Des deux côtés on a été exclusif et exagéré, et les deux partis sont restés sur les deux rives opposées, faute d'un pont pour se rejoindre. Aujourd'hui surtout que la médecine et la philosophie ont fait tant de progrès, elles semblent plus que jamais divisées. Nous examinerons, dans le chapitre suivant, si la séparation est légitime ; nous indiquerons brièvement les causes qui la maintiennent, et nous verrons si la conciliation peut et doit s'opérer.

III. — Rapports de la philosophie et de la médecine dans les derniers temps.

Le dix-huitième siècle comprit que la métaphysique était insuffisante ; il revint à Bacon et aux expériences. Le sensualisme domina à cette époque. Les doctrines de Locke exagérées furent poussées à leurs dernières conséquences, et ainsi naquit ce matérialisme cynique dont Helvétius, d'Holbach et Lamettrie furent les représentants ; mais ceux-ci n'étaient que des philosophes vulgaires. La philosophie dominante de cette période, celle qui la caractérise et a pris son nom, se trouve tout entière dans Condillac et l'*Encyclopédie ;* elle se résume dans les diverses doctrines de la sensation. Contre une si puissante phalange, Rousseau fut impuissant ; et ses théories sentimentales, qui dominèrent plus tard à côté du sensualisme, eurent à la rigueur plus d'influence sur la littérature que sur la philosophie.

Les encyclopédistes, dans leur grand répertoire des connaissances humaines, voulaient imprimer à toutes et leur imprimèrent en effet un cachet de sensualisme. La médecine, qui y tient une si grande place, fut, comme les autres, emportée par le tourbillon et entraînée dans le mouvement général. L'article fameux de Fouquet sur la sensibilité, dans lequel sont exagérées les théories de Bordeu, semble dès lors faire pressentir le rôle immense que le système nerveux jouera dans les théories physiologiques du siècle suivant. Barthez lui-même, qui travailla aussi à la construction de cet édifice informe ; Barthez, ami de d'Alembert et des philosophes, n'échappa point à l'influence de la philosophie régnante. Ses relations avec les encyclopédistes, au milieu desquels il a longtemps vécu, expliquent ce ton de doute et d'incertitude, et, puisqu'il faut le dire, le scepticisme qui règne dans le principal de ses ouvrages. Barthez, si exclusif de sa nature, n'affirme jamais en exposant les fondements de sa doctrine. Lorsque J. de Maistre adressait sa rude apostrophe au célèbre physiologiste, il parlait encore à la philosophie du dix-huitième siècle ; il sentait que le livre de Barthez n'était qu'un compromis, que Barthez, n'osant tout dire, n'avait exprimé que la moitié de sa pensée.

Si le plus spiritualiste des physiologistes ne put se soustraire à l'esprit qui dominait l'époque, à plus forte raison tous les autres durent s'y soumettre, d'autant plus aisément que, n'ayant pas la forte tête de Barthez, élevés dans d'autres écoles et nourris de principes différents, ils étaient sous l'influence immédiate des idées et des doctrines régnantes. Aussi, au commencement du siècle présent, lorsque le calme, succédant aux révolutions, permit aux choses de reprendre leur cours interrompu, les sciences continuèrent à suivre la première impulsion ; et comme à cette époque remontent la plupart des recherches et les grandes découvertes, le caractère déjà très-positif qui les distinguait ne fit que se prononcer davantage.

La philosophie d'alors était essentiellement matérialiste, et la médecine, il faut l'avouer, contribua pour une large part à lui conserver longtemps ce caractère. L'Institut appartenait au dix-huitième siècle. Çà et là quelques dissidents, disciples et admirateurs de Rousseau, étaient impuissants contre le nombre. Lorsque Cabanis présenta ses mémoires sur les rapports du physique et du moral, ce fut Destutt de Tracy qui en fit l'analyse (1) : ils étaient l'un et l'autre disciples de Condillac. Bichat, continuateur de Bordeu, qui le contenait en germe, posait les bases de la doctrine organicienne. Ses principes sont encore au fond ceux de l'école actuelle. Pinel, exagérant la méthode de Bacon, envisagea la médecine comme une science purement naturelle. Sa *Nosographie* régna longtemps dans les écoles. L'analyse était la méthode exclusivement adoptée ; la médecine devenait tous les jours plus positive et plus organicienne. On trouvait tout dans la matière, on expliquait tout par l'arrangement des molécules : les organes étaient la vie, et la pensée le produit d'une sécrétion.

Ces doctrines exagérées devaient provoquer une réaction : ce fut la philosophie qui réclama. Déchue de sa grandeur, absorbée par les autres sciences, confondue avec la physiologie, qui l'avait entraînée trop loin, elle voulut ressaisir son ancienne domination et remonter de l'amphithéâtre dans la chaire. Pour combattre ses adversaires, elle demanda des armes à l'Écosse. Les doctrines de Reid, importées en France par Royer-Collard, furent pour elle un moyen de transition. N'osant ou ne pouvant opérer brusquement une rupture définitive, elle conserva une bonne partie du positivisme passé : pour se faire plus facilement admettre, elle s'appela la philosophie du *bon sens*. — Les doctrines nouvelles, répandues et propagées, progressèrent d'autant mieux, qu'elles satisfaisaient momentanément les esprits stériles et qu'elles séduisaient par l'attrait de la nouveauté. Mais la philosophie ne s'arrêta pas en chemin.

____

(1) Voyez *Rapports du physique et du moral de l'homme et lettre sur les causes premières*, par P.-J.-G. Cabanis, avec une table analytique, par Destutt de Tracy. 8e édition augmentée de notes par L. Peisse. Paris, 1844.

Insensiblement on remonta à Descartes et à Leibnitz, et ainsi revint la métaphysique spiritualiste. Condillac fut maltraité, Locke réfuté. On alla chercher en Allemagne ce que l'Écosse ne pouvait fournir : E. Kant remplaça Th. Reid ; la raison pure prit la place de la raison pratique ; la philosophie du bon sens fut déclarée insuffisante. L'éclectisme fut érigé en système, au lieu d'être employé comme méthode ; la philosophie prit le nom de psychologie.

La réaction était évidente : on voulait une séparation complète entre la science nouvelle et la physiologie. — A son tour, la médecine réagit, et non moins vivement : obéissant aux influences du siècle passé, elle continua de suivre, sous leur impulsion, une route qui devait l'entraîner bien loin. Cabanis et Bichat dirigèrent et dominèrent la science ; Gall (1), Spurzheim, Legallois, etc., les phrénologistes et les vivisecteurs, continuèrent la philosophie sensualiste. Toute la physiologie se résuma dans le système nerveux. La médecine et la philosophie étaient entièrement divisées ; la physiologie combattait contre la psychologie. — Au milieu de ce conflit, la seule école des vitalistes protestait et tâchait de se faire entendre à sa manière. Elle donnait volontiers la main au spiritualisme, avec lequel elle reconnaissait avoir une étroite parenté, ; elle était bien aise de s'unir à lui pour combattre un adversaire qui était aussi le sien. Aucun des trois partis n'était dans le vrai : tous avaient tort, parce que tous exagéraient. L'éclectisme, qu'on faisait retentir si fort, n'était nulle part : chacun songeait à la lutte lorsqu'il eût fallu songer à la conciliation. Il n'existait point de doctrine intermédiaire qui pût allier les deux extrêmes : le vitalisme, trop injuste envers la physiologie, qu'il eût dû défendre ou du moins excuser, se tournait du côté de la psychologie, qui trouvait en lui un appui et un défenseur zélé de ses doctrines. Bientôt les hostilités

(1) *Anatomie et physiologie du système nerveux en général et du cerveau en particulier.*

augmentèrent au point de devenir une lutte. — A cette époque remontent une foule d'écrits polémiques qui montrent que d'aucun côté on n'était disposé aux concessions : les psychologistes voulaient une séparation définitive, prétextant que leur science reposait sur le *moi* ou conscience, et que les physiologistes n'avaient rien à démêler avec l'objet de leurs études. Les physiologistes, de leur côté, n'ayant de la philosophie que les notions qu'ils avaient puisées dans Cabanis et son école, sans cesse occupés d'étudier l'homme avec le scalpel de l'anatomiste ou le couteau du vivisecteur, ne voulaient expliquer et admettre que ce qu'ils voyaient ; et ce qu'ils ne pouvaient saisir, ils le rattachaient encore à une disposition particulière des organes sur lesquels ils expérimentaient. Des deux côtés, l'exagération était évidente : les philosophes auraient dit volontiers, avec un des leurs, que l'homme est une intelligence servie par des organes ; les physiologistes pensaient et auraient répété avec Cabanis que c'est le cerveau qui sécrète la pensée. — Si les uns et les autres eussent combiné leurs études et associé leurs recherches, ils ne fussent point tombés dans de si ridicules exagérations. Si la philosophie n'eût pas réagi contre la médecine d'une manière aussi violente, la physiologie, maintenue par elle dans une voie plus raisonnable, aurait évité beaucoup d'erreurs. Des deux côtés, nul ne voulut comprendre que, pour étudier un sujet aussi complexe que l'être humain, il faut le considérer dans son ensemble, et que, si la facilité des recherches excuse la division du travail, il ne faut jamais oublier qu'après avoir décomposé un tout pour en examiner les parties, il faut recomposer l'ensemble pour en avoir une connaissance parfaite. Or, personne ne s'est placé à ce point de vue vraiment éclectique ; si quelques-uns ont eu l'intention de le faire, ils ne l'ont fait qu'incomplétement, parce qu'ils étaient plus médecins que philosophes ou plus philosophes que médecins, lorsqu'il eût fallu être à la fois l'un et l'autre.

Jetons un coup d'œil sur les principaux ouvrages qu'a produits cette polémique, nous verrons que l'exclusivisme a trop dominé des deux côtés. Le livre de Cabanis sur les *Rapports du physique et du moral* est un système complet de philosophie médicale, ayant pour fondement la doctrine de la sensation. C'est une application et comme un résumé des doctrines de Gassendi, de Locke et de Condillac. Ce livre a agi puissamment sur la médecine et sur la philosophie. Tour à tour exalté et rabaissé, il a fixé l'attention générale : cela devait être. Cet ouvrage célèbre, quelles que soient ses erreurs ou ses exagérations, était, à vrai dire, le premier livre dans lequel on eût tenté de donner une idée complète, une exposition raisonnée de la science de l'homme. Le titre seul révèle toute l'importance du sujet. Lorsque, plus tard, un philosophe célèbre voulut traiter la même question à un point de vue tout différent, il fit un ouvrage dans lequel il étudia les rapports du physique et du moral. Il est évident que Maine de Biran, en écrivant son livre (1), entendait faire une réfutation de celui de Cabanis. Ce dernier, héritier direct d'une philosophie positive, qui, émanée de Bacon par Locke et opposée au cartésianisme par Gassendi, bannissait sévèrement toute hypothèse et ne reconnaissait d'autre fondement que l'observation, Cabanis partit de la sensation comme source des connaissances, et s'attacha exclusivement à l'étude de l'élément physique, à celui qui tombe immédiatement sous les sens. Le mot célèbre qui résume énergiquement ses doctrines nous fait voir qu'il poussa l'exagération jusqu'aux dernières conséquences : deux siècles avaient préparé ce résultat. Le tort de l'école sensualiste a été de s'arrêter à un système, d'avoir cru que l'observation était l'unique source de la vérité, et que la sensation constituait la science.

Maine de Biran fut l'élève de Cabanis, avant d'être son

(1) *Nouvelles considérations sur les rapports du physique et du moral.* Paris, 1834.

adversaire. Pour le combattre, il s'est placé à un point de vue tout opposé au sien : pour lui, le physique, les sens, les sensations ne sont pas, pour ainsi dire, du domaine de la philosophie, le fait même de la perception externe, si évident et si palpable, ne le préoccupe guère. Pour écrire le livre que M. Cousin a édité, il ne chercha pas, comme autrefois, une retraite dans son cerveau (1); il se retira dans le *moi* ou conscience, qui devint pour lui, non pas un principe ou une condition de connaissance, mais la connaissance elle-même, la source de toutes les idées, la base et le fondement de toute philosophie. L'exagération du philosophe ne le cédait pas à celle du médecin. On peut considérer ces deux auteurs comme les chefs de deux partis opposés, qui trouvent respectivement leur profession de foi dans chacun de leurs ouvrages.

Gall, par ses travaux sur la phrénologie et sur le système nerveux, se rattache à Cabanis ; il en diffère cependant : il a certainement subi l'influence du spiritualisme, qu'il voyait croître autour de lui, et qui détrônait insensiblement le matérialisme du commencement du siècle. Toutefois, n'en déplaise à M. Damiron (2), Gall appartient à l'école sensualiste; il marque la transition de Cabanis à Broussais. Ses livres portaient une telle empreinte de matérialisme, que l'école philosophique en frémit. Il ne fut pas réfuté seulement comme physiologiste; les psychologues lui firent la guerre, et écrivirent contre sa doctrine.

Broussais, ardent en toutes choses, descendant dans toutes les lices pour prendre part à toutes les luttes, provoquant la discussion et la soutenant avec violence, rude jouteur qui se laissait battre par trop d'impétuosité, Broussais était franchement matérialiste. D'instinct, il détestai la métaphysique, qu'il confondait à dessein avec ce qu'il

(1) Voy., dans son livre sur l'*Influence de l'habitude sur la faculté de penser*, l'épigraphe empruntée de Bonnet.

(2) *Hist. philos. du dix-neuvième siècle.*

appelait l'ontologie. Irrité contre les psychologistes, partisan déclaré de Gall, dont il exposa la doctrine, il ne put souffrir les empiétements du spiritualisme, et lui déclara la guerre. Comme Cabanis, dont il émane, il voulut embrasser à la fois l'être humain tout entier (1). Son fameux livre de l'*Irritation* (2) n'était, ainsi qu'il a eu soin de le spécifier, qu'une nouvelle étude des rapports du physique et du moral, qu'il rattachait à son système de médecine physiologique. Sa haine contre les psychologues l'entraîna dans d'étranges exagérations : son ouvrage n'est qu'un livre de polémique écrit avec verve et où tout respire l'ardeur du combat.

La présence de ce fougueux adversaire ne fit qu'envenimer la lutte; on songeait moins à la défense qu'à l'attaque. Des deux côtés on combattait avec des exagérations. Aussi, lorsque ce terrible combattant et le chef de l'école psychologiste se rencontrèrent à l'Institut, la conciliation parut définitivement impossible : l'un voulait que la physiologie, telle qu'il l'avait faite, fût l'unique science de l'homme; l'autre, défenseur zélé des doctrines de Biran, n'admettait que le *moi*, dont l'étude constituait pour lui toute la philosophie. — Toutefois, quelques essais de conciliation furent tentés : Virey et F. Bérard, du côté des médecins; Th. Jouffroy, du côté des philosophes, se montrèrent moins exagérés et plus raisonnables. Les deux premiers étaient, au fond, spiritualistes; à la rigueur, ils s'occupèrent plus spécialement dans leurs livres de la physiologie proprement dite, des lois de la vie et des principes de la constitution de l'homme. Quant à la partie philosophique ou essentiellement psychologique de leurs doctrines, ils adoptèrent les dogmes spiritualistes; c'est-à-dire qu'ils traitèrent de la vie et des phénomènes physiologiques en médecins, et de l'être intellectuel et moral en philosophes spiritualistes.

(1) Voy. *Traité de physiologie appliquée à la pathologie.* Paris, 1834.
(2) *De l'irritation et de la folie.* Paris, 1839.

Aucun des deux ne rattacha suffisamment les deux sciences l'une à l'autre, et l'on peut dire qu'ils subordonnèrent leurs idées médicales à leurs principes philosophiques. On sait que le beau livre de F. Bérard se termine par un morceau, à la manière de Platon, sur la nature et l'immortalité de l'âme. F. Bérard fit une trop petite part au côté matériel; il avait un peu dédaigné les travaux de son époque sur l'anatomie et la physiologie.

Jouffroy, philosophe consciencieux, cherchant de bonne foi la vérité, sceptique à la manière des anciens, mais sous l'influence inévitable d'un certain ordre d'idées et des doctrines qui l'avaient captivé de bonne heure, Jouffroy a exposé des idées fort originales et très-curieuses, au point de vue du sujet qui nous occupe, dans son beau *Mémoire de l'organisation des sciences philosophiques* (1). Ce qu'il dit des rapports de la philosophie et de la physiologie mérite une sérieuse attention; il a fait beaucoup de concessions : cependant il s'est borné à reconnaître que la physiologie pouvait fournir des ressources précieuses à la science qu'il avait toujours exclusivement cultivée. Il resta spiritualiste pur; il n'a jamais voulu la fusion des deux sciences, parce qu'il tenait fortement à la séparation des éléments de la nature humaine, telle que l'a établie l'école vitaliste de Barthez, dont il adopte sans restriction les idées. Dans ce travail et dans un appendice portant ce titre bien décisif : *De la légitimité de la séparation de la psychologie et de la physiologie,* l'auteur professe exclusivement en physiologie les doctrines vitalistes de la vieille école de Montpellier. On doit regretter que ce professeur célèbre ait été enlevé de trop bonne heure. Profondément imbu des doctrines spiritualistes qui convenaient à sa nature méditative, Jouffroy était un véritable éclectique. Pour lui, l'éclectisme n'était pas un de ces systèmes que l'on fonde pour le plaisir de les défendre; pour

(1) *Nouveaux mélanges philosophiques.* Paris, 1842.

lui, l'éclectisme était une méthode : aussi l'avait-il pris au sérieux et l'adoptait-il de bonne foi, comme un moyen utile pour la recherche du vrai. Sa raison était trop solide pour qu'il ne se fût pas rendu à la vérité, si on lui eût montré qu'il était dans l'exagération. Du côté des philosophes, il était certainement des plus traitables; et, comme la conciliation entre les deux partis ne pouvait s'opérer que par des concessions réciproques, il est à croire que, s'il eût senti le besoin de les faire, il ne les eût point refusées. Lui et F. Bérard étaient les plus propres à ramener la concorde, parce que, animés tous les deux du même amour du vrai, ils avaient l'un et l'autre un rare esprit de modération.

Je pourrais énumérer encore d'autres discussions, et citer d'autres livres de polémique. Je pourrais parler du livre de M. Damiron (1), livre souvent superficiel, dans lequel l'éclectisme juge à sa manière les médecins philosophes ; mais l'auteur n'a pu entièrement les comprendre ni les juger avec impartialité, faute de posséder une partie des connaissances qu'il faut demander à la médecine. Je pourrais citer le livre original de M. Tissot (2), dans lequel ce philosophe passe en revue les philosophes et les médecins de ce siècle qui se sont occupés du physique et du moral. Ce livre révèle un travail consciencieux et des connaissances physiologiques bien rares chez un métaphysicien ; mais l'auteur, partisan dévoué de la philosophie allemande, spiritualiste de l'école de Kant, dont il a propagé les doctrines, termine son livre par un exposé des dogmes spiritualistes les plus prononcés. Quand on part d'un principe si exclusif, il n'est guère possible d'être dans le vrai. — Je pourrais citer d'autres ouvrages, mais cela m'entraînerait trop loin.

Cet exposé succinct, tout incomplet qu'il est, prouve ce que j'ai avancé à la fin du précédent chapitre. On s'est écarté de la vérité parce qu'on s'est placé aux deux extrêmes; on

(1) Liv. cité.
(2) *Anthropologie spéculative*, 2 vol, in-8.

a été matérialiste ou spiritualiste, physiologiste ou psychologiste; on n'a jamais pu se rejoindre parce qu'on n'a pas pris le milieu du chemin. Mais ces luttes mêmes, quelque vaines qu'elles paraissent; toutes ces tentatives de conciliation, quelque incomplètes qu'elles aient été, ont du moins servi à montrer que le besoin d'unir et d'accorder les deux sciences est évident. Les philosophes ont raison en soutenant que l'on ne peut connaître l'homme que par l'étude de ce qu'ils appellent le *moi* ou conscience; les physiologistes aussi, en défendant leur manière de l'étudier. Quelque étrange que cette assertion puisse paraître, elle n'est pas un paradoxe. Leibnitz a dit avec un sens profond « que les systèmes sont vrais en ce qu'ils affirment, et faux en ce qu'ils nient. » Qu'on médite cette pensée d'un homme à qui l'étude des systèmes était familière, et l'on se convaincra, par la réflexion, que, si les erreurs proviennent des exagérations, il n'y a pas d'exagération qui ne contienne au fond une vérité.

IV. — Nécessité d'un principe.

Dans les chapitres qui précèdent, nous avons fait autre chose qu'un procès-verbal : en jetant un coup d'œil sur le passé, nous l'avons jugé; or, pour juger, il faut un criterium; pour apprécier ce qui a été fait avant nous, il nous faut autre chose que des connaissances historiques : il nous faut un fond d'idées propres, et c'est de la comparaison de nos idées avec celles des autres que résulte le jugement. Nous avons jugé le passé en homme de notre temps, nous l'avons vu avec et à travers les idées de l'époque, et cela est logique. La critique n'est un progrès qu'à condition d'être un jugement du passé par le présent. Que serait la critique qui prendrait pour épigraphe ces mots d'un ancien : *Scribitur ad narrandum, non ad probandum?* Pour connaître, il faut apprécier et pouvoir motiver nos jugements.

Maintenant, on voudra savoir quel est notre criterium ou notre moyen d'appréciation : nous répondrons que *sans affirmation* il n'y a point de science, c'est-à-dire qu'une doctrine ne peut exister qu'à condition de reposer sur un principe qui sera le point de départ de toutes les idées et qui les embrassera toutes. Une théorie se résout en un principe ; souvent ce principe n'est pas énoncé, mais il est implicitement contenu dans le fond des idées que l'on émet. Un esprit clairvoyant ne s'y trompe pas. Bacon ne formula explicitement aucun principe, il ne fit pas d'affirmation ; mais il savait fort bien quel était son point de départ, lorsque, réagissant contre le passé en homme habile, il lança l'esprit humain dans la route de l'observation. Comme il avait de beaucoup devancé son époque, il ne put faire publiquement sa profession de foi ; mais un de ses successeurs formula le principe qui sert aujourd'hui de base à la plupart des sciences. Newton ne fut que la continuation de Bacon : le premier s'était contenté de donner un *Organum*, de tracer une méthode aux sciences ; Newton leur donna un principe vers lequel on s'efforce encore aujourd'hui de faire tout converger. Bacon fut le véritable précurseur de la science moderne ; il fut un ennemi du passé auquel il fit une guerre sourde, en attendant que ses successeurs pussent hautement la lui déclarer. La lutte a commencé dès que chacun des deux partis a eu son drapeau. Le principe newtonien, favorable au progrès et aux tendances de l'esprit humain, a acquis tous les jours des partisans plus nombreux ; mais, comme il n'était qu'une réaction et que, par conséquent, il a été extrême, il n'y a plus que deux exagérations en présence.

Les uns voient tout dans la matière, ils font des abstractions physiques (*abs-trahere*), ils analysent des faits, ils comptent leurs acquisitions et leurs moindres découvertes. Les autres, au contraire, dédaignent tout ce qui est visible et palpable ; ils adorent l'esprit, l'intelligence ; ils font de l'abstraction métaphysique, ils négligent les faits et les ressources matérielles; ils élaborent des idées générales, ils procèdent par synthèse, ils spiritualisent la science autant qu'ils le peuvent.

Ceci est l'histoire de notre époque : les deux partis sont en présence, ils luttent dans la science aussi bien que dans la société; il y a lutte acharnée entre l'industrie des temps modernes et le spiritualisme du moyen âge. Tel est le spectacle que nous pouvons voir tous les jours dans les écoles, dans les académies, dans les corps scientifiques. Mais tout spectacle sérieux doit produire son enseignement. Que faire dans ce conflit d'opinions et d'idées? De quel parti devons-nous nous ranger? Après nous être bien examiné, nous sentons que nous sommes avec tous les deux. Et, en effet, nous ne tardons pas à nous convaincre que les deux partis ont des motifs et des raisons, et nous n'oserions, en conscience, nous déclarer pour l'un contre l'autre, parce que nous entreverrons bientôt le moyen de les mettre d'accord. Des deux côtés on ne pèche que par exclusivisme; les points de départ sont diamétralement opposés et séparés par un abîme. Des deux côtés il y a du vrai; mais, pour s'unir, quelque chose leur manque, c'est un lien, et ce lien, c'est à ceux qui en sentent le besoin de le trouver. Placés en dehors des deux partis, ils connaissent leurs torts et leurs raisons, ils peuvent voir ce qu'ils ont et ce qui leur manque. Or, ce lien est *un principe;* c'est un principe qui fera cesser le combat.

Les principes connus sont incomplets, parce qu'ils n'embrassent pas le tout de l'objet de la science, parce qu'ils n'affirment qu'un aspect de ce qui est. Avec les meilleures intentions, les deux partis sont obligés de se combattre. Voyons ce qui se passe, pour justifier ce que nous venons d'avancer. Aujourd'hui, comme toujours et plus que jamais, il y a antagonisme entre le spiritualisme et le matérialisme, entre l'esprit et la matière, entre l'idée et l'action. Dans la science, dans l'industrie, la matière réclame de nouveaux droits, se les arroge avec violence ; elle aurait vaincu l'esprit, si cet autre aspect de la vie n'avait des titres tout aussi positifs que les siens ; il faut transiger pour vivre d'accord. Nous voyons tout cela, et cela signifie que des deux côtés on n'a vu qu'un élément de la réalité.

Il est certain que, si des deux côtés il y a insuffisance, nous devons nous efforcer de trouver ce qui manque à chacun, et, si nous trouvons ce qui leur manque, nous aurons trouvé le lien qui doit les unir. Il faut exprimer en quoi consiste la réalité tout entière, et, par une formule sur ce qui est, embrasser à la fois les deux autres manières de le comprendre ou de le voir : il faut que notre principe donne satisfaction aux besoins des deux partis. Un principe ainsi conçu est indispensable pour constituer la science et pour assurer ses progrès, car le progrès résulte de l'accord et non de la lutte : le combat n'est utile qu'au vainqueur.

Nous exposerons bientôt le principe qui est l'idée générale de l'être humain, tel que nous le concevons aujourd'hui. Dans ce chapitre, je voulais montrer seulement comment nous sommes amenés à reconnaître la nécessité d'un fondement nouveau suffisamment large pour bâtir, d'une mesure pour distinguer le vrai du faux et interpréter les faits. C'est en dehors de nous que nous avons cherché ce qui nous manque ; voyons maintenant en nous-mêmes comment nous y avons été amenés, et tâchons, à ce point de vue, de déterminer ce que c'est qu'un principe ; nous verrons ainsi qu'il est à la fois en nous et hors de nous.

Un principe est nécessaire. Ce principe indispensable est un besoin de notre nature ; il est, le plus souvent, le résultat d'un ensemble de circonstances nombreuses, parmi lesquelles l'éducation, dans son sens le plus large, figure au premier rang. C'est un instinct qui nous pousse avec une irrésistible impulsion vers un but, d'abord obscur et indéterminé, que l'on entrevoit insensiblement, et duquel tous les jours on tend à se rapprocher. C'est une aspiration vers l'avenir qui nous attend; c'est nous-mêmes, en un mot, sachant à peine ce que nous sommes, pressentant et devinant ce que nous devons être. Celui qui a une forte individualité agit plus évidemment qu'un autre conformément à un principe. Dans quelque route qu'il se lance, il parviendra à son but; quelles que soient les influences qui agissent sur lui, il gardera son originalité propre.

Cela me semble vrai, surtout dans l'étude de la médecine. Dès les commencements, au milieu des incertitudes et des doutes provenant de l'inexpérience et de la diversité des opinions, qui n'a senti le besoin de se faire une théorie, de trouver un criterium, d'adopter une croyance pour apprécier et s'assimiler ce qui convient à sa nature? Une puissance secrète nous pousse souvent, à notre insu, vers des hommes ou des livres qui semblent nous entraîner dans leur tourbillon. Il en est, en effet, qui conviennent le mieux aux besoins de notre nature : c'est par eux que nous nous développons, que nous commençons à nous connaître; alors notre éducation commence, notre évolution s'opère avec promptitude; le germe est fécondé : le principe qui était en nous latent et en puissance se révèle dès lors, et se fortifie de plus en plus. La vocation a parlé et nous a montré notre chemin. C'est là l'histoire de tout être intelligent lorsqu'il débute dans l'étude d'une science. Cette époque est marquée dans la vie de tout homme: c'est la puberté de l'intelligence. Cette époque est importante, c'est d'elle que le plus souvent dépend tout le reste. Qui n'a pas éprouvé au début de ses études médicales cette désespérante inquiétude d'un esprit sans expérience, qui cherche à tâtons un chemin et un guide? Est-il trouvé, les difficultés deviennent moins effrayantes, la route s'ouvre, et le but se dessine nettement. On finit par devancer même l'homme qu'on écoute, le livre que l'on tient; on croit avoir déjà su et pensé vaguement les idées qui apparaissent successivement. Alors, si je puis

le dire, on s'explique à soi-même ; alors l'homme ou le livre que l'on comprend le mieux est aussi celui dont la manière de voir répond le mieux aux besoins de notre nature.
— Chacun a donc un principe, sous peine de nullité. En médecine plus que partout ailleurs, il est rigoureusement indispensable.

Il suffit de jeter un coup d'œil sur l'histoire de la science
pour voir combien sont différentes les opinions, nombreuses les théories. Pour nous conduire au milieu de tant d'avis
divers, pour surmonter les difficultés et vaincre les incertitudes, un principe est de rigueur. Nous ne devons pas nous
contenter de faire un inventaire, d'enregistrer des vérités,
de constater des opinions ou des lacunes. Pour que la
science soit, il faut autre chose : c'est nous qui devons nous
combiner avec les faits de l'expérience, avec les opinions
et les théories. Nous avons un sujet et des matériaux ; il nous
faut une mesure, un instrument pour juger. C'est notre activité propre qui nous donnera un caractère scientifique. Il
faut vivre de notre vie, nous souvenant, toutefois, que nous
émanons de quelqu'un, et que, par cela même, nous nous
continuerons, nous, dans les autres : c'est l'histoire de la
science. Ainsi se sont modifiées, perfectionnées, agrandies
les opinions ou les théories par une transmission successive,
et celles-là ont eu le plus de valeur et de consistance, dans
lesquelles l'auteur a mis le plus du sien.

Disons donc maintenant quels sont nos principes. — Dans
l'étude de l'être humain, qui est le fondement de la médecine, la première notion est celle de l'*être :* et c'est sur cette
notion, comprise de différentes manières, suivant les hommes et les époques, que l'on a bâti tant de systèmes. C'est
que là est, en effet, la base de tout édifice scientifique. Celui
qui aurait la certitude de l'avoir bien posée aurait fondé la
science sur une base inébranlable. Essayons donc de faire
une esquisse de l'être humain, tel qu'il me semble que nous
devons le concevoir actuellement. Une idée générale de

l'être humain, tel que nous le comprenons, me semble indispensable pour la parfaite intelligence d'un groupe quelconque de faits physiologiques. Mais, avant de formuler
cette idée générale, qui est le point de départ de ce travail,
il me semble convenable de dire quelque chose sur les méthodes qui peuvent nous guider dans une entreprise si difficile. L'ordre même des idées demande que nous traitions
cette question; lorsque nous saurons les moyens de nous
conduire, nous marcherons avec plus d'assurance, nous
connaîtrons beaucoup mieux l'objet de nos études. Dans les
trois chapitres suivants, nous traiterons successivement des
méthodes, de l'esprit dans lequel il faut étudier l'être humain ; et enfin, nous donnerons une idée générale de l'être
humain lui-même.

V. — Choix d'une méthode.

Par divers moyens on arrive à pareille fin, dit Montaigne (1). Cela est vrai, mais à la condition qu'en partant d'un
point déterminé, on sache quel est le but à atteindre. La
science, c'est l'objet que l'on se propose, et le principe est
le point de départ : une fois que l'on sait où l'on doit aller,
rien n'empêche qu'on n'y puisse arriver par différents chemins. Les méthodes ne sont autre chose que les routes que
suivent ceux qui voyagent sur le terrain de la science. Il
faut bien prendre garde de les confondre avec la science
elle-même, ainsi qu'on l'a fait pendant longtemps. L'essentiel est d'avoir un point de départ et de se proposer un but;
à la rigueur, le reste n'est qu'accessoire.

Dans la médecine, ce que nous nous proposons, c'est la
connaissance de l'être humain. Or, nous avons en nous plusieurs manières de connaître, auxquelles répondent les diverses méthodes qui ont été adoptées à différentes époques.
Les uns ont tout voulu subordonner aux sens, et n'ont voulu

(1) *Essais*, liv. I, ch. I.

connaître que par eux ; les autres ne se sont fiés qu'à l'intelligence, qu'ils ont considérée comme un instrument infaillible ; la raison a été pour eux l'unique moyen d'arriver
à la vérité. Dans les temps anciens, ces deux méthodes sont
représentées par Platon et par Aristote ; dans les temps
modernes, par Bacon et par Descartes. Cela seul suffit pour
nous indiquer que les méthodes varient suivant les principes, et cela est si vrai, que l'on a confondu souvent le principe avec la méthode.

Eh bien, ces méthodes, employées comme moyens de
connaissance, ont été aussi insuffisantes que les principes
dont elles émanaient. Les uns n'ont voulu voir que l'unité,
en procédant exclusivement par synthèse ; les autres n'ont
vu que des parties, sans se faire une idée de l'ensemble,
parce qu'ils n'ont employé que l'analyse. Les uns et les autres sont partis de points différents, ont suivi des chemins
opposés et sont arrivés à deux extrémités contraires. Les
premiers, dont l'unique étude a été d'élever l'esprit et de
rabaisser la matière, ont professé un tel mépris pour tout
ce qui était corps, qu'ils ont dédaigné jusqu'aux ressources
que pouvaient leur fournir les moyens matériels pour atteindre à la connaissance de l'objet qu'ils étudiaient : ils ont
été spiritualistes purs dans le principe aussi bien que par
la méthode. Les autres, au contraire, ne voyant que la matière, s'en sont servis pour la connaître ; ils l'ont tourmentée, torturée, soumise à mille épreuves, à toute sorte d'expériences ; ils ont voulu que les moyens de connaissance
fussent aussi matériels que l'objet de leurs études. Les uns
et les autres, professant un exclusivisme des plus complets,
ont voulu dominer tour à tour, ils ont voulu imposer aux
sciences leurs principes et leurs méthodes ; et les uns et les
autres leur ont imprimé des directions vicieuses, voulant
appliquer à toutes des lois qui ne convenaient tout au plus
qu'à quelques-unes.

Que le métaphysicien, qui emploie uniquement l'intelligence et ses facultés, raisonne et spécule, cela se conçoit ; on conçoit encore que l'astronome et le physicien se livrent exclusivement aux calculs et aux expériences. La nature même de la science qu'ils cultivent peut rendre compte et de leur manière de voir et de leurs manières de faire. Mais que les uns et les autres veuillent régenter les autres sciences d'après leurs principes et d'après leurs méthodes, c'est ce que l'on ne saurait admettre.

Comment la médecine, par exemple, peut-elle s'accommoder de Bacon ou de Descartes ? Comment, dans l'étude de l'être humain, peut-on se borner à l'expérimentation ou à la métaphysique ? La nature même de l'objet de la science rejette l'adoption exclusive de l'une ou de l'autre. Je sais bien que des deux côtés on fait de continuels efforts pour entraîner la science de l'homme dans l'une ou dans l'autre de ces deux voies ; parce que, des deux côtés, l'on sait fort bien que ceux qui adoptent la méthode sont tenus de défendre le principe. Encore aujourd'hui, on ne fait pas autre chose.

Ceux qui entassent des faits, qui multiplient et répètent les expériences, veulent tout faire rentrer dans le principe qu'a formulé Newton, et qui n'est applicable tout au plus qu'à l'astronomie : ce sont les disciples et les successeurs de Bacon, car, si Bacon vivait, il serait à leur tête. Ils matérialisent de plus en plus la science, ils veulent la certitude du fait, ils divisent et morcellent à tel point qu'ils finissent par négliger le tout dont ils étudient les parties. Il est certain que nous ne saurions adopter ni l'une ni l'autre de ces méthodes, et que nous rejetons leur emploi exclusif, de même que nous avons rejeté les deux principes qui les mettent en usage. Nous procéderons autrement ; nous adopterons une méthode plus large et plus conforme à l'objet que nous voulons étudier. Voici comment nous y arrivons.

L'être humain se présente à nous comme un système, un

ensemble d'éléments. Dans l'étude d'un objet complexe, quelle est la marche la plus rationnelle ? Nous pouvons procéder du simple au composé, du particulier au général. Nous avons à choisir entre l'analyse et la synthèse, ou plutôt nous pouvons les employer toutes les deux ; nous avons à la fois l'*à priori* et l'*à posteriori*. Si nous ne procédions que par synthèse, nous nous bornerions à la connaissance de l'ensemble, nous n'aurions qu'une idée générale, mais les détails nous échapperaient. Si nous appliquons l'analyse à l'étude d'un objet complexe, c'est afin de mieux connaître ses différentes parties ; mais, si nous nous contentons de cette décomposition, nous n'aurons que des notions isolées et incomplètes comme les parties qui entrent dans la composition du tout. La nature même de l'objet exige que nous recomposions ce que nous avons décomposé. Cette synthèse, venant après l'analyse, nous montre les rapports et le lien qui unissent les éléments que nous avons étudiés isolément, et dont la distinction a été utile, et non la séparation qui, à la rigueur, est impossible. Si nous voulons donc acquérir des connaissances satisfaisantes sur la constitution de la nature humaine, faisons l'application de cette double méthode.

D'abord, nous trouvons la matière avec des formes et des dispositions particulières, des organes, des appareils, des fonctions, des forces, des puissances, des facultés, des actes ; tout cela lié, uni, intimement combiné. Grand est l'embarras lorsqu'on veut tenter l'étude d'un objet si complexe. Point de préjugé : nous ne devons pas vouloir traiter telle ou telle chose ; nous devons chercher, voir et constater ce qui est. Nous devons partir de ce principe, que, voulant la vérité et la cherchant de bonne foi, nous devons et pouvons la trouver.

Dans cette étude de l'être humain, considéré en lui-même, tel qu'il est, sans faire abstraction d'aucun des éléments qu'il renferme, nous ne ferons pas non plus abstraction des choses qui l'environnent, des objets qui l'entourent, en un mot, de l'atmosphère et du milieu dans lequel nous l'observons. Ses rapports avec les choses externes méritent une sérieuse attention : c'est encore étudier l'être humain que d'étudier tout ce qui l'intéresse, le modifie ou exerce sur lui des influences quelconques. On sait tous les avantages qu'Hippocrate avait retirés de cette étude, pour la connaissance même de la nature humaine, et les applications utiles qu'il en fit à la pathologie et à la thérapeutique : or, à l'exemple d'Hippocrate, nous ne devons jamais perdre de vue le but principal, l'utile. La considération des choses qui nous environnent et des rapports qui nous unissent avec elles nous préservera des exagérations et des erreurs émanées de systèmes exclusifs, enfantés eux-mêmes sous l'influence d'idées exagérées. Nous ne sommes ni les esclaves ni les maîtres des choses qui nous environnent; la dépendance est mutuelle; mais, si nous sommes soumis aux influences extérieures, nous conservons toujours une activité propre qui est le fond même de notre nature.

Quant à l'être humain lui-même, ne nous laissons préoccuper par aucune doctrine préconçue d'unité, de dualité, etc. Sans perdre jamais de vue la synthèse, l'analyse nous montrera, dans la constitution humaine, une variété prodigieuse et en même temps une harmonie admirable.

Comme c'est de l'être vivant que nous devons nous occuper, nous ne nous bornerons pas aux connaissances que nous fournira le simple examen des organes. Sans doute nous les étudierons avec soin, pour mieux nous rendre compte de leur agencement, de leur mode d'action, des fonctions et des actes qu'ils sont destinés à exécuter; mais les organes doivent nous préoccuper surtout en tant que vivants et animés : ce qui doit nous intéresser, c'est la vie que nous poursuivons sous toutes ses formes.

En étudiant l'ensemble des instruments, nous verrons un

système d'organes dont nous tenterons en vain d'isoler les éléments. L'analyse nous permettra d'établir des distinctions commodes pour l'étude ; mais il nous sera impossible d'isoler, de séparer, de détacher du système une seule des parties qui le composent. Les tissus, ainsi que les organes, sont emboîtés les uns dans les autres ; ils se lient, se croisent et se confondent : nul n'a pu les séparer.

Après avoir acquis des notions suffisantes sur la constitution matérielle de l'organisme, nous étudierons ces organes en activité, agissant et fonctionnant suivant leurs destinations respectives. Cette étude, plus élevée et plus intéressante, nous fera voir que les actes et les fonctions confiés aux organes ne présentent pas moins de variété que ces organes mêmes ; mais nous remarquerons en même temps une telle harmonie entre les fonctions et les organes qui les exécutent, un tel rapport de concordance et d'intimité entre les phénomènes que nous observerons, que bientôt nous nous élèverons à l'idée de solidarité : enchaînement des organes entre eux, enchainement des fonctions, dépendance mutuelle des uns et des autres. L'admiration croîtra, lorsque, dans toutes les parties que l'anatomie nous aura appris à connaître, lorsque, dans chaque parcelle de notre corps, nous trouverons deux facultés, la sensibilité et la vie, ou plutôt la vie ; car la sensibilité, comme nous verrons dans la suite, n'est que la plus haute expression de la vie, l'ensemble des conditions nécessaires à l'existence et au développement de l'être vivant. En outre, l'étude de l'état morbide nous donnera des notions précieuses qui serviront de complément et de contrôle à celles que nous aura fournies la physiologie.

Après avoir constaté que la sensibilité ou la vie se trouve dans chacune de nos molécules ; en d'autres termes, après avoir appris par l'observation des phénomènes qu'il n'y a rien en nous qui ne sente et ne vive, nous constaterons qu'aucune de ces vies partielles ne doit être séparée des

autres, et que c'est de l'ensemble de l'*union sympathique*
de toutes ces vies, aussi bien que de l'ensemble et de la
réunion des parties et des organes, que résulte cette harmonie générale qui nous constitue êtres vivants. Lorsque
nous nous serons élevés graduellement à l'idée de vie, nous
aurons la certitude que nous sommes, que nous existons,
que nous sentons.

Mais comment sommes-nous? Cette question difficile, à
laquelle se rattachent une foule d'autres questions, exige
les secours de l'analyse, qui doit éclairer de ses lumières
les diverses parties de cette synthèse que nous avons appelée la vie. Or, si nous nous étudions avec une observation
rigoureuse, nous ne tarderons pas à remarquer que nous
avons plusieurs manières d'être ; et, si de nous-mêmes
nous passons à nos semblables, nous trouverons chez tous
les mêmes modes de vie, avec des nuances et à des degrés
différents. C'est alors surtout qu'il faudra, dans cette étude
vraiment vitale de l'être humain, faire entrer en ligne de
compte toutes les choses avec lesquelles il est en rapport,
toutes les influences auxquelles il est accessible, toutes les
circonstances, en un mot, qui l'intéressent d'une manière
plus ou moins immédiate. La vie, dans chaque individu,
constituera l'idiosyncrasie ; la prédominance d'une de ces
manières d'être, ou l'équilibre de ces modes de la vie,
constituera le *tempérament*, par lequel nous embrassons
tout ce qui se rapporte à la vie proprement dite et au caractère moral de l'individu.

Les sexes aussi attireront notre attention : si nous voulons que l'étude de l'être humain soit complète, nous devons les étudier tous les deux avec un soin égal. Ainsi,
nous nous ferons une idée du couple. Dans l'un et dans
l'autre nous trouverons les mêmes éléments, les mêmes
parties, la même vie, les mêmes facultés, etc.; mais nous
tiendrons compte des modifications ; nous insisterons particulièrement sur les caractères saillants qui les distinguent

sans les séparer. Nous examinerons avec soin l'ordre des fonctions qui se rattachent d'une manière plus spéciale à la continuation des individus les uns par les autres; nous élevant ainsi de l'individu au couple, du couple à la famille, de la famille à la race, de la race à l'espèce, nous aurons une histoire de l'humanité.

Dans cette étude beaucoup plus large, qui nous conduit à une immense synthèse, nous admirerons encore l'harmonie; nous aboutirons à quelque chose de plus que l'unité du vitalisme et la localisation de l'organicisme, à l'ensemble, à l'accord, à l'ordre le plus merveilleux dans lequel tout se tient, s'enchaîne et se lie, où tout ce qui a vie se confond en un système complexe qui embrasse tout dans son cercle immense. Dans cette harmonie, nous retrouverons encore cette solidarité que nous avions déjà notée dans l'individu et dans les éléments qui le composent; nous verrons que tout concourt, consent, conspire, sympathise, que tout est uni par l'attraction et le désir. Alors nous constaterons la profondeur et la vérité de cette magnifique formule d'Hippocrate, du divin Hippocrate, comme dit Alexandre de Tralles (1), lorsqu'il cite avec admiration ces belles paroles : ξυῤῥοία μία, σύμπνοια μία, πάντα ξυμπαθέα : *Consensus unus, conspiratio una, consentientia omnia.* Oui, toutes choses dans le monde, liées par la sympathie, attirées par elle, concordent et conspirent ensemble pour arriver de concert à un but commun, la vie générale. *Sympathie et synergie :* telle est la véritable formule qui résume la nature humaine étudiée dans l'individu, dans le couple et dans l'espèce, ensemble avec les choses externes et les circonstances qui l'environnent. Sympathie et synergie : loi simple, générale, que nous retrouverons dans l'étude de la pathologie, alors que, dans un nouvel ordre de phénomènes, nous constaterons encore les forces

(1) I, 16.

et l'activité de la nature humaine opérant un nouvel ordre de fonctions. Telles sont les notions que nous fournit l'étude de la nature en général, et de l'être humain en particulier, lorsqu'elle est faite sans préjugé, sans le désir de trouver des choses qui n'existent pas ; lorsque, évitant toute illusion d'optique, nous voulons voir et examiner par nous-mêmes, faisant acte d'indépendance, conservant l'initiative de notre activité propre, et ne nous soumettant à aucune influence de théories, de systèmes ou de sectes, qui nous feraient voir les choses d'une manière écourtée ou au rebours. Engageons la vie pour la vérité, et, pour l'atteindre, ne négligeons aucune des ressources qu'en nous a placées la nature.

A la rigueur, cette étude autopsique pourrait nous suffire ; mais, comme depuis plusieurs siècles ces grandes questions ont préoccupé les esprits les plus éminents, il faut encore recourir à leurs ouvrages pour compléter ainsi notre instruction. Interrogeons toutes les opinions, adressons-nous à toutes les méthodes ; si nous avons un principe pour les juger, le choix ne sera pas difficile ; de la sorte, nos investigations deviendront et plus sûres et plus complètes.

Le nombre des auteurs qui ont écrit sur la nature humaine est infini ; il n'y en a pas deux qui aient émis exactement les mêmes idées. Chacun est parti de son point de vue et a eu sa manière de voir. Étudions-les tous, si c'est possible ; tous nous apprendront quelque chose, et leurs réflexions féconderont avantageusement le résultat de nos recherches. L'harmonie et l'ensemble de ce que nous avons trouvé dans l'être humain, nous les trouverons dans les livres, si nous les réunissons tous ensemble, si nous les comparons les uns aux autres, et si nous contrôlons ce qui a été écrit par ce que nous avons étudié nous-mêmes.

La plupart des auteurs ont bien vu, bien observé ; mais ils ne se sont attachés qu'à certains points de vue, à cer-

taines faces des objets. Cependant cette division même a pu
être utile, en ce sens qu'elle a permis de mieux connaître la
partie qui a été plus spécialement étudiée par chacun. Nous
conviendrons qué chacun a eu tort de séparer du tout la
partie dont il s'est particulièrement occupé ; mais ces études spéciales ont eu du moins l'avantage de servir à la parfaite connaissance de l'ensemble, en donnant des notions
précises sur les détails. En nous plaçant à ce point de vue,
nos études seront réellement utiles ; voyant tout, examinant
tout, nous ferons la part de l'exagération pour aller à la
vérité. Ceux qui se sont occupés exclusivement de l'être
intelligent pourront nous fournir des lumières précieuses
pour la connaissance de l'élément intelligence ; ceux qui
se sont livrés à l'étude spéciale de notre constitution, au
point de vue physiologique, nous enseigneront quelle importance il faut accorder à tel ou tel ordre de fonctions, à
chaque appareil d'organes. Les spiritualistes purs nous
apprendront que nous ne sommes pas uniquement matière,
que nous avons en nous un élément appelé esprit, intelligence, volonté. Avec les sensualistes, nous reconnaîtrons
que nos organes servent puissamment à nous faire connaître ce qui nous environne, et à nous donner par là la connaissance de nous-mêmes. Les vitalistes nous ramèneront
à la grande idée d'Hippocrate, qu'il y a dans la nature humaine une activité propre, une spontanéité incontestable,
quel que soit le nom qu'on lui donne. Sans doute, nous
n'adopterons pas les divisions arbitraires qu'ils ont établies
dans l'être humain, dans lequel on ne peut rien séparer
sans compromettre l'existence de l'ensemble ; mais nous
reconnaîtrons, dans ces prétendus principes distincts, autant d'éléments qui, par leur union intime, concourent à la
composition du tout. Les matérialistes nous seront utiles
par leurs exagérations mêmes ; ils nous rappelleront combien il faut attacher d'importance à la partie visible et palpable qu'ils ont étudiée avec tant de soin. Les animistes,

qui émanent directement d'Hippocrate, et qui, à plusieurs égards, se rapprochent des vitalistes, qui émanent d'eux, nous enseigneront de grandes vérités. Stahl, leur chef, avait senti de bonne heure la fausseté de ces coupes et de ces divisions, qui ne sont pas dans la nature; il avait remarqué avec génie la ressemblance, l'intimité et le parallélisme qui existent entre les fonctions morales et intellectuelles et les fonctions de la vie qu'exécutent les organes, à tel point que le rapport bien évident de ces trois séries de phénomènes l'avait conduit à les confondre presque en une seule cause qu'il appelait l'âme. Stahl nous fournira une formule bien plus large que les autres, et, quelque exclusif qu'il paraisse, il servira de lien entre le vitalisme et l'organicisme, qui tous les deux, par plusieurs points, se rattachent à sa doctrine.

C'est ainsi que par l'étude des différentes opinions, surtout si nous tenons compte du temps dans lequel ont vécu leurs auteurs, des influences philosophiques et religieuses qui ont agi sur eux, etc., notre principe et notre méthode nous feront comprendre les exagérations et nous montreront les vérités qu'elles renferment. — Dans l'étude des systèmes physiologiques proprement dits, nous trouverons encore un fond de vérité au milieu des plus grandes erreurs. La plupart des physiologistes, aux différentes époques, dominés par l'idée d'autorité à laquelle si peu d'esprits ont su se soustraire, ont tour à tour accordé la prédominance un système de fonctions et d'organes : c'est ainsi que l'on a tout rapporté successivement au cœur, à l'encéphale, aux nerfs, au centre gastrique, etc., aux solides ou aux liquides. Ces systèmes exclusifs ont produit des conséquences analogues dans la pathologie et dans la thérapeutique. On a fait dépendre les maladies du sang, ou de la bile, ou des nerfs, etc., et ainsi on a réduit et rapetissé l'idée même qu'il faut se faire de l'état pathologique. La maladie est encore une fonction, c'est-à-dire un acte particulier sous l'influence d'une coopération générale du système, et c'est en l'envisageant de la sorte qu'on peut saisir les rapports étroits qui lient l'état physiologique à l'état morbide. Nous demanderons, en conséquence, des secours à la pathologie et à la thérapeutique pour parvenir à une connaissance plus complète de la constitution de l'être humain. Hippocrate, qui n'a négligé aucun des moyens d'agrandir et de perfectionner cette connaissance, a eu raison de dire que les connaissances les plus positives en physiologie ne peuvent venir que de la médecine : Νομίζω δὲ ὅτι περὶ φύσιος γνῶναί τι σαφές, οὐδάμοθεν ἄλλοθεν ἔσται, ἢ ἐξ ἰητρικῆς, et il entend parler de la médecine tout entière : Τοῦτο δὲ οἷόν τε καταμαθεῖν, ὅταν αὐτήν τις τὴν ἰητρικὴν ὀρθῶς πᾶσαν περιλάβῃ.

Nos connaissances doivent donc être à la fois positives et complètes. Il ne faut rien négliger ; nous devons nous entourer de toutes les ressources que nous fournissent les écrits et les travaux de nos prédécesseurs : ainsi, nous fortifierons, nous compléterons et en même temps nous contrôlerons nos propres recherches. En étudiant toutes choses et de plusieurs manières, nous acquerrons un ensemble de connaissances à la fois expérimental et scientifique.

Que la science que nous recherchons ressemble à l'objet qu'elle étudie ; qu'elle soit complexe comme lui, mais que ses parties soient comme lui enchaînées, étroitement unies ; qu'elles forment un ensemble ou un tout harmonique ; qu'elle ait, comme l'être humain, *un côté matériel, un côté spirituel et un côté sensible*. Dès lors, nous ne serons pas exclusivement du côté de ceux qui ne font qu'abstraire et raisonner, ni avec ceux qui raisonnent exclusivement sur les faits obtenus par une observation purement matérielle. Les uns et les autres ne peuvent trouver qu'une portion de la vérité. Unissons donc les uns et les autres. L'ensemble et la nature même de nos différentes facultés doivent nous amener à faire de toutes un égal usage, à tirer de toutes un égal parti. Il y a en nous plusieurs sources de connais-

sances : c'est à toutes ces connaissances réunies que doit
répondre la connaissance générale, celle que nous voulons
obtenir dans l'étude de l'être humain. C'est en nous plaçant à ce point de vue, qui nous paraît embrasser l'ensemble de toutes choses, sans rien exclure, que nous tâcherons
de tracer une esquisse de l'être humain en général. — Le
principe n'est autre chose que l'idée que l'on se fait de
l'être, et en ce sens il est vrai de dire que l'ontologie est la
base de la science.

VI. — Dans quel esprit on doit étudier l'être humain.

*Fieri non potest ut idem sentiant qui aquam et qui vinum
biberunt.* Cette pensée, que Baglivi emprunte d'un ancien (1), est profondément vraie. Des esprits accoutumés à
se mouvoir dans un certain cercle d'idées ne sortent pas
volontiers de leur sphère. Contents de leurs théories ou de
eurs manières de voir, s'ils ont adopté un principe et une
méthode, ils ne consentiront jamais à en admettre d'autres;
ils croient qu'ils possèdent la vérité et qu'ils suivent le vrai
chemin. C'est ce qui est arrivé bien souvent aux médecins
et aux philosophes. — Les premiers, dont la science embrasse l'étude de l'être humain à l'état physiologique et à
l'état morbide, ont dirigé spécialement leurs recherches
sur ce qui est visible et palpable; ils ont voulu savoir le
siége des phénomènes qu'ils observaient. Pour vaincre les
nombreux inconvénients qui résultent de la difficulté même
de la science, ils se sont attachés de préférence aux choses
les plus positives, à celles qui leur présentaient le moins
d'incertitude. Occupés principalement de la vie et des organes, ils ont cherché à déterminer les lois de l'une, la
nature et la composition des autres. Quelques-uns ont tout
vu dans la matière façonnée en instruments; d'autres ont

(1) Baglivi, *Prax. med.*, lib. I, édit. Pinel, t. I, p. 167.

créé une force, un principe qui est le moteur de ces instruments; quelques-uns ont vu deux éléments bien distincts, l'âme et le corps, l'intelligence dirigeant les organes. Ces opinions dissidentes se sont produites toutes les fois que l'on a tenté une étude complète de l'être humain. Toutefois, comme la plupart ont été positifs dans leurs recherches, et qu'ils ont voulu obtenir avant tout des applications utiles et des résultats pratiques, on a fait aux médecins une réputation de *matérialisme*, vieux mot avec lequel encore aujourd'hui on veut effrayer les ignorants.

Les métaphysiciens, sacrifiant tout à l'idée et à la substance, croyant réellement que c'est ce qui pense qui nous constitue, ont fait abstraction des autres éléments de la nature humaine et se sont lancés dans les spéculations les plus hardies. Ils se sont retirés en eux-mêmes pour mieux étudier ce qu'ils ne pouvaient voir ni toucher. Quelques-uns ont oublié qu'ils avaient un corps et qu'ils vivaient dans un milieu. Excepté ceux de l'école sensualiste et un petit nombre de sceptiques, ils ne se sont occupés que de l'être intelligent; mais, en faisant une étude exclusive de l'intelligence, ils ont trop négligé d'en faire l'histoire.

En effet, cet élément dont ils s'occupent, à l'exclusion de tous les autres, où est-il? Comment commence-t-il? Savent-ils de quelle manière il se révèle et se développe? Est-il croyable que l'on puisse donner une solution satisfaisante de ces questions difficiles et de tant d'autres qui leur ressemblent, si l'on s'obstine à vouloir scinder l'être humain, à établir des coupes et des divisions qui ne sont pas dans la nature? La philosophie s'applaudit aujourd'hui d'avoir secoué le joug de la théologie et reconquis sa première indépendance. Pense-t-elle avoir tout fait? Trop accoutumée à se croire la suprême directrice des autres sciences, qu'elle prétend régenter à sa manière, croit-elle qu'il ne lui reste bien des erreurs à corriger, bien des préjugés à faire disparaître? Si elle était moins orgueilleuse et plus raisonnable.

elle gagnerait certainement à s'instruire et à s'éclairer en descendant jusqu'aux autres sciences qu'elle croit ses sujettes. Partant, comme toujours, de la vieille idée spiritualiste de dualité, elle ne voit qu'esprit et matière, lutte et antagonisme ; elle dirait volontiers que son royaume n'est pas de ce monde. La philosophie, telle qu'on l'a faite, est une sorte de théologie indépendante, sans révélation et sans foi, qui ne veut voir que l'intelligence, l'esprit, la raison, la conscience, le *moi*, c'est-à-dire une entité abstraite et invisible, l'ombre sans le corps. Tel est son objet. Le reste mérite peu d'attention.

Les philosophes purs ont toujours professé le plus grand dédain pour la matière : aussi n'ont-ils jamais pu entreprendre une étude complète de l'être humain. L'union du corps avec le principe intelligent, avec la vie, leurs rapports ou leur ensemble, les lois générales, en un mot, de notre constitution, avec les éléments que l'analyse y a démontrés, ont été, au contraire, l'objet des recherches des plus illustres médecins. La philosophie peut se résumer tout entière dans l'étude de la pensée, de ses lois, de ses conditions, dans la division et la classification des facultés de l'intelligence, en un mot, dans la fameuse question de l'origine des idées. Exclusivement appliquée à ces études éminemment abstraites, elle n'a pu souffrir que dans l'être humain on étudiât autre chose et autrement. Elle a réagi contre la médecine, qui a toujours eu sur la nature humaine des notions plus complètes et par conséquent plus saines que les siennes. Elle ne s'est occupée que d'une partie de l'être, tandis que la médecine l'a embrassé ou a voulu l'embrasser tout entier, en s'aidant sagement de tous les moyens de connaître un objet dans son ensemble.

La création ou l'hypothèse d'un *énormon*, d'une âme sensitive ou végétative, d'un archée, d'un principe harmonique, d'une force ou d'un ensemble de forces vitales, n'a été qu'une réaction, ou plutôt une protestation continuelle,

dont le caractère varie suivant les époques, mais la même
au fond, contre l'exagération et la fausseté de ces divisions
arbitraires qui ont partagé l'être humain en deux lots, dont
l'un est échu aux physiologistes et l'autre aux philosophes.
Mais les premiers, fidèles à leur origine (1), ont eu raison
d'étudier la nature dans son ensemble ; ils ont compris que
de cette étude devait résulter la vraie connaissance.

On m'objectera peut-être que je veux confondre la médecine et la philosophie : il ne s'agit pas de confondre ce
qu'il suffit seulement d'unir. Je soutiens qu'il ne faut pas
séparer ce que la nature a fait inséparable. Ici se placent
naturellement les objections que l'on pourrait faire à ces
projets d'alliance : il faut examiner si les inconvénients
que l'on a prétextés existent réellement.

Quand je dis médecine, j'entends la science qui a pour
objet principal la connaissance générale de l'être humain,
aux diverses périodes de son existence, dans les différents
états sous lesquels il peut se présenter, dans toute sa vie, en
un mot ; et comme l'être humain se perpétue par voie de
génération, qu'il se continue dans les âges, ce n'est pas seulement le type ou l'individu qu'il faut étudier : le médecin
doit se préoccuper de l'espèce entière, c'est-à-dire de l'humanité. Mais cette science, dira-t-on, a un but essentiellement pratique : il faut, avant tout, qu'elle soit positive ; or,
le positivisme s'accommode peu du raisonnement ; l'observation seule suffit, le reste est superflu et peut devenir dangereux. Examinons la valeur de cette objection.

Il est des hommes qui ont horreur des hypothèses, des
théories et des systèmes. Pour eux la médecine n'est qu'un
art fondé sur l'expérience et qui n'a d'autre méthode que
l'observation. Les empiriques, partant de ce principe que
la médecine est une science d'observation, disent avec
Hoffmann : *Medicina tota in observationibus*, comme si les

____

(1) Voy. dans Diogène Laerce le sens du verbe φυσιολογεῖν.

faits seuls pouvaient constituer la science. Et je ne parle pas
de ces empiriques grossiers qui suivent l'étroit sentier de
la routine, qui confondent les observations avec l'observation. Je parle de ces esprits positifs et pratiques, systématiques à leur insu : car, enfin c'est avoir un système encore
que de s'en tenir purement à l'observation et d'exclure tout
le reste. L'abstraction métaphysique leur fait peur : de là,
le peu de sympathie qu'ils manifestent pour la philosophie,
qui leur paraît une science purement abstraite, dans laquelle l'imagination peut courir librement sur le terrain
des hypothèses. Or, l'abstraction métaphysique, aussi bien
que l'abstraction physique, est une condition et une partie
de la science.

L'abstraction, quels que soient les objets auxquels elle
s'applique, est une puissance qui est dans notre nature.
Nous ne sommes pas tout sens : il y a en nous une intelligence qui recherche, une raison qui combine, une faculté
ou un ensemble de facultés qui pose des principes et établit
des conclusions. L'expérience ou la pratique se borne à voir,
à faire l'histoire naturelle (1) de ce qu'elle a vu ; à recueillir,
en un mot, ce qu'elle a observé, sans nulle sorte d'altération. Si l'on veut s'en tenir à elle, la médecine n'est plus
qu'un art que chaque artiste est obligé de recommencer,
c'est-à-dire d'apprendre par lui-même, puisqu'il doit reposer sur sa propre expérience. Or, je le demande, qu'est-
ce que l'expérience d'un seul ? — La théorie observe aussi ;
car, à moins qu'on ne prenne ce mot dans un sens peu favorable, tel que celui que se sont efforcés de lui donner ses
ennemis, la théorie observe pour raisonner ; elle enregistre
des faits pour en tirer des conséquences. Non contente de
voir, elle rend raison de ce qu'elle voit ; elle compare ce
qu'elle sait déjà avec ce qu'elle apprend tous les jours : les
acquisitions qu'elle fait servent à étayer, à fortifier ou à

(1) Voy. dans Sydenham le sens de ce mot, dans la préface.

modifier ses principes ; unissant le présent au passé, elle remonte aux causes des phénomènes, quelquefois aux sources mêmes de ces causes. — Dans sa marche d'investigations, elle s'avance d'un pas d'autant plus ferme, qu'elle connaît la route qu'elle sait, qu'elle a un point de départ, un but à atteindre, et qu'elle possède une méthode pour y arriver. Elle ne se prive d'aucun des avantages qu'ont les empiriques, et, de plus, elle s'aide de toutes les ressources qu'ils dédaignent ; elle ne dit pas que les observations sont tout : elle inscrit sur son drapeau *ratio et observatio*, raisonnement et observation, méthode et expérience.

La pratique se propose avant tout le positif et l'utile ; elle ne veut pas s'engager dans des voies incertaines. La théorie, s'occupant du même objet, répond davantage à tous les besoins de la nature humaine. Voilà pourquoi, malgré les inconvénients qu'elle a pu avoir lorsqu'elle s'est trop avancée, elle a eu et aura toujours de nombreux partisans. Nous ne nous contentons pas de voir ni même d'observer : nous raisonnons instinctivement sur ce qui nous frappe ; nous voulons savoir le comment et le pourquoi des choses observées. Cette marche, plus hardie que celle de la pratique ou de l'observation pure, a sans doute ses inconvénients.

Dans l'observation pure, notre activité ne joue pas le plus grand rôle : nous sommes, pour ainsi dire, passifs. Dans la théorie, au contraire, nous sommes éminemment actifs ; l'imagination intervenant, quelquefois nous nous écartons de la route et nous nous élançons dans des régions inconnues. Mais une preuve que cette marche n'est pas non plus à dédaigner, c'est que, dans ses excursions sur le terrain des hypothèses, la théorie peut arriver au pays des découvertes.

Que peuvent trouver de nouveau ceux qui suivent toujours un chemin étroit et battu ? Ils remarquent tout au plus ce qui se trouve sous leurs pas, sans s'arrêter à explorer le terrain qui les environne. Ceux, au contraire, qui, dédaignant les sentiers battus, s'aventurent dans des régions peu connues, s'égarent souvent et se perdent quelquefois ; mais il leur arrive aussi de découvrir des choses nouvelles, de trouver même des chemins plus larges qui, sans borner la vue, rendent la marche plus sûre. C'est aux systématiques que sont dues la plupart des découvertes. Ceux qui osent enrichissent la science. — Sans doute, dans ces régions inconnues, ils se sont souvent égarés ; ils se sont arrêtés mal à propos, se sont fourvoyés par imprudence ; mais leurs erreurs mêmes deviennent utiles : elles ont l'avantage de nous montrer ce qu'il faut éviter ; et de la sorte, lorsque nous voulons entreprendre de nouvelles excursions, nous connaissons du moins les endroits dangereux. Les hypothèses sont donc utiles, et les abstractions.

La médecine est à la fois un art et une science. Il ne faut pas se contenter des faits, il faut leur donner une signification et chercher les rapports qui les unissent. Le médecin philosophe est celui qui joint la raison à l'expérience, et l'expérience, il faut la demander aux temps passés. Mais il ne faut pas s'attacher exclusivement à Bacon ou à Descartes ; il faut ne vouloir se tromper ni avec Platon ni avec Aristote.

Nous avons reconnu deux principes et deux méthodes principales. Les méthodes ne répondent, chez les uns, qu'à la faculté empirique ; chez les autres, qu'à la faculté rationnelle. Or, nous avons en nous l'une et l'autre ; il faut donc les satisfaire toutes les deux, en les associant : *Utrumque, per se indigens, alterum alterius auxilio viget* (1). C'est la séparation et l'antagonisme de ces deux facultés qui ont été, suivant Bacon, la source de tant d'erreurs et de tant de disputes : *quarum morosa et inauspicata divortia et repudia, omnia in humana familia turbavere.* Il faut imiter les efforts de ce grand promoteur, qui se flatta ien vain d'avoir rétabli

(1) Salluste, *Catilin.*, I.

la paix et la concorde entre ces deux facultés, dont l'alliance est légitime et indispensable pour les vrais progrès de la science : *Inter empiricam et rationalem facultatem, conjugium verum et legitimum in perpetuum nos firmasse existimamus* (1).

Gardons-nous donc bien de développer exclusivement une de ces facultés aux dépens de l'autre. Ne soyons pas seulement les disciples de l'expérience et les partisans de l'empirisme : soyons aussi les hommes du raisonnement et de la science; ne méritons jamais qu'on nous appelle les sectateurs de la routine. — D'autre part, évitons aussi les abus de la raison. En appelant la philosophie à notre secours, tenons-nous en garde contre l'imagination, qui fourvoie lorsque la raison ne marche pas à ses côtés ; soyons inaccessibles aux subtilités du raisonnement qui engendrent les sophismes; ne disputons pas sur les mots, Galien nous le recommande : Μήδ'ἦ καθάπερ κολοιὸν ἢ κόρακα περὶ φωνῶν ζυγομαχεῖν. Cherchons la vérité des choses avec zèle et avec amour : Ἀλλ' αὐτὴν τῶν πραγμάτων σπουδάζειν τὴν ἀληθείαν. Ne méritons pas surtout le reproche que le spirituel Lucien faisait aux philosophes de son temps, dont il reste encore des imitateurs. Dans le plaisant décret de réforme qu'il met dans la bouche de Momus parlant par-devant Jupiter, ordre est donné aux philosophes de ne pas forger de nouveaux mots, et de ne pas déraisonner sur les choses qu'ils ignorent : Τοῖς δὲ φιλοσοφοῖς προειπεῖν, μηδὲ ἀναπλάττειν καινὰ ὀνόματα, μηδὲ ληρεῖν περὶ ὧν οὐκ ἴσασιν (2).

VII. — Idée générale de l'être humain.

S'il est indispensable, comme nous le croyons, d'unir la philosophie à la médecine, jamais cette union n'a été plus nécessaire que dans le sujet difficile qui nous occupe ac-

(1) Bacon, *Instit. magn.*, distrib. oper. 15, p. 16, ed. Bouillet, t I.
(2) Luc., *Conc. Deor.*, t. IX, p. 193, ed. Bipont.

tuellement. En effet, sur la nature et la constitution de l'être humain, que d'opinions divergentes, que d'avis contradictoires ! A grand'peine peut-on distinguer, parmi le nombre presque infini, quelques noms saillants, autour desquels viennent se grouper les idées de toute une époque ! — Toutefois il y a, pour les esprits réfléchis et investigateurs qui font une étude sérieuse de l'histoire de la science, quelque chose qui domine les théories et les systèmes, et qui, le plus souvent, en est le fond. C'est l'ensemble des croyances ou des idées générales répandues dans la foule; ces croyances, aux différentes époques, ont toujours exercé sur les auteurs les plus systématiques une incontestable influence. La plupart n'ont pas examiné les choses dès leurs fondements, *ab imis fundamentis.*

Leur point de départ était en dehors de la science, et, lorsqu'ils en commençaient l'étude, ils savaient tout au plus où ils voulaient arriver ; quelques-uns savaient seulement jusqu'où ils pouvaient arriver. — Les plus indépendants étaient ceux qui, partant de la philosophie, poussaient plus librement leurs investigations; mais, comme ils étaient les partisans d'un système, ils finissaient par tout subordonner à leurs théories. Ce que j'avance est la vérité. Pendant une longue suite de siècles, on trouve, dans tous les auteurs de systèmes en médecine, une idée fondamentale qui les caractérise tous, et les marque, pour ainsi dire, du même cachet. C'est ainsi que les idées d'unité et de dualité ont tour à tour ou simultanément régi et dominé la science. L'une ou l'autre se trouvent au fond de toutes les théories. C'est sur ces deux principes que, depuis qu'il y a des hommes qui pensent, on construit l'édifice de la science; c'est là-dessus que l'on continue encore à bâtir. — Aussi, grand est l'embarras lorsque, pour la construction d'un nouvel édifice, on cherche une base et plus large et plus solide. Le langage même nous présente des obstacles; le vocabulaire de la vieille science ne répond plus aux besoins de la

nouvelle. Qui nous fournira des termes pour la rédaction
d'une nouvelle formule? Ame et corps, esprit et matière,
celui qui commande et celui qui obéit : toujours cette antique dualité. Depuis deux mille ans, on s'efforce de démontrer son insuffisance. C'est encore le fond de l'idée plato-
nique ; c'est le principe même des anciennes cosmogonies.
La vieille science a divisé, séparé, établi des distinctions. Il
appartient à la nouvelle de lier et d'unir.

I. *La vie, l'être.* — « Si l'infini est quelque part, dit
un auteur, c'est en nous, si chétifs que nous soyons. » Qui
pourrait dire, en effet, depuis combien de temps nous
sommes, et si jamais nous finirons? Qui oserait fixer une
date à notre origine? Qui oserait faire l'histoire de l'humanité?

Ce n'est pas seulement par l'individu qu'il faut juger de
l'espèce. Nous remontons plus haut que notre naissance.
Dès les premiers commencements de notre être, quand il
reposait encore en germe au sein de la possibilité, en attendant le moment d'éclore, nous étions déjà virtuellement.
— Toute vie vient, en effet, de la vie ; les générations à
venir sont toutes dans les générations actuelles, de même
que celles-ci ont été dans les générations précédentes.
Nous vivons tous d'une vie non interrompue : chacun de
nous est un anneau de cette chaîne immense qui, sans jamais s'interrompre, va toujours s'agrandissant. La vie est,
dans son sens le plus large, une évolution sans fin. Toujours
nous renouvelant, nous vivons pour nous perpétuer ; car
tout en nous tend à cette œuvre commune de perpétuation ;
tous nos actes, toutes nos fonctions aboutissent à l'acte le
plus important, à la fonction qui suppose et résume toutes
les autres : la continuation de l'être par l'être, l'émission
et la transmission de la vie.

Mais cette vie elle-même, quelle est-elle? C'est en nous
étudiant nous-mêmes que nous pouvons espérer de nous

éclairer sur cette question fondamentale, à laquelle les définitions ne répondront jamais d'une manière satisfaisante. La connaissance de nous-mêmes est, de toutes, la plus difficile; mais cette connaissance constitue la science. Tout l'être humain se résume dans le γνῶθι σεαυτόν

Dès les premiers commencements, la vie existe déjà, au degré le plus minime, *vita minima*. C'est d'abord une matière informe, issue d'un être vivant. Ce germe, que la chaleur anime, n'a pas eu le temps de perdre les qualités qui le caractérisent : déposé dans le sein d'un autre être vivant, il y croît et s'y développe. Ce n'était au commencement qu'une matière sans forme, qu'un *punctum saliens*. Sous l'influence d'une autre vie, mis en contact avec d'autres germes vivants, sans cesse réchauffé et nourri dans ce foyer de vie, ce germe se forme, des linéaments apparaissent; peu à peu se manifestent les rudiments d'une existence nouvelle, qui acquièrent constamment de la consistance. Par une modification successive, par une action continue de la vie complète de l'être qui le renferme, l'embryon s'accroît et se transforme. Des éléments nouveaux qui se combinent compliquent sa constitution et la perfectionnent; tous les jours il s'organise, et de plus en plus se vivifie. A une certaine époque, les accroissements et les perfectionnements successifs en ont fait un être semblable à celui dans lequel et par lequel il s'est formé, accru, vivifié.

Il y a là bien des secrets, bien des mystères; mais, si nous ignorons les détails de cette existence qui se forme, nous pouvons du moins en constater les principales phases. Voilà, d'une manière générale, tout ce que l'on peut suivre et observer dans l'histoire de l'être humain, depuis les premiers moments de sa conception, jusqu'à la seconde phase de son existence qui succède à la vie intra-utérine. — Comme je me borne à une esquisse générale, je n'ai puni dû me livrer à l'examen des théories diverses émises sur sa

formation; aujourd'hui elles se réduisent à deux principales : l'évolution et l'épigénèse. Mais cette question fait
l'objet de l'ovologie, de l'embryologie, de la physiologie
générale et comparée ; je dis comparée, car c'est dans cette
question difficile que l'on peut puiser des éclaircissements
précieux dans les théories de l'échelle ou de la *série* animale.

Lorsque le nouvel être se détache de la mère, sa vie continue, mais modifiée et plus active ; les organes acquièrent
de l'accroissement et des forces, les appareils se pronon-
cent davantage, et de nouvelles fonctions commencent qui
étendent ses moyens d'existence, activent et multiplient la
vie. Jusque-là, il recevait la vie toute faite ; il était nourri,
alimenté et accru par un autre, ne se connaissant pas encore, mais ayant déjà le mouvement et des forces, et possédant toutes ses conditions d'activité : c'est donc une vie
nouvelle qui, pour lui, va commencer.

Trop à l'étroit dans les organes de sa mère, qui lui a
donné tout ce qu'il pouvait recevoir, il lui faut un sein plus
vaste. Mis en rapport avec les choses du dehors, le monde
est pour lui un nouveau placenta sur lequel il se greffe pour
accomplir les phases de son existence propre. Plus d'intermédiaire entre lui et les choses externes : il s'asimile les
choses du dehors pour les convertir en sa propre substance ;
il reçoit et donne à son tour. — L'air et la lumière, deux
puissants agents de la vie, le baignent et le pénètrent de
partout : les organes se spécialisent en sens et en appareils
particuliers pour établir une communication plus parfaite
entre lui et l'extérieur ; il a des yeux pour la lumière, des
poumons pour aspirer l'aliment vital, des organes particuliers, des appareils spéciaux et appropriés pour percevoir
les ondulations des sons et les émanations odorantes :
toutes ses parties jouissent de la faculté du tact, et des organes plus spéciaux lui font apprécier tous les objets qui
l'environnent. — Ainsi va tous les jours croissant sa vie nu-

tritive et sa vie de relation. Insensiblement cette vie s'étend, se perfectionne et se complète : le nouvel être voit, touche, entend, exerce instinctivement ses organes, et des facultés nouvelles se révèlent, le sentiment et la pensée. L'être intelligent et moral complète l'être organique, qui, lors de sa naissance au monde, avait à peine quelques inctincts, inférieurs peut-être à ceux des autres êtres vivants. Chez ceux-ci, la vie nutritive et de relation paraît se faire aux dépens de la vie intellectuelle et affective. — Jusque-là, il n'avait eu qu'une activité, une spontanéité vitale suffisante aux besoins de sa conservation; maintenant qu'il se sent et se connaît, il acquiert une individualité propre, il se met en rapport avec les êtres faits comme lui, il vit de la vie de société, il sent, pense, souffre, aime, agit avec conscience. Vienne le moment où il pourra, à son tour, donner et transmettre la vie, rien ne lui manquera; alors est atteint le but essentiel de son existence, et, lorsque la mort vient terminer cette période individuelle de la vie générale, il peut dire avec le poëte : Je ne meurs pas tout entier, *non omnis moriar;* car la vie, nous l'avons vu, est une suite, une émission, une transmission, une continuité d'incarnations successives. Ainsi se perpétuent les races, et, après tant de générations, on voit les mêmes types se reproduire et se perpétuer.

II. *Les fonctions.* — Dans l'ensemble des éléments qui forment la constitution humaine, l'anatomie nous a montré des organes et des tissus divers, mais si bien liés, si intimement unis, que les divisions arbitraires que la science a établies pour la facilité de l'étude sont en réalité impossibles. La trame cellulaire, qui est la base de notre organisation, les confond de telle sorte, que tous se tiennent et sont enchaînés les uns aux autres ; on peut les distinguer, mais non les séparer. Chaque système de tissus, chaque ensemble d'organes a son rôle et sa destination, mais tous sont dirigés vers le même but, la vie. Vivant eux-mêmes d'une vie propre et d'une vie commune, ils sont dépendants et solidaires : isolés, ils ne peuvent agir. Pour que leur action aboutisse, elle doit s'associer à toutes les autres; ils doivent tous agir de concert. — La fibre musculaire, cette fibre motrice et irritable sur laquelle de célèbres médecins ont établi de si nombreuses théories, qu'est-elle sans les nerfs? Les nerfs eux-mêmes, auxquels on a de tout temps accordé une trop grande importance, que sont-ils sans le système vasculaire qui leur porte la nourriture et l'aliment?

Et ce liquide vivifiant, qui est actif et en circulation dans les vaisseaux, doit lui-même les matériaux qui le constituent aux aliments venus du dehors, lesquels, par une assimilation particulière, par une suite de transformations et de combinaisons, se changent en sang; et ses conditions de vie exigent l'influence de l'air extérieur. De sorte que tout dans l'être vivant se tient et s'enchaîne : les solides sont vivants aussi bien que les liquides; la vie est dans chaque partie, elle circule dans toutes les molécules; il y a échange entre les parties comme il y en a entre l'être tout entier et les choses extérieures. — A tous les instants, sans la moindre interruption, nous recevons et nous rendons, nous recevons et rendons encore. La nutrition est la base de la vie, la sécrétion et l'excrétion en sont les conditions inséparables; sans cesse nous absorbons et nous expulsons. De la sorte, nous sommes associés et unis aux choses qui nous environnent; nous ne vivons qu'à cette condition. Nous sommes faits et constitués pour nous mettre continuellement en rapport et en harmonie avec l'atmosphère extérieure et les objets qui s'y trouvent. Peut-on, si ce n'est par abstraction, isoler l'être humain et le séparer de tout ce qui n'est pas lui? Nous sommes au dedans et au dehors, nous vivons en nous et hors de nous; notre vie est en nous-mêmes et dans le monde qui nous entoure. Ne peut-on pas dire de l'univers ce que l'Apôtre disait de Dieu : *In illo vivimus, movemur et sumus?*

Ce qui nous frappe le plus dans l'être humain, c'est l'harmonie dans la variété. Il y a en nous un admirable concert d'actes et de fonctions, un magnifique ensemble de fins et de moyens : tout en nous est proportion, accord et sympathie. La fonction principale, la première avant toutes les autres, c'est la nutrition ; elle résume toute la vie. La génération, qui est le but de chaque individu et la condition unique de la transmission de la vie pour la perpétuation de l'espèce, la génération elle-même n'est qu'une suite de la nutrition : c'est la nutrition étendue, transformée, se répandant hors d'un être vivant pour former un être semblable. — Nous vivons d'abord de la vie de nutrition : cette propriété essentielle demeure toujours le fondement de notre existence ; c'est par elle que, nous renouvelant sans cesse, nous incorporons en nous les aliments pris dans le monde extérieur pour les assimiler et les convertir en notre propre substance. Son action commence avec nous, et, sans jamais s'interrompre, elle ne finit qu'avec nous ; elle n'offre pas, comme d'autres fonctions importantes, des alternatives d'activité et de repos.

La vie est une nutrition continuelle ; aussi les appareils de cette fonction ont une étendue en rapport avec leur importance. Comme il n'est point de molécule du corps qui ne doive subir son influence, il n'y a point de partie par laquelle nous ne puissions nous nourrir. L'appareil particulier, spécialement destiné à la nutrition, est de tous le plus considérable. Placé entre le système nerveux et le système vasculaire, il parcourt, dans une suite de modifications merveilleuses, les régions les plus importantes de l'économie, celles qui sont les plus nécessaires à la vie. Dans son trajet, il est accompagné des principaux organes de sécrétion et d'excrétion, compléments obligés de la vie nutritive. A la partie supérieure, c'est une cavité, admirablement

disposée, où les aliments subissent une première préparation; broyés et triturés par les dents, ils y sont imprégnés
d'un fluide déjà vivant qui commence et prépare l'action
plus puissante du suc gastrique. Dans son milieu, c'est une
poche située au centre phrénique, dans la région qui sert de
limite aux deux parties que divise le diaphragme. Là se
concentre réellement toute la puissance de l'appareil; c'est
là que les matières alibiles s'animalisent; là se prépare,
par un concours d'actions multiples, la masse chymeuse
qui, transmise aux parties qui suivent, est changée en chyle,
pour se transformer en sang et contribuer de la sorte à la
nutrition générale. L'estomac est le véritable creuset de la
nutrition. Par l'importance de ses fonctions, il est lié à toutes les autres parties de l'économie; de lui elles attendent
toutes la nourriture et la vie : il est par excellence le vis-
cère sympathique, le centre de tous les viscères.

Jamais allégorie ne fut plus vraie que celle de l'apologue
de l'estomac et des membres. Comme il est, en quelque
sorte, le centre des sympathies, il n'est point d'affection ou
de maladie dans laquelle il ne soit intéressé, et, lorsqu'il
est en souffrance, tout le reste souffre avec lui. On comprend l'importance qu'il a eue dans des théories médicales
célèbres, et le rôle souverain que lui ont fait jouer, à des
époques différentes, Van Helmont et Broussais.

Après l'estomac vient la masse intestinale. Quoique la
nutrition s'opère dans toute l'étendue de son trajet, on peut
cependant y distinguer deux parties : celle qui continue et
achève le travail éminemment nutritif qu'a commencé l'estomac sous l'influence de divers produits de sécrétion.
Cette partie renferme le chyle, véritable sang blanc, qui
n'attend plus que le moment de passer dans le système
des vaisseaux lactés pour aller alimenter le torrent de la
grande circulation. La seconde partie est spécialement
chargée de la séparation des matières qui ne peuvent servir
directement à la nutrition; toutefois, comme l'absorption

peut se faire tant que ce résidu contient des particules nutritives, cette dernière partie est disposée de manière à
pouvoir conserver ce résidu jusqu'au moment où son expulsion devient indispensable. Tel est, en résumé, le rôle
des organes de la digestion, qui est le fondement de la vie
nutritive.

De la digestion nous passons à la circulation, par laquelle
les liquides nourriciers, produits de la pâte chymeuse et
des aliments élaborés en chyle, sont charriés à travers toutes les parties de l'économie. Les aliments, transformés en
chyle, pompés et absorbés par toute la surface interne des
organes digestifs, pénètrent, à travers des canaux excessivement déliés, dans un système de vaisseaux qui, aboutis-
sant à un réservoir commun par un canal particulier, les
transportent dans le système vasculaire proprement dit,
pour les incorporer au liquide nourricier, à la matière
nutritive et plastique, laquelle, renouvelant sans cesse ses
qualités, demandant une vie nouvelle à l'air extérieur qui
la vivifie à travers le parenchyme pulmonaire, va porter
des molécules vivantes à toutes les parties de l'économie,
pénétrant toutes les mailles des tissus et des organes par
les bouches innombrables de ses ramuscules.

Ici se reproduit ce que nous avons déjà observé dans la
digestion. Non-seulement la masse sanguine se renouvelle
sans cesse, et par les matériaux que lui fournissent les
produits des aliments digérés, et par le contact répété de
l'atmosphère extérieure ; mais des organes particuliers sont
chargés de séparer de cette masse les molécules inutiles
qui deviendraient dangereuses; et ainsi se retrouve partout
ce travail non interrompu d'assimilation et d'excrétion, de
composition et de décomposition. — Ce qu'il y a de plus
merveilleux, c'est que ce fluide nourricier, qui n'est, aux
yeux de Bordeu, qu'une masse de *chair fondue et coulante*,
va porter des matériaux à toutes les parties, et que les divers organes de l'économie, qui la plupart offrent une di-

versité prodigieuse de composition et de consistance, y trouvent tous les éléments qui leur conviennent; ils y puisent tous la vie, car on peut croire avec Bordeu (1) que « les solides eux-mêmes ne sont que du sang formé en tissu et qui a perdu sa liquidité. » Telle est la fonction circulatoire avec ses annexes, laquelle nous amène à la vie plastique. — Sous son influence se refait et se régénère cette trame muqueuse et cellulaire, base de tous nos tissus, qui est semblable à une éponge imbibée de liquides vivants. — Parmi les éléments constitutifs du sang se trouve la fibrine, laquelle, se solidifiant, forme le tissu musculaire. Ainsi, nous arrivons à la masse la plus considérable de notre corps, aux parties essentiellement destinées à la contractilité, au mouvement, lesquelles, disposées de mille manières sur la dure substance des os, deviennent les principaux instruments de la vie de relation.

Nous voilà presque parvenus à la vie d'action; toutefois, quelque chose y manque. Ces masses charnues, disposées pour le mouvement, recevant la vie plastique par le sang et par la lymphe, ont elles-mêmes besoin d'un moteur. Ainsi nous arrivons au système nerveux, dont le centre et le prolongement, *nichés* dans le canal céphalo-rachidien, étendent partout leurs mille rameaux, se partageant et se subdivisant en un nombre infini de filaments déliés; immense réseau dont les mailles inextricables embrassent et pénètrent toute l'économie. — Avec ce système, la vie se complique, elle s'étend et se perfectionne; le mouvement, la sensibilité, la plus haute expression de la vie, semblent se résumer dans ce système. Lié lui-même à tous les autres, il exerce sur tous une immense influence. S'il a besoin de la vie nutritive et plastique, si son existence est dépendante de la nutrition, tout le reste ne peut non plus se passer de lui; s'il est gravement lésé, et que son influence ne puisse

(1) *Anal. médic. du sang,* édit. Richerand, t. II, p. 937.

plus s'exercer, les autres fonctions languissent, se suspendent, et de leur suspension résulte la mort.

Ce système, ajouté aux autres, nous donne la plus haute expression de la vie ; la pensée ne se fait que par lui. Ainsi, cet ensemble de fonctions essentielles nous donne pour résultat la vie telle qu'elle est dans son entier : vie de l'estomac, vie du cœur et du sang, vie de la chair ou des muscles, vie des nerfs, c'est-à-dire vie nutritive, vie plastique, vie d'action, vie de relation, de sentiment et d'intelligence. Nous l'avons vu, il n'y a rien de distinct ou de séparable ; tout est lié, uni, enchaîné, confondu. Ce sont, si l'on veut, les roues d'une machine, mais tellement engrenées, qu'on ne peut absolument les détacher l'une de l'autre : ayant toutes un but commun, elles exercent une action réciproque, elles tournent toutes ensemble, elles agissent de concert pour mouvoir un même système ; organes et fonctions, tout est dans une dépendance, dans une solidarité mutuelle, tout concourt et conspire : *Omnia in circulum abeunt*.

Tel est l'ensemble des fonctions qui suffisent à nous faire comprendre la résultante de toutes ces vies diverses dans l'être humain considéré comme individu. A la rigueur, cela ne suffit pas ; car nous avons vu, en commençant l'esquisse générale de la constitution humaine, que chacun de nous vient d'un autre être, et, déposé germe vivant dans le sein maternel, il acquiert successivement l'ensemble des conditions qui lui permettent de vivre par lui-même et par les choses extérieures.

Pour remplir sa destination, il faut que l'individu rende tout ce qu'il a reçu, qu'il donne la vie à son tour. Or, il y a une fonction spéciale, la plus importante pour l'espèce, celle qui résulte du concours de toutes les autres : la génération ou la reproduction, c'est-à-dire l'émission et la transmission de la vie.

Nous ne faisons pas l'histoire de cette fonction parce

qu'elle doit faire partie d'une étude spéciale sur un groupe de faits physiologiques que nous nous proposons de publier dans la suite.

Dans le cours de cette dissertation, nous avons fait à la fois de l'histoire et de la philosophie, c'est-à-dire de la critique. En passant en revue ce qui a été fait avant nous, nous avons constaté que les principes qui ont dominé jusqu'ici ont été aussi insuffisants que les méthodes. Toutefois, nous avons tâché de retirer des uns et des autres tout le parti qu'ils nous offraient, nous avons cherché leur raison d'être, et, partant à notre tour d'une théorie, nous avons formulé un autre principe qui nous semble plus large que les autres, puisqu'en les embrassant, il ne fait que les étendre et les compléter. Dans l'être humain, nous avons trouvé l'unité et la diversité, l'esprit et la matière, tous les éléments qui représentent les divers principes et les diverses méthodes dont nous avons fait la critique.

Nous avons voulu établir des principes. Si nous y avons réussi, nous avons fait quelque chose, et, s'ils ont quelque valeur, nous pourrons plus tard en faire d'utiles applications : *Res parva, sed initium non parvæ* (1).

(1) Plinii junioris *Epistolæ*, IV, lib. V.

II

ÉVOLUTION DE LA SCIENCE.

L'histoire de la science est un poëme sublime et sans fin, dont le fond est l'humanité même aux prises avec la nature.

Que de choses en ces deux mots, et dans ces choses que de mystères ! Énigme indéchiffrable, au dire de quelques sages, et dont la solution est interdite. — Sagesse timide et surannée ! — A l'humanité qui se perpétue par une génération continue, à la nature qui persiste et voit les générations paraître et disparaître, le temps a été donné pour mesurer leurs forces, et une lutte sans relâche a fait enfin triompher l'être chétif et éphémère, cet homme qui tient si peu d'espace, et qui ne dure qu'un instant.

Ce triomphe, non pas définitf, a produit un changement dans la signification des termes, et ce changement donne la preuve et la mesure de la transformation opérée. La nature n'est plus à présent cet être mystérieux et redoutable, que vénéraient jadis l'ignorance et la crainte, mère ou marâtre, démon ou providence, adorée, admirée, bénie ou maudite. Hippocrate et Aristote la proclamaient souveraine, sage, infaillible ; Pline répétait leur panégyrique, et le moyen âge faisait écho.

La réaction commence néanmoins dès la fin de cette période intermédiaire, se propage, grandit, et à la fin éclate et détruit ce pouvoir absolu, cette autocratie à laquelle la théologie et la métaphysique avaient donné leur sanction. La science a surgi à son heure, c'est-à-dire le vrai secret de la puissance humaine, et la marche de l'humanité, éclairée d'une vive lumière, est devenue plus sûre et plus prompte. De là le progrès, qui signifie mouvement réglé en avant, d'autant plus rapide, que l'humanité sait et peut davantage.

Savoir et pouvoir sont en effet deux termes connexes, deux forces qui agissent de concert pour donner une même résultante. Leur connexion est un axiome, et c'est une erreur de croire que les grands résultats de l'industrie et des arts puissent être produits sans la science.

Les instincts et la nécessité peuvent créer bien des choses utiles, à l'aide de l'expérience. C'est un fait d'observation constaté par l'histoire. Mais si les instincts et les sentiments ne se transforment, ou du moins si la vie cérébrale ne s'élève d'un degré, tout progrès s'arrête, et les arts et l'industrie restent dans un état d'imperfection, reculent au lieu d'avancer (la Chine, l'Égypte, l'Inde, l'Orient).

Il y a là un curieux problème, capital dans l'histoire de la civilisation, et que des têtes très-fortes n'ont pu résoudre. Bailly, par exemple, adoptant les bruits menteurs d'une tradition fabuleuse, admettait la prétendue science des anciens Égyptiens, ne sachant comment expliquer la perfection relative où ils étaient arrivés dans les arts et dans l'industrie. Les Grecs donnaient à ce sujet une explication semblable, et quiconque les a lus sait que Platon n'a pas peu contribué à la répandre et à l'accréditer.

Quoique Platon ne soit au fond qu'un sceptique assez timide, malgré son intarissable ironie, je lui pardonnerais moins volontiers qu'à Bailly son explication inadmissible.

Le savant moderne raisonnait faux, mais c'est par la logique qu'il arrivait à l'erreur. Convaincu de l'influence souveraine de la science sur les progrès des choses humaines, c'est par la science qu'il prétendait expliquer ces productions remarquables d'une antiquité reculée, faute de bien connaître les lois du développement organique et de l'évolution continue de l'espèce, quoiqu'il fût contemporain de ceux qui entrevirent les premiers l'enchaînement, la coordination et la classification des connaissances, et les facilités qui en devaient résulter pour l'intelligence du mouvement des choses humaines dans l'espace et à travers les siècles.

Sur le seuil du dix-neuvième siècle, Condorcet, d'impérissable mémoire, traça son *esquisse d'un tableau historique des progrès de l'esprit humain* (1), et ce livre immortel, testament d'un grand homme, ouvrit le chemin à la philosophie de l'histoire. Le rôle de la science y est nettement indiqué et prévu, et c'est de sa grandeur et de sa bienfaisance que l'illustre martyr attend pour l'humanité des jours meilleurs dans l'avenir. Des acquisitions précieuses et d'utiles réformes ont déjà confirmé les prévisions et les espérances de Condorcet.

Nous apprenons et pouvons tous les jours davantage, grâce aux recherches désintéressées et aux efforts constants de ceux qui domptent, corrigent, redressent et assouplissent la nature, jusqu'à la rendre docile à nos désirs, à nos besoins, à nos plaisirs.

Que de chemin nous avons fait! Les anciens n'avaient point de livres imprimés; ils naviguaient le long des côtes, sans s'aventurer en pleine mer; ils regardaient le ciel, et n'y apercevaient que les étoiles visibles à l'œil nu; ils mesuraient le temps d'une manière bien imparfaite, faute d'instruments de précision; ils n'avaient point connaissance des corps éloignés qui roulent dans les espaces, et ils ne se doutaient même pas de l'existence de ces êtres imperceptibles, qui vivent partout autour de nous et en nous; ils voyageaient à petites journées et fort péniblement, et, pour échanger des nouvelles ou entretenir des rapports à des distances même minimes, ils dépensaient beaucoup de temps; bref, dans la paix, dans la guerre, aux champs ou à la ville, dans toutes les circonstances de la vie, ils se contentaient de ces ressources précaires que notre civilisation dédaigne, comme l'homme mûr dédaigne les jouets qui amusaient son enfance.

(1) Paris, 1794-1795, in-8°.

Sur mer et sur terre nous avons accompli des prodiges. Tout ce qui est sensible et à notre portée, subissant notre influence, s'est transformé docilement. Les forces de la nature, décomposées par l'analyse, ont donné l'explication des phénomènes les plus extraordinaires, et fourni des ressources incalculables à la satisfaction de nos besoins. Les quatre éléments des vieilles cosmogonies ont disparu, et d'autres éléments, découverts et constatés par l'expérience, ont livré en partie le secret de la composition de l'ensemble immense qui, sous le nom de matière, a si longtemps tourmenté l'esprit des hommes, et donné lieu à cet égard à une puérile antithèse, condition de retard pour la marche ascendante. Bien plus, ces éléments, dont le nombre est relativement minime, si l'on considère les résultats incalculables de leurs combinaisons diverses, ces éléments, extraits de l'eau, de la terre, de l'air, c'est-à-dire des corps solides, liquides et gazeux, ou plus simplement de la matière, solide ou fluide, ces éléments, distraits du grand tout, ont été isolés, modifiés, combinés entre eux, et ces manipulations ont donné lieu à des produits artificiels, à des phénomènes qui n'existent point dans la nature, bien que tous les éléments de ces phénomènes y soient actuellement et virtuellement contenus. Car, il faut le dire, nous ne pouvons rien sans elle ; c'est à son réservoir intarissable que nous puisons ces matériaux si divers en apparence, si simples dans leur composition intime, qui nous livrent des secrets précieux dont la révélation augmente à la fois nos connaissances et notre bien-être, l'utile et le vrai étant solidaires et en étroite connexion.

De là des bienfaits inestimables pour la vie, en prenant ce mot dans le sens si large qu'il a reçu de Pline, c'est-à-dire, pour cet ensemble de conditions diverses dans leur essence, mais réductibles à un même principe et concourant à une même fin unique, à savoir le développement complet et harmonique de l'homme et des hommes, devant produire, à mesure que l'évolution s'effectue, une amélioration progressive de l'humanité, par la satisfaction légitime et la pondération normale, nécessaire, indispensable, des fonctions de tout ordre, des actes organiques, des instincts, des sentiments et des idées, pour l'individu, et par l'établissement des justes rapports sociaux et politiques, entre individus de même race, et finalement entre tous les représentants de l'espèce.

Et d'où pourrait provenir ce résultat, qui est la civilisation même et le progrès, si ce n'est de la connaissance et de la conscience, l'une n'étant pas séparable de l'autre, et toutes deux devant marcher de concert sur deux lignes parallèles, comme sur le railway les deux roues d'un wagon?

Il importe donc que l'homme sache et apprenne ce qui est, ce qui existe, s'agite et se meut autour de lui ; car, à cette condition seulement de savoir avec certitude et d'apprendre sans relâche, il saura le vrai, apprendra à se connaître, et acquerra conscience de sa fin, de sa destination, de son rôle, c'est-à-dire des conditions et des obligations qu'il doit remplir.

Tout est là, politique, morale, hygiène, esthétique et philosophie, celle-ci étant ce qu'elle doit être pour mériter son nom, la science des sciences, résultant de la coordination de celles-ci et n'étant rien sans elles, le couronnement et le lien du système scientifique et non pas cette pseudo-science vague et confuse, qu'Aristote a heureusement qualifiée et classée, en la rangeant après les choses de la nature et les phénomènes sensibles (τὰ μετὰ τὰ φυσικά). Dans son ambitieuse impuissance, celle-ci peut être comparée à ce souffle qui avant la création s'agitait vaguement, suivant la *Genèse*, sur les eaux de l'abîme.

Il n'est ici question, cela soit dit par précaution contre des susceptibilités irritables, que de l'efficacité virtuelle et actuelle de la métaphysique, et non de son rôle nécessaire et de son utilité incontestable dans le passé. Puissante dans la critique des conceptions théologiques, impuissante dans mille essais de conception cosmogonique, elle a usé la théologie. Mais là s'arrête son œuvre, purement négative, et là commence l'œuvre de la science, qui explique, produit et féconde, sans se perdre par une ambition inexcusable dans le vide des spéculations inutiles, sans s'égarer dans les distinctions scolastiques, où les mots tenant la place des faits et ne représentant que des abstractions creuses, on s'efforce vainement de séparer par eux l'inséparable, comme serait, par exemple, la distinction renouvelée des Grecs d'Alexandrie ou d'Athènes, que les modernes ont essayé d'établir à leur tour, entre la réalité et la vérité. Distinction puérile, plus digne d'un sophiste que d'un penseur sincère dans ses recherches et désireux de bien rencontrer. Il n'y a point de science des mots en dehors de la linguistique, et pour la philosophie, dans le sens qui appartient à ce terme, tout se réduit, en définitive, à des faits coordonnés, c'est-à-dire à des principes, à des lois, à une classification méthodique et rationnelle de ces lois et de ces principes, dont la vérité est incontestable, puisque la réalité leur sert de base.

Ce serait le moment d'apprécier les trois phases de l'évolution théologique, métaphysique et scientifique, en énumérant leurs résultats, en estimant la part et le rôle de chacune dans l'œuvre générale et jamais achevée de la civilisation. Longue serait la démonstration, s'il fallait rétrograder jusqu'aux temps antiques; mais curieux serait le spectacle et fructueux l'enseignement.

Et d'abord, une remarque ressortirait, sans laquelle toute poursuite serait vaine dans la solution du problème. C'est que les trois éléments qui ont tour à tour prévalu et successivement gouverné la direction des choses humaines, ont coexisté en tout temps, dans des conditions diverses de prédominance, suivant les circonstances de tout ordre; et ils n'ont pu que coexister, puisque dans l'ensemble de l'organisation humaine, trois manières d'être répondent à ces trois éléments. Seulement les deux premiers, dans leur action prolongée, n'ont donné que des résultats passagers, fugitifs, illusoires, et leur domination n'a pu se perpétuer qu'à force de concessions sans fin ni compte, et d'innombrables métamorphoses (on connaît l'histoire des systèmes théologiques et les variations des opinions philosophiques), par lesquelles ils se sont usés, à mesure que l'élément positif, opérant lentement son évolution continue, a grandi et pris les devants, non sans avoir laissé en son chemin mille bienfaits impérissables et partout des traces indélébiles de son passage.

Ainsi, dans cette triple course, qu'on peut suivre dans l'espace et à travers les siècles, en prenant le fil conducteur que nous tendent l'histoire et la chronologie, les instincts passent devant, qui petit à petit s'épurent et deviennent sentiments ; ensuite vient le raisonnement, d'abord d'un pas lourd et timide, puis à pas pressés, comme un géant doué de grandes forces. Mais le sol se dérobe et le géant trébuche, tandis qu'au loin apparaît la vérité boiteuse, qui, dans sa marche pénible, mais ascendante et continue, grandit et s'élève si haut, que de son ombre elle voile les deux voyageurs qu'elle avait jadis tant de peine à suivre de loin.

En usant de cette image, je n'ai d'autre dessein que celui de montrer la simultanéité dans la gradation, tout en établissant la succession dans la prépondérance, faute de quoi le mécanisme du mouvement serait inintelligible.

On le voit, par cette brève indication, trois conceptions générales ont surgi : la seconde a détruit la première, et la dernière doit les absorber toutes les deux. Je dis absorber et non anéantir, car une élaboration doit s'opérer, semblable dans l'ordre général de l'univers, par rapport à l'homme, au double courant d'assimilation et de désassimilation dans le monde organique, fondement essentiel des propriétés nutritives.

Cette élaboration appartient de nécessité et de droit à la science, laquelle se révèle sensiblement par ses applications, c'est-à-dire par les produits variés et les modes de production des arts et de l'industrie, d'où naît le bien-être, en attendant qu'elle se révèle dans tout son éclat par la transformation qu'elle doit opérer dans la morale, dans la politique, dans la société, en un mot, dont le terme suprême sera atteint et l'avenir assuré, quand elle obéira à la triple indication, qui sera un jour sa devise : vérité, justice, liberté.

C'est donc par la conception réelle du monde, par la connaissance des lois qui le gouvernent et des rapports qui nous mettent en liaison avec lui ; c'est, en autres termes, par la connaissance positive de nous-mêmes et des choses extérieures, qu'il nous sera donné de vivre de la vie normale et de remplir pleinement notre destination véritable.

L'ordre général dans l'espèce humaine et la morale désintéressée, qui en est la condition fondamentale, ne peuvent naître que de ce principe supérieur, dont la science est comme la formule.

A ceux qui se tiennent à distance de ces questions suprêmes, à ceux qui s'en défient par ignorance ou par préjugé, une réflexion ne sera pas inutile.

Dans sa longue carrière, l'humanité a vécu premièrement d'instincts, puis de sentiments et d'aspirations ; mais elle n'est entrée que d'hier à peine dans l'âge de raison, ou mieux dans cette période décisive ou elle a eu conscience d'elle-même. Nous sommes au début de cette période, qui, dans la partie la plus avancée de notre espèce, inaugure l'ère vraiment moderne, par l'émancipation des esprits et par la direction meilleure des facultés. C'est le triomphe de la science qui a produit cette mutation considérable. En effet, l'agitation des peuples d'Occident, pour se constituer dans un ordre meilleur et en un état plus conforme aux aspirations et aux nécessités communes, coïncide précisément avec le plus haut développement scientifique. Là est la cause la plus essentielle de ce grand mouvement, la condition de succès des efforts qui se font, et le gage infaillible qu'ils aboutiront avant un terme éloigné.

Le dix-huitième siècle, grand entre tous par les tentatives et les résultats, mit hardiment le feu à la mine; et la violence de l'explosion a été telle, que la face de la terre en sera renouvelée. Sa mission fut double : démolir et fonder, et ce double travail de destruction et d'organisation est représenté par deux courants parallèles, celui de la critique dont les eaux tumultueuses entraînent pêle-mêle les débris de la vieille société, et qui va, sans ralentir sa course de Voltaire à Beaumarchais ; et celui qui féconde les germes de la société nouvelle roulant dans un lit dont la profondeur et la largeur vont sans cesse croissant, de Diderot à Condorcet. L'*Encyclopédie* résume admirablement cette œuvre colossale de création et de ruine, dont nous constatons aujourd'hui les résultats, non sans en subir bon gré, mal gré, l'influence efficace et l'irrésistible impulsion. Diderot, non estimé à sa valeur réelle, donne le premier droit de cité dans les lettres à l'industrie et aux arts. Par la place considérable qu'il fait, par l'importance qu'il accorde dans son immense recueil aux applications de la science, il va bien au delà de Bayle et de Voltaire, se rattachant par Fontenelle aux grands bienfaiteurs du dix-septième siècle, dont les inventions et les découvertes furent si fécondes pour l'amélioration sociale.

Leibnitz, qui marque la transition d'un siècle à l'autre, était le précurseur de cette grande élaboration : tête encyclopédique, esprit conciliateur et pacifique, génie élevé et pratique, il avait paru comme pour annoncer au monde ce grand essai d'une classification des connaissances, vaine-

ment tenté par Bacon, et déjà rêvé par Raymon Lull dès
la fin du treizième siècle.

Ce dernier siècle, trop peu connu relativement à sa signification dans l'histoire, avait eu aussi son encyclopédie. C'est
le *Grand miroir — Speculum majus —* de Vincent de Beauvais, qu'on a surnommé avec raison le Pline du moyen âge.
En effet, le chapelain de saint Louis, donnant à sa vaste
compilation un titre heureusement choisi, a reproduit fidèlement le savoir et les opinions de son temps. Son miroir
nous renvoie le reflet de la société du moyen âge, et nous
constatons en définitive que la somme des connaissances de
cette période intermédiaire n'était point, à beaucoup d'é-
gards, inférieure à celle de l'antiquité.

Celle-ci avait créé les mathématiques et l'astronomie
élémentaire ; mais elle n'avait point vu fleurir l'alchimie,
dont les tentatives chimériques ont produit des résultats
inestimables et fourni des ressources précieuses pour l'a-
vancement des arts et de l'industrie. La renaissance nous a
rendus injustes envers cette grande époque, et nos efforts
longuement soutenus contre l'organisation catholico-féo-
dale ont détourné l'attention de cette circonstance capitale
(les produits de l'alchimie), qui, dans l'ordre scientifique,
établit la supériorité du moyen âge sur la période ancienne.

Ainsi, le progrès est continu et la marche ascendante ne
souffre point d'interruption. La boussole et la poudre à canon se suivent de près : l'une ouvrant un chemin inconnu
aux marins et les conduisant à travers des océans non encore explorés dans un monde nouveau ; l'autre frayant un
passage à la civilisation par la guerre, et rendant à peu près
impossibles les grandes invasions de la barbarie. Enfin, la
terre habitable est parcourue, et le tour en est fait par Vasco
de Gama et Magellan. Le système de l'univers se déroule :
Tycho-Brahé, Képler et Copernic aplanissent la voie à Newton, et le grand secret est découvert. L'astronomie est fondée et circonscrite, la physique naît à son tour ; Galilée,

Descartes, Toricelli, Pascal, mille expérimentateurs surgissent, dont les inventions sublimes ou les ingénieuses découvertes tracent la marche, posent les lois et fixent les limites de cette science nouvelle. A son heure surgit la chimie, qui, presque parfaite dès sa naissance, qu'avaient précédée tant d'essais utiles, va prendre son rang dans la hiérarchie et voit naître aussitôt la biologie, science essentiellement organique, liée elle-même à la précédente, et préparant à son tour la transition de la végétalité à l'animalité et de celle-ci à l'humanité, de la connaissance de l'organisation et de ses lois à la connaissance du mécanisme et des lois de la société humaine.

Dans ce cercle tout l'univers est compris, et, grâce à cette coordination générale, le rêve des anciens sages devient une réalité : une encyclopédie universelle est possible, et sur des fondements inébranlables s'élève la philosophie, la science des sciences, née de celles-ci et n'étant que par elles.

On voit par ces simples linéaments comment a surgi petit à petit et finalement atteint son terme la conception de l'univers. Conception réelle, non révélée, non imaginée, constatant l'immanence des lois et des rapports, sans se mettre en peine des causes premières ni des causes finales, évitant de poursuivre l'absolu et rejetant toute hypothèse non susceptible de vérification.

En quoi ce système peut-il offenser la raison, inquiéter la conscience, troubler la paix générale ? Il n'est ni immoral ni absurde, et il n'est point révolutionnaire, puisqu'il ne peut qu'étendre et définitivement établir l'ordre et l'harmonie, qui sont ses propres conditions d'existence. Il ne procède point violemment, brutalement ; mais il vient à son heure, en temps utile, résultat inévitable et prévu de l'évolution que rien n'arrête, et à laquelle il s'associe comme élément essentiellement actif et vital. Il est lui-même le régulateur de l'ensemble, succédant de droit à des systèmes provisoires, de même que dans le corps des animaux et de l'homme, le système nerveux cérébro-spinal, source et réceptacle du sentiment et du mouvement, a définitivement prévalu sur les viscères des deux régions inférieure et moyenne, qui avaient successivement et à tort usurpé la prééminence.

De ces considérations bien des conséquences découlent, qui nous intéressent de près, nous tous tant que nous sommes. La méditation les découvrira sans peine, et j'ai la confiance que les lecteurs curieux et réfléchis se donneront la satisfaction de les découvrir. C'est à eux que je m'adresse, et non pas à ceux qui, sans s'arrêter aux choses exposées ci-dessus, et qui seraient plus agréables si elles étaient moins difficiles, trouveront, j'en ai peur, que c'est beaucoup trop philosopher et qu'on peut être excellent médecin sans être initié aux secrets de l'évolution scientifique. — Un praticien n'est pas tenu à la rigueur de connaître ces hautes questions qui n'ont rien de commun avec la pratique vulgaire. Mais le vrai médecin doit être avide de tous ces grands problèmes dont l'histoire et la philosophie cherchent ensemble la solution. L'art s'élève en dignité à mesure que s'étendent les connaissances générales de l'artiste. Et d'ailleurs les choses de l'esprit ont un tel attrait pour les intelligences curieuses, que nous ne demanderons point au lecteur la permission de lui présenter un second tableau, pour servir de pendant à celui qui a été esquissé à grands traits. — Après avoir exposé brièvement les vicissitudes de la science à travers les siècles, il convient d'esquisser rapidement l'évolution de la pensée humaine, s'exerçant sur les généralités qui constituent la philosophie. Il suffira d'indiquer les principales étapes de cette longue route, pour donner une idée des efforts et des fatigues de l'esprit humain marchant à la recherche du vrai. Cent fois le voyageur s'est cru près du but ; mais il n'y a point de repos pour lui, et sans cesse il recommence son voyage pour se rapprocher de plus en plus du terme désiré.

III

DES SYSTÈMES PHILOSOPHIQUES.

Rien ne se perd, et rien n'est isolé dans l'univers : ce qui est demeure ou se transforme, et ce qui se produit ne passe point sans laisser une trace. Entre la matière et le phénomène, pour réduire les choses aux deux éléments irréductibles, s'agite le problème de l'existence générale, de même que l'énigme de la vie entre les deux termes bien définitifs : l'organe et la fonction.

Saisir le lien et l'enchaînement, voir dans la réalité comment se coordonne l'ensemble, c'est toute la philosophie, en tant que la philosophie est l'expression des vérités acquises et logiquement systématisées en vue de comprendre clairement et d'expliquer de même l'humanité et la science, le facteur et le produit, l'être collectif qui sans cesse se renouvelle, et son patrimoine qui s'accroît.

Au delà de ces deux pôles, tout est illusion et fantasmagorie ; c'est le monde des rêves et des ténèbres, une sorte de tartare intellectuel, hanté par les ombres : ce sont les métaphysiciens.

L'occasion serait belle pour les malmener, mais il faut laisser quelques illusions à nos professeurs de logique, qui vont recommencer leurs excursions dans le champ sans limites de la psychologie, et qui, trop heureux de pouvoir divaguer à l'aise, se doutent à peine de cette logique supérieure, sans laquelle il n'y a point de philosophie, puisque toute la philosophie dépend de l'ordre et de l'enchaînement dans les idées, celles-ci n'étant elles-mêmes que des abstractions de la réalité.

Abstraire et coordonner de la sorte, c'est véritablement

philosopher. Aussi est-il grandement temps que nos prétendus philosophes, si vains d'un titre peu mérité, s'inquiètent de ces concurrents redoutables, qui ne vont pas d'un vol sublime se perdre dans les nuages, mais qui, d'un pas ferme et rapide, s'avancent en conquérants et prennent possession de la terre.

Parmi les grands signes de notre temps, c'est assurément le plus significatif que celui qui annonce la rénovation radicale de la philosophie, par l'apparition successive ou simultanée des conceptions systématiques, les plus variées et en apparence les plus diverses, mais remarquables en ceci, qu'elles ont même origine ou un point commun de départ.

Ce n'est pas mon dessein de les soumettre à un examen comparatif : un tel sujet vaudrait un livre de savoir profond et de critique hardie. Il suffira de démontrer l'opportunité ou la raison d'être de ces conceptions philosophiques qui surgissent de nos jours au nom de la science.

Deux choses sont à étudier pour établir cette démonstration : les antécédents et le milieu ; car, dans toute étude bien faite, il y a deux conditions essentielles : la recherche des causes et la détermination des circonstances. Le développement des idées subséquentes entraînera inévitablement l'explication de ce principe, et il ne sera pas malaisé de constater que c'est à la médecine que revient l'honneur de l'avoir consacré, dans les temps les plus lointains, par des applications éclairées et fécondes.

Pour le moment, il suffit que l'attention se fixe sur un point capital dans la matière que nous traitons. Voir les objets et constater les phénomènes tels qu'ils sont ou se présentent dans la réalité, n'est que la moitié de la tâche et la moins difficile. Ce qui demande un grand effort de compréhension, c'est l'entente des abstractions dégagées du substratum et de la phénoménalité, et leur classement suivant un ordre régulier et naturel, en termes plus clairs, conforme à la vérité des choses et à la logique ; car l'objectif et le subjectif doivent concourir à la formation du concept le plus général, qui est comme l'expression et le résumé des connaissances collectives, et le fondement même de toute la philosophie.

Je dis fondement et non pas formule, car c'est le principe qui est la base, tandis que la méthode n'est qu'une condition, indispensable à la vérité, mais modifiable ou variable, comme tout ce qui est contingent.

Le langage algébrique traduirait mieux ma pensée, s'il ne s'agissait que d'établir une équation entre deux termes ; mais l'algèbre n'a rien à faire dans les axiomes qui résultent des combinaisons complexes de l'esprit, du sens commun et de l'expérience. La rigueur mathématique n'est point de mise dans les spéculations qui portent sur l'ensemble universel, et les bons esprits commencent à comprendre de nos jours que, pour philosopher sûrement et avec fruit, les procédés géométriques ne méritent guère plus de confiance que les subtilités des métaphysiciens.

Ces derniers se plaisent dans la confusion et s'y perdent comme dans un abîme, car ils sont dans la brume la plus épaisse et le terrain manque sous leurs pas ; mais une fois dans le gouffre, ils y restent et c'est tant pis pour eux et pour ceux qui les suivent.

Il n'en est pas de même des géomètres qui, philosophant avec méthode et mesure, étranglent la philosophie ou la mutilent, se croyant volontiers au faîte, quand ils ont à peine gravi les premières assises de l'édifice.

Descartes avait compris et signalé la distance qui sépare, les uns des autres, géomètres et métaphysiciens. Il remarque, après Huarte, autrement philosophe que lui, que les métaphysiciens ne sont pas aptes aux spéculations mathématiques, non plus que les mathématiciens aux spéculations métaphysiques. L'aveu est singulier et précieux de sa part ;

car il prétendait exceller dans les deux genres, et il se trompait fort selon moi. Il est vraisemblable que dans un avenir prochain, quand les esprits se tourneront vers la lumière et renonceront définitivement aux traditions scolastiques ou scolaires si l'on veut, Descartes sera jugé, selon ses mérites, c'est-à-dire comme un esprit éminent et inventeur en mathématiques, et très-médiocre en métaphysique.

C'est le temps qui se chargera de la justice à laquelle il a droit. Que s'il fallait une sorte de démonstration empirique à ceux qui traiteront de paradoxe notre manière de voir, la preuve est sous nos yeux. Descartes a été proclamé le chef ou le parrain d'une école soi-disant philosophique, et qu'on n'ose nommer, car elle n'existe plus que dans le souvenir des générations qu'elle a gâtées et détournées de la voie, avec toutes ses complaisances diplomatiques.

Il est vraiment curieux qu'un syncrétisme grossier se soit prévalu d'un tel nom, pour autoriser des programmes sans consistance. Mais une chose encore plus étrange, c'est que ce nom ait servi d'enseigne à des doctrines de provenance et de tendance diverses.

Pour ne produire que deux exemples sérieux, Descartes a été également invoqué et prôné avec exagération, par deux penseurs contemporains d'une grande force, Auguste Comte (1) et Bordas-Demoulin. Ces deux chefs d'école, dont le travail souterrain a mis à jour bon nombre de nouveautés précieuses, n'avaient rien de commun avec le grand géomètre. D'autres esprits non moins éclairés, mais moins absolus, inclinent plutôt vers Leibnitz.

Nos modernes se sont coiffés, disons le mot vulgaire, de Leibnitz et de Descartes, depuis que Bacon est en baisse; car Bacon a baissé, et c'était justice. De tous les charlatans qui ont fasciné les esprits, il n'en est point peut-être qui ait réussi à faire tant de dupes. Ce que j'en dis n'est pas à coup sûr pour

(1) *Cours de Philosophie positive*, 2ᵉ édition. Paris, 1864. tome III, p. 530.

complaire à nos apôtres du spiritualisme, très-marris que la France ait produit Condillac et sa suite ; mais pour rendre hommage à la vérité, et aux anciens que Bacon a pillés sans vergogne, en les insultant indignement, moins habile ou moins réservé à leur égard qu'envers ses plus illustres contemporains et prédécesseurs immédiats, qu'il dépouillait, sans autre formalité. On a beau dire pour faire valoir Bacon ; ôtez-lui ses grands mots creux et ses phrases prétentieusement poétiques ; ce qui lui reste est moins que rien, quand on a fait, à qui de droit, restitution des dépouilles dont il s'est impudemment paré.

Quant à Leibnitz, il a droit à plus de respect ; mais, comme philosophe, il serait grand temps qu'on le vantât un peu moins et à tout propos ; car il était, lui aussi, un assez pauvre métaphysicien, osons le dire, dût ce nouveau paradoxe exciter l'indignation ou le dédain de ses fanatiques, parmi lesquels ses modernes et récents éditeurs tiennent le premier rang. Son savoir était encyclopédique et ses aptitudes multiples ; mais de sa métaphysique, je ne fais guère plus de cas que de celle de Descartes. C'est dans les spéculations mathématiques qu'il excellait ; lui aussi était essentiellement géomètre : il faisait de la philosophie comme il avait fait de la diplomatie et de la controverse, en amateur. Au fond, il n'avait pas moins d'incertitude ou de scepticisme que Descartes, ce fin Tourangeau que nos philosophes d'école canoniseraient volontiers.

Pour plusieurs de ceux qui ont laissé un nom dans l'histoire de la pensée, la philosophie ne fut qu'un passe-temps.

Que Socrate fût un bon homme, je veux le croire, car la mort l'a consacré. Mais la plupart de ceux qui vinrent à sa suite, sauf peut-être Diogène, qui se moquait de tous, n'étaient que des bateleurs et gens de parade. J'en excepte Aristote, qui était un savant, à la manière de Démocrite, et qui cessa de plaisanter en philosophie. Mais pour Platon, dont l'influence a été si funeste, en ce sens qu'elle a agi, sur quantité de faibles esprits, comme le *Cantique des cantiques* et le livre énervant de l'*Imitation* sur l'imagination des mystiques et des ascètes, je déclare, en toute sincérité, que jamais ses écrits n'ont produit sur moi l'effet que tant d'autres disent en ressentir, et que dans cet admirable artiste du langage, qui se raille sans cesse de son lecteur, je n'ai jamais pu découvrir qu'un excellent comique, d'une verve irrésistible et d'une incomparable ironie.

Les pilosophes et théosophes alexandrins, gens de faible cervelle, tirèrent les conclusions pratiques du système platonicien, et alors se produisit cette effroyable débauche de spiritualisme, si triste pour l'humanité, très-curieuse pour l'observateur impassible, féconde en enseignements et en révélations dans l'histoire comparative des aberrations cérébrales. La renaissance le mit de nouveau en crédit, et ce fut un grand malheur, car ce nouvel élément de désorganisation acheva de brouiller les cartes, et plongea le monde moderne dans cette anarchie intellectuelle, dont le terme est à peine de nos jours entrevu. La réaction contre Aristote fut poussée jusqu'aux extrêmes limites de la folie. La postérité, il faut le croire, la jugera avec moins d'indulgence que nous ne faisons, bien que la science, qui est le grand luminaire et le guide infaillible, éclaire aujourd'hui les voies entrevues par ce maître des esprits, dont le système, si remarquable pour son temps, reposait sur des connaissances certaines.

C'est la gloire de cette incomparable intelligence, d'avoir conçu la grande vérité philosophique, à savoir : que toute théorie est vaine qui n'est point assise sur des bases solides, c'est-à-dire sur des faits réels et positifs, et vaine aussi toute hypothèse qui ne peut subir l'épreuve décisive de la vérification. Virtuellement, la doctrine est déjà dans les écrits que nous avons sous le nom d'Hippocrate ; mais le dogme fondamental, très-confus dans Platon, éclate dans Aristote, particulièrement dans ses écrits sur l'anatomie comparative et l'histoire naturelle, comme une devise en lettres de feu.

Il n'avait pourtant à sa disposition que des éléments minimes, et ses prédécesseurs immédiats étaient presque les contemporains de ces spéculateurs hardis, dont l'imagination ardente, embrassant toutes choses d'un coup d'œil, avait conçu l'ensemble encyclopédique, mais sans tracer de rayons dans le cercle immense des connaissances. Il était inévitable que les sophistes sortissent de cette confusion. Ils en sortirent en effet et firent de leur mieux pour la prolonger, non sans succès. Ils s'arrogèrent dès lors le domaine de la spéculation indéfinie ; et leurs successeurs légitimes devaient reparaître dans la suite des temps, quand la classification des connaissances, se produisant comme une conséquence des acquisitions accumulées, arrêta plus fermement les contours du cercle, et mit les discoureurs hors de la circonférence.

Ce procédé d'élimination a considérablement déblayé le terrain, et l'évolution, de plus en plus rapide, a emporté les parasites, par un mouvement excentrique. Ce sont les savants qui restent tandis que les métaphysiciens sont entraînés, enlevés, projetés au loin et apparemment dans le vide. Cette figure est plus vraie qu'on ne voudrait croire.

La philosophie recommence et se fait, mais non par ceux qui usurpent le nom de philosophes ; et comme il n'est plus permis de douter maintenant qu'il n'y a point de philosophie sans sience, la critique veut que dans l'histoire, de la philosophie, ceux-là soient les plus méritants, qui ont le mieux servi et agrandi la science.

C'est probablement par une considération analogue, que les deux penseurs nommés ci-dessus ont rendu hommage à Descartes ; et je ne doute pas que des motifs semblables n'aient poussé ceux qui sont entraînés vers Leibnitz.

Ce qui m'étonne quelque peu, c'est que des mathémati-

ciens de cette force ne s'en tiennent pas à Newton, dont le
système net et lumineux a cet avantage inappréciable d'être
facile et simple comme la vérité. Il est vrai que la réalité
toute nue est du goût de peu de gens, et que les plus sévères
la veulent ornée de quelques pompons. Et d'ailleurs Newton
a commenté l'*Apocalypse*, il a essayé d'expliquer l'inexplicable, et cette malheureuse tentative n'est point de nature
à le recommander aux esprits émancipés, bien qu'en pareille circonstance, le grand géomètre soit tombé de bien
haut dans la circonscription des médecins d'aliénés.

A le bien considérer néanmoins, l'aberration newto-
nienne n'était pas un accident, ou, si l'on veut, un incident
purement personnel. Les causes et le milieu devaient inévitablement produire des manifestations aussi bizarres ; d'autant plus, que ces influences agissaient souverainement sur
des intelligences disciplinées par les chiffres et les lignes,
rompues aux spéculations transcendentales de la plus haute
astronomie. La contemplation des sphères célestes les emportait parfois dans les espaces, à des distances incalculables, et les plus forts en avaient le vertige. Perdant pied,
la vue du monde réel leur échappait, et avec le sentiment
de la réalité s'en allait aussi le sens commun. La physique
elle-même faisait des victimes. Si Tycho et Képler, pour
n'en citer que deux, avaient des faiblesses, comme en eut
Newton, bien qu'à un moindre degré ; Pascal, d'un autre
côté perdit la tête, Galilée sauta le pas, fort sottement,
quoi qu'on ait dit en sa faveur, et Descartes, hésitant toujours, en dépit de ses prétendus principes et de sa méthode,
ni nouvelle ni hardie, joua la comédie jusqu'à la fin, et il
excella dans son rôle, au point d'être lui-même sa propre
dupe.

Je ne m'étonne point que Bossuet et Fénelon se soient
déclarés de son bord. La philosophie de ces prélats n'était
point sans précédents; et ils pouvaient tous les deux s'autoriser de l'exemple de saint Augustin, tout en se tenant

sur les bords du chemin, l'un du côté des gallicans et l'autre de celui des loyolites. Ils consacraient Descartes, en l'adoptant, et lui donnaient simplement leur bénédiction.

Les théologiens de Port-Royal, plus étroits en leurs idées, mais de principes plus nets et d'une conscience plus ferme, présentèrent des objections et faisaient des réserves. Ils avaient pour eux la logique, et, dans la ligne qu'ils suivirent sans dévier, se montrèrent conséquents.

En dehors de ce monde, qui mêlait le sacré avec le profane, les confondant, et rêvant une alliance matrimoniale entre la raison et la croyance, entre l'examen et la révélation; il y avait des sceptiques, tels que Lamothe-Levayer et Huet, d'un scepticisme différent, il est vrai, mais d'autant plus significatif par cela même; et finalement en dehors et au-dessus de tous, les deux hommes incomparables du dix-septième siècle, les deux têtes les plus fermes et de beaucoup les plus sensées.

En cela, comme en tout, La Fontaine et Molière restent hors ligne, et vengent admirablement le sens commun, qu'ils représentaient avec tant d'éclat. La réfutation qu'a faite le fabuliste de l'automatisme des bêtes n'a pas été surpassée, ni même égalée par les plus redoutables adversaires de cette théorie folle, volée par Descartes au médecin portugais Gomez Percira; théorie ingénieuse sans doute, comme toutes les conceptions paradoxales; mais réactionnaire et funeste au véritable progrès philosophique, en ce sens, qu'elle séparait l'homme de l'animalité, l'isolait et rompait la série, n'ayant nul souci de la vérité, mais ne tendant à rien moins qu'à instituer, sur une insoutenable hypothèse, la métaphysique, cette prétendue science fondée sur une base étroite et fragile, restreinte dans ses attributions, qui devait s'égarer et périr, car dans la conception erronée qui en était comme le principe vital, il y avait un germe de mort et de ruine.

Les *esprits* et les *tourbillons* firent d'abord fortune et soutinrent l'échafaudage. Mais ce n'étaient que les girouettes de l'édifice, lequel croula et disparut dans l'abîme, dès qu'il fut démontré que l'automatisme des bêtes est une absurdité, et que l'homme est un animal, organisé comme tous les autres animaux, vivant dans le même milieu et à des conditions analogues, mais organisé de manière à exercer des fonctions supérieures, qui le distinguent seulement et n'en font pas un être isolé et sans terme possible de comparaison.

Il serait infini, je ne dis pas de développer, mais d'énumérer simplement les monstrueuses erreurs et les ridicules folies qui se produisirent comme conséquences inévitables de cette partie du système cartésien : la médecine en particulier s'en ressentit péniblement, et l'histoire naturelle dans toutes ses divisions.

Gassendi résista fortement à toutes les folies métaphysiques de Descartes, et il eut pour disciple fidèle Molière, admirateur d'Épicure et lecteur passionné de Lucrèce.

Cette circonstance, trop peu remarquée, mérite de fixer l'attention des historiens de la philosophie ; et, quand l'histoire de la philosophie sera traitée librement et avec compétence, je m'assure que la médaille sera retournée, et que la postérité sera bien aise de voir le revers au grand jour. La chose se fera certainement, quand l'émancipation sera complète, et nous sommes encore si éloignés de ce terme, que j'ose à peine continuer mon esquisse, tant j'ai peur de blesser les faibles yeux et les oreilles délicates de ceux qui, avant de regarder et d'écouter, mettent partout des voiles et des sourdines.

Ces moyens ne valent rien pour bien voir et pour bien entendre, et vous me permettrez, amis lecteurs, de n'en point faire usage ; car j'y serais très-neuf, manquant de l'expérience que donne une longue habitude. D'ailleurs, en un pareil sujet, tellement grave, la condescendance n'est point de mise; l'essentiel, c'est de metre en parfait accord la raison et la conscience.

Que d'autres ménagent les esprits non émancipés, je ne m'en mêle point, car c'est leur affaire; mais quant à moi je tiens qu'en tout et partout la pensée du philosophe doit se produire claire et lumineuse, et tant pis pour les faibles yeux qui sont éblouis de ses rayons. Disons donc, rondement et carrément, σαφῶς καὶ διαρρήδην, comme Momus dans Lucien, que la philosophie qui méritait l'approbation de l'auteur du *Discours sur l'histoire universelle* ne valait pas plus cher que celle qui séduisit l'auteur de la *Cité de Dieu*, et qu'il faut en conséquence la rejeter comme impure, pour s'être fourvoyée dans une alliance adultère.

L'influence théologique, très-distincte du sentiment religieux, agit sensiblement, au début de l'ère moderne, sur les principaux faiseurs de systèmes philosophiques, gâta leurs conceptions les plus fortes, comme un ferment de corruption, détourna les meilleurs esprits de la bonne voie, et partagea en quelque sorte la méthode la plus saine de philosopher par une *bifurcation* funeste au progrès intellectuel.

Le protestantisme ne contribua pas petitement à cette confusion déplorable. Mais ce n'est pas le moment de développer ce point de vue. Il nous suffira de remarquer que le système cartésien, qu'il serait trop long de poursuivre dans ses ramifications multiples et dans ses dernières conséquences, fut jugé sans rémission par les conceptions outrées de Malebranche et de Spinoza, métaphyciens de première force, bons mathématiciens, raisonneurs géométriques, partis du même endroit, pour aller par des chemins divergents se perdre et s'abîmer dans les ténèbres de l'absolu.

Après eux nous pouvons tirer l'échelle; car les Allemands, dont nous admirons niaisement la profonde obscurité, n'ont pas été au delà, malgré toute leur bonne volonté.

Hobbes, si sévèrement traité par nos maîtres de philosophie, était encore, à le bien considérer, le plus fort et le plus indépendant de tous ces poursuivants de métaphysique, et, à ce propos, il convient de proclamer le bon sens inébranlable des penseurs anglais, qui, par Newton et Locke, très-mal accompagnés de Bacon, ont préparé les voies et ouvert les portes au dix-huitième siècle.

C'est qu'ils avaient moins servilement subi l'influence de l'élément théologique et de la tradition orientale; et cela dès le moyen âge, car Roger Bacon, leur maître et prédécesseur, fut en son temps une intelligence extraordinairement émancipée, et bien supérieur, à ce point de vue, à son contemporain Ramon Lull, ce rêveur mystique et illuminé, qui avait pourtant conçu le dessein de coordonner les connaissances acquises dès lors; admirable en ceci qu'il ne se contentait pas d'un ensemble indigeste, et d'un entassement de matières, dans le genre des répertoires de Vincent de Beauvais, — le Pline de son siècle et le grand ramassier du moyen âge. Son désir le plus ardent était de classer les sciences et les arts avec ordre et méthode, et de les fonder sur l'unité. Il est vrai qu'il prétendait appliquer à toute l'humanité vivante le même principe d'unification, par la communauté des croyances religieuses.

Telle était sa marotte. Une telle manie est à noter, non-seulement comme une particularité curieuse dans les fonctions cérébrales d'un homme aussi étrange; mais encore comme un signe avant-coureur d'une révolution dans l'ordre intellectuel et scientifique.

L'instrument que Ramon Lull voulait faire servir à l'exécution de son grand dessein était en effet une méthode encyclopédique en ébauche, ou, pour parler plus exactement, un premier essai de systématisation, de classification systématique. Ceux qui n'ont vu dans ses volumineux écrits qu'un dialecticien subtil, n'ont pas pénétré jusqu'au fond de la conception maîtresse. De son commerce avec les docteurs arabes, il avait rapporté autre chose que des arguties et des subtilités scolastiques, et cela se conçoit. La philosophie grecque, transmise par la tradition orientale, en dehors des écoles des Arabes d'Espagne, c'est-à-dire en Asie et en Afrique, contrées tant de fois visitées par Ramon Lull, était altérée sans doute et même corrompue; mais, dans cet alliage philosophique, il n'entrait rien ou presque rien du double élément théologique, juif et chrétien.

Il est très-essentiel d'insister sur cette circonstance capitale dans l'histoire de la philosophie moderne et de la période intermédiaire, parce que nos historiens en général, tout préoccupés de métaphysique pure, se sont complaisamment arrêtés à disséquer par le menu les scolastiques proprement dits, sans se préoccuper de ceux de leurs contemporains qui subirent des influences hétérogènes, qui reçurent des impulsions différentes et se lancèrent dans d'autres directions.

Il est à remarquer que de ces dissidents, qui étaient en définitive de très-libres esprits, vint l'idée première ou le projet de ces encyclopédies scientifiques, dont les essais vraiment sérieux ne pouvaient se produire dans ces temps de confusion et d'anarchie, qui précédèrent l'ère moderne.

Une vérité incontestable, c'est qu'à cette époque transitoire remonte l'initiative féconde de ces systématisations que nous admirons avec moins de surprise depuis le glorieux exemple du dix-huitième siècle.

Celui-là toucha à tout, classa et enregistra toutes choses, et s'efforça de comprendre et d'enfermer, dans un cercle immense, les ressources et les connaissances accumulées dès les plus lointaines origines.

L'*Encyclopédie* de Diderot et d'Alembert, vieille aujourd'hui, mais toujours vénérable comme un monument historique, fut donnée au monde comme la Bible de la moderne civilisation. C'était, si l'on veut, la tour de Babel;

mais reconnaissons, en dépit des critiques les mieux fondées, qu'ils étaient forts et hardis les géants qui posèrent
de telles assises et qui portèrent l'édifice à une telle hauteur.

L'*Esquisse* admirable de Condorcet, tracée d'une main
ferme et généreuse en de funèbres circonstances, résume
en quelque sorte l'œuvre colossale de ses contemporains;
et ce résumé peut être considéré comme le testament du
dix-huitième siècle. Nous, qui sommes les héritiers directs
de cette grande époque, nous devons recevoir ce legs
comme un programme magnifique et l'accepter sans restriction; car les modifications appartiennent au temps, qui
transforme, accroît et perfectionne. Remplir le programme
de Condorcet : telle est la tâche de notre siècle, qui poursuit comme le précédent l'œuvre de désorganisation, non
sans y avoir introduit quelques éléments féconds et des
germes d'une civilisation plus humaine.

Tout l'effort doit tendre à réformer en améliorant, et c'est
d'un tel effort que résulte le progrès. L'organisation sociale
est la résultante de toutes les forces qui concourent à
l'évolution, et toutes ces forces sont représentées par les
arts et les sciences, éléments et produits qui se coordonnent et se classent suivant l'ordre inflexible d'après
lequel s'opère leur développement.

Nous n'avons pas à exposer ici la série que les méditations de nos penseurs contemporains ont établie dans les
choses et dans les idées, dans les objets et dans les connaissances. Sans partager toutes les illusions maladives d'Auguste Comte et de ses adeptes, nous reconnaissons volontiers qu'on doit à ce profond contemplateur la classification
la plus satisfaisante des connaissances scientifiques, et
la loi empirique de l'histoire. A la vérité, la loi de l'évolution humaine, telle qu'il l'a conçue et formulée, n'est
point irréprochable, il s'en faut; mais elle est telle qu'on

peut la soumettre à une vérification rigoureuse; ce qui prouve que cette loi, quand même elle ne serait qu'une hypothèse, est légitime, en tant qu'hypothèse; car, en bonne philosophie, les suppositions ne sont permises qu'autant qu'elles peuvent être vérifiées.

Quant à la classification scientifique, fondement de l'encyclopédie positive, le cadre peut changer, et la marche du temps peut introduire des modifications, sinon dans l'ordre, du moins dans le nombre des éléments de la série; mais, quoi qu'il arrive dans l'avenir, la base fondamentale subsistera inébranlable, et l'on ne montera pas au faîte sans avoir gravi les degrés de l'échelle.

IV

NOS PHILOSOPHES NATURALISTES.

A ces courtes indications sur les principales tentatives de coordination de nos connaissances il suffira d'ajouter un exemple, pour mettre en pleine évidence l'inanité des conceptions les plus ingénieuses, qui ont pour but de concilier les systèmes philosophiques et les croyances religieuses, en vue de fortifier les principes de la philosophie naturelle. Montrons que cette philosophie n'a pas besoin de tels auxiliaires; et qu'elle ne peut faire des concessions, ni contracter des alliances compromettantes.

La religion vit de croyances, la métaphysique d'hypothèses et la science de réalités. Croire, penser, savoir, sont trois mots qui représentent les trois termes de l'évolution historique : foi, doute, certitude.

Tel est l'ordre de succession dans l'exercice progressif des fonctions cérébrales de l'humanité, à considérer celle-ci comme un seul homme qui croît et se développe sans cesse.

Il en est de l'être collectif comme de l'individu. Les instincts se manifestent d'abord, puis les sentiments, qui ne sont que des instincts supérieurs ou perfectionnés, puis enfin les propriétés intellectuelles ou les facultés, qu'on ne peut concevoir entièrement détachées de la nature instinctive et affective, car cette série de fonctions dépend d'un principe commun, c'est-à-dire d'un seul et même appareil d'organes.

C'est avec de tels éléments que l'humanité fait son histoire, laquelle varie suivant la prédominance de tel ou tel élément.

A vrai dire, quand on suit la progression dès l'origine, comme on descend le cours d'un fleuve, il est aisé d'apercevoir qu'il y a succession régulière dans la prépondérance de chaque élément, et non simultanéité. Celle-ci n'est appréciable que dans les âges de transition, qui transforment et modifient, et nous sommes précisément dans une de ces périodes transitoires, pénibles à traverser, mais instructives comme l'expérience, puisqu'elles nous enseignent, par preuves et exemples, la méthode et la loi de la grande évolution.

Le monde extérieur frappe d'abord les sens de l'homme, produit des sensations, provoque des mouvements intérieurs et réveille l'instinct de vénération, qui se transforme en sentiment religieux. La sensibilité se cherche d'abord en dehors d'elle-même, jusqu'à ce que l'intelligence intervienne pour la modifier. Alors se produisent les systèmes théologiques, qu'il est téméraire de prétendre abstraire et séparer nettement des systèmes philosophiques, puisque les uns et les autres se rangent dans la catégorie des hautes spéculations. Ce qui les distingue, c'est moins la nature que le principe; en effet, la théologie part du surnaturel pour expliquer les choses et les êtres, tandis que la philosophie, qui entreprend de les expliquer à son tour, considère l'objectif et le subjectif et arrive à des conclusions analogues ou contraires.

Là est la différence entre les deux, différence énorme sans doute, mais qu'il ne faudrait point exagérer, selon l'habitude traditionnelle, d'autant que, si la théologie et la métaphysique diffèrent par le point de départ, elles se rapprochent par les conclusions, qui ne sont jamais démonstratives, certaines, évidentes.

C'est en ce point qu'elles faiblissent l'une et l'autre. Mais la théologie a un appui d'une résistance incalculable, à savoir la foi, qui se passe de démonstrations; tandis que la

métaphysique est sans appui d'aucune sorte, à moins qu'on
ne lui donne pour base le doute et la négation, ce qui serait absurde, quoi que puissent dire ceux qui, par erreur
dans l'interprétation des termes, confondent la méthode ou
les méthodes de philosopher avec le principe même et les
résultats de la philosophie.

En règle générale, ces résultats sont constamment négatifs ou inconsistants. Démontrer pourquoi ils sont tels et
doivent l'être, ce serait longue besogne. A défaut d'autres
explications, qui nous mèneraient loin, il suffira de remarquer que les systèmes métaphysiques ne sont point inférieurs en nombre aux systèmes théologiques, et qu'ils n'ont
point comme ces derniers un fond commun, qui est la religion, car il importe de distinguer celle-ci de la théologie,
de même que l'on distingue les sentiments affectifs des facultés intellectuelles.

On voit par là que la métaphysique se rapproche par certains endroits de la théologie, et beaucoup plus qu'il n'est
d'usage de le penser et de le dire. De ce rapprochement il
est facile d'expliquer les causes.

Dès l'aurore de la civilisation, les théologiens et les métaphysiciens ont vécu côte à côte, brouillés souvent, mais
souvent aussi bons amis ou du moins voisins pacifiques. Ils
se sont fait mutuellement des concessions, des emprunts
et des avances, et il y a eu entre eux de longues trêves, et
même projets de fusion ou d'alliance. L'histoire ecclésiastique et l'histoire philosophique ne sont pas tellement indépendantes l'une de l'autre, qu'on puisse les bien entendre l'une ou l'autre sans les étudier toutes deux.

Avant le christianisme, après le christianisme, à travers
le désaccord et l'hostilité, l'alliance se maintient avec des
alternatives et des vicissitudes inévitables, mais de façon à
convaincre les métaphysiciens les plus réfractaires et les
moins clairvoyants des rapports intimes qui existent entre

l'histoire des religions et celle des systèmes philosophiques.

Sans remonter aux anciens, prenez un à un les chefs d'école dans la philosophie moderne, et ils arriveront tous, les uns après les autres, à des résultats analogues par leur nature : au déisme, au panthéisme, à l'athéisme, c'est-à-dire à une affirmation ou à une négation théologique, l'athéisme étant lui-même une des formes de la théologie. Spiritualistes et sensualistes, animistes et matérialistes ne sortiront pas de ce cercle, et les plus grands ne s'en échapperont que par la science, distincte de la métaphysique bien plus que celle-ci ne l'est de la théologie.

La science contemple les objets, les phénomènes, les lois, les rapports, les principes, ce qui est, en un mot, pour en extraire en quelque sorte la réalité, la vérité, pour voir les choses telles qu'elles sont, *en realidad de verdad*, suivant l'énergique expression des vieux auteurs espagnols.

Voir les choses telles qu'elles sont, c'est, selon Buffon, la vraie philosophie. Et comme il n'y a qu'une manière de voir la réalité, — la bonne manière, — le mot profond du grand naturaliste est un admirable commentaire à la profonde pensée de l'empereur Julien : « Puisque la vérité est une, une doit être la philosophie. »

On commence à comprendre de nos jours combien cette réflexion est juste, et la philosophie qui, jusqu'à ces derniers temps, n'allait qu'avec le doute et la négation, dès qu'elle s'écartait de la théologie, la philosophie s'affirme désormais comme une science certaine, positive, qui a pour solide fondement l'ensemble de toutes les connaissances.

Ni le surnaturel ni l'absolu ne sont de sa compétence. Son caractère et sa stabilité se maintiennent à la condition qu'elle se tiendra sagement à distance des hautes questions de causalité et de finalité, qu'il faut considérer comme des

problèmes inopportuns, ou, si l'on veut, comme des arca-
nes. S'il y a là un secret, on ne préjuge pas ce qu'il peut
cacher, et on l'abandonne aux curieux oisifs, comme les
chimistes abandonnent la recherche de la pierre philosophale.

Par ce qui a été brièvement exposé, le lecteur peut saisir, en se mettant au point de vue scientifique, le rôle du
métaphysicien aussi bien que celui du théologien ; on leur
laisse un monde immense, le surnaturel, l'absolu, l'infini.

La métaphysique fera-t-elle alliance avec la théologie, ou
bien, comme celle-ci, partira-t-elle désormais de la foi pour
spéculer sur les choses de la religion ? Qui peut le savoir et
qui voudrait s'en inquiéter ? Ce qu'il y a de bien certain,
c'est qu'en vain voudrait-elle s'associer à la science, à
moins d'abdiquer complétement et de s'annihiler. Les savants les plus pacifiques ne veulent point d'une pareille association, et les moins émancipés s'en défient prudemment.
Ainsi voit-on des hommes de science vivre d'accord avec la
théologie, tandis qu'on n'en voit pas de sérieusement savants qui consentent le moins du monde à s'accommoder
d'une métaphysique quelconque.

Par exemple, M. de Quatrefages dit expressément : « Je
ne veux être ici ni métaphysicien ni philosophe ; je veux et
dois rester naturaliste (1). » Voilà un joli compliment à l'a-
dresse des poursuivants de métaphysique. Et ce qui le rend
encore plus joli, c'est qu'on les distingue avec soin des
philosophes ; distinction qui semble annoncer de la part
d'un savant une notion exacte de la philosophie.

Il s'agit d'examiner les choses à fond et de voir si les
apparences sont conformes à la réalité, si notre savant est
un philosophe ; et il doit l'être, si sa philosophie est vraiment scientifique, car on sait qu'il n'y a point de philosophie en dehors de la science.

_____

(1) *De l'unité de l'espèce humaine.* Paris, 1861, p. 30.

Le lecteur, à partir d'ici, comprend pleinement l'utilité et l'opportunité de tout ce qui précède, notre dessein étant de démontrer, par un exemple, que le savant est incontestablement philosophe, s'il reste dans les limites de la science, et qu'il ne l'est point, s'il s'en écarte. On pourrait même dire, sans pécher contre la logique, que le savant qui ne se tient pas dans la science ne mérite point le nom qu'il prend ou reçoit. Mais exprimer cette pensée avec une telle rigueur, ce serait outrer la sévérité, et il faut de l'indulgence dans les périodes de transition.

Un temps viendra où la sévérité sera de mise, même envers les personnes vouées au culte de la science, quand il s'agira de juger des applications; mais pour le moment, le devoir de la critique, en matière de science, est de défendre et de maintenir le principe qui sert de fondement à la philosophie. Ce principe est comme le germe de l'évolution future ; de lui dépend l'avenir, un avenir prochain que bien des obstacles retarderont sans doute jusqu'au moment où, par la parfaite émancipation des esprits, sera inaugurée une ère nouvelle.

Déjà l'émancipation est fort avancée, et ses progrès incessants deviennent plus nettement visibles, à mesure que croissent la confusion et le désarroi des intelligences. L'inquiétude est générale, l'incertitude règne partout, et l'indécision se révèle, tantôt par le calme, tantôt par l'agitation. Sous ces apparences contradictoires, les forces vives remuent et s'organisent, et petit à petit la voie se trace et se dessine comme pour montrer la direction. Que des barrières se dressent contre la marche inévitable, faibles ou fortes, elles seront franchies ou renversées. Le temps aplanira les difficultés, écartera les empêchements qui sont encore puissants aujourd'hui, parce que le présent a ses racines dans le passé, dont l'influence agit fatalement et produit cet état anarchique, d'où fatalement aussi surgira l'ordre nouveau.

Ce n'est point en vain que la théologie et la métaphysique ont exercé souverainement une domination séculaire. Ni l'une ni l'autre n'abdiqueront d'un mouvement spontané : détrônées, elles régneront encore bien longtemps, comme ces chefs déchus du pouvoir qui se font prétendants pour ressaisir la couronne et le sceptre. Que si la force des choses les entraîne au néant, la fin des deux sera retardée certainement par ceux-là mêmes qui prétendent les détruire et les supplanter; car on ne rompt pas brusquement avec le passé, et les plus indépendants, qui sont aussi les plus fiers, n'échappent point à l'influence de la tradition , ou, pour mieux dire, de l'hérédité.

De tous nos modernes faiseurs de systèmes, en philosophie sceptique, négative ou positive, il n'en est pas un seul qui ne soit théologien ou métaphysicien, et il en est peu qui ne soient à la fois l'un et l'autre. De là tant de sévérité ou d'indulgence pour les dogmes et les théories surannés; de là ces ménagements et ces hostilités qui attestent combien est dure à rompre la lourde chaîne de la tradition. Les plus avancés, les hommes d'avenir, comme nous disons volontiers de ceux qui vont loin et à pas pressés, la traînent et en sentent le poids.

L'école critique elle-même, si impatiente de toute espèce de joug, cette école dont les disciples se vantent avant tout de penser librement, cette école est moitié métaphysique, moitié théologique, et nulle autre ne représente plus vivement l'état mental de notre époque transitoire.

Ce qu'on appelle de nos jours la science religieuse, par un bizarre accouplement de mots, est la preuve la plus éclatante de cette indécision pénible qui tient les esprits en suspens entre les croyances qui faiblissent et le doute qui faiblit aussi ; car les plus incrédules en apparence n'aboutissent tout au plus qu'à un scepticisme bâtard, à des compromis qu'il ne faut point confondre avec les accommodements équivoques de l'éclectisme; car ils émanent non de la faiblesse, mais des scrupules de la conscience.

Mettons hors de cause la rectitude d'esprit et la droiture d'intentions de ces investigateurs passionnés, et nous constaterons le malaise qui les tourmente : une goutte d'absinthe se mêle à la douceur de leurs investigations; trop heureux si le découragement et l'impuissance ne finissent par les dompter jusqu'à les réduire au rôle d'artistes, dégradation qui ravale le critique ou le penseur au rang de ces ménétriers, qu'on appelle rhéteurs dans les lettres, et sophistes dans la philosophie.

Si nous voulions montrer combien le pas est glissant et la chute fréquente, nous n'aurions qu'à lever les yeux et à étendre la main, tant les exemples abondent. Mais à quoi bon des exemples? Qui ne voit le danger manifeste de cet exercice de l'esprit, qui se complaît à saper les fondements du dogme et à exalter jusqu'à la vénération excessive le sentiment religieux?

En dernier résultat, ces distinctions subtiles, raffinées, fussent-elles exactes de tout point, ce que nous sommes loin d'accorder, ne prouveraient pas victorieusement ce qu'on prétend prouver par elles, à savoir : que la religion est foncièrement indépendante de la théologie.

La distinction est tout au plus soutenable en théorie, parce que la théologie varie, change, se transforme, suivant les temps et les circonstances, comme tout ce qui résulte de l'évolution historique; tandis que le sentiment religieux est immanent, éternel, indestructible, à cause de son inhérence à l'organisation individuelle. Mais en fait et dans la réalité des choses, la distinction devient puérile, puisqu'il n'y a point de dogme sans religion, ni de religion sans sentiment religieux.

Ce n'est point ici qu'il convient de développer cet ordre d'idées. De simples indications suffisent amplement à notre dessein, qui est de montrer avec évidence la force permanente des croyances et des hypothèses, et les rapports intimes qui les unissent et les fortifient, sous la discorde et la dissolution apparente.

Les antécédents et le milieu actuel expliquent très-bien la production et la durée de cet état; de telle sorte que, pour celui qui se souvient et comprend, il n'est nullement surprenant que la double influence héréditaire qui nous domine maîtrise ceux-là mêmes qui font effort pour y échapper, et qui, malgré leurs efforts, ne peuvent s'y soustraire, bien qu'ils la subissent le plus souvent contre leur gré ou à leur insu.

La fermeté de leurs intentions les dégage de toute responsabilité, et leurs précautions, même impuissantes, attestent le grand progrès qui s'est accompli, depuis l'intervention souveraine de la science, puisque les indécis et les faibles entrevoient une direction meilleure et renoncent, autant qu'ils le peuvent, aux impulsions vicieuses.

L'important est de pressentir, sinon de savoir d'où viendra la lumière et de ne point tourner le dos au soleil levant. En cela consiste le mérite, mérite non petit, car nous marchons à tâtons entre les ténèbres et les pâles lueurs d'un faible crépuscule, dans l'étroit passage qui nous sépare de la grande voie et des vastes horizons.

Ce que nous savons est peu en comparaison de ce qu'il faut savoir. Après tant de siècles et de labeurs accumulés, c'est à peine si nous possédons une encyclopédie raisonnée, c'est-à-dire une classification méthodique des connaissances acquises, un premier essai de cette science générale, autrement dite philosophie. Et pour ce qui est de nous-mêmes et de nos prédécesseurs dans la demeure que nous habitons, à peine saisissons-nous la loi empirique de l'évolution humaine, car dans cet ensemble des choses et des êtres de l'univers, ce qui nous est le moins connu, c'est l'humanité même, sujet infini et prodigieusement complexe, dont l'étude, péniblement élaborée, est encore rudimentaire.

Le monde organique commence à nous être révélé dans son ensemble, et nous avons petit à petit gravi l'échelle jusqu'au dernier degré de l'animalité. Mais les travaux et les découvertes n'ont produit jusqu'ici que des connaissances élémentaires, et les sciences qui doivent nous enseigner ce qui nous intéresse le plus sont encore au berceau.

L'*anthropologie*, ou histoire naturelle de l'homme, ne compte pas de longues années d'existence ; et la *météorologie*, cette partie de la physique qui traite des conditions climatologiques à la surface du globe, présente de telles complications et conséquemment de telles difficultés, qu'il y a nombre de savants peu enclins à l'admettre dans le cadre scientifique.

Ainsi, nous commençons à peine à ébaucher notre propre histoire, et nous démêlons malaisément ces conditions multiples, qui concourent à la formation du milieu. Et pourtant, c'est de ces deux sciences en embryon que dépend en grande partie la véritable science de l'homme, « la physiologie générale, notre guide suprême dans cette discussion (1). »

C'est notre naturaliste qui dit cela, et nous prions le lecteur de vouloir bien s'en souvenir, non-seulement parce qu'il est de toute évidence que, sans la physiologie générale, on ne saurait aborder par aucun côté l'étude de la nature humaine ; mais encore parce que nous voulons examiner si effectivement notre auteur a traité son sujet en naturaliste et en physiologiste, comme il le prétend, après s'y être engagé. Nous prenons acte de ces engagements et de ces prétentions qui témoignent d'excellents principes ; mais nous pensons que, dans l'application, les principes ont été plus d'une fois méconnus, négligés et peut-être faussés par des influences d'une origine non scientifique.

____

(1) *De l'unité de l'espèce humaine*, p. 370.

Les contradictions de ce genre, on l'a vu plus haut, sont très-fréquentes de nos jours, dans les ouvrages des savants, et particulièrement dans ceux qui sont faits en vue des gens du monde, gens médiocrement instruits, et très-difficiles, non pas précisément pour la science elle-même, mais pour la forme sous laquelle la science se produit, quand les savants la veulent rendre accessible au grand nombre.

Les gens du monde ont des clartésde tout; mais leurs lumières en général ne leur permettent point de voir les choses très-distinctement. Aussi ne sortent-ils des ténèbres que pour entrer dans la confusion, et il est bien difficile de les en tirer; car, si l'on déchire le voile sans précautions, la lumière se fait, et l'éclat en est si vif, qu'ils en sont tout éblouis. C'est tant pis pour eux. En fait de science, il est essentiel d'y voir clair et à fond, car il en est de la science comme de la philosophie : il faut tout savoir, ou ne rien savoir. Les faux savants ne sont pas moins dangereux que les faux sages.

En toute matière scientifique, il convient donc de marcher droit, sans dévier, de suivre le bon chemin, sans concession ni faiblesse. Il y a tant de préjugés dans le monde, qu'il est toujours dangereux de ménager les gens du monde, qui se complaisent volontiers dans leurs préjugés. Et c'est précisément pour cela que l'auteur de l'*Unité de l'espèce*, que nous ne blâmons pas d'avoir voulu mêler l'agrément à l'instruction, nous paraît avoir agi contre sa propre cause, en faisant intervenir intempestivement la métaphysique et même la théologie en un sujet tellement austère.

Il est probable que lui-même s'étonnera d'une pareille critique, et il est plus probable encore que de bonne foi il ne croira point l'avoir méritée, surtout ayant pris tant de précautions pour y échapper ; précautions très-sages, mais inefficaces, puisqu'elles n'ont pu détourner la double influence du piétisme et du cartésianisme, qui percent et circulent pour ainsi dire dans toutes les pages d'un livre d'histoire naturelle.

On n'est pas surpris de les y rencontrer ; mais on serait très-heureux que le naturaliste se fût entièrement dépouillé de ses croyances religieuses et de ses affections philosophiques, en abordant sa thèse, car c'est proprement une thèse qu'il soutient : le titre seul en indique suffisamment l'esprit et le but, et, si le dessein de l'auteur n'était nettement tracé dès le frontispice, des phrases comme celle-ci, par exemple, ne laisseraient aucun doute : « Il n'existe qu'une seule espèce d'hommes (1). »

Donc, la thèse étant telle, toute la démonstration doit tendre à prouver « la réalité de l'espèce, l'unité de l'espèce humaine (2) ; » ou bien encore, en d'autres termes, « il s'agit de savoir si les groupes humains *actuellement* répandus sur la surface du globe sont des espèces distinctes ou des races d'une seule espèce (3). »

C'est là un grand problème que l'histoire naturelle, réduite à ses propres ressources ne résoudra jamais démonstrativement, attendu que, pour étudier la nature humaine avec fruit, il la faut embrasser dans sa généralité, dans son ensemble, sans rien négliger de ce qui la concerne, et conséquemment de ce qui peut faciliter et éclairer cette étude. Hippocrate l'avait ainsi compris, et c'est lui-même qui a établi le précepte et signalé le chemin dans son admirable traité de l'*ancienne médecine* (4).

De Blainville est peut-être le seul naturaliste de notre temps qui ait parfaitement saisi cette grande vérité, et c'est à cause de cela que ses essais de généralisation se distinguent de tout ce qu'on a essayé avant et depuis.

L'histoire naturelle n'est, ne sera jamais qu'un auxiliaire

(1) *De l'unité de l'espèce humaine*, p. 294.
(2) P. 295.
(3) P. 307.
(4) *Œuvres complètes*, trad. de Littré, t. I, p. 570.

de la physiologie générale, quoi que puissent prétendre les naturalistes, qui sortent volontiers de leurs attributions, mais qui, dans leurs tentatives les plus hardies, se ressentent toujours de leur origine.

On ne prétend pas ici contester leur savoir, leur capacité, les acquisitions qu'on leur doit, et les services rendus; mais on affirme seulement que leur insuffisance se trahit, quoi qu'ils fassent, dans les grandes questions générales qui sont de la compétence des physiologistes. C'est ainsi que, dans ce fameux débat qui partage les savants en deux camps, les *polygénistes* et les *monogénistes*, ou ceux qui sont pour l'unité de l'espèce et ceux qui soutiennent la multiplicité des espèces, dans ce débat les naturalistes s'engagent résolûment; mais ils ont beau vouloir s'avancer, ils ne vont jamais très-loin, ils s'enfoncent, comme on dit en termes familiers, et le plus souvent ils perdent terre.

Une fois qu'ils ont épuisé leurs classifications artificielles, car l'artifice s'introduit inévitablement dans les plus naturelles de nom ou d'apparence, une fois qu'ils ont décliné tous les vocables de leur dictionnaire, qu'ils ont épilogué subtilement et parfois confusément sur les mots *genre, espèce, race, variété, métissage, hybridation*, ils n'ont plus rien dans le sac, et il faut bien qu'ils se taisent, étant à sec d'arguments.

Conséquemment ils sont réduits à recommencer avec quelques variations, pour aboutir toujours au même résultat, si bien que, avec tout leur savoir et malgré toute leur bonne volonté, ils s'agitent vainement, tournent et se retournent dans un cercle étroit et vicieux. C'est qu'ils sont absolument dépourvus de la puissance de démonstration ou de la logique qui convient aux sciences d'une nature éminemment complexe, dans lesquelles la considération de ce qui est actuellement doit s'appuyer sur la tradition historique, c'est-à-dire sur la considération du passé, afin que la comparaison et le jugement, intervenant ensuite, dégagent les véritables éléments de la science.

Avec ces indications sommaires, le lecteur le plus novice dans la philosophie des sciences ne peut pas ne pas comprendre que l'histoire naturelle ne saurait donner une solution satisfaisante de ce problème qui s'agite entre les polygénistes et les monogénistes.

Aussi l'auteur du livre sur l'*Unité de l'espèce*, engagé dans les rangs de ces derniers, tout en restant, autant que faire se pouvait, dans son rôle de naturaliste, n'a pu refuser les secours que lui fournissaient à son insu ses croyances dogmatiques et ses convictions ou du moins ses opinions philosophiques ; et c'est ainsi que la trame de son argumentation, très-serrée en apparence, grâce aux artifices de la forme, est comme un crible qui retient la paille et laisse passer le bon grain.

Depuis Cuvier, dont l'école domine encore à l'heure qu'il est, et dont la tradition est vivante, les naturalistes les plus exacts, les plus consciencieux, les plus savants, les plus forts, en un mot, s'égarent inévitablement dès qu'ils s'engagent dans les grandes questions. On dirait que les hautes spéculations sont défendues aux disciples de cette école, et que les plus éminents, retranchés dans les détails, ne peuvent dépasser les limites de l'analyse élémentaire.

Ce n'est pas tout : les défauts du maître se sont conservés et transmis, si bien que l'histoire naturelle, même de nos jours, n'en est encore qu'à cette période d'éclectisme que tous les grands systèmes de connaissances ont franchi heureusement.

De là ces velléités religieuses, fort respectables assurément, mais déplacées dans les traités scientifiques, et de là aussi cette déférence pour un système de métaphysique, dont l'efficacité, suspecte en tout temps, apparaît plus impuissante que jamais en ce moment, et surtout dans les applications qu'on a prétendu en faire aux sciences de l'ordre organique.

De là aussi ces définitions obscures, indécises, erronées qui encombrent encore nos meilleurs livres de physiologie et d'histoire naturelle. Produisons des exemples à l'appui de nos assertions et empruntons-les à notre auteur.

En voici quelques-uns qui méritent réflexion : « La vie est simplement la cause inconnue d'un ensemble de phénomènes spéciaux et particuliers aux êtres vivants (1). »

Est-ce là une définition? A notre avis, les termes qui définissent doivent avoir une clarté et une précision telles, que toute confusion soit écartée pour ne laisser paraître que l'évidence.

Faire de la vie une entité, une cause abstraite, nul physiologiste ne le peut en bonne logique, attendu que ce qu'on est convenu d'appeler vie nous apparaît en réalité comme une manifestation de certaines propriétés irréductibles et inhérentes à l'organisation. Aussi ne saurions-nous admettre une pareille définition, non plus que le commentaire qui lui sert de développement, et qui est tel : « La vie, l'organisation, qui est le résultat et non la cause de la vie, séparent profondément les corps vivants des corps bruts (2).

Laissons intact le second membre de cette phrase, sur lequel il y aurait à redire, si nous avions le moins du .monde envie d'emprunter des arguments aux chimistes ; mais protestons contre le premier, qui exprime une affirmation absolue, et que rien ne soutient.

Encore une fois, la vie, telle que nous pouvons l'apprécier, par les ressources et moyens de connaître qui sont à notre service, la vie n'est ni une cause ni un résultat ; elle est une manifestation, ni plus ni moins ; et, en affirmant cela, nous défions les vitalistes et les organiciens de nous prouver que nous ne sommes point dans le vrai.

L'erreur consiste précisément à produire une affirmation

(1) P. 8.
(2) P. 10.

sans preuves, et à se tenir obstinément dans ces hypothèses contradictoires, inutiles et parasites, si l'on peut dire ainsi ; car, en bonne philosophie scientifique, la logique, éclairée par l'histoire, exige qu'on élimine impitoyablement de la science toute hypothèse qui échappe à la vérification.

C'est ici qu'il importe de se rappeler ce qui a été dit au début, à savoir : que la science vit de réalités, tandis que la métaphysique, par son caractère critique et sa nature négative, s'alimente uniquement d'hypothèses.

Les vitalistes, dont nous voyons aujourd'hui la résurrection, les vitalistes raisonnent en dehors des limites de la physiologie ; ils partent de l'âme ou du principe vital, et, soit qu'ils confondent, soit qu'ils distinguent ces deux êtres de raison, ces deux abstractions métaphysiques, ils faussent entièrement la science, par l'introduction intempestive d'éléments étrangers.

Quant aux organiciens, que les spiritualistes appellent volontiers matérialistes, ils ont le tort de créer des abstractions oiseuses, et d'établir des distinctions futiles entre les organes et la vie, quand ils prétendent que celle-ci résulte de ceux-là. Les organiciens raisonnent de travers, en prétendant que la vie n'est qu'une résultante de l'action simultanée des organes ou instruments organiques. En fait, ils se trompent plus lourdement que les vitalistes, animistes et dynamistes, car ceux-ci sont logiques dans leurs déductions, bien qu'ils partent d'une hypothèse ; au lieu que les organiciens, qui éliminent avec juste raison cette hypothèse, se contredisent, en faisant de la vie une résultante ou un résultat, par suite d'une confusion assez fréquente en physiologie, où ils sont très-rares encore, ceux qui savent distinguer les fonctions, ou actions combinées d'un appareil d'organes, des propriétés de ces organes, par lesquelles se manifestent les phénomènes vitaux.

Comme nous aimons la vérité par-dessus tout, si les organiciens ou les vitalistes pouvaient nous démontrer que la vérité n'est pas où nous croyons, nous irions bien volontiers la chercher ailleurs, mais non point chez eux, car une expérience démonstrative nous a prouvé qu'ils ne sont pas dans le chemin qui mène au vrai.

On voit combien nous sommes en discord avec notre auteur et combien il serait malaisé de nous mettre à l'unisson ; notre diapason nous a donné un ton tout différent du sien, et naturellement nous chantons sur une autre gamme. La divergence vient des principes qui sont contraires et diamétralement opposés.

Aussi rejetons-nous sans réserve cette phrase capitale dans la thèse de notre auteur : « Pour moi, l'homme diffère de l'animal tout autant et au même titre que celui-ci diffère du végétal ; à lui seul, il doit former un règne, le règne hominal ou règne humain (1). »

Si nous pouvions nous mettre tant soit peu d'accord avec le savant défenseur de l'*Unité de l'espèce*, si nous pouvions accepter une seule des assertions capitales qui sont dans son livre, c'est sur cette phrase que porterait toute notre argumentation, car elle est comme le fondement de toute la thèse, ou, pour mieux dire, elle est comme la formule qui en résume l'esprit, les tendances et les conclusions.

Séparer nettement les hommes des animaux, mettre l'humanité en dehors de l'animalité, c'est éliminer les plus grandes difficultés du problème, par un procédé qui peut plaire, qui doit plaire aux disciples de la philosophie spiritualiste ; mais qui ne convient nullement à un naturaliste, et qu'il faut dédaigner comme étant contraire aux règles les plus élémentaires de la philosophie naturelle.

Dans le système de la nature, dans ce grand ensemble si

(1) P. 17.

admirablement nommé par Lucrèce *natura rerum*, tous les éléments sont coordonnés, dépendants, solidaires. Rien n'est isolé; l'ordre et l'enchaînement sont partout, et la systématisation des éléments constitutifs n'est autre chose que l'intelligence de la coordination, de la série.

Le minéral nourrit le végétal, celui-ci nourrit l'animal, et les trois règnes prospèrent dans un milieu commun. A la rigueur, l'indépendance ou l'isolement se conçoivent si l'on descend l'échelle, non si on remonte les degrés, en allant de ce qui est simple à ce qui est complexe, et la complication augmente à mesure qu'on s'élève de bas en haut.

Ainsi dans les sciences, qui se coordonnent de telle sorte que la première est seule indépendante de toutes les autres, tandis que la seconde est dépendante de la première, la troisième de la seconde, et ainsi de suite, en suivant la progression ascendante, jusqu'à la dernière ou la plus complexe, qui est dépendante de toutes.

Voilà ce qui est véritablement admirable; c'est cette analogie si frappante entre le système général des choses et des êtres et la systématisation scientifique : les lois de coordination sont les mêmes, et cette identité fait la force fondamentale des principes de la philosophie naturelle, positive et générale.

Nous sommes obligés d'accoler des adjectifs à ce mot de philosophie, dont on a tellement abusé, que depuis des siècles le sens véritable en est profondément altéré.

Ces considérations générales suffisent, sans plus amples développements, pour mettre à néant cette prétention injustifiable de séparer l'homme de l'animal ou l'humanité de l'animalité. L'orgueil des stoïciens n'avait jamais rêvé pareille séparation.

C'est par Descartes qu'elle a été introduite.

On a fait justice de la fameuse théorie de l'automatisme des bêtes, que Descartes tenait du médecin portugais Gomez Pereira; mais ceux-là mêmes qui ont renoncé à cette absurdité de l'automatisme ne semblent pas se douter de ce qui se cachait sous l'insoutenable paradoxe.

Le dessein de Descartes était de fonder une science qui aurait uniquement, exclusivement pour objet, l'homme; et c'est ainsi qu'il croyait affermir la base de la métaphysique. Mais qui ne voit le néant d'un tel dessein, et l'inanité d'une telle hypothèse? Par cette prétendue science, on pouvait bien tenter une explication de l'homme, en tant qu'individu, et encore dans des limites très-restreintes; mais l'humanité échappait forcément à cette pseudo-science, et, pour expliquer l'énigme, dans un temps où bien des connaissances manquaient encore, il fallait bien s'appuyer sur la tradition religieuse, ou refaire cette tradition par une série d'hypothèses qui aboutissait bien ou mal à un système de théologie.

Spinoza, Malebranche, Leibnitz, cent autres ont fait ainsi. Le grand Linnée lui-même créait assez inutilement son fameux genre *homo sapiens*, qu'il plaçait en tête de la série animale, à côté des singes, ses proches parents. Et cet *homo sapiens* du classificateur suédois, qu'est-ce autre chose qu'une réminiscence de la définition scolastique et classique : « L'homme est un animal raisonnable? »

Notre auteur est entré, après tant d'autres, dans cette voie, où le cartésianisme et la théologie ont cheminé parallèlement; et il nous dit : « L'homme est un être organisé, vivant, sentant, se mouvant spontanément, doué de moralité et de religiosité (1). »

Nous ne discuterons pas cette définition, qui ne nous paraît pas plus admissible que celle de la vie, qu'on a pu lire ci-dessus, et nous n'examinerons pas davantage si la

____

(1) P. 30.

moralité et la religiosité constituent de véritables caractères anthropologiques. Ce n'est point en passant que de telles questions peuvent être traitées ; un long mémoire y suffirait à peine, et un volume ne suffirait pas pour répondre à des argumentations que l'on peut résumer ainsi : « La notion de droit dérive de la supériorité intellectuelle ; la notion de devoir découle de la moralité et de la religiosité (1). »

Ce dernier membre de phrase prouve avec évidence que nous avons dit vrai en affirmant que l'auteur du livre sur l'*Unité de l'espèce,* qui voulait rester purement et simplement naturaliste, en abordant son sujet, n'a pu se défendre des tentations qui l'ont entraîné à faire de la théologie et de la métaphysique.

C'est tout ce que nous voulions démontrer, et, comme nous estimons que, dans les questions scientifiques, il est essentiel de ne point franchir les limites de la science, dont le domaine est immense et presque infini, nous ne voulons pas succomber à notre tour à la tentation de suivre notre auteur sur un terrain où l'on glisse à chaque pas, et où chaque glissade entraîne inévitablement une chute.

C'est uniquement pour rester fidèle à des principes inflexibles, que nous renonçons, non sans déplaisir, à suivre les développements d'une thèse qui n'est pas la nôtre, mais qui est soutenue avec habileté par un homme d'un talent éprouvé dans l'exposition des matières scientifiques.

(1) P. 230.

V

SCIENCES ANTHROPOLOGIQUES.

Nous n'avons pas les mêmes scrupules à l'égard d'un auteur qui n'est ni médecin ni naturaliste, et dont les travaux d'érudition et d'archéologie nous offrent l'occasion d'exposer quelques vues sur cette science en voie de formation, qui s'appelle anthropologie. Il s'agit de l'*Ethno génie gauloise* de M. Roget, baron de Belloguet (1).

L'auteur de ce volume n'est pas novice dans les travaux d'érudition. Des recherches savantes et laborieuses sur les anciens Bourguignons, sur la géographie du premier royaume de Bourgogne et sur les origines dijonnaises, ont fondé sa réputation et recommandé son savoir à l'Académie des inscriptions et belles-lettres. M. Roget a mérité l'approbation de ce corps savant ; et les récompenses qu'il a obtenues valent mille fois mieux à coup sûr que tous les éloges que je pourrais faire de son mérite. Il n'est pas très-commun de voir d'anciens soldats occuper par des travaux si sévères les loisirs de leur retraite ; et l'on ne peut que féliciter celui qui s'efforce de suivre, non sans succès, l'exemple et la voie tracée par deux hommes dont les noms illustres sont également chers aux armes et aux lettres : La Tour-d'Auvergne, premier grenadier de France, et l'amiral Thévenard.

M. Roget a mis une épigraphe à son livre : il a bien fait. Une épigraphe bien choisie est significative et vaut parfois mieux qu'une préface. « Je cherche la vérité, dit-il avec Horace, et cette recherche m'absorbe. » J'aime cette

_____

(1) *Ethnogénie gauloise*, par Roget, baron de Belloguet. Paris, 1858, 1 vol. in-8 de xv-288 pages.

bonne foi de conscience, ce zèle ardent et cet amour du vrai, qui rendent la science aimable et féconde. L'auteur est resté fidèle à sa devise. L'*Ethnogénie gauloise* de M. Roget est une suite, ou, pour dire mieux, un recueil de mémoires de critique et de philologie, dont le but est d'établir, sur la comparaison raisonnée des idiomes celtiques, l'origine commune et l'étroite parenté des Cymmériens, des Cimbres, des Ombres, des Belges, des Ligures et des anciens Celtes. Grande et difficile entreprise. L'auteur le sait mieux que personne ; car il possède bien la partie historique de son sujet. Les origines celtiques ont exercé bien des savants : trois siècles et plus de recherches et de disputes ont enfanté, comme on devait s'y attendre, des systèmes nombreux, divers, contradictoires. M. Roget nous dit, dès le commencement, qu'il rapporte son livre du fond d'un abîme. Je le félicite très-sincèrement d'en être revenu, et je certifie qu'on peut le croire sur parole ; car il fait bien noir dans ce sujet, où tout est confusion et ténèbres.

L'ethnologie est la connaissance générale et complète de tous les peuples. De ce tronc se détachent deux rameaux : l'ethnographie, science positive, comme son nom l'indique, se borne à décrire ce qu'elle observe ; et l'ethnogénie, science de spéculation et d'investigation inductive, qui n'est autre chose que l'étude des origines des peuples et de leurs généalogies. L'auteur appelle l'ethnogénie, la paléontologie de l'histoire. Je suppose qu'il ne tient pas beaucoup à cette comparaison, ou, si l'on veut, à ce rapprochement, dont la justesse peut paraître contestable. Dans cette étude interviennent concurremment la physiologie et la philologie : à bon droit, puisque l'histoire des races et l'histoire des langues, essentiellement unies, ne sauraient être séparées sans inconvénient et ne peuvent se passer absolument l'une de l'autre. Notre siècle a compris cela, et ce n'est pas une petite chose pour l'intelligence et l'éclaircissement du passé. Philologues et naturalistes feraient bien d'associer leurs efforts, puisque leurs recherches sont dirigées vers un même but. Il faut insister sur ce point capital. Sans compter l'utilité plus immédiate des résultats et des progrès plus rapides, cette association de travaux tendant à une fin commune communiquerait aux physiologistes le savoir des érudits, et à ceux-ci la science expérimentale des êtres et des choses de la nature ; c'est-à-dire aux uns et aux autres ce qui leur manque. Dans la solution de ces problèmes ardus, tous les éléments concourent, et pour la précision des recherches il ne faut rien négliger de ce qui peut servir utilement.

Les peuples diffèrent selon les races, et les langues selon les peuples : par conséquent, double étude de comparaison entre les caractères particuliers qui distinguent les races et les idiomes divers. Cette étude, nullement orthodoxe, n'a pas à s'inquiéter du dogme ni des croyances d'un autre ordre : elle est toute de critique, j'entends d'observation expérimentale, d'investigation patiente et hardie et d'induction rigoureuse. Conçue dans cet esprit d'indépendance, elle promet pour l'avenir d'heureuses révélations. Pour qu'elle soit féconde en résultats certains, il faut que la science des langues et la science de la nature concourent et demeurent indissolublement unies.

Les langues traduisent les idées, c'est-à-dire la pensée, les conceptions, les tendances d'esprit et de nature, et en partie les habitudes et les coutumes des peuples ; de même que les caractères physiologiques des races révèlent les forces diverses qui les animent, les propriétés inhérentes à leur constitution, leur tempérament et leur vitalité propre, et par suite les dispositions spéciales qui les préparent à se mouvoir dans un milieu et à remplir dans la vie générale un rôle prévu, un office déterminé, des fonctions conformes à leur origine, aux circonstances extérieures ou à une destination précise. De la sorte, l'étude des mœurs et des coutumes résulte naturellement comme conséquence de la physiologie et de la langue. Aussi suis-je porté à croire qu'il n'y a pas lieu de créer dans l'ethnogénie, à la suite de ces deux grands auxiliaires, une troisième catégorie, que M. Roget appelle éthopée. Il me semble que cette distinction est superflue, parce que dans la physiologie, qui est pour moi la science mère, cette division est implicitement contenue. Du reste, je conviens avec l'auteur que les notions que l'on peut avoir des mœurs et des coutumes des peuples, dans l'état actuel et d'après nos moyens de connaissance, sont très-incertaines, hypothétiques et forcément incomplètes. Cela se conçoit. Les races sont différentes, comme les espèces; mais entre celles-ci certains caractères distinctifs s'effacent par des points de contact et de ressemblance : d'où résulte, au point de vue général, quelque chose de vague, d'indécis, de très-fugitif dans les nuances. Pour reconnaître ces traits distinctifs, il les faut voir de près et isolés. Donc le plus sûr en bonne critique, c'est de considérer avant toutes choses, dans la recherche des origines des peuples, les langues et les caractères physiologiques. Ces derniers ont plus d'importance. Et voici pourquoi. Les langues naissent, se forment, se transforment, s'altèrent, disparaissent, éprouvent, en un mot, des vicissitudes diverses, non pas selon des lois fixes et déterminées, mais accidentellement, fatalement, par la force des choses. Cela est tout simple. Les langues sont de convention : les circonstances qui président à leur formation, à leur développement, à leur destruction, ne sont pas prédisposées ni réglées par un ordre naturel et en quelque sorte normal. Elles n'ont point de cours prévu, ni de voie tracée régulièrement. Simples instruments, elles dépendent du caprice et obéissent à l'imprévu. Ce sont les hommes qui font les langues pour leurs besoins et selon la nécessité. Mais les hommes mêmes, les individus, les peuples, les races, sont uniformément subordonnés à une série fixe et invariable de lois naturelles, dont la marche est prévue ainsi

que la direction. Cette observation si simple est capitale. Les
langues dépendent des races et en dépendent absolument.

Le problème physiologique est autrement complexe que
celui de la linguistique. Dans l'étude générale de l'espèce
humaine, l'hérédité, par exemple, et le croisement des races offrent des difficultés que la linguistique seule ne saurait résoudre : ces questions-là ne sont pas de son ressort,
quoique les lumières qu'elle fournit puissent aider à leur
éclaircissement. Si j'appuie sur cet ordre d'idées, la cause
en est que la plupart des philologues et des linguistes ne font
pas difficulté de s'aider des secours de la physiologie dans
les problèmes ardus de la linguistique, mais à la condition
que celle-ci primera celle-là. Petite idée et préjugé regrettable. C'est le contraire qui me paraît vrai. L'objet même de la
linguistique est passager et variable; au lieu que la physiologie constate des lois générales, immuables, universelles,
toujours les mêmes et toujours présentes. Son objet peut
être modifié dans de certaines limites restreintes, non les
lois premières et permanentes qui concourent au maintien
et à la perpétuation de l'espèce. Le fond demeure ; et, si
les types s'altèrent sous l'influence des causes diverses, le
cachet primitif persiste; il peut même reparaître tel qu'il
était à l'origine. Ces observations peuvent étonner les philologues qui sont étrangers aux enseignements de la physiologie générale. J'ai voulu les consigner ici, parce que
je les crois fondées sur la vérité des faits réels et constants.
L'auteur de ce livre, je le reconnais avec plaisir, ne sépare
point dans la recherche de la vérité la physiologie de la linguistique. Il est persuadé, avec raison, que, pour arriver à
l'évidence des démonstrations en ethnologie, l'accord des
deux sciences est rigoureusement nécessaire. Je crois qu'il
est dans le vrai, et je l'en félicite. Je le supplie seulement
de ne pas rendre la physiologie esclave de la linguistique.
Il y a là tout un ordre d'idées que j'indique brièvement, ne
pouvant les développer à l'aise.

Après cela, et comme conséquence naturelle de ce que je viens de dire, j'aurais voulu que M. Roget eût commencé son étude des origines par le vrai commencement, c'est-à-dire par la physiologie. Car enfin on m'accordera que les Celtes ont précédé la langue celtique, et l'ordre naturel des choses est incontestablement le meilleur et le plus simple. Ceci n'est pas une puérilité ni une vaine chicane. Du reste, je conçois que l'auteur, philologue et linguiste, ait cru préférable de présenter en première ligne les preuves philologiques. Il est certain que, d'une manière générale, tout est relatif; ou, pour dire mieux, tout dépend du point de vue. Mais le point de départ mérite aussi d'être considéré. Au demeurant, l'auteur et moi nous pouvons nous entendre; et voici comment. L'*Ethnogénie gauloise* doit avoir deux parties : la première seule a été publiée ; quand paraîtra la seconde, il suffira d'intervertir l'ordre, et de la sorte chaque partie occupera le rang qui lui convient. Seulement il se pourrait faire que cette interversion matérielle laissât les choses telles quelles, et que ce changement ne modifiât en rien le fond du système ou l'ensemble des démonstrations. Il faut attendre pour savoir ce qu'il en sera.

On connaît les idées préliminaires de l'auteur, ses principes et sa méthode. Sachons maintenant sur quelles bases reposent ses recherches. Il admet comme faits démontrés par la science, et désormais incontestables, sinon incontestés : 1° l'origine indo-européenne des langues celtiques : le gallois ou kymrique, et le gaélique, avec leurs dialectes respectifs ; 2° l'étroite parenté du kymrique et du gaélique, qui atteste une origine commune; 3° enfin l'identité originelle de l'une ou de l'autre de ces deux langues avec le gaulois et le breton, lors de la conquête de César. De ces trois faits les philologues tirent comme conséquences : l'origine orientale des Celtes, l'unité de race et partant la filiation et la parenté des populations qui parlaient les idiomes breton et gaulois. La découverte du sanscrit a eu pour effet d'éclaircir et de simplifier merveilleusement ces questions embrouillées de l'origine des langues si justement appelées indo-européennes. Il est vrai que cette grande découverte de la philologie moderne a mis à néant bien des prétentions ridicules. Il est désormais défendu aux savants de province, qui font remonter leur origine à un couple primitif, à Adam et Ève, par exemple, de montrer dans leur département, voire dans leur canton ou leur commune, l'emplacement du paradis terrestre. C'est une satisfaction que les Bas-Bretons et les Basques ne peuvent plus se donner aujourd'hui. Ce résultat n'est pas un petit avantage pour le système de Van Helmont le fils, lequel a prouvé, par raison démonstrative, que l'hébreu était la langue primitive, universelle et unique à l'origine, parce que cette langue, mère de toutes les autres, est la seule dont l'alphabet et les sons soient conformes à la nature des choses et à la conformation des organes. Van Helmont (F. B. Mercure) avait de l'esprit et beaucoup de savoir; mais il était le fils d'un homme dont le bon sens n'était peut-être pas bien solide, et c'est surtout par ce côté faible qu'il ressemblait à son père.

M. Roget, qui n'a rien de commun avec ces esprits illuminés, a développé simplement les trois faits ci-dessus, avec un vrai savoir, un peu confus, je crois, mais qui révèle un homme fort et convaincu. La conviction déborde notamment dans sa polémique avec les Allemands, polémique habile et vigoureuse, et à tous égards digne d'éloges. Pour ma part, je suis heureux de reconnaître que l'auteur de l'*Ethnogénie gauloise* n'est pas de ceux qui s'inclinent dévotement devant les oracles tudesques : rare exception et qui mérite d'être notée dans cette fureur de germanisme, au milieu de cette admiration soutenue et inexplicable pour les livres allemands que l'on vénère avec un respect égal à celui qu'on avait jadis pour les *Feuilles de la Sibylle*. Ces bons Allemands, comme on dit, — c'est nous qui sommes bien bons de les croire tels, — ces Allemands se sont emparés de la science universelle : ils ont accaparé surtout l'érudition et la philosophie; ils ont le monopole de tout cela, et naturellement ils ont fait de belles et grandes choses. De chez eux nous vient, avec la métaphysique la plus creuse et la moins féconde que cerveau malade ait jamais enfantée, la critique impersonnelle, l'hypercritique et la pseudo-critique, la mélancolie niaise, le mesmérisme, la phrénologie, l'homœopathie, les esprits frappeurs et les tables tournantes, les éditions de pacotille et les textes de contrebande, et tant d'autres nouveautés qui entretiennent l'incorrigible sottise, et alimentent la « grande curiosité. » Et la France ne se lasse pas de recevoir, de cette nation si savamment industrielle, des leçons de critique et de bon goût.

Après avoir fait cette digression, je suis bien aise de féliciter M. Roget de l'esprit de discernement dont il a fait preuve, en faisant bonne justice des hautes prétentions et des grands mots de M. Holtzmann, avec des raisons excellentes, et en même temps avec cette juste mesure que commande le bon goût et qui n'exclut pas la fermeté. Cette partie de son livre, où sont exposées nettement les querelles passionnées et les animosités nationales des celtomanes et des germanistes, me paraît démonstrative et très-forte.

Il faut lire ces quelques pages animées pour se faire une idée des tours d'escamotage que se permettent parfois les savants, pour donner précisément à côté de la vérité, lorsque celle-ci contrarie leurs systèmes, et les aveugle, pour ainsi dire, de sa lumière éblouissante. Avec beaucoup de savoir et d'érudition, et un bagage considérable de preuves et de faits, on voit des philologues qui tournent constamment le dos à l'évidence, et mettent tout leur soin à montrer qu'ils n'ont pas le sens commun. Ainsi que M. Holtzmann, M. Moke a soutenu l'identité des Gaulois et des Germains. Après avoir réfuté le professeur de Heidelberg, il n'était pas difficile de réfuter le professeur de Gand. C'est ce qu'a fait l'auteur, victorieusement, à ce qu'il me semble, non sans faire remarquer, — excellente remarque et excellente raison, — que de la même thèse, diversement soutenue, découlent des conséquences opposées. Ces résultats contradictoires, émanés d'un principe commun et identique, démontrent avec évidence l'inanité de ces systèmes futiles, élevés péniblement, patiemment, à grand renfort d'érudition, et qui tombent si vite en ruine, dès que le bon sens souffle dessus.

Dans la réfutation de ces deux systèmes, M. Roget, muni de ses ressources philologiques, a établi ses arguments sur deux ordres de preuves : 1° ressemblance de la religion et de la langue gauloise avec celle des anciens Bretons ; 2° dissemblance de cette même langue avec les idiomes germaniques. Il appelle ces preuves, extérieures. Les preuves intérieures, non moins importantes, et bien plus nombreuses, sont fournies par les mots gaulois conservés et transmis avec des altérations inévitables par les anciens auteurs grecs et latins. La confrontation de ces mots avec le celtique moderne constitue le fond même du glossaire gaulois, lequel est, à dire vrai, la partie la plus considérable de l'ouvrage, celle qui a coûté à l'auteur des travaux immenses et des recherches presque infinies.

On n'attend pas, sans doute, que je parle en détail du glossaire ; je me contenterai de dire que je l'ai parcouru avec grand soin et non sans fruit. J'espère bien le consulter quelquefois ; car il fournit des indications et des secours précieux pour l'intelligence de quelques textes anciens, et il offre d'ailleurs un intérêt réel pour l'histoire comparée de la vieille langue. Je ne puis donc que le recommander aux lecteurs des livres classiques, comme un guide sûr, pour l'éclaircissement de certains passages obscurs, difficiles, ou mal expliqués jusqu'ici, et, pour abréger, comme un complément utile des meilleurs lexiques grecs et latins. On ne lit guère un glossaire ; et l'on se contente de le consulter.

Cependant, je dois dire que la lecture de celui-ci n'a rien de pénible, parce que l'auteur a eu l'excellente idée d'introduire dans sa compilation des divisions aussi naturelles qu'il était possible, d'établir des catégories, et qu'il a suivi d'ailleurs, dans le relevé des mots puisés chez les anciens, l'ordre chronologique, c'est-à-dire le plus clair et le plus simple. C'était le meilleur moyen d'éviter la confusion.

Ne pouvant donner une idée exacte d'un travail qui échappe à l'analyse, je m'abstiens à dessein de faire certaines observations, que la critique minutieuse et sévère pourrait adresser à l'auteur. Ces observations porteraient principalement sur la vérification de quelques mots douteux ou suspects, pour lesquels il conviendrait, je crois, de consulter les manuscrits. Dans les travaux philologiques, c'est toujours là qu'il faut en venir. Si l'on veut avoir de bonne eau, c'est à la source même qu'il la faut prendre.

Dans une édition subséquente, et probablement prochaine, l'auteur, qui met sa conscience à bien faire, pourra remanier son travail et y introduire, avec un peu plus d'ordre, des corrections heureuses, des rectifications nécessaires, en consignant à propos le fruit de ses persévérantes recherches. Il s'agit tout simplement d'un travail de révision, toujours indispensable dans les ouvrages de cette nature.

Le glossaire de M. Roget donne un total de 321 mots. Tous ces mots, hormis 24, se retrouvent dans le celtique moderne. Il a fallu du temps pour recueillir ces débris dispersés de la vieille langue. Pour juger dignement ce long travail de patience consciencieuse, il faut non-seulement examiner les détails, mais surtout voir les résultats généraux et considérer l'ensemble. De la sorte, on saura justement sur quels motifs l'auteur fonde sa manière de voir. Son opinion est que l'ancien gaulois, avec tous ses dialectes ou ses variétés, ne formait à l'origine qu'une seule et même langue, laquelle tenait à la fois au kymrique par

son vocabulaire, et au gaëlique ou celtique moderne par
les flexions et les désinences. L'auteur en conclut, légitimement, que cette langue était de fait celtique et non tudesque : double résultat de ses recherches philologiques.
Il nous reste à voir si, dans la seconde partie, les données
physiologiques établissent ou infirment la vérité de ces
conclusions.

La seconde partie porte ce titre : *Ethnogénie gauloise, ou
Mémoires critiques sur l'origine et la parenté des Cimmériens,
des Cimbres, des Ombres, des Belges, des Ligures et des anciens Celtes. — Introduction : Preuves physiologiques. Types
gaulois et celto-bretons* (1).

Ce titre est un programme d'une étendue telle qu'un seul
homme, réduit à ses propres forces, userait sa vie à le remplir, et n'y parviendrait peut-être pas, après des efforts prodigieux de savoir et de constance. En de pareilles matières,
le chemin qui mène l'explorateur au terme désiré est incertain, indéterminé, infini, flanqué de fondrières et de sentiers perdus, où les plus experts risquent de choir et de
s'égarer. On ne saurait trop se prémunir contre les chutes
et les faux pas; car, dans cette voie ardue, bien des obstacles entravent la marche : on y bronche souvent, et quelquefois on s'y casse le cou.

Heureux ceux qui reviennent sains et saufs de ces excursions périlleuses. Ils sont rares, même de notre temps, où
l'érudition fait des prodiges et des tours de force, et notre
auteur est de ceux-là.

Pour parler sans métaphore, l'*Ethnogénie gauloise* commence par une introduction en trois parties, exactement
représentées par ces trois mots, qui sont autant de rubriques : *Philologie, physiologie, éthique,* en donnant à ce dernier une signification équivalente à ce que Voltaire appelait
l'esprit et les mœurs des nations.

(1) Paris, 1861, in-8 de xi-315 pages, avec une planche représentant
deux figures gauloises.

L'excellence de cette distribution n'échappera point aux esprits qui conçoivent sainement l'importance de la méthode dans les études anthropologiques. L'ethnogénie peut rendre et rendra infailliblement des services essentiels à l'anthropologie, si elle procède dans les recherches qui sont de sa compétence, conformément à des principes fondamentaux, rationnels, inébranlables, issus de la réalité et confirmés vrais par l'expérience.

La bonté de la méthode est toujours en raison de la solidité des principes ; on peut juger de ceux-ci par celle-là. Entre le point de départ et le but poursuivi, ce qu'il importe de considérer, c'est moins la distance à franchir que la direction à suivre. Car ce n'est pas tout d'aboutir ; il faut prendre le droit chemin et arriver par le plus court ; et le plus court, c'est le plus droit, tout comme en géométrie.

L'application de cet axiome, utile en toutes circonstances, convient particulièrement en ces études ardues, qui se proposent d'établir les caractères d'une race, de débrouiller ses origines et de les dégager de la confusion. Problème complexe et d'autant plus difficile à résoudre, que les éléments d'une bonne solution manquent le plus souvent ; si bien qu'il est plus aisé d'approcher de la certitude que d'y arriver sûrement. Mais, à défaut de la certitude, les probabilités et les approximations ont leur valeur, et ce n'est pas un médiocre résultat que l'élimination de fausses données ou de conjectures invraisemblables.

Dans les sciences exactes, la spéculation s'exerce sur des entités abstraites, invariables, permanentes, indépendantes, en quelque sorte, de l'espace et du temps, voisines le plus possible de cet idéal qu'on appelle l'absolu. De là un développement normal et régulier, un accroissement progressif et prévu, un ordre rigoureux dans l'enchaînement des démonstrations, et cette série de déductions successives qui répondent aux applications réitérées de la raison. Dans cet ordre de connaissances, les acquisitions s'engendrent pour ainsi dire les unes des autres, sans interruption ni lacune, par droit de succession, par hérédité légitime, et de telle façon qu'on peut suivre pas à pas le chemin parcouru et remonter jusqu'à l'origine en passant par tous les degrés.

Rien de moins compliqué que l'histoire des sciences mathématiques, histoire sans variations, dépourvue d'accidents notables, très-calme dans son cours, comme un fleuve dont les eaux croissent à mesure qu'elles s'éloignent de la source, paisiblement, et coulent sans déborder entre deux rives qui s'écartent à proportion que grossit le courant. L'évolution est fatale, et par cela même exempte d'agitations et de vicissitudes, comme l'éternelle et inflexible logique.

Mais tout change quand la spéculation s'applique à ce qui est de soi accidentel et fugitif, et naturellement soumis à des changements. Dans la matière inorganique, les phénomènes se compliquent prodigieusement, et les abstractions par conséquent sont d'une grande difficulté, puisqu'elles doivent représenter les généralités qui surgissent au milieu des variations multiples ; difficulté énorme, si l'on considère qu'il faut saisir à la fois ce qui est constant dans les objets, à travers les mutations qui les transforment et les altèrent, et ce qu'il y a de régulier dans les phénomènes qui coïncident avec la transformation.

Encore n'est-il pas donné de suivre graduellement les manifestations diverses des objets, car le plus souvent, faute de vérification personnelle ou de témoignages historiques, on ne peut guère procéder autrement que par induction, par analogie ; de telle sorte qu'à l'incertitude qui est inhérente au sujet, s'ajoute encore l'incertitude inhérente à la méthode d'observation, sans parler des témérités de l'observateur dont les écarts compliquent de nouvelles difficultés la solution du problème.

Ces indications, sans plus amples développements, laissent entrevoir la distance énorme qui sépare les abstractions
pures de la réalité qui tombe sous les sens.

Que si du domaine inorganique nous passons au système
des corps organisés, les phénomènes se multiplient à l'excès
et varient indéfiniment, au point que les résultats obtenus par les méthodes d'étude les plus rigoureuses et les
moins imparfaites se réduisent malaisément en principes
généraux, et n'approchent que de très-loin de la vérité
absolue.

Aussi, dans les sciences de l'ordre organique, la prééminence est-elle accordée à la méthode qui classe les phénomènes de manière à montrer, autant qu'il se peut, l'ordre
et l'enchaînement ; méthode essentiellement objective, qui
s'impose en quelque sorte de force aux observateurs des
phénomènes complexes.

A défaut de l'expérience individuelle, l'histoire du passé,
qui est la résultante de toutes les expériences et observations successives, l'histoire nous enseigne qu'il faut procéder de la sorte dans l'étude du monde organique, et le
progrès scientifique consiste précisément à reconnaître
cette loi de la nécessité et à s'y conformer absolument. Les
modernes ont compris qu'on n'arriverait à rien en suivant
une autre voie dans l'étude sérieuse de la végétalité et de
l'animalité; et l'on peut induire de là que les plus forts esprits spéculeront en vain s'ils ne procèdent d'une façon analogue dans l'étude de l'humanité, qui est le terme le plus
élevé de l'échelle organique. L'univers entier, dans son ensemble, est loin d'être aussi complexe dans ses éléments.
De là les progrès lents et tardifs de cette science dont le
genre humain est l'objet.

D'après ce qui a été dit, on conçoit clairement qu'elle n'a
pu se produire que la dernière, puisqu'elle dépend de toutes
celles qui ont précédé, et dont le développement chronolo-

gique a été en raison directe de leur complication croissante. L'anthropologie est née d'hier, à la suite de la physiologie, issue elle-même de la biologie.

Quel est le but de l'anthropologie, son nom le dit assez :
l'histoire naturelle de l'homme, non-seulement comme individu, mais en tant qu'être collectif, dont on recherche
les origines, les développements et toutes les vicissitudes
qu'il a subies ou pu subir, suivant les temps, les lieux, les
circonstances.

On ne s'arrêtera pas à énumérer les conditions indispensables à l'éclosion d'une science tellement vaste et complexe, puisqu'elle embrasse tous les hommes qui ont vécu
et ceux qui vivent sur notre planète.

Pour le moment il s'agit de signaler l'influence que les
études anthropologiques ont exercée sur des recherches
qui se tenaient volontiers, il n'y a pas longtemps encore,
dans le domaine restreint de l'érudition et de l'archéologie.

Les savants qui se vouaient jadis à l'étude des anciens
monuments se bornaient, dans leurs investigations, à fournir des documents à l'histoire proprement dite. Aujour-
d'hui, leur ambition a grandi, et ils s'appliquent à déterminer avec quelque précision la physionomie, l'esprit et le
caractère, et le langage des nombreuses familles qui représentent l'humanité dans le passé et dans le présent. Ce qu'ils
recherchent avidement, ce n'est pas tant la suite des événements que la succession des temps a produits chez les
nations, que l'histoire intrinsèque des races qui ont paru
tour à tour ou simultanément en tel ou tel pays, pour former ces groupes humains qu'on appelle peuples.

L'influence des sciences biologiques, c'est-à-dire qui observent les phénomènes et constatent les lois de l'organisation, cette influence a été souveraine sur la direction des
études dont il est ici question.

Quand la philosophie se bornait à l'observation des phénomènes internes d'un ordre supérieur et abstrait, elle ne faisait que coordonner ces phénomènes en vue d'une explication théorique, et le suprême effort était d'analyser les facultés diverses et de les montrer en activité, d'après l'expérience personnelle. Cette façon de procéder aboutit à la psychologie, qu'on peut juger maintenant d'après ses produits. Remarquons seulement, et c'est tout ce qu'il importe de noter dans l'espèce, que la philosophie fut renouvelée du faîte à la base, le jour où quelqu'un parut qui fit observer que l'acte suppose un agent, que la fonction dépend d'un organe, et que tout phénomène d'un ordre supérieur, qu'il relève de l'intelligence ou de la sensibilité, ou de telle catégorie établie par les psychologues, doit avoir son point de départ dans ces appareils compliqués de l'organisme vivant, dont l'absence ou la lésion annulent ou troublent les manifestations perceptibles que l'on rapporte soit à l'intelligence, soit à la sensibilité.

Sans examiner ici les prétentions et les résultats de cette manière de philosopher, conformément aux lois de la physiologie, on comprendra aisément que d'un nouveau principe devait sortir une méthode nouvelle.

De même dans les recherches d'érudition et d'archéologie, un principe nouveau donna aux savants une méthode nouvelle et une autre direction, quand la science de l'homme, partant de l'individu, depuis le moment initial jusqu'à son extinction, prétendit remonter à l'étude de l'être collectif, en parcourant la série de tous les éléments constitutifs, de manière à connaître l'histoire naturelle de l'homme dans toutes ses vicissitudes.

Ici il convient de signaler l'heureux concours de circonstances qui devait faciliter les recherches et encourager les investigateurs. Les moyens d'investigation, fournis par les sciences, permettaient d'aborder avec plus de sûreté les trois études fondamentales : celle de la terre, celle de l'homme lui-même et celle des divers modes d'expression qui sont ou qui furent à l'usage des hommes. Cette triple étude est constamment en progrès, et d'elle dépend uniquement l'avenir de l'anthropologie.

M. Roget de Belloguet n'a fait, à la vérité, aucune de ces considérations qu'il serait aisé de développer longuement. Mais, sans entrer dans ces principes d'une façon explicite, il s'y est conformé en homme initié à la saine philosophie, et la manière dont il a conçu son introduction générale atteste suffisamment que c'est la logique et le raisonnement qui administrent les trésors inépuisables de son érudition.

Voulant déterminer les vrais caractères de la race gauloise, notre savant, après des recherches infinies, a fait trois monceaux de ses provisions, prenant dans le premier tout ce qui est relatif à l'ancienne langue gauloise, dans le second tout ce qui peut servir à reconstituer le type gaulois, et dans le troisième les documents de toute sorte qui permettent de juger les habitants de la vieille Gaule, d'après leurs idées et leurs actes, tout comme on juge de l'arbre par ses fruits.

Il me semble que tout est compris dans cette trilogie, ou dans cette triade, pour parler le langage de l'auteur. L'ensemble est complet et parfait ; mais peut-être remarquera-t-on que l'ordre adopté n'est pas à première vue le plus ir réprochable, c'est-à-dire le plus logique.

Ici, l'ingénieux archéologue me permettra quelques réflexions qui ne seront pas, ce me semble, déplacées, puisque j'ai pris la question d'un peu haut pour la traiter dans sa généralité.

En suivant la méthode la plus simple, c'est la recherche du type qui aurait dû passer avant les autres. A cette observation, l'archéologue répondra qu'il a fait de la physiologie par occasion, forcément, de même qu'un physiologiste, engagé dans la recherche du type gaulois, serait arrivé à compléter ses investigations par des études archéologiques.

A cette objection, il n'y a rien à répondre. Mais je ne puis m'empêcher de regretter que l'auteur de l'*Ethnogénie gauloise* n'ait pas ouvert son travail par une exposition substantielle et complète de tous les faits, gestes et paroles des Gaulois. C'eût été commencer par le plus connu, car ces choses, bien que très-inégalement connues dans leur ensemble, sont toutes du domaine de l'histoire. Du premier coup et sur un tel exposé, le lecteur eût saisi l'esprit et les mœurs de cette race gauloise qui a tant fait parler d'elle en tout temps et en tous lieux. Ensuite, les débris de sa langue, recueillis scrupuleusement et classés avec soin, eussent montré comment l'expression était conforme à la pensée, et capable de distinguer ce peuple gaulois de tout autre ; et finalement le type serait venu confirmer le caractère individuel des membres de la famille gauloise.

Il me semble qu'une telle classification ou un tel classement, si l'on veut, représenterait une progression plus logique, d'autant que la curiosité s'éveille en allant du connu à l'inconnu. — Pour résumer, l'*Ethnogénie gauloise*, qui ne me déplaît point telle que l'auteur l'a conçue et ordonnée, me plairait bien davantage si l'histoire de la race et de sa civilisation nous introduisait naturellement à l'étude de sa langue, et si nous passions de celle-ci à l'examen des caractères physiques qui constituent le type.

Du reste, en présentant ces observations, je n'entends nullement amoindrir les mérites d'une œuvre si considérable, et dont le plan seul, bien que la distribution des trois chapitres essentiels n'ait pas mon approbation complète, suppose une grande solidité de jugement. J'ajouterai même, pour excuser ma critique, qu'il a dû paraître tout naturel et bien simple à l'auteur de mettre d'abord en lumière, et au premier rang, les résultats les plus neufs de ses recherches et les plus importants dans sa thèse, car on les avait négligés avant lui ; et peut-être a-t-il eu raison de placer en avant les preuves les plus fortes, qui attestent péremptoirement que le celtique d'aujourd'hui est bien le descendant direct et légitime de celui qu'on parlait autrefois dans la Gaule et dans la Bretagne.

Par là, il demeurait établi que les Gaulois étaient bien des Celtes, sans nul mélange d'éléments tudesques. Ces preuves préliminaires étaient démonstratives. Il s'agissait de démontrer par la physiologie ce qui reste démontré par la philologie; mais ce nouveau genre de démonstration est beaucoup plus difficile que le premier, attendu le temps considérable qui s'est écoulé depuis l'époque florissante des Gaulois jusqu'à nos jours.

Une comparaison attentive et patiente entre le présent et le passé a permis de déterminer exactement l'idiome gaulois, grâce à la tradition orale qui conserve les langues. Mais les types physiques se transmettent plus difficilement que la physionomie de la pensée, par suite des agitations qui troublent la stabilité, et de mille circonstances qui détruisent, mêlent, confondent et altèrent les races.

Aussi l'auteur de l'*Ethnogénie*, pour donner une base à ses recherches physiologiques, a dû établir comme principe la persistance des types. Je ne le suivrai pas sur ce terrain, de peur d'entrer dans un nouveau sujet, que je réserve, me contentant de dire que pour un archéologue il a raisonné juste et bien mieux que certains naturalistes qui abordent ces graves questions avec des préjugés regrettables.

« Je regarde la persistance des types, dit M. Roget de Belloguet, comme un principe d'ethnogénie, qui me semble répondre, dans l'ordre physiologique, à celui de la persistance des radicaux et des formes grammaticales dans l'ordre philologique. (1) » Ce rapprochement est ingénieux ; mais peut-être n'est-il pas d'une exactitude rigoureuse. Encore

(1) P. 36.

une question épineuse qu'il faut indiquer en passant.

Pour déterminer le type gaulois, l'auteur a interrogé les anciens, les monnaies, les médailles, les dolmens, les tumulus, bref, toutes les sources de renseignements. Indiquer ces genres divers de recherches, c'est dire que l'érudition abonde, et que l'archéologie est en tête.

Le procédé suivi dans la première partie de l'introduction l'a été dans la seconde : après avoir épuisé les documents et les monuments de l'antiquité et les débris de la race (Voy. la Crâniologie), l'auteur a parcouru les contrées où il espérait découvrir des vestiges vivants du type gaulois. Mais cette étude comparative n'a pas été aussi féconde, pour la physiologie, qu'elle l'avait été pour la linguistique.

Ainsi, dans la Bretagne, la plus celtique des provinces de la France, le sang des populations primitives est mêlé avec celui d'une race méridionale, dont on retrouve distinctement le type et la couleur. Aussi ne faut-il pas s'étonner que le portrait du Gaulois, tel qu'il résulte des textes anciens et des vieux monuments, ne ressemble en rien aux populations actuelles. Mêlé à la race ibérique, le type gaulois s'était notablement altéré, et maintenant il est effacé ou peu s'en faut.

A vrai dire, on a quelque peine à concevoir comment l'auteur peut concilier ce résultat de ses consciencieuses investigations avec le principe de la persistance du type. C'est un point qui m'a paru offrir quelque confusion dans ce grand arsenal de l'archéologie gauloise.

Au demeurant, il me paraît parfaitement démontré, par les déductions savantes de M. Roget de Belloguet, que les Celtes ou Gaulois étaient tous d'une même famille, c'est-à-dire d'une race unique, d'un caractère tout septentrional par la hauteur de la taille, le tempérament lymphatique, la couleur claire des yeux et la teinte blonde des cheveux.

Cette race avait la tête longue, et différait partant d'une autre race à tête ronde et d'un caractère méridional. Sur cette distinction repose une argumentation formidable, qui bat en brèche la fameuse division, si chère à W. Edwards (1) et à M. Amédée Thierry. M. Roget n'admet point les dénominations abusives de *Galls* et de *Kymrys*, dénominations qui ont donné lieu à une classification erronée et à tous égards vicieuse.

Il reconnaît qu'au physique il y avait ressemblance entre Gaulois et Germains, attendu la communauté d'origine. Le type gaulois ayant été absorbé par la race ou les races brunes du Midi, on en conclut que les Celtes, dont la dégénération était visible, dès le temps de César, formaient une minorité restreinte dans la Gaule, et, par conséquent, que les Gaulois n'étaient point une population primitive : ils subirent le sort ordinaire des conquérants et furent absorbés par la masse des vaincus, lesquels appartenaient à ces races méridionales, Ibères ou Ligures, qui tenaient avant les Celtes l'occident de l'Europe.

Ces hommes bruns devaient être d'origine africaine, issus de la race berbère, qu'on retrouve encore dans le nord de l'Afrique. L'origine de ces hommes bruns et leurs migrations laissent beaucoup de marge aux conjectures.

Tels sont les résultats essentiels de la nouvelle enquête du savant archéologue, touchant l'origine de la race gauloise.

(1) *Des caractères physiologiques des races humaines*, Paris, 1829.

VI

BUFFON.

L'admiration est peu de chose, si l'estime ne la soutient. Avec un esprit supérieur servi par le talent de bien dire, un écrivain peut se rendre en même temps illustre et méprisable. Jean-Jacques Rousseau, par exemple, se montre dans ses *Confessions* tel qu'il était : un grand artiste et un pauvre homme. L'intérêt du récit a beau nous entraîner et le charme de l'expression nous séduire, quand on arrive à la fin de ce livre étrange, on est partagé entre la pitié et le dégoût, et l'on s'étonne de ce mélange indéfinissable d'orgueil et de bassesse, de sentiments recherchés et de passions mauvaises. Si la tête n'était pas saine, le cœur l'était encore moins : beau diseur, et triste modèle, dont la conduite extravagante ou répréhensible explique les principes singuliers, infirme ou dément les préceptes honnêtes répandus dans ses écrits. Le caractère a manqué à son talent, c'est-à-dire la force vraiment virile, l'élément essentiel de la grandeur, sans lequel il n'est point de gloire solide.

Tel était l'homme, telle a été son influence. Rousseau fut l'apôtre d'une doctrine équivoque, le maître d'une génération corrompue. En philosophie, en littérature, en politique, la trace de ce mauvais génie est encore visible, son impulsion dure encore. De lui vient la direction vicieuse qui a égaré tant de bons esprits, en les détournant de la réalité, de la vérité, de la droite voie du sens commun. C'est à bon droit que le grand logicien de notre siècle l'a classé à la tête des écrivains femelles et des écrivains efféminés dont les stériles productions ont fait tout le bien que nous voyons aujourd'hui. Que prétendait-il par ses *Con-*

fessions? Gagner un peu de cette estime qu'on ne sollicite point quand on y a droit. La postérité, juste le plus souvent, ne l'accorde guère à ceux qui se recommandent à elle dans des écrits tout à fait personnels : autobiographies, mémoires, souvenirs, révélations, pages de la vingtième ou de la soixantième année et autres impertinentes publications, de nos jours fort en vogue, inspirées par l'intérêt, l'ambition et la nécessité où sont réduits les auteurs d'occuper, d'abuser, d'amuser le public, devenu peu difficile, depuis qu'on l'a initié, habitué au scandale de tant de confidences dictées par la vanité à la sottise.

Que nos illustres y prennent pourtant garde. L'amour de la célébrité passe très-visiblement à l'état de la manie ; chacun s'empresse d'anticiper sur la postérité, oubliant que celle-ci ne juge que les morts. Quand on est si préoccupé de se faire valoir, on est bien près de faire son apologie, ce qui suppose plus de prévoyance que de confiance en soi, et une certaine crainte des révélations posthumes. C'est l'histoire d'Empédocle, procédant à son apothéose, et oubliant une sandale au bord du cratère ; le prétendu dieu n'était qu'un charlatan. Ainsi de bien des hommes célèbres de leur vivant : excellents acteurs, ils jouent leur rôle à merveille, et la galerie d'applaudir ; mais le spectacle fini, le masque tombe, et tel qu'il est apparaît le comédien.

Tel n'était pas Buffon. Dans sa correspondance, si honorable pour sa mémoire, il ne faut pas chercher des modèles du genre épistolaire. On y trouve en revanche ce qui vaut incomparablement mieux que des compositions bien limées : un homme, un caractère, une vie active et noblement dépensée, tout ce qui recommande un nom au souvenir.

Trois cent quatre-vingts lettres (1), écrites durant une période de soixante ans (1729-1788), et à quelques excep-

---

(1) *Correspondance inédite de Buffon*, à laquelle ont été réunies les lettres publiées jusqu'à ce jour, recueillie et annotée par M. Henri Nadault de Buffon. Paris, 2 vol. in-8 de XXXVII-1144 pages, 1860.

tions près avec un parfait abandon, une libre familiarité, nous le montrent dans ce long espace d'une existence humaine, tel qu'il était, non tel que le représentent ses détracteurs ou ses panégyristes. Il a dit dans un discours d'Académie : « Le style, c'est l'homme même. » Il a été pris au mot ; on lui a fait l'application de son axiome, si bien que Buffon est resté, pour le plus grand nombre, un grand seigneur aux belles manières, à la noble prestance, un personnage majestueux et presque royal, tel à peu près que le jugeait Hume, disant de lui que son extérieur répondait à l'idée d'un maréchal de France.

Autre était l'homme. Entré jeune dans le monde, avec de la fortune et sans préjugés, il partagea son temps entre l'étude et le plaisir. Les premières lettres, pleines de bonne humeur, assaisonnées de grosses plaisanteries qui sentent le terroir (Buffon était Bourguignon), trahissent parfois les exigences d'un riche tempérament. A vingt ans il découvre le binome de Newton, et deux ans après il paraît moins préoccupé de devenir géomètre que de mener joyeuse vie.

Il était alors à Angers. Une affaire d'honneur le ramena à Dijon. Il y fit la connaissance de milord duc de Kingstone, jeune étourdi qui faisait son tour d'Europe, en compagnie d'un naturaliste allemand. Buffon se joignit aux deux voyageurs, dont la société devait lui offrir tour à tour les distractions dont il s'était fait une habitude et les entretiens sérieux où se plaisait son génie naissant. Pendant son voyage, il avait pour correspondant habituel le président de Ruffey, homme d'esprit et d'instruction, qui aimait beaucoup les vers, même les siens, disait un autre ami de Buffon, le président de Brosses. C'est à lui que le jeune touriste communique ses impressions. Il lui écrit de Nantes, de Bordeaux, de Montauban, de Toulouse, des choses qui dénotent un esprit solide, que le brillant ne séduit guère. Il n'est pas enchanté des villes françaises du Midi. De Montpellier, fort peu de chose ; bien des commodités y manquent à son gré ; « mais, en récompense, l'on y boit de bons vins de liqueur et l'on y respire le meilleur air de France. » Il devait dire un air si subtil et si vif, qu'il tue les trois quarts des malades qu'en y envoie le respirer.

De son séjour en Italie on ne sait presque rien. Dans une lettre, en date de Rome et point du tout édifiante, il parle de « la déesse de ses chansons, » du carnaval et de l'opéra, des habitudes des Romains, et surtout de leurs mœurs peu naturelles. Il lui semble qu'en ce point seulement « ils ont conservé le goût de leurs ancêtres, dont ils ont si fort dégénéré pour toute autre chose. » S'il entend des capucins chanter vêpres au Colisée ou au Capitole, il ne se laissera pas aller aux réflexions de Gibbon. Ce n'est pas sa vocation de faire des considérations sur les causes de la grandeur et de la décadence des Romains, comme Bossuet ou Montesquieu. Du Pape pas un mot, ni de son sénat en robe rouge. Rien sur Saint-Pierre, rien sur les vieilles ruines ; mais des réflexions très-sensées sur la misère du pays et sur la douceur de ce climat, où le mois de janvier « est un avril de France. » Point de ces admirations convenues, obligées, qui sont pour les fils de famille une suite et un complément de l'éducation classique.

Rentré en France, il va droit à Paris dont il vante fort la liberté et les plaisirs, ces derniers surtout, qu'il regrette de ne pas bien connaître. « Après cela, dit-il, je suis de ces gens un peu extraordinaires pour le goût dans les plaisirs ; je n'en ai, par exemple, point trouvé aux spectacles, qui me paraissent languir de froideur. La tragédie de *Zaïre*, de Voltaire, a pourtant eu cinq ou six chaudes représentations ; mais j'aimais mieux en sortir que d'y être étouffé. » Sa passion pour la poésie n'ira jamais au delà.

A partir de 1732, les lettres sont signées Leclerc de Buffon, puis Buffon tout court, et dans les circonstances solennelles, le comte de Buffon. C'est vers le même temps qu'il fut obligé de plaider contre son père, devenu amoureux à cinquante ans et assez fou pour épouser une personne riche de sa jeunesse seulement. Cet incident ne troubla pas du reste la bonne harmonie qui fut jusqu'à la fin entre le père et le fils.

A vingt-six ans, Buffon entre à l'Académie des sciences. Il est moins toutefois à Paris qu'à Montbard ou à Dijon. Ses observations sur la société dijonnaise ne sont pas très-édifiantes. Dijon, ville de plaisir, était en même temps un centre de travaux littéraires. Son Académie des sciences, fondée par les libéralités du « vieux bonhomme Pouffier, » a eu la gloire de provoquer le génie de Jean-Jacques Rousseau. La correspondance de Buffon contient bien des détails utiles pour l'histoire de cette société savante.

Plaisirs, affaires, études, projets scientifiques, rêves d'ambition, il y a de tout cela dans les premières lettres. A l'abbé Le Blanc, son camarade d'enfance, il fait des récits très-singuliers, très-gaillards ; mais le ton change complétement, quand il s'adresse au savant bibliophile, le président Bouhier. En le remerciant d'un livre de jurisprudence : « Je le lirai, dit Buffon, avec cette ardeur que je me sens pour toutes les excellentes choses, » et il reconnaît son incompétence. Il est certain qu'il était bien plus apte à juger des questions d'un autre ordre, par exemple, de l'épître de Voltaire à madame du Châtelet, sur la philosophie de Newton : « C'est assurément un très-beau morceau de poésie, mais qui déplaît en quelques endroits par des traits outrés contre Rousseau (J. B.). »

Appréciation courte et vraie. Tous les jugements littéraires exprimés çà et là dans la correspondance portent le même cachet de brièveté et d'exactitude. En 1738, Buffon écrit à l'abbé Le Blanc, alors en Angleterre, qu'il souhaitait d'aller le joindre, non-seulement à cause des relations nombreuses qu'il avait dans le pays, mais encore parce

qu'il s'accommodait fort de la vie anglaise, très-plaisante
en effet à ceux qui aiment la chasse et les courses, le mouvement en plein air, très-convenable à un robuste tempérament. « Je soupire, dit-il, pour la tranquillité de la campagne, » et il s'ennuie des intrigues et des embarras de Paris.
Ces aspirations vers la solitude peignent assez bien l'état
d'un homme qui est las d'une vie dissipée, et qui se prépare
à rompre avec les habitudes de la première jeunesse. Buffon
avait alors trente et un ans. Il ne ne donnait pas tout son
temps au plaisir : l'étude se mêlait aux distractions, et devenait petit à petit sa distraction principale. Il faisait quelques travaux scientifiques, des mémoires, des expériences.
Il s'occupait notamment de physique, tout en se tenant au
courant des nouvelles littéraires. De tout cela il fait part à
ses amis. Pour ce qui est de lui-même et de son avancement,
il en parle aussi quelquefois, mais simplement, sans affectation de modestie. « On m'a fait ici mille fois plus d'honneur que je ne mérite, écrit-il au président Bouhier ; on a
hâté la vacance de la place que je remplis à l'Académie ; on
m'a préféré à des concurrents distingués. » Ainsi pensait,
ainsi s'exprimait sur son propre compte, celui que d'Alembert appelait le comte de Tuffière, et de qui Diderot disait
ironiquement, après l'avoir entendu dans une conversation,
qu'il aimait les hommes qui avaient confiance en leurs propres talents. Les académiciens de fraîche date ne s'humi-
lient pas de la sorte. Ni la vanité ni l'orgueil ne font de ces
confidences, de ces aveux, que l'on peut croire sincères de
la part d'un homme qui se connaît, qui sent sa valeur, qui
pressent l'avenir, et qui se reproche d'avoir peu fait pour
la science.

Désormais, il va renoncer au monde et aux agitations
stériles pour se livrer tout entier à sa vocation, au labeur
persévérant et aux choses sérieuses. Une circonstance imprévue vint affermir ses bonnes résolutions.

L'Académie des sciences venait de perdre un de ses

membres les plus distingués, Dufay, directeur du Jardin royal, sous le titre d'intendant. Sa survivance était promise, assurée de longue main à l'un de ses confrères, Du Hamel de Montceau. Dufay mourut de mort presque subite pendant que Du Hamel était en Angleterre, occupé à des expériences de physique; mais les deux frères de Jussieu veillaient à ses intérêts. Il ne recueillit pas néanmoins l'héritage du mort. Un autre académicien dévoué à Buffon, Jean Hellot, risqua une démarche hardie. Il alla vers Dufay mourant, lui parla de son ancien ami, l'engagea à oublier quelques démêlés scientifiques qui avaient troublé leurs bonnes relations, lui représenta que Buffon souhaitait fort de recueillir sa succession, que lui seul était capable de poursuivre l'œuvre commencée d'amélioration et de réforme, et finalement il obtint qu'il mît son nom au-dessous d'une lettre qui appelait Buffon à le remplacer.

Ce fait, peu connu, honore à la fois Dufay et Hellot. On sait si Buffon fit honneur à cet engagement sacré pris en face de la mort. Du Jardin royal est sorti le Muséum, et cet établissement est presque tout entier la création de Buffon. La lettre qu'il adressa à Hellot, en cette circonstance, lui fait beaucoup d'honneur. On y voit un homme qui joue franc jeu, et il faut, en vérité, avoir l'esprit bien fin ou bien de travers pour faire un intrigant de celui qui exprime sans affectation comme sans réticence ses vœux, ses espérances et la crainte de voir en d'autres mains une charge qu'il souhaite ardemment, faite pour lui et qu'il se sent très-capable de remplir.

De sa nomination à l'intendance du Jardin royal date véritablement la gloire de Buffon : une double carrière était ouverte au génie du savant et au talent de l'administrateur. Le physicien se fera naturaliste. Toute sa vie sera consacrée à former des collections, à les accroître, à les classer dans de vastes bâtiments, puis à les décrire : travail énorme et glorieux. De ce programme, grandement conçu, ponctuel-

lement exécuté, autant que le permettaient les forces d'un
seul homme, naîtra, à côté du palais superbe ouvert aux
sciences physiques et organiques, un autre monument impérissable, l'*Histoire naturelle*.

Désormais toute l'existence de Buffon se partage entre le
Jardin du roi et Montbard. Cette résidence embellie, transformée à grands frais, devient son cabinet d'étude. Là se plaisait son génie calme et réfléchi dans le recueillement de la
solitude, propice aux vastes pensées. Il ne passait que
quelques mois à Paris, où l'appelaient forcément ses fonctions. Nommé en 1744 trésorier de l'Académie des sciences,
il s'associa un de ses confrères qui consentit à remplir les
devoirs de sa charge. Pas plus que les évêques, les académiciens n'étaient alors tenus à la résidence.

Le plus grand souci de Buffon, sa préoccupation constante était d'enrichir les collections du Jardin du roi.
Aux fonds absents il fallait suppléer par des moyens ingénieux. Dès sa nomination à l'intendance, il avait obtenu de
M. de Maurepas la création d'un brevet de correspondant
du Jardin du roi et du Cabinet d'histoire naturelle. C'était
la récompense promise à ceux dont le zèle pour la science
se manifestait par des envois d'objets curieux, d'animaux,
de plantes, de minéraux. L'habile administrateur intervient
à propos en faveur des auxiliaires qui coopèrent à son grand
dessein. Plus tard il saura gagner par des séductions encore
plus flatteuses le concours sympathique et désintéressé
des savants et des voyageurs, dont l'ambition sera satisfaite
si, en échange des services rendus, ils voient figurer leur
nom dans les volumes de l'*Histoire naturelle*.

Tout en s'acquittant avec intelligence et conscience de
ses fonctions d'intendant, Buffon reste fidèle à ses vieilles
amitiés. Il entretient ses correspondants des nouvelles de
la cour et de la ville, des événements politiques, voire des
histoires scandaleuses du théâtre : tout cela mêlé à des

questions de sylviculture, avec mille protestations d'atta-
chement. Touché de tout ce qui touche ses amis, il leur
témoigne beaucoup d'intérêt et ne les abandonne pas dans
les circonstances difficiles. A cette époque (1743) il ne paraît pas avoir encore rompu définitivement avec les habitudes mondaines; mais on s'aperçoit que dans la fréquen-
tation du monde il ne cherche que des distractions à de
sérieux travaux. Il s'occupait alors des premiers volumes
de l'*Histoire naturelle*, qui parurent en 1749. Le succès fut
prodigieux. « Il n'y a eu, écrit-il en réponse aux félicitations
du président de Brosses, que quelques glapissements de la
part de quelques gens que j'ai cru devoir mépriser. Je sa-
vais d'avance que mon ouvrage, contenant des idées neuves,
ne pouvait manquer d'effaroucher les faibles et de révolter
les orgueilleux; aussi je me suis très-peu soucié de leurs
clabauderies. »

Comme tous les écrivains, Buffon était sensible aux morsures de la critique; mais son tempérament et ses habitudes
d'esprit le détournaient également de la discussion. Il
voyait les choses de haut avec une grande sérénité. Il n'est
du reste pire affectation que celle de la modestie. Aussi ne
doit-on pas s'étonner qu'un homme supérieur parle de ses
propres travaux avec ce ton de confiance inébranlable qui
répondait et à la conscience de ses forces et à la fermeté
de ses convictions. Ce ton est aussi éloigné de l'humilité
feinte que de ce fol orgueil qui s'empare trop souvent des
oracles de la science pour peu qu'ils prétendent à l'infaillibilité.

Ami dévoué du président de Brosses, Buffon faisait
grand cas de son savoir étendu, de son esprit vif, de son
jugement sûr. Il l'entretient de ses travaux sur Salluste, de
cette histoire de la république romaine au septième siècle,
alors en préparation, et devenue depuis un des plus solides
monuments de l'érudition française. « Les affaires et les
occupations de votre état s'accordent peu, lui écrit-il, avec

de pareilles études, qui demandent beaucoup de suite et de combinaisons difficiles à ordonner; je vous y exhorte cependant, et je vous recommande Platon comme une source dans laquelle vous trouverez bien de l'abondance à tous égards. » Ce passage, que j'abrége, est d'un grand sens et d'une grande vérité d'aperçus; mais où perce surtout la sagacité de ce grand esprit, c'est dans le trait final qui révèle un fin connaisseur. Ailleurs, il appelle Platon « un grand peintre d'idées, » qualification excellente. Son appréciation très-juste du philosophe grec s'accorde en tout avec celle qu'en a faite La Fontaine, dans un morceau d'une exquise finesse, remarquable par une intelligence profonde et un très-vif sentiment de l'antiquité. Je l'ai dit plus haut, et j'insiste, la plupart des jugements littéraires répandus dans la *Correspondance* sont d'une exactitude irréprochable, marqués au coin de la plus saine critique.

Buffon, qui s'estimait assez pour se rendre justice, me paraît avoir jugé ses propres productions avec le même discernement, et je ne m'étonne pas qu'aux attaques de ses adversaires il ait opposé une sérénité constante. « Chacun, écrit-il à un ami, a sa délicatesse d'amour-propre; la mienne va jusqu'à croire que de certaines gens ne peuvent pas même m'offenser. » Il ne se départit guère de la conduite qu'il s'était tracée à cet égard. Qui voudrait l'en blâmer? Sa dignité personnelle n'y perdait rien, et d'ailleurs il avait pris le bon parti. Ayant tant de chemin à faire, pouvait-il s'arrêter aux interpellations de tous les passants? Cette hauteur de dédain ne me déplaît point chez un homme supérieur. On sait par Montesquieu que Buffon avait beaucoup d'ennemis parmi les savants de Paris, quand parurent les premiers volumes de l'*Histoire naturelle*.

C'était peu d'avoir à compter avec la critique. Il fallait encore rendre raison à la Sorbonne, et descendre à de « sottes rétractations, » pour éviter les tracasseries théologiques. Sous un régime despotique et corrompu, la Faculté de théologie se plaisait à soutenir son crédit chancelant par des persécutions ridicules. « Plus les prêtres sont haïs, disait à ce propos le marquis d'Argenson, plus ils travaillent à se rendre haïssables. » Ni Buffon ni d'Alembert n'osaient se présenter à l'Académie française, Bougainville était soupçonné de jansénisme, Condillac accusé de matérialisme, Piron échouait pour avoir déplu à un plat poëte, et c'était un prélat de valeur très-mince qui servait les rancunes du sot rimeur.

Quoique Buffon n'appartînt pas à la coterie des encyclopédistes, il était assez dans leurs idées, et en plusieurs endroits il parle de l'*Encyclopédie* avec éloges, comme d'un très-bon ouvrage. Il était lui-même dans le mouvement, et, sans s'agiter beaucoup, il se préparait lentement à exercer sur son temps et sur l'avenir une légitime et puissante influence. Tout ce qui se passe autour de lui l'intéresse et de tout il fait part à ses amis. Il les entretient aussi de ses recherches sur l'électricité atmosphérique, et il fournit à ce sujet des détails capables d'intéresser les physiciens. Ni Vicq-d'Azyr ni Condorcet n'ont rien dit de ces expériences instituées à Montbard. Les biographes ont imité le silence des deux académiciens, et ils ont négligé de nous apprendre, chose importante, que l'hypothèse de Benjamin Franklin, sur l'identité de la foudre et de l'électricité, fut vérifiée tout d'abord par Buffon, qui tenta aussi le premier l'expérience du paratonnerre, et fit répéter la tentative par Dalibard, avant même que Franklin eût appelé la démonstration expérimentale à l'appui de sa théorie. C'était en 1752.

La même année, Buffon fit un mariage d'inclination : il épousa une jeune personne de condition, spirituelle et jolie, mais sans fortune. Il avait alors quarante-cinq ans. Il ne s'arrêta pas devant l'inégalité d'âge. Quant à l'opinion publique, il ne s'en mettait guère en peine. « J'espère, écrit-il à Gueneau de Montbeillard, à la date du lundi

18 septembre, que le vendredi matin la cérémonie sera faite... et vous verrez que je me soucie encore moins des critiques de mon mariage que de celles de mon livre. »

Il ne faudrait pas croire que le même homme, qui prêtait une attention distraite aux attaques de la critique, se complût à s'entendre louer sans mesure. Voici une lettre très-courte et très-sensée qui prouve combien il était au-dessus de la sotte vanité et des petitesses de l'amour-propre : « Je vous renvoie, — c'est au président de Ruffey, — monsieur et très-cher ami, l'écrit que vous m'avez communiqué. Je le trouverais bon si je n'en étais pas l'objet ; j'y suis loué beaucoup plus que je ne mérite, et cela suffit pour m'engager à vous supplier de ne le point faire imprimer ; car, du reste, vous avez très-bien saisi le fond des systèmes et les circonstances des hypothèses, et la manière dont vous les défendez est fort bonne, fort simple et fort naturelle. Il n'y a que le commencement et la fin de votre ouvrage que je regarde comme peu utiles à la question. » Il y a dans tout cela beaucoup de dignité, une simplicité vraie, une raison solide. On s'est fait généralement, jusqu'à ce jour, une idée si imparfaite, si fausse même du caractère de Buffon, qu'il importe de mettre en relief ces passages qui peignent l'homme au naturel, dans toute la vérité de ses sentiments intimes.

La publication de la *Correspondance* est un service rendu à sa mémoire, une œuvre de réparation et de justice ; et c'est un devoir pour la critique, puisque l'occasion lui en est fournie, de replacer dans son vrai jour un portrait, un caractère, que l'on a dénaturés à plaisir. Ce caractère était noble et digne.

Buffon avait des convictions et des principes, choses rares en tout temps. Par là surtout il se rapproche de Montesquieu. Voués l'un et l'autre à des travaux où se consuma leur vie, ils portèrent dans le labeur de la pensée l'esprit d'ordre et de persévérance, qui est le secret ressort de la force intellectuelle. Leur conduite fut également bien ordonnée, uniforme, sans reproche : toujours honnêtes, ils n'eurent nul besoin de paraître habiles. Et c'est là vraiment la grande habileté, qui déjoue toutes les ruses. « Les mauvais propos, écrit Buffon à un ami, ne me feront jamais d'impression, parce que les mauvais propos ne viennent jamais que de mauvaises gens. » Cela est vrai en général ; mais il faut dire qu'on est d'autant plus fort contre l'envie, quand la prospérité se joint aux satisfactions de la conscience. C'était le cas de Buffon.

Il se trouvait alors dans la plus heureuse période de son existence. Tout lui souriait : il avait la gloire, la fortune, le bonheur domestique. L'Académie française lui ouvrait ses portes, sans qu'il y eût frappé, chose inouïe, depuis surtout que M. de Lamoignon, avocat général au parlement de Paris, élu spontanément par l'Académie, avait refusé de venir prendre séance. Et quoique à la suite de ce refus on eût décidé qu'il n'y aurait plus dorénavant d'élection sans candidature, la règle fut enfreinte lors de l'élection de Buffon, « homme dont l'acquisition, écrivait Grimm, ne peut que faire honneur à l'Académie, comme son génie en fait depuis longtemps à la nation. » L'illustre écrivain fut extrêmement touché de cette distinction. « C'est la première fois, écrit-il à son ami de Ruffey, que quelqu'un a été élu, sans avoir fait aucune visite ni aucune démarche, et j'ai été plus flatté de la manière agréable et distinguée dont cela s'est fait que de la chose même, que je ne désirais en aucune façon... Je ne sais pas trop encore ce que je leur dirai ; mais il me viendra peut-être quelques inspirations, comme à Marie Alacoque, et je ne parlerai pas d'elle de peur du coq-à-l'âne. » Cette plaisanterie est une allusion à une *Vie de Marie Alacoque*, écrite par Languet de Gergy, archevêque de Sens, auquel Buffon succédait à l'Académie. Ce qu'il y a de remarquable dans ce passage,

c'est l'aveu de Buffon, qui ne sait pas encore ce qu'il dira ;
et c'est pourtant moins de six semaines après que fut prononcé cet admirable discours sur le *Style*, qui était sans
modèle et qui est resté comme tel. L'éditeur de la *Corres-*
pondance a eu la bonne pensée de donner dans ses notes le
premier essai de ce discours, et il a placé en regard les
changements introduits dans le texte définitif. On est bien
aise de suivre les tâtonnements de ce maître accompli, qui
cherchait patiemment la perfection ; et l'on est heureux
de trouver au même endroit un morceau jusqu'ici inédit,
intitulé : *De l'art d'écrire*. Style achevé, fines remarques,
profonds aperçus, pensées philosophiques, rien ne manque
dans ce fragment, dont la publication est véritablement une
bonne fortune pour les amateurs les plus délicats de nouveautés littéraires.

Quoique Buffon fût de l'Académie, il jugeait très-saine-
ment cette compagnie. Il voyait avec peine les petites menées et les petites bassesses de ses confrères, les intrigues
qui préparaient les élections, où la faveur et la médiocrité
tenaient lieu de mérite, et il n'assistait pas sans impatience
au spectacle médiocrement plaisant de ces agitations sans
portée, de toutes ces passions moitié ridicules, moitié
odieuses. Tout cela aigrissait son humeur : on s'en aperçoit
dans les confidences qu'il fait à ses amis. Avec cela il avait
beaucoup d'occupations, beaucoup d'affaires, et il éprouvait
de vives contrariétés. Sa jeune femme était malade, son
premier-né était mort ; lui-même était en proie aux rhumes
et aux rhumatismes, et les odes de Lebrun, qui flattaient son
amour-propre, ne pouvaient complétement ramener ce
calme inaltérable où se plaisait sa nature. Dans ces dispositions, ses appréciations, toujours justes, mais indulgentes,
deviennent sévères. Il blâme Duclos, qu'il estimait beaucoup, des choix qu'il fait à l'Académie, où il remplissait en
effet les fonctions de grand électeur ; il trouve que Voltaire

devient furieusement babillard et qu'il y a bien du rabâchage dans le roman de Rousseau (*Julie*).

A part ces boutades, tout respire dans la correspondance de Buffon l'humeur pacifique et débonnaire. Dans une lettre à Guyton de Morveau (mars 1762), on lit ce passage, qui est comme un abrégé des principes de sa philosophie pratique : « Le vrai bonheur est la tranquillité; le premier moyen de se la procurer est de la donner aux autres, et de laisser, comme disent les moines, *mundum ire quomodo vadit*. Au lieu que, sous le prétexte et même dans la vue de faire plus de bien, on fait nécessairement mille fois plus de mouvement qu'on n'en ferait; et c'est ce mouvement qui trouble et perd tout. »

C'est conformément à ces principes qu'il juge avec sévérité les agitations stériles des parlements, dont les prétentions lui semblaient étranges. Buffon n'était pourtant pas un indifférent : homme de progrès, il s'associait au grand mouvement de son siècle, il y contribuait pour sa part et très-largement, et il détestait de tout son cœur, plusieurs passages l'attestent, les abus de pouvoir et les injustices. Mais il avait horreur du désordre, en quoi il était logique; car c'est de l'ordre que naît le progrès : l'un est la condition, l'autre est la conséquence. Évolution et révolution sont deux.

On ne peut suivre ici lettre par lettre la correspondance de Buffon. Que l'on sache seulement qu'on retrouve partout le même homme, poursuivant paisiblement une grande œuvre, remplissant en conscience les fonctions d'une charge importante, félicitant ses amis heureux, les consolant dans leurs peines, les encourageant par de bonnes paroles, leur donnant mille détails sur les affaires publiques ou particulières, des nouvelles des sciences et des lettres, entretenant avec une attention délicate ce commerce agréable, cet échange de procédés et de sentiments honnêtes qui soutiennent les amitiés. Celles de Buffon dataient de l'enfance et ne finirent qu'avec lui. Cette considération, qui est un fait, prouve la bonté affectueuse de cet homme illustre, qu'on nous représente d'ordinaire avec une âme froide et un cœur sec.

Madame de Buffon était morte au mois de mars 1769. Buffon sentit cruellement cette perte. Il concentra désormais toute son affection sur son jeune fils, la joie de sa vieillesse. Il le fit élever avec un soin très-attentif et veilla sur lui avec une sollicitude maternelle. Le travail vint aussi en aide à sa douleur, et le temps, qui émousse tout, fit le reste. « L'étude seule, écrit-il à son ami de Brosses, a été ma ressource, et, comme mon cœur et ma tête étaient trop malades pour pouvoir m'appliquer à des choses difficiles, je me suis amusé à caresser les oiseaux. »

Ainsi, ces descriptions charmantes, qui ont fait la popularité de l'*Histoire naturelle*, n'étaient pour Buffon qu'un passe-temps, une distraction. Aussi ne faut-il pas s'étonner de le voir céder à ses collaborateurs, Gueneau et Bexon, le soin de ces descriptions laborieuses, qu'il revoyait ensuite, qu'il refondait parfois, retouchait toujours avec une habileté infinie, où se révèle le maître accompli dans l'art si difficile de saisir les nuances et de les rendre avec délicatesse.

Buffon avait encore une autre distraction, une manie, si l'on veut. Il se mêlait de faire des mariages. Dans plusieurs de ses lettres, on trouve traitées ces graves questions diplomatiques, qu'il savait du reste fort bien conduire ; car il n'exprime nulle part aucun sentiment de repentir ou de regret. Il avait, paraît-il, la main heureuse ; et l'on sait pourtant que rien n'est plus malaisé que de réussir dans le calcul de ces combinaisons morales, où le conflit des volontés et l'opposition d'intérêts font souvent échouer les plans les mieux conçus. Il est vrai que Buffon, géomètre et naturaliste, avait la prétention, assez justifiée du reste, de con-

naître à fond les rapports et les convenances, et cette loi
des proportions qu'il est si difficile d'attraper et surtout
d'observer dans le mariage. Lui-même avait goûté les charmes du bonheur domestique; de sorte que, dans les affaires
de ce genre, sa propre expérience était une garantie. Il les
traitait d'ailleurs très-consciencieusement, rédigeant avec
toute l'attention voulue des mémoires à consulter, où les
meilleures raisons allaient au-devant des difficultés. Il faut
ajouter que ses relations étaient fort étendues, qu'il jouis-
sait d'une grande autorité auprès de ses amis, et qu'il était
souvent consulté pour les choses ordinaires de la vie, à
cause de la solidité de son bon sens pratique.

On a vu que Buffon, si calme d'ordinaire et d'une humeur
si égale, s'altère visiblement, s'irrite par la souffrance. Alors
son jugement si ferme, si droit, presque infaillible, fléchit
ou est poussé jusqu'à l'extrême rigueur. « Depuis mon retour à Paris, écrit-il au président de Brosses (12 mai 1770),
j'ai toujours été incommodé de fluxions et de rhumes dont
je ne suis pas encore quitte. Ils viennent de recevoir Saint-
Lambert à l'Académie française. C'est un poëte sans poésie,
comme ils avaient reçu précédemment l'abbé de Condillac,
qui est un philosophe sans philosophie. Et c'est Duclos qui
fait seul tous ces beaux choix. »

Il paraît en effet que le secrétaire perpétuel menait à son
gré toute la compagnie. D'Alembert lui-même, qui excellait
aux intrigues académiques, n'était que le second pour l'influence, comme on peut le voir dans la correspondance de
Voltaire. Quant au jugement de Buffon sur Saint-Lambert,
nul n'y trouvera à redire. Mais pourquoi Condillac est-il
traité si durement ? sa manière de voir ne se rapprochait-
elle pas beaucoup de celle de Buffon ? n'étaient-ils pas l'un
et l'autre de la même école ? Oui, certes, et c'est précisément à cause de cela qu'il n'y avait point entre eux de sympathie. Buffon, à ce qu'il paraît, avait très-sévèrement jugé

le *Traité des sensations*, dont l'idée première lui appartenait;
ce qui faisait dire à Grimm, écho de l'opinion publique,
que M. l'abbé de Condillac avait noyé la statue de Buffon
dans un tonneau d'eau froide. Condillac, mécontent du
mauvais succès de son ouvrage, se vengea à sa manière dans
son *Traité des Animaux*, où l'on trouve des choses très-
dures sur l'auteur de l'*Histoire naturelle*.

A son tour, Grimm est très-dur, très-injuste pour le
philosophe : il lui semble que c'est une plaisante manière de se venger d'un homme dont on a à se plaindre,
que de faire un livre contre lui ; et il ajoute en finissant :
« M. de Buffon mettra plus de vues dans un discours que
notre abbé n'en mettra de sa vie dans tous ses ouvrages. »
Ce qui n'empêche pas que Condillac ne reste le vrai représentant de la bonne philosophie au dix-huitième siècle, et
le promoteur le plus actif, le plus autorisé de cette métaphysique qu'il fallait, selon l'expression et le vœu de Buffon,
tirer de la nature. Notre siècle, héritier du siècle précédent,
a reçu cette métaphysique comme une transition favorable
à une philosophie meilleure, et la science contemporaine,
qui a des obligations infinies aux savants et même aux philosophes de l'école de Condillac, doit les reconnaître avec
gratitude. Les médecins surtout n'oublieront pas que c'est
à Condillac que nous devons Cabanis.

En février 1774, Buffon fit une grave maladie. Les lettres
écrites durant sa convalescence témoignent de la touchante
sollicitude de ses amis ; elles témoignent aussi du vif chagrin que ressentit Buffon, à la suite d'une intrigue de cour
qui lui enleva l'espérance longtemps caressée d'avoir son
fils pour successeur dans l'intendance du Jardin royal.

Il y comptait d'autant plus, qu'il en avait reçu la promesse
de Louis XV ; mais le roi oublia sa promesse ou la viola, et,
sur la recommandation du Dauphin, il donna la survivance
de Buffon au comte d'Angevillers, galant homme, bon courtisan, propriétaire d'un riche cabinet de minéralogie, du

reste entièrement dépourvu de connaissances spéciales et sans aucuns titres scientifiques. Plus tard, on s'efforça, non pas de réparer cette injustice, mais de donner quelque satisfaction à celui qui l'avait soufferte : une statue fut élevée à Buffon de son vivant, et il faut dire à l'honneur de ce grand homme qu'il jouit de cette gloire avec beaucoup de modération.

La convalescence d'une longue et cruelle maladie avait produit chez Buffon comme un retour de jeunesse. C'est de cette époque (il avait soixante-quatre ans) que datent ses premières lettres à Mlle Boucheron, depuis Mme Daubenton, lettres charmantes, très-fines, très-joliment tournées, pleines d'une affabilité douce, avec une pointe de délicatesse qui atténue légèrement la vivacité des sentiments les plus tendrement affectueux.

Tout en cédant à ses heures à l'attrait de ces pensées galantes, traduites en propos mignards, Buffon ne négligeait ni ses études ni ses affaires. Avec ses deux amis du parlement de Bourgogne, avec Gueneau de Montbeillard, il s'entretient de ses forges, de ses bois, de ses procès, car il en avait ; et il poursuit en même temps la grande entreprise de sa vie, l'*Histoire naturelle*, dont les volumes se succèdent et reçoivent toujours du public la même approbation. Il échange des lettres avec deux chimistes célèbres, Macquer et Guyton de Morveau, au sujet de certaines expériences ; et au milieu des séductions les plus enivrantes de la gloire et de la fortune, il garde le culte fervent de la science qui l'a fait immortel. Au milieu de ses occupations, de ses travaux, ce noble esprit n'était indifférent à aucune des questions politiques ou sociales qui agitaient son siècle. Annonçant à Gueneau la *Physiocratie* de Quesnay : « Il a fait autrefois, dit-il, de la médecine pour les individus ; ceci est de la médecine du gouvernement, c'est-à-dire de l'espèce entière. » Quoique peu sympathique à l'école des économistes, il admirait très-sincèrement les talents de Necker, il lisait et re-

lisait ses écrits. « Je n'avais jamais rien compris, lui écrit-
il, à ce jargon d'hôpital de ces demandeurs d'aumônes que
nous appelons ministres... J'ai lu votre ouvrage deux fois,
je compte le relire encore ; c'est un grand spectacle d'i-
dées, et tout nouveau pour moi. »

Ces éloges gagnèrent à Buffon l'estime et l'admiration de
madame Necker. Femme instruite, et d'une intelligence
élevée, elle était protestante, et de son ancien métier d'ins-
titutrice elle avait gardé un ton dogmatique et certaines
idées qui se retrouvent jusque dans les écrits de sa fille.
Elle goûtait fort la discussion et même la controverse : elle
entreprit de ramener Buffon à partager ses sentiments sur
la cosmogonie de Moïse. Il est certain, en effet, que les théories de Buffon contredisent en tout la Genèse.

Buffon fit sentir respectueusement à madame Necker, mais
avec fermeté, que ses théories avaient pour base ses convictions et qu'il n'en changerait point. Au demeurant, il
lui rendit toute l'admiration, toute l'estime qu'il en recevait, avec usure, on peut le dire.

Cette femme distinguée avait des prétentions au génie,
et, comme elle manquait de cette finesse de tact, assez commune dans son sexe, elle marchait sans cesse entre le sublime et le ridicule, plus près de ce dernier. Son style nous
la représente admirablement ; toujours tendu, dépourvu de
naturel et de grâce, visant à l'effet. Il ne faut pas trop s'é-
tonner que dans sa correspondance avec elle Buffon ait
cherché à se mettre à l'unisson. Il faut ajouter qu'il y réussit assez, trop bien même au gré de ceux qui admirent surtout en lui la fermeté du bon sens. Madame Necker paraît
avoir exercé un peu sur son esprit une influence analogue à
celle que madame Daubenton paraît avoir exercé sur son
cœur.

Ce que j'aime encore moins que ses pièces d'éloquence à
madame Necker, c'est sa lettre à *Voltaire Ier*, où l'on re-

marque force compliments gauchement tournés, péniblement dits.

C'est encore une femme, madame de Florian, qui lui fit faire cette sottise, sous le prétexte de faciliter une réconciliation impossible entre deux hommes qui s'estimaient peut-être et se rendaient justice quelquefois, mais dont les principes, les tendances, l'humeur et le caractère différaient à tel point, qu'il n'y avait entre eux aucun élément de sympathie.

Une lettre autrement importante et d'un très-grand intérêt pour les savants est celle que Buffon écrivait en 1778 (8 novembre) à un expérimentateur italien, M. Philippo Pirri. Voici un extrait considérable de cette pièce, qui est pour moi la plus remarquable du recueil :

« Il m'a fallu quelques jours pour lire votre ouvrage. Quoique je n'entende pas mal votre langue, je n'ai pas entendu d'abord le fond de vos pensées; mais il me semble qu'elles ne s'éloignent pas des miennes, pas même autant que vous le croyez. — Comme votre ouvrage ne présente partout qu'honnêteté, bonne foi et recherches impartiales de la vérité, il vous a concilié mon estime, et en même temps il m'inspire la confiance de vous parler naturellement. — Tout homme qui n'a pas assez de lumière dans l'esprit pour voir évidemment que la supposition des germes préexistants, renfermés à l'infini les uns dans les autres, est une absurdité, n'est pas un philosophe. Tous les palingénésistes ne sont et ne seront jamais que de très-mauvais raisonneurs, puisqu'ils fondent tous leurs raisonnements sur ce principe absurde. Vous avez grande raison de dire, monsieur, que le microscope a produit plus d'erreurs qu'il n'a produit de vérités. Il en est ainsi de tous les ouvrages de l'homme, parce qu'il y a plus de gens qui voient mal que bien, plus d'esprits faux que de vrais, plus de gens préoccupés que de personnes sans préjugés. Je vous avoue que je ne fais aucun cas des prétendues découvertes de M. Spallanzani, et je suis étonné que vous conveniez qu'il a, sans équivoque, démontré que les vers spermatiques et les vers des infusions sont de véritables animaux d'espèces reconnaissables et différentes entre elles. Rien n'est moins prouvé, ou, pour mieux dire, rien n'est plus faux que cette assertion. M. Spallanzani n'a vu dans les liqueurs séminales que ce que j'y ai vu longtemps avant lui. Seulement il lui plaît d'appeler *animaux* ces corps mouvants qui ne méritent pas ce nom, et qui ne sont en effet que les premiers *agrégats* des molécules organiques vivantes. N'est-il pas étonnant que M. Fontana, autre microscopiste, ait donné comme une découverte nouvelle, à lui appartenant, tout ce que j'ai écrit il y a près de trente ans sur les anguilles du blé ergoté? Je suis encore surpris de ce que vous paraissez croire de bonne foi que la membrane du jaune de l'œuf forme les intestins grêles du poulet; rien n'est encore aussi faux que cette assertion du docteur Haller, si ce n'est peut-être l'assertion de M. Bonnet et de quelques autres, qui prétendent qu'on voit le têtard tout formé dans les œufs de grenouille qui n'ont pas été fécondés par le mâle, comme dans ceux qui ont été fécondés. Je vous le répète, monsieur, rien n'est plus faux que toutes ces assertions, et vous le reconnaîtrez vous-même, si vous voulez vous donner la peine de vérifier les faits. Je ne les accuse que de préventions pour leur système absurde des germes préexistants, système qui, malgré son absurdité, pourra encore durer longtemps dans la tête de ceux qui s'imaginent qu'il est lié avec la religion. Je ne suis donc pas trop étonné que des prêtres ou des abbés, tels que MM. Fortis, Spallanzani, Fontana, soient palingénésistes; mais je suis surpris que des philosophes et des médecins, et surtout le célèbre M. Haller, cherchent à donner des forces à une aussi faible chimère. — Tout ceci, monsieur, n'est qu'entre vous et moi, parce que vous m'avez prié de vous écrire sincèrement, et parce que votre ouvrage m'a donné pour vous toute l'estime que vous pouvez désirer de moi. »

Ne pouvant ajouter ici un commentaire à cette pièce importante, je me contenterai de rappeler que je la lisais dernièrement à un ingénieux anatomiste, qui est aussi un des physiologistes les plus avancés, un des chercheurs les plus pénétrants et les plus heureux de notre temps, le professeur Charles Robin. Il en fut ravi, transporté d'aise, et il

ne pouvait assez admirer comment le grand naturaliste, remontant à des expériences de sa jeunesse, avait pu donner
en termes si nets une théorie vraie, dont lui-même a donné
depuis la démonstration.

Je m'arrête en ce point, ayant dit non pas tout ce que
j'avais à dire, mais seulement ce qui était nécessaire pour
faire valoir toute l'importance d'une publication qui honore
Buffon, considéré dans son talent et dans son caractère,
qui intéresse les savants et les lettrés, qui se recommande
par cela même qu'elle nous ramène à ce grand et glorieux
dix-huitième siècle que nos hommes rangés châtient à plaisir, et qui est à jamais digne de l'admiration et des sympathies des gens de cœur et d'intelligence. J'ai fait de l'analyse plutôt que de la critique, préférant donner un compte
rendu exact qu'une appréciation défectueuse. Buffon n'a
pas besoin qu'on le défende contre les petits naturalistes de
l'école de Cuvier qui règnent aujourd'hui dans les Académies.

VII

LA PHILOSOPHIE POSITIVE
ET SES REPRÉSENTANTS.

I. Exposition (1).

La philosophie positive a été diversement jugée, et en général peu favorablement. Dans ces derniers temps on s'en est beaucoup occupé. J'ai lu, tantôt avec intérêt, tantôt avec impatience et même avec dégoût, ce qui a été écrit sur ce sujet. De cette lecture j'ai tiré deux conclusions que je crois vraies : la première est que cette philosophie exerce une influence sur les esprits ; et la seconde, qu'on la connaît peu, ou mal ou incomplétement.

Auguste Comte était un mathématicien. Partant de là, ceux qui jugent son système, sans le connaître, s'imaginent qu'il a été fait exprès pour assurer aux mathématiques la souveraineté des sciences, et naturellement ils traitent d'absurde une philosophie qui voudrait ranger sous la science exacte entre toutes ce qui est du domaine de l'expérience et de la pensée, c'est-à-dire tout ce qui échappe nécessairement à la rigueur mathématique. D'autres n'y voient qu'une

(1) *Paroles de philosophie positive*, par E. Littré. Paris, in-8 de 62 p. Mars, 1859. — A ceux que pourrait étonner le titre de cet opuscule je me contenterai de rappeler le nom de celui qui l'a écrit, non sans les engager à lire attentivement cet article, qui est un travail d'exposition, non de critique. Mon dessein étant de présenter clairement et en abrégé un ensemble d'idées peu répandues dans le public, j'ai dû me borner à une simple analyse. Si j'ai réussi à faire cette analyse telle que je souhaiterais qu'elle fût, je m'en applaudis doublement, et à cause de la difficulté vaincue, — l'auteur étant de ceux qui abrégent tout, — et à cause surtout de l'utilité qui pourrait en résulter pour ceux qui s'intéressent aux choses de l'esprit, et qui veulent être instruits avant de porter un jugement. C'est à ceux-là que je m'adresse, et à ceux-là seulement.

contrefaçon de matérialisme tout à fait dangereux dans ses conséquences extrêmes. Les uns et les autres en concluent, avec une indulgence qui les honore infiniment, que le système appelé philosophie positive n'est de fait qu'une spéculation extravagante, une folie bien caractérisée, en un mot, la conception maladive d'un esprit en délire. On s'est même permis, à cette occasion, toutes sortes d'aménités et d'impertinences qui ne sauraient tenir lieu de bonnes raisons. Les logiciens de profession, quand ils sont à bout d'arguments, ne trouvent rien de mieux que d'envoyer leurs adversaires à Charenton ou à Bicêtre. Cette conclusion amuse la galerie, et, quoique la tactique ait un peu vieilli, l'ignorance et la mauvaise foi l'emploient très-volontiers.

Les gens qui raisonnent ou qui déraisonnent de la sorte sur un système de philosophie qu'ils ignorent feraient peut-être mieux de s'enquérir de la valeur de cette philosophie et de sa portée. La portée en est immense, comme l'étendue; car elle embrasse les sciences et leur enchaînement, les sociétés et leur développement. Donc, rien ne lui échappe; son intervention est universelle, générale, permanente. Par la contemplation du passé, elle explique et saisit le présent; elle prévoit et prépare ce qui sera. Renonçant à la recherche de l'absolu, c'est-à-dire aux questions d'origine et de fin, inaccessibles à l'intelligence, elle s'applique uniquement à l'étude des lois et des conditions. Le relatif est son domaine; et c'est justement par là qu'elle satisfait au besoin de la raison, et qu'elle s'accommode à tous les degrés du développement humain. C'est par là aussi qu'elle a sa raison d'être, et qu'elle peut rendre compte de ses principes; double condition de vitalité, que ne remplissent pas les systèmes de théologie ou de métaphysique.

La philosophie positive n'est pas un grossier matérialisme, car, loin de donner la prépondérance au sens individuel, elle le subordonne à un être supérieur, fournissant

à la raison des règles générales qui régissent l'intelligence
et la conduite. Elle s'étend bien au delà des mathématiques ; car l'histoire et la morale ne sont point de leur
domaine, elles n'en dépendent point. Mais dans les principes de cette philosophie, la mathématique est la base
et le préliminaire de toute éducation normale. Dans le
passé, ce préambule, indispensable aujourd'hui, n'était pas
de rigueur : les esprits éminents, naturellement enclins
aux conceptions généralisatrices, n'avaient qu'à suivre dans
un ordre logique les données des hypothèses provisoires.
Entre les sciences inférieures et les sciences supérieures,
les unes en germe, les autres poussées très-loin par la
spéculation métaphysique, un abîme était ouvert, que le
temps devait combler. Or le temps a fait son œuvre, et
maintenant les voies sont ouvertes d'une science à l'autre.
Désormais toutes les sciences communiquent et correspondent, s'enchaînant les unes aux autres dans une mutuelle dépendance et une étroite solidarité ; de sorte que,
pour spéculer avec fruit sur les sujets les plus complexes,
il est nécessaire de savoir préalablement spéculer sur les
sujets les plus simples. Pour saisir le positif et le vrai en
toutes choses, l'intelligence doit faire une ascension gra-
duelle, en commençant par les mathématiques, qui sont la
base et le point de départ. « La mathématique, dit M. Littré,
« n'est qu'un rudiment ; mais, comme tous les rudiments,
« elle ne peut être omise sans dommage pour le résultat
« définitif de l'éducation philosophique. »

Nos lecteurs comprendront cela. L'astronomie ni la physique ne peuvent se passer de la mathématique, ni la chimie de la physique, ni la physiologie de la chimie, sans laquelle la nutrition, base de toute vitalité, est inintelligible.
En outre, la sociologie, c'est-à-dire l'histoire ou le développement des sociétés, repose sur une théorie exacte de la
vie. De la sorte, tout se tient dans cette hiérarchie scientifique. On voit l'ordre : science des nombres et des grandeurs,

science des phénomènes de la nature et de leurs combinaisons, science des êtres organisés ou de la vie, dont la vraie
conception est que la matière n'est pas séparable de ses propriétés, ce qui revient à dire qu'il y a relation intime entre
l'agent et l'acte, entre l'organe et la fonction; enfin, science
des sociétés qui résulte de toutes les autres et leur sert de
couronnement. Tout est embrassé par là, et M. Littré a pu
dire ailleurs, en se servant d'une image exacte, que, grâce
à la conception d'A. Comte, le circuit du monde intellectuel est fait, comme le fut jadis celui du globe terrestre par
Vasco de Gama et Magellan.

En philosophie positive, cet enchaînement des sciences
est chose élémentaire; et pourtant il a fallu une longue
suite de siècles pour le saisir et le rendre manifeste. La
science antique, considérée dans sa partie positive, se bornait aux éléments des mathématiques et à une astronomie
empirique très-élémentaire. Les essais de physique, très-
imparfaits, offraient les mêmes caractères. La médecine,
cultivée de bonne heure, suscita les premiers essais de
biologie, science des êtres organisés, des lois de leur
organisation, des propriétés et des phénomènes qui en résultent. Mais après beaucoup de travaux élémentaires,
on se trouva dans une impasse. Des siècles passèrent
et s'ajoutèrent aux siècles, et la science resta station-
naire, sans s'améliorer ni s'accroître notablement. Plus
tard, l'alchimie donna pour résultat, parmi beaucoup de
rêveries folles, des faits particuliers et intéressants, qui
préparèrent les découvertes de la chimie moderne. La sociologie avait aussi donné lieu à des essais mémorables
dans l'antiquité. La politique d'Aristote, célèbre entre
toutes, fut, jusqu'à la fin du moyen âge, la théorie sociale
la plus chère aux philosophes chrétiens.

On le voit par l'histoire des sciences : rudimentaires pour
la plupart, elles restaient isolées, sans enchaînement ni lien

visible entre les intermédiaires qui devaient concourir à la formation régulière du cycle scientifique. Cette observation est importante pour l'intelligence des diverses philosophies ; elle explique leur origine et légitime leur production. « A
« un savoir flottant et indéterminé correspond, on le com-
« prend, la multiplicité des systèmes ; et cette origine infé-
« rieure des systèmes montre, on le comprend du même
« coup, l'inanité de cet éclectisme qui, ne connaissant pas
« ce qu'il manie, se propose la tâche insoluble de faire
« avec des ébauches un tout parfait. » Cette réflexion est de M. Littré : aussi nette que juste, je ne saurais trop la recommander à ceux qui étudient l'histoire de la philosophie.

Pendant ces essais, qui préparaient l'avenir, le génie de l'humanité avait grandi ; et l'esprit humain, d'autant plus libre qu'il est moins assujetti aux nécessités de la vie, s'éleva avec la civilisation, c'est-à-dire qu'il participa à l'amélioration progressive des conditions sociales. Les mathématiques perfectionnées et étendues conduisirent à l'astronomie dynamique.

Dans les lois de la pesanteur, toute la physique était contenue. Puis vinrent successivement les problèmes plus compliqués de la chimie, et ceux plus compliqués encore de la biologie et de la sociologie : doctrine de la vie individuelle, doctrine de la vie collective.

Ici une réflexion se présente, et je ne la laisserai point échapper. Les philosophes naturalistes de l'antiquité grecque avaient deviné, par une intuition sûre, que de la contemplation de l'univers, qu'ils embrassaient dans leurs spéculations, il fallait, je ne dis pas descendre, mais s'élever jusqu'à l'étude plus complexe des corps inorganiques, des êtres organisés, de l'homme et des sociétés. Leurs études encyclopédiques, forcément rudimentaires, contenaient en germe cette évolution.

Il était réservé à A. Comte, venu en temps convenable,

d'apercevoir le lien, le plan général, de saisir les rapports et d'établir les communications. « Faire de chaque science « particulière un membre de la science générale est une « grande révolution spéculative. Ainsi au pouvoir de réalité « qui a toujours appartenu à la science particulière, s'est « joint le pouvoir de généralité qui ne lui avait jamais ap- « partenu. » Cela est vrai. Nous avions bien les sciences, non la science qui les embrasse toutes dans une conception souveraine, où le système du monde et le système de la pensée sont représentés comme indissolublement unis. Dans ce système, on le conçoit sans peine, l'histoire prend son rang et son rôle véritable. Elle n'est plus la connaissance pure et simple des événements, une œuvre d'érudition. Elle devient une théorie scientifique par la recherche des conditions et des lois qui régissent les événements et président à leur enchaînement et à l'évolution des sociétés au sein desquelles ils se passent. A. Comte a démontré dans le développement des sociétés trois phases de la civilisation, auxquelles correspondent trois caractères de la philosophie. Au commencement, c'est un système de conceptions théologiques, où les sentiments trouvent leur satisfaction ; puis intervient la métaphysique, avec ses tendances vers la généralisation et son esprit d'indépendance et de critique ; finalement, à l'impuissance où est la métaphysique de rien fonder de stable succède un système de conceptions positives, c'est-à-dire un état de plus en plus positif des notions générales, qui doit appeler un ordre nouveau, annoncé, préparé et poursuivi par la révolution moderne.

« On voit les pas, dit fort bien M. Littré : la philosophie « positive ne s'est faite que parce que l'histoire est une « évolution naturelle, et la sociologie une science. Elle « contient la raison des choses dans leurs rapports avec « l'esprit, et la raison de l'esprit dans ses rapports avec « les choses. Coupant ainsi la métaphysique par le milieu,

« elle ne lui laisse que deux tronçons désormais sans vertu,
« les causes premières et les causes finales. » Que ceux qui
s'obstinent dans cette recherche de l'absolu se tranquilli-
sent et continuent leur œuvre sans se troubler. La philosophie positive ne leur envie rien, ne leur demande rien;
et d'ailleurs il serait cruel de contrarier à plaisir les faiseurs de romans métaphysiques. Ils ont pour eux l'infini :
beau domaine d'exploitation, quoique les théologiens le
leur disputent. Mais il y a place pour tous : il ne s'agit que
de s'entendre et de s'accommoder pour le mieux. Les causes
premières et les causes finales sont des inanités qui ne
tombent pas sous l'expérience humaine, et de cette expérience la métaphysique s'inquiète aussi peu que la théologie.

Ici une explication intervient. Théologie et religion sont
choses différentes. « A vrai dire, la théologie n'est qu'un
« cas particulier dans la religion. » Celle-ci a ses racines
dans la partie morale de l'humanité; aussi est-elle antérieure à la métaphysique, née de la partie rationnelle. « La
« définition de la religion se tire de son office qui est :
« mettre l'éducation, et par conséquent la vie morale, en
« rapport avec la conception du monde, à chacune des pha-
« ses de l'humanité. » La théologie n'est donc pas inhérente
à l'idée religieuse; et à la rigueur celle-ci est indépendante
de celle-là. Ce n'est pas avec le fétichisme ni avec le natu-
ralisme pur, c'est avec le polythéisme que la théologie
commence, c'est-à-dire lors de la transformation d'un
culte primitif et grossier. La science générale, remplissant
un office religieux, doit, avec une conception nouvelle du
monde, mettre en accord l'éducation et la vie morale avec
l'univers tel qu'il nous apparaît. « La conception du monde
« se conforme nécessairement à l'histoire et à la science
« générale; des lois seules s'y montrent; il faut les con-
« naître tant pour s'y subordonner que pour les modifier
« les unes par les autres; maintenant c'est aux destinées
« sociales à se conformer à la conception du monde. »

Après avoir exposé la doctrine et marqué son rôle, M. Littré se demande en quelle condition se trouve le milieu social où elle a pris naissance. C'est de notre temps qu'il s'agit, et, pour juger notre temps, il suffit de regarder autour de nous et de méditer sur ce spectacle. Nous nous transformons évidemment, et à des symptômes infaillibles, nous pressentons un ordre nouveau, un renouvellement social, un enfantement d'où sortira l'avenir, un avenir différent du présent, mais différent surtout du passé. L'apparition même de ce système de philosophie est un signe du temps, un symptôme avant-coureur d'un autre état de choses, et la preuve certaine qu'une révolution s'accomplit, c'est-à-dire un grand mouvement général qui doit aboutir à des changements considérables dans l'ordre moral, intellectuel et social. Ce grand travail est l'œuvre du temps et l'effet inévitable de ce qui a précédé. Et ici il faut rappeler, avec Pascal, que toute la suite des hommes, pendant le cours de tant de siècles, doit être considérée comme un même homme qui subsiste toujours et qui apprend continuellement.

Nous avons recueilli l'héritage des siècles et leur expérience. Nous dressons l'inventaire du passé et de tout ce qu'il nous a légué, avec une indépendance et une spontanéité de critique, qui révèlent merveilleusement et nos besoins et nos tendances. L'agitation des esprits, leurs inquiétudes, le désir et la crainte de l'inconnu, les mille courants divers d'opinions et d'idées, tout annonce une décomposition très-avancée des vieilles croyances, une transformation rapide des conceptions scientifiques, et, pour ainsi dire, une vie nouvelle, une transfiguration de l'humanité. Depuis la Renaissance, à travers les commotions sociales et les révolutions religieuses, nous avons fait beaucoup de chemin, les yeux fixés sur un point lumineux, d'abord bien faible, et qui, grandissant petit à petit, est devenu cet éclatant soleil dont les rayons s'étendent partout : c'est la science que je veux dire.

La science a renouvelé le monde, et avec elle la conscience humaine s'est élevée. Le présent, c'est encore le
passé, en autres termes, ce qui est présentement est cela
même qui a été avant nous, et c'est précisément à cause
de cela qu'il ne nous suffit plus. De là cette anxiété, cette
gêne que nous éprouvons, et qu'éprouvent les sociétés dans
les périodes transitoires ou dans les phases révolutionnaires.
Cependant l'horizon s'ouvre et la voie se trace. Les esprits
subissent inévitablement l'influence effective du milieu ; ils
font effort pour se conformer à sa nature, ou plutôt, ils
cèdent sans résistance, entraînés par les instincts modernes,
en dépit des obstacles et des circonstances contraires. La
plupart d'entre nous semblent donner un démenti à leur
éducation, et protester en quelque sorte contre les enseignements reçus dès l'enfance ; tant le courant a de force !
Emportés malgré nous, nous descendons inévitablement
la pente qui mène à l'avenir :

Omnes eodem cogimur.

Le temps est propice et la situation favorable. Dans ces
conditions la polémique devient inutile : elle serait négative et sans issue. D'ailleurs la grande besogne de déblaie-
ment a été faite, et l'époque de préparation est passée.

Le dix-huitième siècle se fit journaliste, si je puis ainsi
dire. Il lutta sans relâche, répandant sous toutes les formes
les secrets des penseurs et les résultats de la haute spéculation. La science divulguée fut comme ces matières subtiles, dont une parcelle, jetée dans un vase, suffit pour colo-
rer toutes les molécules de l'eau qui y est contenue. Le
grand et suprême effort est fait : la lutte a cessé. Nos es-
carmouches sont à peine comparables aux traînées de feu
que laisse un grand incendie. Le libre examen a triomphé,
et sur le terrain qu'il a rendu fécond, les esprits émancipés
germent naturellement. Ce qui reste à faire, le temps le

fera : c'est un grand opérateur. Dans l'état présent, l'essentiel est de réunir les forces dispersées, en offrant aux esprits déclassés ou divisés un point de ralliement, c'est-à-dire l'unité dans une doctrine régénératrice ; car il est urgent pour la société d'arrêter les progrès visibles de la désorganisation mentale. Ce rôle appartient à la philosophie positive ; c'est elle qui doit remplir ces indications. Telle est du moins la conviction des disciples de cette philosophie.

La transformation est partout : la conscience populaire se révolte contre les doctrines de tradition. De cet antagonisme est né le socialisme, expression des souffrances et des besoins du peuple. Réforme au seizième siècle, socialisme au dix-neuvième. C'est l'élément religieux qui a cédé à l'élément philosophique. Le lien religieux est rompu, qui faisait la force des sociétés antiques et du moyen âge. Cela est manifeste depuis la Révolution. La métaphysique ayant démontré hardiment les incompatibilités qui existent entre la théologie et la science, l'athéisme se mit à la place du christianisme. Mais l'athée n'est pas un esprit véritablement émancipé ; car il explique l'essence et le commencement des choses, il a ses causes premières et sa genèse. Du reste, l'athée peut être honnête homme, et l'on en cite des exemples. Mais la conséquence vraie et directe de l'athéisme, c'est la morale de l'intérêt personnel. Cette morale n'est pas suffisante ; elle n'est pas bonne, non plus que celle des théologiens qui proposent des peines et des récompenses infinies : morale d'intimidation et d'égoïsme.

L'athéisme raisonné fut propre au dix-huitième siècle et à la Révolution française. Le panthéisme, autre forme de l'incrédulité, appartient à l'Allemagne. Diverses en apparence, les deux conceptions, athéistique et panthéiste, aboutissent à des conséquences analogues. L'une et l'autre tiennent à l'ancien parti par leur caractère théologique, par l'explication des questions de fin et d'origine, et, malgré leurs prétentions, le parti nouveau les renie. Sur l'origine des êtres et leur fin la philosophie positive n'affirme rien, ne nie rien; car de ces deux extrêmes elle n'a nulle connaissance. Le milieu seul, le relatif lui est accessible.

« L'univers nous apparaît présentement comme un en-
« semble ayant ses causes en lui-même, causes que nous
« nommons ses lois. Le long conflit entre l'immanence et la
« transcendance touche à son terme; la transcendance, c'est
« la théologie ou la métaphysique, expliquant l'univers
« par des causes qui sont en dehors de lui; l'imma-
« nence, c'est la science expliquant l'univers par des cau-
« ses qui sont en lui. » Aujourd'hui l'immanence s'impose à la foule, et la transcendance aux individus. Jadis c'était l'inverse. La société, en se transformant, subit la doctrine des lois immanentes. Les anciennes unités ont été détruites, le doute s'est insensiblement glissé touchant la conception théologique du monde. Là est la révolution réelle. « L'unité nouvelle ne saurait être retrouvée que « sous la direction de la science. Transformer la science, « de manière qu'elle ait cette fonction, est toute la philo-
« sophie positive. »

En attendant, l'ancien parti est défait. Le sceptre a été arraché à la vieille doctrine : elle tolère, et on la tolère. Le catholicisme et le despotisme, le principe théologique et le principe monarchique, réputés d'origine divine, subissent à leur côté les sectes et les partis, la dissidence et l'opposition, l'hérésie et le socialisme. La religion et la politique ont beau garder les noms et les formes d'autrefois : l'unité leur manque. Elles périront à cause de cela.

La lutte de tous ces éléments constitue la Révolution. Mais la Révolution elle-même est incompatible à bien des égards avec les tendances de l'esprit moderne : du passé dont elle émane, elle a conservé beaucoup de restes. C'est à la fois une révolte et un compromis, c'est-à-dire quelque chose de transitoire. Elle n'a point de dogme qui lui soit propre; par conséquent, point d'unité. Dans son

sein s'agitent toutes les sectes, et tous les systèmes se heurtent. « Pendant ce temps, le terrain se dérobe sous les
« pieds des combattants, et tout converge vers la concep-
« tion positive du monde. Là seulement, dans le déclin de
« l'autorité surnaturelle, est une nouvelle autorité qui n'est
« ni en contradiction avec les choses comme la théologie,
« ni arbitraire et systématique comme la Révolution. Autour
« d'elle tout se range, tout se classe, tout se subordonne. »

La philosophie positive n'est autre chose que la conception moderne du monde. Cette conception embrasse toutes
choses, les sociétés comme le reste. Elle élimine les interventions transcendantes, range le développement social
dans la catégorie des autres phénomènes naturels, et le
soumet à l'empire des lois immanentes. Auguste Comte a
démontré que les sociétés passaient successivement par
trois phases : état théologique, état métaphysique et finalement état positif. Ce fait transformé en principe est devenu la loi de l'histoire.

M. Littré admet cette loi empirique. Mais il a cherché
une loi rationnelle, et il a trouvé dans l'histoire des sociétés
quatre âges fondamentaux qui sont autant de degrés du
développement ou de civilisation : la satisfaction des besoins
et l'exploitation de l'utile, puis la religion et la morale;
troisièmement, le sens et la culture du beau, et finalement la science.

M. Littré n'a pas suivi A. Comte dans sa série sociologi-
que. Il ne l'a pas suivi non plus dans ses illusions, je veux
dire que M. Littré n'est pas de ceux qui s'imaginent qu'Auguste Comte n'a laissé rien à faire après lui, et qu'il a accompli l'œuvre des siècles. L'édifice religieux et social de
l'avenir est le travail des générations futures : c'est à elles
qu'il est réservé de tirer toutes les conséquences de la
doctrine. La gloire d'Auguste Comte a été d'établir, sur
une classification vraie des sciences, la démonstration

d'une loi dans l'histoire, et d'avoir ruiné à jamais le surnaturel et les interventions transcendantes. Dans la philosophie générale qu'il a fondée, on trouve un idéal, une religion, une éducation, une morale, une politique, tout ce qui peut répondre aux besoins de ces peuples d'Occident, par lesquels la civilisation se fait, et qui, par la science et le travail industriel, se détachent de plus en plus des vieilles doctrines, c'est-à-dire de l'ancienne conception du monde.

La philosohie positive, née des tendances de l'esprit moderne, peut compter sur l'avenir. Elle émane de la science et de l'histoire; elle a pour elle l'expérience et la raison de tous les temps. Des écrivains de mérite, en France, en Angleterre et ailleurs, ont propagé les doctrines de la philosophie positive, et leur succès témoigne des bonnes dispositions de l'esprit actuel pour les enseignements de cette philosophie. Présentement, ceux qui se vouent à cette tâche sont désintéressés, et n'ont d'autre vue que le bien général et la préparation d'un avenir meilleur; trouvant leur récompense et leur encouragement dans le travail qu'ils font et dans le but qu'ils poursuivent.

M. Littré est au premier rang parmi les propagateurs de la philosophie positive. Les services qu'il lui a déjà rendus sont immenses, et ce n'est pas un petit avantage pour une doctrine naissante que d'être recommandée par un homme dont le nom signifie : talent de premier ordre, savoir infini, probité inflexible.

II. — M. Littré.

Puisqu'il est ici question de M. Littré, et que beaucoup de bruit s'est fait autour de son nom, disons quelques mots de l'homme, en prenant pour guide la notice de

M. Sainte-Beuve (1), dans laquelle l'auteur a, sans dessein apparent, donné une excellente leçon de tolérance à ceux que leur ardeur emporte bien au delà des limites du vrai et du juste. Tout en accomplissant une œuvre de justice, il a protesté contre le faux principe d'appréciation qui tend à prévaloir à l'Académie française, et qui, s'il devait s'établir définitivement, aurait pour effet inévitable de repousser de l'Académie les hommes de lettres dont les convictions scientifiques, politiques ou philosophiques n'admettent point ces tempéraments que chérissent les habiles.

On a de la peine à comprendre qu'une compagnie dont la fonction est de maintenir les traditions de la littérature et de surveiller l'évolution de la langue nationale s'informe, avant d'ouvrir ses portes à un candidat, de sa manière de voir sur les choses qui ne sont point de ce monde. La *Notice* de M. Sainte-Beuve prouve qu'il y a des membres de l'Académie qui pensent exactement comme le public. Prise ainsi, cette notice a toute la force d'une protestation.

Le biographe prend M. Littré dès son enfance. Il le montre issu de parents de forte race, puisant dans la maison paternelle des principes solides d'instruction et d'éducation ; dressé de bonne heure au labeur assidu, entouré d'amitiés qui l'ont suivi jusqu'à l'âge mûr, amassant toutes les connaissances qui ont fait de lui un savant à part, préludant, par des essais remarquables, aux deux grands monuments de son existence, l'*Hippocrate* (2) et le *Dictionnaire de la langue française* ; cherchant une diversion à ces travaux d'érudition patiente, dans des exercices moins

____

(1) *Notice sur M. Littré, sa vie et ses travaux*, par C. A. Sainte-Beuve. Paris, 1863, in-8, 107 pages.

(2) *Œuvres complètes*, traduction nouvelle avec le texte grec en regard, accompagnée d'une introduction, suivie d'une table. Paris, 1839-1861, 10 vol. in-8º.

pénibles, enfin, distribuant à pleines mains les trésors d'un savoir en quelque sorte universel, et capable de faire la fortune d'une douzaine de savants ordinaires.

Il faut convenir qu'un tel sujet se prête singulièrement au panégyrique. Mais la *Notice* n'est ni un panégyrique ni une apologie. M. Sainte-Beuve s'est borné à exposer les titres et les rares qualités d'un homme qu'il prise très-fort, mais qu'il juge finement et avec pleine justesse. Il a parfaitement compris ou deviné, à mon sens, cette nature de savant et d'homme de lettres, né pour la spéculation, tout entier à ses livres, étranger aux choses de la vie courante, d'une capacité prodigieuse, et d'une initiative restreinte, amoureux de la ligne droite en tout, rigide en un mot et inflexible, souverainement bon et d'une sensibilité qui va parfois jusqu'à l'inspiration poétique, et parfois jusqu'à la naïveté enfantine.

Rien de plus difficile d'ailleurs que de peindre, tel qu'il est, un homme qui réunit en lui je ne sais combien de riches éléments, et qui reste avec cela incomplet ou inachevé, si toutefois ces deux termes rendent bien ma pensée ; car, loin de chercher à l'amoindrir, je voudrais constater en lui la force de cohésion ou de concentration qui coordonne et organise. Embarrassé de son savoir, M. Littré a cherché longuement et enfin trouvé un système qui, disciplinant à la fois ses facultés et ses connaissances, lui a tracé la voie et montré la direction. C'est par conviction autant que par nécessité qu'il a adopté le système de philosophie positive d'Auguste Comte.

M. Sainte-Beuve remarque avec beaucoup de sens qu'un tel maître ne méritait peut-être pas d'avoir un tel disciple. Il est possible, en effet, qu'un tel disciple ait beaucoup contribué à donner au maître du relief et de l'importance, au delà même du nécessaire. Mais il est certain qu'en se proclamant disciple de Comte, M. Littré a obéi à sa vocation, et qu'en donnant satisfaction à sa conscience et aux sentiments de son cœur reconnaissant, il l'a donnée aussi à la vraie nature de ses aptitudes. Son esprit est comme le silex, qui recèle le feu ; frappez-le, et du choc jailliront mille étincelles. Doué comme il est, jamais il n'aurait eu lui-même de disciples. La puissance active est chez lui à une grande profondeur, et son œil, si vif, regarde pour ainsi dire en dedans. Évidemment cet homme est né pour la contemplation ou pour l'étude. Le monde tel qu'on l'a fait n'a rien à craindre de lui. Il n'est pas agressif, n'attaque, ne provoque jamais, ne répond pas même aux provocations. Il a, pour justifier cette longanimité, des raisons qu'il tire de son système, et qu'on trouvera développées et appliquées dans son dernier volume sur Auguste Comte (1).

M. Littré reproche, par exemple, à son maître, d'avoir blâmé, publiquement, dans un discours funèbre, la conduite de son ancien ami de Blainville. Il observe, avec raison, que le philosophe n'avait pas le droit de blâmer solennellement le naturaliste, puisque ce dernier était mort en bon catholique, en dehors par conséquent de cette religion universelle dont Auguste Comte s'était déclaré le grand prêtre. La remarque a sa valeur ; et M. Littré, qui tire en toute circonstance profit du système, soit pour régler ses pensées, soit pour diriger sa conduite, a cru à tort ou à raison qu'il ne devait point répliquer à des attaques venues d'un camp où les idées philosophiques ne sont généralement pas en honneur.

Peut-être a-t-il bien fait de garder le silence. Peut-être aussi que ceux qui l'ont dénoncé comme un homme dangereux, sans avoir aucune espèce de juridiction sur lui, feraient bien de leur côté de mettre à profit cette leçon de logique, qui est en même temps un exemple de tolérance.

Quant à M. Sainte-Beuve, qui appartient à la grande école, à l'école vraiment française du sens commun, il a

(1) *Auguste Comte et la Philosophie positive.* Paris, 1863, 1 vol. in-8°.

bien mérité de la critique indépendante, en mettant en lumière cette physionomie originale et presque singulière. « Dans ce dix-neuvième siècle, qui sera réputé en grande partie le siècle du charlatanisme littéraire, humanitaire, éclectique, néocatholique et autres, et où c'est généralement à qui fera le plus valoir sa marchandise, ces sortes d'hommes originaux et singuliers sont une exception criante : ils sont tout le contraire du charlatan. Ils enterrent tant qu'ils peuvent leur mérite, et quand, à la fin, par la force des choses, il sort de terre, ils n'y mettent aucune enseigne et jamais une lanterne, ni un bec de gaz à côté, ni le moindre transparent. »

Cette raison en vaut bien d'autres.

M. Sainte-Beuve, qui n'a pas de plus grande passion que la curiosité, a fait mieux cependant qu'une curieuse étude. Il a rendu justice, sans enthousiasme, sans emphase, et même sans amertume. Aussi sa *Notice* ne ressemble en rien à ces oraisons épiscopales qu'il est arrivé de prononcer pompeusement sur des morts qui ressuscitent fort à propos pour se moquer de l'orateur et de sa rhétorique.

III. — Auguste Comte.

Et maintenant que nous avons dit notre pensée sur le disciple, examinons en médecin observateur et dégagé de tout préjugé de secte la vie et les conceptions du maître.

M. Littré a publié un volume sur Auguste Comte et la philosophie positive (1).

De l'auteur de cet ouvrage nous n'avons plus rien à dire. Dans ce volume et ailleurs, nous avons souvent rendu justice à son savoir, à son mérite, à son caractère, et nous n'avons pas dissimulé ses imperfections : tout cela sans envie de plaire ni crainte de déplaire. Nous ne parlerons que du héros et du sujet de ce livre : d'Auguste Comte et de la phi-

(1) *Auguste Comte et la Philosophie positive*, 2e édition. Paris, 1864, 1 vol. in-8 de XI-687 pages.

losophie positive. Et tout d'abord nous constatons comme un symptôme de quelque valeur le succès d'un ouvrage qui ne s'adresse point aux affligés et déshérités de ce monde, et qui n'est certes pas une réhabilitation de cet idéal dont on revendique les droits au nom de je ne sais quelle théorie religieuse, et d'un nouvel Évangile.

La vie d'Auguste Comte pourrait être qualifiée ou caractérisée par le même terme dont il s'est servi lui-même pour distinguer de tous les autres son système de doctrines. Le positif y domine, ou le réalisme, comme disent les artistes qui font à leur insu de la philosophie positive en peinture : ni l'idylle ni l'églogue n'y sauraient trouver place. Ce docteur n'était ni charmant ni aimable; et dans son catéchisme (il en a fait un), essentiellement prosaïque, on ne trouvera aucune concession à l'art ni à la poésie. Ce mathématicien bourru ne sacrifiait point aux grâces. Contemplateur de sa propre pensée, et cherchant toutes ses satisfactions dans un cercle très-étroit, dont il était lui-même le centre et la circonférence, il vécut obscurément, soutenu dans son existence laborieuse par les deux sentiments qui animent tous les chefs et fondateurs d'école ou d'église : l'orgueil et l'espérance.

Ces dogmatiques ont un puissant ressort de vitalité : c'est une confiance infinie en eux-mêmes. Mécontents du présent, lorsque des doutes s'élèvent sur leur infaillibilité, ils comptent sur l'avenir; et, en attendant que la mort les consacre pour le culte ou l'adoration, ils se font prophètes et législateurs, léguant aux disciples le soin de l'apothéose. Ni le cerveau ni le cœur de ces dieux futurs ne sont faits comme ceux des simples mortels. Auguste Comte, qui était évidemment de cette race, n'admirait guère que les productions de son intelligence. Il vivait intellectuellement de sa propre substance, et ne prodiguait point l'affection. On pourrait croire qu'il n'aima jamais personne. Ce qu'il demandait à ses fidèles et dévots, c'était moins la tendresse que le respect et la vénération. Avec sa forte volonté et sa ténacité maniaque, il obtint à la longue ce qu'il désirait. Il fut de son vivant vénéré, adoré, adulé par les membres respectueux de sa petite congrégation.

Cet homme, qui ne saurait, même après sa mort, inspirer le moindre sentiment de sympathie à quiconque a le cœur sain et l'esprit droit, cet homme, qui n'était pas bon, était né pour être chef de secte. Il faut avoir entendu ses disciples les plus dévoués et les plus bornés pour se faire une exacte idée de son ascendant souverain. Pour la plupart d'entre eux, le culte de sa mémoire est une véritable religion. Après avoir étudié comment finissent les dogmes et les systèmes, il serait opportun d'examiner comment ils commencent, en prenant pour texte et sujet d'étude la philosophie positive et son fondateur.

Dans l'ouvrage que nous analysons, sans nous astreindre, bien entendu, à suivre l'auteur dans ses appréciations, et en réservant les droits du libre examen, ce chef d'école, dont les admirateurs font un génie transcendant, un Aristote ou un Newton, nous apparaît en réalité comme un fou méchant et malveillant, dont un orgueil formidable avait brouillé le cerveau, jusqu'à le précipiter dans la manie théocratique, la plus triste de toutes, la plus ridicule aussi, et la moins excusable chez un philosophe. Dans un panégyrique du maître, publié depuis trois ou quatre ans et récemment réimprimé, par un disciple d'une foi inébranlable (1), on voit que ce même fondateur de secte, qu'on nous donne pour un saint, — le mot y est, — en sortant de l'égoïsme pour entrer dans l'*altruïsme* (c'est le patois de l'école), avait si docilement suivi la pente de ses pen-

_____

(1) Ce gros volume est, à mon avis, ce qu'on a publié de plus instructif et intéressant sur A. Comte. Il abonde en révélations très-curieuses, et renferme des documents précieux. L'auteur parle comme un évangéliste. Il n'a rien de commun avec M. Littré, très-malmené par cet apôtre d'un zèle que rien n'arrête, non pas même le sentiment du ridicule.

chants naturels, qu'il se trouva tout d'un coup, à l'âge mûr, en plein érotisme mystique.

A. Comte, qui imaginait volontiers des principes et des théories pour justifier sa conduite privée, prétendit à la fin que le sentiment doit prévaloir sur la raison, et en conséquence il se revanchait plus tard de l'abstinence à laquelle, durant la première et la plus longue partie de sa vie, la raison chez lui avait condamné le sentiment. Notre philosophe, qui passait tout doucement grand prêtre, ne voulut point d'une religion sans amour, et il eut sa Béatrix, qu'il n'alla pas, à l'exemple du Dante, chercher dans l'autre monde.

Son érotomanie n'était point du tout idéale. Nous avons ses lettres, ses confidences intimes, les aveux écrits de ses joies et de ses peines d'amour. C'est à ses disciples les plus dévoués qu'on est redevable de toutes ces révélations, plus affligeantes que curieuses. Et il ne faudrait pas croire que les disciples aient rien imaginé, rien inventé. Leurs assertions les plus étranges reposent toutes sur des pièces authentiques, sur des textes autographes et irréfragables. Orgueil sans égal, folie radicale, ambition titanique, amour insatiable, passion insensée de la domination, mysticisme érotique, infaillibilité pontificale, tout cela est signé de la propre main du fondateur de la religion universelle et du grand prêtre de l'humanité. Il est lui-même l'auteur des certificats singuliers dont nous devons communication à ses dévots, et qui recommandent très-particulièrement sa mémoire, ses écrits et sa conduite à l'attention des médecins d'aliénés.

La folie, chez Auguste Comte, était à l'état chronique et, partant, incurable. Les intervalles lucides ou, pour mieux dire, en termes techniques, les intermittences et rémissions apparentes, étaient remplies par le délire des persécutions dans la première période, et dans la seconde par le délire mystique. Ces divisions et distinctions ne sont point arbitraires, et il n'est que juste de faire deux *parts* de la vie de Comte, de même qu'il faut faire de son œuvre.

La philosophie positive appartient à la première période (1). L'ébauche du système coïncide avec les prodromes d'une folie furieuse, qui éclata au moment même où la conception philosophique prenait corps dans la tête du fondateur. Une prédisposition native, la culture des mathématiques dès l'enfance, l'influence de Saint-Simon, et un concours de circonstances générales et particulières : telles furent les causes efficientes, occasionnelles et prochaines de cette crise mentale, dont le traitement tout à fait extraordinaire ne nous paraît pas plus raisonnable que celui qui fut suivi dans la dernière maladie du philosophe.

On nous parle d'une guérison définitive, d'un rétablissement complet, d'un retour à la raison. Mais un résultat aussi satisfaisant était-il possible à la suite d'un traitement qu'aucun médecin spécialiste ne voudrait approuver? Et pouvait-on d'ailleurs compter sur la cure d'un malade dont la nature et le genre de vie étaient également incompatibles avec la santé cérébrale? Les lettres d'Auguste Comte, sans parler de ses œuvres, sont pour nous des témoignages irrécusables, que ne sauraient infirmer les assertions et interprétations bienveillantes des témoins de sa vie et de ses disciples les plus dévoués. On aura beau invoquer la logique des principes et les convictions intimes, inébranlables d'un homme qui ne douta pas un instant de lui-même; on ne persuadera jamais à un homme de sens, et encore moins à un médecin instruit de la marche et des phénomènes de l'aliénation mentale, que le cerveau d'A. Comte était sans lésion.

Remarquons que l'organisation physique et morale du personnage n'était aucunement dans les conditions requises pour vivre de la vie sociale. Il dit quelque part et très-jus-

(1) *Cours de philosophie positive.* 1re édition, Paris, 1830-1842. — 2e édition, augmentée d'une introduction par E. Littré, et d'une table alphabétique des matières. Paris, 1864 ; 6 vol. in-8º.

tement que, de même que son esprit, son caractère était
tout spéculatif. Pour la première fois peut-être ces deux
mots se trouvent ensemble ; et l'étrangeté même de cette
alliance de mots donne plus de valeur et un sens plus net
à la formule. Qu'est-ce qu'un homme qui rompt avec ses
bienfaiteurs, parce que ceux-ci ne se trouvent pas en mesure ou ne jugent pas à propos de lui continuer leur assis-
tance ? Qu'est-ce qu'un savant, un philosophe, qui fait
appel à la charité du prochain, et qui exige comme une ré-
tribution obligée, comme une dette, un don purement
bénévole ? Et que dirons-nous de ces emprunts forcés, de
ces tributs prélevés sur les fidèles, de ces contributions di-
rectes et indirectes périodiquement imposées dans les cinq
parties du monde, et de ce denier de Saint-Pierre du nouveau pontife ?

Je sais bien que toute cette économie financière se justifie
par des principes philosophiques, et qu'en réclamant des
siens ce qu'il croyait qui lui était dû, le maître ne faisait
que réduire sa théorie en pratique. Mais ce qu'on ne saurait contester, c'est l'aberration ou l'absence du sens
moral d'un homme qui abjure aux yeux de tous le sentiment par excellence, celui de la dignité personnelle. Je ne
veux point chicaner, en disant que si Auguste Comte jouis-
sait de sa pleine raison, il n'était qu'un fourbe ou un charlatan. Écartons ces gros mots, qui ne sont pas applicables
au sujet, et restons sur le terrain de la psychologie, c'est-
à-dire, ici, de la médecine mentale.

Auguste Comte, dominé par les habitudes de l'esprit
mathématique, part de la spéculation pure, et, s'aidant
d'essais antérieurs, il tente à son tour une classification des
connaissances, au bout de laquelle il voit une méthode,
c'est-à-dire tout une philosophie, car à ses yeux la méthode
était l'essentiel dans le système, et l'emportait même sur les
doctrines.

Cette façon de raisonner ou cette manière de voir n'était pas nouvelle. Descartes ne pensait pas autrement, comme s'il avait pressenti que, de tout l'échafaudage de son système, la méthode resterait un jour seule debout au milieu des ruines. Mais Descartes n'enlevait rien au domaine de la philosophie. Il laissait à l'esprit humain pleine et entière liberté de spéculation. Comte, au contraire, retrancha du monde philosophique les zones brumeuses et hyperboréennes, et ne voulut rien entendre aux questions de fin et d'origine; imitant en cela nombre de penseurs qui ont voulu contenir l'intelligence dans les limites du concret et du relatif.

Jusque-là, rien de bien nouveau. Cette révolte contre les prétentions de la théologie et les rêves de la métaphysique est contemporaine des premières tentatives d'émancipation scientifique. Vingt-deux siècles avant Buffon, Démocrite d'Abdère s'appliquait à voir les choses telles qu'elles sont dans leur réalité. Il entra l'un des premiers dans la voie véritable de la philosophie naturelle ; et le premier, au jugement d'Aristote, il cessa de rêver ou de plaisanter, et ne raisonna que d'après les faits, en cherchant les rapports des phénomènes.

La méthode scientifique est d'antique origine, et ceux qui en firent les premiers essais ne cherchèrent point l'explication de la nature en dehors de l'univers. La doctrine des éléments, la cosmogonie des anciens philosophes naturalistes, qui étaient les savants de l'antiquité, n'avait rien de commun avec les systèmes de théogonie ou de théologie mythique. La métaphysique, au contraire, considérée comme science des causes transcendantes ou surnaturelles, émanait évidemment des théogonies, et, par le mysticisme, le piétisme, le déisme et l'athéisme, elle attesta plus tard son origine. Mais la méthode scientifique, la philosophie naturelle ne devait absolument rien à cette métaphysique, rien à la théologie. Aristote généralisa prématurément, cela est incontestable ; mais n'était-il pas en possession de la saine méthode de philosopher, et n'avait-il pas eu des prédécesseurs ?

Inutile de descendre le courant des siècles, pour noter à mesure les représentants de cette méthode : les noms et les dates sont présents à l'esprit de tout homme instruit de l'évolution des choses humaines. L'essentiel, ici, c'est de reconnaître que l'intelligence humaine, dans l'étude de la réalité et dans la recherche du vrai, n'a point été successivement et graduellement, de la théologie à la métaphysique, et de celle-ci à la science. La gradation imaginée par Auguste Comte, si ingénieuse qu'elle puisse paraître, n'est point d'accord avec les faits et ne peut pas plus se soutenir que celle qu'on a imaginée avant lui pour expliquer comment l'esprit humain, passant tour à tour par le spiritualisme, le sensualisme, le mysticisme et le scepticisme, devait finalement profiter et se consoler de ses erreurs dans l'éclectisme, qu'on lui assignait comme un port de salut, un lieu de repos et le terme suprême de la sagesse.

Elle n'est pas plus soutenable en histoire, cette autre opinion d'Auguste Comte, suivant laquelle l'humanité passe successivement de l'état théologique à l'état métaphysique, et de celui-ci à l'état positif. Je sais bien qu'on invoque, à l'appui de cette théorie séduisante, le développement même et la succession ou l'enchaînement des connaissances humaines. Mais, outre que la classification de Comte n'est point irréprochable ni définitive, de l'aveu même des disciples les plus éclairés, car elle est réductible et modifiable ; il resterait encore la difficulté à peu près insurmontable d'associer en système des lois de diverse provenance, qui résument ou expriment des faits en quelque sorte incompatibles, *dissociabiles*, comme auraient dit les Latins : de sorte que la théorie pèche par la condition fondamentale, à ne la prendre que par le côté spéculatif.

Que si de la spéculation et de la théorie on descend à la réalité, à l'expérience, l'illusion devient alors manifeste, et tout esprit non prévenu reconnaîtra, sans peine, que la loi empirique, dont on a fait un si grand bruit dans l'école de la philosophie positive, n'est point du tout l'expression de la réalité historique ou la formule de l'histoire. L'école de Comte glorifie le moyen âge, admet comme un progrès l'association monstrueuse des dogmes théologiques et métaphysiques, honore la féodalité, absout l'autocratisme théocratique et réprouve le triple mouvement de négation et de protestation qui a sauvé le monde moderne : RENAISSANCE, RÉFORME, RÉVOLUTION.

Ce qu'Auguste Comte admirait le plus, c'était le catholicisme avec sa puissante organisation. Ce qu'il enviait le plus, dans ses rêves de despotisme dogmatique, c'était la reconstitution d'une catholicité occidentale, dont son système eût été le catéchisme et le code, dont lui-même eût été le maître souverain, le pontife, le pape. Dante était le poëte de prédilection de ce théocrate, qui proposait au monde moderne l'adoration et le culte de l'humanité.

Tel était le dogme fondamental de ce qu'il appelait la religion universelle.

Cette conception religieuse est d'une grande originalité, et bien propre à séduire les naturalistes, physiologistes et anthropologistes qui tiennent ferme pour l'unité contre la multiplicité des espèces. Convertissez les hommes de toute couleur et de tous pays au culte de l'humanité, et, lorsque la conversion sera générale, lorsque l'humanité vivante aura consenti à honorer religieusement, et en communion de croyances, l'humanité morte, il sera empiriquement ou expérimentalement démontré que tous les hommes sont de la même espèce et de même origine.

Cette démonstration empirique vaudrait à coup sûr celle qu'Auguste Comte a cherchée et a cru trouver dans l'histoire, à l'appui de son système.

On nous dit que la tête du philosophe était saine, lorsqu'il élaborait son cours de philosophie positive. Il est de fait que les idées s'enchaînent assez logiquement tant qu'il reste dans le monde inorganique, c'est-à-dire dans les connaissances mathématiques et physiques. Mais, dès qu'il touche aux phénomènes du monde organique, la démonstration faiblit; il descend au lieu de s'élever, en passant de la chimie (science de transition) à l'étude de l'organisation animale, et de celle-ci à l'organisation sociale qu'il appelle sociologie, en usant d'un terme hybride.

La conception qu'Auguste Comte a réduite en système, pour expliquer l'univers et les êtres, a plus de force que d'originalité; elle se distingue par une grande puissance de démonstration. Mais dans l'étude des phénomènes complexes, dans la détermination de la loi de l'animalité et de la loi de l'humanité, Comte fléchit visiblement et prouve avec évidence qu'il s'entendait à classer et coordonner, non à organiser. Logicien exercé et purement spéculatif, il a eu le sort de tous les théoriciens qui partent des mathématiques pour aboutir à la réalité vivante.

La *Politique positive*, œuvre de ses dernières années, est un monument de déraison, un témoignage de plus de son incurable folie. De même, sa *Synthèse subjective*.

Les vrais disciples, les fidèles admirent ces deux derniers ouvrages, bien plus encore que le *Cours de philosophie positive*. Comme solidité, tout cela est bien inférieur à la métaphysique et à la république de Platon, et surtout bien moins amusant. Mais les disciples orthodoxes admirent et s'inclinent, sans trop comprendre, *ac minus credunt si intelligunt*, a dit fort sensément Pline.

Les dissidents au contraire, ceux qui ne veulent point endosser toutes les sottises du maître, et qui, sur leur déclin, écrivent leurs rétractations, les dissidents rejettent ces deux ouvrages des dernières années, et n'admettent que le symbole pur de la philosophie positive, sans corollaires ni applications. Ils prétendent, pour justifier leur résistance, que dans ces derniers ouvrages le maître est en contradiction avec lui-même, et qu'il altère visiblement et sa conception primitive du monde et sa conception de l'humanité et de son évolution historique.

Ces dissidents n'ont pas tout à fait tort ; mais ils ne semblent pas se douter que le maître, qui s'était d'abord contenu dans le domaine de la science générale, de la philosophie scientifique, devait forcément glisser, rien qu'en suivant son inclination et sa pente naturelle, dans le mysticisme et la théocratie. Comte, de même que Saint-Simon et ses maîtres, cherchait l'absolu, et son idéal à lui était une société organisée d'après ses vues, obéissant à ses principes philosophiques et soumise à l'autorité de ses dogmes. Ne pouvant être roi ou empereur, il voulut être pape, et se proclama le pontife ou le grand prêtre de sa religion.

En prenant ce nouveau rôle, il n'était point inconséquent, quoi qu'en disent les hérétiques de sa communion. Il se conformait au contraire aux principes de sa philosophie, et suivait les impulsions de sa nature. Tout comme Ramon Lull, il voulait que tous les hommes, admettant une conception unique et uniforme du monde, fussent aussi en communion de sentiments. Ayant cherché la base de sa philosophie dans l'ordre des connaissances et des lois dont elles sont l'expression, il avait trouvé le fondement du dogme. Mais, si solide que lui parût cette base, il comprit qu'on ne doit pas bâtir une église sur un terrain aussi aride, et l'amour prit finalement la place de l'ordre.

Comte, qui n'avait guère vécu jusque-là que par la raison, non sans en abuser jusqu'au point de la compromettre, entra résolûment dans la pratique de la nouvelle théorie, et dans cet exercice bien moins difficile que le précédent et beaucoup plus doux, il se compléta et se perfectionna. Il eut alors, soit dit sans allusion plaisante et sans figure, des retours de jeunesse. Et ce fut la seconde phase de sa folie.

Dans la première période, c'était le cœur qui avait man-

qué à l'esprit ; les fonctions cérébrales et la vie de sentiment n'étaient point en équilibre, et à la suite de ce désaccord éclata la folie. Dans la seconde période, la vie affective
prévalut avec exagération sur les fonctions supérieures ou
de l'intelligence, et l'aliénation mentale prit une autre
forme. L'équilibre étant rompu entre les deux éléments de
la vie de relation, il n'y eut qu'interversion des rôles ; à
l'aberration de la raison, qui persistait, succéda l'aberration
des instincts et des sentiments, qui finit par prévaloir, et la
maladie parcourut ainsi toutes ses périodes.

A mesure qu'Auguste Comte se sentait plus parfait et plus
complet, comme il dit, la maladie suivait son développement inévitable, et vint un moment, où, suivant l'expression en usage, l'observation fut complète.

Les médecins qui saisissent des rapports intimes entre la
philosophie positive et la médecine, ne savent pas malheureusement combien ces rapports sont nombreux. Auguste
Comte est un sujet très-singulier d'observation pour la pathologie cérébrale ou mentale ; et il est vraiment étonnant
que, parmi ses disciples, qui sont en grande partie médecins, aucun n'ait essayé une appréciation médicale du système.

Comte avait des prétentions extraordinaires et des doctrines très-arrêtées en physiologie et en pathologie. Dans ses
volumineux et lourds écrits, il y a des théories très-neuves
sur les manifestations vitales en santé et en maladie, tous
les éléments d'un système de doctrines médicales. Comte
traite dogmatiquement de toutes les parties de la médecine,
et même de la thérapeutique. Rien ne serait plus intéressant que de présenter en un ensemble ses principes, ses
préceptes et ses aphorismes de pathologie générale. Si j'a-
vais le bonheur d'être encore sur les bancs de l'école, je
n'hésiterais point à traiter ce sujet tout neuf dans une thèse.

Les idées médicales d'Auguste Comte sur le système nerveux en général et les fonctions cérébrales en particulier ne

sont pas d'ailleurs tout à fait indignes d'attention, à cause précisément de leur étrangeté. Quant à ses doctrines en pathologie spéciale, elles sont d'une extravagance rare. Et pourtant, même dans cette partie, des disciples médecins ont pris au sérieux les doctrines du maître. Un des biographes d'Auguste Comte, un de ses treize exécuteurs testamentaires, un docteur en médecine d'une Faculté française, a raconté en grand détail la dernière maladie du grand prêtre de l'humanité, et, dans son exposition très-minutieuse, il a suivi strictement la doctrine médicale du maître. On ne recueille point de ces observations-là dans la pratique civile, non plus que dans les services des hôpitaux.

Ce fait prouve qu'il n'est point de sottise qui ne reçoive accueil, lorsqu'elle est savamment encadrée dans une exposition dogmatique.

Ce qu'il y a de certain, c'est que bon nombre de médecins de notre génération semblent très-disposés à s'accommoder d'un système qu'ils ne connaissent pas évidemment à fond, et qu'ils adoptent de confiance comme la meilleure des philosophies, séduits qu'ils sont par la bonne foi et le zèle de propagande de quelques savants sincèrement convaincus, qui, tout en travaillant au service de l'art médical, renversent, sans y penser, les principes essentiels et les méthodes fondamentales de la médecine, pour y substituer, sous prétexte de simplification, un grossier matérialisme.

En adoptant le système de la philosophie positive, les médecins se montrent plus faciles que les mathématiciens. Ceux-ci, sauf quelques rares exceptions, sont unanimes à rejeter un ensemble de doctrines dont la science mathématique est pourtant le point de départ. Espérons que la lecture attentive du livre qui nous inspire ces réflexions détachera les médecins du système de Comte, et les ramènera à la philosophie du sens commun. C'est dans la médecine elle-même qu'il faut puiser les principes de la saine philosophie médicale (1).

IV. — Conclusion.

Pour clore cette étude sur la philosophie positive, nous reproduisons ici, par manière de supplément, deux pages de critique écrites depuis sept ans environ, moins en vue de justifier notre opinion, ou si l'on veut, nos opinions à l'égard de cette philosophie (car nous convenons volontiers qu'elle nous a séduit pendant deux ou trois ans), qu'afin de montrer la conduite des philosophes officiels, par rapport à tout système philosophique qui peut contribuer à ruiner leur autorité si compromise.

Copie d'une lettre écrite à M. A. F..., de l'Institut, le 21 décembre 1857.

« Monsieur,

« Dans vos articles sur A. Comte, vous avez montré le thaumaturge et ses rêveries mystiques, sans rien dire du philosophe. C'est un péché d'omission que je ne puis pas vous pardonner. Je vous pardonne encore moins d'avoir jeté le ridicule sur la mémoire d'un mort, d'avoir fouillé dans sa vie privée, d'avoir étalé toutes ses faiblesses, toutes ses misères, de n'avoir rien oublié, en un mot, de ce qui pouvait se taire sans manquer à la vérité et aux convenances. Vous avez prodigué les révélations et les confidences inutiles; vous n'avez rien négligé pour vous faire lire, pour divertir, amuser et réjouir vos lecteurs.

Si vous ne prenez pas A. Comte au sérieux, pourquoi lui consacrer tant de colonnes dans le *Journal des Débats*? S'il était réellement fou, pourquoi le traiter sans ménagement, et qu'était-il besoin de troubler son repos ? J'ai cherché un bon sentiment dans vos articles, et je n'y ai trouvé ni pitié, ni justice, ni charité, ni tolérance. Quel intérêt aviez-vous donc à présenter A. Comte sous de si tristes couleurs? Je crois avoir deviné le vrai motif de cette répugnance, de cette profonde antipathie qui vous rend impitoyable. Vous ne cessez de répéter que Comte était matérialiste et athée. Vous ne nous avez rien appris de nouveau. A. Comte était tout cela ; mais il ne le cachait point ; il avait fait cent fois sa profession d'incrédulité, et je la crois plus sincère que certaines professions de

(1) M. Littré voudrait bien que l'on reconnût à son maître des qualités d'écrivain, satisfaction qu'il obtiendra difficilement. Comme échantillon du style de Comte, il cite un passage où il est parlé du *vulgaire des rois.* Mais cette expression est de Voltaire : « Autant il faut connaître les grandes actions des souverains qui ont rendu leurs peuples meilleurs et plus heureux, autant on peut ignorer *le vulgaire des rois*, qui ne pourrait que charger la mémoire. » Voltaire, *Essai sur les mœurs et l'esprit des nations.* Avant-propos, t. XVI, p. 300 des *Œuvres complètes*, édit. de 1785, in-12.

foi. Cette franchise brutale vous étonne et vous déplaît. Moi, je l'approuve, et je voudrais que tous les hommes, ou du moins tous les philosophes, fissent comme le sage d'Athènes, de qui Xénophon a dit : Σωκράτης δέ, ὥσπερ ἐγίγνωσκεν, οὕτως ἔλεγε. Si cet exemple était suivi, adieu la circonspection et la réserve, adieu les vertus de moyen terme et l'*inter utrumque tene*, et le *medio tutissimus ibis*, et tous ces compromis éclectiques, qui aboutissent à des ménagements habiles, à des transactions commodes, à une morale facile, à une conduite finement politique, qui permet de concilier la foi et la raison, la recherche de la vérité et l'amour de l'opinion, et toutes les choses incompatibles. Détestable philosophie que celle qui fait consister toute la sagesse dans la prudence! A. Comte n'appartenait point à cette école. Il ne lui avait rien emprunté, pas même sa métaphysique. A-t-il eu raison de l'exclure de sa philosophie? Je n'en sais rien ; mais je sais bien que la métaphysique n'a rien de très-positif, que depuis plus de deux mille ans elle tourne dans le même cercle, se transformant sans beaucoup s'améliorer, et qu'à force de vouloir régenter toutes les sciences, tout en se tenant en dehors du mouvement scientifique, elle a considérablement vieilli. Elle est morte dans l'isolement, et c'est à peine si l'on s'aperçoit de son absence. On se passe très-bien de son intervention, et tout n'en va que mieux. Leibnitz reprochait aux cartésiens de son temps leurs dissensions oiseuses et leurs rêveries inutiles. Je ne crois pas que leurs successeurs, qui ne les valent pas à beaucoup près, aient mieux servi la science. D'une école sans nom, sans convictions et sans principes sont sortis des rhéteurs bavards ou des sophistes sans esprit, qui sont parvenus à rendre la philosophie ridicule ou odieuse. C'est la honte de notre siècle.

« A. Comte a fait ce qu'on avait vainement essayé de faire depuis les premières tentatives de Bacon. Contemplant la science dans son passé, appliquant la méthode historique à l'étude du développement de l'esprit humain, il a cherché les lois qui ont présidé à son évolution, il a démontré l'enchainement, la filiation et la solidarité des connaissances; il en a donné une classification chronologique, qui a pour base le principe même du progrès. Ce système, dont vous ne dites rien, est le fruit d'une méditation profonde et de plusieurs années de travaux. Je crois que, sans déroger, vous pourriez lui accorder une place dans votre *Dictionnaire des sciences philosophiques*. Vous devez cette réparation à la philosophie. Aussi bien les idées de A. Comte ont été répandues, propagées; un écrivain anglais a consacré près de deux volumes d'un grand ouvrage à la réfutation de son système. Ce système a des adeptes, non pas cinquante, comme vous le dites inexactement, mais un peu plus. Ce solitaire, que vous raillez si agréablement, a été pris au sérieux par des esprits sensés, par des hommes graves, par des savants d'un grand mérite. Des écrivains connus et respectés ont embrassé les opinions de A. Comte, et les ont exposées de manière à les rendre accessibles à quiconque les veut connaître. C'est là que je les ai cherchées, et sans les partager entièrement, je n'ai pu me défendre d'une admiration profonde pour la vérité des observations, l'exactitude des faits, la force et la justesse des raisonnements. Je suis persuadé, monsieur, que si vous connaissiez les doctrines de A. Comte, vous vous seriez fait un devoir d'en parler avec plus de mesure. Ce n'est pas en riant des excentricités de l'homme que vous combattrez le matérialisme et l'athéisme du philosophe. S'est-on jamais avisé de plaisanter sur le sensualisme de Locke et de Condillac, ou sur le panthéisme de Spinoza ? Mais, au lieu de faire de la critique sérieuse, vous avez préféré faire de la biographie, de la chronique scandaleuse ; et vous avez trouvé plaisant de livrer le réformateur à la risée du public. Je crois que vous pouviez prétendre à un succès de meilleur aloi, et que vos articles auraient gagné à être moins divertissants et un peu plus justes. Voltaire dit quelque part que l'on rend quelquefois justice bien tard. Ce n'est pas vous qui méritez ce reproche. Vous avez eu hâte de formuler votre jugement, qui n'est pas définitif, tant vous étiez pressé de le faire partager au public. Vous n'avez pas cause gagnée ; car il manque bien des pièces à votre dossier. C'est un procès à réviser. Que penseriez-vous d'un auteur qui jugerait Newton sur son commentaire de l'Apocalypse, qui apprécierait Descartes d'après la doctrine des tourbillons et qui prétendrait donner une idée de Pascal, en le présentant comme un halluciné ? Votre collègue, M. Lélut, ne va pas jusque-là. Je ne prétends pas que A. Comte soit rangé parmi ces grands esprits. Mais vous ne persuaderez jamais à un homme de sens, qu'un savant, qui, bien jeune encore, avait pour auditeurs M. de Humboldt, Broussais, Fourier le géomètre, de Blainville, et autres esprits d'élite, n'ait été toute sa vie qu'un échappé des petites-maisons.

« De la vie de A. Comte, on pourrait, selon moi, tirer deux enseignements : le premier est, qu'un savant ne doit pas vivre dans l'isolement, qui engendre l'orgueil et peut mener à la folie; le second, c'est qu'il faut philosopher sobrement. Quant à vos articles, ils m'ont aussi inspiré deux réflexions que je veux vous communiquer : l'une est que l'on pèche trop souvent par excès de zèle; l'autre, qu'on ne pèche jamais par excès de charité.

« Veuillez, monsieur, excuser ma franchise, et agréer l'expression de mes sentiments les plus distingués. »

C'est pour la première fois que cette lettre est communiquée au public. En l'écrivant notre intention était de protester contre la malveillance empressée de ces petits docteurs de la Sorbonne et de l'Académie des sciences morales et politiques, qui s'arrogent ridiculement le monopole de la philosophie. A cette époque, nous ne connaissions les doctrines d'A. Comte que par l'exposition de M. Littré, le plus éclairé et le plus sensé de ses disciples; et il nous sembla que ces doctrines qui représentaient, à notre gré, un premier essai de *philosophie naturelle,* pourraient nous être de quelque secours pour réagir contre cette plate et couarde scolastique de l'université, dont nous avions commencé à sentir le vide dès le collége, alors que, naïvement et en toute sincérité, nous demandions à notre professeur de psychologie, de logique, de morale et de théodicée, si le grand maître de l'éclectisme universitaire n'était pas un charlatan.

Notre première étude sur la philosophie positive, à l'occasion d'une publication de M. Littré, est un simple travail d'exposition. L'appréciation critique est venue plus tard, après un examen approfondi des doctrines d'A. Comte, d'après ses propres écrits. En étudiant ces écrits, nous avons compris que, pour être disciple d'un tel maître, il fallait pousser le dévouement jusqu'à consentir à lui ressembler en tout ; et il nous a paru, toute réflexion faite, que, pour réagir contre la métaphysique creuse, il n'était pas indispensable d'abjurer le sens commun.

Nous n'estimons pas, à la vérité, que la prétendue philosophie de la fabrique universitaire vaille une heure de peine ; mais nous n'avons rien de commun avec ces forcenés adeptes de la philosophie positive qui poussent la vénération pour les doctrines et la personne de leur maître jusqu'au fanatisme, et nous pourrions ajouter jusqu'à l'intolérance. Nous n'appartenons à aucune coterie, à aucune confrérie, à aucune église ; et aux sectes qui se partagent déjà la succession d'A. Comte, nous ne devons que la vérité. Quant aux mécontents qui crient à la contradiction, à la calomnie, ils devraient nous savoir gré de ce que nous nous sommes abstenu de les montrer tels qu'ils sont. Parmi les disciples de Comte, il en est dont nous estimons la valeur, le savoir et le caractère ; mais il en est aussi, et beaucoup, dont l'état mental nous inspire une sincère pitié ou de vives inquiétudes. Disons, puisqu'il le faut, que ce qui nous a le plus éloigné de l'école d'A. Comte, c'est la mauvaise queue de ces sectaires fanatiques et bornés qui seraient capables de déconsidérer un Socrate et un Aristote, c'est-à-dire un sage doublé d'un savant. Je ne suis pas, il s'en faut, avec M. Littré ; mais je suis heureux qu'un homme de son poids se soit mis à temps en mesure de n'être point confondu avec de pareils coreligionnaires.

VI.

LA MÉTAPHYSIQUE MÉDICALE.

Pour montrer comment les métaphysiciens de la médecine entendent l'étude des systèmes, il faut dire quelques
mots des tentatives qu'ils font depuis quelques années pour
renouveler la pathologie générale.

Les volumes de ces auteurs sont très-gros, un peu trop,
à mon gré, gonflés de métaphysique et bourrés de généralités. Les auteurs ne veulent faire qu'un essai, s'il faut
en croire le titre ; mais, une fois entrés en matière, le courant les entraîne, je ne dirai pas dans l'abîme, pour être
indulgent, car il faut se garder de décourager les navigateurs hardis qui, montés sur un frêle esquif, s'aventurent
en plein Océan. On ne navigue pas d'ailleurs sans boussole.
Nos navigateurs en ont une qu'ils réputent excellente, non
sans se faire illusion. Ce grand mot de philosophie médicale les a séduits, éblouis, et ils l'inscrivent en tête de
leurs livres, peut-être à tort ; car la philosophie scolastique, servant de base à des dissertations sur la médecine,
ne représente nullement, pour ceux qui savent et raisonnent, la philosophie médicale.

Celle-ci, à parler exactement, — et le langage scientifique
ne saurait pécher par excès d'exactitude, — n'est point du
tout l'application de la métaphysique aux généralités de
l'art médical ; mais l'ensemble des principes et des lois qui
sont le point de départ et la règle de coordination des faits
généraux, sans lesquels la médecine n'aurait point un caractère scientifique, ni une circonscription bien définie
dans le domaine des connaissances. Ces faits généraux sont
indépendants des systèmes, lesquels ne sont, à vrai dire,
que les interprétations diverses qui en ont été données.

Les systèmes doivent être considérés comme les variations apparentes de l'art médical à travers les vicissitudes de son évolution ; mais ces variations, très-curieuses à observer et très-importantes à noter dans le mouvement général de l'esprit humain, laissent inaltérable le fond même de l'art. Celui-ci reste ferme sur les fondements de l'expérience, et, sous le nom d'empirisme, — prenant ce mot au sens rigoureux, — il répond, dans tous les temps, aux exigences de la pratique.

Cette considération est importante dans l'examen du passé, utile aussi pour la plus claire intelligence du présent, capitale dans la question si controversée de la certitude médicale.

L'amour des généralités me semble avoir détourné tant soit peu ces auteurs de la compréhension vraiment philosophique et réelle de cette question maîtresse ; et je m'explique leurs écarts, sans prétendre ni les justifier ni les excuser, par une préoccupation vicieuse qui les domine. Cette préoccupation est commune à la plupart des médecins, et ceux-là surtout n'y échappent guère qui se laissent aller aux séductions de la métaphysique, sans s'inquiéter de la réalité présente, ni des enseignements de l'histoire : deux éléments précieux, dont la combinaison produit la critique.

L'erreur de ces amateurs de philosophie médicale, c'est de croire que la médecine est une science. Non, la médecine n'est point une science, elle n'en a point le caractère ni les allures. La médecine est un art qui poursuit un résultat concret et un but pratique. Elle n'a jamais été, ne sera jamais autre chose, et s'obstiner à la dénaturer, soit par insuffisance, soit par faiblesse, c'est lui rendre un pauvre service ; car, en bonne logique, ils seront toujours battus par leurs adversaires, ceux qui, sous prétexte de rehausser la médecine, la font ce qu'elle n'est point.

L'art médical repose sur un ensemble de sciences auxiliaires, vicieusement dites accessoires, et il dépend immédiatement d'une science de date récente, qu'on appelle biologie, bien nommée, puisqu'elle traite des phénomènes et des lois de l'organisation. La médecine n'est qu'une branche, ou mieux, une application de la biologie, et c'est de celle-ci qu'elle emprunte le caractère scientifique qu'elle tend à acquérir de plus en plus, et qui lui a été refusé tant qu'elle n'a pas eu de base certaine.

De tout cela, nos métaphysiciens ne disent pas un mot, et cette négligence est fâcheuse; car c'est de quoi précisément il devrait être question dans les livres qui s'intitulent, sans trop de raison, Philosophie médicale. La médecine est émancipée, depuis qu'elle a pour point d'appui et pour fondement solide une science ayant, comme toutes les sciences, des principes irréductibles et des lois certaines; si bien que, en bonne philosophie médicale, les systèmes doivent disparaître, ne s'étant produits, chacun en son temps, que faute d'une base inébranlable ; et ils ne se sont produits sous des influences diverses qu'en tant qu'ils préparaient l'avenir, représentant, les uns plus, les autres moins, une base provisoire.

Il est plus que probable que de toutes ces choses, que je ne fais ici qu'indiquer brièvement, ces auteurs n'ont rien vu, et je le regrette en vérité, car dès lors leurs livres deviennent inutiles pour ceux qui voient clair dans le passé, par la comparaison qu'ils en font avec le présent.

Assurément, la métaphysique est un agréable passe-temps pour les curieux qui ont du loisir, et qui goûtent l'ontologie un peu plus que ne faisait Broussais. Nous estimons néanmoins que les hommes de sens, et en particulier les médecins, doivent s'attacher à la réalité, et voir, autant qu'il leur est donné, les choses telles qu'elles sont. C'est en cela que consiste la vraie philosophie, selon la juste remarque de Buffon, c'est-à-dire toute la philosophie.

Voir la réalité telle quelle, de façon à fonder une théorie

vraie, est chose très-difficile en médecine ; et c'est à cause
de la grande difficulté de philosopher conformément à la
saine méthode, en physiologie, en pathologie et en thérapeutique, qu'on ne saurait trop mettre en évidence les
services qu'ont rendus à l'art médical les deux hommes
qui ont le plus fait chez les modernes pour fonder la philosophie médicale, Stahl et Barthez. Examinons brièvement
la réforme philosophique hardiment tentée par ces deux
grands maîtres.

I. — Stahl et l'animisme (1).

Héraclite d'Éphèse était un profond penseur et un grand
philosophe : l'obscurité de son langage contribua beaucoup
à sa célébrité. Il avait composé un livre *de la Nature* qui
eut une réputation extraordinaire, parce que, dit Lucrèce, personne n'entendait ce qu'il voulait dire :

Clarus ab obscuram linguam (2).

Cicéron en conclut qu'Héraclite ne se souciait nullement
d'être compris, *quid dicerct intelligi noluit* (3), et il paraît
qu'il fut servi à souhait.

Je ne sais si Stahl avait les mêmes prétentions ; mais je
sais bien qu'il méritait de les avoir, car il les justifie complétement. Parmi les auteurs pénibles à lire, difficiles à entendre, il n'en est point qui lui dispute la palme, tant il est
lourd et embarrassé dans ses périodes immenses, coupées

(1) Stahl (Georges-Ernest) naquit à Anspach, dans la Franconie, le
21 octobre 1660. Après avoir fait ses études à Iéna, il fut nommé en
1667 médecin du duc de Weimar, et professeur en médecine à l'Université de Halle en 1694, puis médecin ordinaire du roi de Prusse (1716). Il
mourut à Berlin le 14 mai 1734. Également célèbre comme chimiste et
comme médecin, il attacha son nom à la théorie du *phlogistique* et à la
doctrine de l'*animisme*.

(2) *De rer. nat.,* I, 640.

(3) *De nat. Deor.,* III, 14.

de longues parenthèses et d'incidentes multiples. Sa pensée disparaît sous sa phraséologie latine, surchargée de germanismes, de tournures bizarres et de constructions baroques. Sa manière de s'exprimer est étrange, rebutante; elle choque l'oreille, elle déroute la logique grammaticale et les principes du bon goût. Pour tout dire, en quatre mots, le latin de Stahl, c'est du haut allemand.

J'insiste là-dessus, parce que je suis convaincu, par expérience, qu'entre autres causes qui ont empêché la propagation de la doctrine de Stahl, la forme ingrate de ses écrits tient le premier rang. Exemple mémorable qui prouve que les savants ne sauraient trop s'humaniser, et que la science ne doit pas dédaigner les moyens de plaire, afin de s'insinuer dans les esprits.

On a dit que l'homme vraiment supérieur est celui qui comprend tout, et se met à la portée de toutes les intelligences. On a dit encore que tous les grands esprits sont de grands écrivains. Il faut croire que ces deux vérités souffrent quelques exceptions : autrement il serait aisé de refuser à Stahl ce qu'on lui accorde généralement, qu'il fut à la fois un grand médecin et un penseur éminent. Ce n'est pas moi qui lui contesterai ce double titre de gloire. Mais, tout en l'admirant beaucoup, je ne puis consentir à lui pardonner l'ennui, je dirais presque le dégoût que m'a donné la lecture de ses œuvres, et je lui pardonne encore moins d'avoir compromis par sa faute sa doctrine, si longtemps méconnue, et d'avoir travaillé au profit des plagiaires, car ses idées, rajeunies, transformées ou simplement traduites, ont fait fortune dans certaines écoles.

Tel est l'auteur aimable que M. Albert Lemoine (1) s'est proposé de faire connaître, dans un mémoire consciencieux et fort étendu lu à l'Académie des sciences morales et politiques. Louable et courageuse entreprise à laquelle les

____

(1) *Stahl et l'animisme*. Mémoire lu à l'Académie des sciences morales et politiques. Paris, 1858, in-8.

médecins ne sauraient trop applaudir. Il n'est pas commun, en effet, de voir les philosophes, et même les simples professeurs de logique, descendre des hauts lieux et renoncer aux spéculations sublimes pour s'enfoncer dans les questions les plus épineuses de la physiologie et de la pathologie. Pour aller vers Platon, il ne faut que des ailes, et si l'on éprouve le sort d'Icare, on risque tout au plus de se noyer dans l'inintelligible ; mais il faut de l'héroïsme pour aborder Stahl. Qu'on ne s'y trompe pas cependant, M. Lemoine ne cherche pas le moins du monde à opérer une alliance entre la médecine et la philosophie. On ne veut point de cette fusion-là à la Sorbonne. Je le soupçonne, au contraire, d'avoir voulu rompre une lance en faveur du spiritualisme, dont il est un champion officiel. Quoi qu'il en soit de ses intentions, je ne puis que l'engager à renouveler ses incursions sur un terrain que les philosophes considèrent volontiers comme un camp ennemi, tant ils s'aventurent peu hors de leur domaine. Que M. Lemoine revienne donc sans crainte chez nous, il y trouvera des amis ; en tout cas, il n'y perdra rien, et on lui laissera prendre ce qu'il voudra.

Quoique M. Lemoine ait fait un travail d'exposition et d'analyse, où la critique tient peu de place, je crois que son but a été de démontrer que Stahl était spiritualiste ; de sorte que son mémoire est une thèse. La thèse est vraie, et M. Lemoine a raison : l'animisme est la doctrine spiritualiste par excellence.

Stahl fut un réformateur, et la réforme qu'il opéra fut radicale. Pour en comprendre l'urgence et en saisir toute la portée, il est bon de rappeler brièvement dans quel état il trouva la médecine.

Basile Valentin, Paracelse et Van Helmont firent une révolution dans la science : ils préparèrent le système chémiatrique de Sylvius, de même que Galilée et Descartes,

par l'impulsion qu'ils donnèrent à la physique et à la
mathématique, contribuèrent à l'éclosion d'une nouvelle
secte, celle des iatromathématiciens ou mécaniciens. Les
premiers prétendaient expliquer tous les phénomènes des
corps vivants par les principes de la chimie; les autres, par
les principes de l'hydraulique et de la mécanique ; de sorte
que l'étude des lois de l'économie animale se réduisait
pour eux à des combinaisons chimiques ou à des calculs
mathématiques. Boerhaave prétendit à son tour concilier
les anciens et les modernes. Il revint aux qualités élemen-
taires de Galien, qu'avaient remplacés les éléments chimiques; il emprunta à cet auteur quelques idées fondamentales, et réunit les théories humorales aux théories mécaniques. Boerhaave fit école : son système, facile et brillant,
semblait fait exprès pour contenter tout le monde.

Stahl fut le premier à protester, et il se déclara tout
d'abord contre Fr. Hoffman, son collègue à l'université de
Halle, grand partisan de Boerhaave et du mécanisme, et l'un
des plus illustres médecins de son temps. Sthal avait trouvé
un rival et un adversaire digne de lui. Toute sa vie se passa
dans la lutte. Hypochondriaque, atrabilaire et piétiste, il
y apporta l'amertume et l'âpreté d'un sectaire. C'est en
vain qu'il demande à Dieu de lui accorder la modération
dans la vérité (1); son ardeur belliqueuse l'emporte, et,
dans le feu de la polémique, je devrais dire de la controverse, il jette souvent des pierres dans le jardin de son voisin. Les objections l'irritent; il se fâche contre son adversaire; ses sorties un peu brusques rappellent parfois les
impatiences de Galien.

Tel fut l'homme ; mais cet homme était convaincu, sincère, seul contre tous, ou, ce qui est encore pis, secondé
par de mauvais auxiliaires. Il réagit vigoureusement contre
les tendances générales qui entraînaient la médecine hors

(1) Tu mecum Deum ora, ut nobis largiatur, ἐν ἀληθείᾳ αὐτάρκειαν.
(*Theoria medica vera*, Præf., t. I, p. 4, edit. L. Choulant, *Lipsiæ*, 1831.)

de sa voie, sur une pente fatale. Réaction légitime, mais violente jusqu'à l'exagération. N'importe; Stahl arracha la médecine aux sciences accessoires qui l'envahissaient. Il lui rendit son indépendance, et il eut, malgré ses aberrations, la gloire de préparer l'avenir. Si le vitalisme des modernes vient de lui en droite ligne, la biologie lui doit aussi quelque chose, en ce sens que la science de la vie fut sa préoccupation constante, et qu'il restitua à l'organisme ses droits méconnus. N'est-il pas admirable de voir Stahl, le premier chimiste de son temps et le plus grand de tous avant Lavoisier, bannir la chimie de la médecine, et avec elle toutes les connaissances auxiliaires, devenues trop ambitieuses ?

Connaître les lois de la vie et les moyens de la conserver, telle est pour Stahl la vraie médecine. De là le titre qu'il donne à son ouvrage le plus important : *Theoria medica vera*. Pour acquérir cette double connaissance, il n'est pas nécessaire de chercher hors de l'homme :

.... Nec te quæsiveris extra.

C'est dans l'homme que réside la raison et le principe des phénomènes vitaux, dans la santé comme dans la maladie. L'âme raisonnable, l'âme qui pense, est le principe d'action, la cause première, le moteur unique des corps organisés. Un même principe immatériel anime et vivifie les organes. Par elle-même, la matière est inerte, et le corps n'est rien par lui-même. C'est l'âme qui le forme, qui l'organise, qui opère en lui toutes les fonctions, produit tous les phénomènes vitaux; ceux-ci sont indépendants des organes, de leur texture et de toutes les modifications qu'ils peuvent subir. L'âme façonne le corps et le met en mouvement par son énergie. C'est par le mouvement que l'âme s'oppose sans cesse aux causes de tout genre qui luttent contre le corps, soit pour le détruire, soit pour troubler l'intégrité des fonctions. De cette lutte continuelle naissent les phénomènes morbides, qui ne sont autre chose que les phénomènes vitaux altérés. Le rôle du médecin doit se borner à seconder, à diriger, à régler ou à provoquer les mouvements salutaires de l'âme pour éloigner les causes morbifiques.

Il est aisé de reconnaître dans cette méthode expectante la doctrine d'Hippocrate sur la toute-puissance de la nature.

« Stahl sentit ce qui n'était pas le vrai; le vrai lui-même « lui échappa. » Bichat a raison de parler ainsi, et de reconnaître que Stahl fit le premier pas pour la découverte des lois vitales. Il sentit que les lois physiques ne suffisaient pas pour expliquer les phénomènes de la vie. Il rapporta tous les phénomènes vitaux à un principe immatériel et unique, à une sorte d'entéléchie vitale.

Là est l'exagération de son système et l'excès de sa réforme. Mais le réformateur trouve son excuse dans les grossières aberrations des iatromécaniciens et des iatrochimistes, et dans les usurpations dangereuses d'une physique et d'une chimie également détestables.

Il faut tenir compte aussi du temps et du milieu où vécut Stahl, de son éducation, de son caractère et des tendances de son esprit. Stahl était chrétien et très-religieux. Il invoque Dieu au commencement de son grand ouvrage; il lui rend à la fin des actions de grâces, et il fait quelquefois intervenir la religion dans ses théories. Il prétend, par exemple, que, si l'âme vient à faire quelques fautes dans la direction du corps, il n'en faut pas chercher la cause ailleurs que dans le péché originel, qui l'a frappée de déchéance. La métaphysique, alors toute-puissante, exerça aussi sur ce grand esprit une influence manifeste. Stahl s'égara dans la recherche des causes. Il courut après l'absolu, et il pécha par excès de spiritualisme. Aussi fut-il obligé de se défendre contre les philosophes scrupuleux,

et notamment contre Leibnitz, le père ou le précurseur de
l'éclectisme. Si Stahl avait suivi les principes de la philosophie naturelle, il se serait abstenu de toute spéculation
ontologique et religieuse, et il n'aurait pas eu de démêlés
avec les métaphysiciens. Les écrits de ce beau génie, si
féconds en idées et en préceptes excellents, devraient rappeler sans cesse à ceux qui les lisent que, dans l'étude des
sciences, ou plus généralement de la nature, « il faut
« observer attentivement les faits, les analyser avec exac-
« titude, les définir avec justesse, les classer avec méthode,
« les généraliser avec circonspection, et ne rien affirmer que
« ne puisse toujours, et à volonté, confirmer l'expérience. »
Telle est la saine méthode, tout le reste est oiseux et
illusoire.

II. — Les commencements du vitalisme barthézien (1).

Barthez ressemblait en un point aux anciens héros de la
fable, qui se proclamaient fils de Jupiter : il remontait
directement à Hippocrate, et ne reconnaissait pas volontiers d'autres ancêtres. Les ascendants qui le rattachaient
à ce grand homme ne lui semblaient guère dignes d'une
aussi noble généalogie, et à peine consentait-il à les admettre comme intermédiaires. Peu d'hommes portèrent
aussi loin que lui l'orgueil scientifique et le culte de l'art
médical. Il faut reconnaître, en revanche, que peu l'éga-
lèrent en capacité, en savoir, en invention, en puissance de
coordination et de démonstration. Son génie embrassait
toutes les parties de la médecine et toutes les sciences dont
la médecine se sert pour accroître ses ressources et étendre son domaine. Théoricien incomparable, il se mit au pre-

(1) *Discours académique sur le principe vital de l'homme*, par P. J.
Barthez, traduit du latin et accompagné d'un Avant-propos et de Notes
historiques et critiques, par Adelphe Espagne, professeur agrégé à la
Faculté de médecine de Montpellier, 1863, in-4° de 48 pages, 2ᵉ édit.

mier rang des praticiens, et disputa à l'éloquent Boerhaave la prééminence dans l'art si difficile d'enseigner.

En médecine, Barthez ne pouvait redouter aucune supériorité parmi ses contemporains, et il l'emporta sur tous ses rivaux par la force de cohésion qui soutient encore son système de doctrines. Sa forte tête ne plia jamais sous la masse des connaissances acquises par une lecture immense. L'érudition la plus variée et la plus solide enrichit son esprit sans l'affaiblir. Sa raison n'eut point de défaillances, et son imagination contenue et bien disciplinée n'entraîna aucune de ces grandes erreurs de jugement qui troublent trop souvent la sérénité des plus beaux génies. Ayant conçu de bonne heure le grand dessein qu'il devait poursuivre durant toute sa vie médicale, il marcha droit au but, sans hésitation, sans écart, mais non sans se dégager de plus en plus des influences subies dans les premiers temps de sa carrière.

Barthez, au rapport de Desgenettes, pensait que Haller était jaloux de lui, et il se trompait apparemment. Haller n'était jaloux d'aucune gloire. Dans sa bonhomie allemande, il se croyait bien au-dessus de ses contemporains les plus illustres en médecine et en physiologie, et il le croyait naïvement, avec toute la vanité d'un poëte, se sentant d'ailleurs porté aux nues par les siens et comptant beaucoup pour son exaltation auprès de la postérité sur l'énorme tas de ses volumes. A ne considérer que la masse de cet effrayant bagage, il avait raison de compter sur un piédestal très-haut. Mais il n'avait pas prévu que de tous ces volumes on extrairait un jour la substance, et que son vrai titre serait ce tout petit livre: *Primæ lineæ physiologiæ* (1), qui contient tout ce qu'on lui doit de bon et de vraiment utile en physiologie. Quant à son grand ouvrage, *Elementa physiologiæ corporis humani* (2), c'est un répertoire, un recueil

(1) Lausanne, 1771, in-8°. La 1re édition est de 1747, Gœttingæ.
(2) Lausannæ, 1757-66, 9 vol. in-4°.

d'observations et d'expériences, le modèle de la plupart des
livres que l'on publie encore de nos jours sur la physiologie, en suivant servilement les procédés mis en vogue
par les partisans de la méthode expérimentale. Haller était
le vrai représentant de cette méthode qui a fini par produire Magendie. Quant aux autres ouvrages qui portent
son nom, il ne faut pas les déprécier; mais il est juste de
les estimer à leur valeur exacte et de les considérer comme
des compilations utiles.

Haller, compilateur infatigable, fort savant en bibliographie, ne possédait pas cette forte érudition que Barthez a
fait tourner au profit de la médecine, et qui le distingue
de tous les médecins modernes. « Dans une science de
« faits comme est la médecine pratique, l'érudition solide
« ne saurait être trop étendue. Le mépris de l'érudition est
« une affectation ridicule, que la paresse et la vanité ont
« rendue commune en France, surtout dans les derniers
« temps, où l'on a cru pouvoir autoriser ce mépris en se
« couvrant du vain prétexte de la liberté de philosopher.
« L'activité de l'esprit humain ne peut jamais être plus
« librement et plus puissamment exercée que lorsque,
« après avoir bien digéré les faits qu'il a rassemblés, il tra-
« vaille à en faire sortir les idées mères, qui deviennent des
« germes de nouvelles connaissances. »

C'est Barthez lui-même qui s'exprime de la sorte (1). La
leçon qu'il donnait à ses contemporains peut encore servir
à notre public médical, tellement ignorant en pathologie
historique.

Barthez ne pensait pas que la connaissance des faits consignés dans l'histoire de l'art fût inutile au médecin. Loin
de là, il estimait que l'ignorance de ces faits conduit infailliblement à la présomption et à ces excès dangereux
ou ridicules qui font crouler la plupart des systèmes; car

____

(1) *Discours sur le génie d'Hippocrate.* Montpellier, 1801.

un système véritablement légitime et fondé en raison n'est en définitive qu'un essai de coordination des vérités acquises par une longue expérience et transmises par une tradition non interrompue. La suite de cette tradition, perpétuée depuis l'origine jusqu'au temps présent, constitue le fonds propre de l'histoire de la médecine; les doctrines et les théories ne sont que des accidents, qu'il ne faut pas négliger, puisqu'ils ont eu leur raison d'être et une signification précise, de même qu'une incontestable influence, mais qui, malgré les agitations inévitables, n'ont pas rompu la chaîne ni détourné le courant.

Broussais lui-même, dont l'érudition n'était pas comme le génie, Broussais avait saisi la différence réelle entre les phénomènes contingents et les choses solides de la médecine. Il a grand soin d'avertir le lecteur, dans un passage de son *Examen* (1), que son dessein n'est point de faire une histoire de la médecine, mais seulement une revue des systèmes. Dans cette distinction fondamentale est toute la force de sa critique. Broussais ne rejetait point la tradition médicale, puisqu'il faisait grand état et des observations des anciens et même de leurs explications; mais il déclarait la guerre aux systèmes qui avaient précédé celui qu'il tenta de fonder sur leurs ruines.

Barthez, qui admettait cette distinction essentielle, se servait de son érudition pour donner à ses doctrines l'appui de la tradition. Il fondait en quelque façon sur les assises du passé, et c'est pour avoir donné une pareille base à ses constructions qu'il a fondé solidement. Il avait coutume de dire que le principe vital n'était que la girouette de son édifice, et se moquait volontiers des adversaires qui prenaient pour la clef de voûte du système une formule commode pour l'exposition dogmatique.

(1) *Examen des doctrines médicales.* Paris, 1829-1834. Voir la préface et le tome 1er.

A le bien prendre, le principe vital n'était que l'étiquette du système. Il servait d'enseigne, pour ainsi parler, à cette *science de l'homme*, science dont Barthez a coordonné les principaux éléments, et qui devint le titre définitif de celui de ses écrits où se concentre l'essence de sa doctrine physiologique (1). Il procéda lentement à l'élaboration de cette doctrine, et ce ne fut que par des essais successifs qu'il la constitua définitivement. Le premier germe de cette grande production est contenu dans le discours qu'il prononça dans l'assemblée solennelle de l'École de médecine, le 31 octobre 1772, *sur le principe vital de l'homme* (2).

Ce discours latin a été mis en français par un professeur agrégé de la Faculté de Montpellier, le docteur Ad. Espagne. On ne peut que louer le zèle du traducteur qui, non content de rendre fidèlement le sens d'un texte d'une interprétation difficile en plusieurs endroits, a joint à sa traduction des notes historiques et des réflexions critiques, sans parler d'un avant-propos qui gagnerait beaucoup à être abrégé et dégagé de quelques préoccupations que l'esprit de clocher, comme on dit vulgairement, entretient encore dans la vieille école de Montpellier. Cette école est trop voisine de l'église ; entre les salles de dissection et la sacristie de la cathédrale s'étend la grande cour, au fond de laquelle s'ouvre l'amphithéâtre, et le gros bourdon de Saint-Pierre rappelle souvent aux maîtres et aux élèves le temps où l'École de médecine obéissait à l'autorité épiscopale.

Avec de pareilles traditions il est difficile de s'émanciper complétement, et l'on conçoit que le traducteur du *Discours sur le principe vital de l'homme* ait cru de son devoir de repousser les accusations de matérialisme portées

(1) *Nouveaux éléments de la science de l'homme*, Montpellier, 1778, 1 vol. in-8°.

(2) *Oratio academica de principio vitali hominis*. Monspelliensis, 1773, in-4°.

contre Barthez, et de montrer que le système de doctrines
de l'École de Montpellier est en parfait accord avec les
dogmes de l'Église catholique. Remercions le traducteur
de n'avoir allégué que des textes des Épîtres de saint Paul,
et de nous avoir fait grâce de saint Augustin et de saint
Thomas.

Cette manie de vouloir à toute force que la physiologie
et la théologie orthodoxe marchent toujours de concert
est un des plus tristes résultats de ce despotisme dogmatique qui, durant un demi-siècle environ, a pesé sur l'école.
La responsabilité de ces égarements déplorables retombe
en plein sur les successeurs immédiats de Barthez, qui,
poussés irrésistiblement par le désir de se singulariser, ont
imprimé à l'enseignement physiologique une direction vicieuse, en faisant intervenir hors de propos, dans les doctrines médicales, la loi et les prophètes, les Pères, les conciles et tous les symboles possibles, depuis celui de Nicée
jusqu'à celui de Trente. Qu'est-il résulté de cet amalgame
de médecine et de théologie ? C'est qu'on a vainement
prétendu mettre d'accord Hippocrate et Barthez avec la
Bible et le catéchisme, et qu'enfin de compte un théologien habile dans la dialectique et rompu aux discussions
de la scolastique italienne, a démontré à ces physiologistes
plus qu'orthodoxes que leurs doctrines allaient précisément contre les principes du dogme canonique.

Barthez n'était pas homme à se commettre ainsi avec
les théologiens. S'il a puisé çà et là dans les souvenirs de
ses lectures variées quelques citations empruntées à l'Écriture et aux Pères de l'Église, son dessein n'était point de
corroborer son système à l'aide de pareilles autorités,
mais d'emprunter à ces autorités des rapprochements lumineux, des réflexions sensées, ou encore des sujets d'observation. Barthez aimait son repos avant toutes choses, et
de même que Buffon, il eût apparemment consenti à donner au besoin des explications à la Sorbonne, en gardant

par-devers lui sa foi scientifique ou ses convictions de savant. Mais, comme il écrivit en latin les premiers essais de sa doctrine, ses écrits n'encoururent point les censures ecclésiastiques. Ajoutons que ses principales productions sont de la fin du dix-huitième siècle, et l'on sait qu'à cette époque la philosophie des libres penseurs avait à peu près fait reconnaître ses droits. Or c'était en 1751 que Buffon avait, sinon rétracté explicitement, du moins adouci quelques propositions malsonnantes de son *Histoire naturelle*, parmi lesquelles on remarque la suivante : « L'existence de notre âme nous est démontrée, ou plutôt « nous ne faisons qu'un, cette existence et nous (1). »

Barthez, qui professait en grande partie les mêmes principes que Buffon, aurait pu revendiquer cette pensée du grand naturaliste, comme l'expression de la sienne propre sur la constitution de la nature humaine. Adversaire résolu de l'animisme, il refusait de reconnaître une essence au principe vital, et, pour justifier son refus d'admettre une pareille entité, il se fondait sur l'incompatibilité du corps et du principe pensant ou psychique, comme disent ses prétendus disciples et successeurs ; de telle sorte qu'en se conformant aux idées courantes, aux doctrines consacrées par la religion et admises par la philosophie en général sur la constitution de l'homme, il repoussait un intermédiaire quelconque entre la substance matérielle ou corporelle et l'essence spirituelle de l'âme, tout en rejetant d'ailleurs et très-énergiquement les principes et les doctrines de l'animisme.

On sait qu'à cet égard Barthez était intraitable, et qu'en maints passages de ses écrits, se trahit la répulsion profonde que lui inspirait le système physiologique de Sthal, bien qu'il reconnût implicitement toute la supériorité de

(1) Édit. in-4°, t. II, p. 432.

ce grand homme qui fut, à le bien considérer, son prédécesseur immédiat, ou mieux, son véritable précurseur.

Qu'on veuille bien remarquer, en outre, qu'en refusant une essence et toute personnalité à cet ensemble de fonctions qu'il groupait sous la dénomination commune de principe vital, Barthez affectait de prendre le mot *nature*, de lui-même si vague et indéterminé, au sens précis et concret qu'il avait reçu dès les temps hippocratiques, et qu'il reçut pleinement, par la suite, dans l'École d'Asclépiade. Les forces actives de la matière se traduisaient pour lui par ce terme générique de nature. En physiologie, c'est-à-dire dans l'étude du monde organique, Barthez entendait par nature l'ensemble des phénomènes qui se manifestent par les organes en activité.

Telle est au fond sa doctrine, dépouillée bien entendu de ses formules algébriques, et dégagée des bandelettes qui l'enveloppent comme une momie. Qu'on se garde toutefois de croire que, sous la froide exposition dogmatique, il n'y a qu'un cadavre. Barthez n'est pas un de ces morts qui gisent enfouis dans un recoin des catacombes. Le génie mathématique qui prédominait en lui a imprimé à ses écrits l'allure et les dehors des conceptions géométriques, et ses tendances spéculatives l'ont poussé à se servir sans mesure du langage des métaphysiciens. Mais, en dépit des apparences, Barthez n'était point un homme de réaction. Plus avancé que Bordeu, trop enfoncé encore dans les profondeurs de l'animisme, il cherchait les fondements de la médecine dans la physiologie, dégagée de tout système théologique, métaphysique, mécanique et physico-chimique. La physiologie, telle qu'il la concevait, n'était autre que cette science de l'homme qu'il voulait fonder d'après les lois des phénomènes que les organes manifestent par action ou par réaction, en suivant la direction des esprits vraiment scientifiques, tels qu'Hippocrate,

Aristote, Asclépiade, ses vrais prédécesseurs parmi les anciens.

Quant aux modernes, Barthez donnait la main à Van Helmont, à Perrault, à Stahl, aux solidistes de l'École de Borelli et de Baglivi; mais il différait d'eux tous en ce qu'il avait rejeté toute hypothèse métaphysique ou mécanique. Il n'y a pas dans ses écrits ombre ni trace de mysticisme. Dans toutes les questions qui sont du domaine de la foi et de la philosophie spiritualiste, il était d'un scepticisme absolu. « La meilleure manière de philosopher, dit-il expressément (1), celle du moins qui peut exercer fructueusement l'intelligence, consiste à négliger l'essence des objets pour ne s'enquérir que des rapports des phénomènes. » Et plus loin : « Tout ce que les hommes ont agité sur les causes des choses est renfermé dans la découverte des différences et des analogies. »

Rien que d'après ces deux phrases très-significatives, il est aisé de voir que Barthez se tenait religieusement dans les vraies limites de la science, en autres termes, dans les sains principes de la philosophie naturelle. Partant de ces principes, il se propose « d'écarter les imaginations des médecins de toutes les écoles, et d'arriver à la connaissance réelle des phénomènes par l'investigation immédiate des lois qui président d'ordinaire à l'exercice du principe vital de l'homme. » Et plus loin : « Ce principe ne peut s'offrir à l'esprit ni sous les apparences d'une image concrète ni sous la forme d'une idée spirituelle. » Et vers la fin : « Il nous reste à savoir quelle est l'origine du principe vital, quelle est sa fin. Mais un voile sacré cache à la fois et la fin et l'essence de ce principe. »

Il paraît inutile de commenter ces passages pour mettre en pleine évidence le scepticisme absolu de Barthez à l'égard des questions de substance, de causalité et de finalité.

---

(1) *Oratio academica de principio vitali hominis.* Monspelii, 1773, in-4°.

Encore une fois, ce grand médecin était dans les vrais principes de la philosophie naturelle, et c'est en interprétant à rebours les dogmes fondamentaux de son système, que le vitalisme spiritualiste et mystique le proclame son chef de file.

Barthez se trouve tout entier dans ce premier *Discours sur le principe vital,* qu'il faut considérer comme une simple esquisse, comme une ébauche très-précise et très-nette de l'ouvrage qui parut deux ans après sous ce titre : *Nova doctrina de functionibus naturæ humanæ.* Plus tard (1778), ce livre hardi et tout rempli d'innovations, et dont le titre semble répondre à celui du grand ouvrage de Stahl, ce livre qui marque une date mémorable dans la médecine moderne, parut en français (1) remanié par l'auteur et avec d'importants développements. En 1806 seulement, Barthez exposa amplement sa doctrine en deux volumes, pleins de faits choisis, nombreux, variés et riches de fortes pensées, d'idées générales, de profonds aperçus et de vues extrêmement ingénieuses (2).

C'est dans cet ouvrage vraiment incomparable que Barthez apparaît dans toute la plénitude de son génie. C'est là qu'on voit nettement que « ses connaissances, pour emprunter le langage de Buffon, sont les germes de ses productions. » Le *Discours sur le principe vital de l'homme* est comme le programme de ce livre immortel. Aussi semble-t-il inutile de présenter ici même une brève analyse de ce discours. Le traducteur en a donné une qui est un peu bien

(1) Monspelii, 1774, in-4°.

(2) *Nouveaux éléments de la science de l'homme.* Montpellier, 1778, 1 vol. 2ᵉ édition. Paris, 1806, 2 vol.

(3) Cabanis, parlant de la saine méthode qu'il convient de suivre en médecine, remarque avec raison que Barthez l'a développée et appliquée heureusement « dans un ouvrage rempli de grandes vues médicales autant que de philosophie et d'érudition. » (*Coup d'œil sur les révolutions et la réforme de la médecine,* Paris, 1804, chap. III, § 9.)

sèche. Mais le lecteur aura bientôt fait de lire le discours de Barthez, resserré en moins de vingt pages, et où il trouvera, s'il va au fond et se dégage de tout préjugé, l'esprit et les tendances qu'il nous a suffi de signaler pour justifier l'admiration que nous inspire le génie médical d'un homme pour lequel, en dehors de la science, nous n'avons jamais eu de bien vives sympathies. Heureuse l'école qui peut s'honorer de compter Barthez parmi ses maîtres, si elle suivait d'un pas ferme et résolu la large voie ouverte et tracée par lui, au lieu de se fourvoyer dans les petits chemins et dans les sentiers de traverse (1).

Tout espoir cependant n'est pas perdu, et il ne faudrait pas juger de l'état des esprits d'après les doctrines et les tendances de ce journal de médecine, qui a pris pour enseigne ce titre singulier : *Montpellier médical.*

Ce titre est plus ambitieux qu'exact. Le journal qui l'a adopté, très-estimable d'ailleurs, ne représente qu'une fraction de l'École de médecine de Montpellier, ou, si l'on veut, un parti très-imposant, puisqu'il a pour lui le grand nombre, et que la faveur est aujourd'hui aux majorités. Mais ce parti, si fort qu'il soit par le nombre de ses adhérents, n'est pas toute la Faculté, et celle-ci ne peut être bien comprise qu'autant que l'on connaît la minorité, c'est-à-dire le parti de l'opposition, et, pour tout dire en un seul mot, le parti de l'avenir.

L'opposition a existé de tout temps à Montpellier, et elle s'est de plus en plus dessinée et affirmée, à mesure que la tyrannie dogmatique a voulu s'imposer de force, au nom d'une tradition respectable sans doute, mais détournée des

____

(1) Il est essentiel de remarquer que chaque application des dogmes de la science médicale doit se rapporter à ces dogmes, par des inductions qui soient très-simples et très-prochaines. — Car, en général, plus on prolonge la chaîne des conséquences qu'on peut déduire successivement d'un principe dont on veut faire l'application, plus il est à craindre qu'on ne s'écarte de la vérité. (*Discours sur le génie d'Hippocrate.* Note 25.)

tendances et de la direction que suivaient les maîtres dont on invoque aujourd'hui l'autorité. De Barthez, qui était un homme supérieur par le génie et d'une originalité si puissante, on a fait un chef de secte. Son nom a été écrit sur le drapeau du vitalisme arriéré et réactionnaire, et l'on a si bien fait, que ce grand nom, qui couvre de son ombre des disciples peu au courant de la doctrine du maître, ne représente en quelque sorte que le pape d'une petite église intolérante et superstitieuse.

Barthez, glorifié là-bas sans mesure et sans discernement, n'a point exercé l'influence salutaire et légitime qui reste encore à l'état latent dans ses meilleurs ouvrages. Il n'a pas été mieux servi par ses successeurs et continuateurs les plus accrédités que ne le fut Hippocrate par Galien. On sait que ce dernier s'abrita comme sous une égide tutélaire derrière le nom d'Hippocrate; qu'il lança l'anathème — sans ménager les injures — contre tous les systèmes et les doctrines les plus autorisées de ses prédécesseurs et contemporains, et que, tout en invoquant comme un dogme infaillible l'hippocratisme qu'il travestit, gâta et dénatura, avec ses théories creuses, il se hissa doucement sur un piédestal, du haut duquel il exerça durant quinze siècles environ une souveraineté absolue, jusqu'au moment où, l'esprit d'émancipation aidant, la pure doctrine d'Hippocrate puisée à la source, et remise en lumière, renversa de fond en comble l'œuvre imposante de son charlatanisme.

Une réaction analogue éclatera tôt ou tard à Montpellier, et dévoilera aux yeux fascinés la supercherie tyrannique qui a triomphé durant un demi-siècle, et grâce à laquelle Barthez a été amoindri et presque détrôné.

Cette réaction inévitable se manifeste visiblement par des symptômes significatifs. L'élément étranger pénètre de plus en plus dans l'école, et les nouveaux venus, qu'on aurait jadis traités comme des intrus, ne sont plus tenus de faire acte de soumission ni de chanter, comme par le passé, la palinodie. La faculté de Montpellier compte maintenant parmi ses membres des hommes qui se soucient peu des vieilles idoles, et qui osent rire tout haut du culte qu'on leur rend encore, beaucoup plus par habitude que par dévotion. La physiologie a fini par se faire place dans un enseignement dont la physiologie ne faisait point partie, on peut le dire, depuis C.-L. Dumas, et la tradition de ce maître illustre a été très-heureusement reprise. Il y a des professeurs de la Faculté de Montpellier qui s'inquiètent beaucoup de tout ce qui se passe et se fait hors de chez eux, sans se préoccuper de mettre leurs convictions scientifiques d'accord avec les dogmes de la théologie, comme cela s'est vu, il n'y a pas dix ans. Un mot à ce sujet.

M. l'abbé Flottes, ancien vicaire général du diocèse de Montpellier, professeur honoraire à la Faculté des lettres de la même ville, a, il y a cinq ans, publié un écrit fort curieux. C'est une véritable consultation théologique faite en réponse à cette question : *L'hypothèse qui admet un principe de vie distinct de l'âme et des organes est-elle contraire à la morale et à la religion* (1)? Certes, voilà un problème singulier et qui surprendrait un peu l'Académie des sciences. Il faut songer qu'il a été posé à Montpellier, dont l'école de médecine, attachée par tradition et dévouée par habitude aux doctrines spiritualistes de la métaphysique religieuse, se préoccupe très-sérieusement d'accorder la science avec la foi. Cette ridicule manie de vouloir que la physiologie soit orthodoxe a repris de plus belle depuis qu'un théologien étranger, réfugié en France pour des opinions auxquelles il n'est pas resté fidèle, s'est cru obligé de soutenir, avec toute la subtilité d'un scolastique italien, que les théories vitalistes, qui peuvent se résumer ainsi : corps ou agrégat matériel, âme ou principe psychique, vie

(1) Montpellier, 1859, in-8°.

ou force vitale, sont antireligieuses, antichrétiennes, anticatholiques. Cette déclaration, ou, pour mieux dire, cette condamnation d'un théologien que l'on faisait fort savant, — il prêchait en effet *de omni re scibili*, — avait, il m'en souvient, vivement ému la Faculté. Cela s'explique, et par les antécédents de la Faculté et par son état présent : l'école de Montpellier est en quelque sorte sous la protection de l'Église.

La moderne faculté de Montpellier a quelque analogie et même beaucoup de ressemblance avec ces écoles du moyen âge que la piété des rois mettait sous la protection des évêques. Je sais par expérience que l'influence épiscopale n'y est pas tout à fait éteinte. Un étudiant qui veut soutenir sa thèse pour obtenir le grade de docteur doit mettre beaucoup de soin à ménager les croyances orthodoxes des hommes bien pensants et la susceptibilité des bonnes âmes. Ces scrupules des savants religieux expliquent la question qui a été posée à M. Flottes. Hâtons-nous de dire que la réponse est infiniment plus sage que la demande.

M. l'abbé Flottes, théologien et philosophe, a répondu brièvement par des textes des Pères et des docteurs de l'Église. Il n'a mis du sien que la conclusion qui est celle-ci : « L'hypothèse du principe vital distinct de l'âme et des organes, et celle qui affirme que l'âme est le principe de la vie, sont deux opinions qui sont libres ; et, quelle que soit l'hypothèse que l'on adopte, on n'en sert ni plus ni moins les intérêts de la morale et de la religion. »

Cette réponse témoigne d'un grand sens et de beaucoup de tact. Au frontispice de sa brochure, M. Flottes a mis une épigraphe tirée de l'*Imitation*(1). Elle est significative. Pour en saisir la portée, il faut savoir que dans cette bonne ville de Montpellier, où l'on s'inquiète si fort de l'influence heureuse ou funeste que les doctrines médicales

(1) Liv. III, ch. v.

peuvent exercer sur la morale et sur la religion, on trouve, comme ailleurs, *ignorantiam recti et invidiam*, que Tacite appelle un vice commun aux grandes et aux petites cités. Ajoutons, pour achever le commentaire, que M. l'abbé Flottes est un homme de science, un esprit libéral et très-distingué, fuyant le bruit, cherchant le repos dans la vérité. Il a donné à la Faculté de Montpellier une consultation très-raisonnable. Mais le vitalisme réactionnaire est incorrigible, et, tout comme l'homœopathie, il prend de l'eau bénite.

Si Barthez ressuscitait avec ses croyances de libre penseur et de philosophe émancipé, il serait exorcisé par les dévots et sectaires qui n'ont rien négligé pour compromettre son nom et ruiner son autorité. Ce grand homme n'avait point prévu à coup sûr que ses doctrines dénaturées seraient mises un jour au service de l'orthodoxie chancelante.

IV. — La psychologie et la médecine.

Rendons justice à l'école dite éclectique : à force d'impuissance, elle nous a débarrassés de la philosophie officielle et de ses prétentions exubérantes. L'éclectisme est mort sans espoir de résurrection, après avoir rempli son office négatif; et, puisqu'il n'est plus, gardons-nous, malgré le mal qu'il a fait et le bien qu'il a retardé ou empêché, de lui demander compte de sa conduite et de lui rappeler ses promesses charlatanesques. Des générations entières ont subi l'influence de ce prétendu système sans en retirer aucun bénéfice. La médecine elle-même, égarée un moment à la suite des professeurs de psychologie, a pris le parti de chercher dans son propre domaine ses principes et ses méthodes; et les médecins clairvoyants et sans préjugés d'éducation comprennent très-bien maintenant que la philosophie de la médecine n'a rien de commun avec celle qu'enseignent les maîtres de logique.

Ces derniers commencent à comprendre de leur côté que leur enseignement ne constitue par le fait qu'une continuation de la routine scolastique, et la preuve qu'ils ont conscience de l'inutilité d'un tel enseignement, c'est qu'ils se permettent des excursions fréquentes sur un terrain où se rencontrent avec eux les médecins et les physiologistes.

Ce sont les plus hardis de la bande qui s'avancent ainsi en explorateurs, et, quoique d'une timidité notable, ils semblent des héros valeureux en comparaison de leurs collègues moins aguerris. Ceux-ci se bornent à d'inoffensives élucubrations. Ils s'appliquent dévotement à traduire les *Confessions* ou la *Cité de Dieu* de saint Augustin, à écrire pour les jeunes collégiens et les demoiselles bien élevées des livres anodins sur le *bonheur* ou sur la *famille*, ou de lourdes dissertations sur la *science du beau* ; bref, de ces ouvrages dont l'innocuité manifeste est attestée d'ailleurs par les encouragements que leurs auteurs reçoivent de l'Académie des sciences morales et politiques.

Cette section de l'Institut de France est un port de salut, un refuge sûr pour les amateurs qui font profession de philosophie. C'est là qu'ils vont chercher des couronnes, en attendant qu'ils puissent ajouter aux lauriers les palmes vertes, insignes classiques des académiciens.

Ces prudents amis de la sagesse (tel est le sens du mot *philosophe*) sont possédés de l'ambition, ou mieux de la manie académique, laquelle fait tourner tant de têtes, sans épargner même les théologiens. L'Université de France, « si calomniée et si grande, » suivant un de ses dévoués serviteurs, est une vraie pépinière qui fournit en abondance à l'Institut de très-bons sujets, et notamment des philosophes d'une honorabilité parfaite, d'une capacité incontestable, puisqu'elle est attestée par des diplômes en règle, par des prix nombreux, et d'une modération à désespérer les sages qui ont pris pour devise le vieux dicton *In medio*

stat virtus, ou l'hémistiche du poëte des *Métamorphoses :*
Medio tutissimus ibis.

Nos maîtres de philosophie suivent donc le bon petit chemin où les ont précédés et où les accompagnent tous ces
praticiens de la sagesse qui, guidés par la prudence la
plus méticuleuse et uniquement préoccupés de leur sûreté,
n'ont d'autre souci que d'avancer doucement en évitant tout
obstacle, et d'autre crainte que celle de se compromettre
par quelque imprudence ou par une infraction quelconque, même très-légère, au principe fondamental de leur
catéchisme : la modération.

En prenant toutes ces précautions avant que de se mettre
en route, nos voyageurs finissent par atteindre sans trop de
peine le terme de leur pèlerinage, encouragés par ceux qui
sont déjà arrivés, et poussés par ceux qui les suivent. C'est
ainsi que nos habiles philosophes parviennent, non sans se
servir de la philosophie, mais en la servant le moins possible, ou, si l'on préfère une autre façon de dire, en la des-
servant de tout leur pouvoir.

Les faux savants n'ont jamais manqué. De tout temps
ils ont été en possession de la science officielle qui les
fait vivre. Les faux sages ne manquent pas non plus, et les
médecins ne doivent pas rester indifférents à leur multiplication croissante.

Il appartient à la médecine d'étudier les symptômes, les
causes et la marche d'un mal qui a pris depuis quelques années les proportions d'une grande épidémie, et dont les
progrès incessants ne peuvent qu'alarmer les gens de l'art,
préoccupés de l'état mental de la société contemporaine.
Les médecins de fous, en particulier, sont rigoureusement
tenus, s'ils veulent faire leur métier en conscience, de bien
connaître le milieu social et les causes prochaines et pré-
disposantes qui réagissent sur les fonctions supérieures ou
de la vie cérébrale, de manière à produire tant de désor-

dres dans la société et une déplorable confusion dans les principes mêmes de la médecine mentale.

Cette partie tellement importante de l'art médical n'est point admise dans le programme de l'enseignement officiel, et elle reçoit dédaigneusement la dénomination de spécialité, apparemment parce que les médecins d'aliénés sont obligés d'avoir des connaissances spéciales en pathologie et en thérapeutique, ou plutôt des connaissances extraordinaires, puisqu'elles sont l'apanage d'un très-petit nombre.

Il est pour le moment inutile de savoir ce que valent nos médecins de fous, en tant qu'hommes de science et de théorie. S'ils n'ont pas beaucoup avancé depuis leur entrée dans la carrière, c'est que les circonstances et les institutions ont le plus souvent été contre eux; et, conséquemment, il serait injuste d'exiger de ces honnêtes et ingénieux empiriques plus qu'ils n'ont pu faire, malgré leur bonne volonté. Une chose certaine, c'est que la médecine ne peut que perdre et s'amoindrir par ces divisions et distinctions aussi arbitraires qu'irrationnelles qui multiplient indéfiniment le nombre des spécialités, à tel point que, si un prompt remède n'est appliqué à ce mal, nos médecins auront prochainement des attributions aussi réduites que ceux de l'ancienne Égypte. On sait que dans ce pays, sous les Pharaons, chaque maladie avait son médecin, et que chaque chirurgien s'occupait uniquement de la lésion de tel ou tel membre, à l'exclusion de tous les autres. Il résultait de ce partage un nombre infini de spécialistes : l'empirisme le plus brut régnait en Égypte, dans la pratique médicale. Quant aux doctrines générales, les médecins égyptiens s'en passaient. Aussi le monde ancien ne profita guère plus de leur médecine que de la civilisation tant vantée des Égyptiens.

Les Grecs, au contraire, admirablement doués pour l'observation et pour l'induction, coordonnaient les faits, et par l'enchaînement des phénomènes observés et classés, ils obtenaient des principes, des lois, des rapports, des règles invariables et certaines, d'où ils tiraient comme conséquences des méthodes, des doctrines, des théories, en peu de mots, tous les éléments constitutifs de la science.

Les Romains ne comprenaient pas la science autrement que les Grecs. Par l'application des facultés analytiques et par l'acquisition des connaissances partielles, les uns et les autres s'élevaient sans effort jusqu'à l'unité de conception de la nature humaine. Les vrais savants de l'antiquité n'admirent jamais ces distinctions et divisions arbitraires, primitivement introduites par les hypothèses de l'école pythagoricienne, accréditées par les fictions de Platon et les rêveries des néoplatoniciens d'Alexandrie, consacrées depuis par les croyances dogmatiques qui, d'un bourg de la Palestine, se répandirent insensiblement sur l'Europe occidentale, et suivant lesquelles l'homme se décompose en deux ou trois principes constituants : l'âme, la vie, le corps, dualité ou trinité, car les uns n'admettent que les organes et un principe unique qui les anime, tandis que les autres admettent deux principes, outre les organes : la force vitale et le sens intime, pour emprunter le vocabulaire de ceux qui se proclament disciples de Barthez.

M. le professeur Bouillier (1) inscrit ces deux termes de haute métaphysique en tête de son volume, ou du moins deux synonymes : le principe vital et l'âme pensante, qu'il veut confondre à toute force ou réduire à une cause unique et générale, à savoir : l'âme. Il n'admet que celle-ci comme principe premier et informant, et conséquemment il se proclame animiste, et ne tient nullement à être confondu avec les vitalistes. Ces derniers veulent bien reconnaître une âme dans l'homme ; mais ils ne consentent point à lui confier la direction, ou, pour parler familièrement, le ménage

____

(1) *Du principe vital et de l'âme pensante.* Paris, 1862.

de l'organisation. Ils préfèrent charger des soins plus secondaires de l'économie animale ou vivante un principe de nature différente, on n'ose dire inférieure, car les manifestations vitales ne supposent pas une médiocre capacité de la part de ce chef mystérieux qui préside à l'exercice des fonctions.

Vitalistes et animistes sont en complet désaccord, et il n'y a point d'apparence qu'ils s'accordent jamais, d'autant que les uns et les autres ne se maintiennent que par la division qui est entre eux, prenant d'ailleurs pour fondement de leurs disputes des hypothèses sur lesquelles des milliers de générations pourront continuer à déraisonner sans fin ni terme, attendu qu'une hypothèse qui échappe à toute vérification, à tout contrôle scientifique, a une durée illimitée, et peut se perpétuer aussi longuement que les plus extravagantes fictions poétiques ou romanesques. Les vitalistes les plus subtils ne savent rien absolument de la nature et de l'essence du principe vital ; mais ils croient fermement à l'existence de cette entité, moyennant laquelle ils expliquent tous les phénomènes de la vitalité et arrangent leurs théories, avec des convictions aussi inébranbles que s'ils édifiaient sur le roc. Les animistes, de leur côté, qui se moquent des vitalistes, à cause que l'âme suffit pour eux à donner raison de tout, les animistes n'ont aucune connaissance positive de ce principe qui est la base fondamentale de leur doctrine :

Ignoratur enim quæ sit natura animai.

Ce vers de Lucrèce est encore à présent la meilleure épigraphe dont on puisse décorer les plus solides traités de psychologie. C'est ce que savent parfaitement nos psychologues. Ils sentent très-bien que la prétendue science qu'ils cultivent, faute de la pierre angulaire, n'a point de consistance, et las d'édifier sur le sable mouvant et de voir leurs constructions sans cesse menacées de ruine, ils ont imaginé de construire leur échafaudage philosophique sur un terrain solide, suivant le précepte d'Horace

Ponendæque domo quærenda est area primum.
« Si vous voulez bâtir, il vous faut un terrain. »

C'est en effet par là qu'il faut commencer, et les professeurs de logique comprennent enfin que rien n'est plus raisonnable. Aussi renoncent-ils depuis quelques années à soutenir la thèse de Jouffroy, un des leurs, sur la légitimité de la distinction de la psychologie et de la physiologie, et ils ont le plus vif désir de s'entendre avec les physiologistes. Il leur faudra quelque temps pour qu'un tel désir reçoive satisfaction; et ce qui retardera le moment de l'entente cordiale, c'est la division intestine qui règne entre les psychologues les plus désireux de contracter alliance avec la médecine et la physiologie.

Les poursuivants de métaphysique ne renoncent pas aisément à la poursuite de leur chimère : ils courent sans repos après les causes premières et finales, et veulent à toute force attraper l'absolu qui leur échappe. Au lieu d'entrer sans retard et résolûment dans le domaine physiologique, ils s'arrêtent aux bagatelles de la porte, et suivent d'un œil inquiet cette bataille de fantômes qui se livre sans résultat possible entre vitalistes et animistes. A force de contempler les combattants, ils s'animent au combat, finissent par y prendre part, et, dans l'ardeur d'une lutte stérile, ils oublient de pousser la porte et d'entrer dans l'enceinte où s'agitent les questions vraiment vitales, et où ceux qui se livrent aux investigations sérieuses et profitables se gardent bien de se payer de mots sonores et creux, et de dépenser en vaines arguties leur temps et leurs facultés.

Métaphysique et science ne vont pas de compagnie,

en dépit des efforts d'un honnête penseur contemporain qui prétend les associer. Il y a incompatibilité insurmontable entre elles, et rien n'est plus aisé à concevoir. Chaque conquête de la science avance la ruine de la métaphysique, et, à mesure que se multiplient les notions certaines de la réalité, le domaine de l'abstraction, jadis illimité, se rétrécit visiblement. Les métaphysiciens auront beau distinguer subtilement entre le réel et le vrai, leurs distinctions ne pourront rien pour sauver cette fausse science de l'abstrait et de l'idéal, et la science vraiment digne de ce nom proclamera victorieusement, avec deux grands naturalistes, que la vraie philosophie a pour base ce qui est réellement, *en realidad de verdad*, suivant l'expression énergique d'un vieil auteur espagnol, et qu'elle consiste précisément à voir les choses telles qu'elles sont.

M. Bouillier, très-familier avec le système philosophique de Descartes, ne paraît pas avoir de propensions à tirer rigoureusement parti des règles de la méthode cartésienne. Avec son animisme radical, il n'aboutit en définitive qu'à pallier très-faiblement l'impuissance incurable de la psychologie qu'il professe, à laquelle il croit très-fermement et pour laquelle il a entrepris une enquête historique, qui serait sans doute plus irréprochable si elle n'eût été faite en vue de soutenir une thèse fort ingénieuse assurément, mais insoutenable en bonne philosophie.

M. Bouillier, de même que les plus distingués et les mieux intentionnés de ses confrères et collègues en métaphysique, relève plus ou moins de cette fameuse école éclectique dont nous avons vu heureusement la fin, mais dont les influences ne cesseront pas de sitôt.

Dans cette école éphémère, maîtres et disciples, à défaut d'un appui plus solide, ont invoqué l'histoire, avec la prétention singulière de confisquer, au profit d'un grossier syncrétisme, tout ce qui leur semblait bon dans le passé ;

guidés dans le choix qu'ils prétendaient faire entre les systèmes et les doctrines de leurs prédécesseurs, non par une
loi d'élection fondée sur le principe même du discernement, mais uniquement par les besoins du moment et par
des convenances le plus souvent étrangères à la philosophie.

L'éclectisme s'est vanté, en ses jours de triomphe, d'avoir
ressuscité en quelque sorte les études historiques en philosophie. L'éclectisme, à dire vrai, n'a rien restauré, de même
qu'il n'a rien fondé; mais il a eu ce privilége de travestir
l'histoire, de l'altérer, de la corrompre, de la fausser
sciemment et d'induire en erreur les esprits crédules qu'il
traînait à sa suite, après avoir éteint en eux la lumière qui
éclaire le présent et le passé, c'est-à-dire le sens critique.
Peu d'écoles ont surpassé celle-là en subtilité ; mais toutes
l'ont surpassée en jugement et en rectitude.

Ce que l'éclectisme a essayé en dehors de l'histoire ne
compte pas. Ce qu'il a fait en histoire est entaché de deux
vices, dont l'un inspire seulement le dédain, et l'autre beaucoup de mépris : l'ignorance et la mauvaise foi. L'éclectisme
n'était, à le bien considérer, qu'un scepticisme sans courage, et dont l'incurable poltronnerie se trahit visiblement
par l'indifférence qui est au fond du système. Pas un de
nos contemporains n'ignore les résultats pratiques de cette
prétendue doctrine de conciliation. Elle n'a rien fait absolument pour l'émancipation intellectuelle, et n'a pu qu'introduire la confusion dans les idées, dans les faits et jusque dans les notions les plus élémentaires de la logique et
de la morale. Les éclectiques ont invoqué hautement le
spiritualisme, dont ils ont pris d'office la défense, et, dans
leur ignorance de la nature humaine, ils ont prétendu contenir toute la philosophie dans l'étroit domaine de la psychologie. Le sens réel de ce dernier mot leur a échappé, à
moins qu'ils ne l'aient, suivant les traditions de leur école,
détourné ou altéré ; car ils ne peuvent ignorer que le terme
grec qui est la racine de ce mot, et qui se traduit par *âme*,

avait, dès les premiers temps de la philosophie, une signification qu'on ne peut rendre en français que par un équivalent : *la science de l'homme*, pour emprunter le titre du
plus bel ouvrage de Barthez.

Il est juste de reconnaître que l'animisme, tel que s'efforce
de le comprendre M. Bouillier, répond assez bien à cette signification générale ou plus compréhensive, pour employer un
néologisme à la mode, du terme psychologie. Mais comme
notre animiste universitaire a été élevé dans la petite école
psychologique, ses doctrines et ses réminiscences scolaires
ne sont pas toujours d'accord avec ses tendances. De ce
contraste perpétuel résultent aussi bien des contradictions.
M. Bouillier ne veut pas, à la vérité, suivant le désir de Jouffroy, que la psychologie soit distinguée, ou mieux, séparée
de la physiologie ; mais, en définitive, il s'efforce de subordonner celle-ci à celle-là. Il prétend, toujours en faveur du
spiritualisme, dont il est un ardent champion, il prétend
que la psychologie doit absorber la physiologie. La prétention est implicitement contenue dans son argumentation,
laquelle tend à démontrer que l'âme est un principe unique,
la cause première et suffisante de la vie et des organes.

Il suit, de cette façon de comprendre la nature humaine,
que la physiologie n'est plus qu'une branche, une dépendance de la psychologie. « Tout nous conduit à cette conclusion, que la vie n'est pas un être à part, mais une puissance de l'âme, comme la sensibilité et l'intelligence. » A ce
compte, M. Bouillier, animiste pur et conséquemment aussi
spiritualiste que possible, a grandement raison de supprimer le vitalisme comme inutile. Aussi fait-il une guerre
acharnée aux vitalistes, et s'efforce-t-il de leur prouver
qu'ils doivent rentrer tôt ou tard, mais forcément, dans
l'animisme d'où ils sont sortis.

Avec cela, M. Bouillier, par une subtile concession, bien
digne d'un philosophe conciliant, veut bien admettre une

espèce particulière de vitalisme, « le vitalisme animiste, le seul vrai, suivant nous (1). » C'est l'ancien éclectique qui laisse ici reparaître le bout de l'oreille. A vrai dire, on ne conçoit pas très-bien qu'un philosophe disposé à faire de ces concessions-là fasse difficulté d'admettre toutes les conséquences des doctrines animistes de Perrault et de Stahl. Il est vrai aussi que ces deux intrépides animistes étaient médecins et fort savants, et que les conséquences rigoureuses de leurs systèmes n'aboutissent pas aussi directement que pourrait le souhaiter un philosophe bien pensant, au plus pur spiritualisme. M. Bouillier, argumentateur exercé, ne brille pas dans cette partie de sa thèse. En revanche, il triomphe sans pitié de ces vitalistes orthodoxes qui, à défaut de meilleures autorités, invoquent les saints, les apôtres et les Pères de l'Église, sans réussir, malgré leur bonne volonté, à se soustraire aux censures des théologiens. M. Bouillier raille très-agréablement les fidèles de la petite église vitaliste, dont le chef est à Montpellier, et quoiqu'il prolonge la raillerie sans pitié, on n'ose le blâmer de donner pleine satisfaction à ses petites rancunes philosophiques.

La médecine reste indifférente à ces controverses stériles. Mais l'histoire doit les enregistrer, afin que ceux qui viendront après nous sachent bien que l'art médical ne saurait désormais retirer aucun bénéfice de son commerce avec la théologie, et qu'il peut se dispenser sans dommage de consulter la métaphysique. Cela soit dit en passant et sans intention de nuire au succès de cette superbe traduction de Stahl (2), dont j'ai eu peut-être la première idée, mais que je concevais autrement ; car si j'eusse traduit Stahl, mon premier soin eût été de rendre cet auteur intelligible et d'en écarter tout commentaire impertinent. La traduction

____

(1) P. 43, ch. III.

(2) *OEuvres médico-philosophiques et pratiques*, trad. et commentées par T. Blondin, tome II à V, Montpellier, 1859-1862.

de Stahl, qui est présentement en voie de publication, se recommande au contraire par un grand luxe d'introductions, d'observations et de notes, où la médecine la plus orthodoxe n'intervient qu'escortée de professeurs de philosophie. Cette traduction de Stahl, si elle n'est pas définitive, fournira du moins des documents précieux aux futurs historiens de la médecine contemporaine.

Après cette digression, autorisée d'ailleurs par le sujet, revenons à M. Bouillier. « Ce n'est pas la dualité de l'âme et du corps, dit-il en un passage de son livre (1), mais, ce qui n'est pas la même chose, la dualité de l'âme et de la vie, qui est ici en discussion. »

Le lecteur comprend cela, et il a vu que M. Bouillier a eu raison des vitalistes en les faisant rentrer dans l'animisme. Ayant absorbé les vitalistes dans son système, M. Bouillier ne perd pas son temps à convertir les organiciens : il les pousse de force dans l'animisme. Son petit raisonnement à leur endroit ne manque pas d'originalité : « L'organisation, à tous ses degrés, affirme-t-il, comme un axiome hors de discussion, est nécessairement le produit de la vie (2). » Or, la vie, d'après M. Bouillier, n'est qu'une puissance de l'âme ; donc l'âme est le principe même et la cause première de l'organisation. Le syllogisme est d'une grande force et n'admet point de contradiction. Aussi l'auteur, dans son inébranlable conviction, dit-il, vers la fin de sa thèse : « Loin que nous mettions l'âme dans le corps, comme dans un étui, c'est plutôt le corps que nous mettons dans l'âme (3). » Et plus bas : « En réalité, c'est l'âme qui contient le corps, et non pas le corps qui contient l'âme. »

Ces quelques citations donneront plus facilement une

(1) P. 315.
(2) P. 50, ch. iii.
(3) P. 410, chap. dernier.

idée des tendances philosophiques de l'auteur que ne pourrait le faire une analyse de son livre. Une analyse serait d'ailleurs difficile à présenter, M. Bouillier ayant consacré plus de la moitié de son volume à résumer les opinions des philosophes et des médecins sur l'âme. On ne peut pas affirmer toutefois qu'il ait tracé une esquisse de l'histoire de l'animisme, M. Bouillier n'ayant fait de l'histoire qu'en vue et, il faut bien le dire, au profit de sa thèse. Ses analyses sont, en général, assez nettes et claires, mais incomplètes le plus souvent. Ce qu'il y a de moins imparfait dans la partie historique, c'est le résumé du *Traité de l'âme*, d'Aristote. Le derneir traducteur de ce philosophe est bien loin d'avoir compris aussi bien que M. Bouillier le traité fondamental de la psychologie aristotélique. Il est douteux néanmoins que M. Bouillier ait pénétré jusqu'au fond de la pensée maîtresse du *Traité de l'âme*. « Pour nous, comme pour Aristote et Leibnitz, dit-il, l'âme, dans sa définition la plus générale... sera un principe original d'activité et de mouvement, un principe d'organisation et de vie. »

M. Bouillier ne sait pas certainement tout ce qui peut sortir de cette phrase en conséquences diamétralement opposées à ses conclusions. Et ce qui le prouve, c'est qu'il met ensemble Aristote et Leibnitz, deux philosophes qui n'ont rien de commun, quoi qu'en aient dit les historiens superficiels de la philosophie. Leibnitz, esprit conciliant et indécis, aboutit en tout à la théodicée. Il est un des coryphées de cette école spiritualiste et religieuse qui a introduit la confusion dans les spéculations métaphysiques. Et c'est en le suivant, lui, philosophe théologien, et non pas Aristote, que M. Bouillier a pu établir cette équation : Ame = *vis suî motrix* = immatérialité. Ame = *vis suî conscia* = spiritualité.

Aristote n'aurait rien compris à ce langage algébrique. En revanche, il eût rejeté bien loin cette double négation de M. Bouillier : « La vie n'est pas plus une collection de propriétés que l'âme une collection de sensations (1). »

C'est peut-être le contraire qui est exact. Le médecin Asclépiade, que M. Bouillier ne connaît pas très-familièrement, se moquait, de son temps, de ceux qui cherchaient le siége de l'âme : *Regnum animæ aliqua in parte corporis constitutum negat. Etenim nihil aliud esse dicit animam, quam sensuum omnium cœtum.* C'est le texte même de Cælius Aurelianus (2). « Asclépiade de Bithynie déclarait que l'âme n'est autre chose que l'exercice des cinq sens (3), » ajoute Galien.

L'opinion d'Asclépiade n'est pas à dédaigner; et les médecins qui pensent, avec ce grand homme, que la médecine ne peut que gagner à rejeter les entités métaphysiques et les hypothèses parasites que Broussais englobait sous la dénomination d'ontologie, ces médecins engageront M. Bouillier et ses confrères à continuer de philosopher suivant les traditions de l'école, ou à renoncer définitivement aux spéculations stériles, pour s'initier, sans peur et sans préjugés scolastiques, à la connaissance vraiment scientifique de la nature humaine.

(1) P. 49.

(2) *Acutorum morborum*, lib. I, chap. xiv, dans le tome X des *Artis medicæ princip.*, de Haller, p. 50.

(3) Ὥσπερ καὶ Ἀσκληπιάδης ὁ Βιθυνός · ὁ δ' αὐτὸς οὗτος καὶ τὴν γυμνασίαν τῶν πέντε αἰσθήσεων ἀπεφήνατο εἶναι τὴν ψυχήν. Galen., *Definit. medic.* XCIX, t. XIX, p. 373, edit. de Kuehn.

VIX

ASCLÉPIADE, FONDATEUR DU MÉTHODISME.

Dans le vingt-neuvième livre de son *Histoire naturelle*, au début du chapitre v, Pline l'Ancien s'exprime ainsi à propos de l'école médicale d'Hérophile : *Deserta deinde et hæc secta est, quoniam necesse erat in ea litteras scire,* « Cette secte fut à son tour abandonnée, parce qu'on ne pouvait lui appartenir sans être lettré (1). »

Appliquée à l'enseignement de la médecine, tel qu'on l'a fait de nos jours, la phrase du compilateur est profondément ironique. Interprétée à rebours, à contre-sens, elle reproduit l'image exacte de l'état présent.

Depuis qu'il y a divorce entre la médecine et les lettres, les apprentis médecins affluent en nombre toujours croissant, et des modifications opportunes leur facilitent de plus en plus l'accès des écoles.

Le nombre des médecins illettrés, tellement considérable, ne fera que croître, si des concessions paternelles, peut-être, mais à coup sûr regrettables, aplanissent le chemin à l'ignorance et peuplent les écoles de jeunes gens qui, ne sachant pas le latin, ne sauront jamais bien le français, et qui, devenus maîtres à leur tour, parleront et écriront sans précision, sans distinction, sans convenance, platement et vulgairement, faute de cette instruction préliminaire, qui est la véritable culture de l'esprit, par laquelle le savoir et le mérite sont mis en valeur et en relief.

La médecine enseignante ou dogmatique ne peut impunément se passer de la littérature, quoi qu'en disent les gens du métier qui s'enferment dans le cercle étroit de la

(1). Trad. de M. Littré, t. II, p. 298.

pratique. Le médecin qui ne possède strictement que le connaissances indispensables, qui ne sait que les choses usuelles de l'art médical, s'isole dans sa profession comme dans une spécialité. Il met des bornes à son intelligence et ne peut sortir de son petit domaine ; il ne voit rien au delà. La plupart des praticiens sont dans ces conditions, les plus renommés tout comme les plus obscurs : auteurs, ils se traînent lourdement dans l'ornière de l'observation passive ; professeurs ou orateurs d'académie, ils se tiennent dans les basses régions, incapables de s'élever au-dessus de leur atmosphère habituelle pour saisir les rapports des phénomènes observés et les principes qui en dérivent. Sans la polémique, inévitable dans toute réunion d'hommes de même carrière, les discussions qui surgissent dans les académies et sociétés médicales seraient sans intérêt absolument, comme elles sont, le plus souvent, sans portée ; car, en dehors de la passion et de ses manifestations plus ou moins vives, la curiosité n'est éveillée ni par la hardiesse des aperçus ni par l'exposition brillante des idées.

Les idées elles-mêmes ne se montrent guère dans ces discussions, la médecine contemporaine étant représentée par des hommes d'esprit pratique qui s'abstiennent rigoureusement et avec un merveilleux ensemble d'aborder les études d'érudition et de critique, en peu de mots, ces connaissances auxiliaires, sans lesquelles les plus sagaces n'entendent rien aux vicissitudes de l'art dans son évolution.

Quoique nos modernes aient changé et renouvelé toute la médecine, — leurs innovations ont abouti à l'empirisme plat, qui triomphe en tous lieux ; — il y a beaucoup à apprendre dans les écrits médicaux des temps anciens, même pour les praticiens uniquement préoccupés de leur clientèle. Quant aux médecins qui enseignent, ils devraient, de même que ceux qui écrivent, savoir couramment le gros des faits consignés dans l'histoire de l'art, connaître la pathologie historique, et, à travers les dogmes, les théories, les systèmes et les opinions des écoles diverses, saisir la filiation, suivre la tradition, découvrir le progrès constant et certain, sous les variations inévitables. Les doctrines se modifient, s'altèrent, se transforment, disparaissent ; les dogmes croulent et s'abîment, faute d'une base capable de résister au temps ; mais ce qui demeure à perpétuité, c'est la méthode qui a éclairé et guidé dans tous les siècles les hommes habiles à connaître et à traiter les maladies.

Tout médecin, à ne consulter que les intérêts de la pratique, gagnerait à fréquenter les représentants les plus accrédités de cette grande école empirique, dont l'origine remonte tout au moins à Hippocrate ; et même, en vue de l'exercice de l'art, but final des études médicales, la médecine comparée s'installerait avec bien plus d'autorité dans sa chaire, si elle avait à son service les connaissances historiques, de façon à pouvoir comparer le présent au passé.

Les professeurs de médecine sont, en général, de médiocres humanistes. Quant aux étudiants, depuis la bifurcation des études classiques, ils ne brillent ni comme hellénistes ni comme latinistes. On a vu des candidats totalement incapables d'expliquer la composition latine qu'ils avaient signée et transcrite, car on pense bien que leur latin était d'emprunt, et le plus souvent de cuisine, pour parler sans cérémonies. Tout cela n'est point inventé à plaisir ; et, malgré tout, la composition latine, qui était jusqu'ici de rigueur pour les candidats au cinquième examen, est de fait regrettable, en tant qu'elle maintenait un reste de tradition littéraire.

Combien y a-t-il de médecins français en état de lire Hippocrate et Galien dans le texte ? Une douzaine peut-être, et encore, c'est beaucoup dire. Mais ceux qui peuvent aborder, sans le secours perpétuel d'une traduction, Celse, Pline, Cælius, et les Grecs mis en latin, forment une assez

belle minorité, et il est à craindre que petit à petit cette
minorité ne soit réduite à néant, si la moins inaccessible
des deux langues classiques ou savantes est en quelque
sorte proscrite par la Faculté.

Il n'y a déjà que trop de médecins qui font remonter
toute la médecine à Bichat, quand ils ne restent pas en
deçà, et qui appellent anciens tous les grands maîtres de
l'art, qu'il est d'usage de ne plus lire, par économie de
temps sans doute, et par la raison excellente que notre siècle ayant inventé, réformé, amélioré et perfectionné toutes
choses, ce qui a précédé peut être mis au rebut et ignoré
sans dommage. On compte par centaines les médecins qui
font profession de dédaigner, comme absolument inutiles,
les recherches d'érudition et les investigations historiques.
Heureusement ils n'en sont pas tous à raisonner ainsi.
Quelques exceptions, trop rares, hélas ! attestent combien
la règle généralement suivie est mauvaise. Dans la génération qui va maintenant vers son déclin, comme dans celle
qui est en pleine maturité, il se trouve des hommes éminents par leur savoir, méritants par leurs travaux, à qui
l'on doit de précieuses révélations sur le passé de la médecine ; mais aucun d'eux n'a fait ce qui manque encore, un
travail d'ensemble, substantiel, essentiellement critique,
sur l'histoire complète de l'art.

La génération qui vient à la suite accomplira-t-elle cette
grande tâche ? Rien n'est moins probable ; car ils sont plus
rares que jamais ceux qui aux études médicales associent
les études littéraires. Pour les médecins contemporains,
jeunes ou vieux, les sources de l'antiquité sont fermées,
pour ainsi dire, et scellées de sept sceaux. Elles s'ouvrent
néanmoins à quelques esprits curieux des choses anciennes,
qui se passionnent précisément pour les connaissances que
les directeurs de l'enseignement médical excluent sans façon du programme.

Il est remarquable que, depuis que les études classiques

déclinent visiblement, il y ait eu des médecins pour protester contre l'abandon des langues savantes. Dans le court espace de six ans, trois docteurs en médecine, un de la faculté de Montpellier, les deux autres de la faculté de Paris, ont demandé et obtenu en Sorbonne le diplôme de docteur ès-lettres.

C'est un grade qui suppose, en général, quelque savoir et beaucoup de travail ; car, dans l'ordre des lettres, pour passer docteur, la licence est indispensable, et les épreuves de licence ne sont pas des plus faciles.

Quant au doctorat, les candidats ne s'y présentent qu'avec deux thèses, l'une en latin, l'autre en français, qui fournissent des armes contre l'auteur à des juges le plus souvent sévères et rompus, par une longue habitude, aux chicanes de la discussion. Les argumentateurs de Sorbonne sortent volontiers de la question, quand les sujets des thèses les poussent hors de l'ornière de la rhétorique et de la logique, en un mot, hors des matières de l'enseignement littéraire. Mais c'est alors surtout qu'ils se montrent inflexibles, car enfin ils sont professeurs, ils parlent toujours en maîtres, ils sont parfois pédants et même très-pédants, et comme, en définitive, le candidat est à leur merci, ils veulent à toute force briller et triompher à ses dépens. On se souvient à tout jamais de ces ergoteurs invincibles et peu indulgents, quand on a passé six ou sept heures en leur présence, autour d'une vaste table couverte d'un tapis vert, dans une salle basse, incommode, misérable, où le froid est grand en hiver et la chaleur étouffante, en été. Il est vrai que le candidat n'est guère sensible à ces incommodités et intempéries ; le soin de sa défense contre huit ou dix adversaires, et la préoccupation du résultat définitif, l'absorbent complétement. Entre les deux thèses, vingt minutes de relâche, et aussitôt l'argumentation recommence, et se poursuit sans autre interruption.

Il est rare que l'aspirant au doctorat soit honteusement

éconduit, d'autant que les deux thèses sont soumises avant l'impression à une commission nommée par le doyen ; et l'examen des manuscrits dure le plus souvent deux ou trois mois. Mais il arrive que le candidat éprouve un demi-échec ; il peut n'être, pour ainsi dire, reçu qu'à moitié. Dans ce cas, la Faculté accepte une des deux thèses seulement, et engage le postulant à refaire celle qui est rejetée, et à la soutenir en temps utile, s'il tient à posséder intégralement son diplôme. Le doctorat qui s'obtient par cette double soutenance, le doctorat en deux temps, outre le désagrément d'un demi-succès, entraîne des frais non médiocres ; car les thèses soutenues en Sorbonne sont en général des écrits volumineux.

M. J. Michon était déjà en possession de ce diplôme quand il reçut le titre de docteur à la Faculté de médecine ; ses thèses de Sorbonne avaient pour objet la géographie et l'agriculture.

Quant à M. Maurice Raynaud, il s'est souvenu de ses études médicales, et le volume en français, ainsi que la brochure en latin qu'il a soumis au jury littéraire siégeant en Sorbonne, témoignent de son goût pour l'histoire de la médecine, si délaissée de nos jours. Ses deux essais ne sont pas sans mérite, bien qu'ils se recommandent moins par la solidité du savoir et la fermeté du jugement que par une certaine curiosité d'amateur désireux de bien faire, mais d'expérience insuffisante (1).

Le choix des sujets étant abandonné à la discrétion du candidat, nous ne reprocherons pas à M. Raynaud d'avoir choisi comme il l'a fait ; mais nous souhaiterions qu'il eût autrement compris et traité le sujet de sa thèse latine, sujet grave et d'une haute importance, tel qu'il n'en est point de plus sérieux dans les annales de l'ancienne médecine.

(1) *De Asclepiade Bithyno, medico ac philosopho*. Parisiis, *MDCCCLXII*, In-8, 48 p. — *Les Médecins au temps de Molière. Mœurs, institutions, doctrines*. Paris, 1862. In-8 de 464 p.

La thèse qui a pour objet Asclépiade, médecin et philosophe, se recommande par la brièveté. Classiquement correct, d'une élégance recherchée, sinon toujours heureuse, l'auteur s'est plus appliqué à cadencer la phrase qu'à chercher le terme propre et à le placer convenablement. Rien n'est plus difficile que de s'exprimer avec originalité dans une langue morte ; mais l'originalité de la forme est inhérente à la puissance de conception, et cette puissance s'accuse nettement, quand elle existe, soit que la pensée emprunte l'organe d'une langue hors d'usage, soit qu'elle parle le langage usuel.

Après ces observations sur la forme, voyons le fond et la substance.

La dissertation est en sept chapitres : exposition du sujet ou introduction, détails biographiques, énumération des écrits d'Asclépiade, opinions philosophiques de ce médecin, applications qu'il en fit à la médecine, esquisse de ses principes en thérapeutique, et finalement appréciation du personnage.

Dans ce cadre, bien des choses pouvaient entrer qui ne s'y trouvent point. Mais n'anticipons pas, et, suivant la distribution des matières traitées par l'auteur, il sera facile de montrer comment il a péché par omission.

Le chapitre préliminaire traite d'abord de l'état de la médecine avant Asclépiade, et secondement des travaux des modernes sur ce médecin philosophe. Il nous semble que M. Raynaud n'a pas pris le bon chemin pour introduire le lecteur dans son sujet. Ce qu'il expose dans les premières pages manque d'ampleur et surtout d'exactitude. Hippocrate y est représenté comme le symbole de la sagesse médicale, et l'abrégé de ses perfections amène un premier parallèle entre lui et Asclépiade, tout au désavantage de ce dernier. Or la comparaison entre les deux médecins n'a point de fondement.

La réputation d'Hippocrate était grande, à la vérité, dès

les premiers temps de l'école alexandrine ; mais sa prééminence, ou, pour mieux dire, sa suprématie, ne fut qu'assez tardivement reconnue. Les Alexandrins, partagés en sectes diverses, gardèrent une très-grande indépendance envers le médecin de Cos. Galien, le premier, fit son apothéose, et naturellement, comme il arrive en pareil cas, il s'institua le prêtre et en quelque sorte le vicaire de ce divin Hippocrate, pour emprunter les mots de sa liturgie. Il en parle comme d'un dieu, avec un respect exagéré. Il en fait des éloges outrés, parfois ridicules, et il ne le contredit çà et là que pour mieux témoigner de sa vénération profonde.

A ne considérer que ces apparences d'une dévotion poussée jusqu'au fanatisme, on pourrait croire à la sincérité de Galien. Pour moi, je n'y ai jamais cru. Galien était d'un esprit trop supérieur et trop éclairé pour ne point raisonner son admiration, et, de plus, il inclinait visiblement au charlatanisme. Il aimait le mystère et le merveilleux ; il goûtait fort les jongleries des prêtres d'Esculape, dont il vante la sagesse et le savoir en maints passages de ses écrits. Il se souvient un peu trop des premières leçons reçues dans le temple de Pergame, sa patrie, et il entoure volontiers Hippocrate d'une auréole sacerdotale.

Avec de telles dispositions, Galien devait être profondément hostile à une école médicale qui rejetait toute espèce d'intervention surnaturelle, et qui, tout en reprenant la grande tradition de Cos, écartait de la médecine les vieilles fictions mythologiques. Aussi fut-il le constant adversaire des médecins méthodistes, dont le véritable chef était Asclépiade. Son dessein étant de se hisser au faîte, d'être le maître unique et le premier dans son art, il se couvrit du nom d'Hippocrate, sous lequel il fit passer tant de théories imaginaires, pour dénigrer et rabaisser les plus illustres de ses prédécesseurs. Il traite la plupart des coryphées de l'école alexandrine avec une excessive rigueur et une révoltante injustice. D'Hérophile, d'Érasistrate, d'Archigène et de tant d'autres, il dit beaucoup de mal, écrit contre leurs dogmes, les réfute, s'emporte en invectives, en injures contre leurs partisans. Sa critique est acerbe, incisive, sans frein, surtout quand il déverse sa bile caustique sur les disciples du méthodiste Thessalus, qu'il traite d'ânes. Et, en dernier résultat, sa censure intolérante a eu pour effet d'introduire dans la médecine le principe d'autorité, mortel à tout progrès.

Galien, malgré son immense savoir et son esprit ingénieux, reste un commentateur, un compilateur. Il veut accorder Hippocrate, Platon et Aristote. Il subtilise doctement, s'égare en de vaines recherches, élabore confusément d'interminables dissertations, abuse de sa facilité prodigieuse pour écrire une véritable encyclopédie, et du haut de ce monument il régente la médecine en Orient et en Occident, durant le moyen âge, et même longtemps après la Renaissance, en dépit de Paracelse, qui brûla publiquement ses écrits à Bâle, avec ceux d'Avicenne. Le galénisme a été un des plus fermes obstacles à l'avancement de l'art médical. Pour Galien, la médecine, telle qu'il l'avait résumée, réglementée, constituée, formait un ensemble complet et parfait, et on le crut sur parole pendant plus de quinze siècles.

M. Raynaud a eu tort de suivre presque uniquement Galien, et de négliger Celse, plus voisin d'Asclépiade, et moins prévenu contre ses doctrines, puisqu'il lui empruntait volontiers quelques-unes de ses pratiques : *Asclepiades multarum rerum, quas ipsi quoque secuti sumus, auctor bonus*, dit-il en son latin élégant, et dans l'excellente version française de M. le docteur des Étangs : « Asclépiade, auquel il faut rapporter bien des préceptes utiles que nous avons adoptés nous-même (1). »

(1) A. C. Celsi *De re medica*, lib. IV, c. iv, § 3, p. 101.

Celse est le plus sensé des anciens auteurs de médecine ; sans appartenir positivement à aucune secte médicale, sa prédilection visible était pour le méthodisme. Il admirait Asclépiade et approuvait avec éloge la plupart des réformes par lui introduites dans la pratique. L'approbation de ce solide esprit répond victorieusement aux critiques inconsidérées de Galien.

L'impartialité ne faisait-elle pas un devoir à M. Raynaud de tenir compte à la fois de la louange et du blâme? Sans aucun doute. Et puisque lui-même a porté son jugement sur le fondateur de l'école méthodiste, il devait consulter l'opinion de Galien et celle de Celse ; mieux éclairé et plus instruit, il eût jugé avec équité.

Celse n'est pas seulement un écrivain modèle qu'il faut proposer à l'étude et à l'imitation de ceux qui traitent en latin des questions de médecine, et surtout des questions historiques ; c'est un guide sûr auquel on peut se confier sans crainte, car il possédait ce trésor si rare : un grand savoir éclairé par une haute raison. Les préliminaires de son encyclopédie médicale sont précieux pour l'ancienne histoire de l'art, et M. Raynaud a eu tort de l'oublier en écrivant sa maigre introduction.

Il a cité les travaux des modernes sur le sujet de sa dissertation, et nous n'aurions qu'à le féliciter d'avoir fait ainsi, n'étaient les lacunes de cette partie bibliographique. Notre dessein n'est point de le rectifier en ce point; mais il nous permettra de lui signaler, entre autres auteurs bons à consulter, Ackermann, cet abréviateur incomparable qui a pris rang, par un tout petit volume, à côté de Daniel le Clerc et de Schulze, ces deux maîtres dans l'histoire de l'ancienne médecine. Ackermann a traité avec sa supériorité habituelle d'Asclépiade et de l'école méthodiste, et il a entrevu deux choses capitales qui ont échappé à la sagacité de M. Raynaud : l'influence considérable de la philosophie d'Épicure sur la théorie médicale, et la révolution salutaire que le méthodisme opéra dans la pratique, bien qu'il ait méconnu l'importance de cette révolution (1).

C'est à ce double point de vue, des antécédents philoso-phiques d'Asclépiade et de son initiative féconde comme réformateur, qu'il faut reprendre le sujet, de façon à satis-faire l'esprit du lecteur sérieux, non en une faible disserta-tion académique, mais en une monographie substantielle, exempte de préjugés, nourrie de réflexions solides, émanées d'un jugement droit et ferme. La matière est de celles qui soutiennent un auteur et l'entraînent naturellement à bien faire, pourvu qu'une préparation suffisante l'ait disposé à comprendre toute l'importance de sa tâche.

M. Raynaud agite les plus graves questions de la méde-cine ancienne avec une légèreté que nous ne lui pardonnons pas, quoique son travail ait obtenu les suffrages des juges de la Sorbonne, étrangers, il est vrai, aux problèmes de l'his-toire médicale. Certaines inadvertances trahissent çà et là une grande précipitation (2).

Le chapitre II raconte la vie d'Asclépiade. Daniel le Clerc n'a laissé rien à dire sur ce point. Sa biographie d'Asclé-piade est un modèle de discussion critique. M. Raynaud, qui a consulté le Clerc et les historiens venus après lui, a présenté avec quelque confusion le résumé de ses lectures ; s'est appesanti longuement sur des controverses d'érudition un peu bien vieilles, et, sans nous fournir des renseigne-

____

(1) *Institutiones historiæ medicinæ*, auctore Joanne Christiano Gottlieb Ackermann, med. D. et Prof. Altorf. Norimbergæ, in bibliopolo Bauero-Manniano, MDCCXCII, in-8. — V. *Medicinæ antiquæ periodus IV. Secta methodicorum.* — Cap. xiv: *Epicuri systema philosophicum in medicinam illatum*, §§ 183-187. Cap. xv : *Asclepiades*, §§ 188-203, p. 132-144.

(2) Dans ses indications bibliographiques, p. 10, note 2, l'auteur cite deux ouvrages qu'il n'a pas vus : « *Asclepiadis liber, in quo conservatio sanitatis explicatur.* Vindobonæ, 1848. — *Animadv. in hunc librum.* Ebendas (*sic*), 1849. L'indication est empruntée à quelque auteur allemand, et c'est ce qui explique cet étrange nom de ville Ebendas qu'il faut lire Ebenda et rendre par *ibidem.*

ments nouveaux sur la patrie d'Asclépiade, il nous a montré ce médecin venant à Rome avec le dessein bien arrêté d'y gagner réputation et fortune. Les tendances de ce chapitre ne valent guère mieux, à mon sens, que celles du précédent.

Asclépiade, tel que le représente M. Raynaud, ressemble beaucoup trop à ces charlatans de l'art médical, réputés gens habiles, et qui exercent leur profession comme une industrie lucrative. Il fait ses calculs et trace son programme avant de se livrer à la pratique médicale, en fin matois qu'il était, *ut erat vir callidissimus* (1). Les insinuations de M. Raynaud, plus que malveillantes, ont le très-grand inconvénient de n'être point recevables en bonne critique.

Le témoignage de Pline, auteur sujet à caution en toutes matières, est particulièrement suspect en médecine, et très-contestable en ce qui concerne Asclépiade. Les déclamations de Pline n'ont pas le sens commun, et elles sont bien moins excusables que celles de Caton, ce vieux Romain entêté et rempli de préjugés ridicules, malgré son grand sens pratique. Les textes de Pline doivent servir en l'absence de documents plus certains ; mais il faut les interpréter avec discernement et les contrôler sévèrement.

Pline représente Asclépiade comme un professeur d'éloquence qui, peu satisfait des profits que lui valait sa rhétorique, se tourna brusquement vers la médecine, *huc se repente convertit* (1), et ruina les anciens systèmes et les vieilles méthodes par des discours entraînants et médités à loisir, qu'il débitait journellement avec un charme persuasif, *torrenti ac meditata quotidie oratione blandiens, omnia abdicavit ;* unique moyen de succès pour un homme parfaitement étranger d'ailleurs à l'exercice de l'art médical, dépourvu de toute expérience, et ne possédant pas la moin-

(1) P. 17.
(2) *Natur. Histor.*, lib. XXVI, c. VII, 1.

dre notion des ressources thérapeutiques, *ut necesse erat homini, qui nec id egisset, nec remedia nosset, oculis usuque percipienda.* En autres termes, Asclépiade n'était qu'un impudent charlatan qui abusait la foule crédule par de belles paroles, et qui dut au talent de bien dire la faveur publique. Et, pour achever le tableau, il devint en quelque sorte le centre autour duquel tourna presque tout le genre humain. On le regardait comme un émissaire céleste, comme un homme tombé des nues, pour rendre l'intention ironique de la phrase latine, *faventibus cunctis..... universum prope humanum genus circumegit in se, non alio modo, quam si cœlo emissus advenisset.* Le trait est joli et de ceux qui peignent au vif le compilateur de l'*Histoire naturelle.*

La Fontaine a dit excellemment :

> En son histoire,
> Pline le dit ; il le faut croire.

M. Raynaud a pris à la lettre le conseil du malin bonhomme. Il s'attache à Pline avec la même déférence qu'à Galien, et il n'aperçoit pas les contradictions flagrantes du déclamateur, forcé, malgré son mauvais vouloir, de rendre hommage aux réformes inaugurées par Asclépiade.

Pline s'indigne (l'indignation est une de ses manières, et, si l'on peut dire ainsi, sa figure de prédilection) qu'un homme appartenant à la nation la plus frivole, *unum hominem e levissima gente,* parti de rien et né sans ressources, *sine opibus ullis orsum,* pour se créer des revenus, *vectigalis sui causa,* se soit tout à coup érigé en législateur de la santé générale, *repente leges salutis humano generi dedisse.* Et, tout en déclamant avec indignation contre ce parvenu, il reconnaît qu'avant lui les pauvres malades en proie aux ardeurs de la fièvre restaient écrasés, étouffés sous le poids des couvertures, condamnés par ordonnance au supplice de la soif, plus intolérable que la fièvre, cloués sur le grabat de douleur dans la plus parfaite immobilité, exposés sans miséricorde aux rayons brûlants du soleil méridional ou à la chaleur du foyer, en attendant une transpiration salutaire; bref, soumis à des traitements d'une rudesse extrême, *nimis anxia et rudia.*

Asclépiade changea tout cela. Il accorda du vin en temps opportun, permit l'usage de l'eau froide, imagina des lits suspendus qui berçaient doucement le patient et calmaient ou modéraient ses souffrances, généralisa l'emploi et tira grand parti des bains généraux et locaux; adoucit les tourments de certaines opérations sanglantes, humanisa la thérapeutique, *medendi cruciatus detraxit;* mit un terme à l'abus des vomitifs, prodigués jusque-là sans mesure et le plus souvent sans nécessité; et parvint à corriger le public de la manie des drogues purgatives, qui, la mode aidant, avaient multiplié déplorablement les affections intestinales.

Voilà, d'après son détracteur lui-même, quelques-unes des améliorations introduites par Asclépiade dans la pratique médicale. Son succès venait, non-seulement de ce qu'il savait entraîner les esprits avec une merveilleuse adresse, *trahebat mentes artificio mirabili,* mais encore de son expérience, de son habileté, de ce sens droit, qui est le vrai guide du praticien d'élite, et qui l'inspira si heureusement dans toutes ses réformes. Asclépiade eut le courage de débarrasser la médecine de toutes les recettes des empiriques, de renoncer à la routine des médicastres, de simplifier la thérapeutique en remontant à la grande tradition hippocratique, c'est-à-dire en bannissant les remèdes violents et suspects, et en se servant des précieuses ressources de l'hygiène. Celse le loue avec raison d'avoir balayé tous ces médicaments de valeur douteuse, dont le nombre allait toujours croissant au préjudice de la vraie science des indications : *Horum autem usum ex magna parte Asclepiades non sine causa sustulit ; et cum omnia fere medica-*

menta stomachum lædant, malique succi sint, ad ipsius victus rationem potius omnem curam suam transtulit.

Remarquable passage, négligé par M. Raynaud, et ainsi traduit par M. le docteur des Étangs : « Ce n'est pas sans raison qu'Asclépiade a presque entièrement banni l'usage de ces moyens curatifs ; et comme pour la plupart ils dérangent l'estomac et sont des mauvais sucs, il a reporté tous ses soins vers l'application du régime (1). »

Je crois avoir démontré ailleurs (2) que, pour avoir opéré cette grande réforme en thérapeutique, Asclépiade devait, contre l'opinion généralement admise, et selon moi erronée, être considéré comme un continuateur de la grande tradition hippocratique, tradition malheureusement rompue par Galien au grand détriment de l'art médical. Je ne puis reprendre ici l'enchaînement de mes démonstrations ; mais il me suffira de dire que, si la méthode thérapeutique d'Asclépiade eût prévalu contre la réaction détestable du galénisme, la médecine n'en serait pas à chercher encore aujourd'hui sa véritable voie.

Si M. Raynaud n'est pas de cet avis, il y viendra certainement quand il connaîtra mieux les vicissitudes de l'art médical dans sa longue et pénible évolution ; et peut-être pensera-t-il alors, avec l'ingénieux et savant Dezeimeris, que le méthodisme a été la première école médicale de l'antiquité, et la seule qui se rapproche en quelque manière de nos idées les plus modernes et les plus avancées. Sans approuver de tout point le parallèle établi par Dezeimeris entre la doctrine d'Asclépiade et celle de Broussais, je crois que ce parallèle est fondé en raison, et qu'il y a beaucoup de traits de ressemblance entre les deux grands réformateurs.

L'un et l'autre chassèrent de la médecine les fantômes, les théories creuses, les entités fictives, les abstractions

(1) Lib. V, præfat., p. 121.
(2) Voy. la *Tradition médicale*, page 95 et suivantes.

quintessenciées; l'un et l'autre ramenèrent la thérapeutique aux règles du sens commun, rejetèrent avec dégoût les drogues inutiles ou malfaisantes, les médicaments incendiaires; l'un et l'autre obéirent aux inspirations d'une philosophie hardie, plus voisine de la science que de la métaphysique, propre à préparer l'intelligence aux inductions qu'elle doit tirer de l'observation et de l'expérience, en autres termes, à saisir les rapports des phénomènes, pour arriver par le bon chemin aux lois et aux principes.

Pas plus que Broussais, Asclépiade ne supportait cette ontologie ou prétendue science de l'absolu, qui avait fait invasion dans la médecine dogmatique à la faveur des rêveries platoniciennes, et provoqué la réaction aveugle des médecins empiriques, réaction fondée et bonne dans ses principes, mais exagérée et détestable dans ses conséquences.

Asclépiade ne se jeta point dans l'éclectisme, il n'eut point la tentation de concilier les doctrines et les méthodes divergentes. Trop fort était son esprit pour concevoir un projet tellement chétif et vain. Son ambition visait au vrai but. Pline le représente comme un démolisseur des théories et des pratiques en vigueur avant lui, et en cela Pline a raison, par hasard ; mais il ajoute aussitôt, pour arrondir une belle période : *totamque medicinam, ad causam revocando, conjecturæ fecit*, que M. Littré traduit très-exactement : « Il rappela la médecine entière à la recherche des causes, et la rendit ainsi toute conjecturale. »

M. Raynaud, prenant toujours à la lettre le conseil du bon La Fontaine, a pris aussi pour base de son appréciation définitive le texte du compilateur latin, et au nom de l'observation et de l'expérience, il s'est élevé contre les doctrines médicales d'Asclépiade, égaré, suivant lui, par son système de philosophie. Nous ne pouvons entrer ici dans l'exposition des idées d'Asclépiade en pathologie générale ; mais nous ferons une simple réflexion, que nous recommandons à **M.** Raynaud et à tous ceux qui n'ont point étudié le méthodisme aux bonnes sources, c'est-à-dire dans l'excellent livre de Celse et dans l'incomparable ouvrage de Cælius Aurélianus, le plus solide monument de l'ancienne médecine.

On voit, d'après ces deux auteurs, qu'Asclépiade renouvela la saine tradition médicale, en ramenant la thérapeutique à la méthode inaugurée par Hippocrate. Mais il se garda sagement de suivre les hippocratiques dans leurs hypothèses sur les tempéraments, sur les crises et les jours critiques, et sur la prétendue providence d'une nature médicatrice. En peu de mots, il bannit de la médecine les fausses théories que l'école d'Hippocrate tenait des philosophes naturalistes et des faiseurs de cosmogonies. Il déclara que la nature, c'est-à-dire, suivant lui, l'organisme vivant, n'était en soi ni bonne ni mauvaise, et que, loin de la suivre en ses tendances, le médecin doit, sans cesse, la surveiller, la diriger, régler ses mouvements et ses actes. Quant aux jours critiques, il comprit que toutes les subtilités auxquelles ils avaient donné lieu n'étaient que la conséquence des arguties pythagoriques intempestivement introduites par Hippocrate dans l'art médical, et qui ont tenu bon jusqu'à la fin du dix-huitième siècle. Bordeu lui-même, pour ne citer qu'un grand nom, déraisonnait encore fort ingénieusement sur la théorie des crises et sur le système de sphygmologie imaginaire qui dérivait de la même source, des nombres pythagoriciens.

Asclépiade vit que tout cela n'était que fiction, et le rejeta hardiment : *Id Asclepiades jure ut vanum repudiavit, neque in ullo die, quia par imparve esset, iis vel majus vel minus periculum esse dixit. Interdum enim pejores dies pares fiunt* (1). Si la théorie des jours pairs et impairs avait encore des partisans (il n'y a pas cinquante ans qu'elle était debout),

____

(1) Lib. III, ch. IV, p. 61.

nous les prierons de répondre à cet argument capital, fourni
par l'observation, et que n'a point négligé le bon sens incomparable de Celse.

Pas n'est besoin d'en dire davantage pour que les plus
novices dans les questions médicales concluent, de ce qui a
été brièvement exposé, qu'Alsclépiade était un grand médecin. Galien, qui a rejeté toutes ses réformes les plus heureuses, et ramassé le lourd bagage dont il avait allégé la
médecine, Galien, en un passage très-remarquable de ses
écrits, après une exposition un peu confuse de quelques
dogmes fondamentaux, s'exprime en ces termes : « Voilà
pourquoi nous cherchons à connaître et les affections morbides, et leurs causes et les lieux affectés, » διὰ τοῦτο τά τε
πάθη, καὶ τὰ αἴτια, καὶ τοὺς πεπονθότας τόπους ἐξετάζομεν (1).

C'est en quelques mots toute la pathologie générale, ou,
pour dire mieux, toute la médecine ; car, une maladie étant
donnée, le médecin vraiment digne de ce nom entreprend
une triple recherche, poursuit la solution d'un triple problème. Il ne saurait en effet aborder le traitement sans connaître préalablement la nature du mal, sa cause et son siége.
Dezeimeris a démontré, les textes de Cælius Aurelianus à la
main, que telle était précisément la doctrine des méthodistes et de leur chef Asclépiade. Sauf quelques légères
nuances dans l'expression de la formule, Broussais n'a pas
dit autrement, plus de dix-huit siècles après Asclépiade ; et
les plus avancés parmi nos contemporains n'ont pu trouver
rien de mieux en fait de doctrines générales.

Celse a donc raison d'affirmer qu'Asclépiade renouvela
presque en entier l'art médical : *Asclepiades medendi rationem ex magna parte mutavit*, et M. Raynaud aurait pu,
sans déroger et sans se compromettre, proclamer en Sorbonne l'urgente nécessité et la portée infinie de pareille ré-

____

(1) *De optima sect. ad Thrasybulum*, ch. XXIII, t. I, p. 169, de l'édition
de Kühn.

novation. Une juste appréciation d'Asclépiade, en tant que médecin, l'eût doucement conduit à une saine appréciation d'Asclépiade, en tant que philosophe.

Les deux chapitres de sa dissertation consacrés à l'exposition et à l'examen de la doctrine philosophique d'Asclépiade sont insuffisants, pour ne rien dire de plus (1).

L'opinion de M. Raynaud sur la philosophie atomistique n'annonce de sa part ni une connaissance solide de la matière, ni une bien grande hardiesse.

Il n'a pas même consenti que ses juges lui fissent une guerre de tendances, et s'est privé par là d'une satisfaction intime, qui vaut bien celle que procure aux candidats pacifiques une réception à l'unanimité. La dernière est peut-être plus douce, mais l'autre a bien plus de saveur pour ceux qui savent la goûter. Être en état de lire couramment les vers magnifiques de Lucrèce, c'est peu, si le lecteur, séduit par l'exemple et entraîné par la force irrésistible de cette grande poésie, n'émancipe son intelligence, de façon à pénétrer l'audace prodigieuse de cette philosophie, généralement connue sous le nom d'Épicure, et dont le vrai père était Démocrite, cet homme d'un génie investigateur et profond, qui semble, au dire d'Aristote, n'avoir rien laissé en dehors de ses méditations, οὗτος δ'ἔοικε μὲν περὶ ἁπάντων φροντίσαι (2). *Democritus, vir magnus imprimis, cujus fontibus Epicurus hortulos suos irrigavit*, dit ingénieusement Cicéron (3).

Épicure puisa en effet à la source de Démocrite, pour arroser ses petits jardins. Bien avisé fut Épicure, car de ces eaux fécondantes les arbres de son verger empruntèrent éclat et vigueur, et les fruits vinrent en abondance, fruits savoureux et substantiels, agréables au goût et salutaires à

_____

(1) L'argumentation dont nous avons entendu une bonne partie n'a pu nous disposer à atténuer la rigueur de cette critique.

(2) *De generat. et corrupt*, lib. I, c. II, fol. 305, t. I, éd. Casaub., Lugd. 1590.

(3) *De nat. Deor*, lib. I. 43.

l'esprit, qu'ils instruisaient du bien et du mal, qu'ils affranchissaient aussi, par une vertu singulière, de nombre d'erreurs, de toute sorte de vieux préjugés, de la crainte de l'inconnu, et de cette ignorance superstitieuse et malfaisante que la science, pour remplir son office, doit combattre sans relâche.

Démocrite et ses disciples ou imitateurs regardaient la nature en face, sans s'effrayer de ses mystères, avec la résolution de déchiffrer ses énigmes, de mettre à nu ses secrets; et c'est précisément à cause de cela qu'Aristote, le souverain maître des philosophes, louait Démocrite sans restriction, et que Lucrèce, en ses chants incomparables, célébrait avec l'enthousiasme d'une âme libre l'apothéose d'Épicure.

Ce dernier n'était point étranger aux études médicales. Dans le catalogue de ses écrits, Diogène Laërce mentionne un traité doctrinal sur les maladies, περὶ νούσων δόξας, πρὸς Μίθρην (1). Galien résume tant bien que mal les théories d'Épicure en médecine; et nous savons que ce philosophe, avant Asclépiade, comptait de nombreux sectateurs parmi les médecins, entre autres Métrodore.

M. Raynaud n'a rien consigné à ce sujet dans sa dissertation latine, et il a cru, avec la plupart des compilateurs qui ont écrit l'histoire de l'art médical et qui n'ont absolument rien compris à la doctrine des méthodistes, que le choix que fit Asclépiade de la philosophie d'Épicure ne fut qu'affaire de caprice ou d'habileté. Pour comprendre l'opportunité de la révolution dont Asclépiade prit l'initiative, la connaissance des antécédents est indispensable, de même qu'il est indispensable de connaître les conséquences de cette révolution, pour en apprécier toute la portée. L'étude du système lentement construit sur les bases établies par Asclépiade est, à coup sûr, la plus belle, la plus curieuse et la plus

____

(1) *Vit. Epic.* liv. X, § 17, p. 663, ed. Lipsiens. in-8, 1759.

neuve qu'on puisse faire dans l'ancienne médecine. Le sujet
est vaste, fécond, magnifique, digne d'un esprit ferme et
éclairé. Loin de l'avoir épuisé, Dezeimeris n'a fait que l'effleurer ; de sorte que le champ reste libre à M. Raynaud,
qui apparemment n'a voulu que préluder, par sa dissertation académique, à une étude consciencieuse et sévère. Ce
grand sujet d'histoire et de philosophie médicale est de
ceux qu'il faut traiter avec cette indépendance absolue et
cet amour pur du vrai qui donnent force et courage pour
entreprendre sans défaillir (1).

(1) Aux curieux qui désireraient une bonne biographie d'Asclépiade,
nous signalerons l'inestimable travail d'A. Cocchi, comme le meilleur et
le plus intéressant sur la matière. Pour les indications bibliographiques
sur les œuvres de ce savant médecin, V. p. 92 et 95 de ce volume.

X

ESQUISSE DES PROGRÈS DE LA PHYSIOLOGIE CÉRÉBRALE.

Un médecin soutenait en Sorbonne, il y a de cela neuf ans (1), que les investigations des premières écoles philosophiques avaient puissamment aidé à l'avancement de la médecine grecque; et, malgré les preuves rassemblées à l'appui de son opinion, il eut contre lui tous les professeurs de philosophie. L'opposition très-vive de ses contradicteurs eut pour effet d'affermir plus fortement le candidat dans sa manière de voir. Une étude plus approfondie de l'ancienne histoire de l'art médical a depuis corroboré ses convictions; et aujourd'hui, le souvenir du dissentiment qui surgit alors entre lui et les maîtres de logique et de psychologie l'induit à penserque les philosophe s contemporains ne ressemblent en rien à ceux de l'antiquité, et qu'à cause de la dissemblance, ils ne se rendent peut-être pas bien exactement compte du rôle vrai et de l'influence réelle de l'antique philosophie.

Philosopher se dit maintenant de ceux qui, à l'exemple d'un grand novateur, s'enferment dans un poéle, seuls, ou à peu près, car le moi ou la conscience est un compagnon de nature essentiellement métaphysique et incertaine, pareil à l'écho qui représente le son de la voix, de façon à produire une véritable illusion d'acoustique. Si l'on prenait la peine de réfléchir sur l'origine du système de la dualité ou du double dynamisme, comme disent les disciples de certaine école médicale, il y a de l'apparence que l'isole-

(1) *De medicinæ ortu apud Græcos progressuque per philosophiam.* Paris, 1855. — *Essai sur l'ouvrage de J. Huarte : Examen des aptitudes diverses.* Paris, 1855.

ment expliquerait la naissance de cette conception transcendante, aussi difficile à être bien entendue des gens d'un sens droit, que la distinction subtile des deux pouvoirs, spirituel et temporel, dans l'ordre économique et social.

A vrai dire, la conception et la distinction découlent d'une source commune. Rien ne serait d'une démonstration plus aisée que cette communauté d'origine. Mais pour le moment il ne s'agit que d'établir comme un axiome indiscutable la proposition suivante : Il y a deux catégories de philosophes, ceux qui regardent en dedans et ceux qui regardent en dehors.

Cette façon de dire est si claire, qu'il paraît inutile d'emprunter aux Allemands l'objectif et le subjectif, quoique ces deux termes soient présentement fort à la mode.

Les philosophes qui regardent en dedans ferment volontiers les yeux pour ne rien voir des choses extérieures. Ils se livrent sans distraction à la contemplation intérieure et intime. Ils ont des visions tout à fait singulières, des révélations surprenantes pour les voyants, que l'exercice journalier de la vue a forcément habitués au spectacle mobile et varié du monde environnant. Il faut néanmoins leur rendre justice : les plus beaux romans philosophiques (le nombre en est infini) sont du fait de ces contemplateurs. Aussi peut-on supposer raisonnablement que les bons poëmes épiques, qui ne sont pas nombreux, le seraient bien davantage si ces philosophes de la contemplation interne, aü lieu de se consacrer à la philosophie, qu'ils ont trop souvent dénaturée à force d'ornements, se fussent appliqués à la poésie, suivant leur naturelle vocation.

Malebranche, par exemple, qui voyait tout en Dieu, avait plus d'imagination qu'il n'en faut pour créer une œuvre poétique aussi divertissante que l'*Odyssée*, ou du moins plus amusante que l'*Énéide*. Platon, qui mettait poliment Homère à la porte de sa république, n'a pas réussi à devenir un philosophe sérieux ; mais, fidèle aux impulsions natives, il a fait de la poésie en prose, et il s'est également distingué dans tous les genres ; car il est à la fois épique, lyrique, élégiaque et comique par-dessus tout. Avec moins d'amour-propre et un peu plus de courage, il aurait pu remplacer Aristophane, son modèle de prédilection. Pour moi, je ne le lis jamais sans rire, comme P. L. Courier, quand il lisait Plutarque et ses menteries, sauf aux endroits où il parle de la stupide cruauté des bourgeois d'Athènes, qui, sous prétexte de religion et de salut public, assassinèrent son maître Socrate.

Ce dernier est le vrai maître de la philosophie contemplative. On connaît ses distractions fréquentes, qui ont une dénomination précise en pathologie mentale (1). Socrate rêvait debout, en plein air, durant vingt-quatre heures et plus. Ses disciples nous ont laissé ignorer la nature et l'objet de ses rêveries. J'ose affirmer qu'elles contenaient en germe toutes les folies du mysticisme alexandrin.

Le contact de l'Orient fut pernicieux au génie grec. Les pérégrinations en Égypte de quelques anciens philosophes avaient déjà fait pressentir la funeste influence de la déraison orientale, influence qui se manifesta aussitôt que la philosophie, accompagnée de la science, eut émigré d'Athènes à Alexandrie.

Pythagore était un grand rêveur, et son enseignement ne contribua pas peu à introduire l'élément romanesque ou romantique dans les spéculations des anciennes écoles. Ni lui, ni Platon, qui lui a tant emprunté, ne furent préservés des écarts de l'imagination par la géométrie ; et ces deux exemples, pris dans l'antiquité, prouvent que les mathématiques, réputées excellentes pour redresser la raison, ne valent pas plus que la logique pour la discipline des esprits enclins à dévier.

(1) Voyez Lelut. *Du démon de Socrate.* Nouvelle édition. Paris, 1856.

On pourrait démontrer, en multipliant les exemples, que la philosophie et la géométrie ne vont pas toujours de concert. Descartes, dont le témoignage est précieux en pareille matière, avait signalé la fréquente incompatibilité des vérités géométriques et des spéculations métaphysiques, et lui-même est peut-être un exemple éclatant de cette incompatibilité. Descartes était un très-grand géomètre. Leibnitz, rival de Newton dans la science des nombres, n'a pas une moindre réputation de métaphysicien que Descartes. On sait comment Pascal appréciait la philosophie de ce dernier : la postérité, plus impartiale que Pascal, ne portera probablement pas un autre jugement et sur la métaphysique de Descartes et sur celle de Leibnitz. Otez à ces puissants calculateurs la tradition scolastique et les influences religieuses qui les dominaient, et vous trouverez bien peu d'originalité dans leur métaphysique, c'est-à-dire dans les idées fondamentales de leurs systèmes.

Le dix-huitième siècle, si clairvoyant, avait aperçu le vice radical de cette métaphysique, et il cherchait ailleurs la voie et la lumière. Prenez Diderot, qui était l'âme de l'*Encyclopédie*, Condorcet, le plus pur et le plus complet représentant de cette glorieuse période d'émancipation, et vous ne trouverez chez eux aucune trace des préoccupations qui se sont propagées par la malfaisante école de Rousseau.

Celui-ci fit un retour en arrière. Il invoqua la nature, sans la comprendre, quoique contemporain de Linné, de Jussieu et de Buffon, et il prétendit au rôle de législateur en botanique, avec ses médiocres qualités d'herboriste.

Montesquieu, avec des prétentions plus modestes, devina toute l'importance des sciences naturelles. Il pressentit que, par les connaissances qui révèlent les lois du monde organique, l'homme et l'humanité deviendraient plus accessibles à la curiosité philosophique. Il chercha le secret de l'évolution humaine dans l'étude comparative des lois, non sans exagérer l'action des circonstances extérieures, moins sage en cela qu'Hippocrate, qui, tout en ramenant l'attention sur les agents externes, avait reconnu l'ascendant des races, et opposé les tendances de nature à l'influence incessante des modificateurs.

Voltaire, moins hardi et plus sensé, s'en tint à l'empirisme de l'histoire : il enregistra les phénomènes et donna une idée telle quelle des mœurs et de l'esprit des nations. Son *Essai* (1) est le véritable point de départ de cette science générale et à peine ébauchée, qu'on nomme la philosophie de l'histoire.

Condorcet, le premier (Turgot n'avait tracé que des linéaments) esquissa d'une main ferme le plan de cette philosophie (2), et, bien qu'inachevée, son esquisse reste comme un modèle. Ce grand homme a fait le cadre si vaste, que l'humanité tout entière y trouve place, quoiqu'il lui ait promis un avenir sans limites et des progrès indéfinis dans la voie de la perfection. Tous les systèmes généraux, toutes les conceptions généreuses de la philosophie moderne, depuis la grande révolution française, émanent de Condorcet, hormis les théories rétroactives de M. de Bonald, de Joseph de Maistre et des disciples de l'école théocratique, qui prétendent nous ramener, un peu tardivement, aux vues sublimes, si l'on veut, mais étroites de saint Augustin, de Paul Orose de saint Thomas et de Bossuet.

Nos contemporains, tous ceux du moins qui en fait d'idées ne s'alimentent point de l'antique tradition et ne vivent point d'archéologie, nos contemporains comprennent l'histoire tout autrement que les docteurs et les Pères de l'Église, et cette façon nouvelle de concevoir l'évolution du genre humain est un progrès immense, qui donne raison à la théorie de Condorcet, et qui nous rend bien supérieurs à toutes les générations précédentes.

(1) *Essai sur les mœurs et l'esprit des nations.* Paris, 1758.
(2) *Esquisse d'un tableau des progrès de 'esprit humain.* Paris, 1794.

Le moyen âge que Condorcet dédaignait avec grande raison, et qui trouve aujourd'hui des défenseurs et des panégyristes non-seulement parmi les fils des croisés, comme on dit, mais encore parmi des savants d'un esprit mystique, le moyen âge, saturé d'ignorance, dominé par la théologie, écrasé par la guerre, fut de tout point incapable de songer à l'avenir. Dompté par la terreur, et environné de ténèbres, il crut de bonne foi à la fin du monde. Jamais l'égoïsme individuel, inhérent aux races d'origine germanique, et dominant alors, ne se développa plus à l'aise que durant cette période intermédiaire, sans comparaison inférieure à l'antiquité, quoi que puissent dire les dogmatistes infaillibles de la petite église d'Auguste Comte. Le moyen âge n'eut pas la notion du droit, indispensable à toute organisation sociale. Il n'obéit qu'à la peur et ne fut conduit que par la menace. Toute sa science se borna à l'alchimie et à la magie. Enveloppé de toutes parts par la superstition, il ne connut point la nature, ne produisit pas un naturaliste. Les savants du moyen âge n'étaient que des curieux, des esprits subtils, des compilateurs qui vénéraient l'antiquité, comme le reste, sans la comprendre, sans entrevoir ce que l'antique civilisation, dont quelques débris surnageaient encore, avait tenté ou fait pour l'humanité. Le moyen âge divisait les hommes en catégories, suivant leurs croyances. Les fidèles ou les orthodoxes ne prétendaient qu'à la conversion forcée ou à l'extermination des infidèles, des mécréants, des hérétiques. L'unité dans la servitude était au bout de cette doctrine violente, qui sanctifiait le plus odieux des crimes, la violation de la conscience humaine.

Les anciens se contentaient d'appeler barbares ceux qui restaient en dehors de la civilisation gréco-latine, et les plus avancés d'entre eux tendaient à la suppression, ou du moins à la réduction de la barbarie, par l'union des diverses familles, dont l'ensemble constitue la vie collective, la société humaine. Sénèque, dont les écrits résument toutes les idées morales de l'antique civilisation, et qui avait des notions si élevées du devoir et du droit des gens, Sénèque parle de ce lien qui doit étreindre et confondre en une seule famille toutes les espèces du genre humain, *nobis societatem humani generis sancientibus.* Aussi le dessein de ce grand moraliste était-il d'établir pour tous les hommes une bonne hygiène mentale, et de fonder les transactions humaines sur l'honnêteté, *ingenia sanare, et fidem in rebus humanis retinere.*

Le moyen âge faisait précisément le contraire. La double autorité qui prévalait alors abrutissait les esprits, et reposait sur la force, ou, si l'on aime mieux le mot vrai, sur l'injustice et l'iniquité. Ces bas siècles ne savaient rien de la nature. Pour eux l'animalité n'avait point de sens, et l'organisation animale était un mystère : la théologie n'expliquait rien et suffisait à tout. Dans l'ancienne société, dans la civilisation hellénique et latine, la théologie n'existait point; mais en revanche, la politique, la morale et la législation se rattachaient aux conceptions initiales de l'univers et des êtres vivants.

Les premiers philosophes étaient de nom et de fait des physiologistes ou des physiciens. Sous cette dernière dénomination, l'Angleterre et l'Espagne désignent encore les médecins, c'est-à-dire les hommes qui, par les études indispensables pour l'exercice de leur profession, connaissent le mieux la nature humaine. Aristote, le chef de la vraie philosophie et le maître des naturalistes anciens et modernes, Aristote vénérait la mémoire de Démocrite, qui l'avait précédé dans la connaissance sérieuse des choses de la nature. Démocrite, fécondant les doctrines qu'il tenait de Leucippe, fut le fondateur de ce système original et hardi, qui, introduit plus tard dans la médecine par Asclépiade, changea toute la théorie médicale. Épicure fut, par rapport à Démocrite, ce que Lucrèce fut par rapport à Épicure, un propagateur de la doctrine atomistique. Quand

celte doctrine vint renouveler la médecine par le méthodisme d'Asclépiade, elle avait subi l'influence salutaire
d'Aristote. Celui-ci, le premier, réagit fortement contre la
tendance qui, grâce à l'exemple contagieux de Platon,
emportait les investigateurs loin de la réalité à la recherche d'une vérité chimérique, d'un idéal illusoire. Aristote
établissait les inébranlables fondations de la philosophie de
l'avenir, de cette philosophie qui commence à peine à surgir, après tant de siècles de désillusions et d'expériences.

La théorie de Platon sur la formation de l'homme et la
création du monde peut se comparer au récit mosaïque
de la *Genèse*. Julien, dit l'Apostat, apparemment parce
qu'il ne fut jamais chrétien que de nom, Julien n'a pas
manqué de mettre en parallèle la tradition platonicienne et
la révélation hébraïque. Il se prononce pour Platon, en vrai
païen qu'il était. Les savants qui ont pris d'office la défense
de la cosmogonie de Moïse n'ont tenu compte du parallèle,
et cette négligence est regrettable, car nous saurions maintenant si la prédilection de Julien, qui n'était pas un sot,
avait quelque fondement solide.

Avant Platon, Hippocrate, prenant les choses de moins
haut, avait cherché curieusement, en vue de l'art médical,
à déterminer les rapports qui existent entre les choses extérieures ou du dehors, comme il dit, et l'homme vivant. Le
traité des *Airs*, des *Eaux* et des *Lieux* (1) ouvrait un champ
illimité aux investigations des médecins, des physiologistes
et des philosophes ; et c'est encore ce qu'il y a de plus parfait en ce genre d'études ; car, malgré son influence visible sur les conceptions de quelques penseurs anciens et
modernes, le traité hippocratique n'a suscité qu'un véritable essai d'imitation, celui de Blainville (2), le seul de nos

(1) *OEuvres complètes,* trad. E. Littré. Paris, 1840, t. II, p. 12.
(2) *Cours de physiologie générale et comparée.* Paris, 1833, 3 vol. in-8.
V. dans le tome III, De l'action des modificateurs externes généraux sur
l'organisme, p. 381.

contemporains qui ait bien saisi l'importance et pressenti le
le rôle inévitable de l'hygiène générale.

Aristote (1) s'est souvenu de l'exemple donné par Hippocrate, et c'est par lui que Montesquieu a connu la portée
d'un principe capital dans l'histoire du genre humain,
quoiqu'il l'ait prodigieusement exagéré dans ses applications. Aristote, toutefois, en vrai naturaliste qui cherchait
la fin et la raison des phénomènes, tenta de pénétrer le secret de la constitution humaine. Fort de ses connaissances
anatomiques, rompu à l'observation des lois de l'organisation, et pouvant, mieux qu'aucun de ses devanciers, comparer et induire, il s'éleva naturellement de l'étude de l'a-
nimalité à l'étude plus complexe de l'homme, et, sans obéir
aux influences cosmogoniques et physiques qui avaient
dominé et parfois égaré Hippocrate, il s'appliqua à l'analyse de l'être vivant qui tient la tête de la série animale. Son
traité de l'*Ame*, corollaire de ses travaux d'anatomie et de
physiologie comparées, complément de sa métaphysique,
le traité de l'*Ame* est un premier essai de cette science, qui
porte aujourd'hui, et justement, le nom significatif de biologie. Ce livre profond, sur lequel on a si fort déraisonné
depuis Stahl, n'est point à l'usage de ceux qui prennent ou
reçoivent de nos jours le titre de philosophes. Qui ne sait
pas la physiologie générale ne saurait l'entendre.

Aristote, l'excellent naturaliste, ne pouvait commettre
l'erreur de Descartes, qui a détaché l'homme de la série
animale, avec le dessein de faire pour lui une science spéciale, et de fait impossible, puisqu'il ne tenait compte des
lois inviolables et immanentes du monde organique, lois
sans lesquelles l'homme devient une énigme, et l'évolution
du genre humain un impénétrable mystère. La logique est
comme le creuset qui montre à quoi se réduisent en définitive les systèmes. Descartes a été reconnu et proclamé

(1) *La politique.*

chef de ceux qui réduisent toute la philosophie à l'observation du moi, et qui partent de la conscience pour bâtir cet édifice sans assises qu'on appelle la *psychologie.*

> Ignoratur enim quæ sit natura animai,

comme disait Lucrèce ; et depuis, les plus subtils psychologues n'ont pu dissiper cette ignorance. Et néanmoins la science psychologique emprunte son nom de ce je ne sais quoi dont l'existence même a été un problème insoluble pour bien des philosophes, et aussi pour quelques théologiens, voire des plus orthodoxes.

Les philosophes qui se prévalent aujourd'hui du traité de l'*Ame* d'Aristote, en faveur du spiritualisme, ressemblent un peu à ces confiants Troyens qui s'attelèrent au cheval des Grecs pour l'introduire dans la cité de Priam. Aristote n'a rien de commun avec les spiritualistes. La barbarie du moyen âge l'a invoqué comme un soutien, pour n'avoir connu que l'organon ou l'instrument, comme disait le maître, sans connaître la méthode, les principes et l'encyclopédie aristotélique, c'est-à-dire la doctrine ésotérique et fondamentale. Or, il faut tout connaître d'Aristote, à peine de ne rien entendre à sa philosophie.

Stahl aborda l'étude de l'homme vivant, sain et malade, avec un esprit plus ferme et surtout avec moins de préjugés que Van Helmont, l'illuminé ; mais son piétisme l'égara en des erreurs qui font plus d'honneur à sa piété sincère qu'à son jugement. Barthez a été ingrat envers Stahl ; mais il le répudiait instinctivement, et pour cause. Barthez, l'homme du dix-huitième siècle, instruit de tout ce qu'un savant pouvait connaître de son temps, sceptique obstiné, comme ses amis les encyclopédistes, récrépit le vieux système de l'âme végétative et sensitive, qu'il appela le principe vital, et restreignit beaucoup le rôle de l'âme raisonnable, qu'il mit hors de la physiologie. C'est qu'il relevait lui aussi de l'école de Descartes, et que ses grandes connaissances en mathématiques l'entraînèrent à une conception vicieuse de la métaphysique. Ceux qui se disent les disciples de Barthez sont gens de peu de poids et de grandes prétentions. Nous avons la conviction bien raisonnée qu'ils n'entendent absolument rien à la doctrine du maître. Celui-ci, malgré ses injustices, ses colères, ses incertitudes et la lâcheté que lui reprochait non sans raison Joseph de Maistre, Barthez a eu la gloire enviable de donner son vrai nom à la physiologie : il l'a appelée *la science de l'homme*. Il pensait, avec Hippocrate et avec son maître Descartes, que la vraie connaissance de la nature humaine et des moyens de l'améliorer se doit puiser dans la médecine, et si c'est à cause de cette communauté d'opinions que l'école médicale de Montpellier se dit hippocratique, elle a grandement raison. Mais elle n'en a pas d'autres que celle-là.

Barthez a publié deux éditions de son ouvrage fondamental (1). Dans l'intervalle, Cabanis mit au jour, en deux volumes (2), les douze mémoires, communiqués par lui en partie à l'Institut, et dont l'objet était évidemment de restituer à la physiologie et à la médecine l'étude des fonctions supérieures. Cabanis reprenait avec avantage la thèse soutenue par Galien, et, comme ce dernier, il démontrait que les phénomènes de l'ordre moral ne se peuvent expliquer que par la connaissance des agents organiques. Pour l'accuser de matérialisme, ses adversaires ont perfidement tourné contre lui certaines comparaisons et métaphores qui n'ont rien que de très-sensé quand on les laisse à leur place, au lieu de les dénaturer à plaisir.

(1) *Nouveaux éléments de la science de l'homme*, 1778-1806.
(2) *Traité du physique et du moral de l'homme*. Paris, 1802 ; 2e édit., 1803. — Après la mort de Cabanis, on a substitué dans le titre le mot de *Rapport* à celui de *Traité*. Voy. 8e édit., aux notes et notice, par L. Peisse. Paris, 1844.

Cabanis, venu deux siècles après le médecin espagnol Juan Huarte, auteur d'un essai tout à fait original sur la physiologie morale (1), Cabanis épuisa en quelque sorte les données des anciens, que nous avons concentrées en quatre traités célèbres : celui d'Hippocrate, sur les *Eaux*, les *Airs* et les *Lieux*, le *Timée* de Platon, le traité de l'*Ame* d'Aristote, et finalement l'essai de Galien sur la constitution du corps déterminant les phénomènes moraux. On se demande comment Galien, qui n'était, à le bien prendre, qu'un commentateur, un compilateur, un éclectique, a réussi à tracer, en ce sujet scabreux des rapports du physique et du moral, une esquisse qui reste comme un modèle, malgré l'appareil scolastique et les hypothèses qui la défigurent.

La théorie des humeurs, en germe dans Hippocrate, est parfaitement ridicule, à cause surtout de l'abus qu'en a fait durant quinze siècles la médecine galénique. Et, néanmoins, cette théorie inconsistante a servi de base à la doctrine des tempéraments, laquelle a été le point de départ des essais de physiologie transcendante de Galien, de Huarte et de Cabanis. Cette doctrine, appliquée à l'étude des fonctions supérieures, tenait grandement compte des viscères et des sens internes, et c'est par là qu'elle l'emporte encore sur des doctrines plus avancées et mieux assises, pour ce qui est du moins des instincts et des passions. Cabanis a tiré grand parti de la considération des viscères et des organes internes, pour fortifier le système des sensations, prédominant dans la philosophie du dix-huitième siècle, et tellement avancé par les investigations de Buffon et de Condillac.

Les naturalistes et les philosophes du dix-huitième siècle avaient frayé la voie à Bichat. Celui-ci n'échappa point à

(1) *Examen de ingenios para las ciencias.* Baeza, 1575.

l'influence des doctrines animistes et vitalistes qui régnaient encore, et dont Bordeu et Barthez subirent non moins que lui l'influence. Mais plus avancé qu'eux, grâce aux travaux de ses contemporains, qu'il résuma en vrai poëte, Bichat alla droit au centre de la vitalité. Il dévoila, non pas tous les mystères, mais le rôle capital du système nerveux. Il démontra que l'âme végétative des anciens philosophes (*principe vital* des modernes) n'était autre que cette double chaîne nerveuse qui, le long de la colonne vertébrale, parcourt tout le tronc, de la tête au bassin, et anime tous les viscères ; et que l'âme sensitive et raisonnable (celle des animistes de l'école de Stahl) ne s'explique point sans la moelle et le cerveau. Bichat distingua, sépara en quelque sorte les deux systèmes ou plutôt le double système, bien qu'ils soient l'un et l'autre en communication immédiate et perpétuelle; et, par un reste de déférence aux vieilles théories et à l'ancien dualisme, il dédoubla la vitalité générale, et prétendit discerner la vie organique ou végétative de la vie animale ou de relation.

La distinction est subtile et, en bonne physiologie, inadmissible. Les recherches anatomiques et pysiologiques de nos contemporains tendent à démontrer l'union intime, disons mieux, l'unité des appareils nerveux du grand sympathique, de la moelle et du centre cérébral. N'importe que Bichat n'ait pas vu la réalité telle quelle. Il en avait fait assez quand la mort vint le moissonner en sa fleur, pour que la physiologie des fonctions supérieures, s'appuyant sur l'anatomie du système nerveux, sortît enfin du vague, de l'empirisme et des préjugés maintenus par une longue tradition.

Cabanis et Bichat avaient ouvert et parcouru hardiment une voie nouvelle. Gall s'y engagea à son tour, et il posa des principes inébranlables et féconds pour la physiologie et la pathologie mentale. Les fondements de sa doctrine demeurent. Quant à sa méthode et à sa théorie phrénologique et cranioscopique, il ne les faut juger qu'avec beaucoup de circonspection. Tous les fondateurs succombent à la tentation de tirer les conclusions de leurs principes dogmatiques, et il est juste de se montrer indulgent envers ces systèmes prématurés. Pour apprécier la valeur de Gall et les services par lui rendus à la physiologie et à la médecine, il convient de faire un retour en arrière et de rappeler qu'avant ce grand homme, les connaissances positives sur les organes des fonctions supérieures se réduisaient à rien, de même que les notions d'après lesquelles on se guidait pour traiter les maladies mentales. Pinel, qui, le premier en France, s'est sérieusement occupé de l'étude de la folie, n'a été qu'un empirique et un classificateur très-médiocre, pour n'avoir rien compris à la révolution opérée par Gall. L'école de Pinel ne vaut pas mieux que son chef, pour avoir suivi la même voie de réaction.

Broussais, qui ne resta jamais en arrière, saisit toute l'importance des doctrines de Gall, et, avec cette logique infaillible, qui est la plus haute expression du bon sens et le vrai signe du génie, il fit rentrer les maladies mentales dans le cadre général de la nosologie, et démontra invinciblement, selon nous, que la pathologie mentale, inséparable de la pathologie proprement dite, est, de même que celle-ci, physiologique (1). La plupart de nos médecins d'aliénés ne se doutent même pas de ce que Broussais a fait pour leur mettre un flambeau à la main. Ils s'obstinent à ramper dans l'ornière de la routine empirique, au lieu de marcher d'un pas ferme dans le droit chemin.

Il faut féliciter M. le docteur Félix Voisin de ne pas imiter la grande majorité de ses confrères, et de croire que le progrès ne consiste pas à marcher en reculant. Disciple de

(1) *Examen des doctrines.* Paris, 1829-1834. — *De l'irritation et de la folie.* 2ᵉ édition. Paris, 1839.

Gall et de Broussais, il ne se fait pas scrupule de suivre les exemples de ces deux maîtres incomparables, et, de même qu'eux, il est ramené par la pathologie à la physiologie, à l'hygiène, et à cette science générale qui part de ce principe : Pour comprendre l'humanité en ses manifestations diverses, il ne faut rien négliger de ce qui provoque et de ce qui produit ces manifestations, et, avant toutes choses, il importe de savoir quels sont les agents des phénomènes produits, comment ils agissent, en quels rapports ils sont entre eux ; bref, quels sont les organes producteurs, quelles sont les fonctions, les facultés et leurs combinaisons multiples.

La philosophie scolastique ne s'inquiétait point de ces questions capitales. Aussi, après tant de siècles d'ergotisme, l'histoire de cette philosophie se résume en un seul mot : *néant*.

Nous avons tracé l'esquisse historique qui précède, afin que le lecteur pût se rendre un compte exact de tous les efforts qu'il a fallu pour ramener la science de l'homme à la véritable théorie, à celle qui part de l'observation, de l'induction, de la réalité, pour s'élever jusqu'aux lois qui déterminent les rapports des phénomènes. M. le docteur F. Voisin dit excellemment, dans un avis succinct qui ouvre son beau livre (1) : « Il a fallu des siècles d'analyse et d'observation pour découvrir ces lois. Personne ne les a inventées : elles sont invariables, antérieures à tous les législateurs et communes à tous les peuples. Elles n'ont rien de surnaturel ; il n'y a pas de tête humaine dans laquelle elles ne trouvent de l'écho. Elles étaient renfermées dans les archives de la création, je les en ai tirées, et, si je les promulgue, c'est que je suis convaincu qu'elles détruiront une foule de préjugés, qu'elles agrandiront l'âme et l'esprit de

____

(1) *Nouvelle loi morale et religieuse de l'humanité ; Analyse des senti-ments moraux.* Paris, 1862, in-8, 464 pages.

mes semblables, et qu'elles les appelleront définitivement à l'existence heureuse et complète de leur espèce. »

Tel est le programme qui résume la substance, la doctrine et l'esprit de l'ouvrage. On ne saurait se méprendre sur le but de l'auteur. Son dessein visible est de poser les fondements d'une éducation intellectuelle et morale, d'une éducation sociale qui soit conforme de tous points à la constitution même de la nature humaine. Aussi n'hésite-t-il pas à offrir un nouveau code à la société. Non qu'il veuille brusquement renverser ce qui est, mais afin que ce qui doit disparaître, n'étant plus, ce qui doit être nécessairement s'introduise de droit, par une législation empruntée en quelque sorte à l'organisation vivante.

M. le docteur F. Voisin, qui prend légitimement le titre enviable de législateur, n'est point de ces législateurs inspirés qui, à l'exemple de Moïse, descendent des hauteurs, environnés du fracas du tonnerre et de l'éclat de la foudre. Il n'est mû à légiférer par aucune ambition théocratique et pontificale, comme la plupart de ces grands réformateurs qui commencent par se proclamer athées, et finissent par s'instituer de leur pleine autorité les souverains pontifes d'une religion nouvelle. M. le docteur F. Voisin n'a rien de commun avec ces novateurs maniaques, et il n'aspire à recevoir les adorations de personne. Il appartient à cette ferme philosophie du sens commun et de la science qui se borne à voir les choses telles qu'elles sont, sans ajouter des difficultés nouvelles et inextricables aux problèmes ardus que présentent en foule les êtres et les phénomènes du monde organique. « En conséquence de ces principes, dit-il en son introduction, nous ne créons point de forces indépendantes de l'organisation, et nous n'admettons point ces puissances surnaturelles que, sur l'injonction de nos premiers maîtres, nous avons eu la simplicité de chercher partout et que nous n'avons trouvées nulle part. » — « Dans cette direction toute scientifique, nous ne séparons pas l'homme du reste de la création : il ressemble à toutes les autres espèces vivantes ; rien ne lui manque ; il n'est point au-dessus d'elles, il n'en diffère que par un plus grand nombre de pouvoirs (1). » — « Je veux donc, poursuit-il plus loin, que l'homme soit complet dans ses manifestations comme il l'est dans sa nature, et qu'il rentre, à ce point de vue, sous la loi de tous les êtres (2). »

Ces vérités qui devraient courir les rues, comme on dit vulgairement, et entrer dans le catéchisme des écoles primaires, ces vérités doivent être répétées sans cesse, car on ne les enseigne point dans les cours de logique et de psychologie.

M. le docteur F. Voisin n'est pas un optimiste, comme on pourrait le croire. Loin de là, il est convaincu qu'une réforme radicale est indispensable, et il prétend, non sans raison, qu'il appartient «à la science de rédiger à nouveaux frais et sur ses véritables bases le code moral de l'humanité (3). »

Nous pensons exactement comme lui, et nous nous associons très-volontiers à ses bons désirs, d'autant mieux que M. le docteur F. Voisin, qui connaît à fond l'élément moral, pour l'avoir étudié à la véritable source et dans ses racines, n'est point un de ces philosophes mystiques qui prétendent que les fonctions supérieures soient régies, disciplinées et gouvernées par les sentiments affectifs. Il accorde justement la prééminence à l'intelligence, par laquelle la science, qui est la lumière et le salut de l'humanité, s'étend et se fortifie. Cette idée capitale nous a constamment soutenu dans la lecture de cette « analyse des sentiments moraux,» remarquable par l'abondance des aperçus ingénieux, des vues originales, des images éclatantes qui rendent à merveille la pensée intime de l'auteur et sa passion pour le bien de ses semblables.

(1) P. 12.
(2) P. 19.
(3) P. 28.

XI

DE L'ENSEIGNEMENT DE L'ANATOMIE GÉNÉRALE.

Il est d'observation que la science se développe librement, en dehors des compagnies savantes, qui constatent et enregistrent les acquisitions nouvelles, et des corps enseignants, qui les propagent. Cette condition de progrès, plus manifeste que jamais de notre temps, ne prouve rien contre les académies, rien contre les facultés ; mais on explique à son aide la lenteur désespérante avec laquelle académies et facultés suivent la marche libre de la science. Les vieilles institutions reposent généralement sur des fondements respectables, sinon très-solides. Elles ont leurs racines dans le passé. Leur principe de vitalité, c'est la tradition, et celle-ci n'a qu'à se prolonger sans modifications, pour se changer tout naturellement en routine. Or, si les académies vivent de traditions, encore plus les facultés, qui n'admettent dans leur programme d'études que les méthodes et les doctrines consacrées par une longue expérience.

Rien de nouveau ne sort des facultés ; et les vieilles nouveautés ont seules le privilége de franchir le seuil de ces vénérables sanctuaires. Aussi l'enseignement médical est-il encore bien loin de ce point de perfection où le voulaient Vicq-d'Azyr et Cabanis ; et quand une réforme utile y est introduite, on peut affirmer, sans crainte d'erreur, que cette réforme est en retard d'un demi-siècle, et qu'elle ressemble toujours à une innovation à ceux qui la subissent.

Le passant qui aperçoit, au fond de la cour principale de l'École de médecine de Paris, la maigre statue de Bichat, s'imagine volontiers que Bichat était quelque ancien professeur dont l'École a voulu honorer la mémoire ; et le passant

se trompe. Bichat n'appartenait point au corps enseignant officiel, et son enseignement, qui a fait sa gloire,
en ouvrant un champ plus vaste à la médecine, ne figurait
point jusqu'ici sur le programme de la Faculté.

Il y figure maintenant pour la première fois, à la grande
satisfaction des étudiants, s'il faut en juger par les manifestations sympathiques avec lesquelles ils ont fait accueil à
l'homme qui représente désormais dans l'École une science
qu'il a servie et propagée depuis quinze ans, par des travaux considérables et dans des leçons privées.

Le décret du 19 avril 1862, qui a introduit des changements notables dans l'organisation administrative de l'École
de médecine, a été diversement interprété ; et ces interprétations diverses se sont librement manifestées dans la séance
solennelle de rentrée.

Pour ce qui est des deux chaires, dont la fondation remonte à la même date, quiconque s'intéresse aux progrès
des étude médicales, comprend l'utilité de cette double
création. La *médecine comparée* embrasse en sa généralité des
connaissances multiples, qui agrandissent le domaine de la
pathologie et celui de la thérapeutique ; et par ses principes, par les méthodes et procédés d'expérimentation,
elle se place, comme un trait d'union, entre la physiologie
et la pathologie générale, et remplit, dans l'encyclopédie
médicale, une lacune considérable.

Que la création de la chaire de médecine comparée soit
prématurée, on pourrait l'accorder à la rigueur à ceux qui
trouvent que c'est beaucoup trop de deux innovations à la
fois. Mais ces amis de la modération dans le progrès nous
accorderont sans peine, que l'enseignement de *l'histologie*
était devenu indispensable dans la faculté de médecine, et
les esprits les moins initiés aux choses de l'art comprendront la nécessité d'un tel enseignement.

L'anatomie proprement dite, ou descriptive, donne du
corps humain une connaissance sommaire, et pour ainsi

dire extrinsèque. A l'aide du scalpel qui suit, dans les dissections, la division naturelle des parties, elle démontre en quelque sorte les organes, ou instruments, fait voir comment ces organes s'assemblent pour former des appareils ou groupes d'organes qui concourent à une même fonction, et, finalement, comment appareils et organes sont agencés de manière à former un tout, qui est le corps, ou l'organisme.

Dans cette étude, l'analyse est élémentaire et la synthèse très-grossière : forme, configuration, disposition, description, autant de mots qui la résument. Elle suffit à la rigueur pour les besoins journaliers de la pratique. C'est par la connaissance de l'anatomie descriptive que la chirurgie s'éclaire dans ses opérations sanglantes ; c'est par elle que le fer qui tranche dans le vif est sûrement guidé.

Mais la pratique, qui est la fin principale de l'art médical, n'est point le fondement de l'art ; et elle doit emprunter des lumières à la science, qui, à l'aide d'une pénétrante analyse, descend dans les profondeurs de l'organisme, pour en saisir la trame et la composition élémentaire, de façon à réduire les éléments composants à leur simplicité.

Dans le corps, machine infiniment compliquée, il y a des solides et des liquides, en autres termes, des tissus et des humeurs ; d'où une double étude, l'hygrologie et l'histologie, distinctes, si l'on veut, mais inséparables ; car, dans les deux, il faut procéder de même pour arriver à un résultat pareil. C'est pourquoi, à la dénomination d'histologie, qui désigne la chaire que remplit le docteur Ch. Robin à la faculté de médecine de Paris, nous substituons celle d'anatomie générale qui est plus exacte. Il est évident, en effet, que, pour déterminer les principes immédiats, qui sont la base de l'organisme, à l'examen analytique des solides doit s'ajouter l'examen analytique des liquides.

L'anatomie générale recherche donc dans l'organisme les parties élémentaires, les éléments anatomiques qui se groupent pour former des tissus similaires, ou systèmes organiques; tel, par exemple, le tissu osseux, base du squelette, le même dans toutes les parties du corps; tel encore le tissu nerveux, ou le tissu musculaire, toujours les mêmes dans leur composition intime, n'importe dans quelle région ou partie de l'organisme. Les variétés ou les différences ne sont qu'apparentes, puisqu'elles ne tiennent qu'à la disposition des éléments constituants; de sorte que les tissus d'un même système diffèrent par la structure, mais sont identiques par la substance, c'est-à-dire dans leur essence fondamentale.

Cependant la connaissance de la structure a son importance, non-seulement pour la classification, mais encore pour la parfaite intelligence des modifications qui se produisent dans l'organisme, à l'état normal, dans toutes les périodes de la vie; d'où la nécessité pour le physiologiste de connaître ces variations, qui sont inhérentes à l'évolution vitale, depuis la formation de l'embryon jusqu'à la dissolution de l'organisme.

Les liens sont intimes entre la physiologie et l'anatomie générale. Connaître la substance organique, c'est s'initier par une préparation indispensable à l'étude des lois et des phénomènes de l'organisation. En autres termes, pour donner un sens aux manifestations diverses qui constituent la vie, il est indispensable de savoir non-seulement comment les tissus s'entrelacent, s'entre-croisent et se superposent ou juxtaposent pour former des organes; mais encore, comment ces tissus naissent de la combinaison des parties élémentaires.

Sans l'analyse anatomique, la physiologie continuerait, comme par le passé, de faire de la nutrition une fonction, telle que la digestion, par exemple, tandis que ce qui autrefois était une fonction n'est plus qu'une propriété générale, fondamentale, essentielle, inhérente à tous les organes ; car toutes les parties de l'organisme, toutes les molécules vivantes sont dans un mouvement perpétuel d'assimilation et d'élimination : la trame des tissus se refait sans cesse, en se renouvelant sans interruption. La maladie survient, dès qu'il y a trouble, interruption ou obstacle ; et, dans ce cas, les connaissances fournies au médecin par l'anatomie générale sont précieuses pour la pratique.

Le médecin qui connaît la composition intime des organes est plus apte à déterminer la nature des lésions. Il saura, en examinant un produit morbide, en quoi et comment l'état normal a été altéré. Il saura comment a été atteinte cette propriété fondamentale de l'organisme, la nutrition, en examinant la structure de la partie lésée, soit par excès, soit par défaut, soit par aberration des molécules nutritives. L'anatomie générale, en étudiant les modifications de la substance organique, donne la main à la pathologie, et mérite à juste titre la dénomination d'anatomie pathologique, dénomination usurpée jusqu'à ces derniers temps par une anatomie grossière et purement descriptive, qui se bornait à constater la configuration et la forme des tissus lésés, sans descendre à l'examen intime et vraiment analytique de la substance morbide.

Tel est, en peu de mots, l'objet, telle est l'utilité de l'anatomie générale. Disons un mot des instruments qu'elle emploie dans ses recherches minutieuses.

Les molécules constituantes de la substance organique échappent à l'œil nu ; le scalpel ne peut les saisir ; mais le verre grossissant rend visibles les infiniment petits de l'organisme. Le microscope est donc indispensable. Mais le microscope n'est qu'un auxiliaire, un instrument ; et, en conséquence, il importe de réduire à leur juste valeur, c'est-à-dire à néant, les prétentions de ces micrographes spécialistes, qui ont inventé le mot micrographie pour désigner comme une science spéciale un simple procédé d'observation. Le microscope n'est qu'un instrument, répétons-le, et, d'ailleurs, il ne prête qu'un secours illusoire sans les réactifs chimiques; car voir les menus objets n'est rien, si l'on n'agit sur eux de façon à savoir infailliblement comment et en quoi ils diffèrent ou se ressemblent.

M. le professeur Charles Robin a longuement exposé tout cela dans sa leçon d'ouverture (1), et je ne puis qu'abréger ce qu'il a dit, en m'efforçant de le rendre accessible à la curiosité des lecteurs. Je ne veux pas d'ailleurs répéter ici ce que j'ai développé avec détail dans une autre occasion (2). J'étais bien loin de croire alors qu'un de mes vœux les plus chers serait rempli, et que dans cette chaire d'anatomie générale, dont je signalais la nécessité urgente, viendrait s'asseoir le premier celui qui, de l'aveu de tous, est le plus digne de l'occuper.

Souhaitons que le nouvel enseignement soit promptement fructueux, et qu'il s'étende le plus tôt possible aux facultés de médecine de Montpellier et de Strasbourg.

Personne n'a eu sérieusement l'idée de protester contre la fondation d'une chaire indispensable, et qui doit avoir, entre autres avantages, celui d'acheminer les jeunes générations médicales dans la voie ouverte et tracée par Bichat. Par ses connexions avec l'anatomie normale, l'anatomie pathologique, la physiologie et la pathologie, l'anatomie générale est le fondement même de l'enseignement de la médecine. Aussi, avons-nous applaudi des premiers et de toutes nos forces à l'introduction de cette chaire dans la Faculté, et au choix du professeur qui la remplit si dignement.

(1) *Programme du Cours d'Histologie professé à la Faculté de médecine de Paris.* Paris, 1864, p. 1.

(2) *Revue des Deux-Mondes*, du 15 novembre 1859, et dans ce volume, pages 44-45.

XII

LA MÉTHODE EXPÉRIMENTALE ET LA PHYSIOLOGIE.

Paul-Louis Courier a dit excellemment de la gloire des gens de guerre : « La gloire, en ce genre, c'est de tuer beaucoup. »

Il en est de même de la gloire de nos physiologistes les plus renommés. Ils tuent beaucoup de pigeons, beaucoup de lapins, beaucoup de chiens, et celui-là est réputé le plus fort qui a immolé le plus d'hétacombes, le mot n'est que juste, car on égorge ces pauvres animaux par centaines et par milliers, pour faire ce qu'on appelait jadis *experimentum in anima vili.*

Cette boucherie est le fondement et l'essence de la physiologie expérimentale, qu'un libraire, en quête d'un titre bien expressif pour un recueil de ces expériences physiologiques en voie de publication, qualifie admirablement de *Physiologie opératoire*, par un accouplement de mots logiquement inadmissible et scientifiquement absurde, mais qui restera comme une formule très-exacte.

C'est là qu'en est aujourd'hui la physiologie. Elle opère, tranche dans le vif, tout comme la chirurgie ou médecine opératoire, et dans ses recherches sans but, sans prévision, sans direction, elle impose de cruelles souffrances aux animaux, qui sont journellement torturés, estropiés, tués avec une lenteur méthodique dans les laboratoires et dans les amphithéâtres.

Nos démonstrateurs de physiologie traitent exactement les bêtes soumises à leurs expériences, d'après la doctrine cartésienne de l'automatisme. Ils recherchent curieusement le mécanisme des fonctions vitales, les secrets de la vitalité, et ne semblent estimer en rien la vie animale. Ils prodiguent les mutilations et la mort avec une facilité, une prodigalité et une insensibilité qui déshonorent la science.

Un savant l'a dit excellemment : « Pour interroger les organes des animaux, il faut des mains innocentes et un cœur miséricordieux. »

On n'a guère souci de cette recommandation dans nos démonstrations de physiologie, et en cela nos physiologistes investigateurs ressemblent aux vétérinaires et aux apprentis vétérinaires de l'École d'Alfort, où, pour ne dénoncer qu'un acte de barbarie qu'on ne saurait trop énergiquement condamner, un misérable cheval est périodiquement livré comme sujet d'expériences à un groupe d'élèves qui couchent par terre le malheureux animal, lui lient les membres pour empêcher tout mouvement, et travaillent dix heures durant sur la chair vive, avec le scalpel, la scie et le couteau. Les opérations sont graduées de telle sorte, qu'on en peut faire une soixantaine et davantage.

Cette torture, qui se renouvelle souvent, est parfaitement inutile, attendu que les opérations chirurgicales qui sont possibles dans la pratique vétérinaire se réduisent à un nombre assez restreint. Dans les cas de lésion grave, d'affection dangereuse ou de fracture, l'animal est ordinairement abattu, soit par économie, soit par prudence. D'ailleurs, quand même les opérations chirurgicales seraient plus praticables chez les animaux, les vétérinaires pourraient bien imiter les chirurgiens, qui s'exercent au manuel opératoire sur le cadavre, et acquièrent toute l'habileté désirable dans cet exercice préliminaire.

Il serait fort à craindre que la médecine comparée, si son introduction dans l'enseignement médical était définitive, n'influât trop efficacement sur la multiplication de ces cruautés, qui se commettent au nom de la science, sans que la science en ait tiré jusqu'ici beaucoup de profit, pour ce qui est du moins de la connaissance et du traitement des maladies, but final de la médecine. De toutes ces

opérations expérimentales, de toutes les recherches sanglantes, de toutes ces incisions dans la chair des animaux
vivants, ou vivisections, pour employer le terme reçu et
consacré, la théorie n'a tiré que de faibles lumières, et la
pratique a encore moins profité que la théorie.

Nos vivisecteurs (c'est ainsi qu'ils s'appellent) n'ont tenu
compte des sages recommandations du savant et consciencieux J. André Murray. Cet observateur laborieux et sensé
a noté, dans un de ses plus remarquables opuscules, les
précautions à prendre quand on veut appliquer à la médecine humaine les expériences tentées sur les animaux. Il a
montré parfaitement, en s'appuyant sur les faits, à combien d'erreurs et de méprises s'exposent ceux qui prétendent tirer des indications utiles au traitement des maladies
de l'homme, de leurs observations sur les animaux; et,
quoique son dessein ne fût évidemment que d'arrêter sur la
pente les expérimentateurs entraînés par l'exemple de
Haller, il semble avoir pressenti d'autres excès, et deviné
que l'introduction de la physiologie dite expérimentale
dans la médecine provoquerait tôt ou tard des essais de
pathologie expérimentale.

Murray ne s'est point trompé dans ses pressentiments,
ou mieux dans ses prévisions. Nous avons maintenant à
côté de la physiologie purement expérimentale, qui se passe
très-bien de principes et de doctrines, et n'exige, pour être
cultivée avec quelque succès, que des vivisecteurs intrépides, des opérateurs moins remarquables par la puissance
d'induction et la faculté de généralisation, que par une habileté manuelle tout à fait compatible avec la médiocrité; nous
avons aussi, à côté de cette physiologie opératoire, une prétendue pathologie expérimentale, sur laquelle on fonde de
grandes espérances pour l'avancement de la médecine comparée.

Murray, qui protestait, il y aura bientôt un siècle, contre
les exagérations de la méthode expérimentale dans la phy-

siologie, et contre les applications prématurées qu'on en voulait faire à la médecine, que penserait-il de ceux qui, de nos jours, prétendent éclairer la médecine dans la connaissance et le traitement des lésions organiques, en étudiant sur les animaux des maladies provoquées et artificielles? Ces prétentions insensées, nullement justifiables, feraient sourire les médecins qui savent les principes de leur art, s'ils n'étaient profondément affligés des conséquences déplorables de cette étroite méthode expérimentale, trop rigoureusement appliquée à l'étude des sciences organiques par des esprits sans portée et sans initiative, dont le but manifeste est de constituer une physiologie et une médecine sur leur modèle et à leur image.

Il nous faudrait beaucoup d'espace pour traiter sommairement de la décadence présente des études physiologiques et médicales, par suite de ce matérialisme inepte et grossier, qui étend tous les jours son domaine, et poursuit son chemin, en se couvrant du système de la philosophie positive d'Auguste Comte.

Nous sommes bien loin de croire que ce système de philosophie exclue les principes et les idées générales, sans lesquels il n'est point de science ; mais nous souhaitons bien vivement que la Société de biologie, très-forte en matière d'expérimentations, et tout à fait nulle en matière d'idées et de doctrines, nous souhaitons bien vivement que les membres de cette société cessent d'envahir l'enseignement officiel, déjà si malade, et qui périrait certainement entre leurs mains.

La méthode comparative est excellente pour coordonner et classer ; et, à cause de cela, elle est parfaitement applicable à l'histoire naturelle, à l'anatomie, et dans une certaine mesure à la physiologie. Pour ce qui est de la pathologie et de la thérapeutique, c'est-à-dire de la médecine, l'induction légitime qui se tire de l'expérience est le guide le plus sûr, aussi bien dans la théorie que dans la pratique.

A la vérité, l'art médical peut s'aider utilement de la méthode expérimentale; mais l'expérimentation est fallacieuse, suivant le mot d'Hippocrate. Et d'ailleurs, le médecin étant obligé d'apprécier dans chaque maladie les analogies générales qui la rapprochent des maladies qu'il connaît déjà théoriquement ou par expérience, et les caractères particuliers qui la distinguent, *mederi oportere, et communia, et propria intuentem*, répète Celse; l'essentiel pour lui est de tirer une connaissance parfaite de la nature humaine, de l'art même qu'il exerce. Or, la connaissance de la nature humaine, telle qu'il convient au médecin de la posséder, ne peut venir que de la médecine étudiée en elle-même, et non en dehors de son objet. C'est un principe qui remonte à Hippocrate, et d'une certitude absolue aux yeux du médecin philosophe.

XIII

LES VIVISECTIONS A L'ACADÉMIE DE MÉDECINE.

I. — Le Rapport.

« Vivisection (*Vivisectio*, de *vivus*, vivant, et *secare*, couper), action d'ouvrir ou de disséquer des animaux vivants pour étudier l'action des organes. »

Cette définition, très-exacte, irréprochable dans sa brièveté, est empruntée au *Dictionnaire de médecine d'après le plan suivi par Nysten*, douzième édition refondue par MM. E. Littré et Ch. Robin (1).

La question des vivisections a vivement préoccupé l'opinion publique. L'Académie de médecine, mise en demeure de se prononcer sur les abus de la dissection des animaux vivants, a décidé que cette question soumise à son examen serait étudiée à fond, et sérieusement discutée.

Il a été nommé une commission composée de neuf membres : MM. J. Cloquet, Cruveilhier, Dubois (d'Amiens), Leblanc, H. Larrey, Renault, Ch. Robin, Claude Bernard et Moquin-Tandon, rapporteur : deux anatomistes, deux physiologistes, deux vétérinaires, un médecin théoricien, un chirurgien et un naturaliste.

La commission était, comme on voit, très-bien composée, avec un luxe de membres inusité. Aussi s'agissait-il d'instituer une enquête et d'éclairer l'administration ; car c'est le gouvernement qui a provoqué l'enquête, pour répondre aux sollicitations pressantes d'une députation de la Société protectrice des animaux de Londres, dont la surveillance active s'étend, paraît-il, bien au delà du détroit.

La commission nommée par l'Académie a fait preuve

(1) *Dictionnaire de médecine de Nysten*, 12e édit. Paris, 1865, art. *Vivisection*.

d'impartialité, en désignant pour son rapporteur un naturaliste. Le rapporteur, de son côté, semble avoir deviné l'embarras de la commission, en présentant un rapport qui, à défaut de qualités saillantes et de netteté, annonce le dessein de contenter tout le monde. M. Moquin-Tandon a été frappé de mort subite, ou peu s'en faut, au moment où il venait de mettre la dernière main au rapport que nous allons examiner.

On ne doit aux morts que la vérité. Le rapport de l'académicien décédé (1) ressemble beaucoup, et même beaucoup trop à un écrit publié en 1862 (2), par M. Renault, inspecteur général des écoles vétérinaires de France, admis, sur sa demande, à faire partie de la commission, et dont la mort a suivi de près celle du rapporteur. Il s'agit donc de soumettre à l'examen du public les opinions de deux hommes qui ne sont plus, et dont le souvenir a toujours été présent dans la discussion académique.

Sous la forme d'un simple mémoire à consulter, M. Renault avait produit un plaidoyer en faveur des vétérinaires et des physiologistes expérimentateurs.

Évidemment l'avocat plaidait *pro domo sua*, et il se défendait assez mal; car il s'agissait moins de prouver la nécessité des vivisections que de réfuter les accusations portées contre les vivisecteurs. Or, ces accusations, bien loin d'être détruites ou convaincues de mensonge et de fausseté, demeurent et restent avec toute leur force. M. Renault avoue que « pendant trois mois de l'été, et deux fois par semaine, il est mis à la disposition d'un certain nombre d'élèves des chevaux sur lesquels ils sont exercés, en la présence constante et sous la direction de deux professeurs, à la pratique des opérations chirurgicales (3). »

(1) *Bulletin de l'Académie de médecine*, 1862-1863, t. XXVIII, p. 948.

(2) *Recueil de médecine vétérinaire*, 1862.

(3) *La société protectrice des animaux, de Londres, et les vivisections.* In-8, p. 6.

Voilà un fait bien établi ; nos lecteurs sont au courant des exercices des apprentis vétérinaires, légèrement modifiés depuis quelque temps.

M. Renault prétend, et M. Moquin-Tandon après lui, que ces exercices sur l'animal vivant sont indispensables aux apprentis vétérinaires qui veulent opérer « avec habileté, avec *sûreté*, pour EUX et *pour leurs malades* (1). »

Argument spécieux, mais en réalité détestable.

Vous désirez que vos élèves acquièrent l'habileté nécessaire à l'opérateur, et l'expérience des opérations qui doit les mettre en garde contre les dangers qu'ils peuvent courir en les pratiquant. Rien de mieux. Votre préoccupation est aussi louable que votre prévoyance ; mais ce qui mérite un blâme sévère, c'est votre pratique. Quoi que vous disiez pour excuser les tortures que vous infligez aux pauvres bêtes qui sont à votre discrétion, et sur lesquelles vous appliquez les règles du manuel opératoire, en procédant avec méthode, de façon à multiplier les incisions dans la chair vive, vous n'êtes point excusables. Vous travaillez avec le fer jusqu'à extinction de vie, et, en définitive, vous ne faites pas mieux que sur le cadavre ; car, pour que l'opération fût fructueuse, pour qu'elle eût tous les caractères d'une opération véritable, il faudrait qu'elle fût motivée, indiquée par une lésion réelle, par un désordre bien constaté. Faites donc de la chirurgie clinique, vous le pouvez dans vos grandes écoles. Que vos élèves soient, sous votre direction et sous vos yeux, dressés aux manœuvres opératoires sur les animaux malades, qui ne peuvent se passer de l'opération ; mais gardez-vous de livrer un pauvre cheval à des tourments atroces et à des tortures graduées, uniquement en vue de former la main, et d'augmenter la dextérité de ceux qui reçoivent votre enseignement.

« Aujourd'hui encore, après trente-cinq ans d'une vie

____

(1) *La société protectrice*, etc....

passée au milieu d'opérations de ce genre, je ne puis en supporter le spectacle sans un pénible serrement de cœur, » dit un peu naïvement M. Renault.

Que vous semble-t-il de ce retour de sensibilité, et n'admirez-vous pas la force d'âme de ces stoïciens qui étouffent tout sentiment de tendresse et de commisération, tant ils sont « pénétrés de l'importance du but scientifique ou d'intérêt général qu'ils poursuivent (1). »

M. Moquin-Tandon, sauf une légère différence dans les termes, raisonne exactement comme M. Renault. Mais, suivant une méthode inverse, il consacre la seconde partie de son rapport aux pratiques sanglantes des vétérinaires; et c'est dans la première qu'il aborde l'examen des dissections des animaux vivants par les physiologistes expérimentateurs.

Cette première partie nous a paru plus faible, s'il est possible, que la seconde. Elle abonde en digressions intempestives, en réflexions bien superficielles et peu dignes de la gravité du sujet.

Le rapporteur a cité Plutarque, il a fait une courte excursion dans l'antiquité, et il a négligé de rappeler les protestations qui s'élevèrent, dès les premiers temps des investigations physiologiques, contre la barbarie des vivisecteurs. Démocrite avait ouvert et disséqué beaucoup d'animaux; mais il cherchait dans le cadavre le mécanisme des organes, de même qu'il cherchait la cause de la folie dans les viscères. L'école de Crotone, la plus célèbre de l'antiquité, la plus féconde en physiologistes, obéissait aux dogmes de Pythagore. Cette école, qui ouvrit au grand Aristote la voie de l'anatomie comparée, n'anatomisait que des animaux morts.

Une phrase célèbre d'Aristote prouve, contre une opinion

(1) *La société protectrice*, etc...., p. 12.

faussement accréditée, que ce grand naturaliste n'avait guère le goût des vivisections. On sait ce qu'il dit, à propos de l'origine et de la conformation des veines : « Il n'est pas possible de voir ces choses telles qu'elles sont dans les animaux vivants, attendu qu'elles sont cachées profondément dans les parties intérieures (1). » Ou il faut renoncer à expliquer ce passage, ou il faut entendre qu'Aristote n'avait point la coutume d'ouvrir les animaux vivants, comme nous ferions d'une montre, pour en voir le dedans.

Les vivisections furent mises en honneur par l'école alexandrine. Hérophile, Érasistrate et les disciples de ces deux illustres chefs d'école, allèrent jusqu'à ouvrir des hommes vivants.

Le fait a été contesté par des historiens de la médecine trop complaisants. Son authenticité pourrait être mise en doute, si nous n'avions d'autre témoignage que celui de Tertullien ; mais les témoignages de Galien et de Celse sont très-précis.

Les anatomistes d'Alexandrie, acceptant l'office de bourreau, avaient inspecté d'un œil curieux les parties internes, les viscères et les entrailles de quelques criminels. Ils prétendaient que la curiosité scientifique pouvait se satisfaire sur des scélérats, au profit de l'humanité souffrante, et ils la satisfirent largement, on peut le croire, mais sans que l'art médical ait rien gagné à ces investigations sacriléges.

La question des vivisections n'est pas moderne. Celse l'a résumée brièvement, selon sa coutume, avec ce bon sens incomparable, qui fait de lui le plus solide auteur de l'antiquité médicale.

Citons quelques passages de ce grand maître :

« La douleur et des maladies d'espèce différente pouvant envahir nos organes intérieurs, ils ne voient, dit-il (parlant des médecins rationalistes), aucun moyen, si l'on n'en con-

____

(1) *Histoire des animaux.* V. encore *Des parties des animaux.*

naît pas la structure, de les ramener à leur intégrité. Il y a donc nécessité de se livrer à l'ouverture des cadavres pour scruter les viscères et les entrailles ; et même Hérophile et Érasistrate ont bien mieux fait, en ouvrant tout vivants les criminels que les rois leur abandonnaient au sortir des cachots, afin de saisir sur le vif ce que la nature leur tenait caché, et d'arriver à connaître la situation des organes, leur couleur, leur forme, leur grandeur, leurs dispositions, leur degré de consistance ou de mollesse, l'état poli de leur surface, leurs rapports, leurs saillies et leurs dépressions ; de voir, enfin, quelles sont les parties qui s'insèrent aux autres, ou qui, au contraire, les reçoivent au milieu d'elles.

« En effet, quand survient une douleur interne, peut-on en désigner exactement le siége, si l'on ignore la position des viscères et des parties intérieurement situées ? Et comment traiter un organe malade dont on ne se fait pas même une idée ?

« Qu'une blessure, par exemple, mette à nu les viscères, celui qui ne connaît point la coloration naturelle de chaque partie ne saura pas distinguer l'état d'intégrité de l'état d'altération, et ne pourra dès lors porter remède à la lésion. L'application des médicaments externes devient aussi plus efficace lorsque le siége, la forme et la grandeur des organes internes sont bien déterminés... Il n'y a donc pas de cruauté, comme on l'a prétendu, à chercher dans le supplice d'un petit nombre de criminels les moyens de conserver d'âge en âge des générations innocentes : *Neque esse crudele, sicut plerique proponunt, hominum nocentium, et horum quoque paucorum, suppliciis, remedia populis innocentibus sœculorum omnium quæri.* »

Ainsi disaient les partisans de la médecine exacte et positive dans l'antiquité, d'après Celse (1).

(1) Traduction du docteur A. Chaales des Étangs.

Il me semble entendre les pathologistes de l'école anatomique, dont nos vivisecteurs sont les héritiers directs.
Mêmes arguments spécieux, et, finalement, résultats identiques.

Ces rationalistes intrépides, que l'investigation des causes poussait à de tels excès, donnèrent dans les théories les
plus subtiles comme les plus invraisemblables, et, après
avoir promis à l'art médical des moyens infaillibles de
connaître et de guérir les maladies, ils s'éteignirent dans
l'impuissance. Il n'est pas étonnant que les méthodistes
aient réagi contre les tendances de l'école des vivisecteurs,
jusqu'à proscrire l'anatomie comme dangereuse, tandis
que les empiriques la rejetaient comme inutile. Celse
nous a transmis l'argumentation serrée de ces derniers contre les partisans des vivisections. La voici :

« Jusque-là ces diverses théories ne sont qu'inutiles, di-
sent-ils des imaginations de leurs adversaires ; mais ce qui
est cruel, c'est d'ouvrir les entrailles à des hommes vivants,
et de faire d'un art conservateur de la vie humaine l'instrument d'une mort atroce, surtout quand les questions qu'on
essaye de résoudre à l'aide de ces affreuses violences, ou
demeurent complétement insolubles, ou pourraient être
éclaircies sans crime ; car la couleur, le poli, la mollesse, la
dureté et les autres conditions des organes ne restent
point, sur le sujet qu'on vient d'ouvrir, ce qu'elles étaient
avant les incisions ; et puisque chez ceux qui n'ont point à
les souffrir, la crainte, la douleur, la faim, une indigestion,
la fatigue et mille autres légères incommodités viennent
souvent modifier tous ces caractères, il est bien plus à
croire que les parties intérieures, douées d'une délicatesse
plus grande, et qui ne sont pas appelées à recevoir la lumière, seront profondément altérées par des blessures si
graves et une mort si violente.

« Quelle folie de s'imaginer que, sur l'homme mourant ou

déjà mort, les choses vont demeurer les mêmes que pendant la vie !... C'est ainsi que le médecin homicide parvient à découvrir les viscères de la poitrine et du ventre ; mais ils se présentent à lui tels que la mort les a faits, et non plus tels qu'ils étaient vivants : de sorte qu'il a pu égorger son semblable avec barbarie, mais non pas savoir dans quelles conditions se trouvent nos organes lorsque la vie les anime.

« S'il en est quelques-uns cependant que le regard puisse pénétrer avant la mort, le hasard ne les offre-t-il pas souvent au médecin ? Le gladiateur dans l'arène, le soldat dans un combat, le voyageur assailli par des brigands, ne sont-ils pas quelquefois atteints de blessures qui laissent voir à l'intérieur telle partie chez celui-ci, telle autre partie chez celui-là ? Si bien que, sans manquer à la prudence, le praticien peut apprécier le siége, la position, l'arrangement, la forme et les autres qualités des organes, tout en ayant pour but, non le meurtre, mais la guérison : *Non cædem, sed sanitatem molientem ; idque per misericordiam discere, quod alii dira crudelitate cognoverint.* Et de la sorte, il ne doit qu'à son humanité les lumières que les autres n'obtiennent que par des actes impitoyables (1). »

Ainsi raisonnaient les médecins qui partaient de l'expérience, c'est-à-dire de la pathologie, pour instituer un traitement raisonnable.

Après avoir résumé les principaux arguments des deux parties adverses, Celse exprime son opinion à lui, en termes excellents :

« Je pense que la médecine doit être rationnelle, en ne puisant cependant ses indications que dans les causes évidentes ; la recherche des causes occultes pouvant exercer l'esprit du médecin, mais devant être bannie de la pratique de l'art. Je pense aussi qu'il est à la fois inutile et cruel d'ou-

______

(1) Même traduction.

vrir des corps vivants, mais qu'il est nécessaire à ceux qui cultivent la science de se livrer à la dissection des cadavres, car ils doivent connaître le siége et la disposition des organes, objets que les cadavres nous représentent plus exactement que l'homme vivant et blessé. Quant aux choses qui ne se révèlent que pendant la vie, l'expérience nous en instruira dans le pansement des blessures, d'une manière plus lente, il est vrai, mais plus conforme à l'humanité, *paulo tardius, sed aliquanto mitius usus ipse monstrabit.* »

Vétérinaires et physiologistes peuvent méditer ce morceau, qui semble écrit d'hier, et qui s'applique si bien à l'état présent.

Ce que Celse nous rapporte des vivisections humaines, à ne considérer la question que du point de vue scientifique, est également vrai des vivisections animales.

Si le rapporteur avait mûrement pesé la valeur des idées émises par l'écrivain latin, il se fût bien gardé d'invoquer l'exemple des anciens en faveur des boucheries du laboratoire et de l'amphithéâtre.

Malgré les sacrifices sanglants en usage chez les Grecs et les Romains, l'anatomie des animaux vivants fut rarement pratiquée par les anciens investigateurs de l'organisme animal.

On a eu tort de représenter Galien comme un vivisecteur de grande expérience. La partie la plus solide de la physiologie galénique a été constituée, non pas comme on le croit communément par des expérimentations sur l'animal vivant, mais par des observations médicales, par des cas pathologiques. Galien avait une double méthode d'investigation physiologique : il s'élevait de l'anatomie à la physiologie, par induction (son grand *Traité de l'usage ou de l'utilité des parties*, n'a point d'autre fondement) ; ou allait de la pathologie à la physiologie, en suivant les indications de l'expérience clinique.

En procédant dans ses recherches et dans l'élaboration de ses théories physiologiques, d'après cette double méthode, Galien, physiologiste et médecin, suivait à la lettre l'enseignement philosophique d'Hippocrate. Ce grand homme a dit avec raison que la connaissance exacte de la nature humaine ne se peut acquérir que par la médecine, et qu'elle ne peut venir d'ailleurs (1). Galien, anatomiste exercé, habile aux dissections, étudiait d'habitude sur des singes. Dans un passage remarquable d'un de ses grands traités d'anatomie, il recommande de tuer l'animal, avant de le soumettre au tranchant du scalpel ; et, indiquant le genre de mort le plus convenable, il conseille d'étouffer la bête sous l'eau, au lieu de l'égorger, ou de l'étrangler avec une corde. De la sorte, observe-t-il, les parties du cou seront sans lésion.

Nos vivisecteurs ne s'inquiètent point des lésions ; bien au contraire, ils cherchent à prolonger la vie de l'animal, qu'ils découpent vif, en produisant d'effroyables désordres.

Prenons un exemple. Il y a deux ans, dans le grand amphithéâtre de la Faculté de médecine, le professeur de physiologie, grand destructeur d'animaux, venait de couper à un misérable chien les nerfs qui vont aux larynx : cette opération empêchait le chien d'aboyer. Mais on voulait obtenir les signes manifestes de la douleur, et, à cette fin, une incision profonde fut pratiquée le long de la cuisse, de façon à mettre à nu le nerf sciatique, le plus gros de l'économie, et sur ce nerf dénudé des tractions violentes furent continuées, jusqu'à provoquer des convulsions épouvantables, qui satisfirent sans doute, et la curiosité du professeur et celle des étudiants. Ceux-ci sont attirés par ces expérimentations sanglantes, et s'endurcissent au spectacle de ces horreurs. Et remarquez que non-seulement on ne met en usage, comme on l'a avancé à tort, aucun des anesthé-

(1) *De la nature de l'homme* (*Œuvres complètes*, trad. **Littré**, t. **VI**, p. 33).

siques connus pour assoupir l'animal, ou du moins pour atténuer ses souffrances; mais que la douleur, une douleur intense, est la condition recherchée de ces expérimentations cruelles. Et comment résoudre, sans la douleur, le grand problème de la sensibilité !

M. Moquin-Tandon a insinué que l'humanité intervenait dans ces sacrifices sanglants, et que les tortures des victimes étaient adoucies par l'éther ou le chloroforme.

M. Renault, plus franc et mieux instruit, affirme, au contraire, qu'aucun des moyens connus d'atténuer la douleur des opérations n'est employé sur les animaux soumis au couteau du vivisecteur, d'abord par économie, et ensuite parce que l'opérateur doit étudier tous les mouvements de réaction violente que la douleur intense provoque de la part de l'animal anatomisé.

Les partisans des vivisections croient triompher en représentant aux adversaires de leurs cruelles pratiques, qu'avant d'obtenir la réforme des abus dont ils se rendent coupables, il faudrait obtenir l'abolition de ces luttes barbares qui ensanglantent l'arène devant une foule assemblée.

Certes, il serait à souhaiter que les jeux sanglants du cirque fussent supprimés ; que l'Espagne renonçât aux combats de taureaux, l'Angleterre, à la boxe, aux combats de chiens et de coqs. Mais il serait bon avant tout que ceux qui se vantent de servir la science donnassent les premiers l'exemple de la mansuétude envers les animaux, et qu'ils renonçassent à défendre par de détestables raisons des pratiques qu'il faut flétrir, au nom de cette même science qu'ils prétendent servir et qu'ils déshonorent. Les vivisecteurs ont beau, pour se défendre, entasser des noms et citer des découvertes. Encore une fois, qu'ils nous prouvent que la médecine clinique a retiré quelque profit de leurs expérimentations ; et, sans les absoudre, nous serons envers eux disposés à quelque indulgence. Mais si la plupart de leurs recherches étaient vaines, contradictoires, inutiles, ne faudrait-il pas leur demander compte du sang versé ?

Et si, parmi ces opérateurs, il s'en trouvait qui fussent de tous points incapables, comme il y en a ; si ces opérations étaient pratiquées, comme elles le sont trop souvent, par une main que le cerveau ne conduit pas, par des gens qui, après avoir torturé des centaines de chiens ou de chevaux, viendront nous dire, dans un mémoire inepte : j'ai vu ceci et puis cela, et j'ai constaté tel phénomène, que je suis incapable de comprendre, de déterminer, d'interpréter raisonnablement ; mais je suis une des colonnes de la physiologie expérimentale, et mon nom est cité en Allemagne ou ailleurs ! Et s'il y a des corps savants qui encouragent ces manœuvres, qui leur distribuent des récompenses, qui leur promettent réputation et honneurs, ne serait-ils pas temps que l'opinion publique intervînt et que les vivisecteurs fussent soumis à une surveillance morale, autrement efficace que celle des Académies ?

On se souvient encore de ce quaker américain ou anglais, qui apostropha si rudement Magendie, au milieu d'une de ses leçons, et fit honte à ce grand sacrificateur du spectacle qu'il offrait au public.

Magendie, sous lequel se sont formés la plupart de ceux qui tranchent maintenant dans la chair vive, fut troublé de cette réprimande énergique d'un homme de bien. Il était d'ailleurs impassible au milieu des animaux en expérience. A la fin d'un de ses cours, un étudiant, devenu maître à son tour, s'étant glissé près d'un misérable chien, à moitié mort, à force de tirailler avec une pince sur des nerfs mis à nu, obtint un mouvement qu'il cherchait à produire, et de s'écrier hors de lui : Je l'ai trouvé, tout comme Archimède. Et Magendie, sans perdre la tête : « Monsieur, dit-il, tout ce qui se découvre dans mon laboratoire m'appartient. »

Si la postérité se souvient de Magendie, elle en parlera comme d'un égorgeur intrépide.

Cet expérimentateur a pourtant fait école, et nos biologistes, comme ils s'intitulent, suivent en tout ses errements. Forcés de se passer d'idées, ils multiplient les expérimentations, qu'ils confondent avec l'expérience, faute de connaître le sens véritable du mot observation. Ces expérimentateurs se croient tout permis dans l'amphithéâtre aussi bien que dans le laboratoire ; et, uniquement préoccupés de leurs recherches mécaniques, ils oublient le but réel de l'enseignement physiologique, de même qu'ils en ont oublié la véritable tradition.

« De même que les vérités anatomiques sont fondées sur l'observation, les vérités physiologiques le sont sur l'expérience. C'est sur les animaux vivants que les essais de ce genre doivent êtres tentés ; et comme rien n'est plus difficile que de reconnaître la voix de la nature au milieu des convulsions et des cris de la douleur, il importe qu'un maître exercé apprenne aux élèves avec quelles précautions il faut qu'on l'interroge, et dans quel sens on doit interpréter ses oracles. »

C'est Vicq-d'Azyr qui dit cela, et il ajoute plus bas :

« Ces expériences, distribuées avec art, rompraient, dans l'enseignement, l'uniformité du récit : elles forceraient l'attention des élèves, qui ne pourraient oublier ce que des circonstances si frappantes auraient gravé dans leur mémoire (1). »

Si nos physiologistes expérimentateurs étaient du moins capables de suivre, dans leurs démonstrations et vivisections publiques, les conseils de Vicq-d'Azyr, on pourrait, à la rigueur, tolérer leurs prétentions et souffrir leurs pratiques, en les réduisant à une juste mesure. Mais, comme ils ne sont pas en état de remplir les conditions exigées d'un

____

(1) *Discours sur l'anatomie.*

professeur de physiologie par le célèbre anatomiste, qu'ils se contentent de *travailler* dans leur laboratoire, qu'ils cessent d'attirer le public à leurs leçons par la pratique de ces opérations sanglantes, qu'ils exécutent à merveille, sans doute, mais qui sont parfaitement inutiles aujourd'hui, l'enseignement de la physiologie étant séparé et distinct de celui de l'anatomie. Ces deux enseignements étaient confondus du temps de Vicq-d'Azyr. Aujourd'hui, les faits acquis sont consignés dans les livres classiques ; de telle sorte qu'il est superflu de démontrer, pour la centième fois, ce qui est connu, reçu et accepté comme certain.

Nos professeurs de physiologie comptent beaucoup sur les vivisections pour attirer la foule à leurs leçons ; et ils prodiguent en conséquence les expérimentations sur l'animal vivant, preuve évidente qu'ils ne sentent pas en eux, qu'ils ne possèdent pas les qualités d'esprit qui séduisent un auditoire et le fixent.

L'enseignement supérieur est bien bas quand de telles ressources sont employées par les hommes qui sont chargés de cet enseignement. Il y a là une question très-grave que nous réservons.

Voici, pour terminer, les conclusions du rapporteur (1) :

« 1° Les vivisections sont indispensables au progrès de la physiologie expérimentale, et les opérations sur les animaux vivants sont nécessaires dans les écoles vétérinaires ;

2° Les vivisections et les opérations doivent être faites avec réserve, et il faut éviter, dans ce genre de recherches ou d'études, tout ce qui pourrait leur donner un caractère de cruauté;

3° Les vivisections doivent avoir pour but bien déterminé et bien évident un progrès dans la science ;

4° Les opérations ne doivent être permises aux élèves que sous la direction et la surveillance d'un professeur ;

(1) *Bulletin de l'Académie de médecine*, 1862-1863, t. **XXVIII**, p. 960.

5° Les vivisections et les opérations ne doivent être faites, autant que possible, que dans les facultés, les écoles et les établissements publics ;

6° Les expérimentateurs et les opérateurs doivent s'entourer de tous les moyens que possède la science pour abréger et adoucir les souffrances des animaux, et même, dans certains cas, pour les prévenir complétement. »

Cette dernière phrase trahit les incertitudes du rapporteur. Ses conclusions n'ont aucune valeur, aucune signification précise, sauf la première. Les autres n'accusent que de bonnes intentions, et les mesures restrictives qu'elles indiquent si vaguement sont tout à fait illusoires.

Concluons à notre tour. Demandons hautement que, dans les écoles vétérinaires, les opérations sur l'animal vivant soient absolument abolies comme inutiles, et que les physiologistes expérimentateurs s'abstiennent de torturer les animaux en présence du public. Qu'ils apprennent à leurs auditeurs les résultats des expérimentations du laboratoire ; mais qu'ils ne recommencent point ces expérimentations dans l'amphithéâtre.

Ces répétitions sont superflues et peuvent exercer une fâcheuse influence sur le moral des élèves, aussi bien que sur la direction des études médicales.

Nous pensons, comme Celse, que, dans la pratique médicale, c'est l'expérience qui apporte le plus utile secours : *ad ipsam curandi rationem nihil plus conferre, quam experientiam ;* et avec Celse, nous tenons qu'il est à la fois inutile et cruel d'ouvrir des corps vivants : *incidere autem vivorum corpora, et crudele, et supervacuum est.*

M. le ministre de l'agriculture et du commerce, en adressant à l'Académie les pièces à lui fournies par les délégués de la Société protectrice de Londres, à l'appui de leurs accusations contre les vivisecteurs, avait demandé à la compagnie une réponse à ces trois questions :

« 1° Y a-t-il quelque chose de fondé dans les plaintes articulées par les membres de la Société protectrice, en ce qui concerne la pratique des vivisections en France ?

2° Y a-t-il lieu d'en tenir compte ?

3° Y a-t-il quelque chose à faire et dans quelle mesure ? »

La commission a eu le tort de ne pas comprendre que sa tâche était uniquement de se prononcer affirmativement ou négativement sur ces trois points. Si bien que les six conclusions du rapporteur de la commission ont laissé sans réponse la demande très-nette et très-catégorique du gouvernement.

Nous avons démontré l'insignifiance du rapport académique et la banalité de ses conclusions, nullement concluantes, puisqu'elles se bornent à exprimer des vœux, à donner des conseils timides, non sans contenir des aveux implicites, qui expliquent jusqu'à un certain point, sans les excuser pour cela, les paroles acerbes et peu mesurées des rédacteurs du réquisitoire anglais. La commission n'avait point à se préoccuper de la forme de ce réquisitoire ; car il est puéril, dans toute question scientifique et d'un intérêt général, de répondre à des invectives au lieu de donner de bonnes raisons.

Le ministre, en s'adressant à l'Académie pour avoir l'opinion de l'Académie, ne demandait point un plaidoyer pour ou contre les vivisections, mais une enquête. C'est donc un juge d'instruction, éclairé et inflexible, qu'il fallait charger du rapport, et non un avocat, plein de bon vouloir sans doute et d'intentions excellentes, mais qui, semblable à bien des avocats, a parlé longuement pour ne rien dire (1).

(1) Comme nous n'avons pas l'honneur d'appartenir à la Société protectrice de Paris, ni à aucune autre Société quelconque, il nous sera permis de consigner ici le mauvais effet produit par une lettre du vice-président de cette Société à l'Académie de médecine. Cette lettre a été lue en séance publique, par le secrétaire annuel, et son contenu, qui n'a satisfait personne, a vivement peiné et mécontenté ceux qui sont contre les vivisecteurs. Le vice-président de la Société protectrice des animaux,

II. — Les physiologistes expérimentateurs.

La physiologie est sans contredit une grande et belle science, et digne du culte des plus forts esprits : mais la médiocrité l'a tellement abaissée, que les plus chétives in-

exprimant une opinion personnelle, ou servant d'organe aux membres de la Société (c'est ce qu'il a négligé de préciser), a donné son approbation chaleureuse aux conclusions du rapport de feu Moquin-Tandon, conclusions évasives ou insignifiantes, dont nos lecteurs ont, sans aucun doute, apprécié la valeur.

Si l'acquiescement de la Société protectrice est accordé au rapport académique sur les vivisections, les vivisecteurs doivent des actions de grâces à cette Société, qui, par son approbation explicite, montre assez qu'elle ne trouve rien à modifier ni à reprendre dans l'état présent. Ce certificat de tolérance, aussi malencontreux qu'imprévu, a causé une vive agitation dans la Compagnie, et sa lecture a été un véritable incident, d'après lequel on a pu prévoir que la discussion serait sérieuse et passionnée.

Il faut ajouter que le même vice-président nous avait félicité en termes très-chaleureux de notre initiative et de notre attitude dans la question des vivisections ; et nous avions pensé, d'après sa lettre, que nous pouvions compter sur l'appui moral de la Société protectrice de Paris. La commission académique chargée d'étudier la question des vivisections comptait cinq membres de cette Société sur neuf. C'est peut-être à cette circonstance qu'il faut attribuer en partie l'hésitation et l'incertitude du rapporteur, plus préoccupé de démontrer l'utilité des vivisections que d'en signaler les abus. Ce qui paraît étrange, c'est que des vivisecteurs, très-connus par leur insensibilité et par la facilité déplorable avec laquelle ils découpent les animaux vivants, soient reçus dans des Sociétés protectrices, et qu'ils osent se parer d'un titre qui devient ainsi tout à fait dérisoire. Est-ce que les Sociétés protectrices auraient imaginé d'adoucir les souffrances des animaux en ouvrant leurs portes à ceux qui les tourmentent ?

Chaque Société a ses règlements et ses statuts, et chaque Société est juge des réformes à introduire dans ses statuts et règlements. Que les Sociétés protectrices des animaux nous permettent néanmoins une réflexion : si elles transigent avec les partisans des vivisections, leurs protégés auront grandement à souffrir de ces transactions. Que si, non contentes de transiger avec les vivisecteurs, elles les reçoivent parmi leurs membres, la pratique des vivisections se trouvera encouragée ou tolérée par ceux-là mêmes qui devraient le plus efficacement travailler à la proscrire, à l'abolir, ou tout au moins à la réduire en d'étroites limites.

telligences peuvent l'aborder maintenant, et s'en faire un piédestal.

Les partisans quand même des vivisections appartiennent pour la plupart à cette école sans principes et sans doctrines, où l'on se passe parfaitement de toute théorie, et pour laquelle les procédés de l'expérimentation tiennent lieu de méthodes. Pour les disciples de cette école, vivisection signifie méthode souveraine, mode d'investigation incomparable, excellent, unique ; de même que vivisecteur, pour ceux qui se parent de ce titre, signifie savant physiologiste et médecin positif, exact ; les vivisecteurs et les expérimentateurs se proposant, comme ils disent, de rendre la médecine scientifique.

Certes, ce n'est pas le zèle qui fait défaut ; il abonde au contraire, et si fort, que la superstition est au comble. Aujourd'hui, point de salut hors de la méthode expérimentale, disons mieux, en dehors de l'expérimentation ; ce qui est bien différent, ainsi que l'état présent l'atteste avec évidence.

Un expérimentateur, comme on l'entend de nos jours en physiologie, est un homme de bonne volonté, qui s'exerce sur l'animal vivant, avec le fer, les poisons et les réactifs ; un homme comme on en voit beaucoup dans nos amphithéâtres, un homme qui, suivant l'exemple de Magendie, « prend nécessairement en aversion toutes les théories et tous les systèmes, » et se propose de les remplacer par « l'expérience seule sans aucun mélange de raisonnement. »

C'est un biographe, un disciple, un successeur de Magendie qui s'exprime de la sorte, le même qui, fidèle à l'enseignement du maître, a résolu lui aussi « de déposséder les propriétés vitales, et de leur substituer des phénomènes physiques et chimiques, s'accomplissant dans l'organisme vivant. »

Telles sont les prétentions, tels les principes de l'école des physiologistes expérimentateurs. Ils nous vantent le fondateur, moins à cause de ce qu'il a fait beaucoup de tentatives et obtenu peu de résultats, que pour avoir « conservé toute sa vie cette antipathie pour le raisonnement en médecine et en physiologie » dont nos vivisecteurs font parade, persuadés qu'ils sont des avantages de cette doctrine pour l'avancement de la biologie, science dont ils compromettraient l'avenir et l'existence même, s'ils étaient de force à ébranler les bases si solidement posées par Bichat. Ce grand homme est par eux sacrifié à Magendie. C'est ainsi que les disciples de Cuvier ont tenté d'élever leur maître au-dessus de Buffon. Vaines tentatives des deux côtés ! A mesure que l'histoire naturelle avance, le nom de Buffon grandit, de même que la gloire impérissable de Bichat reçoit un nouvel éclat des efforts impuissants de ses détracteurs.

Dans le domaine scientifique, tous les efforts sont méritoires ; mais encore est-il juste de distinguer le constructeur et l'architecte du simple manouvrier, car, si tout labeur utile est digne de rémunération et porte avec lui sa récompense, la science est éminemment redevable à ceux qui fécondent la réalité des choses d'un rayon de leur intelligence :

Naturæ species ratioque,

dit excellemment Lucrèce.

Cette devise est comme une formule de la vraie méthode scientifique ; et il est temps de la recommander aux méditations des expérimentateurs, qui, au nom de la philosophie positive, qu'ils appliquent sans discernement, croient travailler aux progrès de la biologie. Nous croyons très-fermement qu'ils s'égarent, et qu'à leur insu, ils sont dans la réaction.

Depuis la mort de Magendie, l'homme et ses travaux ont été appréciés à leur valeur exacte ; et quiconque a étudié la science de l'organisation, en suivant sans dévier le précepte de Lucrèce, sait très-bien qu'un pareil guide ne peut mener bien loin.

On disait autrefois que le médecin commence là où le physicien s'arrête ; et cette façon de dire signifiait évidemment que les phénomènes du monde inorganique et les manifestations de l'organisme vivant ne doivent pas être soumis aux mêmes procédés d'investigation. La médecine s'étant soustraite, non sans peine, après des efforts réitérés pendant des siècles, au joug pesant des théories physiques et chimiques, la vérité du dicton a reçu de l'expérience une confirmation éclatante ; et la biologie a eu son domaine, indépendant, ou du moins distinct de celui de la physique et de celui de la chimie. Mais la séparation, très-légitime, n'a pas été du goût de quelques esprits très-positifs, qui, regardant la vie comme une abstraction, n'ont vu dans les manifestations de la vitalité qu'un ensemble, une succession de phénomènes physiques, et, en conséquence, ont imaginé de démentir le vieux dicton, en faisant du médecin et du physiologiste un continuateur du physicien.

Magendie a travaillé toute sa vie à la solution d'un problème qu'on peut dire aussi absurde et insoluble que la quadrature du cercle, et ses disciples et successeurs poursuivent la même chimère, au nom de la science exacte et pour le plus grand profit de l'art médical.

Malgré l'inanité de leurs prétentions, la majorité est pour eux et avec eux, et la plupart de nos médecins s'honorent de suivre, en toute occasion, ce qu'on nomme emphatiquement la méthode expérimentale, méthode excellente quand on l'applique à propos et conformément aux principes de la biologie, c'est-à-dire tout autrement que les vivisecteurs, dans leurs leçons et dans leurs livres.

Nous savons ce que valent les vivisecteurs, et ce qu'ils peuvent en réalité, parce que nous les connaissons de longue date, pour les avoir suivis dans leurs leçons et dans leurs expériences. Si nous prenons la liberté de les juger avec indépendance, et de les apprécier à leur exacte valeur, c'est que nous n'avons pas cru qu'il fût suffisant d'étudier à leur école ; et qu'au peu qu'ils nous ont appris, nous avons eu le soin d'ajouter bien des acquisitions indispensables, qu'ils font profession de dédaigner, sans nous mettre en peine de l'opinion de la majorité et de la tradition qui prévaut de nos jours dans l'enseignement médical, sous toutes ses formes. Car il en est un peu présentement comme du temps de Galien : «Loin de prendre la méthode rationnelle pour guide, selon le précepte d'Hippocrate, nos médecins dénoncent ceux qui s'y conforment comme s'occupant de choses oiseuses. »

Voilà ce que disait, il y a bien des siècles, le médecin de Pergame ; et le même reproche part aujourd'hui, presque dans les mêmes termes, de ceux qui, ayant le cerveau mutilé, prétendent imposer à tous leur régime intellectuel. Ceux-là ne comprennent point la haute importance de la question soulevée à propos des vivisections. Ils ne sauraient, à la vérité, en mesurer la portée ni en prévoir les conséquences, bien que les plus clairvoyants semblent pressentir le jugement sévère que portera d'eux le public intelligent, quand il saura combien l'école des vivisecteurs a contribué à rapetisser la science générale de l'organisation, à ravaler l'enseignement physiologique, et à rétrécir le domaine de la philosophie médicale, en dénaturant la méthode, en méconnaissant le principe même des études biologiques.

Broussais avait prévu les tristes conséquences d'un enseignement médical ainsi détourné de son but véritable. Voici ce qu'il écrivait en 1822 (1) :

« Peut-être a-t-on été trop vitaliste dans la physiologie, depuis Stahl jusqu'à Bichat ; mais, en échange, on devient trop mécanique dans une école plus moderne ; et le mépris que l'on affecte pour les anciennes explications ferait infail-

(1) *Annales de la médecine physiologique,* Discours préliminaire, t. 1, p. 14.

liblement rétrograder la science, si tout le monde obéissait
à cette nouvelle impulsion. »

Dans cette phrase, Broussais a été prophète, et moins
d'un demi-siècle a suffi pour réaliser sa prophétie.

III. — Les vétérinaires.

Il faut dire un mot du rôle des vétérinaires dans la discussion sur les vivisections, et reconnaître que les professeurs
de l'École d'Alfort ont montré plus de courage et surtout
plus de franchise que les physiologistes expérimentateurs.

M. Reynal, professeur à l'École d'Alfort, a lu un travail (1) qui nous a frappé, non par des qualités brillantes,
mais par un ton de sincérité qui n'est pas commun dans les
discussions académiques. M. Reynal est préposé, depuis quelques années, aux exercices préparatoires de chirurgie qui se
pratiquent à l'École d'Alfort, et depuis quinze ans, il appartient à cette école. Nul, par conséquent, ne peut mieux savoir ce qui se passe dans la salle où les élèves de l'École
s'exercent, sur le cheval vivant, à la pratique de la chirurgie, au manuel opératoire. M. Reynal affirme que le tableau
tracé par M. Frédéric Dubois, des souffrances infligées aux
chevaux vivants, ne reproduit pas exactement l'état actuel.
Vraie pour le passé, la peinture du secrétaire perpétuel
n'est pas tout à fait exacte, à ne considérer que le présent.
Le nombre des opérations que pratiquent les élèves sur le
cheval vivant, pour s'exercer la main, a été réduit. M. Reynal
affirme cela à plusieurs reprises ; il revient sur cette réduction, mais ne dit pas en quoi elle consiste, et s'abstient de
produire des chiffres. Il paraît qu'on ne fait plus soixante-
quatre opérations sur un seul cheval. Mais combien en fait-
on précisément ? Voilà ce qu'il aurait fallu préciser pour
être sincère en tout. Supposons que ces opérations aient été

(1) *Bulletin de l'Académie de médecine*, t. XXVIII, p. 1120.

réduites d'un quart, d'un tiers, de la moitié même. Il en resterait toujours un nombre suffisant pour révolter ce sentiment de commisération, qu'il faut se garder de comprimer,
et qu'il importe, au contraire, d'entretenir comme un élément précieux de civilisation.

M. Reynal déclare ensuite que toutes les opérations ne se
pratiquent pas sur l'animal vivant, et qu'il en est de très-
douloureuses, qu'on fait uniquement sur le cadavre. Tant
mieux, s'il en est ainsi. Mais si des opérations particulièrement douloureuses et difficiles se pratiquent sur l'animal
mort, et non sur l'animal vivant, nous demandons ce que
devient le fameux argument des vétérinaires, en justification
de leurs exercices de chirurgie expérimentale. Évidemment, c'est dans les opérations graves que doivent se produire surtout les mouvements de réaction que l'on redoute
si fort, tant pour l'animal lui-même, que pour l'opérateur,
qu'il s'agit, avant tout, de préserver. Si, pour ces opérations
graves et douloureuses, le cadavre a été substitué à l'animal
vivant, il est permis de croire que pour celles qui sont moins
graves et moins douloureuses, le cadavre pourrait être de
même et sans désavantage, substitué au cheval vivant. En
tout cas, cet aveu ou cette concession est un commencement de réforme ; or, toute réforme suppose des abus. Nous
ne pouvons donc qu'encourager M. Reynal à poursuivre la
réforme commencée, jusqu'à complète extinction des abus
qui existent encore, malgré la réduction indéterminée,
dont il parle, dans le nombre des opérations, et malgré les
améliorations introduites dans le manuel opératoire, de façon à rendre l'opération plus prompte et moins doulou-
reuse.

Ayant répondu de son mieux au discours de M. Dubois
(d'Amiens), M. Reynal répond à celui de M. J. Béclard ; et
il infirme l'assertion de ce dernier, touchant la privation de
nourriture des chevaux livrés aux écoles de médecine vétérinaire, pour être soumis aux opérations de chirurgie expé-

rimentale. Directement interpellé, M. J. Béclard a répondu
que son affirmation reposait sur des preuves, qu'il était en
mesure de fournir, et que d'ailleurs, M. Reynal, parlant
avec autorité de ce qui se passe à Alfort, ne peut être aussi
bien renseigné pour ce qui est des écoles de Lyon et de Toulouse. Au demeurant, M. Reynal, qui est un homme droit
et sincère, ne prétend pas excuser les faits dénoncés par
M. J. Béclard, s'ils sont réels : « Si donc, dit-il, des abus de
la nature de ceux que M. Béclard a signalés se sont passés
dans les écoles, ce sont les hommes qui les ont commis ou
laissé commettre, qu'il faut flétrir par le châtiment de la
publicité. »

D'après M. Reynal, quelques membres éminents de la
Société protectrice de Paris auraient spontanément déclaré,
que les opérations telles qu'elles se pratiquent actuellement à Alfort, sont exécutées de manière à concilier les intérêts de la science et de l'enseignement avec les intérêts de
l'humanité. » La même assertion, conçue à peu près dans
les mêmes termes, se trouve dans le mémoire de feu M. Renault, dont nous avons donné l'analyse, en discutant le rapport de la commission. Seulement M. Renault déclarait que
la Société protectrice de Paris l'avait consulté touchant les
pratiques chirurgicales en usage dans l'École d'Alfort ; et
M. Renault, comme on peut penser, avait répondu de manière à calmer les inquiétudes de la Société. Nous avons sujet de croire que c'est le fait relaté par M. Renault qui a été
ici invoqué par M. Reynal. Que si la Société protectrice de
Paris a cru devoir s'en rapporter aux avis émis par quelques-uns de ses membres, nous inclinons à croire que ces
membres, que l'on qualifie d'éminents (à qui ne donne-t-on
pas aujourd'hui de l'éminence ?) pourraient bien être des
vétérinaires vivisecteurs et des physiologistes expérimentateurs. Ces deux catégories de savants sont représentées,
comme on sait, dans la Société protectrice, de même
qu'elles l'étaient dans la commission chargée par l'Aca-

démie de se prononcer sur la question des vivisections.

Dans la dernière partie de son plaidoyer, M. Reynal s'efforce de démontrer la nécessité des opérations préliminaires sur l'animal vivant, se fondant, pour défendre sa thèse, sur l'organisation actuelle de l'enseignement vétérinaire, enseignement qui se propose de former des praticiens habiles dans un court espace de temps ; sur la plus grande fréquence des opérations chirurgicales qu'exigent les animaux malades, et sur la nécessité de préférer les moyens expéditifs et radicaux aux médications qui demandent des frais considérables et une longue durée. Ces raisons ne sont que spécieuses. M. Reynal, esprit positif et pratique, préoccupé avant tout de l'utilité immédiate, ne voit pas, dit-il, « comment les vétérinaires blessent si profondément les lois de l'humanité. J'avoue même, poursuit-il, que ces exercices, considérés dans leur but, se justifient beaucoup mieux qu'un grand nombre d'expériences que j'ai vu faire par des physiologistes pour la démonstration d'une fonction ou d'une propriété des tissus. » Dans la thèse que soutient M. Reynal, cet argument n'est pas sans force ; il atteint directement les professeurs de physiologie *opératoire*.

M. Reynal, de même que M. H. Bouley, son collègue, pense que les chirurgiens trouveraient grand profit à suivre l'exemple que leur donnent les vétérinaires. Cette insinuation est tout à fait permise de la part d'un vétérinaire qui désire que les manœuvres opératoires sur le cheval vivant ne soient pas abandonnées. Si les chirurgiens, suivant le conseil ou le vœu de M. Bouvier, instituaient des opérations préliminaires sur l'animal vivant, la chirurgie expérimentale justifierait, consacrerait toutes les pratiques en usage dans les écoles de médecine vétérinaire. Et si le projet recevait exécution, il se trouverait, sans aucun doute, un homme d'avenir qui demanderait et obtiendrait, dans la Faculté de médecine, une chaire de chirurgie comparée ou expérimentale. Ne désespérons pas de voir un jour cette utile fondation.

En terminant la défense de son école, M. Reynal rectifie les assertions de M. J. Béclard touchant les pratiques en usage dans les écoles vétérinaires d'Allemagne. A Stuttgard, d'après une lettre dont M. Reynal m'a donné connaissance, quelques opérations sur le cheval vivant, en nombre très-restreint, il est vrai, sont tolérées par le professeur d'anatomie.

A Vienne, les règlements défendent très-positivement les exercices du manuel opératoire sur le cheval vivant ; néanmoins, quelques petites opérations sont tolérées. Il en est de même à Londres ; les vétérinaires anglais, qui veulent s'exercer aux opérations sur le vivant, peuvent faire certaines opérations déterminées, sur des chevaux achetés à leurs frais. M. Reynal en conclut que « partout on comprend l'utilité des opérations telles qu'on les exécute en France. — En résumé, dit-il, je demeure convaincu que, si on tient compte, d'une part, de l'organisation de notre enseignement et des exigences de l'exercice professionnel ; et, d'autre part, des soins qui sont pris dans les cours de chirurgie pratique, pour abréger, atténuer, amoindrir la douleur, on reconnaîtra que les opérations pratiquées sur les animaux vivants, dans une limite restreinte, comme on le fait actuellement dans les écoles vétérinaires, sont utiles et nécessaires. Je vote contre les conclusions du rapport de la commission. »

Tel est en substance le plaidoyer de M. Reynal, dont une consciencieuse analyse permettra au lecteur de se prononcer en connaissance de cause. M. Reynal a clos la discussion vraiment sérieuse ; mais il n'a point infirmé, comme on s'y attendait, les assertions émises par nous sur les cruelles pratiques en usage à l'École d'Alfort. Un tableau navrant des souffrances infligées au cheval pour exercer la main des apprentis vétérinaires a été tracé par M. Dubois, témoin oculaire.

M. H. Bouley (1) ne trouve pas que ce dernier ait chargé le tableau qu'il a tracé des souffrances atroces que les apprentis vétérinaires infligent aux chevaux qu'on leur livre pour s'exercer la main. Loin de là, il convient lui-même que le secrétaire perpétuel a dit vrai, et que, malgré quelques atténuations introduites par la suite, et qu'il n'ose appeler des réformes, les choses, dans l'état présent, excèdent encore la mesure. Cependant M. H. Bouley tient ou semble tenir beaucoup à la continuation des manœuvres opératoires sur le cheval vivant. Il souhaiterait même que les chirurgiens eussent la faculté de s'exercer comme les apprentis vétérinaires. Il propose même à l'Académie de demander au ministre une augmentation du budget, une allocation plus forte pour les écoles de médecine vétérinaire, afin que le nombre des chevaux destinés à être dépecés vivants, permette de réduire le chiffre des opérations, en doublant ou triplant celui des victimes.

M. J. Béclard a dénoncé à la vindicte publique et à la répression par la loi de Grammont, une détestable industrie, comme il dit, qu'exercent les marchands qui fournissent à l'École d'Alfort les chevaux sur lesquels doivent s'exercer les élèves. Ces chevaux, depuis le moment où ils deviennent la propriété de l'industriel, jusqu'à leur entrée dans les dépôts de l'École, ne reçoivent aucune nourriture. Il n'est pas rare de voir quelques-unes de ces pauvres bêtes mourir littéralement de faim.

Sans nous arrêter à l'inhumanité d'une telle pratique, nous demandons comment des animaux ainsi exténués, sans vigueur, sans forces, réduits à l'épuisement le plus complet ; nous demandons comment des chevaux mourants

(1) *Bulletin de l'Académie de médecine*, tome XXVIII, p. 1100.
(2) *Bulletin de l'Académie de médecine*, tome XXVIII, p. 1083.

ou à moitié morts peuvent manifester des réactions violentes contre le supplice du fer et du feu. Autant vaudrait
l'exercice sur le cadavre, très-suffisant pour l'habileté opératoire que l'on recherche. Mais on veut surtout que l'é-
lève soit prévenu, prémuni contre les morsures, les ruades,
contre les mouvements, en un mot, que la douleur de l'o-
pération provoque chez l'animal vivant. Or, ces brusques
réactions ne peuvent venir d'un animal surmené, abattu,
épuisé de fatigue et mourant de faim.

Du fait révélé par M. J. Béclard, il faut conclure que les
exercices auxquels on se livre dans les écoles de médecine
vétérinaire, sur les animaux vivants, sont doublement atroces, et beaucoup plus blâmables qu'on ne l'avait cru jusqu'ici, puisqu'ils n'ont pas d'utilité réelle, les opérations
étant pratiquées sur des sujets incapables de réagir.

Concluons de tout cela qu'il n'y a pas lieu de maintenir,
dans les écoles de médecine vétérinaire, des pratiques sanglantes et sans utilité.

IV. — Résumé.

Il nous paraît inutile de résumer le débat académique
auquel a donné lieu la question des vivisections. La discussion n'a pas été assez sérieuse pour mériter les honneurs
d'une analyse critique ; et d'ailleurs le lecteur qui voudrait
se mettre au courant n'aura qu'à consulter le *Bulletin de
l'Académie* (1). Les débats au sujet des vivisections ont été
très-vifs, très-passionnés, mais peu scientifiques.

La question en litige avait été nettement posée et carrément résolue par le secrétaire perpétuel. Aussi son discours
a-t-il été le point de départ des débats ultérieurs. Malheureusement, un point essentiel, celui de l'enseignement
physiologique dans son état présent et avec ses tendances,

(1) *Bulletin de l'Académie de médecine*, tome XXVIII, *passim.*

point capital, et traité en passant par M. Frédéric Dubois et par M. Parchappe, a été négligé tout à fait par les autres académiciens qui ont fait connaître leur opinion. Cette omission est d'autant plus regrettable que les professeurs officiels de physiologie, on ne sait pourquoi, n'assistaient pas, quoique membres titulaires de l'Académie, à une discussion qui les touchait de si près.

En leur absence, nul 'n'a osé dire que, contrairement à l'usage reçu, la physiologie peut s'enseigner sans expérimentations cruelles, sans exhibitions sanglantes. Nul n'a fait remarquer l'inutilité de ces expositions d'animaux ouverts ou mutilés. Et pourtant quiconque a fréquenté les démonstrations de nos physiologistes expérimentateurs sait bien que ce qui se démontre sur l'animal en expérience dans le laboratoire, n'est pas visible à l'amphithéâtre, et que le plus souvent, ce que le professeur démontre à ses auditeurs, qui ne peuvent suivre des yeux la démonstration, n'a nullement besoin d'être démontré. Ces deux raisons, en dehors de beaucoup d'autres, nous ont fait conclure au rejet des expérimentations sur l'animal vivant dans les cours publics. Nous avons repoussé hautement toute expérience inutile ; et c'est en prenant pour criterium l'utilité certaine et la nécessité indispensable, que nous faisons la distinction, qui paraît si difficile à nos adversaires, entre l'usage et l'abus.

Un physiologiste, M. Jules Béclard, a défendu la cause de la liberté, et nous nous associons bien volontiers à ses intentions, aussi généreuses qu'élevées. Nous savons que les vivisections ont été utiles, puisque par elles des investigateurs sagaces ont découvert des vérités nouvelles, et contrôlé, constaté des vérités connues. Nous tenons aussi qu'il ne faut proscrire aucun des moyens de connaître qui sont en notre pouvoir. Mais c'est notre conviction que les expérimentations douloureuses et sanglantes ne doivent pas être prodiguées inconsidérément, et qu'il 'est fâcheux que

ces vivisections, qui étaient autrefois un moyen exception-
nel, passent dans la pratique habituelle. C'est leur usage
intempestif et non raisonné qui constitue l'abus, et c'est cet
abus qui est funeste à l'étude et à l'enseignement de la
physiologie.

Nous accordons que les expérimentateurs et vivisecteurs
ne sont mus, dans leurs pratiques sanglantes, que par l'a-
mour de l'humanité, et nous pensons que la conscience de
l'expérimentateur doit intervenir pour déterminer les limites du droit d'expérimentation ; en d'autres termes, le
cœur et le sentiment doivent borner les satisfactions d'une
curiosité insatiable.

Il ne s'agit pas d'entraver le progrès par des règlements,
mais uniquement de rappeler les vivisecteurs à la modération, à la décence, au sentiment de leurs devoirs envers
eux-mêmes, et envers la science, surtout s'ils ont mission
de professeurs.

Ni les médecins ni les vétérinaires qui ont pris part à la
discussion n'ont voulu comprendre qu'à côté de la question
d'humanité, il y avait une question de dogme et de dignité scientifique. Les chirurgiens ont fait cause commune
avec les vétérinaires, et un des leurs s'est chargé de clore
le débat, en déclarant que tout était pour le mieux dans
l'enseignement de la physiologie expérimentale et de la
chirurgie vétérinaire. Le président de l'Académie, résistant
à l'entraînement de la majorité, avait émis l'avis de ren-
voyer la clôture à la prochaine séance. La proposition était
sage ; mais la majorité avait hâte d'en finir avec une question dont l'examen lui faisait peur. L'Académie n'était pas
en nombre. Des membres qui composaient la commission,
deux ou trois tout au plus assistaient à la séance, et quelques-uns de ceux qui ont pris part à la discussion manquaient également. On a passé outre, et après avoir rejeté
les conclusions du rapport présenté au nom de la commis-

sion, on a, sans retard, adopté les conclusions suivantes :

« L'Académie déclare que les plaintes adressées à S. M. l'Empereur par la Société protectrice des animaux de Londres ne sont pas fondées ; qu'il y a lieu de n'en tenir aucun compte, et qu'il convient d'abandonner, comme par le passé, les vivisections et les opérations chirurgicales pratiquées dans les écoles vétérinaires, à la compétence et à la sagesse des hommes de science. »

Ces conclusions ont été votées d'emblée et d'ensemble, avant même leur rédaction définitive, rédaction qui n'est pas un modèle de précision ni de style, et qu'il a fallu, après le vote, revoir et compléter.

Au nom de la liberté, qui n'était pas en cause, quoi qu'on ait dit ; au nom de la libre recherche et de la science, l'Académie a commencé par désavouer, rejeter, mettre à néant les conclusions du rapporteur de la commission, conclusions qui constataient des abus, et elle n'a tenu compte des assertions de ceux de ses membres qui ont pris la parole, précisément en vue de signaler ces abus. L'Académie a prouvé par son vote que toutes les causes sont bonnes et ont chance de succès, lorsqu'on fait abstraction des faits qui les rendent mauvaises. L'Académie n'a tenu compte de ces faits, et son vote, enlevé au pas de course, donne l'absolution et des encouragements à cette école de la *physiologie opératoire*, dont l'ascendant est si funeste, et dont l'influence a perverti déplorablement l'enseignement de la médecine.

Les vivisecteurs et les physiologistes expérimentateurs ne songent seulement pas à se défendre, ont-ils dit, ou fait dire par leurs partisans.

Que les disciples de Magendie triomphent ; qu'ils règnent sans trouble et sans partage dans le domaine médical. La majorité est avec eux, parce que l'éducation physiologique et médicale qui convient à la majorité est détestable. Mais il y a une minorité qui protestera toujours, au nom de la science qu'on prétend servir en la ravalant, et dont les protestations ne passeront pas inaperçues. Pour nous, qui avons protesté des premiers, et qui recommencerons à la première occasion, nous pensons, avec M. Dubois (d'Amiens) que l'Académie aurait une belle page de plus dans son histoire, si la question des vivisections eût été traitée par elle d'une façon sérieuse, et à un point de vue véritablement scientifique.

Malheureusement, les vivisecteurs ont fait courir le bruit qu'on voulait les priver de leurs moyens d'investigation, et qu'il ne leur resterait rien après cela. Il n'a jamais été question de priver les savants des moyens d'investigation scientifique. Au demeurant, nous reconnaissons bien volontiers que les vivisecteurs ont eu raison de prendre l'alarme ; car, si on leur enlevait les vivisections, ils seraient réduits à néant (1).

(1) M. le docteur Frédéric Dubois, secrétaire perpétuel, avait ouvert la discussion en attaquant les conclusions du rapporteur de la commission, et il avait déposé sur le bureau de l'Académie trois amendements, dont l'Académie n'a pas songé un seul instant à s'occuper le jour du vote. Or, le règlement s'exprime très-nettement à ce sujet. D'après l'article 29 de ce règlement, dans toute discussion de rapport, quand vient le moment de voter, les amendements ont la priorité. Absent pour affaires de famille, dans la séance finale, M. Frédéric Dubois ne pouvait rappeler ses collègues à l'observation du règlement. Ayant repris ses fonctions actives, le mardi suivant, il a réclamé, protesté contre cette violation du règlement, et a dit qu'il aurait le droit de se plaindre d'un déni de justice. Il s'est borné toutefois à signaler cette irrégularité, « qui, a-t-il dit, si elle ne frappe pas de nullité le vote de l'Académie, en altère du moins la sincérité, et cela est fâcheux. »

Nous avons bien retenu ces paroles, qui ont vivement irrité quelques membres de l'Académie, et nous félicitons M. Dubois d'avoir protesté énergiquement. Il a vu un manque d'égards dans cette précipitation insolite. Le public y a peut-être vu autre chose ; et l'Académie elle-même comprendra, tôt ou tard, qu'on ne supprime pas ainsi une question par un vote qui, par le fait, est insignifiant, puisqu'il ne décide rien, ne résout rien, et laisse les choses dans le même état.

XI

LES MISÈRES DES ANIMAUX.

A la suite de notre examen de la question des vivisections, nos lecteurs s'intéresseront au tableau des misères
des animaux, tracé avec beaucoup d'art et de vérité par
M. le professeur Fée (1).

L'auteur de ce charmant petit livre n'a pas besoin d'être
présenté au public médical. Le nom de M. Fée est connu
depuis un demi-siècle environ, et l'homme intègre, aimable, excellent, qui porte si honorablement ce nom, doit sa
bonne réputation aux longs services qu'il a rendus dans
l'enseignement supérieur, à ses nombreux travaux sur
les diverses branches de l'histoire naturelle et à son talent
d'écrivain, si rare aujourd'hui chez les médecins et les naturalistes.

La vie de M. Fée a été bien remplie, on peut s'en convaincre en parcourant la liste de ses écrits, récemment publiée (2), avec une épigraphe par trop modeste, *in multis
parum*, contre laquelle protesteront tous les lecteurs qui
ont su apprécier dans ces écrits si variés le savoir solide,
les tendances généreuses, l'érudition sobre et sûre, l'esprit
progressif de l'auteur, et cet art de la diction élégante, du
style net et facile, qui met toutes ces qualités en relief.

On voit dans ce catalogue que M. Fée a débuté par une
tragédie en cinq actes et en vers (1818), sans trop regretter
qu'il ait renoncé de bonne heure à la carrière dramatique
pour se livrer à la culture des sciences auxiliaires de la

---

(1) *Les misères des animaux.* Paris, 1863, 1 vol. grand in-18 de xv-216
pages.

(2) *Catalogue méthodique et chronologique* des publications du professeur A. L. A. Fée. Strasbourg, mars 1863, in-8, 31 pages.

médecine, et s'y distinguer par des recherches ingénieuses, par des observations patientes, tout en conservant l'amour des lettres et le goût des investigations historiques. Sur la botanique des anciens, il a travaillé de façon à gagner l'estime des humanistes et des médecins érudits. Ses commentaires sur la matière médicale de Pline (1), de même que la flore de Virgile (2) et celle de Théocrite et des autres bucoliques grecs (3), ont une valeur durable.

M. Fée n'est point resté étranger aux grandes questions qui ont surgi dans ces dernières années en histoire naturelle et en biologie. Il a dit son mot sur l'unité de l'espèce (4), sur le règne *hominal* ou humain, dont l'adoption ne lui paraît pas aussi urgente qu'aux zoologistes unitaires, sur la longévité promise à l'homme par des physiologistes trop généreux (5), sur les phénomènes mystérieux du sommeil et des rêves, et finalement sur l'instinct et l'intelligence des animaux (6).

Le livre sur « les misères des animaux » est le dernier venu ; mais il est à désirer qu'il ne ferme pas définitivement la série des productions de M. Fée. Un arbre qui donne de tels fruits dans sa verte vieillesse ne peut périr de sitôt. La séve qui circule dans le tronc, abondante et pleine de vitalité, permet d'attendre mieux que des fleurs stériles. Quand elle est soutenue par la bonté, la raison ne vieillit point, et cette explication, si c'en est une, vaut bien toutes celles qu'on a imaginées subtilement en faveur de l'*insénescence* du sens intime.

(1) *Commentaires sur la botanique de la matière médicale de Pline.* Paris, 1823, 3 vol. in-8°.

(2) *Flore de Virgile.* Paris, 1822, in-8°.

(3) *Flore de Théocrite et des autres bucoliques grecs.* Paris, 1832, in-8°.

(4) *De l'espèce (Mémoires de la Société d'Hist. nat. de Strasbourg,* 1862.

(5) *De la longévité humaine (Mém. de la Société d'Histoire naturelle de Strasbourg,* 1862).

(6) *Études philosophiques sur l'instinct et l'intelligence des animaux.* Strasbourg, 1853.

Bonté et raison sont deux mots qui résument bien l'esprit ferme et les tendances noblement humaines de l'auteur dans cette défense des animaux, que nous recommandons à nos lecteurs comme un excellent ouvrage, où l'on ne trouve que la simple expression du bon sens, s'inspirant des bons sentiments du cœur, sans déclamations intempestives, sans affectation de sentimentalité.

M. le professeur Fée n'est point un membre inutile de cette *Société protectrice des animaux*, dont l'institution honore infiniment notre siècle et mérite une des plus belles pages dans l'histoire contemporaine. Parmi les sociétés de bienfaisance, il n'en est point de plus utile que celle-là, puisque le dessein de ceux qui ont pris d'office et avec un parfait désintéressement les animaux sous leur protection n'est autre que de rappeler l'homme à la justice envers des êtres organisés, sensibles, non dépourvus de toute intelligence, et dont l'existence est indispensable à la vie de l'humanité.

M. Fée a très-bien exprimé cela dans la courte épigraphe de son volume : « Les animaux subsisteraient sans l'homme; l'homme subsisterait-il sans les animaux ? » Question formidable, à laquelle aucun esprit sensé n'oserait répondre affirmativement, et dont la méditation peut retirer bien des enseignements. Il y a dans cette simple phrase interrogative un grand problème de philosophie générale et de biologie transcendante.

De même que dans l'échelle scientifique, l'intelligence s'élève par degrés et progressivement des connaissances les plus simples et les plus élémentaires aux connaissances de plus en plus abstraites et complexes, de telle façon que celles-ci ne peuvent se passer de celles-là et en dépendent; de même dans l'ordre organique, on ne peut franchir les degrés de la série sans passer par les intermédiaires qui

mettent en relation les extrêmes. Et si l'on conçoit que la
progression ou l'évolution organique puisse s'arrêter brusquement, on ne conçoit pas également qu'elle puisse être
renversée, qu'il y ait interversion dans le développement de
la série. Ici la même loi se révèle dans son inflexible rigueur : il y a complication croissante et subordination du
plus complexe au plus simple.

Il en est de même dans l'ordre général de l'univers : la
conception réelle du monde nous force de passer successivement de la matière inorganique aux corps et aux
êtres organisés. La matière est partout, et sans elle rien
ne se conçoit de ce qui est réellement. Mais diversement
élaborée, la matière donne des résultats divers : inerte, ou
du moins telle en apparence dans le corps brut, elle se
manifeste par un mouvement autonome dans le végétal et
dans l'animal, doués l'un et l'autre de propriétés vitales,
manifestations de l'arrangement organique ou d'un organisme plus élémentaire dans la plante, plus compliqué dans
l'animal.

La vitalité anime les deux règnes, et au delà de la vitalité,
physiologiquement parlant, rien n'apparaît qui autorise·
l'hypothèse inutile d'un élément nouveau. Il n'y a que des
degrés de vitalité conformes ou correspondants à la complication croissante de l'organisme. Il y a donc progression
ascendante et perfectionnement relatif à mesure qu'on
monte graduellement de la base au sommet, et simplification de l'organisme, par conséquent diminution du nombre et de la puissance des facultés ou manifestations vitales, si l'on descend du sommet à la base.

Voilà ce que l'observation générale constate. Mais la
raison la plus subtile ne peut logiquement concevoir, en
raisonnant d'après l'ensemble, une supériorité absolue de
l'être le moins imparfait parmi tous ceux qui composent
la série. La gloire des sciences de l'organisation, qui se

résument dans cette science générale, bien nommée biologie, a été de renouer, de façon à prévenir toute nouvelle rupture, cette chaîne infinie des êtres organisés et
vivants, rompue, non sans dommage pour le progrès des
connaissances, par les partisans

> De certaine philosophie,
> Subtile, engageante et hardie.

que nos modernes physiologistes pourraient à bon droit
apprécier non moins sévèrement que Pascal, en répétant
avec lui : « Nous n'estimons pas que toute la philosophie
vaille une heure de peine (1). »

Le système cartésien ne peut, en effet, qu'amuser tout
au plus la curiosité des esprits qui se plaisent à la lecture
des romans philosophiques. Mais ce qui n'est pas peu plaisant dans la censure si acerbe de Pascal, c'est que ce grand
illuminé rejetait la théorie du monde physique de Descartes,
et s'accommodait parfaitement de sa physiologie générale.
« Il était de son sentiment sur l'automate, et n'en était
point sur la matière subtile, dont il se moquait fort, »
suivant le texte des mémoires de Marguerite Périer, sa
sœur.

Ces simples paroles d'une femme nous en apprennent bien
plus que toutes les dissertations qu'on a faites pour ou contre la philosophie dominante au dix-septième siècle.

Voilà deux inventeurs, deux géomètres assurément très-
forts et d'une grande puissance dans la logique des nombres. Ils partent l'un et l'autre des mathématiques, ils ont
tous les deux des tendances analogues, malgré l'apparente
divergence d'opinions : ils aiment le scepticisme avec passion, ils aspirent à la spiritualité, et ils s'entendent à merveille pour rejeter l'animalité hors de l'humanité, pour
faire de la métaphysique une science abstraite et transcen-

(1) *Pensées*, art. 24,100.

dante, uniquement occupée à la recherche de l'abstrait, de
l'idéal, de l'infini, du divin, comme disent maintenant les
sophistes raffinés, et se reposant sur la physique et la
mécanique du soin d'expliquer les phénomènes de la matière organisée et vivante, c'est-à-dire les lois et les principes de la vitalité.

En empruntant au médecin portugais Gomez Pereira sa
théorie de l'automatisme, Descartes ne cherchait certainement autre chose qu'une hypothèse commode, à cause
de son invraisemblance même, pour étayer un système tout
composé d'hypothèses brillantes et ingénieusement combinées.

En restant sur le terrain de la philosophie pure, il serait
aisé de démontrer l'inanité de cette métaphysique et ses
conséquences funestes ; et si nous voulions nous arrêter
en passant à contempler les systèmes de médecine qui se
produisirent à la suite de la métaphysique cartésienne, nous
prouverions encore avec moins de peine que la vraie théorie médicale, pour parler comme Stahl, ne doit s'alimenter
que de cette science de l'organisation, qui est le solide
fondement de l'art, puisque c'est sur elle que reposent
la physiologie générale et la pathologie, l'hygiène et la
thérapeutique.

En définitive, le système cartésien abaissait injustement
l'animalité sans expliquer en aucune façon l'humanité ; ou
du moins elle ne l'expliquait point d'une façon raisonnable
et véritablement philosophique. Ce système, dans ses conséquences diverses, aboutissait au dogme providentiel, au
panthéisme, à l'athéisme, c'est-à-dire qu'il ramenait les
grands problèmes de l'univers et des êtres, la conception
du monde et celle de la vie, à une théologie laïque, plus
émancipée, à la vérité, que la scolastique, mais bien plus
inconséquente.

Leibnitz, qui n'aimait point Descartes, et qui subit à son

tour l'influence de la métaphysique cartésienne, Leibnitz, le père légitime du moderne éclectisme, croyait de bonne foi et soutenait dans ses écrits qu'un bon système de métaphysique, autrement dit, une bonne philosophie, doit forcément aboutir à la théodicée, et se résoudre en une théologie transcendante. Aussi l'encyclopédiste allemand n'avait-il rien de commun, en fait de principes, avec l'incomparable Aristote.

Celui-ci voulait bien admettre, pour ne point trop mécontenter les timides et les cafards de son temps, un premier moteur de l'ensemble ; mais, après l'avoir admis, il le mettait sans façon à la réforme, et le clouant au sommet du système universel, il le condamnait à une éternelle immobilité.

Il est vrai qu'Aristote, grand naturaliste, avait des connaissances générales et positives en anatomie et en physiologie : il possédait ce qui manquait à Descartes et à Leibnitz et à tant d'autres qui passent pour les maîtres de la métaphysique moderne, la notion ou mieux la conception intuitive et inductive de l'animalité. Aussi la métaphysique aristotélicienne est-elle encore un modèle qu'aucune imitation n'a pu égaler, et l'effort le plus prodigieux de l'esprit humain dans la recherche des vérités abstraites. Il est à croire que sans la connaissance profonde qu'il avait acquise de l'organisation animale et de l'organisme vivant, par ses observations et investigations expérimentales d'anatomie et de physiologie, Aristote ne fût pas allé bien au delà de son maître Platon en métaphysique.

Il faut suspendre ici le cours de ces réflexions qui nous entraîneraient insensiblement à une revue de tous les systèmes de médecine, considérés dans leurs rapports de filiation, d'origine et de corrélation avec les principaux systèmes de métaphysique qui ont tour à tour ou simultanément dominé en philosophie. C'est en étudiant l'im-

portance majeure et la haute signification de l'enseignement de la médecine comparée ou comparative, que nous
trouverons une occasion bien naturelle de reprendre le fil
et de débrouiller l'écheveau.

Pour le moment, il suffit de rappeler aux vétérinaires,
qui sont les confrères des médecins, au même titre que
nous sommes tous les proches et pour ainsi dire les parents des animaux, à ne considérer que le développement
de la série organique ; il suffit pour le moment de rappeler
aux vétérinaires que leur office n'est pas moins important
que celui des médecins, en ce sens qu'ils peuvent adoucir
les souffrances et améliorer le sort des bêtes qui sont au
service de l'homme, en instruisant l'homme, dans son intérêt propre, des devoirs qu'il est tenu de remplir envers
les animaux qui le servent, le nourrissent, l'aident dans ses
travaux et lui fournissent ces mille commodités qui sont
l'apanage de lacivilisation, et sans lesquelles la vie ne serait point supportable.

Notre dessein n'est point d'analyser le livre de M. Fée,
livre qui aura beaucoup de lecteurs, à cause de sa brièveté,
indépendamment de ses autres mérites. En recommandant ce livre bien conçu, bien fait, bien écrit, excellent
en un mot, et plus particulièrement l'appendice qui le termine sur les « rapports analogiques entre l'homme et les
animaux », nous n'avons voulu qu'émettre quelques aperçus sur un sujet capital et d'un intérêt inépuisable qui a
été supérieurement traité par Charles-Georges Leroy, un des
meilleurs observateurs du dix-huitième siècle (1).

(1) *Lettres philosophiques sur l'intelligence et la perfectibilité des
animaux, avec quelques lettres sur l'homme.* Paris, 1768, in-12.

XV

ABUS DE LA MÉTHODE EXPÉRIMENTALE.

I. — L'Empirisme.

M. le professeur Trousseau ayant publié des Conférences sur l'empirisme, il s'est trouvé tout de suite deux commentateurs qui ont diversement interprété la thèse paradoxale du clinicien. Ils ont profité de l'occasion, l'un pour vanter une théorie qui aboutit en définitive à un éclectisme mal déguisé, l'autre pour glorifier le système de Hahnemann, aux dépens de la méthode généralement reçue depuis Hippocrate. Il faut savoir ce que disent les deux avocats, pour mettre en valeur des doctrines qui n'ont entre elles aucune analogie.

Ces deux publications diffèrent de tout point, bien qu'elles soient sorties le même jour de la même librairie. Ce qu'il y a de commun entre elles, c'est l'occasion qui les a provoquées. Quoiqu'elles portent un titre pareil, leurs conclusions sont aussi différentes que les tendances, les opinions et le style des deux auteurs (1).

M. Renouard est content, très-content de M. Trousseau, et il ne lui ménage point les félicitations. Il a bien raison, à son point de vue; car le professeur de clinique médicale à l'Hôtel-Dieu a exalté, dans sa première conférence, ce qu'il appelle le bon empirisme, celui-là précisément que M. Renouard admire avec la conviction d'un croyant, et en faveur duquel il a fait son *Histoire de la médecine* (2).

(1) *De l'empirisme, à l'occasion des conférences de M. le professeur Trousseau*, par le docteur P. V. Renouard. Paris, 1863, in-8 de 25 pages. — *De l'empirisme et du progrès scientifique en médecine, à propos des conférences de M. le professeur Trousseau*, par un Rationaliste, docteur en médecine de la Faculté de Paris. Paris, 1863, in-12 de 172 pages.

(2) *Histoire de la médecine depuis son origine jusqu'au dix-neuvième*

Les convictions de M. Renouard sont-elles le résultat de ses études historiques, ou bien ne s'est-il livré à l'étude de l'histoire médicale que pour chercher dans le passé de la médecine des arguments à l'appui d'une thèse? J'avoue que je n'en sais rien; mais j'incline à penser que c'est par une vieille habitude, et en quelque sorte de parti pris, que M. Renouard goûte si fort l'empirisme, et qu'à cause de sa prédilection, il traite si bien, et même trop bien le professeur qui représente ses idées favorites dans l'enseignement officiel.

Il est vrai que M. Renouard n'applaudit pas également à la seconde conférence, puisqu'il déclare qu'elle est à refaire. Il encourage donc M. Trousseau à reprendre la question du mauvais empirisme, et il lui indique même de quelle façon cette reprise pourrait réussir, à son gré, dans un *post-scriptum à l'adresse des physiologistes métaphysiciens*, lequel est de beaucoup ce qu'il y a de mieux dans sa brochure, quoique l'auteur n'y ait rien introduit qui ne se trouvât déjà dans son *Histoire de la médecine.*

Dans ce *post-scriptum*, M. Renouard passe rapidement en revue les principaux systèmes qui ont tour à tour ou si-multanément dominé en médecine depuis un demi-siècle : animisme, vitalisme, brownisme, physiologisme. Passant sans transition de Stahl à Barthez, de celui-ci à Brown et finalement à Broussais, il salue ces grands hommes d'un mot ironique et amer : illusion, et ce mot, il le répète deux fois, tout en saluant les maîtres, et cette répétition produit naturellement un très-bel effet, et prépare à merveille la conclusion contre le dogmatisme et les dogmatiques.

Voilà, en substance, toute la brochure de M. Renouard. Elle est très-mince d'ailleurs, et il n'y a rien de mieux à en dire.

siècle. Paris, 1846, 2 vol. — *Lettres philosophiques et historiques sur la médecine au XIXe siècle*, 3e édition, Paris, 1861.

Passons à l'auteur anonyme, qui a fait, non sans succès et non sans prétentions, un pamphlet de longueur raisonnable, puisqu'il ne renferme pas moins de seize chapitres, contenus en un demi-volume. Il a bien voulu décliner son système doctrinal et sa provenance, tout en se couvrant d'un masque tant soit peu transparent.

En se disant de l'École de Paris, il ne s'est pas beaucoup avancé, car on ne sait trop ce que c'est que l'École de médecine de Paris, à tel point que, sans tomber dans le paradoxe, il serait aisé d'en contester l'existence. Laissons donc de côté la provenance de notre homme-mystère et déchiffrons la devise de son blason : *Rationaliste.*

Voilà, certes, un grand mot, fort à la mode de nos jours, et qui sent furieusement le charlatanisme tudesque. La raison, qui n'a de demeure fixe nulle part, ne réside point à coup sûr en Allemagne; mais quant au rationalisme, il est tout germanique d'origine et de façons. Depuis qu'il a passé le Rhin, le sens commun se gâte visiblement en France ; ce qui prouve péremptoirement que la clarté n'émane point du brouillard, et qu'on y voit toujours plus clair quand la lumière va devant.

Notre anonyme vient corroborer ces deux assertions par son exemple, tout négatif. Il appartient sans conteste à la bande scolastique des rationalistes, par l'usage qu'il fait de ses facultés logiques, par sa subtilité raffinée, par la profondeur apparente de ses raisonnements, par son langage imagé, hérissé de métaphores et de formules algébriques, en peu de mots, par toutes ces qualités d'esprit et de style qui trahissent un métaphysicien déguisé; car, malgré tous ses feux d'artifice et le bouquet final, il reste enveloppé d'épaisses ténèbres. Aussi n'a-t-il de réellement bon que son commencement ou l'exposition.

Le portrait de M. Trousseau n'est point à dédaigner. Nous y voudrions néanmoins quelques retouches et quelques traits plus accentués, de façon à montrer comment les

maîtres les plus accrédités, dans l'enseignement médical,
inclinent irrésistiblement *ad verba garrulitatemque*.

Les deux chapitres qui suivent sont consacrés à une analyse des *conférences sur l'empirisme*. L'auteur anonyme entre
définitivement en matière dans le chapitre quatrième, et au
lever du rideau nous trouvons en présence, sur son théâtre
de marionnettes, deux personnages qui ont vraiment grande
peine à se mouvoir, tant les ficelles qui les font aller sont
usées depuis Celse et Galien, et qu'il est malaisé de reconnaître, malgré l'étiquette appliquée à chacun, et l'intervention de l'étymologie. Ces deux personnages s'embrouillent,
tout en déclinant leurs noms et qualités, très-confusément
à la vérité, si bien que, dès ce quatrième chapitre, les nuages
se condensent.

L'auteur allègue l'histoire de la médecine, dont la connaissance ne lui est peut-être pas aussi familière qu'il serait
à souhaiter, il invoque l'arithmétique, l'algèbre, la géométrie, la physique, la chimie. Quant au sens de ce chapitre,
autant qu'on le peut deviner, il se résume ainsi : les faits,
réduits en principes, sont le fondement de l'art.

Mais qu'est-ce que l'art? Après une dissertation ingénieuse, bien qu'un peu longue, l'anonyme répond que l'objet
de l'art, c'est l'idéal. Parallèle entre l'art et la science; définition de la science ; besoins, instincts, métiers, industrie ;
classification de nos connaissances, Descartes, Ampère,
Linné, accumulation prodigieuse de grands noms et de
mots sonores, et en résumé, confusion. Le rationalisme aidant, nous voilà au fond du puits à la recherche de la vérité.

Le chapitre cinquième se termine par ces mots : « Une
science est donc constituée dès l'instant qu'elle a un objet
précisé dans son unité comme dans ses parties, un premier
principe, une première loi, une méthode éprouvée. » Tournons la page, et comme conséquence de ce bel axiome,
nous lirons en tête du chapitre suivant ces cinq mots :
« La médecine est une science. »

Comment démontrer pareille proposition? Rien n'est plus simple. Hippocrate proclame la puissance de la nature; il se fait son auxiliaire, et voilà la science médicale à jamais constituée. Le mot grec, tant de fois usité dans les écrits hippocratiques, et qu'on a traduit vicieusement par le mot français *art*, doit se traduire par *science;* et la preuve que tel est le vrai sens du vocable grec, c'est que l'École *polytechnique* représente en fait une institution qui a pour objet l'enseignement, non des arts, mais des sciences.

Quoique ce raisonnement soit tout à fait digne d'un professeur de logique, il ne manque point de hardiesse ni d'originalité. Il équivaut pour l'auteur anonyme à une démonstration, et il part de là pour établir sa théorie de la responsabilité médicale par un autre raisonnement qui peut se résumer en ces termes : Si la thérapeutique est un art, le médecin n'est pas scientifiquement responsable, étant, par le fait, affranchi de toute règle. Donc, la médecine est une science; il le faut absolument pour la dignité de la profession médicale. Telle est la substance du septième chapitre.

Le huitième traite de procédés de l'empirisme. Aussi vide que le précédent et un peu plus plaisant, il se distingue par une courte apologie des homœopathes, et par une satire assez vive de cette pauvre Faculté de médecine, toujours en retard, puisqu'elle se laisse devancer non-seulement par les sciences physiques, mais encore par l'empirisme le plus routinier et le plus brut.

Le chapitre neuvième nous ouvre les sources de l'empirisme et se recommande à la curiosité par une série d'anecdotes et d'allégations qui tendent à démontrer que toutes les variétés de l'empirisme se réduisent à une seule espèce, puisque tous les empirismes sont également impuissants, ainsi qu'il résulte du chapitre dix, recommandable par sa brièveté.

Le chapitre onzième, beaucoup plus long, renferme, en

substance, ceci : le dogmatisme, conséquence de l'empirisme; point de progrès pour la médecine, si elle ne se sous-
trait à la domination de l'un et de l'autre. Avec le progrès
se fortifie et s'accroît la certitude; or, l'empirisme s'opposant à tout progrès, il faut y renoncer sans retard, et s'engager hardiment dans la voie méthodique ou scientifique.
Tout cela est d'une grande force de raisonnement, mais
d'une clarté douteuse.

On pressent néanmoins où notre rationaliste veut en venir,
dès le chapitre douze, où il insiste sur l'importance capitale
de savoir quelle est la marche naturelle des maladies. En
d'autres termes, l'auteur anonyme, fort de l'autorité d'Hippocrate, invoque le secours bienfaisant de la *nature médicatrice*, et à l'aide de ce grand nom et de cette fiction presque
mythologique, contre laquelle réagirent si vigoureusement
Asclépiade et ses disciples les méthodistes, il nous introduit tout doucement dans le chapitre suivant, dont le titre
est tel : « expectation et expérimentation ».

Dans l'esprit de l'auteur, ces deux mots ont un sens équivalent. Sa pensée intime peut se traduire à peu près ainsi :
« Messieurs de la Faculté et messieurs de l'Académie, vous
ne voulez point vous rendre à l'évidence, vous n'y voyez
goutte ; point ne voulez vous convertir, et si d'aventure
un rayon lumineux tombe sur vous, vos yeux se ferment
pour voir les miracles qui s'accomplissent sans vous et malgré vous. » Que signifie ce langage ?

Lisez le chapitre quatorze, le grand chapitre de ce gros
pamphlet, et vous y trouverez, au milieu de quelques documents de statistique et de beaucoup de raisonnements spécieux, une belle apologie de l'homœopathie avec l'apothéose des homœopathes, bonnes gens qui travaillent de
tout leur pouvoir à éliminer de la médecine l'empirisme,
avec un désintéressement absolu, uniquement pour obéir à
des tendances scientifiques. La dernière page de ce chapitre essentiel est un vrai dithyrambe. Hahnemann, « l'illustre

et pacifique révolutionnaire, » y est présenté comme un réformateur sans pareil, dont la supériorité écrase Brown, Rasori, Bichat, Barthez, Broussais, auteurs d'impuissantes tentatives.

Notre rationaliste, au nom de la raison et de la science, et en faveur de la loi de similitude, hors de laquelle il n'espère point de salut pour la thérapeutique, conclut exactement, au point de vue négatif et critique, comme le docteur Renouard. De même que ce dernier raille tous les chefs d'école qui ont cherché la voie hors de l'empirisme, de même l'auteur anonyme sacrifie à son idole tous ceux qui, en médecine, ont suivi l'empirisme ou le dogmatisme, c'est-à-dire tous les médecins, depuis Hippocrate. Avant de tirer ses conclusions, il ébauche un réquisitoire contre les dogmatistes.

Il y a dans ce brillant morceau beaucoup de citations et de réminiscences poétiques, beaucoup trop, à mon gré. Il faut néanmoins rendre justice au mérite de l'anonyme comme écrivain.

Pour ce qui est des opinions, il serait difficile d'en apprécier la valeur; car ce rationaliste ne fait pas preuve de connaissances bien profondes en médecine. Il incline au scepticisme, malgré ses prétentions à la certitude scientifique. Il n'a point de convictions médicales, à moins qu'il ne faille prendre pour des convictions ses avances à l'homœopathie. Que si ces avances sont sincères, le rationaliste anonyme pourrait bien être un de ces métaphysiciens de l'Université qui cherchent un soutien à leur philosophie décrépite dans l'étude de la physiologie, et dont la manie est de vouloir accorder des éléments incompatibles.

Il me répugne de croire qu'il soit médecin; car il n'a point médité sérieusement sur les principes de l'art médical, et de cet art il ne connaît que très-superficiellement l'histoire. Aussi ne saurait-on engager avec lui une discussion dans les formes.

D'ailleurs, il est entré en lice avec un masque, et c'est à l'aide de ce masque qu'il s'est glissé dans la Faculté. Nous ne comprenons pas bien le motif qui l'a forcé de se déguiser, s'il appartient réellement au corps médical. D'autres que lui, parmi les médecins, ont pris en main la défense de l'homœopathie, qui les fait vivre. D'autres que lui ont déclaré la guerre à la médecine routinière, officielle et académique, sans la modifier en rien. Le rationaliste anonyme réussira-t-il mieux que les autres adversaires de l'empirisme et du dogmatisme? Il n'y a point d'apparence. D'ailleurs, il semble tout à fait inexpérimenté en fait de pratique médicale. En revanche, il a lu quelques-uns de nos auteurs, et il s'en sert comme pourrait le faire un métaphysicien, qui prétendrait nous ramener, par Hahnemann, à l'animisme de Stahl, c'est-à-dire à un vitalisme mystique, particulièrement du goût des philosophes que la physiologie séduit et ne corrige point de leur passion pour les théories creuses.

Ce n'est point par l'intervention de ces amateurs de métaphysique, si conciliants qu'ils soient, que nos médecins peuvent échapper aux deux écueils contre lesquels se heurte la médecine contemporaine. L'empirisme est un refuge pour les consciences honnêtes qui ont instinctivement horreur des théories, et qui de l'art médical ne connaissent, ne comprennent, que le côté pratique.

Les plus avancés, les plus hardis de nos médecins, croient s'élever au-dessus de l'empirisme par l'expérimentation, et ils ne voient rien de tel pour arriver à la certitude, que ce qu'on appelle la méthode expérimentale. Cette méthode, telle qu'ils la comprennent, ne mérite pas un examen spécial ; les résultats de son application disent assez sa valeur. Mais les exagérations des expérimentateurs ne sont pas tout à fait indignes d'attention ; et le lecteur nous saura gré de soumettre à son appréciation deux tentatives d'innovation, qui montreront suffisamment de quoi les partisans de la préten-

duc méthode expérimentale sont capables en physiologie et
en pathologie.

II. — L'Omnigénie.

Le premier exemple est tiré d'un opuscule intitulé :
*Des causes premières de la vie animale, matériellement démon-
trées*, par E. M. Lemoine (1).

On n'est pas plus ingénieux, plus original, plus naïf que
l'auteur de ce petit livret, d'une lecture facile, agréable et
très-divertissante. M. E. M. Lemoine s'entretient familièrement avec son lecteur, sans embarras, sans façons, et même
un peu sans gêne, tant il est heureux d'avoir trouvé le secret de toutes choses, la clef de tous les mystères. Il a découvert la pierre philosophale, le grand arcane, et il ne
peut contenir son contentement qui déborde. Après avoir lu
ses petites confidences, comme il dit, en son simple langage : Voilà un homme bien satisfait, avons-nous pensé, et
très-convaincu, et trop honnête pour se moquer du public,
qu'il ne connaît guère apparemment, et qui se moquera peut-
être de lui, malgré ses convictions profondes et sa candide
bonhomie, et toutes ses promesses de révélation universelle.

M. Lemoine « a la prétention (c'est lui qui parle) d'expliquer tout ce que nos plus savants ont déclaré inexplicable à
tout jamais (2). » Ces mots résument essentiellement sa
préface, placée à la fin de la brochure, et faite exprès pour
annoncer la publication prochaine d'un *Traité d'omnigénie
ou démonstration expérimentale des causes premières de tous
les mystères de la nature*. L'ouvrage sera en plusieurs volumes, et l'on n'en indique pas le nombre ; mais il ne saurait
être restreint, car les mystères de la nature sont innom-

(1) Paris, 1863, in-18, vi-68 pages.
(2) P. 67.

brables, et les expliquer tous ne doit pas être une petite affaire.

Il est vrai que M. Lemoine a un procédé à lui, très-commode, très-expéditif et d'un emploi facile, pour si peu qu'on en ait l'habitude. Ramener tous les phénomènes à un nombre déterminé de causes, et toutes les causes des phénomènes à un principe unique, dont elles ne sont en quelque sorte que des variétés ; tel est son secret et le résumé de sa philosophie. Plus heureux qu'Aristote, dont la métaphysique se réduisait à chercher la formule d'une équation, M. Lemoine a établi la corrélation qui existe entre l'*acte* et la *puissance*, il a parcouru par le chemin le plus court la distance qui est entre ces deux termes, l'intervalle dont les points extrêmes marquent les limites mêmes de la science la plus transcendante.

Après avoir jeté un pont sur l'abîme, M. Lemoine a marché d'un pas ferme et rapide à la recherche des causes, et sa bonne étoile l'a conduit jusqu'au premier moteur, c'est-à-dire au centre même et à la source de toute causalité. Ce premier moteur n'est pas immobile comme celui d'Aristote, ou du moins, s'il ne se meut pas, il ne reste point inactif et inerte ; loin de là, son action est incessante, permanente. S'il faut s'expliquer plus nettement, la cause première, la cause des causes et le principe de toute phénoménalité, d'après M. E. M. Lemoine, n'est autre que le soleil. Ce grand tout qu'on appelle le monde, l'univers, la nature, le vaste ensemble de toutes choses, les objets inorganiques et les êtres organisés ; rien n'échappe à l'influence du FLUIDE ÉLECTRIQUE SOLAIRE ; toute manifestation vitale se produit, grâce à cet unique agent de vie (1). Voilà, en peu de mots, l'essence même et la doctrine fondamentale de l'OMNIGÉNIE.

M. Lemoine, — autant qu'il est permis d'en juger d'après

(1) P. 24.

le choix qu'il a fait d'un principe universel, — aime l'éclat,
la chaleur et la lumière. S'il veut nous en croire, il mettra
pour épigraphe à son grand ouvrage l'apostrophe virgi-
lienne :

> .... Solem quis dicere falsum
> Audeat?

Et puisque nous avons pris la liberté de lui donner un
premier conseil, qu'il veuille bien nous permettre de lui
suggérer une idée.

La plupart des fondateurs de systèmes philosophiques et
scientifiques fondent d'habitude, par la même occasion, un
dogme théologique ou une doctrine religieuse : c'est là le
couronnement ordinaire de l'édifice. Dans le système de
l'OMNIGÉNIE, toutes les causes reconnaissant un principe
unique, qui est le soleil, il paraîtrait naturel et très-simple
de faire de cet astre un Dieu souverain et de restaurer
scientifiquement le sabéisme, l'antique croyance des Parses
et des Péruviens. Un dogme religieux expérimentalement
démontré, suivant la méthode ordinaire de M. Lemoine, serait une grande nouveauté, et la démonstration expérimentale du monothéisme solaire aurait sans doute pour effet de
ramener les disciples de la philosophie positive, qui sont à
la recherche d'une religion universelle, et qui proposent
au genre humain l'adoration et le culte de l'humanité. Puisque le soleil est l'œil et l'âme de l'univers, l'humanité ferait
peut-être bien de rendre hommage à cet astre qui luit pour
tous indistinctement ; et de la sorte le sentiment religieux
de tous les hommes convergeant vers un but unique, nous
aurions enfin la paix et la concorde, moyennant une religion
universelle, dont le principe ou le Dieu serait visible pour
tous et en tous lieux, sauf pendant les éclipses et durant la
nuit. J'en demande pardon à la mémoire d'Auguste Comte ;
mais il me semble que la religion héliaque, conséquence

inévitable du système de l'omnigénie, vaudrait bien mieux que celle dont il a été le fondateur et le grand prêtre.

En vérité, M. Lemoine pourrait, sans se donner beaucoup de peine, convertir tous les hommes au culte du soleil, puisqu'il a expressément détaché un fragment de son grand ouvrage pour démontrer *matériellement*, suivant le titre de sa brochure, que la cause première de la vie n'est autre que l'électricité. Il a découvert l'appareil électrique de l'organisme vivant, et il l'a décrit avec beaucoup de soin, sinon avec toute la clarté désirable. Mais la description deviendra plus claire quand l'auteur aura fait l'exposition complète de ses doctrines anatomiques et physiologiques dans son *Traité d'omnigénie*, où l'on verra par quel chemin il est arrivé à la découverte de l'inconnu.

M. Lemoine a ébauché une première exposition de sa méthode dans les deux premiers chapitres, et autant que nous avons pu deviner ce qu'il a voulu dire, ses recherches ont pour point de départ, non pas l'étude de l'organisme parfait et achevé, mais l'examen « des organes primitifs, indispensables à l'action vitale. » En bonne physiologie, cette méthode en quelque sorte chronologique, par laquelle on parcourt tous les degrés de la formation organique, successivement, suivant les lois de l'évolution, cette méthode, qui n'est pas neuve, nous paraît excellente. Mais nous ne comprenons plus M. Lemoine dès le troisième chapitre, très-important, puisqu'il introduit le lecteur dans le quatrième ventricule de l'encéphale, siége de l'organe désigné sous la dénomination de *palette*, et « qui sonne le premier et le dernier coup de notre vie (1). » La palette est un organe central, suspendu dans un liquide, et communiquant directement avec le cœur au moyen de deux organes latéraux, qui communiquent eux-mêmes avec les fibres nerveuses de la moelle.

(1) **P. 24.**

M. Lemoine a décrit ces organes en grand détail, et après les avoir décrits, il nous donne, de la structure primitive du cœur et de la cause des mouvements de systole et de diastole, une explication que nous avons vainement cherché à comprendre, malgré les démonstrations mécaniques de l'auteur et la description d'une machine qu'il a imaginée pour rendre sa théorie en quelque sorte évidente. Ce qu'il y a de plus clair dans ce quatrième chapitre, c'est cette assertion, « que les fibres du cœur ne partent pas de la base, mais de la pointe (1). » M. Lemoine nous annonce bien d'autres nouveautés touchant l'organisation et les fonctions du cœur. Il esquisse aussi en deux pages une théorie de la circulation qui modifie singulièrement les idées reçues depuis Harvey et Senac, et que M. le docteur Beau, si expérimenté en ce genre de recherches, aurait bien de la peine à comprendre. Mais comme cette théorie des mouvements péristaltiques des fibres musculaires du cœur paraît très-simple et très-évidente à l'auteur, il nous apprend, dans le cinquième chapitre, que la moelle épinière, par sa structure anatomique, par son enveloppe, par le liquide acidulé qui la baigne, représente les éléments d'une véritable pile voltaïque, « productive du fluide nerveux, dont la force dynamique est cause de tous nos mouvements volontaires, de même que de ceux indépendants de notre volonté, dont le cœur et les poumons sont les deux appareils moteurs principaux, et le quatrième ventricule le distributeur (2). »

Ces quelques lignes résument en substance la découverte de M. Lemoine, et le sixième et dernier chapitre la démontre expérimentalement. L'expérimentateur s'exprime en ce chapitre final avec l'assurance d'un homme convaincu ; il expose les résultats de ses expériences avec l'habileté d'un physicien consommé dans l'étude des phénomènes électriques. Et néanmoins sa démonstration n'est pas lu-

(1) P. 36.
(2) P. 64.

mineuse du tout, ou bien elle l'est trop, et dans ce cas elle
ressemble au soleil qui éblouit de son vif éclat les yeux de
ceux qui le regardent en face.

Décidément, il nous faut attendre la publication du grand
traité d'OMNIGÉNIE, avant de porter un jugement motivé sur
les découvertes de M. E. M. Lemoine. Nous verrons bien
alors s'il y a lieu de changer la nomenclature anatomique
des organes qui fonctionnent pour la production des phénomènes vitaux, suivant le principe de la pile de Volta, et
nous apprécierons en même temps l'utilité que peut avoir
en thérapeutique l'instrument inventé par M. Lemoine, et
nommé par lui *le diviseur des fluides* (1).

De cette analyse sommaire, il est aisé de conclure que
M. E. M. Lemoine n'est pas un homme du commun, et que
son petit manifeste n'annonce rien moins qu'une révolution
radicale en anatomie, en physiologie et en thérapeutique.
Il nous serait facile de démontrer que M. Lemoine est
encore un révolutionnaire en psychologie et en théodicée,
si nous avions le loisir d'examiner une autre brochure de
lui, curieuse à beaucoup d'égards, et notamment par ce qui
y est dit de la peur que l'Académie des sciences aurait du
matérialisme.

Quant à M. Lemoine, qui ne craint guère ce revenant, il
est aussi spiritualiste que possible, et dans sa petite profession de foi, il tient « que l'homme est animé par un principe qu'on ne peut faire remonter qu'au principe primor-
dial de toutes choses (2). » Voilà sa formule, et voici le
petit commentaire qui l'accompagne : « Appelez celui-ci
Dieu et l'autre âme, et nous pensons que chacun aura le
nom qui lui convient (3). » Les philosophes du centre, autrement nommés les éclectiques, n'ont rien trouvé d'aussi
fort. Et pourtant M. E. M. Lemoine ne paraît pas appartenir

(1) P. 66.
(2) P. 63-64.
(3) P. 64.

à une école philosophique. Il est pour le moment, et malgré son âge mûr, étudiant en médecine de la Faculté de Paris; il sera donc un jour médecin, et dès à présent ses travaux méritent d'être signalés, moins à cause de leur singularité que parce qu'ils accusent les tendances vicieuses de la physiologie expérimentale, telle qu'on la professe aujourd'hui dans les chaires officielles.

L'enseignement physiologique, loin de suivre la voie tracée par Bichat, s'engage de plus en plus dans un mauvais chemin, et fait de vains efforts pour ramener la science de l'organisation dans le domaine de la physique et de la chimie. Cette fausse direction a pour principal effet d'ébranler les fondements de la philosophie médicale, et de livrer encore une fois la médecine à tous ces systèmes surannés qui l'agitent présentement, et dont la résurrection intempestive légitime jusqu'à un certain point les prétentions exagérées de l'empirisme.

Voilà pour la physiologie.

III. — La dynamoscopie.

Citons maintenant un autre exemple qui prouvera avec la même évidence jusqu'où peuvent aller les abus de l'expérimentation en pathologie. Prenons, pour compléter la démonstration, un volume intitulé : *Traité de Dynamoscopie, ou appréciation de la nature et de la gravité des maladies par l'auscultation des doigts*, par L. Collongues (1).

L'auteur de ce traité, tant soit peu singulier, appartient à la grande secte des médecins explorateurs, la seule qui représente quelque chose par le nombre de ses adhérents, les autres sectes ne représentant que des doctrines surannées et intempestivement rajeunies.

Faute d'un principe solide et de doctrines fondées des-

(1) Paris, 1862, grand in-8 de XVI-375 pages.

sus, la médecine, en général, se réduit à la méthode d'observation empirique, ou mieux, à des procédés d'exploration dont la multiplicité croissante révèle les tendances de
l'art et la pénurie de ses ressources.

Hippocrate avait dit que la faculté d'explorer ou d'examiner est un point essentiel (1). Laënnec n'a pas manqué
d'inscrire la réflexion du vieux médecin grec au frontispice
de son traité de l'*auscultation médiate*, et ceux qui sont venus
à sa suite, prenant à la lettre le précepte hippocratique, ont
mis toute leur conscience à observer scrupuleusement, à se
transformer, pour ainsi dire, en instruments d'observation,
faisant abnégation des autres facultés, et oubliant qu'Hippocrate avait jeté en passant cette pensée profonde : « En
toutes choses, il me plaît d'appliquer l'intelligence. » Cette
réflexion n'est pas moins bonne que la première, et il faut
ajouter que celle-ci ne vaut que par celle-là ; car observer
est un grand point, sans doute, mais réfléchir est encore
mieux.

Les observateurs ne manquent pas en médecine ; il y en
a autant, et peut-être plus qu'il n'en faut ; mais les médecins
où sont-ils, j'entends les médecins de fait, les *hommes de
l'art* ? La Faculté n'en compte pas un très-grand nombre,
et la preuve qu'ils manquent, c'est l'état précaire de cette
partie de l'art qu'on appelle thérapeutique.

Ce qu'on sait le mieux, ce qui s'apprend et s'enseigne
dans les écoles, dans les hôpitaux, au pied de la chaire et
dans l'amphithéâtre, ce n'est point le traitement des maladies, sans lequel l'art médical reste un vain mot, ni l'étude
des causes, sans laquelle le traitement se fait à l'aveugle.
Les maîtres instruisent les étudiants dans la mnémonique
des symptômes, avec prédilection et non sans succès, puisque la constatation, l'énumération, la classification et la
distinction des phénomènes morbides, étudiées exclusive-

(1) *Épidémies*. Liv. IIIe, 16. (*OEuvres complètes*, édition, Paris, 1841,
tome III, p. 101.)

ment, poussent les jeunes médecins à surpasser les maîtres par des tours de force prodigieux ou par des tentatives extraordinaires.

Aussi le diagnostic des maladies a-t-il fait des progrès tellement rapides, qu'il sera bientôt malaisé de le perfectionner. Peut-être veut-on qu'il ne laisse plus rien à désirer, et conséquemment plus rien à faire aux ingénieux investigateurs qui se vouent à son perfectionnement, avant d'entreprendre l'amélioration des autres parties de la médecine. En attendant, on fait un *Dictionnaire de diagnostic médical*, on range les symptômes par ordre alphabétique, et l'on se croit un grand homme pour avoir mis en pièces la séméiologie, c'est-à-dire la connaissance des signes ou des symptômes expliqués (1). Cela ne s'était jamais vu, mais nous en verrons bien d'autres, comme on dit ; car, à mesure que le sens de l'art s'altère et que la grande tradition se perd, les manœuvres remplacent les artistes, et ce qu'il y a de plus difficile au monde, se fait par mnémotechnie et comme par mécanique.

La clinique, ou la leçon médicale au lit du malade (tel est le sens du mot *clinique*), se réduit maintenant à l'exploration sous toutes les formes : percussion, auscultation, mensuration et autres procédés qu'on qualifie ridiculement de scientifiques, et qu'on met volontiers en relief et en grande vénération auprès de la sotte majorité, en les affublant de noms étranges, bizarres, hybrides, le plus souvent absurdes, surtout quand ils sont empruntés de la langue grecque, en dépit de la logique et de l'étymologie. — En fait de nomenclature, la médecine contemporaine a dépassé de bien loin toutes les folles tentatives des temps passés. Galien qui se moquait de son prédécesseur Archigène, comme d'un nomenclateur extravagant, que penserait-il du galimatias et du charabia qui ont envahi

_____

(1) Woillez, *Dictionnaire de diagnostic médical*. Paris, 1861.

de nos jours et corrompu sans remède le langage médical?

Cette corruption n'est point fortuite; elle coïncide avec
la déplorable décadence des études médicales, qui se meurent et tournent misérablement au formalisme, de même
que la pratique tourne à l'empirisme le plus étroit. Ces
tendances détestables expliquent suffisamment l'introduction de ces termes nouveaux, étranges, barbares, qui rendent bien la confusion et l'anarchie de la médecine contemporaine. Autant de néologismes, autant de barbaris-
mes. Le vrai sens des mots s'est perdu, et il n'en pouvait
être autrement, puisque l'observation pure et simple a
remplacé toute tradition historique.

La méthode, — si l'on peut donner pareil nom à un ensemble de procédés explorateurs, — la méthode a fait table rase des principes et supplanté la philosophie médicale.
Ce n'est pas tout. A mesure qu'on éliminait l'essentiel pour
simplifier, l'arithmétique intervenant sans nécessité, les
observations, qui doivent être pesées avant tout, ont simplement été comptées, et la statistique triomphante s'est
assise sur le trône, sceptre en main et couronne en tête.
Cet autre procédé de vérification est devenu, désormais,
une *science* considérable par les services qu'elle rend à ceux
qui la cultivent avec ferveur et persévérance. Les académies du haut parage ouvrent aux statisticiens leurs portes à
deux battants.

Faut-il s'étonner que de pareilles aberrations aient eu
pour effet d'égarer le grand nombre, et que la plupart de
nos médecins, persuadés, bien à tort, que la médecine est
une science, quoiqu'elle n'en ait nullement les caractères
ni les allures, veuillent à toute force en faire une science
exacte? La confusion ne peut aller plus loin. Le plus mince
observateur, avec un procédé ou un instrument de son
invention, s'en vient hardiment proclamer une science

nouvelle. Écoutons l'auteur de ce *Traité de dynamosco-pie* :

« Si la dynamoscopie était une science bien établie, et
« que nous ne fussions pas les premiers à en jeter les fon-
« dements, il serait inutile de longer le difficile sentier que
« nous allons parcourir. Rien n'est plus fatigant pour le
« lecteur qu'une longue série d'observations dont les con-
« clusions sont arides et sans attrait. Mais une science ne
« se fonde pas sur l'imagination, ni sans preuves, et la dy-
« namoscopie ne serait pas une science, si elle n'était dé-
« montrée comme les sciences physiques, et si ses lois ne
« reposaient, comme elles, sur l'induction. »

Que le grand inventeur ne soit pas modeste, on le conçoit sans peine, car la force véritable est comme la vérité,
elle se montre volontiers nue, c'est-à-dire en toute sa
beauté. Mais, ce qui est moins concevable, c'est le ton magistral d'un médecin annonçant en de pareils termes un
procédé d'auscultation dont le résultat doit être d'apprécier
l'état des forces dans les maladies. Tel est le sens du mot
dynamoscopie.

Les faits répondent-ils aux promesses contenues dans ce
titre tout grec et très-pompeux? L'auteur en est convaincu;
mais tous les lecteurs de son traité le seront-ils de même?
Et nos praticiens iront-ils fourrer dans leurs oreilles les
doigts des malades, pour distinguer le pétillement du bourdonnement, afin de préciser mathématiquement, d'après les
lois de l'acoustique et les règles de l'harmonie, les variations et l'intensité croissante ou décroissante de ce dernier
bruit? Était-ce bien la peine d'écrire un gros traité qui
aura une suite, d'inventer un nouveau mot d'un sens vague
et parfaitement équivoque, pour nous apprendre, en somme,
que des deux sensations que perçoit l'oreille, quand elle est
appliquée à la surface du corps, et plus particulièrement à
l'extrémité des doigts, soit immédiatement et sans intermédiaire, soit au moyen d'un instrument appelé dynamoscope,

pour nous apprendre que, de ces deux sensations, l'une,
le pétillement, est intermittente, irrégulière, tandis que
l'autre, le bourdonnement, peut être soumise à des règles?

Tel est le résultat le plus net des recherches de l'observateur. Quant à ses observations pathologiques, plus nombreuses que concluantes, elles n'éclairent que très-confusément le diagnostic, c'est-à-dire qu'elles peuvent l'obscurcir
au lieu de l'éclairer, n'offrent que des données très-vagues
pour le pronostic et sont absolument nulles, d'une nullité
complète, pour l'étiologie, de même que pour la thérapeutique. Conséquemment, la dynamoscopie paraît être un
auxiliaire plus que problématique pour l'appréciation des
symptômes, et n'offrir aucune espèce de secours pour l'étude
des causes, non plus que pour l'indication du traitement.

Nous avons lu tout le traité, depuis la préface jusqu'à la
table des matières, et, à notre très-grand déplaisir, nous n'y
avons pu découvrir aucune de ces idées simples et nettes
qui éclairent le champ si vaste de la pathologie générale,
ni aucune application vraiment féconde à la pratique.

Qu'importent toutes ces observations de maladies aiguës,
d'affections chroniques, de fièvres éruptives, continues,
épidémiques, d'opérations chirurgicales, d'anesthésies, de
névroses, de tout le reste, si l'on n'arrive point logiquement
et par induction à des conclusions générales? Or, ces conclusions manquent absolument, et les résultats de l'exploration par l'acoustique digitale varient selon les cas indivi-
duels. Les plus fins se perdraient dans ces subtilités infinies
qui dépassent de beaucoup les minutieuses arguties des
sphygmologistes, c'est-à-dire des médecins qui ont écrit
sur les variétés et les variations du pouls, avec beaucoup de
sagacité sans doute, mais sans nul profit pour l'art médical; car c'est plus particulièrement en médecine que se justifie la sentence du fabuliste :

« Nisi utile est quod facimus, stulta est gloria. »

L'unique passage de quelque intérêt, dans le *Traité de dynamoscopie*, est celui qui traite des signes de la mort. De ces signes, il n'y en a aucun de certain, de démonstratif, si l'on peut ainsi dire. Nous ne sommes guère plus avancés de nos jours qu'on ne l'était du temps de Démocrite, lequel, au dire de Celse, ne reconnaissait point de signes certains de la mort naturelle, en dehors, bien entendu, de la putréfaction. La cessation apparente des battements du cœur n'est point suffisante pour établir l'absence de vitalité; des recherches récentes ont établi l'inanité de cette opinion.

Quant à la dynamoscopie, elle prétend avoir découvert le signe infaillible. Mais, outre que trois observations assez défectueuses ne permettent pas raisonnablement de conclure, il y aurait de nombreuses et fortes objections contre les résultats qu'on prétend en déduire; et il serait, avant tout, essentiel que l'auteur du *Traité de dynamoscopie* démontrât sans réplique, ce qu'il n'a point fait, que les bruits que perçoit l'oreille par l'auscultation digitale émanent positivement du système nerveux, et en émanent uniquement. Les preuves physiologiques doivent être démonstratives, en pareil cas; et, si elles l'étaient, on pourrait à la rigueur accorder quelque confiance aux résultats des observations pathologiques.

En attendant une démonstration plus évidente, nous estimons que la dynamoscopie, si elle prenait rang dans les procédés diagnostiques, rendrait des services minimes, et aurait ce désavantage énorme d'introduire une spécialité nouvelle dans un art que le trop grand nombre de spécialités a compromis, déconsidéré, amoindri, détourné du vrai chemin. Nous conseillons donc à M. le docteur Collongues, qui a beaucoup des qualités de l'observateur, de préciser davantage le résultat de ses recherches, ou de chercher une direction meilleure. Rien n'est à négliger en médecine, mais il faut se garder soigneusement de négliger l'essentiel et le plus important, pour se préoccuper de minuties futiles ou purement accessoires. L'exploration n'est qu'une des ressources de l'art : donc il convient de n'accorder à un procédé d'exploration que l'importance qu'il mérite et se bien garder d'en faire, je ne dirai pas une science, mais une simple méthode.

IV. — La Chirurgie.

Si nous passions de la pathologie à la clinique, et la transition serait facile, le lecteur verrait que, dans les hôpitaux, l'empirisme rationnel n'a pas de plus sérieux adversaires que les expérimentateurs. Sans parler des médecins qui s'imaginent régénérer la thérapeutique en expérimentant l'action des remèdes sur l'homme sain, la chirurgie nous offre des innovations qui attestent manifestement que la mécanique a fait perdre de vue aux chirurgiens novateurs la nature même et l'objet de l'art chirurgical. Cet art, — son nom même l'indique, — exige le plus souvent l'opération manuelle.

Qu'on ne s'y trompe pas toutefois, l'intervention de la main et de l'instrument n'est pas tout, et ceux-là s'abusent étrangement, qui se persuadent que toute la chirurgie consiste en opérations. Le chirurgien tranche dans le vif, quand il y a nécessité ; mais son métier n'est pas, comme on se l'imagine d'ordinaire, de procéder constamment par le fer ou par le feu. La gloire de la chirurgie n'est pas tout entière dans les mutilations salutaires ; elle dépend aussi de cette habileté prévoyante qui conserve le plus et retranche le moins possible.

La chirurgie dite « conservatrice » ne date pas assurément de nos jours ; mais c'est de nos jours qu'elle a pris surtout autorité et crédit, en dépit de cette rage d'opérer qui est la manie de quelques chirurgiens, et qui porte ceux qui en sont possédés à des tentatives téméraires, aventureuses, homicides. Le mot n'est pas trop énergique pour caractériser l'habileté des anatomistes qui s'exercent sur l'homme vivant, et qui forment ce qu'on peut appeler la confrérie carnifice.

Cette confrérie ne compte que trop d'associés, et il serait temps vraiment de mettre un terme à cette mode d'opérer sans frein ni mesure et de s'exercer en plein amphithéâtre aux grandes mutilations, par vanité ou par envie de paraître.

Le vrai chirurgien se propose de guérir et non de briller, et l'on ne doit jamais y songer, quand la vie humaine est en jeu, quelles que soient d'ailleurs les tentations et les facilités que l'on a d'exercer sa dextérité et d'en faire parade.

Les chirurgiens des hôpitaux doivent être d'autant plus réservés, qu'ils sont plus libres dans leurs déterminations, circonstance qui aggrave leur responsabilité et doit par conséquent les engager à la prudence.

Ce ne sont pas les procédés opératoires qui enrichissent l'art chirurgical, non plus que tous ces instruments inutiles qui font honneur à l'industrie des couteliers et aux collections somptueuses, sans être pour cela des ressources bien efficaces dans l'application.

Le vrai chirurgien dédaigne ce luxe de procédés et d'instruments; mais il adopte des méthodes sûres, qu'il perfectionne par l'expérience, et qu'il modifie selon la nécessité ; car les cas diffèrent, et par conséquent les moyens applicables aux cas divers : appliquer à un cas donné le moyen convenable, c'est toute la thérapeutique, et celle-ci est la fin même de l'art.

Tels sont les principes de la grande et saine méthode en chirurgie ; et ce que les connaisseurs et les bons juges admirent le plus dans les écrits et dans la pratique des maîtres de l'art chirurgical, c'est cette sobriété de procédés et de moyens qui révèlent l'homme expert et capable de

vaincre toutes les difficultés, sans risquer l'impossible. Les
tentatives insensées et peut-être coupables de quelques
opérateurs en vogue ne se produiraient pas, à coup sûr, si la
manie des expérimentations n'avait ouvert le champ à tous
les caprices. Mais il n'est point d'absurdité, point d'innovation qui ne puisse se justifier par la méthode expérimentale ; et il faut ajouter que toutes les inventions en ce genre
ne sont pas aussi inoffensives que celles de l'auteur de
l'*omnigénie* et de l'auteur de la *dynamoscopie*.

Bornons-nous à rappeler, comme un indice des habitudes d'esprit de nos chirurgiens, que, dans la discussion
académique au sujet des vivisections, un homme honnête,
consciencieux, très-distingué dans son art, M. Bouvier (1),
a soutenu, non sans passion, la cause des vivisecteurs.
Membre lui-même de la confrérie, il ne pouvait que défendre ses confrères en vivisection. Soit qu'il ait senti la
difficulté de la tâche, soit qu'il ait voulu tirer avantage de
cette difficulté même, pour donner plus de relief, sinon
plus de force à ses arguments, M. Bouvier a quitté la défense pour le panégyrique ; et il a célébré les louanges de
l'école dont Magendie est le chef.

Disciple de cette école, M. Bouvier a loué le maître avec
conviction, mais sans mesure. Il a parlé de son génie, de
ses services ; bref, il a déclaré que cet expérimentateur vi-
vrait à jamais dans la mémoire des hommes, ayant laissé
après lui un monument plus durable que l'airain. Peut-être
M. Bouvier, qui a du goût et quelque littérature, eût aussi
bien fait de ne pas emprunter le lyrisme d'Horace pour
rendre justice au personnage qu'il admire si fort.

Comme les partisans convaincus de la méthode expérimentale, M. Bouvier pense que les expérimentations sur les animaux vivants doivent hâter les progrès de l'art chirurgical.

Avec sa bonne foi habituelle, il a pris au sérieux l'ensei-

(1) *Bulletin de l'Académie*, t. XXVIII, p. 1113.

gnement de la médecine comparée, que nous qualifierons plus volontiers d'incomparable ; car on ne sait pas ce que peut être un enseignement qui ne se fait point, qui n'existe *que sur le programme*, et qu'on ne peut juger jusqu'ici que d'après une simple introduction (1), qui n'a pas eu de suite.

M. Bouvier, en quête d'arguments, a invoqué un passage de cet opuscule à l'appui de sa manière de voir. C'est une autorité qui, n'ajoutant rien de solide aux raisons qu'il a fait valoir, est bonne tout au plus à entretenir ses illusions. Parmi les médecins qui raisonnent, il n'en est pas un seul qui ne sache à quoi s'en tenir sur cet enseignement de la médecine comparée ou expérimentale (c'est tout un), dont on a fait tant de bruit pour rien.

Après avoir plaidé pour les physiologistes, M. Bouvier a pris en main la cause des vétérinaires. Il se déclare hautement pour les exercices préparatoires de chirurgie sur le cheval vivant. Développant un aperçu de Renault, d'Alfort, et une proposition paradoxale de M. Bouley, M. Bouvier a exprimé le vœu que la pratique de ces exercices préliminaires soit introduite dans l'étude de la chirurgie humaine. Il lui semble que les apprentis chirurgiens, qui s'exercent au manuel opératoire, gagneraient infiniment à se faire la main par des opérations d'essai sur les animaux vivants. En autres termes, M. Bouvier, toujours pour le plus grand avantage de l'humanité souffrante, voudrait inaugurer la chirurgie dite expérimentale.

Petit à petit, si cette proposition était acceptée, l'on verrait tous les cours des Facultés de médecine invoquer les expériences sur les animaux, et l'enseignement médical se réduirait alors à une suite de démonstrations sur l'animal vivant. Ce serait un grand triomphe pour les vétérinaires, si les pratiques en usage dans leurs écoles étaient adoptées par les médecins.

(1) P. Rayer, *Cours de médecine comparée. Introduction.* Paris, 1863.

M. Bouvier, emporté par la passion, n'a point prévu certainement toutes les conséquences qui découlent de sa proposition intempestive. On ne fait que trop de chirurgie expérimentale dans les hôpitaux. On ne sait pas jusqu'à quel point l'habitude des vivisections peut influer malheureusement sur la médecine opératoire. Il est arrivé à Magendie de s'exercer sur l'homme vivant ; d'opérer, en affectant de se passer de toutes ces ressources précieuses, qu'il appelait avec dédain l'attirail des chirurgiens. Il dédaignait donc cet attirail, et taillait dans le vif, non pas avec la prévoyance du chirurgien, mais avec la curiosité du vivisecteur. Et si le patient périssait sous le couteau, si le sang, non contenu par les moyens ordinaires, s'échappait avec la vie, ce grand homme disait, sans s'émouvoir, qu'il avait perdu de vue le malade, pour ne voir que l'artère ouverte. Magendie, qui avait les abstractions en horreur, faisait ainsi, sans scrupule, abstraction du patient. Il n'était pas digne de professer cet art salutaire, d'exercer cette profession médicale, dont Hippocrate a tracé les règles en quatre mots : « Être utile et ne pas nuire. »

Nous en dirions long sur un sujet qui a fixé souvent notre attention, si nous voulions seulement évoquer quelques souvenirs. Dans les services de chirurgie nous avons eu occasion de voir à l'œuvre des opérateurs renommés pour leur intrépidité, et en voyant exécuter avec une rare habileté et un grand sang-froid d'effroyables mutilations en pure perte, nous avons été bien près de croire que pour les chirurgiens bouchers la manie opératoire l'emporte peut-être sur le véritable amour de l'art. Or, le but de l'art est de sauver et de conserver, et à cette fin seulement il faut user, quand la nécessité le commande, du fer et du feu.

XVI

PHILOSOPHIE SOCIALE.

I. — Du Suicide politique.

Il n'est point ici question des gouvernements qui ont péri de mort volontaire, c'est-à-dire par leur faute. Le sujet est plus général et plus sérieux : il intéresse tout le monde, la société plutôt que ceux qui la gouvernent, avec ou sans son consentement. République, consulat, empire, restauration, monarchie bourgeoise ou constitutionnelle, etc., ne sont que les actes divers de ce drame funèbre dont les acteurs, obscurs ou illustres, se tuent, meurent volontairement, sous l'influence de mille causes variées, variables, selon les temps et les circonstances de la politique.

Comme la vie, la mort est une ; mais chacun a sa manière de vivre, sa manière de mourir. Ainsi de ceux qui se tuent. Ils ne finissent pas tous de même ni pour les mêmes motifs ; car on ne se tue pas sans motif. Voltaire a donc eu raison de dire : « Il serait à désirer que tous ceux qui prennent le parti de sortir de la vie laissassent par écrit leurs raisons avec un petit mot de leur philosophie : cela ne serait point inutile aux vivants et à l'histoire de l'esprit humain. »

Excellente réflexion, pleine de profondeur et de sens. En la prenant pour guide, pour épigraphe de son livre, le docteur A. Des Étangs (1) a été bien inspiré ; aussi s'est-il tenu loin des moralistes intraitables, qui déclament au lieu d'observer, et des observateurs vulgaires ou prévenus, qui ne savent point, qui ne veulent point tirer parti de l'observation. Il a vu les choses telles qu'elles sont, dans la

____

(1) *Du Suicide politique en France depuis 1789 jusqu'à nos jours.* Paris, 1860.

réalité, non telles qu'il aurait pu souhaiter qu'elles fussent,
soit pour la satisfaction de ses désirs, soit pour la confirmation d'un système préconçu, fait de toutes pièces. Ni les
philosophes ni les médecins ne se piquent guère de se conformer à cette règle du suprême bon sens, qui est le principe même et comme l'âme de l'observation, et sans laquelle il n'y a point de philosophie, point de médecine
possible.

Il va sans le dire, que l'ouvrage est digne d'un médecin
philosophe ; capable par conséquent d'intéresser et d'instruire le lecteur et de se passer de toute recommandation.
A vrai dire, l'esprit philosophique ne se révèle ici, ni par
des formules savantes, ni par des maximes pédantesques,
ni par ces grands mots profondément creux, que nos penseurs les plus accrédités ont mis aujourd'hui à la mode,
avec quel profit pour la raison et pour la langue, je le laisse
à décider à ceux qui continuent de faire grand cas en toutes
choses de la simplicité et du sens commun : c'est le cortége
habituel de la vérité.

Le suicide est devenu une sorte de lieu commun, un
texte familier aux déclamateurs, particulièrement depuis
Jean-Jacques Rousseau, auteur de deux déclamations bien
connues, soutenant le pour et le contre, à la manière des
rhéteurs et des sophistes anciens, et qui, finalement, pour
faire honneur peut-être à son nom de philosophe, a donné
raison à la première, en se tuant. Bien plus sages que lui
et bien moins logiques aussi se sont montrés les grands
écrivains allemands et français, qui, ayant mis le suicide en
roman, afin de le rendre plus agréable, ont assisté sans
trouble aux effets désastreux de leurs doctrines, et sont
morts octogénaires, dans leur lit. Notre société moderne
doit beaucoup d'admiration et de reconnaissance à l'auteur
de Werther et à ses imitateurs, pour avoir introduit la mort
volontaire comme assaisonnement dans la littérature. Cette

introduction a eu pour effet de mettre l'ennui à la mode, et de faire de la mélancolie l'élément fondamental des ouvrages de l'imagination. Elle a aussi entraîné au suicide quelques esprits malades, quelques âmes faibles, qui ont eu le tort de prendre au sérieux des exercices d'école.

Aujourd'hui une réaction éclate, effrénée et violente. Nos littérateurs renoncent au sentiment, à la rêverie. Ils s'attachent à la vie de toutes leurs forces, avec brutalité. Ils n'inspirent plus le dégoût de vivre ; mais ils vont parfois jusqu'à dégoûter des lettres. Les réalistes ont remplacé les sentimentaux, et je ne sais si nous avons beaucoup gagné au change, malgré l'approbation et les encouragements de quelques critiques, qui trouvent bon qu'on ait varié leurs sujets d'étude.

Ce n'est pas pour son plaisir que M. le docteur A. Des Étangs a médité sur le suicide. Rien n'est moins plaisant qu'un tel sujet de méditation ; et il a pris soin de nous dire lui-même combien il lui a fallu de constance et de force de volonté pour ne pas défaillir dans son entreprise. Indépendamment des tristes pensées qui naissent d'une telle étude, et des réflexions sombres qu'elles provoquent, l'auteur avait à lutter contre des difficultés infinies. Il s'aventurait sans autre guide que l'épigraphe empruntée à Voltaire, à laquelle n'avaient jamais songé ni médecins ni moralistes. Ceux-ci n'allaient pas au delà des déclamations classiques, invoquant contre le suicide le courage héroïque et indomptable, ou la foi religieuse, faisant en un mot la contrepartie de Sénèque, sans trop s'arrêter aux causes individuelles ou générales, qui influent aux diverses époques sur la mortalité volontaire, négligeant par conséquent le point essentiel et vraiment intéressant.

Les médecins, de leur côté, ne faisaient guère mieux que les moralistes. Considérant le suicide comme un acte de démence, ils ajoutaient simplement un chapitre de plus à la pathologie mentale. Bien des aliénistes pensent encore, à l'heure qu'il est, qu'un homme qui se détruit est nécessairement fou. Quelques-uns accordent seulement que la mort volontaire n'implique pas constamment un trouble manifeste de la raison ; mais ils ont soin d'ajouter qu'en général, dans la grande majorité des cas, le suicide suppose nécessairement la folie.

M. le docteur A. Des Étangs n'est pas de leur avis, et je crois qu'il est dans le vrai. Nombre de gens se tuent, non pas à la suite d'un accès de folie, mais sciemment, résolûment, avec courage, avec la ferme volonté de mourir, parce qu'ils sont las de vivre, parce que la vie leur est à charge, ou qu'ils ont de justes motifs de la quitter. Ces gens-là meurent froidement, raisonnablement, si l'on peut ainsi dire, après avoir tout préparé pour leur mort avec soin et intelligence. Si vous voulez à toute force qu'ils soient morts de maladie, de ce que vous appelez leur manie, je le veux aussi, mais à condition que vous reconnaîtrez en même temps que votre persistance à soutenir une opinion trop absolue, et partant insoutenable, pourrait bien être elle-même une manie, la manie des systématiques, à laquelle les médecins d'aliénés sont soumis comme les autres ; ce qui faisait dire à un homme d'esprit, en parlant de ces médecins spécialistes, qu'il en est peu qui ne soient pas comme leurs malades.

La plupart des morts volontaires dont le docteur Des Étangs a cité des exemples ont été voulues, préméditées, calculées d'avance, accomplies avec pleine conscience, dans toute la plénitude de la raison. Témoin cet homme de lettres qui veut se pendre, qui écrit en détail comment il entend s'étrangler, à la manière de Pichegru, et qui fait exactement ce qu'il se proposait de faire ; ayant pris toutes les précautions qui devaient contenter sa ferme volonté de mourir. Je sais bien que l'on pourra répondre à chaque fait allégué : « Mais cet homme était fou, par cela même qu'il s'est tué. »

Argumenter de la sorte, ce n'est pas entendre raison. Quand Pichegru s'étrangla dans sa prison, il n'était point fou, et la preuve en est qu'il ne lui restait plus qu'à s'étrangler. On lui en laissa la faculté, et l'on fit bien. Quand Napoléon essaya de s'empoisonner à Fontainebleau, après son abdication, il n'était point fou; et la preuve, c'est qu'en mettant fin à ses jours, il entendait assurer la couronne à son fils. Cet acte, précédé d'un tel raisonnement, n'est point d'un fou, mais d'un homme qui, fidèle à la pensée de toute sa vie, veut à toute force laisser un successeur de sa race, et perpétuer sa dynastie.

Ce n'est pas sans dessein que j'ai choisi ces exemples entre mille. Pichegru et Napoléon étaient des têtes saines. Seulement, l'un se tua forcément parce qu'il ne pouvait que se tuer, après son arrestation, et l'autre essaya de se détruire volontairement ; mais l'un et l'autre pour un motif raisonnable. Ainsi le suicide peut être tout à fait volontaire, libre, spontané en quelque sorte, dépendant uniquement de la volonté de celui qui l'accomplit ; et il peut être forcé, inévitable, commandé par les circonstances, par la nécessité. Sous la Terreur, il n'y avait pour les accusés que deux manières de sortir de la vie : le suicide, ou la guillotine. Les uns attendaient le bourreau, les autres le prévenaient : les uns et les autres savaient avec certitude qu'ils ne pouvaient pas échapper à la mort.

On peut donc se tuer sans être fou, et j'insiste là-dessus, parce que, si le contraire était admis, le livre de M. le docteur Des Étangs n'aurait point de sens, point de raison d'être. Mais il est si difficile de convaincre ceux qui pensent autrement, que je ne doute pas qu'on ne fasse à l'auteur le reproche peu mérité d'avoir introduit dans son ouvrage quelques exemples que des médecins d'aliénés n'hésiteraient point à consigner dans un traité de la *folie-suicide*, pour leur emprunter leur langage. On voit que cette alliance de mots est comme une concession faite à ceux qui pensent que le suicide peut être indépendant de la folie. S'il ne l'était pas, et même assez souvent, les cas de mort volontaire seraient plus que rares, ils seraient nuls.

Cette théorie si simple, et parfaitement absurde, s'accorde à merveille avec les prétentions des partisans de la méthode numérique, des calculateurs, qui appliquent la statistique à la morale et à la médecine, avec beaucoup de déférence pour les mathématiques, je l'accorde, mais de manière à prouver mathématiquement qu'ils n'entendent ni la médecine ni la morale. L'une et l'autre échappent aux chiffres. Les médecins qui font passer la raison avant le calcul savent bien que les faits qu'ils observent se doivent peser, non compter ; et les moralistes savent de même que les faits de conscience n'ont rien à démêler avec l'arithmétique. Les casuistes, qui connaissaient à fond la morale, qui la connaissaient trop bien, trop subtilement, puisqu'ils l'avaient doublée — chose fâcheuse — les casuistes ne comptaient point les cas de conscience, ils les énuméraient et les étudiaient à mesure.

Le précepte d'Hippocrate, justement loué par Celse, s'applique aussi bien à la morale qu'à la médecine. « Dans le traitement des maladies, a dit ce grand médecin, il faut avoir égard aux circonstances générales et aux particularités individuelles, *mederi oportere et communia et propria intuentem.* » Il y a dans ces quelques mots plus de véritable philosophie que dans certains livres qui portent le titre menteur de *philosophie médicale*, et dont les auteurs n'ont jamais étudié que l'*Essai philosophique sur les probabilités* du géomètre de La Place, sans beaucoup de fruit, s'il faut en juger par l'application vicieuse qu'ils en prétendent faire. Et c'est l'occasion de remarquer ici que les esprits réputés exacts pèchent bien souvent par l'exactitude. Il est juste d'ajouter, comme rectification à cette remarque, et pour atténuer ce qu'elle peut avoir de trop rigoureux, qu'un esprit étroit et roide se croit volontiers un esprit mathématique, infaillible.

M. le docteur Des Étangs, qui n'a pas l'honneur d'être rangé dans cette catégorie, au lieu de faire des additions, a pris la peine ou s'est donné le plaisir (car je m'assure que cet exercice lui est familier et nullement pénible) de faire acte de raison et de jugement. Il faut l'en féliciter ; car il est trop vrai que l'esprit de discernement est encore plus rare que les diamants et les perles; et La Bruyère, qui ne disait rien naturellement, a eu grande raison de donner à cette observation, très-juste, un tour original : elle frappe d'autant mieux. Il est bon de savoir les mathématiques, mais il est bon aussi de ne pas les faire intervenir hors de propos, mal à propos. « Des moines, disait Pascal, ne sont pas des raisons. » Il en est de même des chiffres ; et, si l'on ne peut pas tout à fait s'en passer, comme des moines, il convient du moins d'en user sobrement.

La statistique appliquée à la morale ! Des faits complexes, divers, variables, jamais identiques, soumis à la rigueur de la méthode numérique ! Et conçoit-on que, d'après les documents officiels ou administratifs, qui ne peuvent offrir tout au plus que des données approximatives, on prétende déduire une moyenne ! On l'a prétendu cependant, on le prétend encore, et chaque jour cette prétention renouvelle des tentatives impuissantes. Au lieu donc « de simplifier ainsi les opérations de l'entendement et de suppléer par l'arithmétique à l'analyse de nos facultés et de nos passions, mieux vaut, dit excellemment M. le docteur des Étangs, arriver à cette persuasion, que le monde intellectuel et moral, avec tous ses problèmes, est de sa nature absolument réfractaire à la discipline des nombres, et que les faits qui s'y produisent ne peuvent jamais s'offrir à nos méditations sous un numéro d'ordre. »

L'analyse philosophique des faits, l'étude des causes qui les produisent, l'examen des circonstances au milieu desquelles ils se manifestent, succession, analogie, diversité, tous les éléments d'appréciation échappent à la statistique. Elle ne peut rien sur les phénomènes complexes. Elle est donc impuissante, encore une fois, en morale et en médecine. Tout ce que M. le docteur Des Étangs a dit au sujet de ses prétentions et de l'inanité de ses résultats, est d'une grande force, mais non de nature à lui ouvrir les portes de l'Académie de médecine ou de l'Académie des sciences morales et politiques, où l'on sait que la statistique siége au premier banc à la place de la philosophie, où elle tient lieu d'esprit philosophique, où elle est enfin accueillie et choyée comme dans les bureaux de l'administration. Il y a même aujourd'hui une école dite numérique, très-nombreuse, fort en vogue, qui se vante, dit-on, d'avoir rendu bien des services à l'art médical, et qui professe entre autres maximes un dédain plus que superbe pour la mémoire de Broussais, un grand homme, mort sans laisser de successeur. Ce dédain se conçoit : ce qu'on ne saurait comprendre, on le dédaigne volontiers.

M. le docteur Des Étangs ne dédaigne point du tout les tentatives d'application de la statistique à la médecine. Il comprend à merveille les bonnes intentions et le bon vouloir des esprits patients et laborieux qui se livrent sans découragement à cette gymnastique stérile, et il souhaite de tout son cœur, et moi avec lui, qu'ils fassent un meilleur emploi de leurs forces, en donnant une autre direction à leurs travaux. Mais ce vœu ne sera pas rempli de sitôt, non-seulement parce qu'une habitude prise est tenace, mais encore, parce qu'il est infiniment plus aisé de compter que d'examiner, de comparer, de juger.

« L'importance de ce travail, dit M. le docteur Des Étangs, et l'intérêt qu'il peut avoir, résidant presque entièrement, selon nous, dans l'appréciation des facultés mentales qui ont marqué de leur empreinte l'accomplissement du suicide, notre premier soin devait être de scruter avec recueillement les témoignages que nous ont laissés de leurs luttes et de leurs souffrances les esprits sains ou malades qui se sont abandonnés au dégoût de la vie. »

Ce passage prouve avec évidence qu'en abordant le sujet de ses études, l'auteur en avait déjà la pleine intelligence, la conception nette et vraie. Avec cette idée neuve, originale, un livre devenait possible. Tant d'autres songent à faire un livre avant de savoir ce qu'ils y mettront !

Étudier le suicide en lui-même, comme une abstraction en quelque sorte, à la manière des médecins qui s'occupent de l'étude d'une maladie, sans trop se préoccuper des malades, c'était chose facile, et le docteur Des Étangs n'avait qu'à suivre à la trace ses devanciers. Il n'a eu garde de faire ainsi, et il faut lui en savoir bon gré ; car nous devons à la résolution qu'il a prise de n'être point imitateur ni copiste, un livre sans antécédents, sans modèle, vraiment original, et partant intéressant et instructif. Ce qui nous touche en effet comme médecins, comme penseurs, comme hommes, ce n'est pas tant le suicide, que les victimes du suicide; et assurément le témoignage de nos semblables qui se retirent de la vie avant l'heure, nous en apprendra infiniment plus sur les causes du mal que les méditations les plus profondes.

A ce point de vue, il est juste de reconnaître que l'idée d'introduire l'observation médicale, c'est-à-dire l'esprit même d'observation dans l'étude d'un pareil sujet, est aussi lumineuse que féconde. En médecine, on interroge les malades. Pourquoi n'interrogerait-on point les morts? Pourquoi ne suivrait-on pas le conseil de Voltaire? Il est du reste facile à suivre, puisque la plupart de ceux qui meurent de mort volontaire ont soin de laisser par écrit les raisons qu'ils ont eues de se détruire, avec un petit mot de leur philosophie. Il n'est rapport ni procès-verbal qui vaillent ces témoignages authentiques, ces testaments olographes, les dernières pensées, les paroles suprêmes des mourants, *novissima verba.* Ces dépositions posthumes, irrécusables,

sont les véritables pièces justificatives de l'histoire du suicide, des observations précieuses, des confessions, si l'on
veut, souvent même des instructions utiles à méditer, lé-
guées par les morts aux vivants.

Sans doute la médecine est impuissante contre la mort,
et les ressources de la thérapeutique ne peuvent rien contre
le suicide. Par conséquent il n'est point indispensable d'être
médecin pour étudier un tel sujet ; mais il n'est personne
qui soit mieux placé que le médecin pour l'approfondir,
pour l'embrasser dans toute son étendue. Il n'est point en
effet de question sociale où le médecin ne puisse intervenir
avec compétence ; car toute question sociale intéresse de
près ou de loin la nature humaine, l'homme, c'est-à-dire
l'objet constant des études du médecin. On voit même, par
ce qui vient d'être dit, avec quel avantage un vrai médecin
peut entreprendre l'examen d'une question aussi complexe,
aussi grave que celle du suicide, et comment il peut réussir
où les moralistes ont échoué.

Ce sont les morts qui parlent dans le livre de M. le docteur Des Étangs, et ces voix d'outre-tombe sont parfois bien
éloquentes. Grands et petits y figurent ensemble, gens de
toutes classes, hommes obscurs, hommes célèbres, tous
les représentants de la société : il n'y a point de catégories.
De ce pêle-mêle se compose le monde, et toutes les distinctions disparaissent devant la mort, devant le suicide.

Chacun vient à son tour dire sa façon de penser, donner
ses impressions, motiver ses jugements, s'exprimer dans son
langage, en toute sincérité, car on ne ment point au moment de mourir ; et vous entendez successivement le tri-
bun, le politique, le lettré, le riche, le pauvre, l'employé,
le soldat, et vous assistez, pour ainsi dire, à une revue morale des idées, des sentiments, des passions, des appréciations diverses de ceux qui sont morts volontairement. Avec
ces éléments, rien ne manque de ce qui peut donner une

exacte représentation du milieu social, aux diverses périodes de notre histoire moderne. Et c'est encore une idée profondément philosophique et médicale que celle qui fait la part du milieu dans l'étude d'un sujet quelconque.

L'auteur a eu « la volonté constante de remonter à toutes les sources et d'interroger toutes les influences. » Ce qu'il a voulu, il l'a fait, à force d'interroger les documents inédits, ces manuscrits ignorés, ces autographes du suicide, conservés dans les Archives, au dépôt de la guerre, au ministère de l'intérieur, dans les bureaux de la préfecture de police, dans ce qu'il appelle ingénieusement « les salles cliniques du suicide. » De ces lieux d'observation, d'où les adeptes de la statistique n'avaient rapporté que des chiffres rangés en colonnes formidables, le docteur Des Étangs a rapporté des faits précieux, des idées philosophiques, des impressions morales, et un livre bien fait, que je ne crains point d'appeler le complément indispensable de l'histoire de la société française, depuis la grande révolution de 1789 jusqu'au temps présent.

« Quoi de plus naturel, dit-il à propos des archives de la préfecture de police, partout où se révèlent des maladies de l'âme et du corps, que le médecin intervienne ; et quel autre endroit, dans l'univers connu, nous offrirait en un même espace une égale somme de douleurs morales et matérielles ?

« Il n'est pas, selon nous, de fictions humaines qui ne pâlissent à côté de semblables réalités, et l'aspect indéfinissable d'une si longue série de documents authentiques, traitant officiellement de la mort volontaire, obsède encore notre pensée. Comme au premier jour, nous croyons embrasser du regard tous les écrits dépositaires de tant de révélations déchirantes, et nous les voyons classés, étiquetés, revêtus enfin de la livrée du suicide. Examinez à votre tour, et ne craignez pas de porter la main sur ces feuilles affreusement souillées ; puis devinez ces caractères qui, çà et là, ont à peu près disparu sous les graves altérations que l'eau, la fange et le sang leur ont fait subir. Si vous pouviez douter du témoignage de vos sens, bientôt le procès-verbal aurait fermé tout refuge à votre incertitude ; et comment échapper dès lors à cette conviction, que telle page, à l'heure même fixée pour le suicide, avait amplement reçu le sang du sacrifice, que telle autre était littéralement couverte de débris de cervelle, et qu'enfin on renonce à compter les lettres qui ont dû séjourner dans l'eau et dans la vase aussi longtemps que les cadavres de ceux dont elles nous donnent parfois le signalement ?

« Nos documents, en outre, se distinguent de tous les autres, en ce que, dans bien des cas, ils servent aussi d'enveloppe aux instruments du supplice choisi par la victime. La liste en serait longue, et la voici réduite : couteaux, rasoirs, canifs, tranchets, poinçons, ciseaux, poignards, lancettes et bistouris ; cordons, lacets, ficelles, rubans, de fil et de satin ; viennent ensuite les poisons, le plus souvent à l'état solide, en morceaux ou pulvérulents et dont les échantillons variés rappellent à l'imagination éperdue une variété de souffrances à donner le frisson. A ce musée funèbre, à cet arsenal de la mort volontaire, manquaient, on le conçoit, les armes que leurs dimensions trop grandes n'avaient pas permis d'annexer aux dossiers, comme pièces de conviction. Des cartons ordinaires ne sauraient, en effet, contenir sabres, épées, fusils, pistolets d'arçon, etc. Les armes à feu, toutefois, à part quelques pistolets de poche, étaient encore représentées par un très-petit canon de cuivre avec lequel un misérable enfant, âgé de douze ans à peine, avait eu le cruel sang-froid et la fatale adresse de se donner la mort. Il fallait plus encore à ce terrible enfant ; tout plein de sa résolution, il ne voulut pas même que le doute fût possible, et, s'emparant d'un charbon éteint, il écrivit sur une planche : *Je me suis brûlé la cervelle exprès.* »

Un tel spectacle est instructif ; il invite à la contemplation, à la méditation, en apprend plus sur l'état de notre société que tous les écrits des philosophes, des réformateurs, des publicistes. Ces instruments de mort, ces pièces justificatives du suicide, forment un sombre musée que devraient visiter souvent nos moralistes, nos politiques. Connaître les misères humaines, en étudier les causes, en surveiller les progrès, les variations, c'est apprendre à chercher un remède à tant de maux qui rendent la vie insupportable à tant de gens. Sans doute il faut du courage pour se donner ce spectacle, et une véritable force d'âme pour le soutenir; mais combien d'enseignements salutaires, combien de réflexions utiles, sérieuses, profondes ne peut-on pas y puiser ! Ce n'est pas en présence de tous ces objets funèbres qu'on peut se sentir satisfait, que l'on peut dire que tout ce qui est, est pour le mieux. Tout ce que l'histoire néglige, tout ce que les journaux oublient ou ne peuvent enregistrer, se trouve là ; et ce n'est pas un petit mérite que d'avoir compulsé attentivement ces archives à peu près inexplorées, et d'en avoir rapporté un relevé moral, une véritable étiologie de ce fléau destructeur, qui a pris le caractère endémique et les proportions d'une épidémie.

Je laisse encore la parole à l'auteur, afin que l'on sache toutes les émotions qu'il a éprouvées pendant les longs ennuis de sa pénible enquête :

« Devant les preuves accumulées et perpétuellement renaissantes des tourments indicibles auxquels on peut succomber chaque jour au sein des sociétés modernes, il faut s'attendre encore à rencontrer de ces esprits superbes qui font consister leur gloire et leur souveraine sagesse à ne s'émouvoir jamais des maux inséparables de la nature humaine. Qu'ils prennent donc en pitié notre fermeté d'âme, car elle n'est point à la hauteur de leur austérité. Nous conservons toutefois la persuasion intime que ceux-là mêmes dont le cœur est le moins ouvert aux sentiments miséricordieux, appelés comme nous, pendant près de trois années, à poursuivre dans un complet isolement les sombres et douloureux mystères qui ne se trahissent qu'à la mort, n'auraient pas eu plus que nous le pouvoir d'échapper toujours aux navrantes tristesses, aux défaillances morales qu'une pareille exhumation devait entraîner avec elle. Le devoir, cependant, a parlé plus haut que le découragement, et, voulant demeurer fidèle aux engagements de la conscience, nous nous sommes témérairement constitué l'exécuteur testamentaire de tout suicide où le coupable a payé de son sang le droit d'exprimer une dernière pensée sur les destinées de l'homme et la vie sociale. »

La parole est laissée aux morts, et nous avons de la sorte une suite de révélations posthumes, les causes de la plupart des suicides, ou, pour mieux dire, les motifs qui ont provoqué la mort volontaire. L'étiologie a servi de base à la classification, à la répartition des faits. L'auteur a eu soin de distinguer les suicides commis sous l'influence des causes véritablement sociales, telles que les mœurs, les idées courantes, les institutions politiques et religieuses, et les cas de mort volontaire, qui dépendent en quelque sorte des lois de l'organisme. Ces deux grandes divisions embrassent tout le sujet. M. le docteur Des Étangs traite spécialement : « Du suicide en France au point de vue des influences exercées par l'état social. » Cette première section est partagée en neuf chapitres :

« 1° Événements politiques ; révolutions, guerres civiles; 2° Scepticisme, incrédulité, croyance ; 3° Maladies de l'imagination ; orgueil, rêveries, découragement; 4° Chagrins domestiques ; querelles, menaces, mauvais traitements ; 5° Crainte du déshonneur; peur de la police et des tribunaux ; 6° Amour; 7° Misère ; 8° Inconduite, ivrognerie, débauche ; 9° Jeu, loteries, bourse, actions industrielles. »

De ces diverses influences, les unes sont passagères, ou, pour dire mieux, périodiques, les autres permanentes, toujours actives. Celles-ci dépendent davantage des vices inhérents à notre société, et les tristes effets qu'elles produisent sont des symptômes trop certains de ces vices. Celles-là tiennent plus directement aux vicissitudes mêmes de l'état social, aux grandes commotions politiques, aux changements brusques, à ces agitations violentes et trop souvent stériles, qui révèlent un malaise général, une maladie chronique et peut-être incurable, contre laquelle les palliatifs ne peuvent rien ; car le retour des mêmes phénomènes, la manifestation réitérée et de plus en plus violente des mêmes symptômes, la répétition des mêmes signes, attestent les progrès du mal, des ravages profonds, une plaie hideuse, un ulcère gangréneux qui ronge la chair, les os et la moelle.

Vivant au milieu de ces exhalaisons fétides, de cette atmosphère pestilentielle, nous respirons la mort par les poumons, par tous les pores ; nous prenons de l'opium pour nous étourdir, et d'un œil indifférent nous voyons tomber en pourriture des membres de ce grand corps, dont nous sommes nous-mêmes des membres. « Ce que les médicaments ne guérissent pas, dit Hippocrate, le fer le guérit ; ce que le fer ne guérit pas, le feu le guérit ; ce que le feu ne guérit pas doit être regardé comme incurable (1). » Que nos philosophes méditent sur cet aphorisme, et qu'ils nous disent si le fer et le feu peuvent encore quelque chose, ou s'il faut renoncer à cette médication héroïque. Qu'ils ferment, il en est temps, leurs livres de haute métaphysique, et qu'ils ouvrent celui du docteur Des Étangs. Il est fait pour les graves penseurs, pour les esprits qui n'usent pas leurs forces à la poursuite de vaines chimères, qui ne mettent point toute leur ambition à satisfaire des passions égoïstes, insatiables : la vanité, l'amour-propre, l'orgueil ; qui ne pensent pas que tout soit pour le mieux dans le meilleur des mondes possible, qui se connaissent assez pour ne

(1) Hippocrate, *Œuvres complètes*, trad. Littré. t. IV, p. 609, *Aphorismes*, 7ᵉ section, 87.

pas professer un dédain superbe, une haute indifférence,
un souverain mépris pour les hommes et pour les choses ;
qui sentent et savent, en un mot, qu'il ne faut pas vivre une
vie inutile, et que, vivant en société, ils ne peuvent passer
leur temps dans l'isolement, dans la contemplation, dans
l'adoration d'eux-mêmes.

Je ne dirais point tout cela, si nous n'avions pas aujour-
d'hui une théorie du dédain, de l'indifférence, mise en pratique par des esprits qui se croient très-sages, et qui sont
des exemples de cette manie de l'amour de soi poussé jusqu'aux limites extrêmes de la déraison. Ce n'est pas d'eux,
si grands qu'ils soient ou qu'ils prétendent être, qu'il faut
attendre des études sévères, sérieuses, consciencieuses,
profondes sur le temps actuel, sur notre société, sur le milieu qui nous environne, sur l'humanité vivante. La vraie
philosophie n'est pas dans l'infini, dans la région des nuages, dans le pays des rêves. Elle est en nous, à nos pieds, à
côté, autour de nous, et se résume en deux mots : vie et
mort. Quand les philosophes ne dédaigneront point d'apprendre la physiologie, l'hygiène, la science de l'organisation, ce qu'il faut savoir, quand on veut parler de l'homme
et de la nature humaine, je m'assure qu'ils feront un meilleur emploi de leurs forces intellectuelles, et que l'humanité leur devra quelque reconnaissance.

L'art lui-même ne perdrait rien à poursuivre son idéal,
non pas dans un monde qui n'est plus et qui n'a plus de raison d'être, ni dans la matière brute, où il n'y a point d'idéal ;
mais dans la connaissance approfondie des faits réels, qu'il
ne faut point confondre avec le réalisme. Je suppose qu'un
peintre ouvre le livre de M. le docteur Des Étangs, et qu'il
tombe sur cette page, où l'auteur a énuméré brièvement
les influences exercées par l'état social. Si ce peintre a de
l'imagination, de l'intelligence, du cœur ; s'il est capable
de comprendre, de deviner, de sentir comment les passions

humaines naissent, se transforment, s'exaltent et finissent, il trouvera tout un tableau dans cette énumération, ou plutôt un riche encadrement d'un tableau, dont le suicide serait le fond. Que s'il a du goût pour ces scènes funèbres, il n'y a point de page de ce livre qui ne lui offre un sujet nouveau.

Les exemples abondent, ils se succèdent, sans fatigue pour le lecteur ; ils sont bien choisis, variés, et cette variété fait, je ne dirai pas le plus grand charme, mais le meilleur éloge du livre. L'auteur, qui sait ce qu'il veut, qui a la pleine intelligence du sujet qu'il traite et de l'objet qu'il poursuit, a renoncé fort sagement aux banalités scolastiques, aux lieux communs, aux déclamations vulgaires, à répéter, en un mot, bien des choses inutiles, qui se trouvent partout, et il a pensé à bon droit « qu'il valait mieux entrer résolûment dans le domaine de l'expérience, et s'effacer devant les faits. » Il a pris le vrai chemin, la bonne méthode, si bonne, en effet, que je ne crois pas qu'il en pût trouver une meilleure. Il prend son lecteur par la main, l'instruit sans affecter le ton dogmatique (chose rare de notre temps), l'introduit dans sa galerie, lui montre sa collection, laquelle serait bien moins instructive, si elle était plus riche, et il lui laisse le soin, la liberté d'apprécier ce qu'il a vu.

Point de conclusion : deux raisons la rendaient à peu près impossible. La vraie conclusion serait un chapitre de thérapeutique, l'indication des remèdes applicables au mal. L'auteur s'est contenté de découvrir le corps malade, de raconter sa maladie, d'interroger les symptômes, et après ce travail de minutieuse et pénible analyse, où se révèle toute l'habileté expérimentale d'un médecin accompli, il a fait réflexion que le pronostic était grave, et il a abandonné le patient à ceux qui ont charge d'âmes. Il lui suffisait d'avoir consciencieusement établi le diagnostic, avec une telle précision, qu'il n'était guère possible de mieux faire. Maintenant, vous connaissez le mal, et, pour peu que vous ayez un esprit observateur et analytique, il vous sera facile de remonter des effets aux influences, aux causes. C'est par l'étiologie qu'on arrive en bonne médecine au vrai traitement, et si quelqu'un en doutait le moins du monde, il suffirait de lui rappeler cet axiome : « Sublata causa, tollitur effectus. » Ainsi chaque lecteur tirera la conclusion, et il neperdra point son temps à la chercher où elle n'est pas.

> Verum animo satis hæc vestigia parva sagaci
> Sunt, per quæ possis cognoscere cetera tute.

L'auteur, sortant de son rôle de médecin consultant, aurait peut-être donné la sienne. Il est probable qu'il en a eu le désir et la volonté. Mais il y a renoncé sagement. Cet aphorisme d'Hippocrate, cité plus haut, se présentait, je suppose, trop vivement à sa mémoire, et apparemment qu'il a jugé imprudent d'étaler l'arsenal des remèdes héroïques sous les yeux d'un malade qui se meurt de consomption, qui s'éteint dans le marasme, et qui ne sent plus même la gravité de son mal. Il y a des choses hardies en thérapeutique, des idées révolutionnaires, que l'on garde pour soi, que l'on n'ose point, que l'on ne peut point manifester avant le temps ; et le temps n'est pas encore venu de dire librement tout ce qui est bon à dire.

C'est la seconde raison qui a détourné sans doute le docteur Des Étangs de l'idée qu'il avait pu avoir de mettre une conclusion à son livre. Il faut croire qu'il ne lui en a guère coûté de faire ce sacrifice ; car il a la véritable abnégation de l'homme d'intelligence, du travailleur qui s'oublie volontiers pour être utile. C'est un homme avant d'être un auteur, et à ce titre il mérite les sympathies des lecteurs et les éloges de la critique. Il a des principes, et il y est toujours resté fidèle ; il a des convictions, il a une conscience, il est lui-même, il s'appartient, et son livre, où respirent à toutes les pages l'honnêteté et l'amour du bien, est une preuve excellente du bon emploi qu'il sait faire de son loisir. Je n'ai pas trouvé, dans les cinq cents et quelques pages qui forment le volume, une seule pensée vaine, aucune idée malsaine, aucun de ces traits si fréquents dans les ouvrages de nos contemporains, et qui fournissent à chaque instant des armes contre l'auteur, qui décèlent quelque vice secret de l'âme, quelque faiblesse de caractère, et trop souvent aussi cette manie ridicule de vouloir se grandir aux dépens du prochain. J'ajouterai que le style n'est pas vulgaire : simplicité, netteté, élégance, facilité, correction, autant de qualités qui ne sont plus très-communes et qui annoncent un écrivain expérimenté, exercé, plein de distinction, un esprit fin et lucide, élevé à l'école du sens commun. Qu'on en juge par cette page, qui est la fin de l'Introduction :

« Il ne suffit pas d'interroger les morts : il faut, lorsqu'ils répondent, les écouter d'abord, et ne pas vouloir ensuite s'interposer sans cesse entre eux et le public que l'on a pris pour juge. A la fois sacrificateurs et victimes, ils ont assez chèrement conquis le privilége de comparaître aux débats...

« A ce point de vue, l'auteur fait place à l'interprète officieux, au fondé de pouvoirs ; mais si ce titre même d'exécuteur testamentaire semblait trop ambitieux ; il serait facile de ne voir en nous qu'un collecteur de faits, bornant presque sa tâche à recueillir et disposer des matériaux suivant les procédés de nos éditeurs de *Mémoires*.

« La comparaison, au surplus, n'a rien qui nous déplaise, et nous voulons la suivre.

« S'il est, en effet, consacré par l'usage que tout homme arrivant à la notoriété soit reçu, dès ce moment, à *confier* à ses contemporains, sans préjudice aucun de la *postérité*, les plus vulgaires détails de sa vie intime ; si de toutes parts aujourd'hui, *nobles*, *bourgeois*, *hommes de rien*, et bien d'autres encore nous assiégent de *Mémoires* et de *Confidences* ;

pourquoi la société même, que tant d'auteurs légers ou graves ont la prétention de connaître et de nous faire connaître, serait-elle dépossédée du droit de mettre en commun ses intérêts, ses passions, ses douleurs, et de nous redire ses combats suprêmes. Or, en nous restreignant à la question présente, une page, un feuillet détaché de votre histoire et de la mienne constituerait de proche en proche la vie collective et sociale, et nous aurions enfin les *Mémoires de tous*, mémoires couronnés, hélas ! par la mort volontaire, mais, par cela même, remplis d'avertissements prophétiques et d'austères enseignements.

« C'est là du moins notre croyance, et la pensée qui seule pouvait nous donner le courage de suivre, pour ainsi dire, à la trace du sang, les cruelles imperfections de notre état social. Prendre ainsi sur le fait toutes les causes du suicide, en y joignant l'aveu des victimes elles-mêmes, n'est-ce pas, dans un but qu'il est permis de proclamer hautement, dévoiler nos misères morales, intellectuelles et physiques et publier la confession de la société tout entière ? »

Ainsi, les études sur la mort volontaire, entreprises par M. le docteur Des Étangs, sont de véritables études morales et sociales. On n'y trouvera point de système, point de parti pris ; mais des faits, qui sont des arguments irréfutables, des exemples, nombreux, variés, que je ne puis songer ici à énumérer ni même à caractériser. Chacun a sa physionomie, son caractère propre.

Cela doit être. Un homme qui se tue, dans la plénitude de ses facultés, qui pèse ses raisons et motive sa résolution, use d'un privilége unique : il fait acte de volonté ; il dispose de sa vie librement, il abandonne volontairement cette société, qui déclame contre le suicide, ou qui s'y montre indifférente, au lieu de songer à le prévenir, en détruisant, en diminuant les influences diverses qui le rendent si fréquent.

Chaque suicide est une accusation, un avertissement, une preuve de plus des imperfections de notre état social, une révélation de nos misères et de nos vices, et de cet égoïsme féroce qui devient la passion dominante, et qui est la vraie source du mal. Nos romans de mœurs ne nous guériront point de ce mal. Pour moi, qui ne lis guère les romans, je cherche un autre enseignement : quand je suis las du triste spectacle que nous nous donnons mutuellement, je fais un tour à la morgue, où la mort nous donne chaque jour de graves leçons de morale. Aussi est-ce avec une âpre volupté que j'ai lu le beau livre de M. le docteur Des Étangs. Je l'ai relu, je le relirai encore, et chaque lecture sera pour moi une nouvelle occasion de mieux connaître notre société, et de l'estimer à sa valeur. Elle ne vaut guère, il faut bien le dire, et c'est à cause de cela que j'admire profondément, que j'honore sincèrement, que j'aime aussi, de toute mon âme, les hommes de cœur et d'intelligence qui se dévouent à son service, et qui ne cherchent point de récompense en dehors de la satisfaction qu'ils éprouvent à faire le bien.

M. le docteur Des Étangs doit ressentir cette satisfaction : son livre, venu fort à propos, non pour nous distraire, mais pour nous rappeler à la considération de nous-mêmes, est tout à fait digne d'un médecin philosophe, et je ne sais point d'éloge qui vaille celui-là.

II. — Les mœurs.

L'étude des fonctions et des désordres des organes de la génération est un des sujets les plus graves de la médecine ; il excite la curiosité générale : aussi offre-t-il d'inépuisables ressources au charlatanisme. Les mauvais livres sur cette matière se comptent par centaines, et les charlatans qui exploitent la peur et la crédulité des hommes atteints de désordres réels ou imaginaires des fonctions génitales ne se comptent point. Leur nombre diminuerait à coup sûr si les médecins, plus soucieux de remplir dignement leur rôle élevé et la mission sociale de l'art, abordaient plus souvent et plus hardiment le grand chapitre des mœurs.

Les préceptes de l'hygiène, fondés sur la connaissance profonde de la physiologie, et fortifiés d'une longue expérience en pathologie, s'introduiront petit à petit dans l'éducation collective ; et quand se fera cette introduction, la médecine se trouvera chargée d'un office autrement efficace pour la conservation de la santé de tous et la transmission des bons germes, que celui qu'ont rempli jusqu'à présent la religion et la morale.

Celle-ci ne s'est guère servie, pour s'affirmer avec certitude, des lumières de la science, et son impuissance s'est révélée, comme il était inévitable, par la force illusoire qu'elle a cru puiser dans la sanction religieuse. Il ne faut pas chercher en dehors de cette association l'instabilité de nos principes en morale et l'infériorité des moralistes modernes par rapport aux anciens.

Dans la société gréco-latine, mère féconde de l'antique civilisation, les mœurs n'étaient point livrées à la direction des spéculatifs, ni dédaigneusement traitées par les métaphysiciens. La politique, c'est-à-dire la science de la vie civile et de l'organisation des sociétés, se préoccupait avec sollicitude et non sans fruit de toutes ces passions affectives dont l'ensemble représente l'amour à tous ses degrés, dans toutes ses variétés, comme principe constituant de la famille. Une intuition vraie de l'organisation humaine avait inspiré aux philosophes et aux législateurs des vieux temps des idées saines sur les fonctions génératrices. Ils en parlaient sans impudeur comme sans fausse honte, et ne connaissaient, ne soupçonnaient même pas cette retenue exagérée qui devait se produire par la suite sous l'influence d'un spiritualisme excessif.

Quand cette funeste influence s'étendit sur la société, le célibat fut glorifié et l'abstinence recommandée comme un des plus efficaces moyens de salut. Les purs et les saints se recrutaient de préférence parmi les personnes des deux sexes qui renonçaient à laisser une postérité. Le but poursuivi étant en dehors de la vie humaine, ceux-là étaient plus sûrs de l'atteindre qui se retranchaient en quelque sorte de la société pour se préoccuper uniquement de la grande affaire du salut. L'union matrimoniale constituait un état inférieur; en la bénissant, le sacerdoce relevait par le sacrement ceux qui suivaient la voie de la chair. Mais dans la hiérarchie sociale, le prêtre qui bénissait le mariage était incomparablement au-dessus du citoyen qui recevait la bénédiction.

Le célibat des gens d'Église devait être l'inévitable conséquence d'un système religieux qui, en dépit des lois physiologiques et des nécessités de l'économie animale, partageait les hommes en deux catégories distinctes : les purs et les impurs, les parfaits et les imparfaits, qui étaient aussi les faibles et les pécheurs.

Quand la discipline ecclésiastique eut définitivement consacré cette distinction, le clergé se trouva dans la situation la plus critique : d'un côté, la passion du commandement et l'impatience de saisir une domination absolue ; de l'autre, des luttes incessantes contre le démon de la luxure, des tentations formidables, telles que doivent les sentir ceux que pique jusqu'au vif l'aiguillon des désirs non satisfaits. Quiconque a pratiqué les mystiques et les casuistes sait à quoi s'en tenir sur la sainteté de ces esprits pervertis ou malades, qui prêchaient au monde la pureté des mœurs, la virginité et la chasteté, dans une langue faite exprès pour rendre toutes les nuances d'un insatiable érotisme.

Sous l'influence d'un principe qui avait méconnu, sans pouvoir les abolir, les conditions d'existence de la nature humaine, la perversion des sentiments affectifs fut poussée jusqu'à l'extrême raffinement. L'exemple d'Origène n'ayant pas été souvent imité, la satisfaction des appétits charnels imposa bien des sacrifices à la religion et d'étranges concessions à la morale; et contre un mal incurable on eut recours, non pas aux moyens radicaux et aux remèdes héroïques, mais aux dérivatifs et aux palliatifs.

La discipline était impuissante contre des vices qui dépendaient de l'organisation même et des principes fondamentaux d'un régime social essentiellement contraire aux lois naturelles de l'évolution humaine. La réformation religieuse ne fit rien pour l'amendement des mœurs. Le bien qui résulta immédiatement de la réforme ne s'étendit guère au delà de la caste sacerdotale. Celle-ci rentra dans la vie civile par le mariage; mais le principe invoqué par les réformateurs restait tout aussi impuissant entre leurs mains qu'il l'avait été sous la domination souveraine du catholicisme.

En vain le docteur Acton, auteur d'un excellent livre sur ce grand sujet de la génération (1), en vain le docteur Acton, qui est un moraliste éclairé, a-t-il demandé des conseils aux ministres de la religion anglicane. Il n'a pu obtenir des représentants les plus éclairés de l'Église d'Angleterre que des lieux communs ou de vagues déclamations. Sur ce chapitre tellement essentiel dans l'éducation, ceux qui ont charge d'âmes ne savent rien ou presque rien. L'étude des mystères et des choses célestes leur a fait perdre de vue la nature humaine; si bien que, connaissant à fond les conditions du salut et les récompenses promises aux élus, ils ignorent de tout point l'homme, ses besoins, ses instincts, ses passions, et

(1) *Fonctions et désordres des organes de la génération chez l'enfant, le jeune homme, l'adulte et le vieillard, sous le rapport physiologique, social et moral*, par le docteur W. Acton, trad. de l'anglais sur la troisième édition. Paris, 1863, 1 vol. in-8 de III-366 pages.

abandonnent par conséquent la conduite et la direction de l'humanité à la physiologie et à l'hygiène.

De cet abandon vient la décadence du vieux dogme, la perte de son influence, jadis souveraine, et l'irrésistible ascendant de la médecine, art bienfaisant et salutaire, qui part de la connaissance de l'organisme et des fonctions organiques pour régler les actes conformément aux besoins de l'économie, en vue des intérêts de la vie collective.

Quand le médecin intervient dans les graves questions de l'organisation sociale, avec la conscience de ce qu'il peut pour l'amélioration des conditions d'existence, avec la conviction et le désir d'être utile, ses paroles et ses écrits acquièrent la double autorité qui a jusqu'ici gouverné les hommes : il est législateur, puisque les vérités qu'il proclame ne sont en quelque sorte que l'expression de la réalité, et qu'en s'appliquant à leur donner force de loi, il exerce un véritable sacerdoce, avec un désintéressement absolu et sans autre ambition que celle de faire le bien, suivant la fin de son art et le but immédiat de sa profession. Être secourable et ne pas nuire, pour parler comme Hippocrate : telle est la formule qui résume toutes les obligations du médecin ; et celui-là a réussi de tout point, *omne tulit punctum*, qui dans sa pratique, dans ses leçons et dans ses livres, a eu la rare fortune de remplir exactement le grand précepte hippocratique, en faisant le bien sans aucun dommage.

Le docteur W. Acton a eu cette rare fortune, et son ouvrage, supérieur par ce côté du moins aux ingénieux travaux du professeur Lallemand (1) et à l'excellente monographie de Deslandes (2), peut aller dans toutes les mains. Il n'y a pas dans tout ce volume, entièrement consacré à un sujet des plus scabreux, une seule page qui puisse alarmer la pudeur ou provoquer des sensations érotiques et

(1) *Des pertes séminales involontaires.* Paris, 1836-1842.
(2) *De l'onanisme et des autres abus vénériens.* Paris, 1835.

des pensées libidineuses. La raison qui purifie tout ce qu'elle peut atteindre, quand elle est vivifiée par un rayon d'amour, la raison a inspiré l'auteur admirablement, lui donnant à la fois et l'intelligence vraie de la matière et le ton convenable pour la traiter. Point de tableaux ni de morceaux brillants, point de recherche de style, aucune déclamation à la Rousseau. Partout un langage simple, clair, décent sans pruderie, exprimant toutes choses en termes appropriés et sans réticences.

Il n'y a, en vérité, qu'un Anglais qui puisse entrer dans l'étude de ces questions épineuses et formidables, sans céder jamais à la tentation d'étaler quelque bonne pièce d'éloquence. Tissot n'a pas échappé au vice de la déclamation, inhérent à la plupart des écrivains du dix-huitième siècle, et auquel Voltaire lui-même a sacrifié dans ceux de ses ouvrages où le vers classique remplace sa prose claire, incisive, rapide et nette.

Les tirades de Tissot n'ont pas manqué d'imitateurs. On sait que Marc-Antoine Petit, le célèbre chirurgien de Lyon, auteur de quelques écrits remarquables, parmi lesquels se distingue son *Essai sur la médecine du cœur*, a eu la malencontreuse idée de rimer un sujet que la prose rend à peine supportable. Les médecins qui ne sont pas tout à fait étrangers à la médecine littéraire connaissent le poëme de M.-A. Petit, intitulé : *Onan* ou *le tombeau du Mont-Cindre*. Ce misérable Onan, qui se donnait du plaisir à sa manière, est assurément très-édifiant dans la Bible ; il est le modèle accompli de ces maris économes et prévoyants qui disent volontiers la veille et le lendemain de leur mariage : « Nous « n'aurons point d'enfants. » Mais il n'était pas indispensable de chanter en vers les manœuvres frauduleuses de ce malheureux Juif, qui a perpétué son nom en se privant volontairement de postérité, et qu'il suffit de recommander aux économistes voués à l'admiration du petit système de Malthus. Ainsi sont faits les poëtes ; tous les genres leur conviennent, et ils s'exercent sur tous indifféremment :

Nil intentatum nostri liquere poetæ.

Notre auteur, qui n'est pas poétique du tout, n'a non plus rien négligé de son sujet, qu'il a traité dans toute sa généralité, en commençant par l'examen des fonctions physiologiques ou normales, avant de s'engager dans l'étude des lésions et des affections morbides. Suivant ce plan, qui est aussi simple que rationnel, il a pu présenter un résumé concis, quoique assez substantiel, de toutes les connaissances acquises par la physiologie moderne sur cet obscur mystère des fonctions génésiques. A vrai dire, la critique n'est pas toujours assez ferme dans cette partie, où le docteur Acton reproduit les idées le plus généralement reçues ou mises en circulation par des hommes considérables. Le préjugé national ne l'a pas empêché, à la vérité, de repousser assez nettement quelques hypothèses peu soutenables de John Hunter ; mais le nom de Haller a tellement séduit par son prestige le docteur Acton, que cet excellent observateur n'a pas vu qu'il glissait dans une contradiction flagrante en admettant d'un côté l'épuisement par les pertes trop multipliées de l'influx nerveux, et en acceptant de l'autre la théorie plus ingénieuse que probable de Haller, touchant la résorption du fluide séminal et ses prétendus effets sur l'économie et sur le système général des forces. Ces vieilles hypothèses, dont l'origine est dans les doctrines de l'humorisme, ne sont plus admissibles maintenant ; de même qu'on ne saurait soutenir raisonnablement que la liqueur séminale, étant résorbée, se transforme en matières graisseuses. Si pareil fait était démontré, la pratique de la castration appliquée à l'engraissement pourrait être considérablement réduite.

En voulant à toute force être complet, le docteur Acton n'a pas vu le grand inconvénient qu'il y avait pour lui à s'engager dans la partie physiologique. Il a cru que l'anatomie comparée pouvait éclairer les points obscurs de son sujet, et, fort inutilement, selon nous, il a accepté sans réserve des expériences et des observations dont la réalité même paraît suspecte. J'avoue que l'histoire de ce jeune coq qu'une ménagère prudente prive de ses testicules, en les lui laissant toutefois dans le ventre, de manière à lui permettre de cocher les poules avec toute l'ardeur masculine, mais sans aucun résultat, j'avoue que cette historiette de basse-cour m'inspire peu de confiance, et que, pour la rendre vraisemblable, le docteur Acton aurait dû plus scrupuleusement choisir ses autorités. Dans l'île Minorque, les bonnes femmes qui châtrent les cochets ne manquent jamais de leur restituer par le bec les deux organes enlevés. Il paraît que cette étrange pratique est d'origine anglaise. Le docteur Acton pourrait-il en donner une explication raisonnable ?

Ces observations n'affaiblissent en rien le mérite de l'ouvrage du médecin anglais. On se propose seulement, en les consignant ici, d'avertir les praticiens qui écrivent d'après leur expérience personnelle, de se tenir en garde contre les fables qui circulent dans le monde, et de n'admettre qu'avec une extrême réserve les théories que les physiologistes sont bien aises de produire en attendant que la lumière se fasse sur les choses obscures ou incertaines. Peut-être le docteur Acton a-t-il montré, dans l'admission de ces théories aventureuses qui se rencontrent un peu pêle-mêle dans son livre, plus de complaisance que de discernement; mais du moins a-t-il compris que la physiologie devait intervenir, afin de mieux éclairer par une comparaison constante la nature et l'intensité des désordres. Cette association de la physiologie et de la pathologie est un perfectionnement capital que les modernes ont introduit dans la méthode médicale.

Depuis que les propriétés inhérentes aux organes sont mieux connues et les fonctions organiques ou vitales mieux coordonnées, la pathologie avance, quoi qu'en disent les pessimistes, d'un pas plus ferme et beaucoup plus sûr, et la thérapeutique, tout en s'appuyant, comme toujours, sur l'expérience, échappe sensiblement à l'empirisme qui l'a dominée durant tant de siècles. Aussi peut-on affirmer, sans présomption, que le fameux aphorisme hippocratique : « C'est le traitement qui révèle la nature des affections « morbides, » doit être considérablement modifié et réduit dans sa signification.

Cela est tellement vrai pour ceux dont la réflexion s'exerce sur les résultats de la pratique et de l'expérimentation, qu'il y a bien peu de médecins éclairés qui ne comptent beaucoup plus sur les agents de l'hygiène que sur les ressources si nombreuses et si précaires de la matière médicale. Dans les maladies chroniques, notamment, et en particulier dans celles qui ont exercé l'habileté du docteur Acton, l'exercice, le régime, le concours des bonnes influences morales, sont d'une efficacité plus prochaine et moins suspecte que les remèdes et les médicaments. Il ne faut pas, néanmoins, perdre de vue dans le traitement la proposition si concise et si vraie de Baglivi : *Sola remedia sanant.* Cela est vrai de tout point. Seulement il conviendrait d'élargir le sens des mots médication et remède, et les appliquer à tout moyen thérapeutique ou à toute combinaison de moyens thérapeutiques incontestablement efficaces.

Le même principe qui a conduit le docteur Acton à faire très-large la part de la physiologie lui a inspiré l'excellente idée de décrire les fonctions génésiques et les désordres des organes qui exercent ces fonctions, dans toutes les périodes de la vie, depuis la première enfance jusqu'à la vieillesse. En parcourant ainsi l'échelle des âges et s'arrêtant

à tous les degrés, le praticien anglais a montré les modifications successives et diverses qui se produisent inévitablement comme un effet du temps ; et par cette comparaison, tirée en quelque sorte de la chronologie, il a rendu
plus palpables les différences qui distinguent les désordres
de la vie affective, suivant qu'ils se produisent dans l'enfance, dans la jeunesse, au milieu ou au déclin de la virilité.

Ce que le docteur Acton a écrit sur les vices solitaires
de l'enfance devrait se lire dans les bons traités d'éducation. Tout en faisant bonne justice des exagérations de
Tissot, le médecin anglais montre les dangers de ces funestes habitudes, qui peuvent épuiser les forces et réduire
l'intelligence à néant, si elles se transmettent de l'enfance
à la jeunesse. Il faut le dire, toutefois, les ressources qu'il
propose pour combattre ce redoutable ennemi de la virilité ne sont peut-être pas aussi efficaces qu'il le croit. M. le
docteur Acton voudrait « pour tous les jeunes gens aussi
« bien que pour les enfants une vie parfaitement chaste en
« pensées, en paroles, en actions. Cela, dit-il, est tout à fait
« possible. Les moyens que j'ai signalés pour y parvenir
« sont : — Fermeté et direction de la volonté ; — occupation
« constante à un exercice de l'intelligence et du corps ; —
« une hygiène convenable. Voilà, en laissant de côté le plus
« grand préservatif de tous, le sentiment religieux, ce
« qui doit suffire pour atteindre ce but : mener une vie
« chaste (1). »

Ce programme n'est pas d'une application aisée dans les
établissements d'éducation publique, où des enfants et des
jeunes gens se trouvent réunis en grand nombre. Ces réunions fomentent infailliblement des désirs précoces ou des
passions prématurées; et le sentiment religieux est un faible préservatif contre un plaisir qui séduit l'inexpérience

(1) P. 94.

par l'attrait de la nouveauté ou qui réveille et exalte l'ardeur naissante. Quiconque a été élevé dans un collége a gardé quelque souvenir qui

> Rappelle les plaisirs de la classe latine,

comme dit élégamment le poëte. Il me souvient encore d'un condisciple qui se livrait en même temps à des pratiques de dévotion et à des pratiques différentes dont la dévotion ne pouvait le guérir; et d'un autre qui, voulant extirper, sans succès, une habitude invétérée, par les mêmes moyens, tomba insensiblement dans une espèce de fanatisme sombre. J'ai toujours remarqué, étant au collége, que les avertissements du médecin étaient plus efficaces que les conseils et les remontrances de l'aumônier ou du ministre. Mais je suis convaincu que, si la statistique s'appliquait à déterminer le chiffre des enfants et des jeunes gens contaminés par le vice immonde dans les colléges et autres institutions publiques, ceux qui ont charge d'âmes aviseraient sans retard aux moyens de guérir radicalement une pratique inhérente en quelque sorte à l'organisation même des maisons d'instruction publique, et qui exerce encore des ravages plus désastreux sur la jeunesse que l'institution des concours généraux et la cupidité des maîtres de pension.

Le docteur Acton voudrait vainement prévenir le mal ou l'amoindrir, en faisant des maîtres ou des parents des conseillers officieux de l'enfance. Instruire un enfant du mal qu'il ignore est toujours chose dangereuse; le dégoûter par avance de pratiques qu'il ne connaît point, peut devenir un pernicieux allicient, une tentation redoutable. Un maître ou un père qui suivrait à la lettre le conseil du docteur Acton assumerait une grande responsabilité; et, en donnant un semblable conseil aux instituteurs et aux parents, le médecin anglais a peut-être commis une imprudence, qu'atténue, à la vérité, la pureté de ses intentions.

La deuxième partie du livre du docteur Acton est plus essentiellement médicale. Ce qu'on y trouve sur l'impuissance est d'un bon esprit et d'un excellent observateur. Le praticien anglais touche avec un grand sens aux questions les plus délicates, et, fort de son expérience, il n'abandonne pas volontiers les malades les plus désespérés. Les quatre moyens qui lui ont le mieux réussi dans les cas les plus ardus sont : les cantharides, le phosphore, la strychnine et l'électricité. Les médecins qui donnent des soins aux gens épuisés par des excès vénériens liront avec fruit les pages substantielles où le docteur Acton a consigné les bons résultats de sa thérapeutique active, sans jamais perdre de vue les prodigieuses ressources de l'hygiène.

L'ouvrage se termine par une monographie de la spermatorrhée, définie par le docteur Acton, « la maladie qui est « le résultat constitutionnel des désordres de l'appareil « génital (1). » La définition me plaît assez, et beaucoup plus que le nom de cette affection chronique et redoutable, qui n'est autre chose que la consomption dorsale d'Hippocrate et des anciens médecins. Le docteur Acton, habile à manier le microscope, a finement établi le diagnostic différentiel de cette maladie, en la comparant avec un état pathologique de nature indéterminée, et nommé par lui la fausse spermatorrhée. Dans cette partie, le savant et honnête praticien a signalé les manœuvres honteuses des sociétés en commandite, expressément fondées dans son pays, pour l'exploitation de la crédulité, de la faiblesse et de la bêtise humaine. Disons, à l'honneur de la France, que chez nous, le charlatanisme appliqué à la médecine n'a encore rien produit d'aussi monstrueux.

Pour la guérison de la spermatorrhée, le docteur Acton compte beaucoup sur les bons effets de la cautérisation

____

(1) P. 307.

locale, par un procédé différent de celui qu'a mis en vogue Lallemand, et incomparablement plus efficace et moins dangereux. Ce dernier chapitre est de nature à intéresser les praticiens spécialistes. Ils ne sauraient suivre un meilleur guide que le docteur Acton pour le traitement des lésions des organes génito-urinaires. En l'imitant dans sa pratique, ils feraient sagement de lui emprunter quelques-unes de ces vues générales, qui élargissent le champ de l'observation, fécondent les résultats de l'expérience, et font qu'une spécialité n'est jamais étroite.

III. — Les mœurs en Espagne.

Parmi les médecins qui sortent du commun, beaucoup sacrifient au charlatanisme, comme à une divinité tutélaire. La grande masse compte moins de charlatans que d'hommes vulgaires : pratique et vulgarité sont à peu près synonymes. Aussi ne faut-il pas s'étonner de l'abaissement de la médecine contemporaine ; les défaillances de ses principaux représentants s'expliquent assez et par le défaut de convictions et par l'indifférence et la médiocrité du grand nombre. Les plus éclairés hésitent et se troublent en présence de ces problèmes qu'on ne peut résoudre dignement qu'en associant la droiture inflexible à la rectitude d'intelligence; et les grandes questions sont habilement éludées ou restent sans réponse.

Il faut le dire hautement, l'art médical n'est pas présentement plus riche en législateurs qu'en moralistes, et bien peu de médecins ont aujourd'hui conscience pleine et entière de leur mission véritable et du rôle qui leur appartient dans la société. C'est l'esprit d'observation qui domine, mais de cette observation en petit, qui s'applique uniquement aux faits visibles et palpables, aux symptômes minutieux, et qui s'élève rarement jusqu'à l'induction. La généralisation n'est plus de mode, et pour la plupart vaut

autant que divagation. Et comme il y a toujours corrélation
entre les habitudes de l'esprit et les sentiments moraux, la
majorité se préoccupe beaucoup moins de la dignité de
l'art que des intérêts de la profession. Les associations médicales n'infirmeront point cette assertion.

Il résulte, de cet état de choses, que l'autorité morale de la
médecine s'affaiblit, et que les médecins ont beaucoup perdu
de leur crédit et de leur influence. La société ne considère que ceux qui la servent, et elle ne nous prodigue pas
sa considération. Elle n'a peut-être pas tout à fait tort.
Sa parcimonie est un avertissement salutaire, dont il serait
temps vraiment de tenir compte, car il est honteux pour
nous de ne pas intervenir plus activement dans ces mutations et transformations incessantes qui constituent proprement le progrès.

La médecine politique n'existe que de nom, et la plupart
des médecins ne semblent pas même se douter des étroites
connexions qui rapprochent, jusqu'au point de les confondre,
la morale et l'hygiène. Sous ce rapport nous sommes inférieurs aux anciens, et particulièrement aux Grecs, qui considéraient la médecine comme un des éléments de la science
sociale. Si nous avions le loisir de montrer quel a été et
quel doit être le rôle du médecin dans la civilisation, il nous
serait aisé de prouver que le passé l'emporte sur le présent.
Mais une telle démonstration serait une revue de toute
l'histoire de notre art. Il vaut mieux signaler les efforts des
médecins qui, de nos jours, osent s'élever jusqu'aux problèmes de l'avenir, sincèrement, savamment, sans lieux
communs ni déclamations intempestives.

Le docteur Manuel Pizarro y Gimenez est de ceux-là.
Nous avons de lui deux ouvrages très-recommandables, qui
attestent son savoir, sa capacité et le zèle actif qu'il déploie
dans l'accomplissement des fonctions qu'il tient du conseil
municipal de Séville. Cette grande cité est un lieu propice

aux études générales et pratiques d'hygiène publique, et
le docteur Pizarro a été dignement choisi pour veiller à la
salubrité d'un centre de population aussi considérable. Disciple du professeur Monlau, savant médecin et littérateur
distingué, le docteur Pizarro n'est point un hygiéniste vulgaire. Il pense sensément, il est presque philosophe, chose
rare partout et plus particulièrement en Espagne, et il ne dédaigne point les enseignements de l'histoire; ce qui ne l'empêche pas de se tenir parfaitement au courant des choses
présentes. Son *Annuaire d'hygiène publique* est véritablement, suivant le sous-titre, une exposition des progrès de
cette science et des principaux travaux dont elle a été l'objet en 1862 (1). Dans cette compilation utile, le docteur
Pizarro n'a rien négligé d'essentiel; et son esprit de discernement s'est montré à côté d'un savoir solide. Mais où il a
mis toute son originalité, c'est dans un mémoire adressé a
la municipalité de Séville sur l'organisation du service de
salubrité (2).

Restituons à ce mémoire substantiel son titre vrai, et ne
craignons pas de dire que l'auteur a voulu faire un essai sur
la prostitution publique en Espagne. Ce sujet est encore
neuf, et nous savons par expérience qu'il offre des difficultés
presque insurmontables (3). Les documents font défaut, et
il faudrait fouiller dans les archives et bibliothèques de la
Péninsule pour dissiper en pareille matière la confusion et
le désordre.

Ce n'est point d'après les coutumes autrefois en vigueur

(1) *Anuario de higiene publica. Exposicion de las principales tareas y
progresos de esta ciencia en el año de* 1862. Sevilla, 1863, 1 vol. in-8 de
XVI-304 pages.

(2) *Bases para la organizacion del servicio sanitario municipal de
Sevilla : memoria escrita y presentada al Excmo. Ayuntamiento Hispa-
lense.* Sevilla, 1861, in-8, 134 pages.

(3) Voy. notre travail sur la prostitution en Espagne, dans l'ouvrage de
Parent-Duchâtelet, *De la prostitution dans la ville de Paris*, 3e édition,
suivie d'un *Précis sur la prostitution dans les principales villes de l'Europe*. Paris, 1857, t. II, p. 763.

à Tolède, à Madrid, à Séville, à Grenade, à Saragosse et ailleurs, que l'on peut se faire une juste idée des vicissitudes de la débauche publique en Espagne. Dans ce pays de droit municipal, chaque commune avait ses lois et ses us ; de sorte qu'on ne peut se représenter l'ensemble qu'en connaissant le droit coutumier de chaque ville.

Il y a là un immense travail d'analyse encore à faire, et sans lequel l'histoire des mœurs en Espagne n'est pas possible ; car le droit écrit dans les vieux codes, et qui constitue proprement la législation espagnole, représente plutôt une théorie qu'une civilisation. Qui ne sait, par exemple, que les fameuses lois d'Alphonse le Sage restèrent durant des siècles à l'état d'utopie, de même que les traités de haute jurisprudence de Cicéron et de Platon ? Et qui ne sait aussi que là où l'Orient avait laissé son empreinte profonde, encore perceptible aujourd'hui, les mœurs et les coutumes étaient autres que dans les provinces où la domination sarrazine n'avait fait que passer ?

M. le docteur Pizarro a senti la difficulté, et il s'est restreint. Il ne parle que de Séville, dont l'histoire lui est familière. Il est vrai que, par son importance, cette ville, la seconde d'Espagne, était la vraie capitale de l'Andalousie, et l'Andalousie représentait autrefois l'Espagne arabe.

Le docteur Pizarro ne s'est pas précisément proposé de faire une étude historique, mais il s'est servi de l'histoire et des documents qu'il a eus entre les mains pour soutenir une thèse que nous ne pouvons admettre telle qu'il l'a présentée, et que nous sommes obligé de discuter dans ses principes aussi bien que dans ses conclusions ; car M. le docteur Pizarro est un logicien, et ses arguments s'enchaînent très-bien. Il s'agit de savoir si l'argumentation est irréprochable, et si le désir de démontrer la vérité de sa thèse ne l'a pas induit à des interprétations fautives.

Et d'abord est-il bien démontré que la syphilis naisse

surtout des excès vénériens? M. le docteur Pizarro croit très-fermement qu'elle n'a point d'autre source, et il affirme que les maladies vénériennes ont pour principe, pour cause initiale l'abus des plaisirs sexuels et les désordres des fonctions génitales. C'est se montrer bien affirmatif et surtout bien absolu. Ces questions de haute pathogénie sont autant de problèmes insolubles, et jusqu'ici nous n'avons rien appris de certain sur la véritable origine de ces maladies virulentes et transmissibles, soit par contagion, soit par hérédité, non plus que sur le point de départ et le développement primitif des diathèses. C'est par analogie et par expérience que nous concluons de l'abus au désordre, du vice à la maladie. Mais, en bonne métaphysique, la cause occasionnelle n'explique rien, et nous sommes tout à fait ignorants des causes premières et réellement efficientes, en autres termes, de ce premier principe qui échappe à toutes les investigations les plus subtiles, et qu'on appelle cause prochaine en langage scolastique.

J'ai entendu, quand j'étais sur les bancs, un professeur qui suppléait aux idées par une nomenclature des plus riches et des plus prétentieuses, définir la pathologie générale la science de la cause prochaine, en invoquant hors de propos le témoignage de Zimmermann, ce médecin philosophe qui ne se perdait point dans l'inintelligible. Or il est aussi téméraire de rechercher la cause prochaine que la quadrature du cercle. Je crains que le docteur Pizarro ne ressemble un peu trop à ce professeur de pathologie générale qui donnait par sa définition ambitieuse la vraie mesure de son enseignement. Et ce qu'il y a de plus fâcheux, c'est que le docte médecin de Séville invoque l'histoire à l'appui de sa démonstration. Si je l'ai bien compris, car son exposition est un peu bien embrouillée, voici comme il raisonne :

La syphilis a pour origine les excès des plaisirs vénériens, l'abus des fonctions génératrices ; et la prostitution est par conséquent le moyen le plus efficace de propager et d'en-

tretenir la syphilis. Donc, la prostitution doit être sup-
primée, abolie, extirpée radicalement.

Tout le monde ne s'accommoderait pas de ce raisonnement, qui vaut surtout par les bonnes intentions de ce phi-
lanthrope. Mais ce n'est pas tout; ce raisonnement a pour
base un échafaudage de témoignages historiques, péniblement dressé, mais que nous ne pouvons laisser debout.

Rivé à son syllogisme comme à une chaîne, le docteur
Pizarro est obligé de persuader au lecteur que les ravages
de la syphilis ont toujours été en proportion du désordre des
mœurs, en autres termes, qu'il y a corrélation inévitable
entre la prostitution et les maladies vénériennes. La proposition n'a par elle-même rien de bien extraordinaire ; elle
est raisonnable et plausible. Mais ce qui la rend invraisemblable, c'est la démonstration de l'auteur.

Il se déchaîne contre le paganisme ; il accable de son dédain, ce n'est pas assez dire, de son dégoût, cette société
païenne, d'une moralité effrayante et rongée par ses propres
vices jusqu'à tomber en pourriture. Dans cette civilisation
gréco-latine, le dévergondage des mœurs était général ; la
prostitution régnait sans partage, et le mal vénérien était
comme un ulcère sur la société. M. le docteur Pizarro
charge le tableau en abusant un peu des diatribes qui abondent dans les écrits des Pères de l'Église, et il ne s'aperçoit pas que les textes anciens qu'il allègue à l'appui de ses
assertions ne prouvent rien absolument, car ils n'ont point
le sens qu'il leur donne pour les besoins de sa cause.

J'admets avec lui, et j'incline à croire que la grosse vérole
n'est point de provenance américaine. Nos lecteurs se sou-
viennent peut-être des documents que nous avons produits à
l'appui de cette thèse, dans notre analyse du poëme de Villalobos sur la syphilis (1). M. le docteur Pizarro connaît aussi

(1) V. p. 230-231 de ce volume. — Le savant et judicieux Capmany,
auteur d'une intéressante dissertation sur l'origine du mal vénérien, a
fait une grande dépense d'érudition pour démontrer que ce mal était

ces documents, et il en allègue d'autres qui sont loin d'avoir autant de poids. Mais il s'obstine à faire de la syphilis une maladie du temps passé, et il va jusqu'à regarder comme atteints de syphilis ces Scythes dont l'impuissance a été décrite en termes énergiques par Hippocrate (1), et expliquée comme un châtiment de la Divinité par Hérodote.

C'est soulever une bien grosse question d'histoire, ou mieux, poser de nouveau d'insolubles problèmes.

Les syphilographes les plus érudits et les plus judicieux ont fait de vains efforts pour éclairer ce point obscur de l'histoire médicale. Astruc, si savant pourtant, tient pour l'origine américaine, et les révélations et démonstrations de Swédiaur n'ont convaincu personne. Nous ne pensons pas que l'originalité de l'argumentation du médecin de Séville soit plus efficace. Ce n'est point avec des paradoxes qu'on peut convaincre les esprits sensés ni par cette éternelle antithèse de l'abjection du paganisme et de la dignité du christianisme. En histoire, aussi bien qu'en politique et en médecine, ce

---

d'origine et de provenance américaine. Les autorités qu'il allègue à l'appui de son opinion sont parfaitement choisies, et les arguments qu'il en tire extrémement ingénieux. Mais comment accorder sa démonstration avec le témoignage si précis, irrécusable de Pierre Martyr? Rien de plus simple. Capmany affirme que la date de la fameuse lettre de Pierre Martyr au Portugais Barbosa porte une fausse date dans l'édition d'Alcala (1530) aussi bien que dans celle d'Amsterdam (1670). Embarrassé, gêné par un texte qui renverse toute son argumentation, il élude la difficulté, en prétextant une erreur typographique. Il prétend que la date de cette lettre, notée dans les deux éditions en chiffres romains, a un X de moins : en effet la lettre de Pierre Martyr porte cette série de chiffres : MCCCCLXXXVIII = 1488. Si l'on ajoute un quatrième X, on a 1498 ; et c'est précisément la date qui convient à Capmany. L'Amérique était découverte depuis six ans, à cette date ; mais elle restait encore à découvrir en 1488. Voyez « *Questiones criticas sobre varios puntos de historia economica, politica y militar* ». Su Autor de Antonio de Capmany y de Montpalau, etc. Madrid : en la imprenta real, año de 1807, in-8°. QUESTION III. *Del origen y antigüedad del mal venéreo, y de su aparicion en Europa*, p. 133-180 et plus particulièrement les pages 173 et 174.

(1) *Des airs, des eaux et des lieux*, § 22 (*OEuvres compl.*, trad. E. Littré, t.11, p. 77).

n'est point des principes qu'il faut partir pour juger un système, mais des conséquences.

On a bientôt fait de dire que le paganisme croupissait dans la débauche et pourrissait dans la corruption. Mais l'histoire ne fait pas mention d'une seule épidémie de syphilis dans l'antiquité, et les anciens auteurs, qui nous ont pourtant transmis le souvenir et la description de tant de pestes meurtrières, ne donnent pas la moindre indication ayant trait à ce terrible fléau qui s'abattit sur le monde vers la fin du quinzième siècle.

Le moyen âge l'emporte incontestablement sur l'antiquité par le nombre des épidémies et par les affections contagieuses et héréditaires qui ravageaient les peuples et infectaient les germes de l'humanité. C'est là, quoi qu'on ait dit en faveur de la théorie du progrès et de je ne sais quelle loi empirique de l'histoire, le seul, l'unique point de supériorité de la période intermédiaire sur la période ancienne. Or il n'est pas besoin de dire sous quelles influences se forma et se développa la société du moyen âge. Et M. le docteur Pizarro, qui est Espagnol et dont l'instruction n'est pas commune, a oublié sous quelles institutions s'est développé en Espagne cet esprit de corruption effrayante qui a conduit la race ibérique jusqu'au fond de l'abîme, entre le mysticisme et la casuistique.

Qui ne sait que les mystiques et les casuistes prétendaient arriver par des voies différentes au but suprême, à la sainteté? et qui ne sait aussi que ces guides et conducteurs d'aveugles précipitèrent l'Espagne dans un gouffre de déraison et d'immoralité?

M. le docteur Pizarro nous parle de l'amour socratique, et de cette singulière aberration du sens génésique chez les anciens; et il ne nous dit pas qu'en Espagne, dans les couvents d'hommes, la pédérastie était un vice habituel. Cela s'appelait l'ordinaire du cloître, *lo de la órden*, dit un ancien religieux du célèbre monastère de Saint-Augustin de Burgos, celui-là même qui, racontant dans l'âge mûr les faits qui avaient scandalisé sa jeunesse, dit sévèrement que ces couvents dont il décrit les mœurs ressemblent à l'arche de Noë : *peu d'hommes et beaucoup de brutes.*

Et les couvents de femmes? Nous avons les témoignages de sainte Thérèse qui sont irrécusables; et nous savons les dangers que courut cette religieuse d'un si grand zèle, lorsqu'elle tenta de rendre les congrégations de femmes à l'austérité primitive.

La littérature espagnole, si naïvement dévergondée, est remplie des plus tristes révélations sur les mœurs monastiques des deux sexes. Et le clergé séculier, qu'en dirons-nous? Faut-il rappeler les anciennes lois qui déterminent le nombre des concubines qu'un prêtre peut avoir? Est-il besoin de citer les décrets des conciles et la tolérance de l'Église pour les péchés de concupiscence, et ces évêques qui distribuaient les canonicats à leurs bâtards, et ce terrible scandale qui éclata tout à coup en Andalousie, vers 1560, comme une épidémie monstrueuse?

Abusant de leurs fonctions délicates, un grand nombre de confesseurs, du clergé régulier et même du clergé séculier, conviaient leurs pénitentes au péché de luxure, associant la religion à la débauche. Les souverains pontifes, Paul IV en 1556 et Pie IV en 1564, firent de vains efforts pour déraciner le mal; leurs bulles à ce sujet ne furent pas rendues publiques par l'Inquisition. Après une enquête qui ne dura pas moins de cent vingt jours, le conseil suprême du Saint-Office reconnut qu'en s'obstinant à la poursuite des coupables, on en viendrait forcément à l'abolition de la confession auriculaire. Llorente (1) prétend, il est vrai, que le pseudonyme (Gonzalo-Reynaldo de Montes) qui a le premier dévoilé les mystères du Saint-Office, a exagéré le ma et le chiffre des coupables. Mais on ne peut douter de la

____

(1) *Histoire de l'Inquisition d'Espagne.*

réalité de ces scandales, lorsqu'on a lu dans le grand ouvrage de l'inquisiteur Paramo, sur les origines et les progrès de l'institution du Saint-Office, le dernier chapitre, qui traite de la subornation au tribunal de la pénitence. Loin de nier le crime, Paramo cherche à l'atténuer, ne pouvant le passer sous silence, et il prend le parti d'accabler ces pauvres femmes en s'attachant à mettre en évidence les imperfections de leur nature et leur fragilité.

Pourquoi M. le docteur Pizarro n'a-t-il rien dit de tout cela dans le très-curieux opuscule qu'il a écrit sur les mœurs publiques de la capitale de.l'Andalousie? Ne sait-il pas que la corruption la plus effrénée régnait dans son pays à côté de la foi la plus fervente? Ignore-t-il que, dès les premiers temps du moyen âge, la superstition et la débauche prospéraient côte à côte sous le manteau de la religion? A-t-il oublié le triste et vivant tableau que l'archiprêtre de Hita a tracé de ces turpitudes qui n'épargnaient alors ni les palais des rois, ni les maisons des grands, ni les couvents, ni les églises? Ne se souvient-il pas des choses hideuses contenues dans la Célestine, ce bréviaire de la prostitution au quinzième siècle? Tout le personnel de la luxure la plus honteuse figure et s'agite dans cet immortel ouvrage qui est comme la grande source de la littérature espagnole : le ruffian, l'entremetteuse, le séducteur, la victime, tous les suppôts des mauvais lieux. Et l'auteur se donne pour un moraliste! Il peignait en effet, et de main de maître, les mœurs de son temps, qui furent les mœurs du siècle suivant et celles du dix-septième, et dont la tradition se perpétue encore de nos jours.

Il y a trois plaies qui, depuis des siècles, rongent la société espagnole : la superstition, la misère et la débauche ; et ces trois vices se retrouvent au fond des meilleurs ouvrages de la littérature nationale; car c'est de ces trois éléments que se composent surtout les mœurs de la nation.

M. le docteur Pizarro a signalé lui-même, d'après ses documents, la sigulière coutume qu'avaient les prêtres et les moines de pénétrer dans les maisons de prostitution, sous le prétexte de catéchiser les courtisanes et les habitués. Il nous apprend qu'un alguazil était chargé de conduire ces créatures aux offices les jours de grande fête, et qu'elles accomplissaient sous le regard de la police municipale le précepte pascal. Les prostituées avaient aussi leur patronne, sainte Magdeleine, et elles célébraient la fête de cette pécheresse sanctifiée en s'abstenant ce jour-là de toute fornication.

Toutes ces cérémonies, toutes ces prédications contrariaient beaucoup les entrepreneurs et les fermiers de la prostitution. Le zèle des bonnes âmes ne laissait aucun repos à ces chefs des maisons de tolérance. Il en résultait de graves inconvénients. La luxure, surveillée et troublée dans ses jouissances, se réfugiait dans d'autres maisons que l'on appelait ironiquement des monastères, et qui étaient sous la direction d'une matrone ou abbesse. Là venaient des femmes de tous les rangs se livrer aux plaisirs impurs de la prostitution clandestine.

M. le docteur Pizarro conclut de ce fait que la débauche s'accroît en proportion des règlements et de la surveillance, et c'est par cet argument qu'il prétend démontrer la nécessité d'abolir la prostitution. Encore une fois, le savant médecin de Séville est animé des plus saintes intentions; mais il raisonne peut-être à côté de la question, et ne voit pas que les réformes qu'il demande avec instance, et qui sont en effet très-salutaires et urgentes, ne peuvent se réaliser que par un changement radical des mœurs publiques et non par de nouvelles lois. Que la morale se modifie en Espagne, en se dégageant des entraves d'une tradition détestable, et la législation consacrera inévitablement ces préceptes de l'hygiène qui s'imposent comme des lois souveraines aux sociétés éclairées.

M. le docteur Pizarro, si bien pénétré de sa mission et des devoirs qu'elle lui impose, peut efficacement contribuer pour sa part à préparer et même à hâter ces réformes qu'il désire de toute son âme. Mais qu'il se défie des préjugés qui pèsent sur les esprits les plus émancipés en Espagne, et qu'il se garde surtout de mêler aux questions d'hygiène publique des théories que la science médicale et la vraie philosophie rejettent également comme intempestives.

Si M. le docteur Pizarro prenait la peine d'étudier dans ses origines et dans tous ses développements la corruption des mœurs qui a durant des siècles miné les forces vitales de l'Espagne, il renoncerait apparemment et à ses arguments et à sa thèse, que je ne crois pas soutenable.

L'histoire veut être abordée sans préoccupations, et ne souffre point les sophismes. Le docteur Pizarro qui fait le procès à la civilisation gréco-latine, et qui se montre à son endroit d'une rigueur inflexible, oublie que cette civilisation qu'il dédaigne contenait en germe tout ce qu'il y a de bon et de vraiment vital dans la nôtre. Il est bien vrai qu'en matière de débauche nos sociétés modernes ont des raffinements inconnus aux anciens. Il est encore vrai que nous avons tout perfectionné, et qu'en toutes choses notre prééminence est incontestable ; mais il est certain que les anciens n'avaient pas comme nous cette morale accommodante, indulgente, débonnaire et profondément immorale, qui, tout en reconnaissant les fautes ou les péchés, leur donne absolution et encouragement. Les anciens n'avaient point de casuistes, et le docteur Pizarro a oublié que, dans l'histoire des mœurs espagnoles, ces moralistes à deux visages tiennent le premier rang.

FIN.

TABLE ALPHABÉTHIQUE

DES AUTEURS ET DES MATIÈRES.

A

Abstraction, 422.
— légitime, 442.
Académie des sciences morales et politiques, 606.
— royale de chirurgie, très-jalouse de sa dignité, 375.
ACKERMANN (J. Chr. Gottl.), excellent historien de la médecine, 188, 628.
ACRON (d'Agrigente), 138.
— vain jusqu'au ridicule. 351,
ACTON, auteur d'un livre sur la Génération, 757.
— Loué, 758.
— Apprécié, 760.
— Discuté, 761.
— Propose des remèdes difficiles, 763.
— Ses idées sur l'éducation, 764.
— Son traitement de la spermatorrhée, 766.
ACTUARIUS, 178.
— Affirmation, fondement de la science, 421.
Agents extérieurs, leur influence exagérée par Montesquieu, 648.

ALCMÆON, 137.
Alexandrie (école d'), 29.
— met les vivisections en honneur, 672.
Alliance de l'hygiène et de la thérapeutique, 65.
— de la médecine et de la philosophie, 441.
— Traité de Galien, 404.
— de la métaphysique et de la théologie, 487.
Allopathes et homœopathes d'accord sur la saignée, 114.
Allopathie, 37.
Altération du type, 523.
Ame, principe de vie, 589.
— Opinion de Buffon, 597.
— Opinion d'Asclépiade, 618.
Amour socratique, 317.
— Théories de Platon, 316.
Analyse, 428.
Anatomie analytique, 659.
— descriptive, 658.
— générale, 659.
— son objet, 660.
— inséparable de la physiologie, *ib.*
— son importance, 44, 661.

Anatomie, son utilité, 45.
— fondement de l'enseignement médical, 672.
— pathologique, 34, 35, 141, 388, 661.
— déclarée indispensable par Celse, 673.
ANAXAGORAS, 144.
— Ses doctrines, 145.
Ancienne médecine. Traité d'Hippocrate, 68.
— Analysé, 69.
Anciens, 63.
— mal interprétés par les médecins du dix-septième siècle, 347.
— appréciés par Buffon, 535.
— repoussaient ou civilisaient les barbares, 645.
— Et modernes (querelle des), 8.
Anecdotes sur Louis XIII, 311, 314.
Animalité rejetée hors de la philosophie, par Descartes, 648.
— Ses lois, 703.
Animaux morts disséqués, par Galien, 677.
Animisme combattu par Barthez, 597.
— Les philosophes spiritualistes y cherchent un point d'appui, 587.
— de M. Bouillier, 612.
— M. Bouiller absorbe dans l' — organiciens et vitalistes, 616.
Animistes, 609.
— Adversaires des vitalistes, 610.
ANNE D'AUTRICHE, 321.
Anonyme, auteur d'un travail sur l'empirisme, 710.
— Jugé, 714.
Anthropologie, au berceau, 493.
— tard venue, 517.
Antimoine, ses partisans et ses adversaires, 341.
Antiquité des principaux remèdes 64.

Antiquité de la collection hippocratique, 203.
Aphorismes d'Hippocrate, 303.
— d'Hippocrate discutés, 748, 762.
Appareil digestif, 452.
AQUIN (d'), médecin de Louis XIV, 345.
Arabes, leur médecine, 407.
ARCHÉLAÜS, 147.
Archéologie, modifiée sous l'influence de la physiologie, 518.
ARCHIGÈNE, novateur par vanité, 350.
ARIAS (le docteur), professeur à Salamanque, 230.
ARISTOTE, 29.
— Ses prédécesseurs, 147.
— Sa politique, 195.
— Ses problèmes, 303.
— Naturaliste et médecin, 399.
— Grand philosophe, 475.
— Rapproché à tort de Leibnitz, 617.
— Admirateur de Démocrite, 646.
— Son influence, 647.
— Adopte la doctrine hippocratique sur les influences externes, 648.
— Son *Traité de l'Ame*, ib.
— Son esprit philosophique, 649.
— Cité à propos des vivisections, 672.
— Métaphysicien, 706.
ARNOUX (le père), jésuite, confesseur de Louis XIII, 322.
Art, 40.
— son évolution, 66.
— synonyme de pratique, 442.
Art médical, ses origines, 63, 118.
— Constitué par Hippocrate, 94.
— son développement, 334.
— sur quoi il est fondé, 584.
— son histoire par Bordeu, 405.
— rénovation par Asclépiade, 636.

ARTAXERCÈS, ses dons refusés par Hippocrate, 158.

Artistes, 491.

ASCLÉPIADE, 33, 73.

— Restaurateur de la diététique, 95.

— Jugé par Celse, 95.

— Son opinion sur l'âme, 618.

— Dissertation de M. Raynaud, 625.

— Comparé à Hippocrate, 625.

— Loué par Celse, 627, 632.

— Jugé de travers par Pline, 630.

— Réformateur de la pratique médicale, 632.

— Renoue la tradition hippocratique, 633.

— Comparé à Broussais, *ib.*

— Sa réforme, 635.

— Rénovateur de l'art médical, 636.

— Introduit la vraie méthode de philosopher en médecine, 638.

— Importance de son système, 639.

Association des deux méthodes fondamentales pour l'étude de l'être humain, 431.

Astrologues, leur opinion sur l'origine de la syphilis, 221.

Athéisme, son caractère, sa morale, 558.

Atomes (doctrine), 141.

AUGUSTE, premier empereur romain, 309.

AURÉLIANUS (Cælius), cité, 618.

Auteurs cités par le biographe anonyme d'Hippocrate, 155.

Authenticité des écrits hippocratiques défendue par Daremberg, 204.

Autocratisme admiré par Auguste Comte, 573.

Autriche (rois d'Espagne de la maison d'), mélancoliques, 277.

Axiome de Broussais, 42.

— des anciens empiriques, 111.

B

BACON, 403.

— Charlatan, 474.

BACON (Roger), 481.

BAGIEU, 363.

— Son rapport sur Lecat, 365.

BAGLIVI, 22, 79.

— Sa méthode thérapeutique, 80.

— Induction vicieuse, 85.

BAILLOU, 61, 76, 77.

BAILLY, 459.

Barbares repoussés ou civilisés par les anciens, 645.

BARBEYRAC, 77.

BARTHEZ, 411, 591.

— Sans rival en médecine, 592.

— Comparé à Haller, *ib.*

— Son érudition, 593.

— Admet le principe vital comme une formule commode, 595.

— Élabore lentement son système, *ib.*

— Son premier manifeste, *ib.*

— Libre penseur, 596.

— Rapproché de Buffon, 597.

— Adversaire de l'animisme, *ib.*

— Sa doctrine, 598.

— Homme de progrès, *ib.*

— Ses ascendants dans l'ordre intellectuel, 599.

— Principes de sa philosophie, *ib.*

— Sceptique en métaphysique, 599, 649.

— Son discours sur le principe vital, 600.

— Amoindri par ses prétendus disciples, 602.

— Relève de Descartes, 650.

— Vrai médecin, *ib.*

BASCHET, auteur d'un livre intitulé : *le Roi chez la Reine*, 313.

Baumes, lauréat d'Académie, 355.
Béclard (J.), fait révélé par lui, 694.
Bentivoglio (Guido), ambassadeur de Rome à la Cour de France, 321.
Bérard (Frédéric), 387.
— Thèse dédiée à, 293.
— Médecin philosophe, 412.
Bêtes, leur intelligence, 146.
Bibliothèque hippocratique, 208.
Bichat, fondateur de la biologie, 30.
— Continué par Broussais, 35.
— Remarques sur un principe de sa physiologie, 306, 412.
— Disciple et successeur des philosophes et naturalistes du dix-huitième siècle, 651.
— Son influence, 652.
— Sa distinction des deux vies, inadmissible, *ib.*, 657.
— Combattu par les physiologistes expérimentateurs, 686.
Bienfaits de la médecine, 49.
Biographes d'Hippocrate, 152.
Biographie anonyme d'Hippocrate, analyse critique, 174.
Biologie, 29.
— fondée par Bichat, 30.
Blainville (de), 73.
Blumenbach, 53.
Boerhaave, éclectique, 588.
Bonnet, jugé par Buffon, 547.
Bordas-Dumoulin, 473.
Bordeu, 5, 12.
— Praticien, 77.
— Panégyriste des eaux minérales, 90.
— Juge des praticiens, 108.
— Sa définition du sang, 115.
— Historien de l'art médical, 405.
Bouillier, métaphysicien, 609.
— Animiste, cartésien timide, 612.
— Éclectique quand même, *ib.*

Bouillier, ses doctrines en désaccord avec ses tendances, 614.
— Spiritualiste outré, *ib.*
— Sacrifie la physiologie à la psychologie, *ib.*
— Adversaire des vitalistes. *ib.*
— Admet un vitalisme animiste, 615.
— Absorbe dans l'animisme organiciens et vitalistes, 616.
— Son raisonnement, *ib.*
— Esquisse l'histoire de l'animisme au profit de sa thèse, 617.
— Entend passablement le *Traité de l'âme*, *ib.*
Boulet, 188.
Bouley (H.), défenseur des vivisecteurs, 694.
Bourbons, 310.
— Mélancoliques, 278.
Bouvier, partisan des vivisections, 731.
Broussais, 32.
— Continuateur de Bichat, 35.
— Son rôle et ses services, 42.
— Sa pratique, 113.
— Ses principes philosophiques, 417.
— Distinguait les systèmes d'avec l'histoire de l'art, 594.
— Comparé à Asclépiade, 634.
— Physiologiste, 653.
— Cité à propos des vivisections, 688.
Buffon, 487.
— Son caractère, 526.
— Sa jeunesse, 527.
— Ses goûts, 528.
— Ses voyages, 529.
— Ses relations, 530.
— Nommé à l'Académie des sciences, *ib.*
— Au Jardin royal, 532.
— Son administration, 533.
— L'*Histoire naturelle*, 534.

Buffon, sa contenance à l'égard de la critique, 534.
— Appréciateur des anciens, 535.
— Son indifférence, *ib*.
— Homme de progrès, 536.
— Expériences de physique, *ib*.
— Sa modestie, 537.
— Caractère révélé par la correspondance, 537.
— Comparé à Montesquieu, 538.
— Nommé à l'Académie française, 538.
— Académicien, 539.
— Moments d'humeur, 540.
— Ses amitiés, 541.
— Sa manie, 542.
— Son jugement sur saint Lambert, 542.
— Sur Condillac, 543.
— Sur Quesnay, 544.
— Sur Spallanzani, 546.
— Sur Haller, 547.
— Sur Fontana, *ib*.
— Sur Bonnet, *ib*.
— Ses relations avec madame Daubenton, 544.
— Avec madame Necker, 545.
— Avec Voltaire, 546.
— Lettre sur la génération, *ib*.
— Sa correspondance appréciée, 548.
— Comparé à Barthez, 597.
— Son opinion sur l'âme, *ib*.

C

Cabanis, comparé à Galien et à Huarte, 304.
— Historien de la médecine, 405.
— Résume et féconde les travaux des anciens sur la physiologie générale, 651.
Cælius Aurelianus, 96.
Canon des écrits hippocratiques, 202.
Canon alexandrin des livres d'Hippocrate, 204.
Capmany, 218, 771.
Caractère de Louis XIII, 314.
— commun de la plupart des systèmes, 436.
— de la science générale, 488.
Caricature de Louis XIV, 333, 348.
Carrière facile ou pénible, 383.
Cartésianisme au point de vue physiologique, 704.
Caton hostile à la médedine, 5.
— Cité, 186.
Causes (science des), 716.
— externes, traité hippocratique sur leurs influences, 75.
— naturelles de la syphilis, 224.
— de la maladie de Ferdinand VI, 285.
Célibat, glorifié, 756.
Celse, juge d'Asclépiade, 95.
— Passage de cet auteur expliqué, 395.
— Autre, commenté, 398.
— Admirateur éclairé d'Asclépiade, 627.
— Sa valeur, 628.
— Loue la pratique d'Asclépiade, 632.
— Approuve la réforme de ce médecin, 635.
— Cité à l'occasion des vivisections, 672.
— Déclare l'anatomie indispensable, 673.
— Rapporte le raisonnement des vivisecteurs, 673.
— Résume l'argumentation des empiriques, 674.
— Son opinion sur les vivisections, 675.
— Cité, 682, 739.
Celtes, 521.
Certitude médicale, 583.
Chaleur, principe de vie, 134.
— Innée, 139.

Charlatanisme de Paracelse, 353.
— De Lecat, 374.
— Germanique, 510.
— Médical, p. 349.
— Défini par Pline, 360.
— De Bacon, 474.
Charlatans, 8, 9, 349.
— Cupides, 349.
— Vaniteux, 350.
CHAUSSIER, 189.
Chémiatrie, 13.
Chimie, ses prétentions, 12.
Chirurgie, son essence, 729.
— Expérimentale, 732.
Chirurgien, ses devoirs, 730.
Chirurgiens supérieurs, aux médecins, au dix-septième siècle, 347.
Christianisme funeste aux progrès de la médecine, 403.
CICÉRON, *de Senectute*, *Questions tusculanes*, 294.
— Réfutation, 297.
Circulaire des magistrats de Lille, annonçant l'arrivée du chirurgien Lecat, 366.
Circulation, 454.
Circonspection, recommandée aux observateurs, 761.
Civilisation ancienne, 755, 773.
Classification des sciences, 483.
— Des connaissances, par A. Comte, 570.
CLAUDE, empereur romain, 308.
Clinique, 724.
Cnide (école de), 86.
— Sa rivalité avec Cos, 208.
COCCHI, 92.
Cœur, théorie de M. E. Lemoine, 720.
Collection hippocratique, 199.
Antiquité de la —, 203.
— Écrits cnidiens, 207.
Colléges, vice répandu, 764.
COLLONGUES, auteur de la *Dynamoscopie*, 722.

COLUMELLE, 398.
COMTE (Auguste), 473.
— Découvre la loi empirique de l'histoire, 560.
— Sa conception philosophique est modifiée par Littré, *ib.*
— Jugement de Littré, 566.
— Sa vie, 566.
— Son orgueil dogmatique, 567.
— Né pour dominer, *ib.*
— Jugé par un disciple fanatique, *ib.*
— Met le sentiment au-dessus de la raison, 568.
— Sa nature, d'après son propre témoignage, *ib.*
— Caractères de sa folie, *ib.*
— Causes de cette affection, 569.
— Aberration de son sens moral, 570.
— Tente une classification des connaissances, *ib.*
— Ses prédécesseurs, 571.
— Gradation imaginée par lui, 572.
— Admirateur de l'autocratisme et de l'unité catholique, 573.
— Fondateur de la religion universelle, *ib.*
— Sa conception de l'univers, — 574.
— Ses derniers écrits, *ib.*
— Ses disciples divisés, *ib.*
— Son ambition, 575.
— Comparé à Ramon Lull, *ib.*
— Mystique et érotomane, *ib.*
— Utile aux médecins d'aliénés, 576.
— Ses théories médicales, *ib.*
— Attaqué par les métaphysiciens de l'école éclectique, 578.
— Jugé prématurément, 580.
— Ses disciples, 581.
— Ses sectaires, *ib.*
Comédies médicales de Molière, 336.

Commission chargée par l'Académie de médecine d'étudier la question des vivisections, 668.
— N'a pas répondu aux questions posées, 683.
Composition intime des tissus, 660.
Compendium de la médecine hippocratique, 212.
Conciliation des systèmes philosophiques et de la foi, vaine, 484.
Condillac, 411.
— Sa philosophie, 543.
— Jugé par Buffon, *ib.*
Condorcet, 460, 483.
— Philosophe, 644.
Conduit auditif interne, 138.
Confessions de J.-J. Rousseau, 524.
Connaissances élémentaires de physiologie, de médecine et d'hygiène, utiles au progrès social, 214.
— leur coordination, 501.
Connaissance du monde organique, élémentaire, 493.
Connexion de la théologie avec la religion, 491.
Consommation du mariage de Louis XIII, 330.
Constitution de la médecine, 59.
— de l'hygiène, *ib.*
Consultation des médecins de don Carlos, 239.
— pour le prince don Carlos, 262.
— théologique pour la faculté de Montpellier, 603.
Contarini (Anzolo), ambassadeur vénitien, 329.
Continence de Louis XIII, 315.
Contemplatifs, ils ont pour chef Socrate, 642.
Convalescence du prince don Carlos, 255.

Coordination des choses, des connaissances, 501.
Corps enseignants, routiniers, 657.
Cos, rivalité avec Cnide, 208.
Cosmogonie de Platon, 647.
Critique, 170.
— De la médecine par Molière, 335.
— suppose l'histoire et la philosophie, 457.
Crotone (école de), 671.
Ctésias, 196.
Courier (P. L.), cité, 663.
Culte de l'humanité, 518.
— Relation, 237.
Cure de don Carlos, 237, 246.
Cuvier, chef d'une école de petits naturalistes, 479.

D

Dacier, 180.
D'Alembert, 482.
Daremberg, son argumentation en faveur de l'authenticité des écrits hippocratiques, 204, 212.
David, gendre de Lecat, 355.
Daubenton (madame), ses relations avec Buffon, 544.
Daza Chacon, chirurgien de don Carlos, 232.
— proteste de sa véracité, 263.
Débilité, 112.
Découvertes des modernes, 467.
Décret des Athéniens, 163.
Décret du 19 avril 1862, 658.
Delpech, 385.
Démocède, 121.
Démocrite, 140.
— Ses doctrines médicales, 142.
— Ses écrits, 143.
— Combattu par Platon, 144.
— Sa folie, 160.
— Fondateur de la philosophie naturelle, p. 637, 646.

786   TABLE ALPHABÉTIQUE.

DÉMOCRITE loué par Aristote, 637, 638, 646.
— disséquait des animaux, 671.
DESCARTES, 403.
— Métaphysicien, 472.
— Excellent géomètre, 643.
— Rejette l'animalité hors de la philosophie, 648.
— Barthez relève de lui, 650, 704.
— Défenseur de l'automatisme, 705.
Description de la maladie de Ferdinand VI, 281.
— de la mélancolie de Ferdinand VI, 288.
— de la syphilis, 225.
DES ÉTANGS, 734.
— Son ouvrage sur le suicide, 736.
— Son opinion sur le suicide, 738.
— Adversaire de la statistique, 740.
— Sa méthode, 742.
— Matière de son livre, 743.
— Plan de son travail sur le suicide, 747.
— S'abstient de conclure, 750.
— Pourquoi? 751.
— Apprécié, ib.
— Cité, 744, 752.
DÉSGENETTES, 215.
Devise du vrai médecin, 375.
DEZEIMERIS, interprète ingénieux de la doctrine des méthodistes, 633, 636, 639.
Diagnostic, 22.
— Importance exagérée, 82, 724.
— de la blessure de don Carlos, 244.
Dictionnaire de Nysten, par MM. Littré et Robin, 24.
DIDEROT, 466.
DIÉGO (saint) d'Alcala, canonisé en 1588, 268.

DIÉGO (saint) d'Alcala intervient dans la cure de don Carlos, 249.
Diététique dans l'antiquité, 93.
— restaurée par Asclepiade, 95.
Digestion, 92, 453.
DIOGÈNE, apollouiate, 147.
Disciples d'A. Comte, 581.
Discours au pied de l'autel de Minerve, 163.
— de Barthez, sur le principe vital, 600.
Discussions sur le principe vital, oiseuses, 610.
— sur les vivisections, appréciée, 695.
— vaine, 697.
— close irrégulièrement, 698.
Dissection d'hommes vivants par Hérophile, 673.
— D'animaux morts par Galien, 677.
Distinction puérile, 491.
Divination, proche parente de la médecine 161.
Divinité synonyme de nature, 458.
Divinités médicales, 118.
Doctorat ès-lettres, 623.
Doctrine des atomes, 141.
— De l'irritation, 417.
— de Démocrite, propagée par Épicure, 646.
— De la crase, 651.
— des tempéraments, représentée par trois auteurs, ib.
— doctrine pythagoricienne, 133.
Dogmatisme, 67.
Doléances de Villalobos, 228.
DON CARLOS, ne fut pas trépané, 235, 272.
— Conduite pendant sa maladie, 257.
Douleur, requise dans les vivisections, 678.
Dualisme, 446.
DUBOIS (Fr.), contraire aux vivisecteurs, 696.

Dubois (Fr.) proteste contre le vote de l'Académie au sujet des vivisections, 699.

Dynamoscopie, 722.

— Sens de ce mot, 726.

— D'une utilité problématique, 727.

Dyspepsie, 111.

E

Eaux minérales. Leur panégyrique par Bordeu, 90.

Éclectisme médical, 19.

— Son origine, 413.

— Son influence, 605.

— de Boerhaave, 588.

— de M. Bouillier, 612.

— a corrompu et faussé l'histoire, 613.

— Travaux historiques jugés, *ib.*

Éclectiques impuissants et corrupteurs, 613.

— n'entendent point la psychologie, *ib.*

École alexandrine, 29.

— met les vivisections en honneur, 672.

École anatomique, 388.

— de Cnide, 86.

— de Cos, 206.

— de Crotone, 122, 671.

— critique, peu émancipée, 490.

— éclectique, 605.

— empirique, Sydenham en est le chef, 76.

— de Montpellier, jugée par M. Ribes, 392.

— de Montpellier, trop voisine de l'église, 595.

— spiritualiste à outrance, 596.

— fourvoyée par qui, *ib.*

— de Montpellier, 601.

— ouverte au progrès, 603.

— comparée aux écoles du moyen âge, 604.

École de Paris, réactionnaire, 345.

— Représentée par Fernel, 339.

Écrits hippocratiques, 199. Leur canon, 202. Alexandrin, 204. Hypothèse de Littré, 204. Leur authenticité défendue par Daremberg, *ib.* — Leur date approximative, 203.

— Opinions diverses des critiques modernes, 209.

— cnidiens dans la collection hippocratique, 207.

Éducation. Idées d'Acton, 764.

Égyptiens, leur science, 133.

Elbœuf (le duc d'), 329.

Électricité, cause première de la vie, 719.

Éléments cosmiques, 129.

— doctrine d'Anaxagoras, contraire à celle d'Empédocle, 145.

— de la biographie selon Soranus, 176.

— constitutifs de la nature humaine, 437.

— distincts, mais inséparables, 450.

Éloge de Lecat, jugé par l'Académie de chirurgie, 359.

Émancipation par la science, 489.

Empédocle, 4, 134.

— auteur de la doctrine de la crase, 135.

— Ses connaissances médicales, *ib.*

— Sa pratique, 136.

— Sa doctrine, 145.

— adversaire d'Acron, 351.

Empiriques purs, 441.

— Rejetaient les vivisections, 674.

Empirisme, 67.

— primitif, 65.

— brut, 118.

— synonyme de tradition, 583.

— Réflexions de Renouard, 708.

Empirisme, travail d'un auteur anonyme, 710.
Encyclopédie, 411.
— de Diderot et d'Alembert, 482.
— scientifique, 27.
— leur origine, 482.
Enquête au sujet des vivisections, 668.
Enseignement médical, très-imparfait, 657.
— Réformes tardives, 657.
— médical, 672.
— médical, fondé sur l'anatomie, 672.
— clinique, 723.
Épicure, dérive de Démocrite, 637.
— savait la médecine, 638.
— propage la doctrine de Démocrite, 646.
Épicharme, 137.
Érasistrate, dissèque des hommes vivants, 673.
Erreurs des historiens au sujet de la blessure de don Carlos, 264.
Érudition dédaignée par les médecins contemporains, 622.
Érysipèle venant compliquer la blessure de don Carlos, 242.
Esculape, influence de ses temples, 121.
Espagne (Adelphe), traducteur d'un discours latin de Barthez, 593.
Espagne, ses rois mélancoliques ou maniaques, 277.
— Prostitution, 768, 775.
Esprit grec, enclin aux fables, 151.
Ethnogénie gauloise, 504.
Ethnographie, 505.
Ethnologie, ib.
Éthopée, ib.
Être humain. Association de deux méthodes pour son étude, 431.
Étude des races, 507.

Études littéraires, étrangères à la majorité des médecins, 620.
— médicales, 725.
Euryphon de Cnide, 153.
Évolution des arts et des sciences, 66.
— des facultés humaines, 464.
— humaine, sa formule, 484.
— de la médecine, 60, 117.
— des sciences exactes, 515.
— des sciences organiques, 516.
— de la vie, 448.
Expérience et expérimentation, 66.
Expérimentateurs, Haller leur chef d'école, 593.
— Leur secte a pour chef Magendie, 680.
Expérimentation, procédé, confondue avec la méthode expérimentale, 685.
Exploration, ses excès, 21, 723.

F

Faculté de médecine de Montpellier. Consultation théologique, 603.
Facultés humaines. Leur évolution, 464.
Fages (le professeur), 384.
Fagon, médecin de Louis XIV, 345.
Famille d'Hippocrate, 193.
Faussaires, 173.
Fée (A.-L.-A.). Ses travaux, 700.
— Son livre sur les *Misères des Animaux*, 702, 707.
Ferdinand VI, roi d'Espagne. Son tempérament, son caractère, 278. Sa maladie, 281. Sa mélancolie, 288. Sa mort, 290.
Fernando del Pulgar, 293.
Fernel (Jean), représentant de l'école de Paris, 339.
Fistule de Louis XIV, 343.

FLOTTES (l'abbé), 605. Consultation théologique, 603.

Fluide séminal, théorie de Haller, 760.

FODÉRÉ, 215.

Foi. Conciliation vaine avec les systèmes philosophiques, 584.

Folie de Démocrite, 160.

— d'Auguste Comte, 568.

— traitée contre toutes les règles, 569.

— Suicide, 738.

Fonctions, leur harmonie, 433.

Fondement de la médecine ancienne, 64.

FONTANA, jugé par Buffon, 547.

Formule de la vie, 433.

— de l'évolution humaine, 484.

FOUQUET, 411.

G

GACHARD, historien de don Carlos, 217.

Gale d'Égypte. Nom donné à la syphilis par Villalobos, 223.

GALIEN, 30.

— Auteur d'un système de pathologie, 33.

— Juge des méthodistes, 97.

— Homme de réaction, 98.

— Admirateur outré d'Hippocrate, 178, 626.

— Explique tout, 303.

— Abrégé par Laguna, 304.

— Sa théorie des tempéraments, 304.

— Comparé à Cabanis, ib.

— Médecin et philosophe, 400.

— Son influence, 407.

— Sa conduite à l'égard d'Hippocrate, 602.

— Cité, 618.

— Nature de son esprit, 626.

— Hostile à l'école des méthodistes, ib.

GALIEN détracteur des grands médecins, 627.

— Son influence, ib.

— Cité, 636.

— Auteur d'un excellent essai sur la physiologie générale, 651.

— Sa méthode d'investigation, 676.

— Disséquait des animaux morts, 677.

— Cité, 688.

GALL. Son système doit être restreint, 306. Son rôle, 417. Physiologiste 652. Phrénologue, 653.

GASSENDI, 479.

GAULE. Son ethnogénie, 504.

Gaulois, 521.

Génération. Lettre de Buffon, 546. Mauvais livres sur la — 754. Le livre d'Acton, 757.

Géomètres, 477.

Gens du monde, 494.

Glossaire gaulois, 512.

GRÈCE, instruite et gâtée par l'Orient, 642.

GRIMM, traducteur d'Hippocrate, 187.

GUTIERREZ (le docteur Juan), médecin de Philippe II, 238.

GUY-PATIN, type du médecin français au dix-septième siècle, 340.

— Maltraite Paracelse, 342.

Gymnases chez les Grecs, 93.

H

HAHNEMANN glorifié, 713.

HALLER, 592.

— Chef de l'école des expérimentateurs, 593.

— Compilateur, ib.

— Jugé par Buffon, 547.

— Comparé à Barthez, 592.

Haller, sa théorie sur le fluide séminal, 760.

Harmonie des fonctions, 433.

Henri IV, 311.

— Comparé à Louis XIII, 325.

Héraclite (d'Éphèse), 4, 139.

— Comparé à Stahl, 585.

Hérédité. Son influence, 490.

Hérodicus, 93.

Hérophile dissèque des hommes vivants, 673.

Hérouard (Jean), médecin de Louis XIII, 312.

Heyne, 156.

Hippocrate, 28.

— Précepte fondamental, 52.

— Sa méthode, 87.

— Incendiaire, 124.

— Sa biographie, 152.

— Ses portraits, 155.

— Son caractère, ses services, 155.

— Refuse les dons d'Ataxerxès, 158.

— Vénéré comme un dieu, 178.

— Rapproché de Socrate, 397.

— Médecin et philosophe, 398.

— Son école, 406.

— Loué sans mesure, 626.

— Fonde la science des modificateurs, 647.

— Cité, 723, 733.

— Ses biographes, 152.

— Son tombeau, 154.

— Sa lettre à Démétrius, 160, à Hystanès, 159, aux Abdérites, 160.

— Admiré par Galien, 178.

— Traduit par Grimm, 187.

— Sa famille, 193.

— Cité par Platon, 194.

— Écrits authentiques, 210.

— Conduite de Galien à son égard, 602.

— Comparé à Asclépiade, 625.

Hippocratisme, 98.

Histoire. Envahie par la légende, 151.

— Trouve un auxiliaire dans la médecine, 214. La physiologie dans l'—, ouvrages à consulter, 308.

— Son émancipation, 310.

— Loi empirique découverte par A. Comte, 560.

— modifiée par Littré, ib.

— Corrompue et faussée par l'éclectisme, 613.

— de l'animisme par M. Bouillier, 617.

— de l'art médical, par Bordeu, 405.

— de la médecine, 44, 404.

— inséparable de celle de la philosophie, 406.

— naturelle, auxiliaire de la physiologie générale, 496.

— particulière du roi Louis XIII, par Hérouard, son médecin, 312.

— de la philosophie inséparable de l' — de la médecine, 406.

— des races et histoire des langues, connexes, 505.

Histologie, titre impropre d'une chaire nouvelle, 658.

Historiens de la médecine, 405. Qualités du vrai historien, 409.

Hobbes, 481.

Hoffmann (Fr.). Son aphorisme, 52.

— Son rôle, sa méthode thérapeutique, 53.

— Adversaire de Stahl, 588.

Homère explique l'origine de la peste, 136.

Homme. Condition de son existence, 58. Science de l' —, 58.

— Mis hors de l'animalité, 500.

— défini, 503.

Hommes disséqués en vie, 672.

Homœoméries, 145.

Homœopathes et allopathes d'accord sur la saignée, 114.

Homœopathie, 38.
Houdard, 189.
Huarte. Sa doctrine physiologi-
que, 304.
— Comparé à Cabanis, *ib.*
Hufeland. Son opinion sur la
saignée, 115.
Huxham, 398.
Hygiène, 32. Son état, 54. Ouvra-
ges sur l' —, 54, 55. Son objet,
57. Sa constitution, 59. Son al-
liance avec la thérapeutique,
65. Connaissances utiles au
progrès social, 214.
Hygiène thérapeutique, par F. Ri-
bes. Critique, 61.
Hypercritique, 170.
Hystanès, 159.

I

Iatromathématique. Iatroméca-
nisme, 14.
Imprimés concernant Lecat, 366.
Incision pratiquée au cuir chevelu de don Carlos, 241.
Induction, 666.
— vicieuse de Baglivi, 85.
Influences externes. Doctrine
hippocratique adoptée par A-
ristote, 648.
— héréditaires, 490.
Intelligence. Faculté souveraine,
656.
— des bêtes, 146.
Irritation. Doctrine de l' —, 417.

J

Jouffroy, 412. Sa thèse aban-
donnée par les métaphysi-
ciens, 611.
*Journal de la santé du roi
Louis XIV*, 333.
Juifs. Leur rôle, 7,
Julien (l'empereur), 487, 647.

L

Laennec, 35, 723.
La Fontaine, 478.
Laguna, abréviateur de Galien,
304.
Langues. Leur histoire connexe
avec l'histoire des races, 505.
— Leur valeur, 506.
— Anciennes peu cultivées par
nos médecins, 621.
— celtiques, 509.
Lecat. Son portrait, 353.
— Jugement de A. Louis, 354.
— Homme de concours, 355.
— Anobli, 356.
— Son éducation, 356.
— Physicien, *ib.*
— Son ambition, 357.
— Son éloge par A. Louis, 358.
— Son caractère, 359.
— Ses titres académiques, 361.
— Sa lettre à l'Académie royale
de chirurgie, 362.
— Sa conduite dénoncée à l'A-
cadémie de chirurgie, 363.
— Son apologie, 369.
— Sa conduite jugée, 374.
Le Clerc (Daniel), 181.
Legallois, 189.
Légende envahissant l'histoire,
151.
— hippocratique. Ses circonstan-
ces principales, son examen,
158. Pièces apocryphes, 173.
Au moyen âge, 178. Résultats
de la discussion, 191. Résumé
de la discussion, 196. Résumé
général, 197.
Legra, Legrar. Signification et
étymologie de ces termes, 273.
Leibnitz, 466.
— Métaphysicien, 474, 706.
— Génie mathématique, 643.
— Rapproché à tort d'Aristote,
617.

LEMOINE (Albert), 586.
LEMOINE (E.-M.), auteur de l'*Omnigénie*, 716.
— Sa théorie du cœur, 720.
— Philosophe, 721.
Lèpre d'Égypte ; nom donné par Villalobos à la syphilis, 223.
LE ROI éditeur du *Journal de la santé du roi Louis XIV*, 333.
Lettre concernant A. Comte, 578.
— de Daza Chacon à don Carlos, 237.
— de Fernando del Pulgar au médecin Francisco Nuñez, 293.
— d'Hippocrate à Hystanès, 159.
— à Démétrius, 160.
— aux Abdérites, 160.
— de Lecat à l'Académie royale de chirurgie, 362.
— de Morand à Bagieu, 364.
— de Pierre Martyr au professeur Arias, 230. A un professeur de Tolède, 231.
— supposées, dans la biographie d'Hippocrate, 158.
— de Buffon, 548.
— sur la génération, 546.
— dédaignées par les médecins contemporains, 622.
Linguistique, auxiliaire de la physiologie générale, 508.
LINNÉE, 502.
Littérature contemporaine, 736.
— physiologique et médicale, 213.
— utile à la médecine, 620.
LITTRÉ, 25.
— Son hypothèse sur les écrits hippocratiques, 204.
— Modifie la conception philosophique d'A. Comte, 560.
— propagateur actif de la philosophie positive, 561.
— repoussé par l'Académie française, 562.
— Son éducation, *ib.*

LITTRÉ, sa nature, 563.
— Surfait son maître, *ib.*
— Mal jugé par ses adversaires, 564.
— Jugé par Sainte-Beuve, 565.
— Son livre sur Auguste Comte, 566.
Livres classiques, 22.
LLORENTE. Sa légèreté, 235.
— Réfuté, 264, 265.
LOCKE, 408.
Longévité, 299.
LORDAT (Jacques), 384.
LORRY, 90.
LOUIS (Antoine). Son jugement sur Lecat, 354. Son éloge de Lecat, 358.
LOUIS XIII. Anecdotes, 311, 314.
— Son mariage, 313.
— Son caractère, 314.
— Sa continence, 315.
— Son tempérament, 320.
— Comparé à Henri IV, 325.
— Prend une leçon d'amour, 329.
LOUIS XIV. Vu tel qu'il était, 310.
— Circonstances de sa naissance, 332.
— Ses médecins, 333.
— Caricature, *ib.*, 348.
— Son régime alimentaire, 342.
— Sa fistule, 343.
— Ses maladies, 344.
LUCIEN, cité, 317.
LUCRÈCE, 168.
— Un vers sur l'âme, 610.
LULL (Ramon), 481.
— Comparé à Auguste Comte, 575.
LUYNES, favori de Louis XIII, 322.

M

Macrocosme, 131.
MAGENDIE, 679.
— Chef de la secte des expérimentateurs, 680.

Magendie loué par les vivisec-
teurs, 685-86.
— Ses tendances, 687.
— vivisecteur, 733.
Maine de Biran, 416.
Maladie, 32.
— de Ferdinand VI. Relation,
283. Nature, 283. Symptômes,
284. Causes, 285.
— de Louis XIV, 344.
Malebranche, 480.
— Contemplatif, 641.
Malherbe, 326.
Malthus, 759.
Mandeville (Jean de), 178.
Mariage de Louis XIII, 313.
— Négociations pour son accom-
plissement, 321.
Matérialisme, 14.
— reproché aux médecins, 439.
Mathématiques, 643.
Matière se transformant, 461.
Matière médicale chez les an-
ciens, 94.
Médecin. Son influence, 758.
— philosophe, Fr. Bérard, 412.
Médecine. Son importance, 4.
— Ses adversaires, 4, 5.
— Ses bienfaits, 49.
— Sa constitution, 59.
— Son évolution, 60, 117.
— Proche parente de la divina-
tion, 161.
— Connaissances utiles au pro-
grès social, 214.
— Auxiliaire de l'histoire, 214.
— Ses variations, 334, 583.
— Son enseignement et son
exercice au dix-septième siè-
cle, 337.
— Son union avec la philosophie,
395.
— Séparée de la philosophie,
402.
— Retardée dans ses progrès par
le christianisme, 403.

Médecine. Ses historiens, 405.
— Tentatives de conciliation avec
la philosophie, 410.
— Synonyme de physiologie générale, 437.
— Son alliance avec la philosophie, 441.
— Est un art, 583.
— Services que lui rend la littérature, 620.
— Méthode de philosopher en —
introduite par Asclépiade ,
638. Statistique en — 739.
— contemporaine, 20, 41.
— exacte, 21.
— Ancienne. Son fondement,
64.
— Ses tendances, 72.
— moderne. Ses tendances, 72.
— traditionnelle, 76.
— des symptômes, 84.
— Ses divisions, 93.
— naturelle. Son influence, 113.
— des temps héroïques, 125.
— dogmatique. Son origine, 149.
— française, retardée par la routine des écoles, 347.
— des Arabes, 407.
— hippocratique , distincte de
l'empirisme, 74, 212.
— mentale, 608.
— comparée, 658.
— pratique. Son principe, 733.
— Faible dans les grandes questions, 766.
Médecins. Leur opinion sur l'o-
rigine de la syphilis, 222.
— contemporains, 47.
— cnidiens, 86.
— alexandrins, 94.
— méthodistes, 97.
— à Rome. Leur condition, 6.
— aliénistes. Leur opinion sur le
suicide, 737.
— arabes, philosophes, 401.
— de campagne, 107.

Médecins. Comment ils étudient l'homme, 438.
— peu lettrés, 619.
— Dédaignent l'érudition et les lettres, 622.
— Connaissent peu l'antiquité, 623.
— du dix-septième siècle. Leur savoir, 340. Ont mal interprété les anciens, 347. Inférieurs aux chirurgiens, 347.
— érudits, auxiliaires des historiens, 217.
— de Louis XIV, 333. Leur pratique, 342. Leur caractère, 348.
— métaphysiciens, 582.
Mélancolie. Opinion des anciens, 284.
— de Ferdinand VI, 288.
— des rois d'Espagne, 277.
MÉNÉCRATE fou de vanité, 352.
Métaphysiciens. Successeurs des sophistes, 476.
— étrangers aux questions vitales des sciences organiques, 611.
— Abandonnent la thèse de Jouffroy, 611.
Métaphysique. Son origine, 130, 485.
— Son rôle, 462.
— Subit l'influence de la théologie, 480.
— Analogie et dissemblance avec la théologie, 486.
— Alliée de la théologie, 487.
— Incompatible avec la science, 488, 612.
— Scepticisme de Barthez en —, 599.
— Son état au dix-septième siècle, 643.
— cartésienne, 502. Son influence, 705. Son essence, ib.
— de Leibnitz, 474, 706.
— médicale, 582.
Métasyncrise, 96.

Météorologie problématique, 493.
Méthode pour l'étude de l'être humain, 431.
— de philosopher en médecine, introduite par Asclépiade, 638.
— conforme aux principes, 515.
— aristotélique, 475.
— chirurgicale, 730.
— comparative, 666.
— d'exploration, appliquée à l'histoire de l'art, 56.
— expérimentale confondue avec l'expérimentation, 585. Compromise par les physiologistes expérimentateurs, 687, 715.
— hippocratique, 397.
— historique, 67.
— médicale, 65.
— numérique, appréciée, 739.
— philosophique des Grecs, 608.
— des Romains, 609.
— scientifique très-ancienne, 571, 591.
— thérapeutique de Baglivi, 80.
— des méthodistes, 96.
— antagonistes, 427, 444.
Méthodisme et hippocratisme, 98.
— Interprétation ingénieuse de Dezeimeris, 633, 636, 639.
Méthodistes comparés aux sceptiques, 33.
— Jugés par Galien, 97.
— Combattus par Galien, 626.
MICHON (J.), docteur ès-lettres, 624.
Microcosme, 131.
Micrographie. Procédé d'observation, 672.
Microscope, 661.
Milieu. Son influence, 59.
— Comparé au placenta, 449.
Misères de la vieillesse, 295.
— des animaux, 702.
Mode en thérapeutique, 110.
Modération, vertu des philosophes de l'Université, 607.

Modificateurs, 88.

Mœurs corrompues. Sous quelle influence, 757, 774.

Molière, réformateur de la médecine, 216.

— Critique de la médecine, 335.

— Ses comédies médicales, 336.

— Vérité de ses critiques, 348.

— Philosophe, 478.

Monde organique. Connaissance du —, 493.

Montaigne, 9.

Monteleone (le duc de), ambassadeur d'Espagne à la cour de France, 323.

Montesquieu comparé à Buffon 538.

— exagère l'influence des agents extérieurs, 648.

— Penseur pénétrant 643.

Montpellier (école de). V. *École.*

Montpellier médical, 601.

Moquin-Tandon, rapporteur dans la question des vivisections, 669.

— d'accord avec Renault, 671.

— Ses conclusions, 681.

Morale, doit s'appuyer sur la science, 755. Statistique en —, 739.

— de l'athéisme, 558.

Morand, 364.

— Sa lettre à Bagieu, *ib.*

Morejon Hernandez (Antonio), éditeur du poëme de Villalobos 220, 376.

— Ses études, 377.

— Son esprit, 378.

— Ses écrits, 379.

— Sa pratique, 380.

— Ses services, 381.

— Ses fonctions, 382.

Morgagni, 34.

Mort, 59.

— Ses signes, 728.

— volontaire, 734.

Mort de Ferdinand VI, 290.

Moyen âge, 645, 773.

— étranger à la science de la nature, 646.

— État de la profession médicale, 7.

Murray (J.-A.), 665.

N

Napoléon, 738.

Naturalistes purs, faibles dans la physiologie générale, 496.

Nature, synonyme de divinité, 458.

— synonyme d'organisme vivant, 598.

— Sens de ce mot en médecine, 33.

— de la maladie de Ferdinand VI, 283.

— humaine, ses éléments constitutifs, 437.

— Opinions innombrables, 446.

Necker (Mme). Ses relations avec Buffon, 545.

Newton, 422, 477.

Nomenclature ridicule, 724.

Nourriture excessive, 113.

Nuit des noces de Louis XIII, 318.

Nutrition. Propriété fondamentale, 91, 451, 661.

Nysten. Dictionnaire refondu par MM. Littré et Robin, 24.

O

Observateur : doit être circonspect, 761.

Observateurs vulgaires, 723.

— présomptueux, 726.

Observation chez les anciens et chez les modernes, 302.

Olivarès, médecin de don Carlos, 238. — Relation attribuée à —, 267.

— Réflexions de ce médecin, 270.

796 TABLE ALPHABÉTIQUE.

Omnigénie, 716.
— Science des causes, *ib.*
ONAN, prédécesseur de Malthus, 759.
Ontologie, 402.
Opération à laquelle fut soumis don Carlos, 247.
— sur le cheval vivant, à Alfort, 690.
— tolérées par la Société protectrice, 691.
Opportunité, condition principale de la thérapeutique, 81.
Organiciens, 36, 83.
— raisonnement faux, 449.
— absorbés dans l'animisme par M. Bouillier, 616.
Organisation, 30, 660.
— Définition de Quatrefages, 498.
Organisme vivant, synonyme de nature, 598.
Orient, instruit et gâte la Grèce, 642.
Origine de la métaphysique, 130, 485.
— de la peste, dans Homère, 136.
— de la philosophie naturelle, 128.
— de la syphilis. Opinions diverses, 218, 223.
— de la théologie, 485.
— de l'art médical, 63, 118.
— de la science, 129.

P

Palingénésie, jugée par Buffon, 546.
Pansement de la blessure de don Carlos, le crâne étant à découvert, 242, 244.
PARACELSE. Rôle et influence, 101.
— Maltraité par Guy-Patin, 342.
— Charlatan vaniteux, 353.
Paris (école de). Voy. *École.*

PASCAL se contredit sur le système cartésien, 704.
Pathologie. Système de Galien, 33.
— générale, 45.
— hippocratique, 87.
— historique, 46. Très-utile aux auteurs et aux professeurs, 620.
Persistance du type, 522.
Peste. Son origine, d'après Homère, 136.
— d'Athènes, 168.
PETERSEN, 169.
PETIT (Marc-Antoine), 759.
PÉTRONE, son *Satyricon*, 308.
Phèdre. Dialogue de Platon, 195.
PHILIPPE, roi de Macédoine, 352.
PHILOPŒMEN, 160.
Philosophes. Comment ils étudient l'homme, 438.
— divisés en deux classes, 641.
— Les premiers, 396.
— alexandrins, 475.
— du dix-huitième siècle, 466.
— médecins de l'école italique, 137.
— modernes, théologiens, 490.
— Ressemblent peu à ceux de l'antiquité, 640.
— naturalistes, 399. Leur influence, 148.
— de l'antiquité, 553.
— spiritualistes, cherchent un appui dans l'animisme, 587.
Philosophie. Son union avec la médecine, 395.
— Mot créé par Pythagore, 397.
— séparée de la médecine, 402.
— Tentatives de conciliation avec la médecine, 410.
— Ses illusions, 439.
— réagit contre la médecine, 440.
— Synonyme de métaphysique, *ib.*
— Son alliance avec la médecine, 441.

Philosophie, science des sciences, 554.
— de Barthez. Ses principes, 599.
— de Broussais, 417.
— cartésienne, orthodoxe, 478.
— au dix-huitième siècle, 411, 643.
— écossaise, 403.
— médicale, 582.
— Son principe, 584.
— Méthode introduite par Asclépiade, 638.
— naturelle. Son intervention dans la médecine, 127.
— Son origine, 128.
— Son influence sur la médecine, 131.
— fondée par Démocrite, 637, 646.
— positive, 25.
— positive, mal jugée, 549.
— Ses adversaires, 550.
— Sa portée, ib.
— Son caractère, ib.
— Sa méthode, ib.
— Comment conçoit l'histoire, 554.
— Dans quel milieu s'est produite, 556.
— Son domaine, 559.
— Conception moderne de l'univers, 560.
— positive. Son avenir, 561.
— Ses disciples, ib.
— appréciée, 572.
— invoquée par les expérimentateurs, 666.
— scolastique, 654.
— de la sensation, 543.
— universitaire, 581.
Phrénologie. Système de Gall, 653.
Physiologie. Connaissances de
— utiles au progrès social, 214.
— Système de Huarte, 304.
— Système de Bichat, 306.
— dans l'histoire, 308.

Physiologie. Son influence sur l'archéologie, 518.
— sacrifiée par M. Bouillier, 614.
— Système de Gall, 652.
— ravalée, 684.
— Sa direction vicieuse, 722.
— expérimentale, meurtrière, 663.
— mécanique, 665.
— générale. Synonyme de médecine, 437, 493.
— Trouve un auxiliaire dans l'histoire naturelle, 496.
— Trouve un auxiliaire dans la linguistique, 508.
— Travaux des anciens, 651.
— Travaux des anciens, résumés et fécondés par Cabanis, 651.
— Essai de Galien, 651.
— opératoire, 663.
Physiologistes expérimentateurs, 663.
— médiocres, 666, 679.
— jugés, 680.
— classés, 685.
— décrits, ib.
— Leurs prétentions, ib.
— hostiles à Bichat, 686.
— réactionnaires, 687.
— Compromettent la méthode expérimentale, 687.
Pichegru, 738.
Pierre Martyr (d'Anghiera). Sa lettre au professeur Arias, 230.
— Sa lettre à un professeur de Tolède, 231.
Pinel, 37, 412.
— Chef d'une école de réaction, 653.
Pinterete, empirique moresque, 247.
— Intervient dans la cure de don Carlos, 248.
Piquer (Andrès), 274.
— Ses écrits, 275.
— Sa valeur, 276.

798   TABLE ALPHABÉTIQUE.

Piquer (Andrès), ses réflexions sur la maladie de Ferdinand VI, 291.

Pizarro y Gimenez, hygiéniste, 767.
— Auteur de deux publications utiles, 768.

Plaie de don Carlos, 249.

Platon, 5, 93, 459.
— cite Hippocrate, 194.
— connaissait la médecine, 399.
— hostile à Démocrite, 144.
— poëte, 642.
— Ses théories sur l'amour, 316.
— Son influence, 475.
— Sa cosmogonie, 647.
— Son dialogue de *Protagoras*, 194.
— Son dialogue de *Phèdre*, 195.

Pléthore, 111.

Pline l'Ancien, 308.
— Ses connaissances médicales, 401.
— sujet à caution, 630.
— hostile à Asclépiade, *ib.*
— se contredit, 632.

Poëme de Villalobos. Analyse, 220.

Pætus, correspondant d'Artaxer-xès, 158.

Politique d'Aristote, 195.

Polypharmacie des Arabes, 100.
— galénique, 99.

Praticiens, jeunes et vieux, 51.
— Les grands, 79.
— Jugés par Bordeu, 108.

Pratique, 442.
— des médecins de Louis XIV, 342.
— médicale. Réforme d'Asclépiade, 632.

Précepte hippocratique, 739.

Préjugés, 494.

Prêtres-médecins, 118.

Principe, sa nécessité, 425.
— essentiel en médecine, 667.
— de la médecine pratique, 733.

Principe de la philosophie médicale, 584.
— de la science organique, 654.
— scientifique emprunté de Lucrèce, 686.
— antagonistes, 444.
— cosmiques, 129.
— vital admis par Barthez comme une formule commode, 595.
— Discussions oiseuses, 610.
— *vital.* Discours de Barthez, 595, 598, 600.
— de vie. Chaleur, 134.

Problèmes d'Aristote, 303.

Professeurs de philosophie très-habiles, 606.

Profession médicale au moyen âge, 7.

Prodromes de la syphilis, 224.

Production de l'être, 448.

Progrès, 458.
— par la science, 460.
— social. Utilité des connaissances de physiologie, médecine et hygiène, 214.

Progression ascendante dans l'étude de l'être humain, 432.

Propriétés organiques, 31.

Prostitution en Espagne, 768.

Protagoras. Dialogue de Platon, 194.

Psychologie. A quoi elle mène, 506.
— Vrai sens de ce mot, 614.
— Science problématique, 649.
— N'est pas entendue par les éclectiques, 613.
— M. Bouillier lui sacrifie la physiologie, 614.

Psychologues. Sentent leur faiblesse, 610.
— divisés d'opinions, 611.

Pythagore, 92, 132.
— Sa doctrine, 133.
— Ses connaissances médicales, *ib.*

Pythagore créateur du mot *philosophie*, 397.
— Rêveur, 642.

Q

Quatrefages, naturaliste, 488.
— métaphysicien et croyant, 495, 497.
— définit la vie et l'organisation, 498.
— met l'homme hors de l'animalité, 500.
— définit l'homme, 503.
Qualités d'un bon historien de la médecine, 409.
Qualités premières, 129.
Querelle des anciens et des modernes, 8.
Quesnay, jugé par Buffon, 544.
Quijada (Luis), 238.
Quinquina, 346.

R

Races. Leur histoire connexe avec l'histoire des langues, 505.
— Leur étude, 507.
— Ordre à suivre dans leur étude, 520.
Rapports du physique et du moral. Traité de Galien, 304.
— Traité de Cabanis, 415.
Rationalisme, 710.
Raynaud (M.), docteur ès-lettres, 624.
— Ses thèses, *ib.*
— Dissertation sur Asclépiade, 625.
Réaction de Galien, 98.
— de l'École de Paris, 345.
— spiritualiste, 413.
— matérialiste, 414.
Réforme d'Asclépiade, 95.
— de la médecine par Molière, 216.

Réforme de Stahl, 587.
— de l'enseignement médical, tardives, 657.
Régime alimentaire, 90.
— de Louis XIV, 342.
— analeptique, 113.
— des syphilitiques, 228.
Reid et la philosophie écossaise, 413.
Religion. Sa connexité avec la théologie, 491.
— Son influence sur les mœurs, 756.
— Son impuissance, 757.
— Sa décadence, 758.
— héliaque, 718.
— universelle, ou culte de l'humanité, 578.
Remèdes difficiles proposés par Acton, 763.
Renaissance, 7.
— des lettres, 408.
Renault, 669.
— Défend les vivisections et les opérations chirurgicales sur l'animal vivant, 670.
— Ses aveux, 671.
Renouard. Ses réflexions sur l'empirisme, 708.
Respect aveugle des anciens au dix-septième siècle, 339.
Révolution, 559.
— de la thérapeutique, 94.
— *de la médecine*, par Cabanis, 406.
Reynal, vétérinaire, 683.
— répond à M. Béclard, 691.
— défend la thèse des vivisecteurs, 692.
Ribes (F.), auteur de l'*Hygiène thérapeutique*, 56.
— Valeur et signification de ce livre, 102.
— professeur à la Faculté de Montpellier, 383.
— Ses études, 384.

— (Fr.), sa jeunesse, 386.
— Son *Anatomie pathologique*, 387.
— Critique, 389.
— Éclectique, 390.
— Saint-simonien, 391.
— Hygiéniste, *ib.*
— Son enseignement, 392.
Rivalité entre Cos et Cnide, 208.
— entre les prêtres d'Esculape et les médecins, 124.
Robin (Ch.), 25, professeur d'anatomie générale, 659.
Rodrigo de Cota, 292.
Roger de Belloguet, 504 et suiv.
Rois (les) d'Espagne, mélancoliques ou maniaques, 277.
Rouelle, 12.
Rousseau (J.-J.), 10.
— Son influence, 411.
— Sa nature, 524.
— pauvre philosophe, 643.
— déclamateur, 735.

S

Sages de l'antiquité, 396.
Sagesse fausse, 607.
Saignée. Accord des allopathes et des homœopathes, 114.
— Son utilité, 115.
— Opinion de Hufeland, *ib.*
Sainte-Beuve. Sa notice sur M. Littré, 562.
— Son jugement sur le même, 563.
Saint-Lambert, jugé par Buffon, 542.
Saint-Simon (le duc de), 216.
Salluste, 307.
Sang. Définition par Bordeu, 115.
Saphati d'Avicenne, distinct de la syphilis, 222.
Satiriques et sceptiques. Réfutation des —, 62.
Savant, philosophe, 489.

Savants. Soumis aux influences métaphysiques et théologiques, 492.
Scaliger, 182.
Scepticisme philosophique, 18.
— médical, 19.
Sceptiques comparés aux méthodistes, 33.
— et satiriques. Leur réfutation, 62.
— au dix-septième siècle, 478.
Schulze (J.-H.), 183.
Science. Son idéal, 24.
— Ses origines, 129.
— Sa tradition, 301.
— Se fonde sur l'affirmation, 421.
— Connaissance de la réalité, 487.
— Incompatible avec la métaphysique, 488, 612.
— Sert à l'émancipation, 489.
— Émancipe, 557.
— Son état au dix-septième siècle, 557.
— A peu près nulle au moyen âge, 645.
— Doit servir de base à la morale, 755.
— des causes, 716.
— des Égyptiens, 133.
— encyclopédique des premiers philosophes, 128.
— générale. Ses caractères, 488.
— de l'homme, 58.
— de la nature. Le moyen âge y a été étranger, 646.
— organique. Son principe, 654.
— religieuse, dérisoire, 491.
— des sciences, vraie philosophie, 462.
Sciences. Leur évolution, 66.
— Leur classification, 483.
— Leurs relations, 551.
— Leur évolution explique leur enchaînement, 552.
— Leur progression organique, 553.

Sciences concrètes, abstraites, 28.
— exactes. Leur évolution, 515.
— organiques. Leur évolution, 516.
— Leurs questions vitales sont étrangères aux métaphysiciens, 611.
Sénèque, grand moraliste, 646.
Sensation. Philosophie de la —, 543.
Séparation de la philosophie et de la médecine, 402.
Sérapion, 138.
Sextus Empiricus, 33.
— Médecin et philosophe, 400.
Siége de la maladie de Ferdinand VI, 283.
Signes de la mort, 728.
Socialisme. Son origine, 558.
Société (la) au dix-huitième siècle, 557.
— de biologie, 666.
— protectrice des animaux, 684.
Socrate rapproché d'Hippocrate, 397.
— Son école, 406.
— Chef des contemplatifs, 642.
Soleil, cause première, 717.
Sophistes. Ont eu pour successeurs les métaphysiciens, 476.
— contemporains, 749.
Soranus. Plusieurs médecins de ce nom, 157.
— de Cos, 153.
— d'Éphèse, 157.
Sorbonne. Thèses de —, 623.
Spallanzani jugé par Buffon, 546.
Spécialités, 608.
Spermatorrhée, 765.
— Traitement d'Acton, 766.
Spinosa, 480.
Spiritualisme, 14.
— de M. Bouillier, 614.
Stahl, 13, 408.
— comparé à Héraclite, 585.
— Ses écrits, 586.

Sthal analysé par M. Alb. Lemoine, 587.
— spiritualiste, ib.
— réformateur, ib.
— Ses luttes contre Fr. Hoffmann. Son caractère, 588.
— Son rôle, 589.
— Son système, ib.
— Sa pratique, 590.
— Son milieu, ib.
— Ses erreurs, 591.
— Traduction de ses œuvres, 615.
— physiologiste, 649.
Statistique, 725.
— en médecine et en morale, 739.
— Critiquée par Des Étangs, 740.
Structure des tissus, 660.
Suétone, 307.
Suicide, 735.
— Opinion des médecins d'aliénés, 737.
— Instruments du —, 745.
— Causes du —, 747.
— Milieu social par rapport au —, 748.
— politique, 734.
— Ouvrage du Dr Des Étangs sur ce sujet, 750. Caractères de cet ouvrage, 753. Son utilité, 754.
Suidas, 156.
Sydenham, 16.
— Son école, 18.
— Chef de l'école empirique, 76.
Symptômes de la syphilis, 224.
— (Médecine des), 84.
Synthèse, 428.
Syphilis. Son origine, 217, 770.
— Poëme de Villalobos, antérieur à celui de Fracastor, 219, 220.
— Opinion des théologiens sur son origine, 221.
— Opinion des astrologues, 221.
— Opinion des médecins, 222.
— N'est pas le Saphati d'Avicenne, 222.

Syphilis nommée par Villalobos la gale ou lèpre d'Égypte, 223.
— Ses prodromes, ses symptômes, ses causes naturelles, 224.
— Description, 225.
— Réfutation des moyens proposés pour son traitement, 225.
— Son traitement, 226.
Systématiques, poussés par la vanité, 352.
Système définitif, 48.
— de la philosophie naturelle, 468.
— Système nerveux, 455.
Systèmes sur la nature humaine, 435.
— Ils ont la plupart un caractère commun, 436.
— philosophiques. Conciliation vaine avec la foi, 484.

T

Tables votives, 119.
TACITE, 307.
TALBOT (le chevalier), 1.
Tempérament, d'après Galien, 304.
— de Ferdinand VI, 278.
— de Louis XIII, 320.
— (Doctrine des), 300, 651.
Temples d'Esculape. Leur influence, 121.
Temps héroïques. Médecine des —, 125.
Tendances de la médecine ancienne, 72.
— de la médecine moderne, ib.
— philosophiques au commencement de ce siècle, 412.
Tentatives de conciliation entre la médecine et la philosophie, 410.
Théologie, distincte de la religion, 555.
— son influence sur la métaphysique, 480.

Théologie, son origine, 485.
— analogies et dissemblances avec la métaphysique, 486.
— son alliance avec la métaphysique, 487.
— connexion avec la religion, 491.
Théologiens. Leur opinion sur l'origine de la syphilis, 224.
Théorie, 442.
— indispensable au médecin, 26.
— humorale, base de la doctrine de la crase, 651.
— médicale d'Auguste Comte, 576.
Thérapeutique, 32, 58.
— son alliance avec l'hygiène, 65.
— l'opportunité en est la condition principale, 81.
— des maladies chroniques, 89.
— des médecins du dix-septième siècle, 338.
— de Stahl, 53.
Thèses de l'ancienne Faculté, 340.
— de Sorbonne, 623.
THESSALUS (de Cos), — sa harangue, 164.
THESSALUS (de Tralles), fou d'orgueil, 351.
THUCYDIDE, cité, 168.
TISSOT, déclamateur, 759.
Tissus. Structure et composition intime, 660.
TORRES (le bachelier), chirurgien de Valladolid, 241.
— (Pedro de), chirurgien de Philippe II, 238.
— opère don Carlos, 251.
Tradition dans la science, 301.
— Synonyme d'empirisme, 583.
— hippocratique renouée par Asclépiade, 633.
— médicale. Guide du praticien savant, 621.
— thérapeutique, vivante dans les campagnes, 110.

Traité attribué à Lucien, 317.
Traitement de la syphilis, 226.
— raisonné de la maladie de Ferdinand VI, 287.
Transition de l'empirisme à la méthode, 66.
TROUSSEAU. Ses conférences sur l'empirisme, 708.
Type. Sa persistance, 522.
— Son altération, 523.
TZETZÈS, 156.

U

Union de la médecine et de la philosophie, 395.
Unité, 446.
— dogmatique, 47.
— catholique, admirée par Aug. Comte, 573.
Univers. Conception de l' —, par Aug. Comte, 574.
Utilité des vivisections, problématique, 678.

V

VALLOT, médecin de Louis XIV, 344.
VANDERGRACHT, chirurgien pensionnaire de Lille, 368.
VANDERHAMMEN, historien élégant et inexact, 269.
VAN-HELMONT. Son rôle et son influence, 101.
— fils (F. B. Mercure), 510.
Vanité médicale, 350.
— mobile de quelques systématiques, 352.
Variations de la médecine, 334, 583.
— de la pratique dans les villes, 110.
VARRON, 177.
VEGA (le docteur), médecin de don Carlos, 238.
Verbiage, condamé, 445.

VENDÔME (Mademoiselle de), 329.
VÉSALE (André), jugé par Daza Chacon, 234.
— rend visite à don Carlos, 242.
— Son opinion sur la plaie de don Carlos, 243.
Vétérinaires d'Alfort, 664.
— Leur office, 707.
— Vivisecteurs, réfutés, 670.
Vices contre nature, 316.
— Répandus dans les collèges, 764.
VICQ-D'AZYR, cité, 680.
Vie, 59.
— Condition fondamentale, 92.
— Manifestation des propriétés organiques, 498.
— particulière, générale, 447.
— Formule de la —, 433.
— Son évolution, 448.
— Sa définition par de Quatrefages, 498.
— Distinction inadmissible des deux vies, 652.
— L'électricité, cause première, 719.
Vieillards malheureux. Exemples, 295.
Vieillesse. Ses misères, 295.
VILLALOBOS (Francisco de), 218.
— Son poëme sur la syphilis, 220.
— Ses doléances, 228.
VINCENT DE BEAUVAIS, 467.
Vitalisme animiste admis par M. Bouillier, 615.
Vitalistes, 414.
— Métaphysiciens, 499.
— Adversaires des animistes, 610.
— Combattus par M. Bouillier, 614.
— Absorbés dans l'animisme par le même, 616.
Vitalité en général, 703.
Vivisecteurs, honnis dans l'antiquité, 671.
— de l'école alexandrine, 672.

Vivisecteurs défendent leurs pratiques, 673.
— Rationalistes, 674.
— Réfutés par les empiriques, *ib*.
— Louent Magendie, 685, 686.
— Défendus par M. H. Bouley, 694.
Vivisections, 663.
— à Alfort, 664.
— Peu utiles à la pratique, 665.
— Définition, 668.
— Discussion du Rapport, 671.
— Opinion de Celse, 672, 675.
— Inutiles à l'amphitéâtre, 677, 696.
— Requièrent la douleur, 678.
— Leur utilité problématique, 678.
— Leur inutilité dans l'enseignement, 681.

Vivisections. Conclusions du rapport, *ib*.
— Appréciation du rapport, 672.
— Opinion de Broussais, 688.
— à l'étranger, 693.
— M. Bouvier, partisan, 731.
Vivisections humaines, 672.
— animales, 676.
Voisin (F.), 653.
— Auteur d'une analyse des sentiments moraux, 654.
— législateur, 655.
— philosophe, *ib*.
Voltaire. Le siècle de Louis XIV, 215.
— Ses relations avec Buffon, 546.
— empirique en philosophie, 644.

W

Werlhof, 2.

FIN DE LA TABLE ALPHABÉTIQUE DES AUTEURS ET DES MATIÈRES.

CORBEIL. typ. et stér. de CRÉTÉ.